Bonfiglioli Riduttori S.p.A. (Hrsg.)

Gruppo Bonfiglioli

Springer

Berlin
Heidelberg
New York
Barcelona
Budapest
Hongkong
London
Mailand
Paris
Santa Clara
Singapur
Tokio

Bonfiglioli Riduttori S.p.A. (Hrsg.)

Handbuch
der Getriebemotoren

Mit Beiträgen von
D. W. Dudley, J. Sprengers,
D. Schröder, H. Yamashina

Mit 325 Abbildungen

Springer

Bofiglioli Riduttori S.p.A. (Hrsg.)

Via Giovanni XXIII, 7/A
Lippo di Calderara di Reno,
Bologna / Italien

Darle W. Dudley

17777 Camino Murrillo,
San Diego, CA 92128, USA

Prof. Hon.-Eng. Jaques Sprengers

Rue E. Mahaim 98,
B - 4100 Seraing, Belgien

Prof. Dierk Schröder

Technische Universität München,
Lehrstuhl f. Elektrische Antriebstechnik
Arcisstraße 21
D - 80333 München, FRG

Prof. Hajime Yamashina

Uji-Shi,
Nanryo-Cho,
5 Chome 7
Kyoto, Japan

ISBN-13:978-3-642-64389-7

Die Deutsche Bibliothek - CIP-Einheitsaufnahme
Handbuch der Getriebemotoren / Bonfiglioli Riduttori S.p.A. (Hrsg.)
Mit Beitr. von D. W. Dudley ... - Berlin; Heidelberg; New York; Barcelona; Budapest;
Hongkong; London; Mailand; Paris; Santa Clara; Singapur; Tokio: Springer, 1997
   ISBN-13:978-3-642-64389-7   e-ISBN-13:978-3-642-60389-3
   DOI:10.1007/978-3-642-60389-3

NE: Dudley, Darle W.; Bonfiglioli Riduttori SpA (Bologna)

Satz: Reproduktionsfertige Vorlagen vom Autor
SPIN: 10495671   62/3020 - 5 4 3 2 1 0 - Gedruckt auf säurefreiem Papier

Darle W. Dudley, Leiter der Getriebetechnologie
Entwicklung bei der Dudley Technical Group,
Inc.; Ehrenmitglied der AGMA

Jacques Sprengers, Präsident des ISO/TC60;
Chevalier de l'Ordre de Léopold II,
Insigne d'argent de Lauréat du Travail

Prof. Dr.-Ing. Dr-Ing. h.c. Dierk Schröder,
Lehrstuhl für Energietechnik und Elektrische
Antriebstechnik, Technische Universität München

Prof. Hajime Yamashina, Lehrstuhl für Produk-
tionstechnik am Institut für Präzisionstechnik,
Universität Kyoto, und Honorarprofessor an der
London Business School

Vorwort

In den letzten Jahren hat unser Unternehmen eine Phase konstanten Wachstums und stetiger Weiterentwicklung durchlebt, und Forschung und Entwicklung haben immer größere Bedeutung gewonnen. Dadurch ist es uns gelungen, einen Spitzenplatz in einem Wirtschaftszweig einzunehmen, in dem Innovation ein wesentlicher Faktor ist. Die Entscheidung, dieses Buch herauszugeben, steht daher im Einklang mit unserer Unternehmensphilosophie und ist als Anerkennung gedacht für das Können und das Engagement aller Mitarbeiter in der Bonfiglioli-Gruppe für den gemeinsamen Erfolg.

Mit diesem Buch möchte die Bonfiglioli Riduttori S.p.A. einen sichtbaren Beitrag zur Forschung und Entwicklung in der Antriebstechnik leisten.

Das Buch wendet sich an alle, die sich mit den technischen Aspekten elektrischer Antriebe beschäftigen, sei es im Studium oder als Ingenieur in der Praxis. Es war klar, daß ein solches Projekt nur mit der Unterstützung anerkannter Fachleute gelingen konnte, und so waren wir froh, daß wir in den Professoren Darle W. Dudley, Jaques Sprengers, Dierk Schröder und Hajime Yamashina anerkannte Spezialisten auf ihren Gebieten zur Mitarbeit gewinnen konnten.

Es war ein hartes Stück Arbeit, aber wir sind davon überzeugt, daß die Anerkennung unserer Leser uns für die Mühe entschädigt.

Clementino Bonfiglioli

Inhaltsverzeichnis

Teil III

Jacques Sprengers

Teil IV
Dierk Schröder

Teil V
Haijme Yamashina

Allgemeine Hinweise und Symbole

Teil II, III

Nachfolgend werden nur die Werte der Hauptsymbole und der verwendten Zeichen aufgeführt. Kompliziertere Symbole sind durch die gelieferten Hinweise einfach zu rekonstruieren. Einige Symbole wurden nicht in die Liste aufgenommen, weil diese nur in einem spezifischen Abschnitt verwendet werden.

Für die Zahnräder folgen die Symbole der ISO 701-Norm. Für die Zahnräderberechnung werden die Symbole der Standard ISO 6336 oder ISO 10300 aufgeführt. Die Symbole der ISO 1328-1 beziehen sich auf die Toleranzen.

a	Achsabstand	mm
b	Zahnbreite,	mm
c	Zahnelastizität,	N/mm.µm
d	Durchmesser,	mm
f	Einzelabweichung	µm
f	Frequenz,	Hz
g	Eingriffslinie	mm
h	Zahnhöhe,	mm
i	Übersetzung,	–
j	Flankenspiel	µm
k	Verkürzung	–
l	Wellenlänge,	mm
m	Modul,	mm
n	Drehungsgeschwindigkeit (Umdrehungen)	min^{-1}
p	Teilung	mm
r	Radius,	mm
s	Zahndicke,	mm
t	Zeit	sec
u	Zahnradverhältnis,	–
v	lineare und Bezugsgeschwindigkeit	m/s
x	Profilverschiebungsfaktor,	–
z	Zähnezahl,	–
E	Elastizitätskoeffizient,	MPa
F	kumulierte Abweichungen,	µm
J	Trägheitsmomente,	$kg.m^2$
K	Belastungsfaktor,	–
M	Drehmoment,	Nm
N	Gängeanzahl ,	–
P	Leistung,	kW

Q	Schnittkraft,	N
R	Kegelgenerator,	mm
S	Sicherheitsfaktor,	–
T	Drehmoment,	N.m
W	Zahnweite,	mm
X	Faktor für Freßbeanspruchung,	–
Y	Faktor für Zahnfußbeanspruchung,	–
Z	Faktor für Flankenpressung,	–
IT	Toleranzraum,	μm
es	höhere Abweichung der Welle,	μm
ei	niedrigere Abweichung der Welle,	μm
ES	höhere Abweichung der Bohrung,	μm
EI	niedrigere Abweichung der Bohrung,	μm
α	Druckwinkel, Freiwinkel,	° oder-
β	Schrägungswinkel,	° oder -
γ	Kegelwinkel, Schrägspirale	° oder -
δ	Dichte,	kg/m^3
ϵ	Kontaktverhältnis	–
κ	Verhältnis zwischen minimaler und maximaler Spannung bei periodischer Anregung,	
ν	Poisson-Koeffizient,	
σ	Normalspannung,	MPa
τ	Tangentialspannung, Schubspannung	MPa
ω	Pulsation	s^{-1}

Hauptindexzahlen:

a	Bezug auf Zahnkopf, Schwingungsweite,	
b	Bezug auf Grundkreis, Biegung	
d	Bezug auf Durchmesser,	
f	Bezug auf Zahnfuß	
k	Bezug auf b, t oder n,	
m	Mittelwert,	
n	Spule, äquivalent, Normalschnitt,	
p	Bezug auf Teilung,	
t	Stirnschnitt,	
v	virtuell,	
w	Betriebswälzkreis,	
x	Achsen-,	
y	beliebiger Punkt,	
D	Bezug auf Widerstand,	
E	Bezug auf Elastizitätsgrenze,	

F	Bezug auf Zahnfußbeanspruchung,
H	Bezug auf Hertzsche Pressung,
N	Bezug auf Gängeanzahl,
P	zulässig,
R	von Bremsen,
lim	Grenze,
max	Maximum,
min	Minimum,
stat	statisch,
α	Bezug auf Profil,
β	Bezug auf Planbreite,
γ	Gesamt-
1	Bezug auf Zahnrad, Ritzel, Sonnenrad,
2	Bezug auf Zahnrad, Planetenzahnrad,
3	Bezuf auf Zahnrad des Planetengetriebes.

Index
* reduziert auf das Modul = 1
  reduziert auf einheitliche Breite

TEIL IV

Großbuchstaben: unnormierte Größen

Kleinbuchstaben: normierte Größen

Index S: Bezug auf statorfestes Koordinatensystem

Index K: Bezug auf allgemeines Koordinatensystem

Index L: Bezug auf läuferfestes Koordinatensystem

a:	Tastgrad
$\underline{a}$:	Drehoperator
B:	Beschleunigung
$\vec{B}$:	komplexer Raumzeiger
C_E:	(elektrische) Maschinenkonstante bei GNM
C_M:	(mechanische) Maschinenkonstante bei GNM
C_v:	Wärmekapazität
d:	Dämpfung
d_x:	bezogener Gleichspannungsabfall
D_F:	Bezeichnung der Freilaufdiode
D_x:	induktiver Gleichspannungsabfall
E_A:	induzierte Gegenspannung
F:	Allgemein: Frequenz, Kraft

F_N:	Netzfrequenz
$G(s)$:	Allgemein: Übertragungsfunktion
$G_r(s)$:	Übertragungsfunktion Rückwärtskreis
$G_V(S)$:	Übertragungsfuntion Vorwärtskreis
$G_R(S)$:	Reglerübertragungsfunktion
i_{zul}:	zulässige Strombelastung
I_A:	Ankerstrom bei GNM
I_B:	Laststrom
I_E:	Erregerstrom
I_K:	Kurzschlußstrom
I_{Kreis}:	Kreisstrom
I_{max}:	Maximalstrom
I_V:	Verbraucherstrom, Laststrom
I^*:	Stromsollwert
L:	Allgemein: Induktivität
L_A:	Ankerinduktivität
L_K:	Kreisstromdrosseln
T_K:	Kippschlupf
T_M:	Summe der Antriebsmomente
T_{Mi}:	inneres Luftspaltmoment
T_{MR}:	Motor-Reibmoment
T_W:	Summe der Lastmomente
$M \cong$	Gegeninduktivitäten
N^*:	Drehzahlsollwert
N_{ON}:	Bezugsdrehzahl
N:	Allgemeine Drehzahl
p:	Pulszahl
P:	Alllgemein: Leistung
P_v:	Verlustleistung
R:	Radius, Widerstand
R_A:	Ankerwiderstand bei GNM
R_V	Vorwiderstand
$sgn(...)$:	Signumfunktion
s:	Schlupf
s_K:	Kippschlupf
t_e	Einschaltzeit
t_b:	Betriebszeit
t_p:	Pausenzeit
t_a:	Anlaufzeit
t_{Br}:	Bremszeit
T	Spielzeit
T_A:	Ankerzeitkonstante
T_E:	Zeitkonstante Erregerkreis
T_{ersi}:	Ersatzzeitkonstante für den geschlossenen Regelkreis
T_R:	Reglerzeitkonstante
T_{ON}:	Trägheitsnennzeitkonstante
$u_{K\%}$:	relative Kurzschlußspannung

$\ddot{u}$:	Überlappungsdauer, Getriebeübersetzung
U_A:	Ankerspannung bei GNM
U_E:	Erregerspannung
U_d:	Lastspannung
U_{did}:	Mittelwert der Gleichspannung (netzgef. Stromrichter)
U_Q:	Quellspannung
U:	line to line Spannung
V:	Geschwindigkeit, Verluste
V_R:	Reibungsverluste, Reglerverstärkung
V_{str}:	Stellglied-Verstärkung
X_d:	Kontrollfehler
Z_p:	Polpaarzahl
α :	Zündwinkel
α_{max}:	maximaler Steuerwinkel
β_K:	Winkelstellung des K-Systems gegenüber Stator
β_L:	Winkelstellung des Läufers gegenüber Stator
γ:	Schonzeitwinkel
η_{el}:	elektrischer Wirkungsgrad
η_{mech}:	mechanischer Wirkungsgrad
$\delta(t)$:	Dirac-Stoß
$\sigma(t)$:	Sprungfunktion
σ:	Blondescher Streukoeffizient
τ :	normierte Zeit
ω_d:	Resonanzkreisfrequenz
Θ:	Massenträgheitsmoment
Θ_{ges}:	gesamtes Massenträgheitsmoment
θ:	Allgemein: Massenträgheitsmoment
ϕ:	Drehwinkel
Ψ:	verketteter Fluß
Ω:	Winkelgeschwindigkeit
Ω_{on}:	Bezugswinkelgeschwindigkeit
Ω_m:	mechanische Winkelgeschwindigkeit des Läufers
Ω_{el}:	elektrische Winkelgeschwindigkeit des Läufers
Ω_1:	Statorfrequenz
Ω_2:	Schlupffrequenz
Ω_k:	Frequenz des Bezugskoordinatensystem K
Ω_{syn}:	Synchrone Drehzahl (Leerlaufdrehzahl)
Ω_0:	Synchrone Kreisfrequenz zu f_{Netz} bei der ASM

Teil I

Einleitung

Darle W. Dudley
Professional Engineer, Honorary Member AGMA

1 Einleitung

Dieses Handbuch wurde geschaffen, um den Anwendern und Getriebespezialisten geeignete technische Informationen über die mögliche Variationsbreite der Firma Bonfiglioli Riduttori zu geben.

Verschiedene Getriebetypen werden in großer Stückzahl hergestellt. Bonfiglioli bedient den schnell wachsenden weltweiten Markt. Dieses Handbuch soll eine nützliche Hilfe für alle sein, die Getriebe einsetzen. Der allgemeine Hintergrund über "die Kunst" der Getriebeherstellung beeinhaltet die Geschichte, die Entwicklung und die Herstellung von Verzahnungen. Diese Punkte werden kurz in dieser Einleitung dargelegt, bevor spezifische Bemerkungen über die Bonfiglioli Organisation und den Inhalt dieses Handbuchs gegeben werden.

1.1 Geschichte der Verzahnungen

Zahnräder sind ungefähr genau so alt wie die ersten Maschinen der Menschheit. Soweit wir wissen, ist die einzige ältere Maschine die Töpferscheibe.

Vor mehr als 3000 Jahren griffen zuerst primitive Zahnräder ineinander, um Drehbewegungen zu übertragen. Altertümliche Urkunden aus Griechenland zeigen, daß sowohl Holz- als auch Metallzahnräder verwendet wurden. Im späteren Römischen Reich wurden Holzzahnräder in Mühlen benutzt und Metallzahnräder in vielen kleinen Geräten.

Es folgt ein kurzer Auszug aus der Geschichte der Zahnräder bis ins 20. Jahrhundert:

1. Die Chinesen verwendeten Zahnräder und entwickelten einen genialen Karren, der einen Kompaß mit Südausrichtung besaß.
2. Die ältesten Zahnräder waren aus Holz. Die Zähne waren in Wirklichkeit Eingriffszapfen.
3. Die Altgriechen benutzten Metallzahnräder mit keilförmigen Zähnen. Sie verwendeten auch Holzzahnräder.
4. Bereits die Römer setzten beachtlich viele Zahnräder in ihren Mühlen ein.

5. Im Mittelalter wurden Holzzahnräder für Wassermühlen verwendet. Steinzahnräder fand man an einer Stelle in Schweden.
6. Uhren mit Metallzahnrädern wurden wichtig (Beginn im 13. Jahrhundert).
7. Alle holländische Windmühlen verwendeten Holzzahnräder zum Wasserpumpen (18. Jahrhundert).
8. Weltweit wurden Holzzahnräder in großem Umfang in Mühlen eingesetzt (im 18. Jahrhundert bei Getriebe-,Textil- und Stahlmühlen).
9. Die weitverbreitete Anwendung von elektrischen Motoren und Dampfmaschinen erzeugte eine erhebliche Notwendigkeit von guten Metallverzahnungen. Dieses geschah im letzten Teil des 19. Jahrhunderts (Autobahnen, Dampfschiffe, Fabriken, Kraftwerke, usw.).

Abbildung 1.1 zeigt das Schema einer römischen Wassergetreidemühle. Ein solcher Mühlentyp wurde in der Zeit von Julius Cäsar verwendet. Am Ende des Römischen Reichs, mehr als 300 Jahre danach, erhöhte sich beträchtlich die Verwendung von Antrieben für Mühlen und für eine Vielzahl von anderen Geräten.

Mechanische Uhrenantriebe gab es in Europa ungefähr ab 1285. Diese wurden von Mönchen erfunden und zuerst dazu verwendet, um die Stunden durch Schläge anzuzeigen (z.B. die Zeiten für kirchliche Aktivitäten und frühe Morgengebete etc.).

Die ersten mechanischen Uhren hatten ein Hemmwerk und einen "Satz" von gezackten Zahnrädern. Solche primitiven Uhren wurden in den folgenden 400 Jahren mit drei Zahnrädersätzen, einem Uhrzeiger und einem Zifferblatt entwickelt, um die Stunden und Minuten ablesen zu können. Die Uhrenzahnräder waren normalerweise aus Metall und hatten keilförmigen Zähne.

Astronomen und Physiker brauchten genauere Uhren. Im Jahre 1656 erfand der holländische Wissenschaftler, Christiaan Huygens, die Penduluhr. Das Schwingungspendel hängt auf einer horizontalen Welle. Kurze Zeit später waren die Penduluhren soweit entwickelt, daß sie eine höhere Genauigkeit erreichten. Sehr großen Penduluhren mit zehn oder mehr Verzahnungen wurden in öffentlichen Gebäuden verwendet. Der Durchmesser einiger dieser Verzahnungen betrug 1 m. Mit der Entwicklung von Penduluhren haben Technologie und Herstellung von Antrieben starke Fortschritte gemacht. Abbildung 1.2 zeigt ein Beispiel der ersten Penduluhr.

Wassermühlen waren die Glanzstücke der Industrie im 18. und zu Beginn des 19. Jahrhunderts. Daneben gab es noch Getreidemühlen, andere sägten Holz, bearbeiteten maschinell Metall oder Holz, machten Eisen- und Stahlstäbe, pumpten Wasser, usw. In wenigen Ländern, wie Holland, gab es Windmühlen (anstatt Wassermühlen) mit Holzverzahnungen. Abbildung 1.3 zeigt eine typische Getreidemühle in einem Betrieb in den USA im ersten Teil des 18. Jahrhunderts.

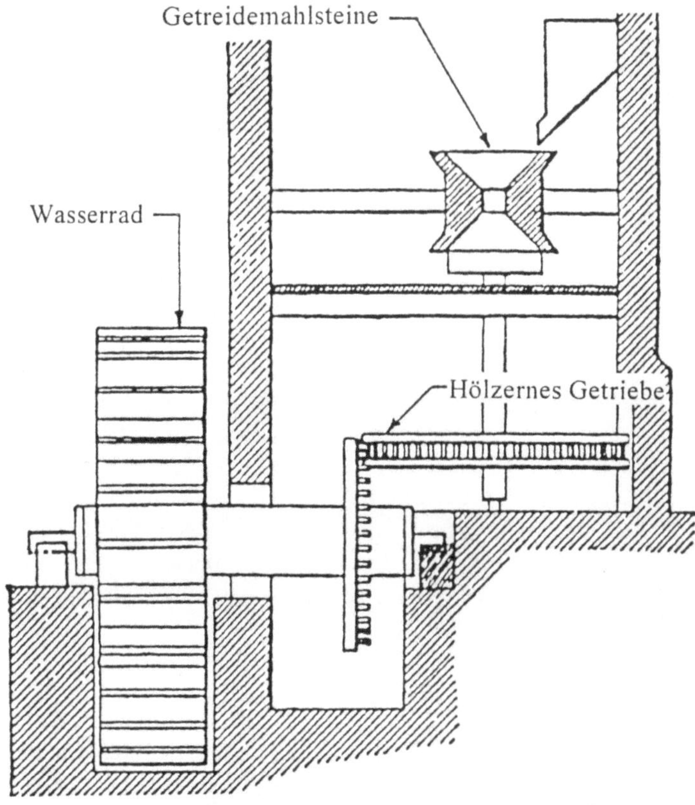

Abb. 1.1. Schema einer alten römischen Getreidemühle. Im ersten Jahrhundert v.C. wurden solche Mühlen begrenzt verwendet. Mehl wurde meistens mit Hilfe von Menschen oder Tieren gemahlen.

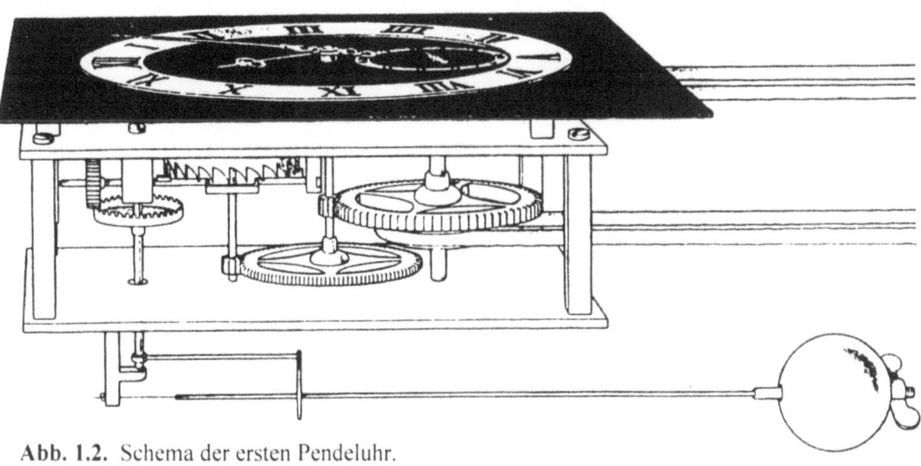

Abb. 1.2. Schema der ersten Pendeluhr.

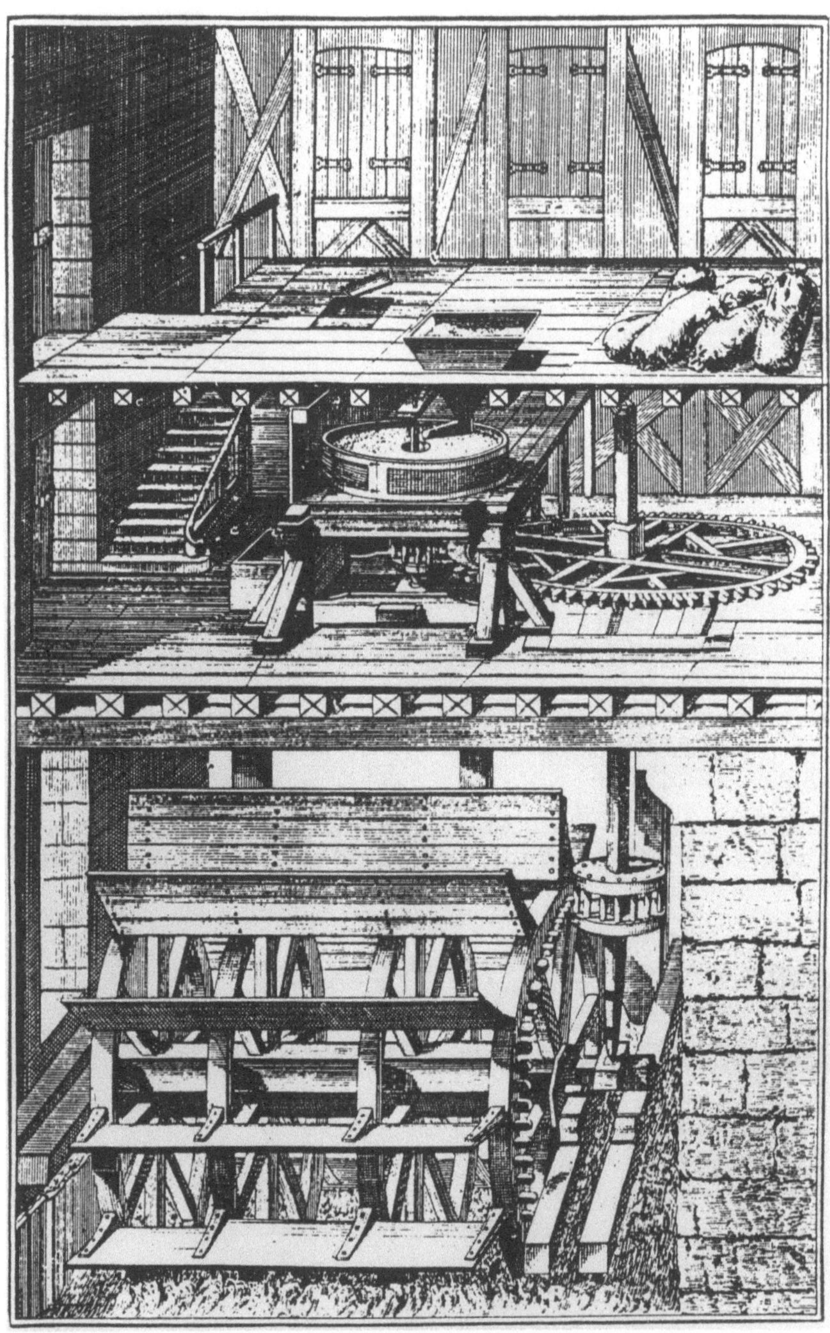

Abb. 1.3. Schema einer Getreidemühle in einem Betrieb in den USA gegen Ende des 18. Jahrhunderts. Zu beachten sind die zwei Stufen der Holzzahnräder.

1.2 Entwicklung von Verzahnungen

Wir stehen am Ende des 20. Jahrhunderts, und man kann sicher sagen, daß mehr *als 90% der heutigen Technologie wohl in diesem Jahrhundert entwickelt wurde!* Heute erscheinen die technischen Fortschritte, die in den ersten 70 Jahren dieses Jahrhunderts an den Maschinen zur Herstellung von Zahnrädern erzielt wurden, ziemlich veraltet.

Mit der Automation und Computerkontrolle sind die heutzutage angewendeten CNC-Maschinen zur Zahnradherstellung eine der bemerkenswertesten Entwicklungen. Die Produktivität ist höher geworden, und es wird eine viel gleichmäßigere Qualität erreicht.

Technologische Fortschritte bezüglich der Materialzusammensetzung ermöglichen einen längere Lebensdauer, den Betrieb bei höheren Temperaturen und einen reduzierten Verschleiß. Diese letzte Entwicklung ist bedeutungsvoll sowohl bei Zahnrädern als auch bei Werkzeugen, die die Zahnräder schneiden, schleifen oder formen.

In früheren Zeiten kamen die Zahnradleistungen meistens durch "sichere" Biegespannungen und Zahntragspannungen zustande. Zahnrad-, Lager- und Wellenleistungen stützen sich heute auf die Begrenzung der Fehlermöglichkeit während der angegebenen und gewünschten Lebensdauer des Produktes und unter einem gewissen Belastungsspektrum (z.B. bestimmte Zeitspannen bei verschiedenen Belastungsstufen: von keiner Belastung bis zur Vollbelastung und Betrieb bei zwei oder drei Temperaturstufen).

Schmiermittelviskosität, Additivinhalt und Ölgrundmolekularstruktur haben große Bedeutung bezüglich des Schmiermittelverschleißwiderstandes und der Höhe des Reibungsverlustes in gekuppelten Zahnrädern oder Wälzlagern. Heutzutage weiß man darüber viel mehr als vor 25 Jahren.

Auf dem Gebiet der Luft- und Raumfahrt wurden Flugzeuge bei Schlacht 3 eingesetzt, die mit einem synthetischen Öl geschmiert waren, dessen Viskosität bei Temperaturen bis zum 315°C (600°F) voll erhalten blieb. Raumfahrzeuge im Weltall werden erfolgreich mit sehr ungewöhnlichen Flüssigkeiten und Emulsionen geschmiert, die bei Verdunstung kaum Gewichtsverlust zeigen. Im Industriebereich können wir die Schichtdicke des elastohydrodynamischen Ölfilmes (EHD) berechnen, die die Trennung der Zähne von zwei sich berührenden Zahnrädern herbeiführt oder den Lauf der Kugeln in einer Halterung in einem Wälzlager unterbrechen.

1.3 Entwicklung von Organisationen für die Zahnradherstellung

In alten Zeiten zerschnitten die Handwerker die Ritzel mit Handwerkzeugen, durchbohrten und fertigten Zahnräder genau so an, wie sie ein Drahtspeichenrad für einen Karren oder einen Wagen gemacht haben. In Metallzahnrädern wurden Lücken gefeilt, um einen Zahnkranz zu machen. (Denken Sie an die Bestürzung eines Altertumsmenschen, als er 35 Lücken für ein 36-Zähne-Uhrenzahnrad feilte und sah, daß der freigelassene Raum nur für eine Zahnhäfte ausreichte! Ein Zahnrad mit 35½ Zähnen ist absolut unbrauchbar.)

Ende des 19. Jahrhunderts (ungefähr 1880) war der Bedarf an Zahnrädern groß. Der gerade entwickelte Elektromotor ermöglichte jede schnelle oder langsame Betriebsart, entsprechend der vorgesehenen Zahnräder. Die Schiffe konnten mit einem Dampfmotor auch ohne Wind schnell fahren. Da die Drehzahl des Propellertriebwerks verschieden von der eines Dampfmotors war, wurden ebenfalls Zahnräder für Schiffe benötigt.

In Kraftwerken begann man Elektrizität zu erzeugen, und die Glühlampe ersetzte die Kerze. Da für die Elektrizitätserzeugung Zahnräder benötigt wurden, gab die Geschwindigkeit der Elektrogeneratoren den Ausschlag zum Wechselstromzeitalter. Zu Beginn des 20. Jahrhunderts erschienen Dampfturbinen, für die genauere Zahnräder als für Kolbendampfmotoren benötigt wurden.

Die vielleicht verbreiteste Anwendung von Zahnrädern gab es zu Beginn des 20. Jahrhunderts in Autos und Lastwagen (im 19. Jahrhundert wurden keine Zahnräder für Pferdekutschen verwendet).

Beim Aufbau großer Maschinenbauunternehmen und Automobilfirmen mußten diese feststellen, daß es nicht genügend Getriebehersteller gab, die in der Lage waren, Zahnräder in großer Stückzahl und hoher Qualität zu liefern. Aus diesem Grund bestand für diese Firmen die Notwendigkeit, Zahnräder in Eigenproduktion herzustellen.

Ausnahmen waren Spezialfirmen, die Werkzeuge zur Zahnradschneidung herstellten oder Maschinenhersteller zur Zahnradschneidung, die Werkzeuge wie Hobel, Schneidräder, Stecheisen usw. anwendeten. Viele weltweit bekannte Werkzeug- und Schneidmaschinenfirmen wurden ungefähr vor 100 Jahren gegründet.

Die Gründung einiger Einzelfirmen, die nur mit der Herstellung von Verzahnungen oder kompletten Getrieben mit Zahnradstufen beschäftigt waren, erfolgte vor ungefähr einem Jahrhundert. Aber erst im 20. Jahrhundert entstanden effiziente und spezialisierte Firmen zur Zahnradherstellung. Diesem Trend folgend gründete Bonfiglioli 1956 sein Unternehmen.

1.4 Entwicklungen bei Bonfiglioli Riduttori

Die Firma Bonfiglioli begann mit fünf wichtigen Getriebearten: Stirnradgetrieben, Schneckengetrieben, Winkelgetrieben, Planetengetrieben und Aufsteckgetrieben. Diese Grundproduktreihe wurde konstant über die letzten 40 Jahre ausgebaut und um viele zusätzliche Getriebetypen erweitert.

Die aktuelle Produktreihe enthält nahezu alle Getriebetypen für den Einsatz in elektrischen Motoren. Zusätzlich werden noch Antriebe für Erdbewegungsmaschinen, für die Marine und für Betonmischer hergestellt. Solche Antriebe können Fahrantriebe, Drehwerksgetriebe, Radnabengetriebe, Mischergetriebe und Propellerantriebe sein. Industrieanlagenbauer finden eine sehr breite Palette von Getrieben und Getriebemotoren bei der Firma Bonfiglioli. Diese sind bereits im Betrieb getestet, bereits für die Produktion ausgerüstet und relativ schnell zu einem niedrigen Preis lieferbar.

Neben Getrieben hat die Firma Bonfiglioli in den letzten 20 Jahren verschiedene Getriebekomponenten hergestellt. Dabei handelt es sich um Rutschkupplungen, elektromagnetische Bremsen, Kupplungen und magnetische Permanentelektromotoren. Für alle, die mit der Entwicklung von Antriebsmaschinen zu tun haben, ist es sehr hilfreich, die richtigen Komponenten von einer Firma zu bekommen, die sich in allen Fragen der Getriebetechnik und auf Verzahnungen beruhenden Antriebssystemen auskennt.

Im Getriebebereich ist die gesamte *Qualität* der Verzahnungen sehr wichtig. "Organi di Trasmissione" (eine italienische Zeitschrift über Getriebe) hat ein Sonderheft zu ihrem 25. Jahrestag im Juli/August 1994 herausgegeben, in dem Interviews mit verschiedenen weltweit führende Getriebefirmen veröffentlicht wurden. Einer der Befragten war unter anderen Clementino Bonfiglioli, der Gründer und Präsident der Firma Bonfiglioli Riduttori.

Clementino Bonfiglioli gab zur Qualität folgende Erklärung:

„Die Firma Bonfiglioli hat sich immer um die Qualität sehr bemüht und höchste Anforderungen an dieselbe gestellt. Die hohe Produktionszuverlässigkeit zusammen mit einem beträchtlich technologischen Inhalt haben keine Improvisation zugelassen. Aus diesem Grund muß man die Auszeichnung des Firmenqualitätssystems als selbstverständlich betrachten".

Der Bonfiglioli Getriebebetrieb, der gemäß ISO 9001 produziert, wurde von Det Norske Veritas durch Sincert ausgezeichnet.

Der allgemeine Begriff der „Getriebequalität" muß zur Erklärung des Lesers näher betrachtet werden. Im wesentlichen beinhaltet "Qualität" drei verschiedene Punkte.

Geometrische Qualität. Darunter versteht man die Genauigkeit der Zahnprofile, das Zahnausrichten mit Drehwelle, die Zahnsperren, das Rundlaufen und die richtige Zahndicke. Ebenso die Genauigkeit der Zahnradgehäuse bezüglich der Bohrungsgröße, richtige Zentrieransätze, Ebenheit der Kupplungsoberflächen und Verwendung von Dübeln und Bolzen.

Metallurgische Qualität. Hier betrachtet man die Qualität des Metalls in den Zähnen, in den Zahnradgehäusen, in den Wellen, Dichtungen, Dübeln und Schraubenbolzen. Einsatzgehärtete Zähne benötigen die richtige Härtungstiefe und -bauform, um die Zahnkontur zu behalten. Die Härte der Einsatzhärten muß der spezifizierten Härte auf der Abrieboberfläche entsprechen, und jede Modifizierung an Einsatzhärten muß geeignet sein für eine gute Kohlenstoffeinsatz-, eine Nitrier- oder Induktionshärtung.

Das Material der Getriebegehäuse und der Welle muß in Bezug auf Schmutz, Sand usw. rein und frei von Einschlüssen, Löchern oder Rissen sein. Die Dichtungsmaterialen sind normalerweise sehr kritisch in Bezug auf Verschleiß mit konsequentem Ölverlust. Auch die Schraubenmuttern und -bolzen sind kritisch, da sie eine hohe Bruchfestigkeit haben müssen, um innerhalb eines längeren Zeitraumes keine angeschraubten Kupplungen zu verlieren.

Konstruktionspaßgenauigkeit. Das ist ein oft unterschätzter Qualitätsbereich. Ein geliefertes Getriebe muß groß genug sein, um die vom Kunden gewünschte Lebensdauer im Betrieb zu erreichen. (Niemand ist mit einer zu kleinen Einheit, die den Betrieb frühzeitig abbricht, zufrieden.)

Neben der Größe ist die Getriebepaßgenauigkeit für das Kraftpaket vom richtigen Typ abhängig.

Bei Getriebetypen wird zwischen Winkel- und Stirnradgetrieben unterschieden. Winkelgetriebe, geradverzahnt oder schrägverzahnt, können entweder konzentrische oder versetzte Ein- und Auswellen haben.

In einigen Fällen ist es wichtig, viel Kraft in einem kleinen Paket zu haben. Entwürfe für Planetengetriebe sind sehr hilfreich, wenn eine konzentrierte Leistung benötigt wird. Solche Antriebe werden meistens im Bereich der Fahrzeuggetriebe und der Luft- und Raumfahrt verwendet.

Ferner muß man noch die Anzahl von Zahnrädern in einem Zahnradpaket beachten. Genau zwei Elemente in einem Schneckenpaket können Übersetzungen von 7 zu 1 bis 100 zu 1 bewirken. Gerad- und schrägverzahnte Getriebe funktionieren besser mit Übersetzungen von 1 zu 1 bis 9 zu 1. Wenn man eine Übersetzung von 70 zu 1 erreichen will, werden Schrägverzahnungen von wenigstens vier verzahnten Teilen in zwei Stufen oder sechs verzahnte Teile in drei Stufen benötigt.

Neben der Getriebebaugröße gibt es natürlich noch weitere praktische Überlegungen zur Auswahl eines Getriebetyps für eine spezielle Anwendung.

Bonfiglioli erfüllt die Erfordernisse der "Entwurfsqualität" durch eine sehr große Palette von verfügbaren Getriebetypen und Baugrößen. Der Bonfiglioli Hauptkatalog und die Technische Abteilung stehen dem Kunden jederzeit zur Verfügung. Hier findet der Kunde für seine Anwendungen eine hervorragende Qualität.

Das Erreichen der geometrischen Qualität ist ein Zwei-Stufen-Prozeß. Zuerst werden mit Hilfe der automatisierten Produktionslinien, die Zahnräder geschnitten oder geschliffen, und dann werden die Gehäuse oder Wellen maschinell bearbeitet, um alle Anforderungen für die gewünschte Anwendung zu erfüllen. Zum Beispiel können das Evolventenprofil, das Zähnenausrichten mit der Achse (Schrägungswinkel) und die Entfernung zwischen den Zähnen bei der Produktion ausgemessen werden. Das Qualitätskontrollverfahren ist genau auf diese Daten für eine angegebene Stücklosgröße eingestellt. Zusätzlich werden periodische Kontrollen durchgeführt, um sicher zu sein, daß alle Teile einer Losgröße den Spezifikationen entsprechen. Wenn eine periodische Kontrolle zu viele Fehler aufweist, wird die automatische Herstellung gestoppt, und alle hergestellten Teile bis zu der letzten annehmbaren Kontrolle werden beanstandet oder durch Einzelkontrollen ausgelesen.

Bohrungsgröße, Zentrieransätze, Kupplungsabmessungen usw. werden ähnlich wie bei den Zahnrädern geprüft. Die Kontrolle erfolgt direkt während der automatischen Produktion. Bei jeder Produktion sind Qualitätsprüfer anwesend, die die Qualität auf den Bildschirmen überprüfen und sicherstellen, daß bei Produktionsrückstellung auf eine „shut-down"-Linie die Stücke wieder mit der notwendigen Sorgfalt hergestellt werden.

Neben der Kontrolle der einzelnen Produktionslinien findet eine geometrische Nachprüfung im Labor statt. Dort prüft man die Stücke aus der Produktion, um sicherzugehen, daß die Meßgeräte ordnungsgemäß funktionieren. Zusätzlich kontrolliert dieses Labor auch die Master-Zahnräder, Meßblöcke usw., um sicherzustellen, daß Werkzeuge und Meßapparate während der Produktion innerhalb des festgelegten Eichrahmens arbeiten. Clementino Bonfiglioli legt auf die Qualitätskontrolle großen Wert.

Bezüglich der metallurgischen Qualität werden die Lieferanten von Rohmaterialien, Guß- und Schmiedestücken usw. aufgefordert, die Qualität ihrer Materialien nachzuprüfen und den festgelegten Qualitätsstandard zu bescheinigen. Diejenigen, die spezielle Wärmebehandlungen, wie Bekohlen, Plattierung usw. anbieten, sind verpflichtet die Qualität ihrer Arbeit zu kontrollieren und zu bescheinigen.

Diese Grundprüfung des Materials wird durch Nachprüfungen des metallurgischen Labors der Firma Bonfiglioli verstärkt. Die Prüfungsvarianz dieses Labors beinhaltet die Prüfung der Härte, Einsatzhärtetiefe, Mikrostruktur usw.

Metallteile werden auf eventuelle Risse, Einschlüße, Strukturhohlräume und Korrosion kontrolliert. Das Labor kann Mikrostrukturen bis zu 1000facher Vergrößerung untersuchen. Die Härte kann durch Mikrohärten-Kontrollgeräte sowie die üblichen Makrohärten-Kontrollgeräte nachgeprüft werden. Ebenso ist es möglich, die chemische Zusammensetzung festzustellen. Die Fähigkeit dieses Labors für Industriearbeit kann mit der von ähnlichen Labors für die Luft- und Raumfahrtindustrie verglichen werden. Die Einrichtung und Arbeit dieses Labors zeigt, daß die Firma Bonfiglioli bei der Qualitätskontrolle einen sehr hohen Standard setzt.

1.5 Aufbau dieses Handbuchs

Dieses Handbuch ist in verschiedene Teile aufgeteilt. Der dritte und längste Teil behandelt Zahnräder und Getriebe. Der darauf folgende Teil beschäftigt sich mit Elektromotoren, die zum Antrieb von Getrieben verwendet werden. Der letzte Teil beschreibt die Qualitätsphilosophie.

Der Teil, der sich mit Zahnrädern befaßt, wird in 15 Kapitel unterteilt. Jedes Kapitel ist nach der gleichen Struktur aufgebaut, um dem Leser Grundinformationen über einen Aspekt der Getriebetechnik zu geben. Die Kapitel beginnen mit Grundlagen und geben dann umfassende technische Informationen. Zum Beispiel beschreibt das erste Kapitel die Zahnradmaterialien und deren physische Eigenschaften. Kapitel 2 – 4 erklären und bestimmen die Zahnräder. Den notwendigen

Hintergrund, den der Leser benötigt, um die Größe von Zahnrädern für eine spezifische Applikation zu berechnen, gibt Kapitel 5.

Die Baugröße der Zahnräder für den Anwendungsfall zieht die Bestimmung des Ritzelteilkreisdurchmessers und seine Verzahnungsbreite nach sich. Für den Teilkreisdurchmesser eines Geradzahnrades oder Schrägzahnrades wird der Teilkreisdurchmesser des Ritzels mit der Übersetzung multipliziert. (Für Schneckengetriebe ergibt sich die Zahnradbaugröße nicht aus der Multiplikation von Teilkreisdurchmesser des Ritzels mit der Übersetzung, da die Schneckenachse im rechten Winkel zu der Achse des Schneckenrades steht.)

Ein weiterer Schritt zur Bestimmung des Geradzahnrades und Schrägzahnrades ist die Wahl der Zahngröße. Wenn die benötigte Zahngröße (durch Modul oder diametrales Modul) bestimmt worden ist, wird die geeignete Anzahl von Zähnen für das Ritzel und das Eingriffszahnrad festgelegt.

Die Zahngröße wird durch Berechnungen der Nennwerte erzielt. Solche Daten gründen sich auf Spezifikationen, wie die benötigte Zahnradübersetzung, den ausgewählten Materialtyp für Ritzel und Zahnrad und die übertragbare Leistung.

Nachdem die Nennwertberechungen durchgeführt worden sind und die Größe des Zahnradsatzes festgelegt worden ist, gibt es noch viele andere Elemente zu beachten. Ein Getriebe ist ein Maschinenstück. Dazu gehören eine Antriebs- und Abtriebswelle und ein zusammengeschraubtes Gehäuse. Zahnräder und Lager im Getriebe erfordern geeignete Schmierung. Laufgeschwindigkeiten müssen berücksichtigt werden. Sowohl langsame als auch schnelle Laufgeschwindigkeiten können Komplikation hervorrufen. Dies alles wird in den Kapiteln 6 – 10 dieses Handbuchs beschrieben.

Das komplette Getriebe ist ein Maschinenstück in einem Leistungssystem und enthält eine Antriebsmaschine und eine angetriebene Vorrichtung. Bei den meisten Bonfiglioli-Anwendungen ist die Antriebsmaschine ein Elektromotor. Die angetriebene Vorrichtung kann erheblich variieren. Sie kann eine Pumpe, ein Förderband, ein Flügelrad, eine Winde, ein Materialmischer oder etwas anderes wie z.B. eine alte Getreidemühle zum Mahlen von Korn, Reis oder Mais sein.

Generell wird das Getriebe als eine komplette Einheit auf den Markt gebracht. Die Nennleistung gilt für die gesamte Einheit – nicht nur für die Zahnräder des Getriebes. Manchmal ergeben sich Schwierigkeiten eines tauchbadgeschmierten Getriebes bei Luftkühlung in der Art, daß die „thermische" Nennleistung niedriger ist als die mechanische Nennleistung der Zahnrädern im Getriebe. In einem solchen Fall muß die Getriebenennleistung niedriger als die thermische Nennleistung sein.

Getriebe können vibrieren und dadurch Probleme mit Kupplungen, Dichtungen, Lagern usw. verursachen. Zahnräder verursachen auch Lärm. Getriebegeräusche können bei einigen empfindlichen Lagen problematisch sein. Die Zahnradtechnologie hat ein hohes Konstruktionsniveau, so daß bei Getrieben Vibrationen und Geräusche annehmbar sind. Auch für diejenigen, die mit laufenden Getrieben arbeiten oder sich ganz in der Nähe von arbeitenden Zahnräder aufhalten, muß unbedingt sichergestellt werden, daß der Lärm im Bereich der geforderten Lärmschutzverordnung liegt.

Verschiedene Aspekte des gesamten Getriebes in einem Antriebssystem werden in Kapitel 11 – 13 erfaßt.

Kapitel 14 ist das letzte über Zahnräder. Dieses Kapitel beschreibt die Herstellung von Getrieben.

In den letzten 15 Jahren hat die Getriebetechnik sehr große Fortschritte gemacht. Dies gilt besonders für die Maschinen zur Getriebeherstellung. Das Schneiden und Schleifen der Zähne kann heutzutage mit CNC-Maschinen durchgeführt werden, die vielseitiger als die handbetriebenen Maschinen zu Beginn dieses Jahrhunderts sind.

Mit CNC-Maschinen kann nahezu alles gefertigt werden. Sie können nicht nur zur Bearbeitung von Zähnen und Wellen eingesetzt werden, sondern auch Bohrarbeiten, ferner Bearbeitungen von Gehäusekupplungen sowie den Einbau von Teilen durchführen. Solche Maschinen können auch zur Annahme oder Ablehnung von Teilen, die nicht den strengen Qualitätsnormen entsprechen, eingesetzt werden.

Die modernsten CNC-Maschinen ermöglichen eine automatisierte Herstellung. Die Bonfiglioli-Werkstätte ist in den letzten 15 Jahren praktisch komplett automatisiert worden. Das führt zu einer kostengünstigeren Produktion, verbunden mit der Verbesserung der Qualität und Vereinheitlichung des Produktes. Der Arbeiter wird vermehrt durch die Entwicklung und Handhabung dieser komplexen Maschinen geleitet. Zum Beispiel, um kleine Metallmengen zu entfernen, wird der Arbeiter durch das Ablesen von Skalen durch diese schwierige Aufgabe geführt.

Der Teil dieses Handbuchs, der sich mit Elektromotoren beschäftigt, ist aufgeteilt in Verstellantriebe und Antriebe, die direkt vom Anwender eingeschaltet werden. Die Verstellantriebe werden verwendet, wenn die Umdrehungsgeschwindigkeit während des Betriebs häufigen Änderungen unterliegt, die aber zum Erreichen des gewünschten Ergebnisses notwendig sind. Zum Beispiel kann die Ruderkontrolle in einem Schiff elektrisch sein, indem die gewünschten Bewegungen des Ruderrades elektrisch zum Getriebemotor – der das Ruder bewegt – übertragen werden. (Bei kleinen Schiffen übertragen mechanische Kupplungen die Bewegungen durch Muskelkraft einer Person am Ruderrad direkt zu dem Ruder – kein Elektromotor wird eingesetzt). CNC-Maschinen verwenden häufig computerkontrollierte Getriebemotoren zur Übersetzung der gewünschten mechanischen Bewegung.

Direkt ein- und abschaltbare Getriebemotoren werden bei relativ konstanter Geschwindigkeit verwendet. Zum Beispiel wird eine Pumpe in einem Bewässerungssystem eingeschaltet, um Wasser für eine Zeitdauer von 1 h oder 10 h zu pumpen. Während des Bewässerungszeitraums pumpt sie mit konstanter Geschwindigkeit. Auch bei CNC-Maschinen funktionieren oft Antriebe mit einer konstanten Geschwindigkeit. Zum Beispiel kann ein Schmierungssystem für eine große Maschine eine konstante Öllieferung mit einem Druck von 25 Pfund pro Quadratmeter an alle Hauptzahnräder und Lager geben. Wenn ein Ölumlauf vor dem Start und nach dem Stopp benötigt wird, braucht das Ölfüllungssystem eine separate Pumpe – angetrieben von einem Elektromotor –, um dieses mit Öl zu versorgen. Die technischen Grundlagen über Verstellantriebe sind in Kapitel 9 beschrieben. Die technischen Daten über Motoren mit relativ konstanten Geschwindigkeiten sind in den letzten Kapiteln des Motorenteils zu finden.

Bonfiglioli Riduttori S.p.A.
Hauptsitz – Lippo di Calderara – Bologna, Italien

Bonfiglioli Riduttori S.p.A.
Bereich Trasmital
Forlì – Italien

Zuordner

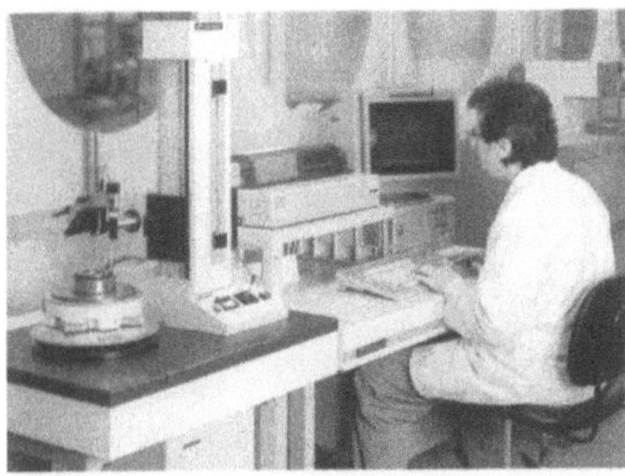

Rundheitskontrolle bei Anwendung von
Taylor Hobson Talyrond 250 Rundheitsmesser

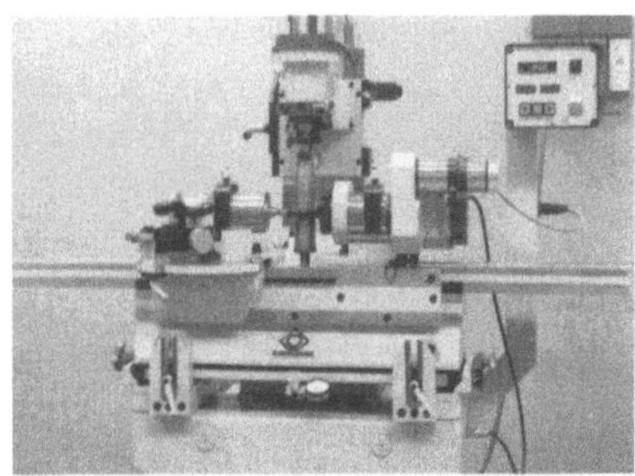

Einflankenkontrolle für Schneckenradpaare durch
Anwendung von Maschine Klingelnberg PSR 500

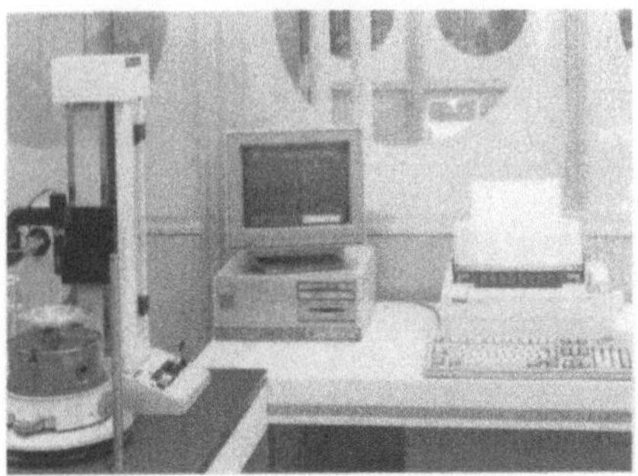

Kontrolle der geometrischen Toleranzen durch
Anwendung der Maschine Taylor-Hobson
Talyrond 250 – Computersystem mit graphischer
Schärfe und mit Rundheitsmesser

Automatische Fräsmaschine

Chemische Analyse des Produkts bei Anwendung von
Hilger Analytical Polivac E 960

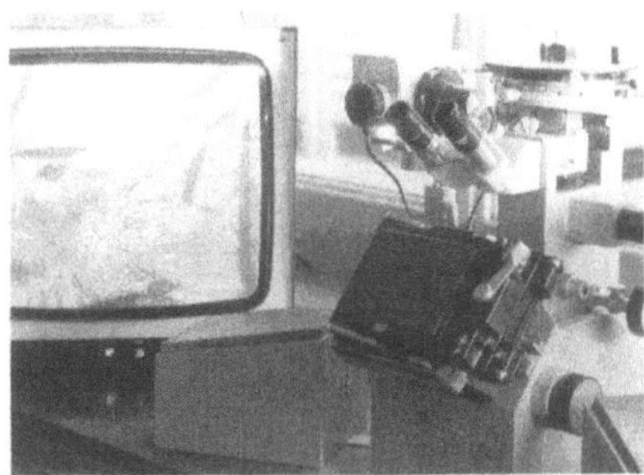

Metallo-graphische Analyse durch Anwendung
des Reichert-Mikroskops

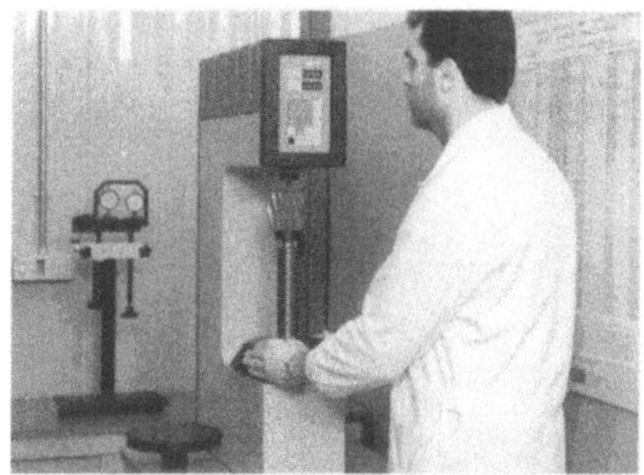

Härteprüfungen mit Härteprüfer Galileo D 141 – D.G. 501

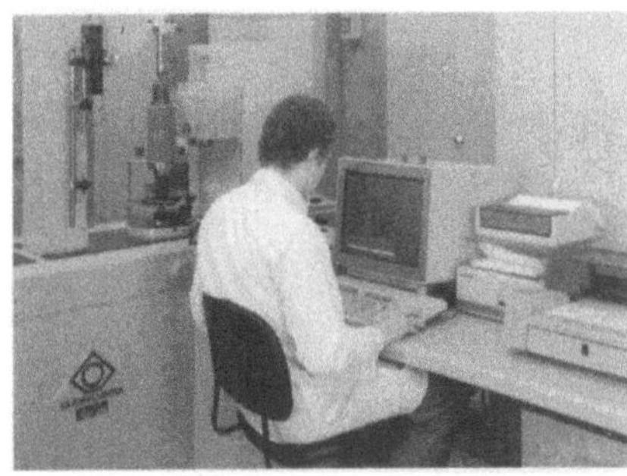

Dimensionale Hob-Kontrolle bei Anwendung der
Maschine Klingelnberg PNC 40 VA

Graphischer Prozeß der Rollenabweichungen
auf einer Flanke der Fertigteile

Kontrolle im Betrieb

Profilkontrolle durch Anwendung von Baty R 202

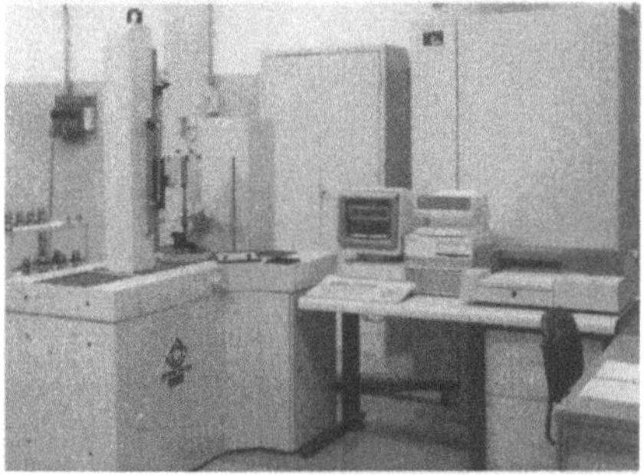

Profilkontrolle von Schneckenzahnrädern, von Hobs und
Schabwerkzeugen durch Anwendung der
Maschine Klingelnberg PNC 40 VA

Teil II

Dynamik fester Körper

und

Materialfestigkeit

Jacques Sprengers
Präsident ISO/TC 60

1 Dynamik fester Körper

1.1 Einleitung

Mechanische Maschinen folgen den Gesetzen der allgemeinen Mechanik.

Die allgemeine Mechanik umfaßt die Statik (Kräfte- und Momentegleichgewicht), die Kinematik (Lehre von den Bewegungen fester Körper in Abhängigkeit von der Zeit) und die Dynamik (Lehre vom Einfluß der Kräfte auf die Bewegungsvorgänge von Körpern).

In diesem ersten Teil, der als Einleitung zum Thema Getriebe und Zahnräder bezeichnet werden kann, werden wir uns auf die Lehre der Maschinendynamik beschränken. Wir werden nicht nur die einzelnen Kräfte in Erwägung ziehen, die in den Maschinen wirken (Kraftmaschinen, Getriebe und Antriebsmaschinen), sondern auch die Arbeit der obengenannten Kräfte und die notwendige Leistung für die Durchführung dieser Arbeit unter Berücksichtigung verschiedener Geschwindigkeiten.

1.2 Schwerpunkt fester Körper

Wenn ein starrer Körper einem Kraftfeld ausgesetzt wird, d.h. einer Menge zueinander paralleler Kräfte, die auf jede Elementarmasse des festen Körpers aufgebracht werden und proportional zu den Massen selbst sind, ist es möglich eine Resultante dieser Kräfte zu bestimmen, die parallel zu jeder Grundmasse verlaufen und auf einen bestimmten Punkt des Festkörpers wirken. Die Schwerkraft ist ein Beispiel für ein Kraftfeld.

Wenn man ein einziges Kraftfeld in Betracht zieht, ist es aber möglich, nur eine Gerade der resultierenden Kraft zu bestimmen, d.h. die Gerade, die durch den Aufbringungspunkt dieser Resultanten geht. Um den Schwerpunkt genau zu bestimmen, ist es notwendig drei nicht komplanare Kraftfelder zu berücksichtigen. Die drei Resultanten schneiden sich in dem Punkt, der den Schwerpunkt darstellt.

Man denke an eine Elementarmasse eines endlichen Festkörpers. Der Festkörper besteht aus einer Mehrzahl Elementarmassen deren Summe der Masse des Körpers entspricht. Es werde auf alle diese Massen eine Beschleunigung a_x in Richtung Ox übertragen, sowie eine Beschleunigung a_y in Richtung Oy und eine Beschleunigung a_z in Richtung Oz, wobei die Achsen Ox, Oy und Oz drei zueinander orthogonale Achsen sind.

Auf jede Masse wird eine zu der Beschleunigkeit proportionale Kraft aufgebracht. Betrachtet man nun das Moment der Kräfte parallel zu Ox in Bezug auf die Ox-Oz-Ebene, so kommt man zu folgendem Ergebnis, laut der Definition einer Resultanten:

$$F_y X = \sum dm\, a_x\, x_x\,. \qquad (1.001)$$

Oder, da die resultierende Kraft F_x gleich $m\, a_x$, ist,

$$X = \frac{\sum dm\, x_i}{m}\,. \qquad (1.002)$$

Gemäß eines ähnlichen Gedankenganges und unter Berücksichtigung der drei Felder und Achsen erhält man:

$$Y = \frac{\sum dm\, y_i}{m} \qquad (1.003)$$

und

$$Z = \frac{\sum dm\, z_i}{m}\,. \qquad (1.004)$$

Die drei Gleichungen bestimmen die Lage des Schwerpunktes in Bezug auf die drei gewählten Achsen.

Daraus läßt sich schließen, daß sich bei Festkörpern der Schwerpunkt auf den Symmetrieachsen der Masse befindet, die den geometrischen Symmetrieachsen entsprechen, wenn der Festkörper homogen ist.

Der Schwerpunkt einer Kugel befindet sich im Mittelpunkt der Kugel. Der Schwerpunkt eines Zylinders liegt auf der Symmetrieachse des Zylinders. Der Schwerpunkt eines Parallelflachs liegt im gleichen Abstand von den drei Begrenzungen.

Besteht ein Festkörper aus verschiedenen Elementarfestkörpern, von denen man die Masse und die Schwerpunkte kennt, so kann sein Schwerpunkt durch die Anwendung der Gleichungen (1.001), (1.002) und (1.003) bestimmt werden, wobei die Massen dm und ihre Koordinaten durch die Massen der Elementarfestkörper bzw. die Koordinaten ihrer Schwerpunkte zu ersetzen sind.

1.3 Bewegungen von Festkörpern

Körper können durch zwei Arten von einfachen Bewegungen gekennzeichnet werden: Translation und Rotation.

Die Rotation besteht aus einer Drehung aller den Festkörper bildenden Massen *dm* um eine Achse, die durch den Schwerpunkt geht.

Die Translation ist charakterisiert durch die Bewegung der gesamten Massen *dm* auf einer parallellaufenden Bahn zur Schwerpunktlinie. Die kompliziertere Bewegung ist die Superposition von mehreren einfachen Bewegungen.

1.4 Geradlinige fortschreitende Bewegung

Wenn der Schwerpunkt im Laufe seiner Bewegung eine gerade Linie darstellt, spricht man von geradliniger Bewegung. Wenn diese Bewegung mit konstanter Geschwindigkeit erfolgt, wird sie als gleichförmig bezeichnet; ansonsten handelt es sich um eine ungleichförmige Bewegung. Wenn schließlich die Beschleunigung der ungleichförmigen Bewegung konstant ist, hat man mit einer variablen ungleichförmigen Bewegung zu tun.

1.5 Kreisbewegung

Die Rotation ist durch Winkelgeschwindigkeit und -beschleunigung gekennzeichnet, die für alle Festkörperpunkte identisch sind. Die linearen Geschwindigkeiten und Beschleunigungen sind von Punkt zu Punkt verschieden, es sei denn, daß die Punkte sich im gleichen Abstand von der Rotationsachse befinden.

1.6 Mechanische Energie, Arbeit und Leistung

1.6.1 Einleitung

Die verschiedenen Energieformen verwandeln sich vielfältig. Man spricht von elektrischer Energie, Wärmeenergie, mechanischer Energie usw. Die mechanische Energie ist die Energieform, die mit der Bewegung verbunden ist. Die nutzbare mechanisch erzeugte Energie heißt Arbeit. Die Arbeit verwendet direkt die mechanische Energie und wird durch $dW = dF\, x$ gekennzeichnet. Die in der Zeiteinheit verwendete oder verwendbare Energie ist die Leistung.

1.6.2 Die potentielle Energie

Die potentielle Energie ist die mechanische Energie, die ein Festkörper besitzt und in Arbeit zu verwandelt werden kann. Es handelt sich um die Energie, die von einem Körper der Masse m akkumuliert worden ist, an dem eine auf einer Höhe h angesetzte Schwerkraft mit einer Beschleunigung g angreift. Die potentielle Energie wird so ausgedrückt:

$$E_p = m\,g\,h\,.$$
(1.005)

Wenn die Masse m aus einer Höhe h fällt, ist die dabei geleistete Arbeit gleich der potentiellen Energie. Fällt die Masse von h bis h_0, so ist die Arbeitsrückgewinnung:

$$W = m\,g\,(h - h_0)\,.$$
(1.006)

Die potentielle Energie kann auch die sich in einer Feder akkumulierte Energie sein. Wenn die elastische Konstante einer Feder durch das Verhältnis zwischen der an die Feder aufgebrachten Kraft und ihrer Verformung definiert wird und hierbei als c bezeichnet wird, ergibt sich die potentielle Energie der verformten Feder aus:

$$E_p = \frac{1}{2}c\,\lambda^2$$
(1.007)

wobei λ die Federverformung darstellt. Wenn die Feder sich von λ bis λ_0 ausdehnt, ist die zurückgewonnene mechanische Energie:

$$W = \frac{1}{2}\,c\,(\lambda^2 - \lambda_0^2).$$
(1.008)

Handelt es sich um eine Feder, die durch eine kreisförmige Bewegung gespannt wird, so ergibt sich die elastische Konstante aus dem Verhältnis zwischen der Winkeldeformation und dem Drehmoment, das diese Deformation erzeugt.
Die potentielle Energie wird auf folgende Weise berechnet:

$$E_p = \frac{1}{2}c_t\,\theta^2$$
(1.009)

wobei c_t die Konstante und θ die Deformation sind. Wenn die Deformation von θ bis θ_0 geht, ist die zurückgewonnene Arbeit:

$$W = \frac{1}{2}\,c_t\,(\theta^2 - \theta_0^2)\,.$$
(1.010)

1.6.3 Kinetische Energie

Die Bewegungsenergie ist eine mechanische Energie, die mit der Geschwindigkeit verbunden ist. Man denke an eine Masse m, die aus einer Höhe h unter dem Einfluß der Anziehungskraft fällt. Wenn die Masse m eine Beschleunigung g erfährt, wird die Höhe h in einem Zeitraum t durchschnitten:

$$t = \sqrt{\frac{2\,h}{g}} \tag{1.011}$$

während für die erreichte Geschwindigkeit gilt:

$$v = g\,t = \sqrt{2\,g\,h} \tag{1.012}$$

woraus sich ergibt, daß die Höhe h eine Funktion der Geschwindigkeit ist:

$$h = \frac{v^2}{2\,g}\;. \tag{1.013}$$

Daher ergibt sich die potentielle Energie zu:

$$E_p = m\,g\,h = \frac{m\,v^2}{2}\;. \tag{1.014}$$

Diese Energie, die als Funktion der Geschwindigkeit ausgedrückt worden ist, ist die kinetische Energie, die äquivalent zur entwickelten potentiellen Energie ist. Daher:

$$E_c = \frac{1}{2}\,m\,v^2\;. \tag{1.015}$$

In einer Kreisbewegung hat jede Masse des um die Rotationsachse mit einer Winkelgeschwindigkeit ω drehenden Festkörpers eine lineare Geschwindigkeit $v = \omega\rho$. Die Gesamtmenge der Massen hat deshalb eine Gesamtgeschwindigkeit, die der Summe der Energien jeder einzelnen Masse entspricht, d.h.

$$E_c = \frac{1}{2} \iiint_V dm\,\omega^2\rho^2\;. \tag{1.016}$$

Da alle Punkte des Festkörpers dieselbe Winkelgeschwindigkeit besitzen, ergibt sich:

$$E_c = \frac{1}{2}\,\omega^2 \iiint_V dm\,\rho^2 = \frac{1}{2}J_\Delta\omega^2 \tag{1.017}$$

wobei J_Δ das Trägheitsmoment ist (siehe Gl. 1.039).

1.6.4 Arbeit bei der gleichförmigen geradlinigen Bewegung

Die gleichförmige geradlinige Bewegung ist das Ergebnis der Einwirkung einer Aktivkraft, die sich einer Passiv- oder Rückkraft entgegensetzt. Die verschiedenen Formen von passiven Kräften werden später behandelt. Da die Kräfte gleich und entgegengesetzt gerichtet sind, erfährt der Festkörper eine gleichförmige geradlinige Bewegung.

Die Arbeit der Aktivkräfte entspricht dem Produkt aus der Kraft und dem vom Körper zurückgelegten Weg, wobei Kraft und Weg in ihrer Richtung übereinstimmen. Das Gleiche gilt für die Arbeit der Passivkräfte. Falls die Kraft die gleiche Neigung wie der zurückgelegte Weg hat, braucht man nur die Kraftkomponente in der Bewegungsrichtung zu berücksichtigen.

1.6.5 Arbeit bei der gleichförmigen Kreisbewegung

Wenn ein Festkörper sich um eine Achse dreht, wird eine Masse dm einer Kraft dF ausgesetzt und ihre Verschiebung x entspricht dem Produkt aus der Verschiebung θ und dem Abstand ρ von dem Drehpunkt ($x = \theta\rho$).

Die Grundarbeit für diese Masse ist:

$$dW = dF\,\theta\,\rho \ . \tag{1.018}$$

Diese Grundkraft entwickelt ein Drehmoment gegenüber dem Drehpunkt, dessen Moment ist:

$$dT = dF\,\rho \ . \tag{1.019}$$

Wenn man aus dieser Gleichung dF berechnet und die gesamten Massen des Festkörpers in Erwägung zieht, erhält man:

$$W = \iiint_V dT\,\theta \ . \tag{1.020}$$

Da die Winkelverschiebung für alle Punkte des Festkörpers gleich ist, kommen wir schließlich zu:

$$W = \theta \iiint_V dT = T\,\theta \ . \tag{1.021}$$

1.6.6 Leistung bei einer gleichförmigen geradlinigen Bewegung

Laut Definition ist Leistung die geleistete Arbeit in einer Zeiteinheit. Wenn die Arbeit in einem Zeitraum t geleistet wurde und der zurückgelegte Weg mit der gleichförmigen Geschwindigkeit v die Unbekannte x darstellt, entspricht dieser Weg laut Definition dem Produkt aus der Geschwindigkeit und dem Zeitraum. Wir können also schreiben:

$$P = \frac{F\,v\,t}{t} = F\,v \ .\tag{1.022}$$

In der gleichförmigen geradlinigen Bewegung entspricht die Leistung dem Produkt aus der Kraft und der Geschwindigkeit.

1.6.7 Leistung der Kreisbewegung

In der Kreisbewegung ist der Winkelabstand das Produkt aus der Winkelgeschwindigkeit und der Zeit ($\theta = \omega t$). Wenn ω die Winkelgeschwindigkeit bezeichnet, ist die Leistung infolgedessen:

$$P = \frac{W}{t} = \frac{T\,\theta}{t} = T\,\omega \ .\tag{1.023}$$

Nun betrachten wir eine Kraft, die an einem Kreis mit Durchmesser d angreift und die Drehung eines Festkörpers mit der Drehgeschwindigkeit ω bewirkt. Die Kraft wird in Newton gemessen, der Durchmesser in mm und die Drehgeschwindigkeit in min^{-1}. Das Drehmoment in Nm ausgedrückt, entspricht dem Produkt aus der Kraft und dem Durchmesser in mm:

$$T = \frac{1}{2000}\,F\,d \ .\tag{1.024}$$

Daraus ergibt sich die Leistung, wobei $\omega = 2\pi\,n$ ist:

$$P = \frac{1}{2000}\,F\,d\,\frac{2\,\pi\,n}{60}\,\frac{1}{1000}\tag{1.025}$$

oder:

$$P = \frac{F\,d\,n}{1{,}91 \cdot 10^{7}} = \frac{T\,n}{9540} \ .\tag{1.026}$$

1.7 Trägheit

1.7.1 Einleitung

Die natürliche Bewegung eines Festkörpers ist die gleichförmige geradlinige Bewegung. Nur eine auf ihn wirkende Beschleunigung kann diese Bewegung ändern. Eine Beschleunigung wird erzeugt, wenn auf den Festkörper eine Kraft wirkt, die proportional zu seiner Masse und der gewünschten Beschleunigung ist. Diese Kraft muß größer sein als die natürliche Neigung des Festkörpers in einer gleichförmigen Bewegung zu verharren. Diese natürliche Neigung nennt man Trägheit. Sie wirkt entgegengesetzt der Beschleunigung, die man auf den Körper übertragen will.

1.7.2 Trägheit von Festkörpern während einer Schubbewegung

Bewegt sich ein Festkörper auf einer Geraden, so hat die Beschleunigung die gleiche Richtung. Alle *dm,* die den Festkörper bilden, erfahren dieselbe Beschleunigung. Die Trägheit dieser Massen *dm* erzeugt daher ein Kräftefeld, dessen Resultante auf den Schwerpunkt des Körpers wirkt. Wenn *a* die Beschleunigung bezeichnet, ist die Trägheit des Körpers bezüglich des Schwerpunktes F_i :

$$F_i = -m\,a\;.\qquad(1.027)$$

Während einer Translation wird der Körper zu einer Masse *m* reduziert, die sich im Schwerpunkt des Festkörpers konzentriert.

Wenn die Beschleunigung der Erdbeschleunigung entspricht, ist die resultierende Kraft das Körpergewicht.

Wenn die Translation einen Kreis darstellt, handelt es sich um eine kreisförmige Bewegung. Wir betrachten jetzt die gleichförmige Kreisbewegung, d.h. diejenige, bei der die Winkelgeschwindigkeit um den Kreismittelpunkt konstant ist, und reduzieren den Festkörper auf eine Masse *m,* die in seinem Schwerpunkt konzentriert ist. Die lineare Geschwindigkeit des Schwerpunktes bleibt konstant in diesem Bereich, wechselt aber ihre Richtung. Dabei haben wir es mit einer vektoriellen Beschleunigung zu tun.

In Abb. 1.1 betrachten wir die Geschwindigkeit zum Zeitpunkt *t* und *t+dt.* Die beiden Geschwindigkeiten sind gleich, bilden aber einen Winkel *dθ,* der der Winkelverschiebung der betrachteten Masse entspricht. Wenn wir mit *R* den Abstand der Masse (d.h. des Schwerpunktes) vom Drehpunkt und mit ω die konstante Winkelgeschwindigkeit bezeichnen, ergibt sich:

$$\frac{v}{d\theta} = \omega\,\frac{R}{dt}\;.\qquad(1.028)$$

Die Beschleunigung ist der Vektor $\overline{AB}$:

$$\overline{AB} = \frac{v\,d\theta}{dt}\qquad(1.029)$$

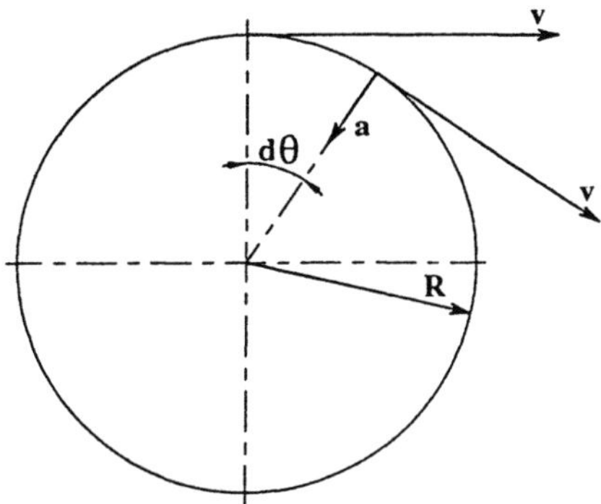

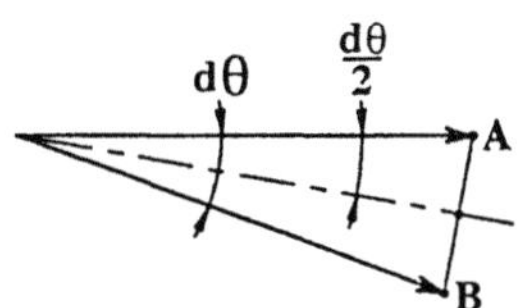

Abb. 1.1. Kreisförmige Translation

geteilt durch die Zeit dt:

$$v = R \, \omega \qquad (1.030)$$

die Beschleunigung kann dann durch folgende Gleichung ausgedrückt werden:

$$a = R \, \omega \, \frac{d\theta}{dt} \qquad (1.031)$$

oder:

$$a = \omega^2 \, R \; . \qquad (1.032)$$

Diese zum Drehpunkt hin gerichtete Beschleunigung nennt man Zentripetalbeschleunigung. Die erhaltene Kraft, die in die gleiche Richtung wirkt, ist entgegengesetzt gerichtet und wird als Zentrifugalkraft bezeichnet:

$$F_c = - \, m \, \omega^2 \, R \; . \qquad (1.033)$$

Die Arbeit der Trägheit in einer fortschreitenden Bewegung entspricht dem Produkt aus der Trägheit und ihrer Verschiebung. Die Leistung ist hingegen das Produkt aus der Trägheit und der am Ende der Bewegung erreichten Geschwindigkeit geteilt durch zwei, wenn die Beschleunigung konstant ist. Ist die Beschleunigung nicht konstant, so variiert sowohl die Trägheit als auch die Geschwindigkeit. In diesem Fall wird die Leistung durch das Integral des Produktes aus den beiden im Zusammenhang mit der Zeit ausgedrückten Funktionen berechnet, wobei über die Zeit integriert wird.

1.7.3 Rotationsgleichgewicht. Unwuchten bei einem rotierenden Körper

Der Rotor ist ein fester Körper, der sich um eine Achse dreht. Wenn die Drehung mit einer konstanten Winkelgeschwindigkeit erfolgt, kann man behaupten, daß die Bewegung aus einer kreisförmigen Translation des Schwerpunktes um die obengenannte Achse besteht. Wenn der Schwerpunkt auf dieser Achse liegt, hat die Zentrifugalkraft den Wert Null, da auch der Abstand R den Wert Null hat. Befindet sich hingegen der Schwerpunkt nicht auf der Drehachse, so entwickelt sich eine Zentrifugalkraft, die Gl. (1.033) entspricht. In der Kreisbewegung greift daher diese Kraft an dem Festkörper an, und die beiden rotieren gleichzeitig. Wenn der Rotor sich auf Lager stützt, müssen diese nicht nur die vom normalen Lauf erzeugten Kräfte und das Rotorgewicht tragen, sondern auch die Auswirkungen der erwähnten Zentrifugalkraft aushalten. Die Reaktionen, die sich daraus ergeben, sind daher beweglich und folgen dem Rotor, wobei sie gleichzeitig zusätzliche Kräfte und Schwingungen erzeugen. Je höher die Drehgeschwindigkeit ist, um so stärker sind diese Kräfte und Schwingungen. In der Gleichung der Zentrifugalkraft berücksichtigt man einerseits den Einfluß der Geschwindigkeit, der ausschließlich von den Anwendungsbedingungen des Rotors abhängt und anderseits das Produkt aus der Masse und dem Abstand des Schwerpunktes vom Drehpunkt, d.h. das Produkt mR, das ausschließlich von der Läufergeometrie abhängt. Dieses Produkt wird statische Unwucht genannt.

Wenn wir einen beliebigen Punkt auf der Rotorachse betrachten, erzeugt die Zentrifugalkraft in Beziehung auf diesen Punkt ein Moment, das durch die Formel $\omega^2 \, m \, R \, x$ gegeben ist. Das Produkt $m \, R \, x$ wird als dynamische Unwucht im Zusammenhang mit dem entsprechenden Punkt bezeichnet. Für jeden Punkt hängt die dynamische Unwucht von der Lage der Zentrifugalkraft im Rotor ab. Es ist empfehlenswert, diese Unwuchten vor allem bei hohen Drehgeschwindigkeiten zu vermeiden. Wenn der Rotor sich um eine Symmetrieachse dreht und der Schwerpunkt sich genau auf dieser Achse befindet, haben die Unwuchten den Wert Null. Die Heterogenität des im Rotor verwendeten Materials und die möglichen bei seiner Herstellung auftretenden Abweichungen können dazu führen, daß der wirkliche Schwerpunkt nicht auf der Drehachse liegt. Demzufolge treten Unwuchten auf. Um eine bestimmte Bewegung zu gewährleisten, ist es notwendig, diese Unwuchten zu beseitigen. Wenn wir in einem beliebigen Punkt des Rotors, der nicht genau dem der statischen Unwucht entspricht, eine entgegengesetzt wirkende Unwucht hinzufügen, erzeugen wir ein zusätzliches Moment und kommen dadurch zu einer Verschlechterung des Ungleichförmigkeitszustands. Um den Rotor wieder auszuwuchten, wäre es notwendig, eine Ausgleichunwucht auf dieselbe Ebene der vorhandenen Unwucht hinzuzufügen. Das ist aber unmöglich. Um ein stabiles Gleichgewicht wieder zu erzielen, müssen wir daher zwei Unwuchten auf zwei verschiedene Ebenen aufbringen. Der Ausgleich des Rotors ist also dadurch zu gewinnen, daß statische Ausgleichunwuchten auf zwei beliebige Ebenen positioniert werden. Die Größe dieser Unwuchten kann durch Messung mittels spezifischer Maschinen erhalten werden.

1.7.4 Trägheit bei der beschleunigten Kreisbewegung. Massenträgheitsmomente.

In Abb. 1.2 betrachten wir einen Festkörper, der sich in einer Gleichgewichtslage gegenüber einer Achse befindet und um diese mit einer Winkelgeschwindigkeit B rotiert, die folgendermaßen definiert wird:

$$B = \frac{d^2\theta}{dt^2} \ .$$

(1.034)

In diesem Festkörper betrachten wir eine Masse dm im Abstand ρ von der Drehachse. Die lineare Beschleunigkeit ist gleich:

$$a = B\,\rho \ .$$

(1.035)

Die Masse besitzt die Trägheit:

$$dF_c = dm\,a = B\,\rho\,dm \ .$$

(1.036)

Unter Berücksichtigung der Drehachse erzeugt diese Kraft das folgende Moment:

$$dT_c = B\,\rho^{\ 2}\,dm \ .$$

(1.037)

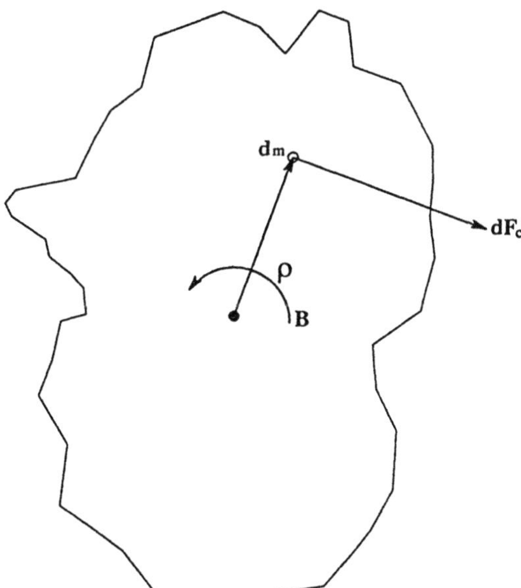

Abb. 1.2. Trägheitsmoment

Die Gesamtheit der Massen des obengenannten Körpers hat das Moment:

$$T_c = \iiint_V B\rho^2 \, dm = B \iiint_V \rho^2 \, dm \ . \tag{1.038}$$

Das dreifache Integral über das gesamte Festkörpervolumen hängt nur von den geometrischen Elementen und der Dichte des Körpers ab. Es handelt sich deshalb um eine der Masse ähnliche Eigenschaft, das "Massenträgheitsmoment" des Festkörpers unter Berücksichtigung der Drehachse genannt wird. Dieses Moment wird mit J_Δ bezeichnet:

$$J_\Delta = \iiint_V \rho^2 \, dm \ . \tag{1.039}$$

Das Produkt aus dem Trägheitsmoment und der Winkelbeschleunigung stellt das Trägheitspaar des Festkörpers um die obengenannte Achse dar. Hier ist eine Analogie zu der fortschreitenden Bewegung zu beobachten, nämlich die Trägheit entspricht dem Produkt aus einer Beschleunigung und einer Eigenschaft des Festkörpers. Was die Translation anbelangt, handelt es sich bei der Trägheit um das Produkt aus der Masse und der linearen Beschleunigung, während im Fall der Drehung spricht man vom Produkt aus dem Trägheitsmoment und der Winkelbeschleunigung. In der fortschreitenden Bewegung ist die Resultante eine Kraft, in der Kreisbewegung das Moment eines Drehmoments. An dieser Stelle ist ein wesentlicher Unterschied hervorzuheben: in der Translation bleibt die Trägheit – unabhängig von der Bewegung – unverändert, solange die Beschleunigung nicht variiert. In der Drehung hängt hingegen das Trägheitsmoment und folglich auch das Moment des Drehmoments von der Drehachse ab. Daraus ergibt sich, daß für jede Drehachse, auf die man sich bezieht, ein Trägheitspaar vorhanden ist.

Für die prismatische Körper mit einer Länge L kann die Masse dm durch das Produkt aus dem Schnitt ds, der konstanten Länge L und der Dichte δ ersetzt werden, wenn die Drehachse die Achse des prismatischen Körpers ist. Darum können wir schreiben:

$$J_\Delta = L\,\delta \iint_S \rho^2 \, ds \ . \tag{1.041}$$

Das doppelte Integral ist das Polarträgheitsmoment vom Schnitt des prismatischen Festkörpers im Verhältnis zu dem Eindringungspunkt der Körperachse in jenen Schnitt, und zwar im Verhältnis zum Mittelpunkt des Schnittes. Daraus folgt, daß für einen Zylinder mit Durchmesser d und Länge L, ist das Trägheitsmoment im Verhältnis zur Zylinderachse ist:

$$J_D = L \, \frac{\pi \, d^4}{32} \, \delta = \frac{\pi \, d^2}{4} \, L \, \delta \, \frac{d^2}{8} \ . \tag{1.042}$$

Wenn wir beobachten, daß die Zylindermasse ist :

$$m = L\,\delta\,\frac{\pi\,d^2}{4}$$ (1.043)

und wenn wir einen Trägheitsradius R_G definieren:

$$R_G = \frac{d}{\sqrt{8}}$$ (1.044)

erhalten wir:

$$J_D = m\,R_G^2\ .$$ (1.045)

Für ein Parallelflach, dessen Abmessungen mit a, b und c bezeichnet werden, gilt in Beziehung auf seine Achse parallel zu c:

$$m = a\,b\,c\,\delta$$ (1.046)

$$R_G = \sqrt{\frac{a^2 + b^2}{12}}$$ (1.047)

und Gl. (1.023) bleibt gültig.

Wenn ein Festkörper sich um eine Achse dreht, die verschieden von der Achse ist, die durch seinen Schwerpunkt geht, entspricht die Bewegung einer kreisförmigen fortschreitenden Bewegung. Um eine Winkelbeschleunigung des Festkörpers zu erzeugen, ist es notwendig ein Drehmoment aufzubringen, das imstande ist, die Trägheit zu neutralisieren:

$$J_D = m\,R^2$$ (1.048)

wobei m die Festkörpermasse und R der Abstand seines Schwerpunktes von der Drehachse ist.

Wenn der Körper sich sowohl um die Achse dreht, die durch seinen Schwerpunkt geht als auch um die, die zu dieser parallel ist, haben wir das gleiche:

$$J_\Delta = J_{\Delta 0} + m\,R^2$$ (1.049)

wobei das Trägheitsmoment mit dem Index 0 sich auf die Schwerpunktachse bezieht.

Bei der Gleichung, die das Trägheitsmoment definiert, ist zu beobachten, daß je größer die Masse ist und je weiter sie sich vom Drehpunkt befindet, desto größer ist dieses Moment. Ein starkes Trägheitsmoment ist bei einer äußerst kleinen Masse dadurch zu erzeugen, indem die betreffende Masse vom Drehpunkt entfernt wird. Eine Felge mit einem erheblichen Durchmesser hat für ein bestimmtes Trägheitsmoment eine Masse, die kleiner ist als die Masse einer vollen Scheibe. Wenn wir hingegen für eine bestimmte Masse ein möglichst kleines Trägheitsmoment erzeugen wollen, müssen wir so vorgehen, daß der Festkörper eine möglichst dichte Form um die Drehachse besitzt. Daraus folgt, daß die Massen, die oft einer Bewegung ausgesetzt werden, möglichst klein sein sollen, wenn sie einer fortschreitenden Bewegung folgen (das ist bei leichten Materialien möglich). Handelt es sich um eine Kreisbewegung, so sollen die Massen um die Drehachse möglichst klein und dicht sein.

1.8 Gleitreibung

1.8.1 Grundgleichung

Wir nehmen an, daß ein Festkörper auf einen anderen Festkörper mit einer Normalkraft F_n gedrückt wird. Wenn wir versuchen, den ersten Körper auf dem zweiten zu verschieben, ohne Kraft anzuwenden, tritt bei der Bewegung der sich berührenden Körper ein Widerstand auf, der einer Kraft F_f entspricht, die proportional zur Normalkraft und tangential auf beide Flächen wirkt. Der Proportionalitätsfaktor erhält den Namen Reibungszahl, der sich berührenden Flächen μ :

$$F_f = \mu \, F_n \ .\tag{1.050}$$

Dieser Wert hängt sowohl von den Materialien, aus denen die betreffenden Flächen bestehen, als auch von denjenigen ab, die gegebenenfalls zwischen die beiden Flächen eingeführt werden könnten. Der vorliegende Text beschränkt sich auf die Behandlung der unmittelbaren Reibung, d.h. der Reibung zwischen zwei Flächen, ohne daß irgendein Material dazwischen eingeführt wird.

1.8.2 Winkel der Reibungszahl

In Abb. 1.3 betrachten wir einen Festkörper auf einer schiefen Ebene mit einer veränderbaren Neigung α.

Das Gewicht des Festkörpers F kann in eine Normalkraft F_n und eine tangential zur schiefen Ebene wirkende Kraft F_t zerlegt werden.

Es gilt:

$$F_n = F \cos \alpha\tag{1.051}$$

$$F_t = F \sin\alpha \ .\tag{1.052}$$

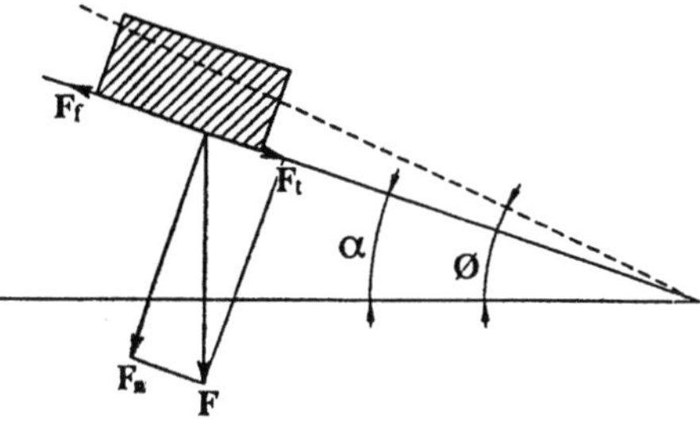

Abb. 1.3. Schiefe Ebene

Unter der Einwirkung der tangential wirkenden Kraft neigt der Festkörper zur Bewegung. Unter der Einwirkung der Normalkraft entwickelt sich eine tangential wirkende Kraft, die sich der Bewegung entgegengesetzt und die Reibungskraft darstellt. Für einen Wert ϕ von α sind die beiden Kräfte gleich. Man kann deshalb schreiben:

$$F \sin \phi = \mu \, F \cos \phi \; . \tag{1.053}$$

Daraus folgt:

$$\mu = \tan \phi \; . \tag{1.054}$$

Der Winkel ϕ wird Reibungswinkel genannt.

1.8.3 Die Keilwirkung

In Abb. 1.4 betrachten wir einen Keil mit einem Winkel α, der sich unter einem Festkörper befindet und ihn auf seiner schiefen Ebene berührt.

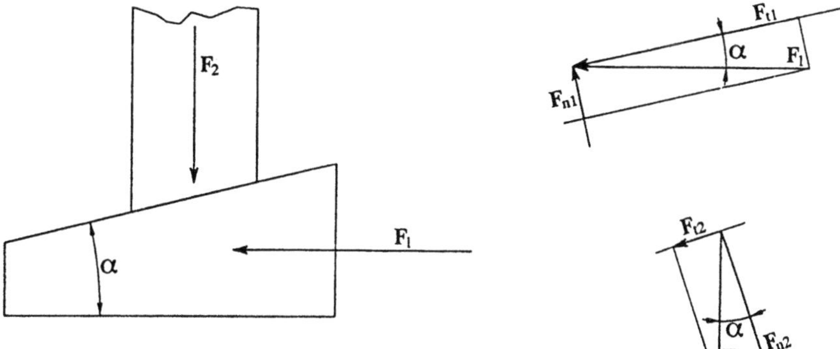

Abb. 1.4. Keilwirkung

F_1 ist die Kraft, die an dem Keil angreift, während F_2 die Kraft ist, die senkrecht auf F_1 einwirkt.

Diese Kräfte können in eine Normalkraft und eine tangential wirkende Kraft gegenüber der Ebene zerlegt werden, auf der sich die beiden Festkörper berühren:

$$F_{t1} = F_1 \cos \alpha \tag{1.055}$$

$$F_{n1} = F_1 \sin \alpha \tag{1.056}$$

$$F_{t2} = F_2 \sin \alpha \tag{1.057}$$

$$F_{n2} = F_2 \cos \alpha \ . \tag{1.058}$$

Die Normalkräfte schaffen eine Reibungskraft, die sich ihrer Bewegung entgegengesetzt:

$$F_{f1} = F_{n1} \ \tan \phi = F_1 \ \sin \alpha \ \tan \phi \tag{1.059}$$

$$F_{f2} = F_{n2} \ \tan \phi = F_2 \ \cos \alpha \ \tan \phi \ . \tag{1.060}$$

Wenn F_1 eine Aktivkraft und F_2, eine Passivkraft sind, wird die Arbeit der Tangentialkraft F_{t1} durch die Passivarbeiten der drei anderen Tangentialkräfte ausgeglichen:

$$F_{t1} \, x = F_{t2} \, x + F_{n1} \, x + F_{n2} \, x \tag{1.061}$$

oder:

$$F_{t1} = F_{t2} + F_{n1} + F_{n2} \ . \tag{1.062}$$

Wenn man die Kräfte mit ihren entsprechenden Werte nach den Gleichungen (1.055), (1.056), (1.059) und (1.060) ersetzt, kommt man zum folgenden Resultat:

$$F_2 = F_1 \ \tan (\alpha + \phi) \ . \tag{1.063}$$

Wenn F_2 eine Aktivkraft und F_1 eine Passivkraft ist, dann gilt:

$$F_1 = F_2 \ \tan (\alpha - \phi) \ . \tag{1.064}$$

Wenn wir eine Kraft mit derselben Richtung von F_1 erzeugen wollten, wäre es notwendig, eine unendliche Kraft aufzubringen, falls die Ebene der Öffnung des Reibungswinkels entspräche oder kleiner als sie wäre. Dabei würde es sich um Unumkehrbarkeit handeln, d.h. dieses Verfahren ist unmöglich.

Wenn keine Reibung aufträte, wäre das Verhältnis zwischen den beiden Kräften:

$$F_1 \; = \; F_2 \, \tan\alpha \; .$$

(1.065)

Ist F_1 eine Aktivkraft, dann ist der Wirkungsgrad:

$$\eta \; = \; \frac{\tan\alpha}{\tan(\alpha \; + \; \phi)} \; .$$

(1.066)

Andernfalls (F_2 = Passivkraft):

$$\eta \; = \; \frac{\tan(\alpha \; - \; \phi)}{\tan\alpha} \; .$$

(1.067)

Die Keilwirkung findet zahlreiche Anwendungen auf dem Gebiet der Mathematik: Verbund, Schraubenbolzen mit Kopf und Mutter, Schrauben und Schneckenrad, usw.

1.8.4 Reibung einer Rolle auf ihren Achsen

Abbildung 1.5 zeigt eine Rolle mit einem Durchmesser D und einer Kraft F. Die Rollenachse hat einen Durchmesser d. Unter der Einwirkung der Kraft F erzeugt die Reibung der Achse auf ihrem Lager eine Reibungskraft tangential der Achse $F_f = \mu\, F$. Damit die Rolle sich drehend vorschiebt, ist es notwendig, eine Kraft F_t auf ihren Mittelpunkt aufzubringen, um ein Drehmoment $F_t\, D/2$ zu erzeugen, das

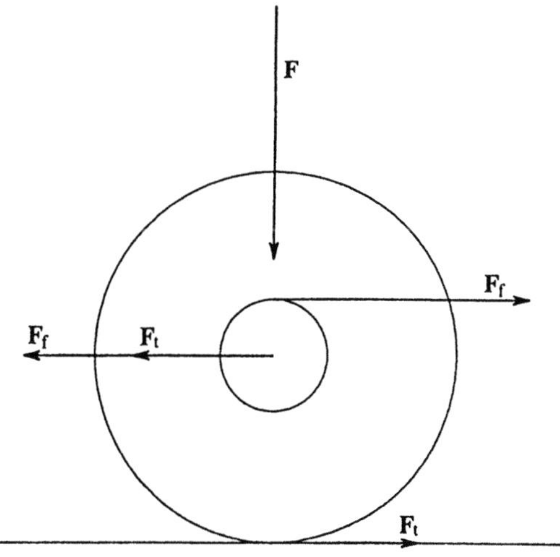

Abb. 1.5. Rolle

dem von der Reibungskraft erzeugten Drehmoment F_f $d/2$ einen Widerstand entgegensetzen kann.

Es gilt daher das Verhältnis:

$$F_t \;=\; F\,\mu\;\frac{d}{D} \tag{1.068}$$

1.8.5 Reibung zwischen einem Riemen und seiner Scheibe

Abbildung 1.6 zeigt einen Riemen auf einer Scheibe mit einem Durchmesser d.

F_1 und F_2 sind die Kräfte der oberen Seite bzw. der unteren Seite. In einem beliebigen Punkt, der mit dem durch den Tangentenpunkt der Kraft F_1 auf der Scheibe gehenden Halbmesser einen Winkel θ bildet, nehmen wir ein äußerst kleines Element aus der Scheibe.

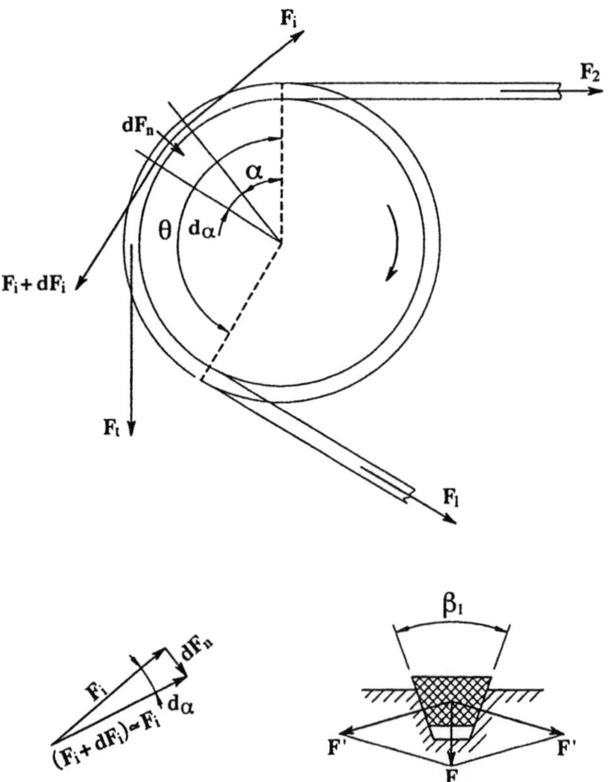

Abb. 1.6. Scheibe und Riemen

Die zwei Radien, die diesen Teil abgrenzen, bilden einen Winkel $d\alpha$. Die Kraft, die auf einem Ende aufgebracht wird, ist F_i ; wenn F_2 kleiner ist als F_1, entspricht sie der Kraft des anderen Endes $F_i + dF_i$. Das Zusammenwirken dieser Kräfte erzeugt eine Kraft dF_n , deren Wert ist:

$$dF_n = F_i\ d\alpha \quad . \tag{1.069}$$

Diese Kraft erzeugt eine Reibungskraft $\mu\ dF_n$, die gleich dF_i ist. Daraus folgt:

$$\frac{dF_i}{F_i} = \mu\ d\alpha \tag{1.070}$$

und wir berechnen dann auf der gesamten Länge des die Scheibe berührenden Riemens das Integral:

$$\int_{F2}^{F1}\frac{dF_i}{F_i} = \int_0^\theta \mu\ d\alpha \quad . \tag{1.071}$$

Beim Lösen von Gl. (1.071) ergibt sich:

$$\ln\frac{F_1}{F_2} = \mu\ \theta \tag{1.072}$$

$$F_1 = F_2\ e^{\mu\ \theta} \quad . \tag{1.073}$$

Die Kraft, die von dem Riemen auf die Scheibe oder von der Scheibe auf den Riemen übertragen werden kann, ist die Kraft F_t:

$$F_t = F_1 - F_2 = F_1\ \frac{e^{\mu\theta} - 1}{e^{\mu\theta}} \quad . \tag{1.074}$$

Das übertragbare Drehmoment ist:

$$T = \frac{F_t\ d}{2} = \frac{1}{2}\ F_1\ d\ \frac{e^{\mu\theta} - 1}{e^{\mu\theta}} \quad . \tag{1.075}$$

Die obenerwähnte Theorie gilt für Flachriemen. Sie könnte sich auch auf Keilriemen beziehen, wenn man die Kräfte berücksichtigt, welche auf die von der Scheibe berührten Flächen einwirken. Es handelt sich hierbei um Flächen, die im Verhältnis zur Fläche der Flachriemen schräg sind. Die zu berücksichtigenden

Kräfte wären:

$$F' = \frac{F}{\sin \beta} \; .$$

$$(1.076)$$

Keilriemen können daher im Vergleich zu Flachriemen ein größeres Drehmoment übertragen.

1.8.6 Haftreibungskraft

Damit sich eine Rolle auf ihrer Rollschiene bewegt, ist es notwendig, auf sie ein Drehmoment aufzubringen, das die Widerstände neutralisieren kann. Wenn dieses Drehmoment mit T und der Durchmesser der Rolle mit d bezeichnet werden, ist die Schleppkraft F_t :

$$F_t = \frac{2\,T}{d} \; .$$

$$(1.077)$$

Sei F_n die Kraft, die die Rolle auf die Rollschiene drückt. Aus dem Kontakt der Rolle mit der Schiene entwickelt sich eine Reibungskraft $\mu\,F_n$, die ein Drehmoment T_m erzeugt:

$$T_m = \mu\,F_n\,\frac{d}{2} \; .$$

$$(1.078)$$

Wenn das von der Reibung erzeugte Drehmoment kleiner als das der Schleppkraft ist, rutscht die Rolle auf der Rollschiene. Die Kraftübertragung ist nur möglich, wenn gilt (s. Abb. 1.7):

$$F_n > \frac{F_t}{\mu} \; .$$

$$(1.079)$$

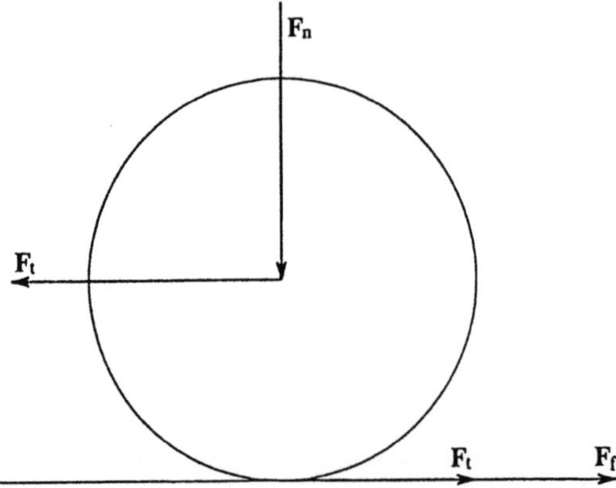

Abb. 1.7. Haftreibungskraft

Diese Bedingung gilt für alle Fahrzeuge. Sie kann auf den seitlichen Haftwert der Fahrzeuge mit Luftreifen erstreckt werden. Wenn das Widerstandspaar von einer Normallast auf der Rollschiene F erzeugt wird, und wenn die notwendige Schleppkraft K-mal der Last ist, ist die Schleppkraft pro Rolle mit einer n' Anzahl von Treibrollen:

$$F_t = K \frac{F}{n'} \ .$$
(1.080)

Wenn n die Anzahl der Treibrollen bezeichnet, ist der Haftwert:

$$F_a = \mu \ \frac{F}{n} \ .$$
(1.081)

Da die Haftreibungskraft F_a größer sein muß als die Schleppkraft jeder Treibrolle, muß folgende Bedingung gelten:

$$n' > \frac{K}{\mu} n \ .$$
(1.082)

1.8.7 Reibung auf Scheiben (Abb. 1.8)

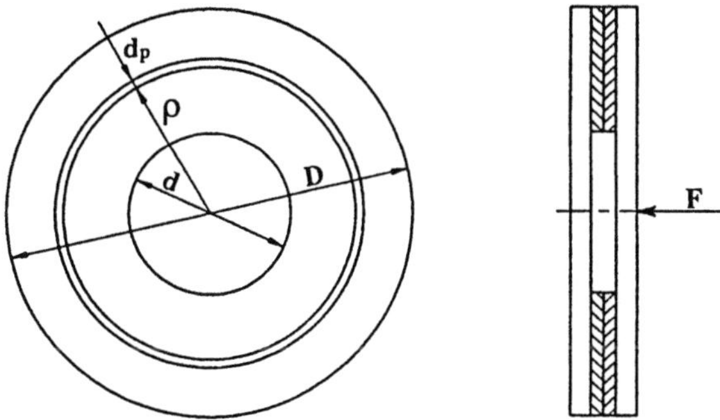

Abb. 1.8. Reibung auf Scheiben

Zwei Scheiben haben einen Außendurchmesser D und einen Innendurchmesser d. Sie liegen aufeinander; es wirkt eine Kraft F, die folgenden Druck p auf die Scheiben erzeugt:

$$p = \frac{F}{S} = \frac{4\,F}{\pi\ (D^2 - d^2)} \ .$$
(1.083)

Dieser Druck erzeugt eine Kraft auf einen Rand mit einer Breite $d\rho$, der auf einem Radius ρ aufliegt:

$$dF_t = 2\,\mu\,p\,\pi\,\rho\;\;d\rho \qquad (1.084)$$

und folglich ein Drehmoment hat:

$$dT = dF_t\,\rho = 2\,\pi\,\mu\,p\,\rho^2\;d\rho \quad . \qquad (1.085)$$

Für die gesamte Fläche gilt:

$$T = \int_{d/2}^{D/2} 2\,\pi\,p\,\mu\,\rho^2\,d\rho \qquad (1.086)$$

oder:

$$T = \pi\,p\,\mu\,\frac{D^3 - d^3}{12} = \frac{1}{3}\,F\mu\,\frac{D^3 - d^3}{D^2 - d^2} \quad . \qquad (1.087)$$

Wenn die Scheiben kegelförmig mit einem Eckpunkt γ sind, dann ist die betreffende Kraft:

$$F' = \frac{F}{\sin\dfrac{\gamma}{2}} \quad . \qquad (1.088)$$

1.8.8 Einige Gleitwerte

Stahl auf Stahl	0,2 bis 0,3
Stahl auf Grauguß	0,12 bis 0,2
Stahl auf Gummi	0,25 bis 0,35
Gummi auf Gummi	0,35 bis 0,6
Stahl auf Holz	0,45 bis 0,6
Stahl auf Asbest	0,3 bis 0,4
Stahl auf geschmiertem Stahl	0,06 bis 0,12

1.9 Rollwiderstand oder Wälzreibung (Abb. 1. 9)

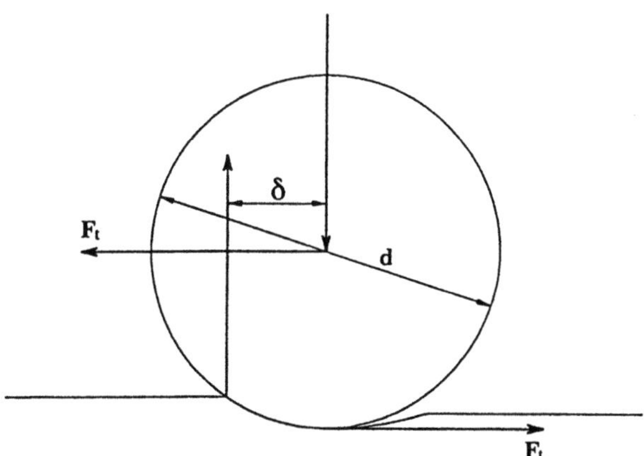

Abb. 1.9. Rollwiderstand

Wird eine Rolle auf ihre Gleitbahn mit einer Kraft F gedrückt, findet eine Verformung der Rolle und der Bahn statt. Diese Verformung hängt von der Kraft und dem Material ab, und sie ist natürlich bei einem Luftreifen viel größer als bei einem Stahlrad. Diese Verformung beeinflußt die Reaktion der Rolle auf die Bahn in der Bewegungsrichtung δ. Die Kraft F und seine Wirkung bilden ein Drehmoment, dessen Moment T gegeben ist durch:

$$T = F\,\delta \quad . \tag{1.089}$$

Bei Verschiebung der Rolle, wird eine Schleppkraft F_t, die einem $T_m = F_t\,d/2$ Drehmoment entspricht, benötigt. Dieses Paar muß den Widerstand überwinden, der von der Verformung der Rolle/Gleitbahn erzeugt wird.

Deshalb haben wir:

$$F_t = 2\,F\,\frac{\delta}{d} \quad . \tag{1.090}$$

Wenn der Rollwiderstand mit der dimensionslosen Größe $\delta_0 = \delta/d$ bezeichnet wird, dann entspricht er dem Gleitwiderstand (Gleitreibung):

$$F_t = F\,\delta_0 \quad . \tag{1.091}$$

Der Wertebereich der Wälzreibung ist äußerst variabel. Für Stahl auf Stahl (Schiene auf Schiene) beträgt der Wert ungefähr 0,01.

1.10 Notwendiges Drehmoment für eine Translationsrolle

Wir betrachten eine Translationsrolle mit einem Durchmesser D und einer Durchmesserachse d. Auf die Rolle wird eine Last F aufgebracht. Die Schleppkraft, die zu neutralisieren ist, ergibt sich zu:

$$F_t = F\left(\mu\,\frac{d}{D} + \delta_0\right) . \tag{1.092}$$

Daraus ergibt sich, daß das Drehmoment, das auf die Rollenachse aufzubringen ist, den Wert hat:

$$T = \frac{1}{2000}\,F D\left(\mu\,\frac{d}{D} + \delta_0\right) . \tag{1.093}$$

n ist die Anzahl der Treibrollen, n' die der Schlepprollen und F die Gesamtbelastung. Das Kräftepaar auf jedem Motor ist:

$$F' = \frac{F}{n}\,\frac{n}{n'}\left(\mu\,\frac{d}{D} + \delta_0\right) \tag{1.094}$$

oder:

$$F' = \frac{F}{n'}\left(\mu\,\frac{d}{D} + \delta_0\right) . \tag{1.095}$$

Diese Kraft muß schwächer sein als die Haftreibungskraft der Treibrollen. Das Drehmoment ist also:

$$T = \frac{1}{2000}\,\frac{F'}{n'}\,D\left(\mu\,\frac{d}{D} + \delta_0\right) . \tag{1.096}$$

1.11 Das Anlaufdrehmoment

Das Anlaufdrehmoment einer mechanischen Vorrichtung entspricht der Summe aus dem für das Erzeugen einer Bewegung mit konstanter Geschwindigkeit notwendigen Drehmoment und dem auf die Trägheitskräfte bezogenen Paar. Bei bestimmten Anwendungen verwendet man Massen, um die nutzbaren Massen statisch auszugleichen, wie zum Beispiel bei Aufzügen, bei dem ein Gegengewicht die Masse der Kabine ausgleicht oder beim Senkrechtförderer, die aufsteigenden Elemente durch alle absteigenden Elemente ausgeglichen werden, mit Ausnahme der Nutzlast. Diese Massen entwickeln Drehmomente, deren Bewegung eine konstante Geschwindigkeit haben und in der entgegengesetzten Richtung fortschreiten. Sie werden also nicht vom Antriebsmotor angenommen. Trotzdem müssen beim Anlassen alle Massen einer Beschleunigung in der gleichen Richtung ausgesetzt werden. Demzufolge wirken sie auf das Anlaufdrehmoment ein. Die ausgleichenden Massen erhöhen die Trägheit während des Anlassens.

1.12 Kinematische Kette

1.12.1 Definition

Eine kinematische Kette ist eine Menge sich drehender Achsen, die sich durch Antriebsorgane gegenseitig betätigen. Die Achsen, aus denen die Kette besteht, haben daher Geschwindigkeiten, die voneinander abhängig sind.

1.12.2 Drehmomente

Seien $n_1,....,n_i,....,n_j,....,n_n$ die Drehgeschwindigkeiten der Achsen $1,....,i,....,j,....,n$. In der kinematischen Kette ist eine Leistung zu beobachten, die wir für konstant halten können, wenn wir den Wirkungsgrad außer Acht lassen. Wenn P diese Leistung bezeichnet, ist das Drehmoment auf jeder Welle:

$$T_i = 9550 \, \frac{P}{n_i} \, . \tag{1.097}$$

Daraus läßt sich schließen, daß das Verhältnis zwischen den Drehmomenten auf zwei verschiedenen Achsen ist:

$$\frac{T_i}{T_j} = \frac{n_j}{n_i} \, . \tag{1.098}$$

Wenn wir hingegen den Wirkungsgrad berücksichtigen, müssen wir auch die Tragwelle und die getragene Welle definieren. Ist i die Tragwelle und j die getragene Welle, so ergibt sich auf der Welle j ein Drehmoment, das schwächer ist als das bei einem hypothetischen Wirkungsgrad mit Wert 1 berechnete Drehmoment. Daraus folgt:

$$\frac{T_i}{T_j} = \frac{n_j}{n_i} \, \frac{1}{\eta} \, . \tag{1.099}$$

1.12.3 Trägheitsmomente

J_j ist das Trägheitsmoment auf der Achse j. In der kinematischen Kette ist es möglich, auf einer Welle i, ein auf das Anlassen des Systems bezogenes äquivalentes Trägheitsmoment zu berechnen, da alle Achsen miteinander verbunden sind. Die Beschleunigungen der Achsen sind miteinander durch dasselbe Verhältnis verbunden wie das der Geschwindigkeiten. Wenn B_i die Winkelbeschleunigung auf der Achse i bezeichnet und B_j diejenige, die sich auf die Achse j bezieht, können wir behaupten, daß:

$$\frac{B_i}{B_j} = \frac{n_i}{n_j} \ . \tag{1.100}$$

Das Trägheitspaar auf der Achse j ist:

$$T_j = J_j \ B_j \ . \tag{1.101}$$

Wenn J_{ji} das Trägheitsmoment auf der Welle i ist, das den gleichen Wert wie das Trägheitsmoment J_j auf der Achse j hat, ist das entsprechende Drehmoment auf der Achse i:

$$T_{ji} = J_{ji} \ B_i \ . \tag{1.102}$$

Aufgrund des Drehmomentengesetz muß das Trägheitsmoment mit dem Drehmoment gleichwertig sein, das sich durch Gl. (1.101) ergibt. Man erhält ohne Berücksichtigung des Wirkungsgrads:

$$J_{ji} \ B_i = J_j \ B_j \ \frac{n_j}{n_i} \tag{1.104}$$

und schließlich:

$$J_{ji} = J_j \left(\frac{n_j}{n_i} \right)^2 \ . \tag{1.105}$$

1.12.4 Elastische Konstanten der Achsen

Die elastische Konstante entspricht dem Verhältnis zwischen dem aufgebrachten Drehmoment und der Formänderung, die sie verursacht. Diese Konstanten können auch von einer Achse auf die andere verlegt werden, um gleichwertige Konstanten zu erhalten, die bei der Rechnung verwendet werden können. Wir haben also:

$$c_{ji} = c_j \left(\frac{n_j}{n_i} \right)^2 \ . \tag{1.106}$$

1.12.5 Anbringen eines Laufkrans an einer Hebewinde

Der Hub einer Last mit einem Laufkran wird durch die Auftrommelung eines Seiles vorgenommen. Das für die Trommel notwendige nutzbare Drehmoment wird mit T_t bezeichnet. Die Drehgeschwindigkeit dieser letzten muß in Beziehung auf einen Motor mit einem Untersetzungsgetriebe erzeugt werden, dessen gesamtes Untersetzungsverhältnis i ist. Das für den Motor notwendige Drehmoment mit konstanter Hubgeschwindigkeit η ist daher:

$$T_m = \frac{T_t}{i} \frac{1}{\eta} \; . \tag{1.107}$$

wo η der Wirkungsgrad des Untersetzungsgetriebes ist.

Während des Anlassens kennen wir die Winkelgeschwindigkeit der Trommel, die mit der Beschleunigung der Last gekoppelt ist. Die Winkelbeschleunigung des Motors ist daher i-mal höher. J_t ist das Trägheitsmoment der Trommel und J_c das Trägheitsmoment, das der Last auf die Trommel der Motorwelle entspricht. Das äquivalente Trägheitsmoment ergibt sich zu:

$$J_1 = (J_t + J_c) \frac{1}{i^2} \; . \tag{1.108}$$

Mit J_m wird das Trägheitsmoment auf die Triebwelle bezeichnet und mit B_m die Winkelbeschleunigung der Triebwelle, für das Anlassen ist das notwendige Drehmoment:

$$T_d = (J_m + J_l) \, B_m + T_m \; . \tag{1.109}$$

Wenn n_m die Drehgeschwindigkeit des Motors ist, dann ist seine Nennleistung:

$$P \geq \frac{T_m \; n_m}{9550} \; . \tag{1.110}$$

Man kann somit den Motor auswählen und überprüfen, ob sein Anlaufmoment angemessen ist. Was die Bremse betrifft, ist es in der Absteigphase der Triebwelle notwendig, auf der Trommel das Drehmoment zu neutralisieren, das identisch mit dem T_t in der Anhebphase ist. In diesem Fall wird es aber ein Antriebsdrehmoment, und die Wirkung geht in die entgegegesetzten Richtung. Wir haben deshalb:

$$T_f = \frac{T_t}{i} \eta \; . \tag{1.111}$$

Es ist also eindeutig, daß das Bremspaar das Produkt aus dem Antriebspaar und dem Quadrat des Wirkungsgrads ist.

2 Festigkeit von Werkstoffen

2.1 Zug – Einfacher Druck

Wir haben es mit einer einfachen Verformung zu tun, wenn die Resultante der Außenkräfte auf einer Seite des Schnittes sich auf eine einzige Kraft reduziert, die auf dem Schnitt senkrecht steht und durch seinen Elastizitätspunkt geht.

Wenn diese Resultante mit F_n bezeichnet wird, ist das Gleichgewicht der Innenkräfte:

$$\sigma_n = - \frac{F_n}{A} \leq \sigma_{Pn} \tag{2.001}$$

wobei A der Flächeninhalt des analysierten Schnitts ist und σ_{Pn} die zulässige Beansprechung für den Zug oder Druck.

Die Verformung besteht in einer Dehnung entlang der Longitudinalachse des Körpers. Bei einer Anfangslänge dx ist die Dehnung $d2$:

$$d\lambda = \frac{F_n}{E\,A}\, dx \tag{2.002}$$

wobei E das Elastizitätsmodul des Materials ist.

Bei einer Länge ℓ ist die Verformung:

$$\lambda = \int_0^{\ell} \frac{F_n}{E\,A}\, dx \tag{2.003}$$

Bei einem prismatischen Körper (A = Konstante) und einer konstanten Zugkraft hat man:

$$\lambda = \frac{F_n}{E\,A}\, \ell \; . \tag{2.004}$$

Die Deformationsarbeit wird auf folgende Weise ausgedrückt:

$$W_n = \frac{1}{2} \int_0^{\ell} F_n \, d\lambda \ .$$

(2.005)

Dies führt zu den beiden Gleichungen:

$$W_n = \frac{1}{2} \int_0^{\ell} \frac{F_n^{\,2}}{E\,A} \, dx$$

(2.006)

$$W_n = \frac{1}{2} \int_0^{\ell} \frac{A\,\sigma_n^2}{E} \, dx \ .$$

(2.007)

Bei einem prismatischen Körper, an dem eine konstante Zugkraft angreift, gilt:

$$W_n = \frac{1}{2} \frac{F_n^2 \, \ell}{E\,A}$$

(2.008)

$$W_n = \frac{1}{2} E\,A \frac{\lambda^2}{\ell} \ .$$

(2.009)

2.2 Scherung

Wenn die Resultante der Außenkräfte, die auf einer Seite des Schnittes aufgebracht sind, eine Kraft ist, die durch den Scherungspunkt des Schnittes geht und
komplanar mit dem Schnitt selbst ist, ist die Verformung ein Schnitt.
Bei Zug beziehen wir uns auf die Gleichungen:

$$\sigma_c = \frac{F_c}{A}$$

(2.010)

$$\gamma = \frac{d\lambda}{d\ell} = \frac{\sigma_c}{G}$$

(2.011)

wo G das Querelastizitätsmodul des Material ist und σ_{Pc} die maximal zulässige
Scherung, F_c die Kraftresultante und γ der Scherfaktor.

2.3 Reine Biegung

Wenn die Außenkräfte, die auf einem Teil des Schnittes aufgebracht sind, sich auf ein Drehmoment reduzieren, dessen Moment mit dem Schnitt komplanar ist, wird die Verformung Biegung genannt. Das Moment des Drehmoments nennt man "Biegemoment" und bezeichnet es mit M_b. Wenn das Biegemoment und eine Hauptträgheitsachse des Schnittes (eine Symmetrieachse, falls sie besteht) sich decken, handelt es sich um eine Flachbiegung, ansonsten um eine abgelenkte Biegung.

2.3.1 Flachbiegung

Man betrachte zwei Hauptträgheitsachsen des Schnittes, wobei das geometrische Trägheitsmoment gegenüber einer dieser Achsen den Maximalwert und gegenüber dem anderen den Minimalwert hat. M_b ist dann das Biegemoment, das die Achse deckt, gegenüber dem das geometrische Trägheitsmoment den Maximalwert hat. In einem zu dieser Achse parallelen Schnitt mit einem Abstand γ von der Achse tritt folgende Beanspruchung auf:

$$\sigma_y = \frac{M_b\, y}{I_{\max}} \quad . \tag{2.012}$$

Entlang der Achse ($y = 0$) ist die Spannung gleich Null. Diese Achse wird neutrale Achse genannt. Je nach Vorzeichen ist auf einer Schnittseite die Beanspruchung positiv und auf der anderen negativ. Diese Beanspruchungen sind Zug- bzw. Druckspannungen. Ein Schnitteil wird gedrückt, während der andere Teil einem Zug ausgesetzt wird. Wenn das Biegemoment und die andere Achse sich decken, wenden wir ähnliche Gleichungen an, bei denen aber I_{min} durch I_{max} ersetzt wird. Die höchste Druckspannung ist bei dem größten Abstand v- von y in dem des Drucks ausgesetzten Teil zu erzeugen, während die höchste Zugspannung bei dem größten Abstand $v +$ von y in dem des Zugs ausgesetzten Teil zu erzeugen ist.

Wenn das Material verschiedene Widerstände gegenüber Zug bzw. Druck hat, ist es notwendig festzustellen, daß jede von der auf diese Weise berechneten Beanspruchungen schwächer ist als die entsprechende zulässige Spannung. Wenn die zwei Materialien hingegen durch denselben Widerstand gegenüber Druck und Zug gekennzeichnet sind (z.B. Stahl), könnten die höchsten Zug- und Druckspannungen verschieden sein, wenn die jeweiligen Abstände v verschieden sind. Man wird also die entsprechenden Berechnungen in Beziehung auf den von der neutralen Achse entfernsten Punkt anstellen. Wenn der Schnitt und die neutrale Achse symmetrisch sind, haben wir:

$$\sigma_y = \frac{M_b}{I/v} \quad . \tag{2.013}$$

wobei I das geometrische Trägheitsmoment in Bezug auf die neutrale Achse ist. I/v, das typisch für die Biegung ist, wird Widerstandsmodul genannt.

Bei einem kreisförmigen Schnitt ist:

$$I = \frac{\pi \, d^4}{64} \qquad (2.014)$$

und

$$\frac{I}{v} = \frac{\pi \, d^3}{32} \cdot \qquad (2.015)$$

Bei einem rechteckigen Schnitt ist:

$$I = \frac{b \, a^3}{12} \qquad (2.016)$$

und

$$\frac{I}{v} = \frac{b \, a^2}{6} \qquad (2.017)$$

wo b die mit der neutralen Achse parallele ist.

Unter der Einwirkung des Moments dreht sich der Schnitt um die neutrale Achse und bezüglich eines Schnittes im Abstand dx. Der betreffende Winkel ist:

$$d\phi = \frac{M_b}{E\,I} \, dx \cdot \qquad (2.018)$$

Da das Moment der Körperachse entlang veränderlich ist, also auch der Schnitt und das Elastizitätsmodul, ergibt sich für jeden Körperpunkt

$$\phi = \int \frac{M_b}{E\,I} \, dx \cdot \qquad (2.019)$$

Der Winkel ϕ stellt die Schnittdrehung im Punkt x dar.

Die Verformung der Körperachse besteht aus einer Verschiebung auf der zu dem Moment (und daher zu der neutralen Achse) senkrechten Ebene, die mit einem Pfeil gekennzeichnet wird. Diese Verschiebung ist entlang der Achse veränderlich und wird durch die Gleichung beschrieben:

$$y = \int \phi \, dx \cdot \qquad (2.020)$$

Wenn der Körper prismatisch und gleichförmig ist, können E und I aus dem Integralsymbol herausgezogen werden.

2.3.2 Abgelenkte Biegung

Wenn das Biegemoment und eine der Hauptträgheitsachsen sich nicht decken, haben wir eine abgelenkte Beigung. Nehmen wir an, ψ sei der Winkel, den das Moment mit der Trägheitsachse bildet und gegenüber dem das Trägheitsmoment den Höchstwert hat. Decken sich die neutrale Achse und das Moment nicht, bildet die neutrale Achse genau mit der obengenannten Hauptträgheitsachse einen Winkel β:

$$\tan\beta \ = \ \tan\psi \ \frac{I_{max}}{I_{min}} \ . \tag{2.021}$$

Die Höchstbeanspruchung entspricht dem Maximalwert von:

$$\sigma_b \ = \ \frac{M_b \ \cos(\ \beta\ -\ \psi\ )}{I_{FN}\ /\ v} \tag{2.022}$$

mit:

$$I_{FN} \ = \ I_{max} \ \cos^2\beta \ + \ I_{min} \ \sin^2\beta \tag{2.023}$$

und

$$v \ = \ y \ \cos\beta \ - \ z \ \sin\beta \tag{2.024}$$

wo y und z die Koordinaten eines Punktes vom Schnittumfang sind, die sich auf die folgenden Achsen beziehen: die Trägheitsachse, bei dem das Trägheitmoment den Maximalwert erreichen kann, bzw die Trägheitsachse, bei dem man den Minimalwert des Trägheitsmoments erzeugen kann.

Zusammenfassung:

(1) In einem kreisförmigen Schnitt sind alle Durchmesser Symmetrieachsen, und die Trägheitsmomente sind alle gleich. Eine abgelenkte Biegung ist daher laut Definition auszuschließen.

(2) Bei einem rechtwinkligen Schnitt ist es einfacher, die abgelenkte Biegung zu berechnen, indem man das Biegemoment auf zwei Symmetrieachsen des Schnittes projiziert. Jede Projektion wird eine Flachbiegung ergeben, auf die man die Gleichungen anwenden kann, die im vorangegangenen Kapitel über Flachbiegung erörtert wurden. Wir werden also eine Maximalbiegung gegenüber einer Seite des Rechtecks und eine Minimalbiegung gegenüber der anderen Seite erzeugen. Wenn

σ_y und σ_z die zwei Beanspruchungen sind, dann ist die resultierende Kraft:

$$\sigma_b = \sigma_y + \sigma_z \; . \tag{2.025}$$

Die Verformung wird für jede reine Biegung berechnet. Wir erhalten somit einen Pfeil y auf einer Ebene und einen Pfeil z auf der anderen Ebene. Der resultierende Pfeil ist

$$\omega = \sqrt{z^2 + y^2} \; . \tag{2.026}$$

Der resultierende Pfeil befindet sich nicht immer auf der gleichen Ebene, daher spricht man von abgelenkter Biegung.

2.4 Torsion

Torsion liegt dann vor wenn die Außenkräfte, die auf einer Seite des Schnittes aufgebracht werden, ein Drehmoment bilden, dessen Moment senkrecht auf dem Schnitt steht. Die exakte Anwendung der präzisen Torsionslehre ist nur bei kreisförmigen Schnitten möglich.

Die Beanspruchung in den seitlichen Punkten des Schnittes ist gegeben durch:

$$\tau_{t\,max} = \frac{T}{I_0/r} \tag{2.027}$$

wobei T das Torsionsmoment bezeichnet.
I_0 ist das Polarträgheitsmoment und I_0/r das Torsionswiderstandsmodul des Schnittes. Bei einem Schnitt mit kreisförmigem Durchmesser d haben wir:

$$I_0 = \frac{\pi\,d^4}{32} \tag{2.028}$$

und

$$I_0/r = \frac{\pi\,d^3}{16} \; . \tag{2.029}$$

Bei nicht kreisförmigen Schnitten ist die Berechnung empirisch. Die von der Torsion erzeugten Verformungen entsprechen:

$$\theta = \int \frac{T}{G\,I_0}\,dx \; . \tag{2.030}$$

Handelt es sich um einen prismatischen und gleichförmigen Stumpf mit einem konstanten Torsionsdrehmoment, so haben wir:

$$\theta = \frac{T\,\ell}{G\,I_0} \qquad (2.031)$$

wobei ℓ die Stumpflänge ist.

2.5 Durchbiegung bei Spitzenlast

Die Durchbiegung bei Spitzenlast ist eine seitliche Deformation, die durch Einwirkung einer Druckkraft erzeugt wird. Das Instabilitätsrisiko hängt vom Schlankheitsgrad ab:

$$\alpha = \frac{\ell_f}{i} \qquad (2.032)$$

wobei die Länge ℓ_f frei von Durchbiegung ist, und sich der Trägheitsradius i des Schnittes ergibt:

$$i = \sqrt{\frac{I}{A}} \qquad (2.033)$$

wobei I das Minimalträgheitsmoment und A der Flächeninhalt des Schnittes sind. Das Material ist durch die folgende Größe charakterisiert:

$$\beta = \pi^2 \, \frac{E}{\sigma_E} \qquad (2.034)$$

mit E als Elastizitätsmodul und σ_E als Elastizitätsgrenze. Wenn:

$$\alpha \geq \sqrt{\beta} \qquad (2.035)$$

können wir die Eulersche Formel anwenden:

$$\sigma_{krit} = \frac{\beta\,\sigma_E}{\alpha^2} \; . \qquad (2.036)$$

Ansonsten wendet man eine empirische Formel an. Meistens verwendet man die Tetmeyer Formel:

$$\sigma_{krit} = \sigma_E + \gamma \left[\sqrt{\beta} - \alpha \right] \quad . \tag{2.037}$$

Bei Stahlsorten beträgt das Elastizitätsmodul 206000 MPa und $\gamma = 1{,}14$.

Die dargestellte kritische Beanspruchung wird als Druckspannung verwendet. Die zulässige Spannung muß aber schwächer sein als eine reine Druckpannung, da ein sehr großes Durchbiegungsrisiko besteht.

Wird diese Deformation mit der Biegung kombiniert, so können wir eine gleichwertige Biegespannung, die zu dieser hinzuzufügen ist, mittels der Rankineschen Formel berechnen:

$$\sigma_f = \frac{F_n}{A} \left[1 + \frac{l}{\beta} \alpha^2 \right] . \tag{2.038}$$

Die nutzbare Länge der Durchbiegung (siehe Abb.2.1) hängt von den Lagern ab.

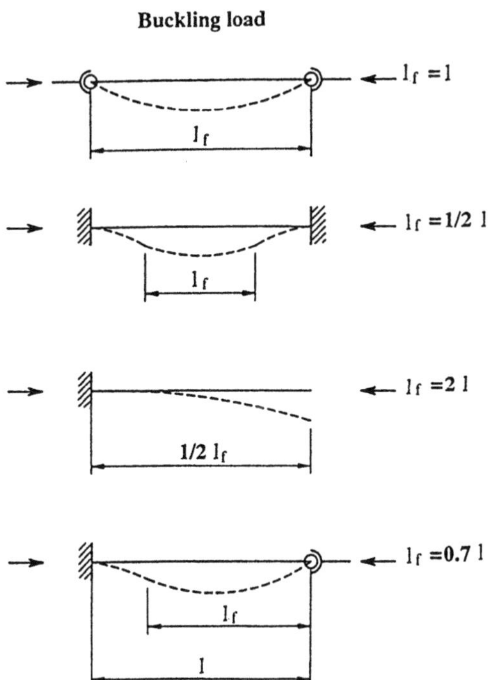

Abb. 2.1. Durchbiegung

2.6 Zusammensetzung einfacher Beanspruchungen

Treten mehrere einfache Beanspruchungen gleichzeitig auf, müssen sie kombiniert werden. Die Beanspruchungen mit gleicher Richtung werden addiert. Wirken sie hingegen in verschiedene Richtungen, werden sie nach empirische Kriterien zusammengesetzt. Das meist verwendete Kriterium ist das von Von Mieses und Henckey. Wird die Beanspruchung durch eine Normal- und Tangentialkraft erzeugt, lautet das Kriterium:

$$\sigma_{equ} = \sqrt{\sigma^2 + 3\tau^2} \, . \tag{2.039}$$

Bei einer räumlichen Verteilung (drei Achsen) der Spannungen, falls σ_I, σ_{II} und σ_{III} die Hauptspannungen in drei orthogonale Richtungen gehen, ist die Vergleichspannung σ_c gegeben durch:

$$\sigma_{equ} = \sqrt{\frac{1}{2}\left[(\sigma_I - \sigma_{II})^2 + (\sigma_{II} - \sigma_{III})^2 + (\sigma_{III} - \sigma_I)^2\right]} \, . \tag{2.040}$$

Hauptspannungen sind normale Spannungen, die in Schnitten angewandt werden, wobei die tangentiale Spannung gleich Null ist. Sie sind orthogonal.

In einer Ebene, die durch die Achsen O_x und O_y definiert ist, ergeben sich die Hauptspannungen, falls normale Spannungen σ_x, σ_y und eine Scherspannung τ_{xy} vorliegen, zu:

$$\sigma_I = \frac{1}{2}(\sigma_x + \sigma_y) + \frac{1}{2}\sqrt{(\sigma_x - \sigma_y)^2 + 4\tau_{xy}^2} \tag{2.041}$$

$$\sigma_{II} = \frac{1}{2}(\sigma_x + \sigma_y) - \frac{1}{2}\sqrt{(\sigma_x - \sigma_y)^2 + 4\tau_{xy}^2} \, . \tag{2.042}$$

Bei einer räumlichen Verteilung der Spannungen hat man drei orthogonale Hauptspannungen σ_I, σ_{II} und σ_{III}.

Im Falle einer ebenen Verteilung mit $\sigma = \sigma_x$, $\sigma_y = 0$ und $\tau_{xy} = \tau$, erhält man:

$$\sigma_I = \frac{1}{2}\sigma + \frac{1}{2}\sqrt{\sigma^2 + 4\tau^2}$$

$$\sigma_{II} = \frac{1}{2}\sigma - \frac{1}{2}\sqrt{\sigma^2 + 4\tau^2}$$

$$\sigma_{III} = 0 \, .$$

Daraus folgt, daß Gl. (2.040) in Gl. (2.039) übergeht.
Für eine Verteilung mit σ_x, σ_y und τ erhalten wir:

$$\sigma_{equ} = \sqrt{\sigma_x^2 + \sigma_y^2 - \sigma_x\sigma_y + 3\tau^2} \qquad (2.043)$$

Teil III

Zahnräder

Jacques Sprengers
Präsident ISO/TC 60

1 Spannungen, Belastungen und Werkstoffe

1.1 Einleitung

Die Zahnradunterstützungsgetriebe bestehen aus mechanischen Elementen, die, um einen optimalen Betrieb zu gewährleisten, einigen allgemeinen Regeln folgen. Außerdem bestehen sie aus ähnlichen Werkstoffen. Es handelt sich um metallische Werkstoffe mit ähnlichen Eigenschaften, die exakte Anforderungen erfüllen müssen. Diese Werkstoffe werden Drehmomentbelastungen, verursacht von Antriebsleistung und Umdrehungsgeschwindigkeit der verschiedenen Werkteile, ausgesetzt. Das Verhältnis zwischen den Belastungen, der Kraft und der Umdrehungsgeschwindigkeit ist sehr wichtig für die Tragzahl von Zahnradgetriebe.

In diesem Kapitel werden verschiedene Hauptbegriffe besprochen, eine ausführliche Erörterung erfolgt dann jeweils bei den einzelnen Komponententypen.

1.2 Spannungen

Ein Untersetzungsgetriebe arbeitet normalerweise mit konstanter Leistung (Wirkungsgrad ausgeschlossen), während die Einzelgetriebe mit verschiedenen Umdrehungsgeschwindigkeiten laufen. Es folgt daraus, daß auf jede Transmissionswelle ein Drehmoment ausgeübt wird, das proportional der Kraft und umgekehrt proportional der Umdrehungsgeschwindigkeit ist. Die Kraft wird in kW (Kilowatt) gemessen, und die Umdrehungsgeschwindigkeit wird in Umdrehungen pro Minute (min^{-1}) gemessen.

Das Drehmoment, in Newtonmeter (Nm) gemessen, lautet

$$T = 9550 \, \frac{P}{n} \tag{1.001}$$

wobei P die Kraft und n die Umdrehungsgeschwindigkeit ist.

Mechanische Antriebsorgane, besonders Zahnräder, wandeln das Drehmoment in Kräfte um, die auf die verschiedenen Komponenten der Zahnräder übertragen werden. Drehmomente und Kräfte erzeugen Belastungen wie Biegung und/oder Zug-Kompressionsspannung, die Verformungen bei einzelnen Getriebeteilen verursachen können. Wenn der Wert jener Spannungen den erlaubten Maximalwert überschreitet, dann können die Werkteile brechen. Spannungen unterliegen den Gesetzen des Materialwiderstandes, die wir als bekannt voraussetzen. Die Anwendung dieser Gesetze wird bei verschiedenen Getriebekomponenten gezeigt werden.

1.3 Eigenschaften der Werkstoffe

1.3.1 Zulässige statische Spannung

Der genormte Zugversuch gilt als Grundlage für einen bestimmten Werkstoff. Auf einen Probestab eines Werkstoffes wird bei diesem Versuch eine wachsende Spannung aufgebracht und gleichzeitig die Spannung gemessen, die durch eine langsame Wachstumgeschwindigkeit gekennzeichnet ist.

Der Probestab ist zylindrisch und hat einen glatten, kerbenlosen Schnitt mit normierten Abmessungen und Toleranzen. Unter der Wirkung dieser Spannung wird gleichzeitig die Verlängerung des Probestabes gemessen. In einem Diagramm werden die Verlängerung auf der Abszisse und die Spannung auf der Ordinate aufgetragen.

Betrachtet man die Graphen der Abb. 1.1, bemerkt man zuerst, daß, nachdem die Kurve den höchsten Wert erreicht hat, sich die Intensität der Spannung bezüglich der Zunahme der Verlängerung vermindert. In Wirklichkeit verkleinert sich der Schnitt des Probestabes, und eine solche Verminderung endet mit dem Bruch des Probestabes.

Der höchste Wert ist leicht meßbar: bei der Division der entsprechenden Spannung durch den ursprünglichen Schnitt des Probestabes kann man die normale Bruchspannung im statischen Zug des geprüften Werkstoffs prüfen.

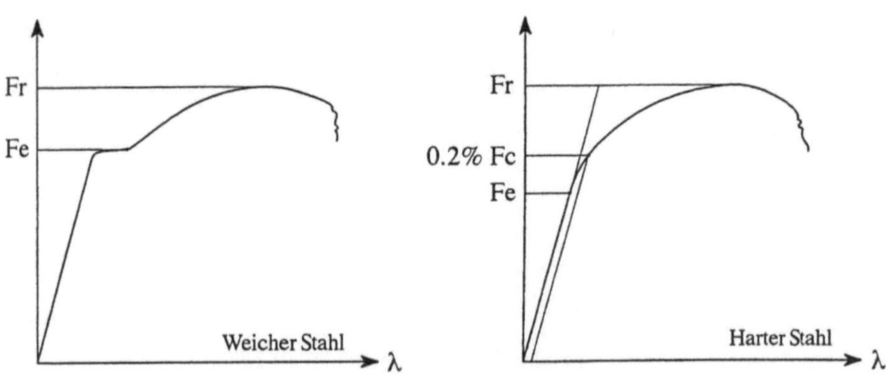

Abb. 1.1. Zugdiagramme

Man bemerkt aber auch, daß die Kraft und die Verlängerung von Anfang an für eine bestimmte Periode proportional sind. Endet die Spannung während dieses Zugs, dann nimmt der Probestab seine ursprüngliche Form wieder an.

Ab diesem Punkt wechselt das Verhalten: bei der Division des Quotients der Zugkraft durch den Originalschnitt des Probestabes erhält man die elastische Grenze des Werkstoffs, der bei diesem statischen Zugversuch benutzt wurde. Es ist klar, daß dieser Punkt nicht überschritten werden kann, ohne bleibende Verformungen zu verursachen. Die so gewonnene statische elastische Spannung ist die nicht zu überschreitende höchste Spannung. Die erhaltenen Werte bezüglich dieser Spannung sind nicht immer klar aus dem Diagramm ablesbar, da ist es besser die Bruchspannung mit einem Faktor zu multiplizieren, der niedriger als die Einheit ist, um die Grenze der Elastizität zu finden. Trotzdem kann diese Spannung nicht die Spannung für einen Werkstoff sein, der einer bestimmten Verformung unterliegt.

Bei der industriellen Fertigung kann nicht annähernd die Qualität der Oberflächenschicht wie bei der des Probestabes erreicht werden. Verschiedene Schichten der Oberfläche können zu Brüchen und verschiedenen, elastischen Grenzen als die im Versuch erhaltenen führen. Daher sollte also der Normwert aufgrund eines Rauheitsfaktor verbessert werden.

Das mechanische Werkstück hat nicht immer einen einheitlichen Schnitt, und es wurde festgestellt, daß Schnittänderungen zusätzliche Spannungen erzeugen. Es handelt sich um eine Konzentration von Spannungen. Dieses Phänomen kann durch Anwendung eines Korrekturfaktors verhindert werden.

Die bei der Anwendung im Werkstoff erzeugten Spannungen sind nicht immer Zugspannungen; bei Verwendung eines anderen Faktors sind solche Unterschiede zu berücksichtigen. Die Form und die Größe des Werkstückes gleichen nicht jenen des normierten Probestabes, daher müssen diese Größen- und Formfaktoren so weit wie möglich im Anwendungsfall berücksichtigt werden. Oft erhält man diese zusätzlichen Faktoren empirisch.

Die nach diesen Verbesserungen erhaltene Spannung wird annehmbare statische Spannung genannt und wie folgt ausgedrückt: σ_{statP} .

1.3.2 Ermüdungsgrenze – Widerstandsgrenze

Periodische Spannungen. In einem mechanischen Werkstück können die Spannungen, mit der Wirkung der angewandten Belastung, periodische Veränderungen bewirken (Maximalwert und Minimalwert).

$$\sigma_{max} = \sigma_m + \sigma_a \qquad (1.002)$$

$$\sigma_{min} = \sigma_m - \sigma_a \qquad (1.003)$$

$$\sigma_m = \frac{1}{2}(\sigma_{max} + \sigma_{min}) \ . \qquad (1.004)$$

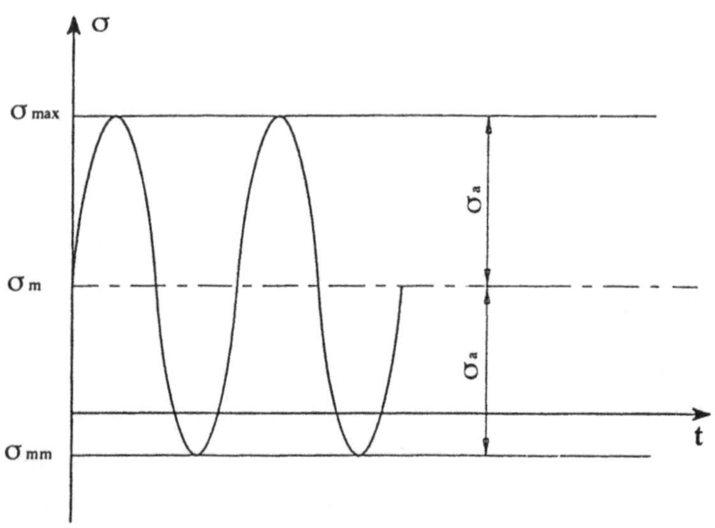

Abb. 1.2. Periodische Spannung

Die periodische Spannung kann durch den Wert der Mittelspannung σ_m und der Verhältniszahl κ ausgedrückt werden:

$$\kappa = \frac{\sigma_{min}}{\sigma_{max}} = \frac{\sigma_m - \sigma_a}{\sigma_m + \sigma_a} \ . \tag{1.005}$$

In Abb. 1.3 sind spezielle Werte periodischer Schwingungen dargestellt, wobei:

$\kappa = -1$: Wechselnde Spannungen

$$\sigma_m = 0$$
$$\sigma_{max} = \sigma_a$$
$$\sigma_{min} = -\sigma_a$$

$\kappa = 0$: Periodische Spannungen

$$\sigma_m = \sigma_a$$
$$\sigma_{max} = 2\,\sigma_a$$
$$\sigma_{min} = 0$$

$\kappa = +1$: Ständige Spannungen

$$\sigma_a = 0$$
$$\sigma_{min} = \sigma_{max} = \sigma_m$$

Widerstandsgrenze. Wir betrachten jetzt eine Anzahl von polierten Probestäben eines bestimmten Werkstoffs, die einer periodischen Spannung mit Index κ ausgesetzt sind. Nach diesen Belastungsprozessen durch Spannungen brechen eine be-

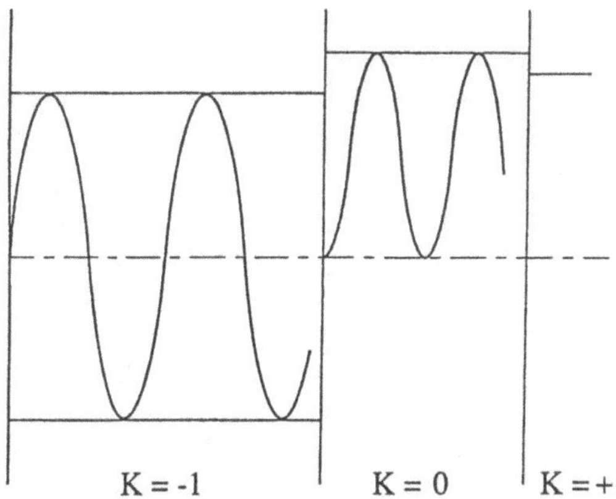

Abb. 1.3. Einige periodischen Schwingungen

stimmte Anzahl der Probestäbe. Bei größeren Belastungen durch Spannungen wird der Prozentsatz der Brüche anders sein, trotz der gleichen Anzahl der Belastungsprozesse. Die von der Anzahl der gewählten Prozesse ermittelte Kurve für diesen, besonderer Spannung ausgesetzten Werkstoff gibt den Prozentsatz der Bruchhäufigkeit in Abhängigkeit der angewandten Spannung wieder. In der Statistik wird diese Kurve Galton-Kurve genannt:

Bei einem Bruchprozentsatz von 10% wird das 10%ige Bruchrisiko durch den Wert σ_{D-10} bestimmt, falls dieser Wert der Galton-Kurve als Beispiel verwendet wird.

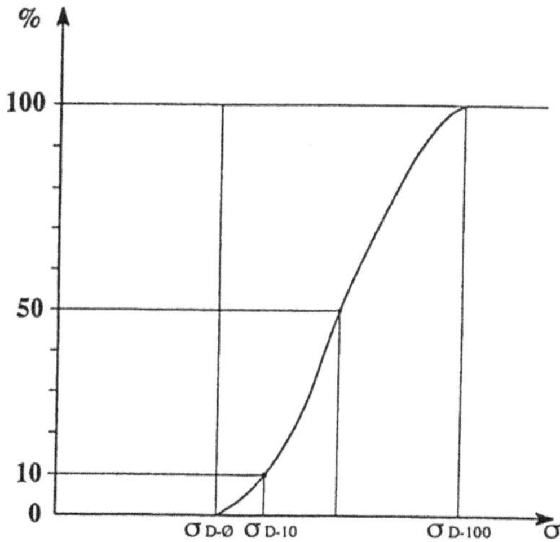

Abb. 1.4. Galton-Kurve

Dieses Risiko wird durch den Wert σ_{D-10} definiert und als Widerstandsgrenze des Werkstoffs bei der angewandten Spannung bezeichnet (Bruchrisiko von 10% und Zuverlässigkeitsrate von 0,9). Um die nächsten Ausführungen zu verallgemeinern, wird eine Grenze, die durch σ_D und deren Zuverlässigkeitsrate gegeben ist, definiert.

Die reale Widerstandsgrenze für ein mechanisches Werkteil aus dem gleichen Material, gleicher Spannung ausgesetzt und gleicher Zuverlässigkeitsrate, wird durch den Wert, der von Faktoren, die ähnlich zu jenen der statischen Bruchbelastung sind, beschrieben und verbessert durch die Faktoren: Rauheit, Spannungskonzentration und Verminderung der elastischen Grenze, falls vorhanden.

Diese Spannung wird als zulässige Widerstandsspannung bezeichnet und wird mit σ_{D-P} bezeichnet.

Wöhler-Kurve (Spannungsamplitude – Schwingspielzahl Kurve). Die zulässige Widerstandsspannung ist niedriger als die zulässige statische Spannung. Steigt die Schwingspielzahl der Belastung von einem relativ niedrigen und vom Material abhängigen Wert an (z. B. 10^3), dann nähert sich die zulässige Spannung asymptotisch dem zulässigen Widerstandspannungswert und verhält sich wie N_D. Es handelt sich um eine Gerade mit der Steigung σ_D. Man erhält ein Diagramm, das in drei Teile aufgeteilt ist: der erste Teil ist konstant bis zum Wert N_{stat} und gleich der zulässigen Festigkeit σ_{statP}; der zweite entwickelt sich zu einer Hyperbel, und der dritte trifft den zweiten in dem Punkt, der zu N_D korrespondiert. Es ist eine gerade Linie, die einen konstanten Wert σ_D darstellt.

Der von der Hyperbel abhängige Kurventeil wird durch folgende Gleichung beschrieben:

$$\frac{\sigma_1}{\sigma_2} = \left(\frac{N_2}{N_1}\right)^{\frac{1}{p}} \tag{1.006}$$

$$p = -\frac{\log\left(\dfrac{N_D}{N_{stat}}\right)}{\log\left(\dfrac{\sigma_{statP}}{\sigma_{DP}}\right)}. \tag{1.007}$$

Dieses ist die Wöhler-Kurve, die immer in logarithmischer Form dargestellt wird; die anderen Abschnitte sind linear (s. Abb. 1.5).

Die Kurve zeigt die zulässigen Spannungswerte in Abhängigkeit der Schwingspielzahl, dem das Werkstück ausgesetzt wird. Sie ist nur gültig für eine Spannung mit Index κ eines bestimmten Werkstoffs mit gegebener Rauheit, Spannungskonzentration und Zuverlässigkeitsrate.

Es ist möglich, eine Wöhler-Kurve zu zeichnen, die dem Bruch des glatteren Probestabes entspricht und mit den dazugehörigen Korrekturfaktoren.

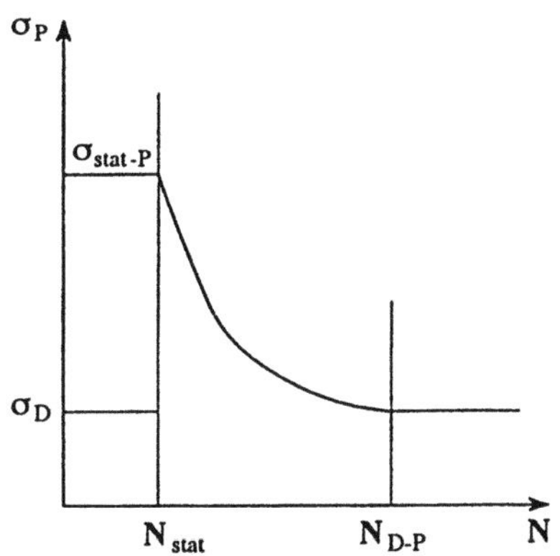

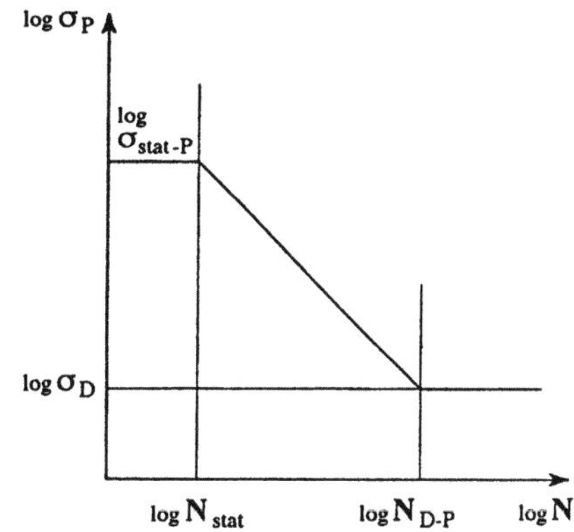

Abb. 1.5. Wöhler-Kurve

Die berechnete Spannung ist immer proportional dem von der Maschine erzeugten Drehmoment oder dem durch folgende Formel ausgedrückten Drehmoment:

$$\sigma = K\,T^r \ . \tag{1.008}$$

Die Substitution dieses Wertes in der Gl. 1.006 ergibt:

$$\frac{T_1}{T_2} = \left(\frac{N_2}{N_1}\right)^{\frac{r}{p}} \ . \tag{1.009}$$

Bei einer hohen Schwingspielzahl (z. B. $3 \cdot 10^6$), die auch vom Werkstoff abhängt, ist der Unterschied zwischen der realen Veränderungskurve und der Asymptote vernachlässigbar, die zulässige Spannung erreicht den zulässigen Widerstandswert und somit den gleichen Wert. Man erhält wieder ein Diagramm, das in drei Teile geteilt ist: der erste Teil ist konstant bis zu dem Wert N_{stat} und gleich der zulässigen statischen Spannung σ_{statP}, der zweite Teil entspricht dem Verlauf einer Hyperbel und der dritte, der sich an den zweiten Teil anschließt, ist linear.

In den meisten Fällen entspricht dieser Wert r der Einheit, auch wenn einige Ausnahmen existieren (siehe Hertz-Theorie über die punktförmigen oder flächenförmigen Berührungsdrücke).

Standfestigkeit unter einer Einzelbelastung. Weist die periodische Belastung ein einziges Maximum während des gesamten Zyklus auf, wird für die mechanische Standfestigkeit des Werkteils die nötige Zuverlässigkeit gewährleistet. So kann der Punkt, der dem Maximum während der ganzen Dauer entspricht, entweder oberhalb oder unterhalb der geeigneten Wöhler-Kurve liegen.

In diesem Fall ist der Wert der Lebensdauer bei der kalkulierten Spannung gleich der entsprechenden Dauer der Wöhler-Kurve. Entspricht ΔN der Lebensdauer und N der Spannungsdauer auf der Wöhler-Kurve, so erhält man die gewünschte Standfestigkeit:

$$\frac{\Delta N}{N} \leq 1 \ . \tag{1.010}$$

Falls Unebenheiten auftreten, dann ist die Spannung σ für eine im voraus bestimmte Dauer ΔN niedriger und gleich σ_P, als die von der Kurve vorgegebene Spannung. Das Verhältnis zwischen σ_P und σ ist der Sicherheitsfaktor.

Standfestigkeit innerhalb eines Belastungsspektrums. Kumalative Schädigung oder Palmgren-Miner Regel.

Der Maximalwert der periodischen Belastung ist nicht notwendigerweise konstant. Während eines Zyklus können verschiedene Maxima erzeugt werden. Es ist möglich, alle Belastungen in einer abnehmenden Folge zu klassifizieren. Belastungen mit der gleichen Intensität können so klassifiziert werden, daß die Summe aller einzelnen Belastungen gleich der Gesamtsumme der Belastungen ist. Die Gesamtheit der klassifizierten Belastungen mit abnehmender Folge ist das Belastungsspektrum. Es ist klar, daß jedes Element des Belastungsspektrums zur Schädigung des mechanischen Werkstücks beiträgt. Im Falle einer Einzelbelastung wird die Regel der Gl. (1.010) angewandt.

Die Palmgren-Miner Regel besagt, daß jede Belastung, für den Teil ihrer Dauer N_D nicht überschreiten darf; jede Belastung ist proportional ihrer Dauer.

Wenn für jede Spannung σ_i, entstanden aus der Anwendung einer elementaren Belastung des Spektrums (oder für jedes Drehmoment T_i, das das Spektrum bildet), die Dauer der Anwendung ΔN ist und die entsprechende Zeitspanne auf der Wöhler-Kurve N_i ist, dann wird Standfestigkeit gewährleistet, falls:

$$\sum \frac{\Delta N_i}{N_i} \leq 1 \ . \tag{1.011}$$

Siehe Abb. 1.6.

Gleichwertige Belastung. Für ein bestimmtes Belastungsspektrum ist es möglich Gl. (1.006) anzuwenden; jeden Wert N_{equ}, der äquivalent zum gleichwertigen Drehmoment T_{equ} ist, kann man für N_2 wählen. Für jedes Niveau des Spektrums gilt:

$$\frac{T_i}{T_{equ}} = \left(\frac{N_{equ}}{N_i}\right)^{\frac{r}{p}} \ . \tag{1.012}$$

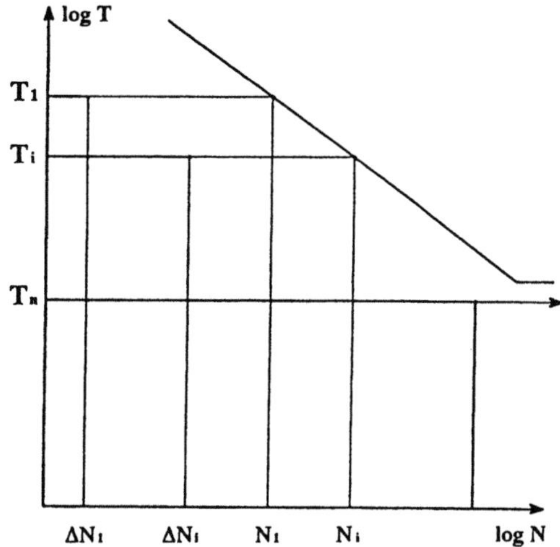

Abb. 1.6. Miner Regel

Bei Anwendung der Gl. (1.011), mit der man N_i erhält, ergibt sich:

$$\sum \frac{\Delta N_i}{N_i} = \left[\sum \Delta N_i \, T_i^{\frac{p}{r}}\right] \frac{1}{N_{equ} \, T_{equ}^{\frac{p}{r}}} = 1 \qquad (1.013)$$

und

$$T_{equ} = \left[\sum \frac{\Delta N_i}{N_{equ}} T_i^{\frac{p}{r}}\right]^{\frac{r}{p}} . \qquad (1.014)$$

Diese gleichwertige Belastung ist mit einer gleichwertigen willkürlich gewählten Menge von Schwingspielzahlen verknüpft. Das ist eine Einzelbelastung, die das Spektrum ersetzen wird, wenn die zu ihr verbundenen Schwingspielzahlen betrachtet werden.

1.4 Werkstoffe

1.4.1 Allgemeines

Die für die Herstellung von Zahnradgetrieben verwendeten Werkstoffe sind gewöhnlich Metallwerkstoffe, nur für Dichtungen oder Ringe werden Polymere und für Antriebsvorrichtungen elastische Werkstoffe eingesetzt.

Die wichtigsten Metallwerkstoffe sind eisenhaltige Materialien und Bronze.

1.4.2 Eisenhaltige Materialien

Eisenhaltige Materialien bestehen aus Eisen-Kohlenstofflegierungen. Abhängig vom Kohlenstoffgehalt erhält man Stahl (Kohlenstoffgehalt kleiner 1,2%) oder Gußeisen (Kohlenstoffgehalt größer 2,5%).

Kohlenstoffstahl. Der Stahl besteht aus Ferritkristallen und Amalgam aus winzigen Kristallen aus Ferrit und Zementit, das Perlit genannt wird. Ferrit ist ein Eisenmineral, Zementit ein Eisenkarbid. Stahl besitzt Eigenschaften, die von der enthaltene Kohlenstoffmenge abhängig sind. Der Zugwiderstand wächst im Verhältnis mit dem im Stahl enthaltenen Kohlenstoff, so auch die Härte; der Stoßwiderstand und die proportionale Verlängerung nimmt mit der Zunahme der Kohlenstoffmenge ab.

Besondere Stähle. Besondere Stähle sind Kohlenstoffstähle, die mit anderen Metallen wie Mangan (Mn), Chrom (Cr), Nickel (Ni), Molybdän (Mo) usw. angereichert werden, um die chemischen und mechanischen Eigenschaften der Stähle zu verändern. Ein beträchtlicher Zusatz von z.B. Cr und Ni (18% und 8%) gewährleistet rostfreie Stähle. In kleineren Verhältnissen führt der Zusatz dieser Substanzen zu einer allgemeinen Steigerung der mechanischen Eigenschaften der Stähle im Vergleich zu den Kohlenstoffstählen, die einen ähnlichen Kohlenstoffgehalt haben.

Gußeisen. Gußeisen unterscheidet sich durch seine Abkühlungsgeschwindigkeit nach dem Schmelzen. Wenn die Abkühlung schnell verläuft, dann besteht Gußeisen aus Ferrit und Zementit (Eisenkarbid). Es handelt sich um Weißeisen; dieses ist sehr hart und spröde und schwer zu verarbeiten. Bei einer langsamen Abkühlung erhält man Gußeisen ohne ungebundenes Zementit; es besteht aus einer, dem starken Eisen gleichen, metallischen Matrix (hoher Kohlenstoffgehalt) mit Lamellen aus ungebundenem Graphit, die von dem Zementitzerfall stammen. Es handelt sich um Grauguß. Dieser besitzt gute mechanische Eigenschaften, ähnlich denen des harten Eisens; allerdings verursachen Graphitlamellen Spannungserhöhungen, die dann zu Brüchen führen können.

Wenn man die Graphitlamellen schmelzen läßt, unter Zugabe von einigen Zusätzen, neigen sie dazu, kleine Sphären (Körnchen) zu bilden; den grauen sphäroidischen Grauguß. Der sphäroidische Grauguß (durch Graphitlamellen charakterisiert) besitzt bessere Eigenschaften als andere Graugüsse, ist aber in der Herstellung teurer.

Warmbehandlung von Stahl. Die Temperatur beeinträchtigt die Struktur und die Stahleigenschaften. Dieser durch die Temperatur hervorgerufene Effekt wird Warmbehandlung genannt.

– Glühen. Wenn Eisen die Temperatur von 900°C überschreitet, verwandelt es sich in eine andere kristallographische Abart, die imstande ist, den Kohlenstoff zu lösen (unter dieser Temperatur ist Kohlenstoff nicht löslich). In einer Legierung mit 0,9% Kohlenstoff vermindert sich die obengenannte Temperatur auf etwa 720°C, falls der Kohlenstoffgehalt ansteigt. Bei einer höheren Temperatur neigt der Stahl dazu, seine kristalline Struktur in kleinen Kristalle in einer homogenen Lösung von Kohlenstoff in Eisen (Augenit) umzuwandeln. Ungewünschte, bei Raumtemperatur im Stahl vorhandene Strukturen, die sich durch Verformung, durch verschiedene Spannungen oder durch schlechte Kristallisation während der Abkühlung nach dem Gießen ergeben, verschwinden um so schneller je höher die Temperatur ist. Aber parallel dazu vergrößern sich die Austenitkörner. Läuft die Abkühlung langsam, dann erfolgt wieder die Umbildung des Austenits in Ferrit und Perlit, wobei die vorhergehende Struktur total gelöscht wird und die Körnchen sich vergrößern. Es handelt sich um ein Diffusionsglühen. Wenn eine grobkörnige Struktur wieder erhitzt wird, genau über den Umbildungspunkt, bilden sich wieder kleine Austenitkörnchen; die Ferrit-Perlit Struktur, die sich bei einer weiteren langsamen Abkühlung ergibt, wird sehr feine Körner haben, die für die Entwicklung der besten mechanischen Eigenschaften sehr gut geeignet ist. Es handelt sich um ein Homogenisierungsglühen.

– Härten. Wird Eisen genau über den Umbildungspunkt erhitzt, um damit Austenit zu erzeugen, das daraufhin schnell mit einem Wasser-Ölbad abgekühlt wird, dann findet im Eisen die schon genannte kristallographische Umbildung statt; aber die Geschwindigkeit der Abkühlung verhindert, daß Ferrit und Perlit einzeln ausfallen. Daher ergibt sich eine sehr feine homogene Struktur, das Marsenit. Dieses ist sehr hart und sehr widerstandsfähig gegenüber Zug. Diese Art der Behandlung wird Härten genannt. Das Härten wird durch das Vorhandensein von Kohlenstoff erleichtert. Stähle mit hohem Kohlenstoffgehalt (von 0,4% bis 1,0%) weisen sehr gute Härtegrade auf, die Stähle mit niedrigem Kohlenstoffgehalt können nicht gehärtet werden. Sowohl der Metallanteil (Cr, Ni, Mn usw.) als auch der Kohlenstoffgehalt erhöhen den Härtegrad.

Stähle mit einem Kohlenstoffgehalt von 0,35% bis 0,42% und Beifügungen wie Cr (von 1% bis 1,5%) und Ni sind für das Härten geeignet. Die Stähle, die gut auf Härteverfahren reagieren, werden Verfahrensstähle genannt. Diese werden für Wellen, Zahnradgetriebe und Zahnräder benutzt. Die Härtezunahme wird durch den Jominy-Versuch festgelegt; bei diesem Versuch wird ein Stab des geprüften Werkstoffs bis auf die normale Härtetemperatur erhitzt und wird dann nur an einem Ende beim Härten abgekühlt. Die endgültige Härte des Stabs hängt von dem Abstand J bezüglich des gehärteten Endes ab. Einige empirische Regeln führen zu Vermutungen über den Härtegrad zum Abstand J in Abhängigkeit von der Zusammensetzung der Stähle. Diese Formeln sind sehr approximativ, aber sie zeigen klar den Einfluß der Beifügungen. Für die Stähle mit einem Kohlenstoffgehalt niedriger als 0,25% hat man z.B. (nach E. Just):

$$\mathrm{HRC_J} = 74\sqrt{C} + 14\mathrm{Cr} + 5,4\mathrm{Ni} + 29\mathrm{Mo} + 16\mathrm{Mn} - 16,8\sqrt{J} + 1,386J + 7 \ .$$

$$(1.015)$$

und für Stähle mit einem Kohlenstoffgehalt größer als 0,25% (bis 0,60%) hat man:

$$HRC_J = 102\sqrt{C} + 22Cr + 21Mn + 7Ni + 33Mo - 15{,}47\sqrt{J} + 1{,}102J - 16 \quad . \quad (1.016)$$

Die chemischen Symbole stellen die Prozentgehalte der verschiedeneren Elemente dar. Zum Beispiel erhält man für einen Stahl mit 0,8% Kohlenstoff, 1,5% Ni, 1,5% Cr und 0,2% Mo bei einem Jominy-Abstand J=12 den Wert: HRC12= 31,7.

Der gleiche Stahl ohne Cr, Ni und Mo hätte einen negativen Wert für das Härten und ist deswegen für das Härten ungeeignet.

Das Härten kann mit heißen Bädern durchgeführt werden, anstatt mit Öl und Wasser bei Umgebungstemperatur. Die so erhaltenen Strukturen sind nicht mehr charakteristisch für Marsenit, sondern typisch für Bainits, ein harter, aber sehr kerbfähiger Bestandteil. Es handelt sich um Warmbadhärten (ein Bad mit konstanter Temperatur) oder um austenitisches Härten (zwei aufeinanderfolgende Bäder mit fallender Temperatur).

– Härten der Oberfläche (Induktions- oder Flammenhärten). Die härtesten Stähle, die aber bei Stoß die sprödesten sind, haben den höchsten Härtegrad. Wenn man ein hohen Grad der Oberflächenhärte erzielen will, ohne auf eine gute Kerbfähigkeit zu verzichten, härtet man die Oberfläche dieser für das Härten geeignete Stähle auf. Das Aufhärten der Oberfläche erfolgt durch Erhitzen der Außenseite des Werkteils bis zu einer gewissen Tiefe und Härte der heißen Oberfläche. Die Außenseite verhärtet sich bei dem Härten, und die Innenseite, der Kern, bleibt unverändert, d. h. auch seine Kerbfähigkeit. Es gibt zwei Verfahren, um die Außenseite zu erhitzen: es ist möglich das Werkstück mit einem Brenner zu erhitzen, der eine direkte Temperaturzunahme der Außenseite verursacht; auf das Werkstück wird schnell Öl oder Wasser gegossen, um es abzukühlen, bevor die Leitfähigkeit den Kern erhitzt. Bei dem zweitem Verfahren wird das gesamte Werkstück mit einem Solenoid, durch den ein Hochfrequenzstrom fließt, umwickelt. Die Induktion des elektrischen Feldes induziert einen hochfrequenten Strom auf der Oberfläche des Werkstücks. Wegen des Skin- und Jouleeffekts dringt dieser Strom nicht in den Kern. Um nun die Außenseite zu härten, genügt es, sie jetzt mit Wasser oder Öl zu begießen. Die für das Härten der Oberfläche benutzten Stähle sind jene, die auch für das Ganzhärten benutzt werden. Man benutzt diese Verfahren bei der Zahnradherstellung.

– Einsatzhärten. Die oberflächengehärteten Stähle haben einen niedrigen Kerbfähigkeitsgrad, weil dieses Härten auf harten und wenig kerbfähigen Stählen erfolgt. Um einen höheren Härtegrad mit einem ebenso hohen Kerbsfähigkeitsgrad zu erzielen, muß man einen Flußstahl, der nicht besonders hart ist, verwenden. Seine Außenseite muß in einen harten Stahl, der einen hohen Härtegrad aufweist, verwandelt werden. Um ein solches Ergebnis zu erreichen, muß der Kohlenstoffgehalt in der Oberfläche des Flußstahls oder des gewöhnlichen Stahls erhöht werden, dies läßt sich erreichen, indem der Stahl in einer kohlenstoffreichen Atmosphäre bei einer Temperatur niedriger als jene des Umbildungspunkt (etwa 1000°C) liegt. Der davon in Oberfläche erzeugte Austenit löst den Kohlenstoff, der dann langsam nach innen dringt. Die Bearbeitung endet, wenn die Dotierung des eingedrungenen Kohlenstoffes ausreichend ist, ohne daß die Peripherie angereichert ist. Nach dieser stundenlangen Behandlung wird das Werkstück aus dem Ofen herausgenommen und wird in einem Wasser- oder Ölbad gehärtet. Die mit Kohlenstoff angereicherte Schicht (oder einsatzgehärtete Schicht) härtet sich, während der Kern unverändert bleibt. Das Ergebnis ist ein hoher Oberflächenhärtegrad mit einer gewissen Härtetiefe und einem ausgezeichneten gesamten Kerbfähigkeitsgrad. Die für dieses Verfahren benutzten Stähle sind kohlenstoffarm (von 0,15% bis 0,20%), und es wird ihnen Cr-Ni oder Cr-Mn (vorhanden von 1,5% bis 2%) hinzugefügt; diese Stähle nennt man einsatzgehärtet. Das Einsatzhärten verursacht aufgrund der langen Erhitzungsdauer Verformungen. Die einsatzgehärtete Schicht führt zu Druckeigenspannungen, die in einigen technischen Anwendungen wünschenswert sind.

– Nitrierhärten. Wird ein Metall bis zu einer Temperatur von etwa 720°C in einer stickstoffreichen Atmosphäre erhitzt, dann erzeugt der Stickstoff zusammen mit dem Eisen sehr harte Metall-Nitride. Sie bilden sich auf der Oberfläche, dringen in die Kristallkörner und wandern sehr langsam nach innen. Beträgt die Verweildauer des Werkstücks in der obengenannten Atmosphäre etwa 100 h, dann erreicht die Durchdringung etwa 1 mm. So nimmt der Oberflächenhärtegrad beträchtlich zu, ohne daß der Stoßwiderstand sich ändert, d. h. dieser Widerstand bleibt erhalten. Mit Hilfe dieses Verfahrens werden die gleichen Ergebnisse wie beim Einsatzhärten erzielt. Als Unterschied zu anderen Verfahren zeigt sich: die Dicke der gehärteten Schicht ist kleiner, und die Verfahrensdauer ist länger. Das bedeutet auch, daß dieses Verfahren kostenintensiver als das des Einsatzhärtens ist, bei dem sowohl der Verformungsgrad niedriger ist, als auch die Umbildungstemperatur niedriger ist.
Dieses Verfahren ist für solche Werkstücke geeignet, bei denen eine Weiterverarbeitung selten ist. Nitrierhärten kann in einer gasförmigen Atmosphäre angereichert mit Stickstoffatomen, die z.B. nach dem Zerfall des Ammoniaks entsteht, erfolgen. Nitrierhärten kann auch in einem Bad aus flüssigen Salzen (geschmolzene Zyanide) durchgeführt werden. In diesem Fall findet mit dem Nitrierhärten ein Aufkohlen statt. Die für das Nitrierhärten verwendeten Stähle sind oft zu denen für das Einsatzhärten gleich. Aluminium unterstützt die Durchdringung, aber erhöht nicht den Kernwiderstand. Aus diesem Grund werden Aluminiumstähle nicht so oft verwendet.

– Tempern. Gehärtete Stähle weisen oft Druckeigenspannungen auf, die beim Einsatz des mechanischen Werkstücks hinderlich sind. Bei nochmaligem Erhitzen des gehärteten Werkstücks bis zu einer Temperatur unter 700°C überwiegen die Spannungen. Bei zu niedriger Temperatur (etwa 200°C) erhält man nur diesen Effekt. Wird die Temperatur erhöht, dann wird eine Enthärtung des gehärteten

Stahl erzeugt, d. h. eine Verminderung seiner Härte und seines Widerstands in annehmbaren Bedingungen. Dieses Verfahren heißt Tempern. Es gewährleistet, gleichartige Teile ohne Rückstandsspannungen und mit der gewünschten Härte zu bekommen. Normalerweise wird das dem Tempern anschließende Härten an Rohstücken durchgeführt, diese werden weiter ohne nachträgliche Behandlungen verarbeitet.

1.4.3 Bronzen

Bronzen sind Legierungen aus Kupfer und Zinn, Zink, Aluminium oder Blei mit einem Kupferanteil größer als 50%. Bronzen werden üblicherweise für Werkstükke, die starken Reibungen ausgesetzt sind, wie Gleitlager und Schneckenräder verwendet. Oft werden Bronzen als Legierung vor der Verarbeitung benutzt.

2 Geometrie der Zahnräder

2.1 Allgemeines

Zahnräder bestehen aus zwei oder mehreren Großrädern mit Zähnen, die ineinander greifen. Mit ihnen wird der Antrieb einer Rotationsbewegung erzeugt.

Zahnräder können abhängig von der relativen Stellung der Radachsen klassifiziert werden:

- Radpaare mit parallelen Achsen: die Achsen liegen auf der gleichen Fläche, parallellaufend.
- Radpaare mit sich schneidenden Achsen: die Achsen liegen auf der gleichen Fläche, aber sie haben einen gemeinsamen theoretischen Punkt.
- Radpaare mit sich kreuzenden Achsen: die Achsen liegen nicht auf der gleichen Fläche.

Die Großräder werden aufgrund ihrer allgemeinen Form klassifiziert:

- Stirnräder: die Zähne liegen auf einem Zylinder.
- Kegelräder: die Zähne liegen auf einem Kegel.

Stirnräder werden in parallelen Radpaaren und Kegelräder in Radpaaren mit sich schneidenden Achsen benutzt. Für Radpaare mit sich kreuzenden Achsen werden Kegelräder (Hypoidgetriebe) oder Stirnräder (zylindrische Schnecken und Schneckenräder) gebraucht.

Großräder bestehen aus Flächen, die durch Geraden gekennzeichnet sind (bei einem Tiefzylinder sind dies achsparallele Geraden; bei einem Kegel sind dies Geraden, die von einer Ecke ab laufen). Wenn die Zähne einer Geraden folgen, spricht man von Geradverzahnung, ansonsten von Schrägverzahnung oder Bogenverzahnung.

Die Zähne können sich innerhalb oder außerhalb des Großrads befinden. Man spricht von Innen- oder Außenverzahnung. Es ist möglich, zwei Großräder mit Außenverzahnung zu verbinden, um ein Außenrad zu erzeugen. Es ist ebenfalls möglich, ein Großrad mit Außenverzahnung mit einem mit Innenverzahnung zu verbinden, um ein Innenrad zu erzeugen, aber es ist unmöglich, zwei Großräder mit Innenverzahnung zu verbinden.

Die Zähne, aus denen das Zahnrad besteht, müssen einen theoretisch korrekten Eingriff gewährleisten, d. h. eine regelmäßige Bewegung des getriebenen Rads verbunden mit der regelmäßigen Bewegung des Antriebsrads (ohne Stoßen und Unterbrechung). Deswegen ist die Form der Zähne sehr wichtig: es werden Zähne gebraucht, deren Profil eine Kreisevolvente ist. Andere Formen könnten annehmbare Ergebnisse erzielen, aber ihre Entwicklung ist schwieriger, und die moderne Technik hat sich auf Räder, deren Profile Evolventen sind, konzentriert.

2.2 Die Evolvente

Die Kreisevolvente, die wir von nun an nur noch Evolvente nennen werden, ist eine geometrische Kurve, die auf zwei verschiedene Arten bestimmt werden kann: erstens zeichnet man eine Kurve mit einem Bleistift, der an ein Seilende gebunden ist, welches auf einer Scheibe aufgerollt wird, während es unter Spannung gehalten wird. Zweitens geometrischerweise, ist die Evolvente der Ort eines Punktes einer Gerade, der auf einer Kreislinie rollt, ohne zu gleiten (Abb. 2.1). Die Kreislinie oder die Scheibe werden Grundkreis genannt.

Die Evolvente besitzt folgende Eigenschaften:

(1) Die Evolvente ist orthogonal zu dem Grundkreis mit dem Durchmesser d. Das heißt, daß die Tangente am Grundkreis und die Evolvente auf dem Grundkreis rechtwinklig zueinander sind, oder daß die Tangente an der Evolvente in diesem Punkt der Durchmesser des Grundkreises ist.

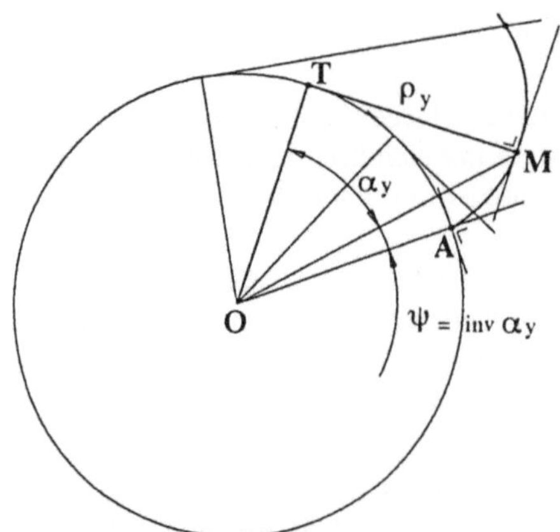

Abb. 2.1. Bestimmung der Evolvente

(2) Der Bogen des Grundkreises zwischen dem Punkt auf dem Grundkreis und irgendeinem Punkt der Evolvente ist gleich der Länge eines Segmentes der Tangente am Grundkreis, genommen von dem selben Punkt und dem Tangentenpunkt:

$$Bogen\ TA = Segment\ TM$$

(3) Anders ausgedrückt: ist die Tangente am Grundkreis orthogonal zur Evolvente, dann ist die Tangente an irgendeinem Punkt M rechtwinklig zu der Tangente TM am Grundkreis.

(4) Die Länge der Tangente ist der Krümmungsradius der Evolvente in dem betrachteten Punkt:

$$Krümmungsradius\ in\ M(r_y) = TM$$

(5) Es gibt keine Evolvente innerhalb eines Grundkreises.

(6) Die Evolvente einer Gerade (Unendlichkeitskreis) ist eine Gerade.

Mit diesen Definitionen ist es möglich, die Polarkoordinaten der Evolvente herzuleiten. Wir wählen den Winkel α_y als Variable und stellen fest:

$$TM = \frac{1}{2}\ d_b\ \tan\alpha_y \tag{2.001}$$

$$TM = Bogen\ TA = \frac{1}{2}\ d_b(\alpha_y + \psi) \tag{2.002}$$

$$\psi = \tan\alpha_y - \alpha_y \tag{2.003}$$

und

$$R = OM = \frac{d_b}{2\ \cos\alpha_y}\ . \tag{2.004}$$

Die Funktion Ψ wird Evolvente von α_y genannt und wird mit "inv" dargestellt. Man erhält also:

$$\operatorname{inv}\alpha_y = \tan\alpha_y - \alpha_y \tag{2.005}$$

der Winkel wird α_y in Radiant gemessen.

Dieser Winkel wird Ansatzwinkel genannt. Wenn dieser Winkel zu einem Durchmesser d_y korrespondiert, dann ist die folgende Beziehung gültig:

$$\cos\alpha_y = \frac{d_b}{d_y}\ . \tag{2.006}$$

2.3 Elementarer geometrischer Kreis – Theorie des Eingriffs

Wir betrachten zwei Kreise mit den Durchmessern d_{b1} und d_{b2}. Die beiden Kreise liegen in einem Abstand, der länger als die Hälfte der Summe der Durchmesser von den Mittelpunkten O_1 und O_2 entfernt ist. (Abb. 2.2).

Wir konstruieren die gemeinsame und innere Tangente T_1T_2 an den beiden Kreisen (Kreis 1 und Kreis 2). Durch einen Punkt M gehend, zeichnen wir eine Evolvente der Kreislinie 1 und eine Evolvente der Kreislinie 2: diese Evolventen haben den Punkt M gemeinsam, und außerdem berühren sie eine Tangente. Tatsache ist, daß beide Normalen auf der Geraden T_1T_2 sind. Wir betrachten jetzt einen beliebigen Punkt N und gehen in der gleichen Weise vor. Die zwei Evolventen, die durch den Punkt N gehen, sind auch Tangenten.

Wenn sich Kreis 1 mit einer Geschwindigkeit ω_1 beim Eingreifen ihrer Evolvente in M dreht, die ihrerseits die Evolvente des Kreis 2 und auch der Kreis 2 eingreift, dann bleiben die Evolventen Tangenten und nach einer Zeit t werden sie sich in N treffen. Der Kreis 2 dreht mit einer Geschwindigkeit ω_2, die geschätzt werden kann. Der Bogen AB auf der Kreislinie 1 wird tatsächlich eine Länge von $0{,}5d_{b1}\omega_1 t$ haben, und der Bogen DE auf der Kreislinie 2 wird die Länge

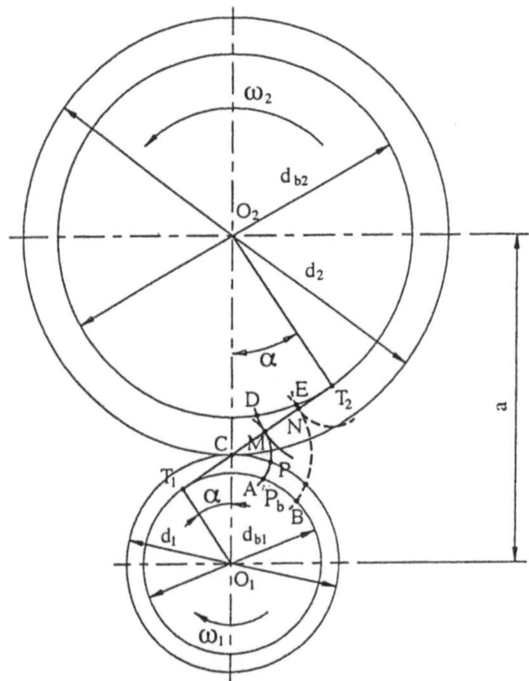

Abb. 2.2. Theorie des Eingriffs

$0.5d_{b2}\omega_2 t$ haben. Beide Bogen sind gleich dem Segment. Diese Gleichheit folgt aus den Eigenschaften der Evolventen.

Beide Bogen sind gleich, und es gilt:

$$\frac{\omega_1}{\omega_2} = \frac{d_{b2}}{d_{b1}} \ . \tag{2.007}$$

Diese Gleichung ist die Grundgleichung für das Zahnrad. Die gemeinsame Tangente berührt die Gerade der Kreislinien in einen Punkt C. Durch diesen Punkt zeichnen wir eine Kreislinie konzentrisch zu der Grundkreislinie 1 und eine Kreislinie konzentrisch zu der Grundkreislinie 2. Die Durchmesser dieser neuen Kreislinien sind d_1 bzw. d_2. Diese sind Tangenten in C und werden Bezugskreislinien genannt, weil sie die gesamte Geometrie der Großräder und der Zahnräder zu bestimmen helfen. Die Radien O_1T_1 und O_1C bilden einen Winkel α, ebenso die beiden Radien O_2T_2 und O_2C. Es gelten die folgenden Beziehungen:

$$d_{b2} = d_2 \cos \alpha \tag{2.008}$$

und

$$d_{b2} = d_2 \cos \alpha \ . \tag{2.009}$$

Der Winkel α wird Eingriffswinkel des Zahnrads genannt und ist bei beiden Zahnrädern gleich. Es gibt nur zwei Evolventen (jede für eine Kreislinie), der Kontakt darf nur in T_1 anfangen und in T_2 enden. Um die Stetigkeit des Eingriffs zu erhalten, muß man die Evolventen multiplizieren: beide müssen einen für beide konstanten und gleichen Raum zwischen sich lassen, der kleiner ist als T_1T_2.

Gegeben seien die beiden Evolventen z_1 und z_2, dann ergibt sich für den Raum zwischen den Evolventen:

$$p_b = \pi \ \frac{d_{b1}}{z_1} = \pi \ \frac{d_{b2}}{z_2} \tag{2.010}$$

$$p_b = \pi \ \frac{d_1}{z_1} \cos \alpha = \pi \ \frac{d_2}{z_1} \cos \alpha \tag{2.011}$$

$$p = \pi \ \frac{d_1}{z_1} = \pi \ \frac{d_2}{z_2} \ . \tag{2.012}$$

Die Größen p_b und p sind die Stirnteilung und die Bezugskreisteilung der in Eingriff stehenden Großräder. Die letzte Beziehung führt zu:

$$\frac{d_1}{z_1} = \frac{d_2}{z_2} = m \ . \tag{2.013}$$

Die Größe m wird „Modul des Zahnrads" genannt.

Die Bedingungen, bei der zwei Großräder mit Evolventenverzahnung eingreifen können, sind: der Druckwinkel und das Modul beider Großräder müssen gleich sein, und die Stirnteilung muß niedriger als die Länge beider Grundradien der gemeinsamen Tangente sein.

Die Berührungspunkte beider Evolventen liegen immer auf der gemeinsamen Tangente beider Grundkreise. Diese Tangente wird Schubgerade genannt. Sie stellt den geometrischen Ort der Berührungspunkte dar.

Um Räder beschreiben zu können, ist es notwendig, daß die Figur geschlossen ist, um die Schnittfläche eines finiten Körpers zu haben. Die Zeichnung eines Rads wird derart angelegt, daß die Evolventen entgegengesetzt (oder nicht entgegengesetzt) zu dem ersten und dem konventionellen Abstand auf dem Bezugskreis gezeichnet werden, der die Verzahnungsdicke dieses Kreises bestimmt. Der Zwischenraum zwischen den Evolventen wird in zwei Teile aufgeteilt, und die neuen Evolventen gehen durch die sich aus der Division ergebenen Punkte. Die Größe der Zähne wird durch einen Kopf- und einen Fußkreis mit den Radien d_a und d_f begrenzt. Die radialen Höhen über und unter dem Bezugskreis sind h_a und h_f .

Es ergeben sich dann folgende Gleichungen:

$$d_a = d + 2 \, h_a \qquad\qquad (2.014)$$

$$d_f = d - 2 \, h_f \ . \qquad\qquad (2.015)$$

Die Gl. (2.013) ermöglicht:

$$d = m \, z \qquad\qquad (2.016)$$

$$d_a = m \, (z + 2 \, h_a^*) \qquad\qquad (2.017)$$

und:

$$d_f = m \, (z - 2 \, h_f^*) \qquad\qquad (2.018)$$

Der mit * markierte Wert wird zum Modul = 1 reduziert.

2.4 Das Bezugsprofil

Sind ein Druckwinkel α, eine zum Modul h_a^* reduzierte Kopfhöhe und eine zum Modul h_f^* reduzierte Fußhöhe gegeben, dann werden alle Räder mit der gleichen Zahnzahl sich ähneln, und das Verhältnis wird gleich dem Modulverhältnis sein. Ein besonderes Rad ist das mit einem Durchmesser, der unendlich ist. Die Kreislinie mit dem unendlichen Durchmesser ist eine Gerade, und die Evolvente einer

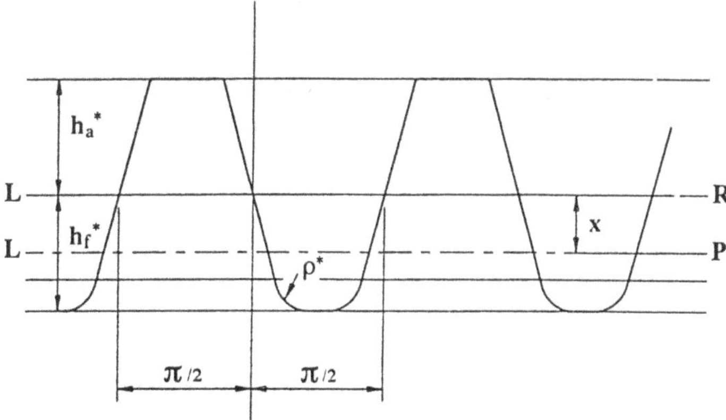

Abb. 2.3. Bezugsprofil

Gerade ist wiederum eine Gerade. Das so bestimmte Rad ist ein Rad, das aus Geraden besteht. Es wird in Abb. 2.3 dargestellt.

Dieses Profil wird Bezugsprofil genannt und kennzeichnet eine Radschar unabhängig von der Zahnzahl.

Die Linie, in bezug auf die Abmessungen der Linie (*LR*), wird Bezugsprofillinie genannt.

2.5 Geometrisches Rad – Profilverschiebungsfaktor

Ein Rad, dessen Bezugsdurchmesser von der Zahnzahl bestimmt wird (Modul = 1), resultiert aus der Umrißlinie des Profils, wenn sich seine Bezugslinie dreht, ohne auf dem Bezugskreis des Rads zu gleiten. Diese Bewegung ist ähnlich jener des Zahnrads eines beliebigen Rads mit dem besonderen Rad, das das Bezugsprofil darstellt.

Man erhält ein Rad auch beim Drehen ohne Gleiten des Bezugsprofils auf dem Teilkreis des Rads ohne seinem Bezugsprofil folgen zu müssen, sondern beim Folgen einer parallelen Linie (im Abstand *x* vom Rad). Diese Größe *x* ist der Profilverschiebungsfaktor der Verzahnung bezogen auf das gewonnene Rad.

Der Profilverschiebungsfaktor ist positiv, wenn das Profil weit von der Radmitte entfernt ist, ansonsten negativ. Ein solches Rad besitzt die Abmessungen:

$$d^* = z \tag{2.019}$$

$$d_a^* = z + 2\,(h_a^* + x) \tag{2.020}$$

$$d_f^* = z - 2\,(h_f^* - x)\ . \tag{2.021}$$

Die auf dem Teilkreis des Rads drehende Bezugsprofillinie (*LP*) ist die Teilkreislinie. Die Schublinie läuft durch den Tangentenpunkt der Teillinie bis zu dem Radteilkreis. Jeder Punkt der Schublinie liegt auf einer Parallellinie der Schublinie und auf einer Kreislinie konzentrisch zu dem Teilkreis. Man stellt dazu die Beziehung zwischen jedem Punkt des Radzahnprofils und des Bezugsprofilzahns her.

Dieses sind die Abmessungen eines Rads mit dem Modul = 1. Für irgendeinen Modul *m* ist das Rad geometrisch ähnlich, und es genügt, die Abmessungen mit *m* zu multiplizieren.

$$\text{Kreisteilung:}\quad p = \pi\, m \tag{2.022}$$

$$\text{Grundzylinder:}\quad p_b = \pi\, m \cos \alpha \tag{2.023}$$

$$\text{Grundkreisdurchmesser:}\quad d_b = z\, m \cos \alpha \tag{2.024}$$

$$\text{Teilkreisdurchmesser:}\quad d = z\, m \tag{2.025}$$

$$\text{Kopfkreisdurchmesser:}\quad d_a = m\left[z + 2(h_a^* + x)\right] \tag{2.026}$$

$$\text{Fußkreisdurchmesser:}\quad d_f = m\left[z - 2(h_f^* - x)\right]\;. \tag{2.027}$$

2.6 Zahndicke

Die Dicke des Zahnes s_y ist die Länge des Bogens einer Kreislinie mit dem Durchmesser d_y, ein solcher Bogen ist von den beiden Evolventen, die den Zahn abgrenzen, eingeschlossen (Abb. 2.4).

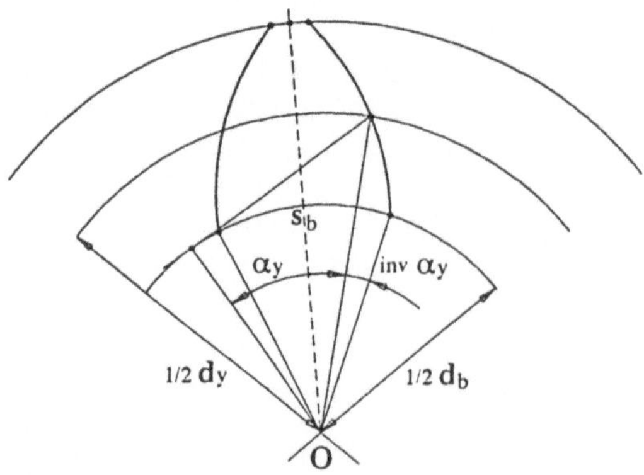

Abb. 2.4. Zahndicke

Sei s_b diese Entfernung auf der Grundkreislinie. Für den mittleren Halbwinkel gilt $\Psi_b = s_b / d_b$.

Betrachtet man nun die Abbildung, dann bemerkt man, daß der mittlere Halbwinkel $\Psi_y = \Psi_b - \text{inv}a_y$ ist.

Die Dicke erhält man durch Multiplikation des Halbwinkels mit dem Durchmesser:

$$s_y = d_y \left(\frac{s_b}{d_b} - \text{inv}\alpha_y \right) . \tag{2.028}$$

Zwischen der Dicke einer Kreislinie mit Durchmesser d_{y1} und einer Dicke einer Kreislinie mit Durchmesser d_{y2} existiert die folgende allgemeine Beziehung:

$$\frac{s_{y1}}{d_{y1}} + \text{inv}\,\alpha_{y1} = \frac{s_{y2}}{d_{y2}} + \text{inv}\,\alpha_{y2} \tag{2.029}$$

Bei dem Bezugsprofil (Abb. 2.5) bemerkt man, daß die Dicke der Bezugslinie $\pi/2m$ ist, und daß die Dicke auf der Teilkreislinie $(\pi/2 + 2x\tan\alpha)m$ ist. Der Bogen auf der Teilkreislinie hat die gleiche Länge, und man schreibt deswegen:

$$s = \left(\frac{\pi}{2} + 2\,x\,\tan\alpha \right) m . \tag{2.030}$$

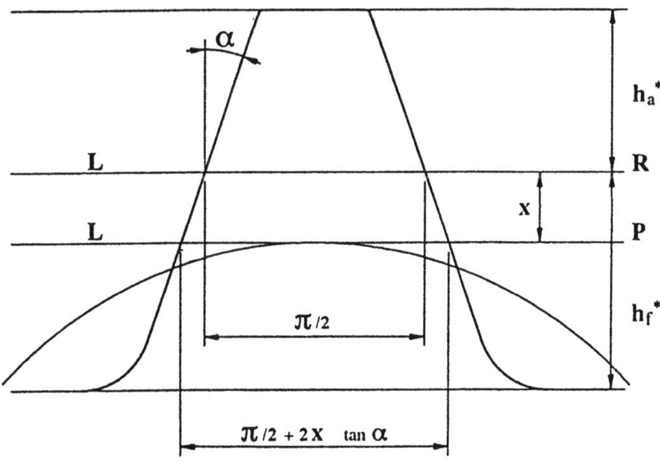

Abb. 2.5. Teilkreisdicke

Die Dicke einer Kreislinie mit einem Durchmesser d_y ist:

$$s_y = d_y \left(\frac{\frac{\pi}{2} + 2\,x\,\tan\alpha}{z} + \operatorname{inv}\alpha - \operatorname{inv}\alpha_y \right) \quad . \qquad (2.031)$$

Insbesondere ist die Kopfkreisdicke:

$$s_a = d_a \left(\frac{\frac{\pi}{2} + 2\,x\,\tan\alpha}{z} + \operatorname{inv}\alpha - \operatorname{inv}\alpha_a \right) \qquad (2.032)$$

mit:

$$\cos\alpha_a = \frac{d_b}{d_a} = \frac{z\cos\alpha}{z + 2(h_a^* + x)} \qquad (2.033)$$

und die Grundkreisdicke:

$$s_b = m\,z\,\cos\alpha \left(\frac{\frac{\pi}{2} + 2\,x\,\tan\alpha}{z} + \operatorname{inv}\alpha \right) \qquad (2.034)$$

oder

$$s_b = m \left(\frac{\pi}{2}\cos\alpha + 2\,x\,\sin\alpha + z\,\operatorname{inv}\alpha\,\cos\alpha \right) \qquad (2.035)$$

2.7 Einfluß des Profilverschiebungsfaktors. Eingriffstörungen

Der Profilverschiebungsfaktor beeinflußt wesentlich die Zahnform. Das ergab sich klar aus den Gleichungen der Zahndicke.

Wenn der Profilverschiebungsfaktor zunimmt, sinkt die Kopfkreisdicke, und der Faktor wird einen Wert annehmen, bei dem die Dicke gleich Null wird.

Dieser Zahn ist mit einer Spitze versehen, wobei seine Abmessungen gleich bleiben.

Nimmt der Profilverschiebungsfaktor noch zu, dann wird die Dicke nichtig für einen Durchmesser, der kleiner als der des Kopfes ist; d. h. der normale Kopfdurchmesser bezüglich der Dicke ist verkleinert. Daraus ergibt sich ein kürzerer Zahn mit Spitze. Eine Grenze, niedriger als der Profilverschiebungsfaktor der Verzahnung, kann nun definiert werden.

Wir betrachten jetzt das Bezugsprofil in Beziehung auf die Grundkreislinie. Wenn die Schubgerade die Grundlage des Bezugsprofils links von dem Punkt T_l kreuzt, (Abb. 2.6) durchdringt das Bezugsprofil den Grundkreis innerhalb. Wie zuvor gesagt, darf sich aber keine Evolvente innerhalb des Grundkreis befinden.

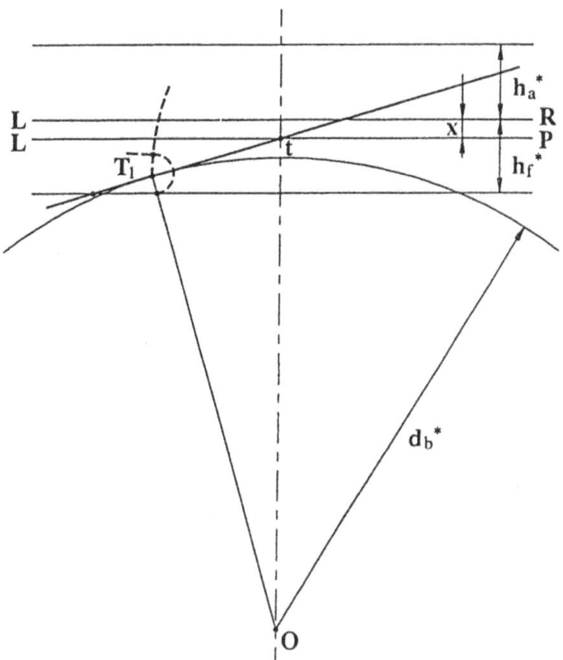

Abb. 2.6. Eingriffstörungen

Während der Schaffung des Zahnprofils erzeugt die Profilgrundlage eine Kurve (Trochoide), deren Krümmung umgekehrt zu der der Evolvente ist. Das sich ergebende Profil wird verschieden von der Interferenz sein, und der Zahnfuß wird weniger dick als vorher gesagt sein: man spricht von Unterschnitt. Wenn man ein anderes Rad mit dem so erhaltenen Rad verbindet, und wenn man den Kontakt mit einer Evolvente in diesem Ort festsetzt, wird ein schlechter und den Betrieb beeinträchtigenden Eingriff stattfinden. In diesem Fall spricht man von Betriebseingriffstörungen. Um diese Eingriffstörung zu vermeiden, ist es nötig, die Grenze kleiner als den Profilverschiebungsfaktor zu setzen. Diese Grenze ist so beschaffen, daß die untere Linie des Bezugsprofils die Schublinie im Punkt T_l schneidet (Abb. 2.7).

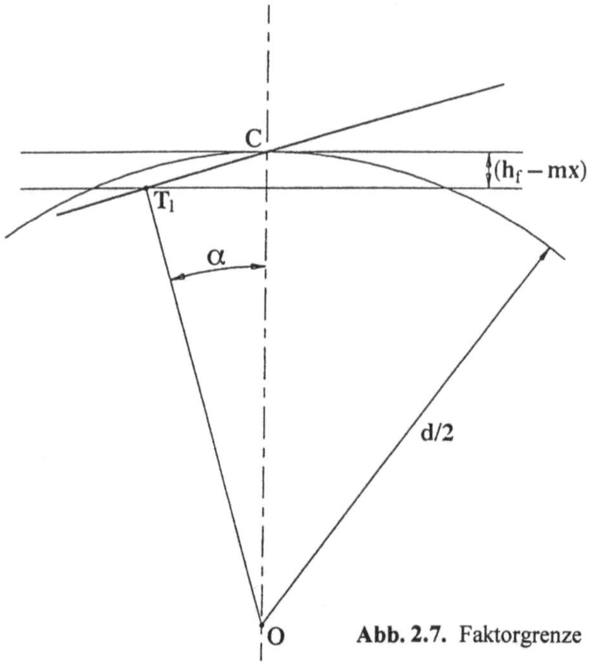

Abb. 2.7. Faktorgrenze

Mit:

$$T_1\,C = 0{,}5\,d \sin a$$

und

$$T_1 C = (h_f - mx)/\sin a$$

hat man:

$$x > h_f^* - \frac{1}{2}\,z\,\sin^2\alpha\ .\qquad (2.036)$$

Die Eingriffstörung wird durch einen gegebenen Profilverschiebungsfaktor x und ein festgelegtes Bezugsprofil begrenzt, genau dann wenn die Zahnzahl durch den Wert begrenzt ist:

$$z \geq \frac{2\,(h_f^* - x)}{\sin^2\alpha}\ .\qquad (2.037)$$

2.8 Bezugsachsabstand – Modifizierter Achsabstand

Die zwei in Abschn. 2.5 definierten Räder gewährleisten einen optimalen Eingriff. Die Eingriffgesetze ergeben sich aus den vorgegebenen Definitionen. Ihre tangentialen Grunddurchmesser sind für beide Räder maßgebend. In diesem Fall stehen Räder im Bezugsachsabstand, und die Summe der Profilverschiebungsfaktoren beider Räder ist Null:

$$\Sigma x = x_1 + x_2 = 0 .\qquad(2.038)$$

Für den Bezugsachsabstand gilt:

$$a = \frac{1}{2}\,(d_1 + d_2) = \frac{1}{2}\,m\,(z_1 + z_2) \ .\qquad(2.039)$$

Wenn die Entfernung zwischen den Mittelpunkten der Räder ansteigt (Abb. 2.8), dann schneidet die gemeinsame Tangente die Linie der Mitten in einem Punkt C; die zum Bezugskreis konzentrischen Kreise laufen durch diesen Punkt. Diese Kreise sind die Zahnkreise und ihre Durchmesser die Zahndurchmesser.

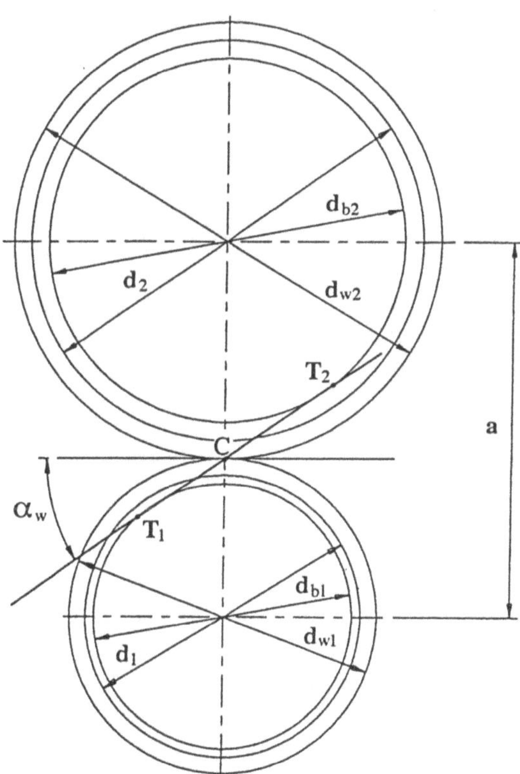

Abb. 2.8. Bezugsachsabstand – Modifizierter Achsabstand

Während des Eingriffs rollen beide Kreise aufeinander ab, ohne aufeinander zu gleiten. Bezugskreise verhalten sich während des Betriebs genau wie ein Bezugsachsabstand. Die gerade geschriebene Anordnung wird modifizierter Achsabstand genannt. Diese Anordnung ergibt sich, wenn die Summe der Profilverschiebungsfaktoren der Verzahnung verschieden von Null ist. Sei der Betriebsachsabstand a und die Hälfte der Summe d_n gegeben, dann wird der Teilkreisdurchmesser korrekt laufen, falls die Summe der Profilverschiebungsfaktoren der Beziehung folgt:

$$\Sigma x = \frac{z_1 + z_2}{2 \tan\alpha} \left(\operatorname{inv}\alpha_w - \operatorname{inv}\alpha \right) \tag{2.040}$$

wobei α_w der Arbeitsdruckwinkel ist:

$$a = \frac{d_{b1} + d_{b2}}{2 \cos\alpha_w} \tag{2.041}$$

$$a \cos \alpha_w = d_m \cos \alpha \tag{2.042}$$

wobei d_m ist:

$$d_m = \frac{d_1 + d_2}{2} = m \frac{z_1 + z_2}{2} \tag{2.043}$$

2.9 Berührungsverhältnis

Wenn ein Rad durch die Wirkung der Zahnprofile in ein anderes Rad eingreift, sind die Zähne auf einer Schubgerade in Berührung (Abb. 2.9).

Die Kopflinie des treibenden Rads schneidet diese Linie im Punkt E, und die Kopfkreislinie des getriebenen Rads schneidet diese Linie im Punkt A. Es gibt keine mögliche Berührung der beiden Zähnen vor dem Punkt A, weil das angetriebene Rad noch nicht diesen Punkt erreicht hat. Dasselbe passiert nach dem Punkt E: das angetriebene Rad hat sich inzwischen weitergedreht, und daher ist keine Berührung mehr möglich. Das Geradenliniensegment AE ist das Berührungssegment des betrachteten Radpaars. Das Segment AC ist das Zugangssegment. Mit g_α wird das Berührungssegment, mit g_f das Zugangssegment und mit g_a wird das Rückzugssegment dargestellt.

Man hat:

$$g_\alpha = g_f + g_a \; . \tag{2.044}$$

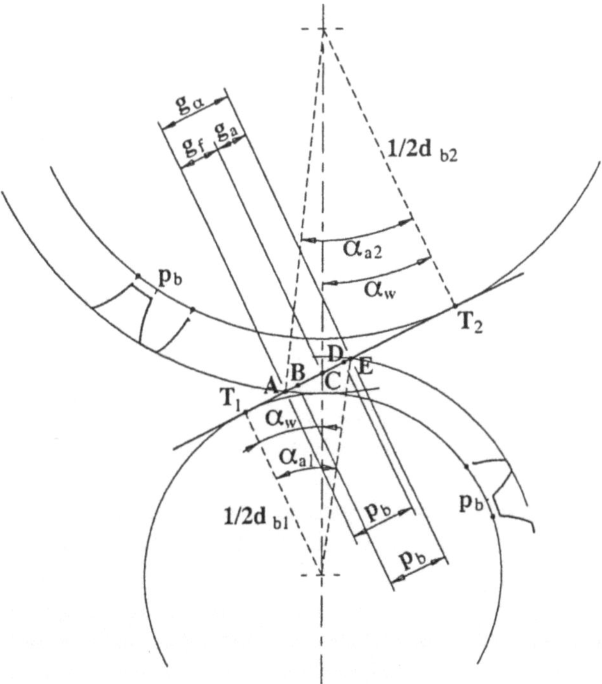

Abb. 2.9. Berührungverhältnis

Die Gleichungen dieser Segmente können leicht aus der Abb. 2.9 entnommen werden:

$$g_a = \frac{d_{b1}}{2} (\tan\alpha_{a1} - \tan \alpha_w) \qquad (2.045)$$

und

$$g_f = \frac{d_{b2}}{2} (\tan\alpha_{a2} - \tan \alpha_w) \; . \qquad (2.046)$$

Die Entfernung zwischen zwei korrespondierenden Evolventen (i.a. zwei korrespondierende Flanken) ist die Grundschrittweite. Wenn sie größer als das Berührungssegment ist, dann ist keine Eingriffskontinuität gewährleistet. Um einen ständigen Eingriff zu erzielen, muß das Berührungssegment höher als die Grundteilung sein. Das Verhältnis von

$$\varepsilon_\alpha = \frac{g_\alpha}{p_b} \qquad (2.047)$$

wird Querüberdeckung genannt.

Aus den Gl. (2.045) und (2.046) ergibt sich auch:

$$\varepsilon_\alpha = \frac{g_f + g_a}{\pi \, m \, \cos \alpha} = \varepsilon_1 + \varepsilon_2 \tag{2.048}$$

oder

$$\varepsilon_\alpha = \frac{z_1}{2\pi}(\tan \alpha_{a1} - \tan \alpha) + \frac{z_2}{2\pi}(\tan \alpha_{a2} - \tan \alpha_w) . \tag{2.049}$$

Von A an auf der Schubgerade zeichnen wir eine Länge AD, die gleich der Grundteilung ist, und von E ab eine Länge EB gleich der Grundteilung. Das Berührungssegment ist in drei gleiche Teile aufgeteilt. Wenn die Berührung in A stattfindet, dann ergibt sich eine Berührung zweier Gegenzahnpaare in D, und wenn die Berührung zweier weiterer Paare erfolgt, dann berühren sich zwei Radpaare. In B endet die Berührung dieses zweiten Zahnpaares (da das andere Zahnpaar sich im Abstand der Grundteilung befindet, d. h. in E), und somit gibt es nur ein Radpaar, das von B bis D in Berührung steht. Ab dem Punkt A gelten wieder die Bedingungen für eine Berührung zwischen A und B. Die Abschnitte AB und DE des Überdeckungssegments sind in Doppelberührung, während der Abschnitt BD sich nur in Einfachberührung befindet. Die Lage des Punkts C wird nicht auf dem einen oder auf dem anderen Segment bestimmt, weil seine Lage von den gewählten Profilverschiebungsfaktoren der Verzahnung abhängt. Punkt B wird als "unterer Punkt der Einfachberührung" und Punkt D als "oberer Punkt der Einfachberührung" bezeichnet. Bei diesen Punkten ist es möglich, den zu diesen Punkten gezogenen Krümmungsradius des Zahnrads festzusetzen: dasselbe gilt für den Zahn des treibenden Rads.

Für das treibende Rad im Punkt A ist der Krümmungsradius $T_1 A = T_2 T_1 - T_2 A$, d.h.:

$$\rho_{A1} = a \sin\alpha_w - \frac{1}{2} d_{b2} \tan \alpha_{a2} . \tag{2.050}$$

Im Punkt E ist der Krümmungsradius $T_1 E$:

$$\rho_{E1} = \frac{1}{2} d_{b1} \sin\alpha_{a1} \tag{2.051}$$

im Punkt B ist der Krümmungsradius $T_1 E - p_b$:

$$\rho_{B1} = \rho_{E1} - \pi \, m \, \cos \alpha \tag{2.052}$$

und im Punkt D ist der Krümmungsradius $T_1 + p_b$:

$$\rho_{D1} = \rho_{A1} + \pi \, m \, \cos \alpha . \tag{2.053}$$

Für das getriebene Rad gilt:

$$\rho_{E2} = a \, \sin\alpha_w - \frac{1}{2} d_{b1} \, \tan\alpha_{a1} \qquad (2.054)$$

$$\rho_{A2} = \frac{1}{2} d_{b2} \, \tan\alpha_{a2} \qquad (2.055)$$

$$\rho_{D2} = \rho_{A2} - \pi \, m \, \cos\alpha \qquad (2.056)$$

$$\rho_{B2} = \rho_{E2} + \pi \, m \, \cos\alpha \; . \qquad (2.057)$$

2.10 Berechnung eines Winkels beginnend an seiner Evolventen

Wenn man den Wert der Evolventen inv α kennt, berechnet man:

$$q = (\text{inv } \alpha)^{0,66667}$$

Mit den folgenden Konstanten:

$$C1 = 1,040042$$
$$C2 = 0,324506$$
$$C3 = -0,003209$$
$$C4 = 0,0088336$$
$$C5 = 0,0031898$$
$$C6 = 0,0004772$$

werden wir

$$p = 1 + q(C_1 + q(C_2 + q(C_3 + q(C_4 + q(C_5 + q(C_6 + q))))))$$

und

$$\cos\alpha = 1/p$$

erhalten.

3 Mechanische Zahnräder

3.1 Allgemeines

Mechanische Zahnräder bestehen aus echten Rädern, die mit den Regeln des Eingriffs geometrischer Räder in Einklang stehen. Es können zylindrische und parallele Zahnräder oder Kegelzahnräder mit sich kreuzenden oder nicht kreuzenden Achsen sein, und die Verzahnungen können Innen- oder Außenverzahnungen sein. Später werden wir die Innen- und Außengeradstirnräder, die parallelen Außen- und Hohlräder, beide mit Geradverzahnung, die Stirnräder mit Innen- oder Außenverzahnung und die von diesen Rädern geschaffenen Stirnpaarräder ausführlich untersuchen, außerdem jene Zahnräder, die sich aus Kegelrädern aufbauen und letztlich Schnecken und Schneckenräder.

3.2 Geradstirnräder

3.2.1 Bestimmung

Die Geradstirnräder haben die Form eines kreisförmigen Zylinders, deren Schnitt rechtwinklig zu den Kreisachsen ist. Die Zähne folgen einer Teilkegellänge des Zylinders. Ein Rad, dessen Durchmesser unendlich ist, hat einen „geraden Schnitt", der eine Gerade ist, und eine Oberfläche, die eine Ebene ist. Man spricht von einer Zahnstange.

3.2.2 Geometrie

Der gerade Schnitt eines Rads ist ein geometrisches Rad, wie wir es in den vorigen Kapiteln bestimmt haben.

Alles bisher Gesagte gilt auch hier. Der Berührungspunkt bleibt das Berührungsprofil, das dem Rad zur Bezugszahnstange zugewandt ist.

Die Teilkreislinie des geometrischen Rads wird der Teilzylinder, die Kopfkreislinie wird der Kopfzylinder, und die Fußkreislinie wird der Fußzylinder. Die Zylinder haben dieselben Durchmesser wie die auf sie bezogenen Kreislinien. Bei den Zahnradeigenschaften werden die geraden Schnitte, die sich alle gleichen, betrachtet. Die Kreislinien werden einfach als „Kreise" bezeichnet.

Man muß einen wichtigen Aspekt herausheben: die Räder sind mechanische Werkteile, die für Belastungen und Spannungen ausgelegt sind, deswegen muß jede Änderung vermieden werden. Das Verbindungsstück zwischen dem Zahn und dem Grundzylinder wird ein konkaves Verbindungsstück sein. Das Bezugsprofil umfaßt einen kreisförmigen Teil mit Radius ρ_F, dessen Profilentwicklung das Verbindungsstückprofil formt.

3.2.3 Standardisierte Basisprofile und Module

Verzahnungen werden durch das Bezugsprofil und das Modul bestimmt. Es ist interessant zu sehen, daß auch der Einsatz von den Standardbasiszahnprofilen zusammen mit den Modulen unter Anwendung von Hilfsmitteln aus finanziellen Gründen begrenzt ist. Durch die ISO sind ein standardisiertes Bezugsprofil (ISO 53) und einen standardisiertes Modul (ISO 54) definiert.

Das standardisierte Bezugsprofil ist in Abb. 3.1 dargestellt.

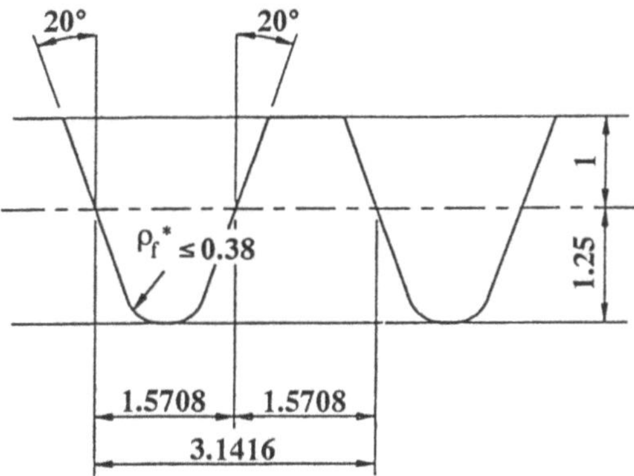

Abb. 3.1. Standardisiertes Bezugsprofil nach ISO 53

Der Krümmungsradius darf nicht einen zu großen Wert annehmen, da sonst der geradlinige Teil des Profils der Teilkegellänge der nutzbaren Evolvente absinkt. Aber er sollte groß genug sein, damit das Verbindungsstückprofil übermäßige Spannungskonzentrationen verhindert. Da die Kopfhöhe des Profils gleich 1 ist, wird auch die Fußlinie gleich 1. Der Grundradius des Profils ρ_F ist begrenzt:

$$\rho_F \leq \frac{h_f^* - 1}{1 - \sin\alpha} \ . \tag{3.001}$$

Ist ein Winkel $\alpha = 20°$ und eine Fußhöhe von 1,25 gegeben, dann ist der Anschlußradius des Zahns kleiner als 0,38.

Es sind weitere Profile zu untersuchen, um Kuppenschnitte zu bestimmen. Diese Profile haben eine standardisierte Fußhöhe, die gleich 1,40 ist. Die Module sind in zwei Listen aufgeteilt: die Referenzliste und die Berichtsliste für weitere Informationen.

3.2.4 Breite des Zahns

Die Länge der Teilkegellänge des Teilzylinders (infolgedessen auch die anderen zu ihm konzentrische Zylinder) wird „Breite des Zahns" genannt. Sein Wert liegt zwischen 0,5 und 2,5 mal dem Wert des Referenzdurchmessers. Der Wertebereich hängt von der jeweiligen Anwendung ab.

3.2.5 Unterschneidung

In dem vorigen Kapitel haben wir gesehen, daß man ein die Krümmung verformendes Profil erhält, das umgekehrt zu jenem der Evolvente ist, falls ein Teil des Bezugsprofils den Grundkreis durchdringt. In einem Rad, dessen Profil die Basis des Zahns durchdringt, verursacht dies eine wesentliche Verkleinerung seiner Grunddicke und seines mechanischen Widerstands. Außerdem, wenn zwei Räder eingreifen, wird die Evolvente des Gegenrads mit dem verformenden Profil in Berührung kommen und wird so einen schlechten Lauf verursachen (Geräusche, zusätzliche Belastungen usw.). Durch Vorbeugen kann dieses Phänomen vermieden werden, und dieses Phänomen tritt absolut nicht auf, wenn wir die Zahnzahl um einen bestimmten Profilverschiebungsfaktor vergrößern, oder wenn wir den Profilverschiebungsfaktor für den Zahn des betreffenden Rads vergrößern.

3.2.6 Zahndicke

Die Gleichung der Verzahnungsdicke auf Kreisen mit verschiedenen Durchmessern sind im Kap. 2 schon beschrieben worden. Man beachte, daß die Kopfdicke größer als 0 sein muß, da ein spitzer Zahn wesentlich mehr Belastung aushalten muß. Der Wert für die Kopfbreite in Zähnen sollte 0,2 für nicht oberflächengehärtete Zähne unterschreiten. Für die aufgekohlten Stähle wird eine Dicke von 0,3 angenommen, um die Zerbröckelung der aufgekohlten Dicke während des Betriebes zu vermeiden. Die Schnittfläche ist senkrecht zu der Evolventen in dem Zahnkopf. Dieser Schnitt ist um genau den Betrag kleiner als die Verkleinerung der Kopfdikke und um genau den Betrag größer als die Größe des Kopfwinkels. Die Kopfdikke wird für ein Rad mit hoher Zahnzahl größer gewählt als für ein Ritzel mit wenigen Zähnen.

3.2.7 Innenverzahnung

Die Innenverzahnung ist das Komplement der Außenverzahnung: der Zahn hat die
Form der Lücke einer Außenverzahnung, und die Form der Lücke der Innenverzahnung ist die Form des Zahns der Außenverzahnung. Es ist möglich die Gleichungen des Durchmessers der Zahndicke für diese Verzahnungen zu bestimmen,
wenn man sich an das vorher Gesagte hält. Eine wirksame Methode ist auch, die
Vorzeichen der Durchmesser der Zahnzahl und des Profilverschiebungsfaktor der
Verzahnung zu wechseln und die für die Außenverzahnung bestimmten Gleichungen anzuwenden, und so zu positiven Abmessungen zu kommen. Wir betrachten
die Teilkreisdicke der Innenverzahnung als Beispiel (Abb. 3.2).

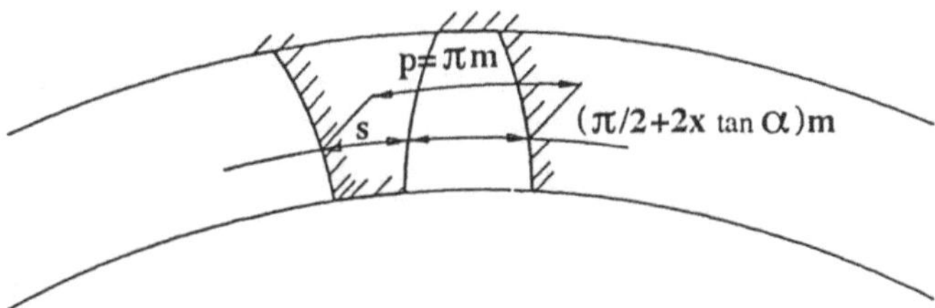

Abb. 3.2. Teilkreisdicke der Innenverzahnung

Man bemerkt, daß die Teilkreisdicke des Zahnrads mit Innenverzahnung gleich
der Grundteilung minus der Teilkreisdicke des Rads mit Außenverzahnung ist.

$$s = \pi\, m - m\left(\frac{\pi}{2} + 2\,x\,\tan\alpha\right) \qquad (3.002)$$

$$s = m\left(\frac{\pi}{2} - 2\,x\,\tan\alpha\right)\,. \qquad (3.003)$$

Nach Anwendung der obengenannten Methode sieht man, daß das Ergebnis
gleich ist. Die Innenverzahnung wird durch die folgenden Gleichungen beschrieben:

$$d = m\,z \qquad (3.004)$$

$$d_b = m\,z\,\cos\alpha \qquad (3.005)$$

$$d_a = m\,z - 2(h_a^* - x)\,m = m\left[z - 2(h_a^* - x)\right] \qquad (3.006)$$

$$d_f = m\left[z + 2(h_f^* + x)\right] \qquad (3.007)$$

$$p = \pi\, m \tag{3.008}$$

$$p_b = \pi\, m\, \cos\alpha \tag{3.009}$$

$$s_b = m\left(\frac{\pi}{2}\cos\alpha - 2\,\text{x}\,\sin\alpha - z\,\text{inv}\alpha\,\cos\alpha\right) \tag{3.010}$$

$$s_a = d_a\left(\frac{\dfrac{\pi}{2} - 2\,\text{x}\,\tan\alpha}{z} - \text{inv}\alpha + \text{inv}\alpha_a\right)\ . \tag{3.011}$$

Die Oberflächen, die die Zähne begrenzen, schneiden die diagonalen Ebenen, die den Profilen der Evolvente folgen und werden Flanken genannt. Die verschiedene Zylinder (Grundzylinder, Kopfzylinder, Teilkreiszylinder usw.) schneiden die Flanken, die den Geraden parallel der Achse folgen.

3.3 Radpaare mit parallelen Achsen und Geradzähnen

Um ein Radpaar mit parallelen Achsen und Geradzähnen zu erhalten, ist es notwendig, zwei Stirnräder mit Geradzähnen, wie sie in den vorigen Abschnitten beschrieben wurden, zu verbinden. Die zwei Achsen der Zylinder sind parallel, die zwei Teilflächen oder die zwei Walzteilflächen (wenn der Achsabstand ein Bezugsachsabstand oder ein modifizierter Achsabstand ist) sind Tangenten. Für den Summenwert der Profilverschiebungsfaktoren der Verzahnung, der gleich Null ist, ist der Antrieb mit Bezugsachsabstand ein abgeleiteter Fall vom allgemeinen Fall des Antriebs mit modifiziertem Achsabstand. Die Wälzkreisdurchmesser sind also mit den Teilkreisdurchmesser identisch. Wenn zwei Außenräder verbunden sind, erhält man ein Außenradpaar, und wenn ein Rad mit Außenverzahnung (notwendigerweise das mit dem kleineren Durchmesser) mit einem Rad mit Innenverzahnung verbunden ist, dann erhält man ein Innenradpaar. Die notwendige Bedingung, um den Eingriff zu gewährleisten, ist, daß ein identisches Modul und ein identischer Druckwinkel vorhanden sind. Für die Außenverzahnung hat man:

$$a = \frac{1}{2}(d_{w1} + d_{w2}) \tag{3.012}$$

$$d_{w1,2} = d_{1,2}\,\frac{\cos\alpha}{\cos\alpha_w} \tag{3.013}$$

$$a = \frac{1}{2}(d_1 + d_2)\frac{\cos \alpha}{\cos \alpha_w} \qquad (3.014)$$

$$a = \frac{m}{2}(z_1 + z_2)\frac{\cos \alpha}{\cos \alpha_w} \qquad (3.015)$$

$$\Sigma x = \frac{z_1 + z_2}{2 \tan \alpha}(\text{inv } \alpha_w - \text{inv } \alpha) \;. \qquad (3.016)$$

Sind Achsabstand, Zahnzahl und Modul gegeben, dann ist es möglich α_w und die Summe der Profilverschiebungsfaktoren, die sich zwischen den beiden Rädern ergibt, zu kalkulieren.

Sind Zahnzahl, Modul und Summe der Profilverschiebungsfaktoren gegeben, dann kann man inv α_w, α_w und a Radpaar mit Innenverzahnung kalkulieren.

$$a = \frac{1}{2}(d_{w2} - d_{w1}) = \frac{m}{2}(z_2 - z_1)\frac{\cos \alpha}{\cos \alpha_w} \;. \qquad (3.017)$$

Anstatt der Summe der Profilverschiebungsfaktoren wird man eine Differenz der Profilverschiebungsfaktoren erhalten.

$$\Delta x = x_2 - x_1 = \frac{z_2 - z_1}{2 \tan \alpha}(\text{inv } \alpha_w - \text{inv } \alpha) \;. \qquad (3.018)$$

Die Profilverschiebungsfaktoren werden zwischen den beiden Rädern aufgeteilt.

Die Berührung zwischen den Flanken folgt einer geraden Linie, die parallel zu den Achsen ist. Diese Gerade, die sich auf den berührenden Flanken bewegt, wird Eingriffslinie genannt. Für jedes Rad ist sie die Linie der Zahnflanke.

3.4 Schrägstirnräder. Evolventenschraubenfläche

Wir betrachten einen Grundzylinder mit dem Durchmesser d_b und eine Fläche tangential zu diesem Zylinder. Auf dieser Fläche betrachten wir eine Gerade, die im Winkel β_b zu der Zylinderteilkegellänge steht (Abb. 3.3). Wenn diese Fläche auf dem Zylinder abrollt, ohne zu gleiten, erzeugt die Gerade eine Fläche, die Evolventenschraubenfläche genannt wird.

Jeder Punkt der Geraden erzeugt eine Evolvente in jedem Punkt des geraden Zylinderschnitts. Irgendein gerader Schnitt des Zylinders wird zur scheinbaren (transversalen) Fläche. Die Überschneidung der Evolventenschraubenfläche mit

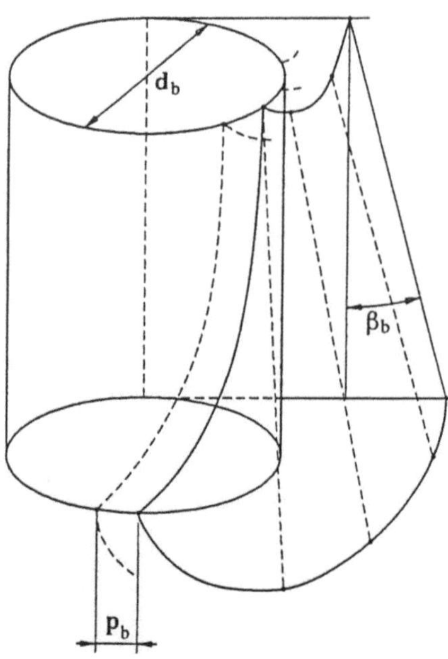

Abb. 3.3. Zylinderteilkegellänge

dem uneigentlichen Schnitt ist eine Evolvente. Die Überschneidung der Evolventenschraubenfläche mit dem Grundzylinder ist eine Flankenlinie, deren Tangente parallel zu der Erzeugenden ist, d. h. daß der Grundschrägungswinkel β_b ist. Auf der Grundfläche ist es möglich, z Grundzylinderflankenlinien mit gleichem Abstand zu zeichnen, da die Entfernung unter ihnen auf der Grundkreislinie die Stirnteilung ist. Es gilt:

$$p_{bt} = \pi\,\frac{d_b}{z}\ .\tag{3.019}$$

Wir betrachten jetzt einen anderen Zylinder mit Durchmesser d, so daß:

$$d_b = d\cos\alpha_t\ .\tag{3.021}$$

Wir bezeichnen den scheinbaren Druckwinkel mit α_t, siehe Gl. (3.035). Auf dieser Fläche kann der Schrägungswinkel gewonnen werden, wenn man beachtet, daß die Axialsteigung der Schrägung auf den verschiedenen Flächen immer dieselbe

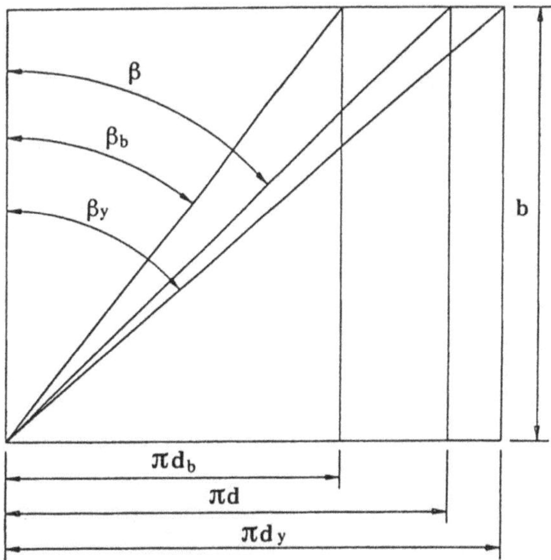

Abb. 3.4 Schrägungswinkel

ist. Die Abb. 3.4 zeigt, daß:

$$\frac{\tan\beta}{\tan\beta_b} = \frac{d}{d_b} = \frac{1}{\cos\alpha_t} \; .$$

(3.022)

Der Winkel β ist der Schrägungswinkel am Teilzylinder. Für einen Zylinder mit beliebigem Durchmesser d_y:

$$\frac{\tan\beta_y}{\tan\beta_b} = \frac{1}{\cos\alpha_y}$$

(3.023)

und

$$\tan\beta_y = \tan\beta \; \frac{\cos\alpha_t}{\cos\alpha_y}$$

(3.024)

mit

$$\cos\alpha_y = \frac{d_b}{d_y} \; .$$

(3.025)

3.4.1 Schrägstirnräder

Definition. Nehmen wir einen von z nicht korrespondierenden Evolventenschraubenfläche geschlossenen Körper (die von diagonalen, angebauten Teilzylinderevolventen korrespondierende Fläche), schneiden den Teilzylinder im Abstand der Hälfte des Axialprofils oder Moduls der ersten gezeichneten Schraubenfläche und betrachten zwei zu den Teilzylindern konzentrische Zylinder, die jeweils den Kopfzylinder und den Fußzylinder bilden, dann ist es möglich, ein Schrägstirnrad zu bestimmen.

Auf der diagonalen Fläche haben wir ein elementar-geometrisches Rad des Moduls m_t gezeichnet, das durch die folgende Gleichung definiert wird:

$$m_t = \frac{d}{z} \quad . \tag{3.026}$$

Dieses Modul wird Stirnmodul genannt.

Bezugszahnstange und Durchmesser. Das Rad mit unendlichem Durchmesser ist eine Zahnstange, deren scheinbarer Schnitt das scheinbare Bezugsprofil ist. Die Zahnstange besitzt innere Überschneidungen, die einen Winkel β mit der diagonalen Fläche (Abb. 3.5) bilden.

Die zu diesen Feststellvorrichtungen rechtwinklige Fläche ist die reale (normale) Fläche. Sie bestimmt das normalisierte Bezugsprofil des Moduls m, das auch normalisiert wird. Wir bemerken, daß eine Beziehung zwischen der Teilung des dia-

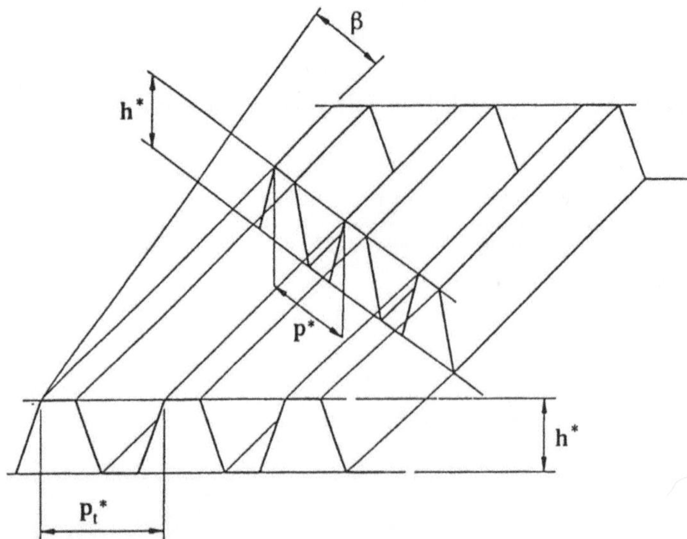

Abb. 3.5. Bezugszahnstange

gonalen Profils p_t und der Teilung des realen Profils besteht:

$$p_t = p/\cos\beta \qquad (3.027)$$

geteilt durch π, erhält man:

$$m_t = \frac{m}{\cos\beta} \cdot \qquad (3.028)$$

Die Kopfhöhe des normalisierten Bezugsprofils ist $h_a^* m$, und die Fußhöhe beträgt $h_f^* m$.

Die Abmessungen des Schraubenrads ergeben sich aufgrund der bereits genannten, von der ISO (ISO 701) bestimmten Regeln:

$$d = \frac{m\,z}{\cos\beta} \qquad (3.029)$$

$$d_b = \frac{m\,z}{\cos\beta}\,\cos\alpha_t \qquad (3.030)$$

$$d_a = m\left[\frac{z}{\cos\beta} + 2(h_a^* + x)\right] \qquad (3.031)$$

$$d_f = m\left[\frac{z}{\cos\beta} - 2(h_f^* - x)\right] \cdot \qquad (3.032)$$

Für das Rad mit Innenverzahnung gilt:

$$d_a = m\left[\frac{z}{\cos\beta} - 2(h_a^* - x)\right] \qquad (3.033)$$

und

$$d_f = m\left[\frac{z}{\cos\beta} + 2(h_f^* + x)\right] \cdot \qquad (3.034)$$

Winkelbeziehungen. Geht man von den folgenden Gleichungen aus:

$$\tan\alpha_t = \frac{\tan\alpha}{\cos\beta} \qquad (3.035)$$

und

$$\tan\beta_b = \tan\beta\,\cos\alpha_t \qquad (3.036)$$

dann ist es möglich, die Winkelbeziehungen aufzustellen:

$$\cos\beta_b = \sqrt{\cos^2\alpha \; \cos^2\beta + \sin^2\alpha} \qquad (3.037)$$

$$\cos\alpha_t \; \cos\beta_b = \cos\alpha \; \cos\beta \qquad (3.038)$$

und

$$\cos\beta_b = \frac{\sin\alpha}{\sin\alpha_t} \; . \qquad (3.039)$$

Unterschneidung. Wenn die für die Unterschneidung der Geradstirnräder aufgestellte Gleichung angewandt wird, ist es möglich, die Beziehung bezüglich der Schrägstirnräder betrachteten diagonalen Fläche zu erhalten:

$$z \geq \frac{2\,(h_f^* - x)\,\cos\beta}{\sin^2\alpha_t} \; . \qquad (3.040)$$

Die Beziehung gewährleistet die Grenzzahl der Zähne, so daß kein Unterschnitt für einen bestimmten Profilverschiebungsfaktor stattfindet, oder sie gewährleistet, den Grenzprofilverschiebungsfaktor zu ermitteln, um den Unterschnitt für eine gewisse Zahnzahl zu vermeiden. Im Verhältnis zu der Geradverzahnung ist die Zahl der Zähne kleiner und mit den anderen Bedingungen identisch (oder der Grenzprofilverschiebungsfaktor ist niedriger für eine gewisse Zahnzahl). Man bedenke, daß der Unterschnitt eine Aushöhlung des Zahnfuß und schädliche Berührungen zwischen den Gegenflanken verursachen kann (so sinkt der Belastungswiderstand), und daher absolut zu vermeiden ist.

Zahndicke. Die erwähnten Beziehungen für Geradzähne sind auch auf einer diagonalen (Stirn)Fläche gültig.
   Zahndicke im Teilzylinder:

$$s_t = \left(\frac{\pi}{2}\,m_t \pm 2\,x\,\tan\alpha_t \right) \qquad (3.041)$$

$$s_t = m_t \left(\frac{\pi}{2} \pm 2\,x\,\tan\alpha \right) \; . \qquad (3.042)$$

Zahndicke im Teilzylinder am Normalschnitt:

$$s_n = s_t\,\cos\beta = m \left(\frac{\pi}{2} \pm 2\,x\,\tan\alpha \right) \; . \qquad (3.043)$$

Es handelt sich um den für Geradzähne gefundenen Wert, da der Zahnschnitt jener einer Geradverzahnung ist.

Zahndicke im Grundzylinder im Stirnschnitt:

$$s_{bt} = d_b \left(\frac{s_t}{d} \pm \mathrm{inv}\alpha_t \right) \tag{3.044}$$

Zahndicke im Grundzylinder im Normalschnitt:

$$s_{bn} = s_{bt}\cos\beta_b = m\left(\frac{\pi}{2}\cos\alpha \pm 2\,x\sin\alpha \pm z\,\mathrm{inv}\alpha_t\cos\alpha \right) \tag{3.045}$$

Zahnkopfdicke (diagonal):

$$s_{at} = d_a \left(\frac{\frac{\pi}{2} \pm 2\,x\tan\alpha}{z} \pm \mathrm{inv}\alpha_t \mp \mathrm{inv}\alpha_a \right) \tag{3.046}$$

Zahnkopfdicke:

$$s_{an} = s_{at}\cos\beta_a \tag{3.047}$$

mit:

$$\tan\beta_a = \tan\beta\,\frac{d_a}{d} = \tan\beta\,\frac{\cos\alpha_t}{\cos\alpha_a} \tag{3.048}$$

Deckungsgleiches Geradstirnrad – Virtuelle Zahl der Zähne. Wir betrachten einen Schnitt des von der Normalfläche (rechtwinklig zu der Teilzylinder-Flankenlinie) geschnittenen Rads. An der Stelle des Eingriffs gehört die Verzahnung zu einem Standardgeradzylinderrad, dem deckungsgleichen Geradzylinderrad. Ihm entspricht eine Zahnzahl, die virtuelle Zahl der Zähne genannt wird und durch z_n ausgedrückt wird. Um den Wert z_n zu bestimmen, kann man den Krümmungsradius der Ellipse betrachten, die sich aus der Überschneidung des Teilzylinders mit einer nicht zu ihrer Achse rechtwinkligen Fläche ergibt, oder kann man die Zahndicke am Grundzylinder im Normalschnitt oder auch die Unterschnittgrenze betrachten.

– Wenn man den Krümmungsradius der Ellipse gleich dem Teilkreisradius des deckungsgleichen Rads setzt, dann erhält man den Teilkreisradius dieses Rads:

$$d_n = z_n\,m = \frac{z\,m}{\cos^3\beta} \tag{3.049}$$

mit :

$$z_n = \frac{z}{\cos^3\beta} \quad . \tag{3.050}$$

– Betrachten wir die Zahndicke am Grundzylinder, dann erhält man:

$$s_{bn} = m\left(\frac{\pi}{2}\cos\alpha \pm 2x\sin\alpha \pm z\,\text{inv}\,\alpha_t\,\cos\alpha\right) \tag{3.051}$$

während man bei Geradverzahnung mit der Zahl der Zähne z_n erhält:

$$s_{bn} = m\left(\frac{\pi}{2}\cos\alpha \pm 2x\sin\alpha \pm z_n\,\text{inv}\,\alpha\,\cos\alpha\right) \quad . \tag{3.052}$$

Wir sehen also, daß:

$$z_n = z\,\frac{\text{inv}\,\alpha_t}{\text{inv}\,\alpha} \quad . \tag{3.053}$$

– Letztlich, für die Unterschnittgrenze gilt:

$$z = \frac{2(1-x)\cos\beta}{\sin^2\alpha_t} \tag{3.054}$$

und

$$z_n = \frac{2(1-x)}{\sin^2\alpha} \quad . \tag{3.055}$$

Daraus ergibt sich:

$$z_n = \frac{z}{\cos\beta}\,\frac{\sin^2\alpha}{\sin^2 a_t} = \frac{z}{\cos^2\beta_b\,\cos\beta} \quad . \tag{3.056}$$

Die erhaltenen Werte variieren in Abhängigkeit von den betrachteten Faktoren. Diese Unterschiede rühren daher, daß der Geradschnitt gleich einer Evolventen ist, die aber in der Wirklichkeit keine Evolvente ist. Bei der Berechnung dieser drei Werte, muß man darauf achten, daß sie sich nicht so viel von den anderen unterscheiden. Deswegen kann die Annahme ohne Unterscheidung und mit ausreichender Approximation erfolgen. Die beiden Gl. (3.050) und (3.056) sind besonders ähnlich und können bei verschiedenen Anwendungen benutzt werden.

3.4.2 Stirnradpaare mit Schrägzähnen

Definition. Wir nehmen zwei Zylinder mit jeweils verschiedenem Fuß und Parallelachsen und zeichnen die gemeinsame Tangentenfläche. Auf diese Fläche zeichnen wir eine Gerade im Winkels β_b. Wenn man die Fläche auf dem ersten Zylinder rollen läßt, bildet sich eine Schraubenfläche. Die Fläche rollt weiter auf dem zweiten Zylinder und bildet eine zusätzliche Schraubenfläche. Die Schraubenflächen stehen an der Geraden entlang. Wir können also zwei Räder, deren Zahnzahlen z_1 und z_2 sind und deren Modul m_t identisch ist, bestimmen. Wenn sich ein Rad dreht, greifen seine Zähne ein, und wenn ein Zahn in Berührung mit einem Zahn des anderen Rads kommt, wird dieser Zahn das Rad, zu dem er gehört, leiten. Es kommt zu einem korrekten Eingriff, wenn die Gegenzähne in Berührung sind, die Räder folgen einer Gerade quer zu den Flanken, auf die sie sich beziehen. Dies ist die Berührungsgerade und auf den Flanken die Berührungslinie; es gelten die gleichen Bedingungen wie für das elementare Zahnrad.

Einen wichtigen Aspekt muß man allerdings erwähnen: die Schrägungswinkel von zwei Rädern haben den gleichen Wert, aber verschiedene Richtung.

Bezugsachsabstand – Modifizierter Achsabstand. Zwei tangential positionierte Räder können entweder so verbunden werden, daß sie ihren Teilzylindern folgen oder nicht .

Im ersten Fall erfolgt die Verbindung beim Bezugsachsabstand bei dem die Summe der Profilverschiebungsfaktoren gleich Null ist (oder die Differenz der Profilverschiebungsfaktoren ist gleich Null). Wenn die Räder diesem Teilzylinder nicht folgen, wird die Summe (oder Differenz) der Profilverschiebungsfaktoren verschieden von Null sein, und der Achsabstand wird „modifiziert" genannt.

Die sich ergebenden Gleichungen sind identisch zu denen der Geradverzahnung:

$$a \, \cos\alpha_{wt} \; = \; \frac{d_1 + d_2}{2} \cos\alpha_t \; = \; m \, \frac{z_1 + z_2}{2 \cos\beta} \cos\alpha_t \qquad (3.057)$$

$$\Sigma x \; = \; \frac{z_1 + z_2}{2 \tan\alpha}(\mathrm{inv} \; \alpha_{wt} \, - \, \mathrm{inv} \; \alpha_t) \qquad (3.059)$$

oder

$$\Delta x \; = \; x_2 \, - x_1 \; = \; \frac{z_2 - z_1}{2 \tan\alpha}(\mathrm{inv}\alpha_{wt} \, - \, \mathrm{inv}\alpha_t) \; . \qquad (3.060)$$

Transversales Berührungsverhältnis – Sprungüberdeckung. Auf der transversalen Fläche ist es möglich, ein Gesamtberührungsverhältnis identisch zu dem der Geradverzahnung zu definieren, allerdings man muß auf die Merkmale der transversalen Fläche achten. Diese Gleichung gilt sowohl für Innenverzahnung (Minuszeichen) als auch für Außenverzahnung (Pluszeichen).

$$\varepsilon_\alpha = \frac{z_1}{2\pi}(\tan\alpha_{a1} \, - \tan\alpha_{wt}) \pm \frac{z_2}{2\pi}(\tan\alpha_{a2} \, - \tan\alpha_{wt}) \; . \qquad (3.061)$$

Das Verhältnis der Gesamtberührung ist:

$$\varepsilon_{\alpha n} = \varepsilon_{\alpha t} \cos\beta_b \quad . \tag{3.062}$$

Für das Berührungssegment gilt:

$$g_\alpha = \varepsilon_\alpha \; p_{bt} \quad . \tag{3.063}$$

Für das Zugangssegment gilt:

$$g_f = \pm \frac{z_2 \; m \cos\alpha_t}{2 \cos\beta} (\tan\alpha_{a2} - \tan\alpha_{wt}) \tag{3.064}$$

und für das Rückzugssegment gilt:

$$g_a = \frac{z_1 \; m \cos\alpha_t}{2 \cos\beta} (\tan\alpha_{a1} - \tan\alpha_{wt}) \quad . \tag{3.065}$$

Wenn die Berührung auf einen geraden Schnitt fällt, wegen der Schrägheit der Teilkegellänge auf die Flanke, verlängert sich diese Berührung auf der folgenden transversalen Fläche.

Wenn die Berührung erst auf einer extremen Fläche des Rads endet, muß das Rad sich bis zum Grundkreisbogen drehen, der den gleichen Wert wie die Verzahnungsbreite b (Länge der Teilkreiskegellänge) multipliziert mit dem Tangens der Fußhöhe hat.

Diesen Bogen erhält man, indem man das Bogenverhältnis durch den Grundzylinder teilt.

$$\varepsilon_\beta = \frac{b \; \tan\beta_b \; \cos\beta}{\pi \; m \; \cos\alpha_t} \tag{3.066}$$

ebenso:

$$\tan\beta_b = \tan\beta \; \cos\alpha_t \tag{3.067}$$

dann erhält man:

$$\varepsilon_\beta = \frac{b \; \sin\beta}{\pi \; m} \quad . \tag{3.068}$$

Das Gesamtberührungsverhältnis wird von der Summe der Querberührung und der Sprungüberdeckung gegeben.

$$\varepsilon_\gamma = \varepsilon_\alpha + \varepsilon_\beta \quad . \tag{3.069}$$

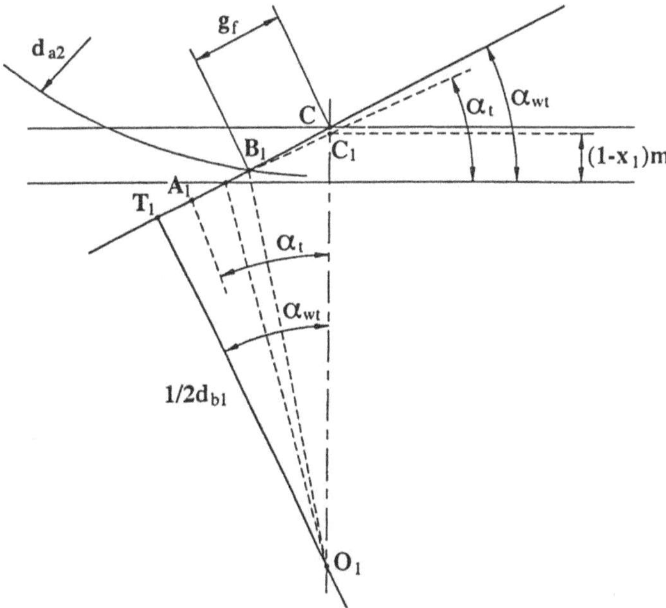

Abb. 3.6 Betriebsstörung

Betriebsstörung. Der Grenzpunkt der Evolventen bezüglich des Fußzahns des leitenden Rads liegt im Abstand $(1 - x_1)\,m$ von dem Teilkreis (Abb. 3.6).

Der Durchmesser des Leitrads, korrespondierend zu diesem Bezugspunkt, entspricht:

$$d_{A1} = 2\sqrt{\frac{1}{2}d_{b1}^2 - \left(\frac{1}{2}d_{b1}\tan\alpha_t - \frac{(1-x)m}{\sin\alpha_t}\right)^2} \quad . \qquad (3.070)$$

Während des allgemeinen Betriebs, d.h. im modifizierten Achsabstandbetrieb, wird der dem ersten Berührungspunkt entsprechende Durchmesser durch:

$$d_{B1} = 2\sqrt{\frac{1}{2}d_{b1}^2 - \left(\frac{1}{2}d_{b1}\tan\alpha_{wt} - g_f\right)^2} \qquad (3.071)$$

gegeben.

Will man keine Berührung zwischen der Evolvente des getriebenen Rads und dem Profil des Verbindungsstücks des Leitrads d_{A1} niedriger als d_{B1}, dann muß gelten:

$$\frac{1}{2}\, d_{b1}\,\tan\alpha_t \;-\; \frac{(1-x)m}{\sin\alpha_t} \;>\; \frac{1}{2}\, d_{b1}\tan\alpha_{wt} \;-\; g_f \qquad (3.072)$$

d.h.

$$\frac{2(1-x_1)\cos\beta}{z_2\sin\alpha_t\cos\alpha_t} \;>\; \pm(\tan\alpha_{a2}-\tan\alpha_{wt})-\frac{z_1}{z_2}(\tan\alpha_{wt}-\tan\alpha_t) \qquad (3.073)$$

$$\frac{2(1-x_2)\cos\beta}{z_1\sin\alpha_t\cos\alpha_t} \;>\; \tan\alpha_{wt}-\tan\alpha_{a1}-\frac{z_1}{z_2}(\tan\alpha_{wt}-\tan\alpha_t)\;. \qquad (3.074)$$

Theoretisch wird während des Bezugsachsabstandbetriebs eine Störung nie erreicht (Abb. 3.7).

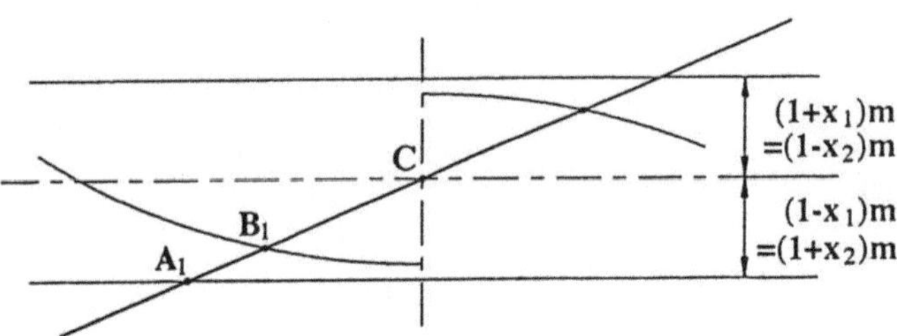

Abb. 3.7. Bezugsachsabstandstörung

Wenn negative Achsabstandstoleranzen zusammen mit positiven Toleranzen des Kopfdurchmessers vorliegen, ergibt sich trotzdem obengenanntes Risiko. Man muß beachten, daß die Toleranzen vernünftig gewählt werden. Für Innenzahnräder gibt es immer ein solches Risiko. Um dies zu vermeiden, wird eine Zahnverkürzung auf dem Zahnkopf des Rads mit Innenverzahnung durchgeführt: Die Kopfhöhe wird um den Faktor $k\,m$ verkürzt:

$$k \;=\; \frac{8\,(1-x_2)^2}{z_n}\;. \qquad (3.075)$$

Das Verkürzen wird oft für alle Verzahnungstypen benutzt, dessen Gründe wir in den folgenden Kapiteln erklären werden. Die Gleichungen der Kopfdurchmesser ergeben sich zu:

$$d_{a1,2} \;=\; m\left[\frac{z_{1,2}}{\cos\beta} \;\pm\; 2\,(h_{a1,2}^{*} - k_{1,2} \pm x_{1,2})\right]\;. \qquad (3.076)$$

Wenn die Zahnzahl des Rads sich nur wenig von der des Ritzels unterscheidet, könnte eine sekundäre Betriebsstörung in den Innenradpaaren auftreten, nämlich wegen der Berührung der Zahnköpfe beider Räder außerhalb der Berührungslinie.

Mit folgenden Berechnungen ist es möglich, die Existenz solcher Störung zu prüfen

$$\Delta_1 = arc \cos\left[\frac{a}{d_{a1}}\left(\frac{d_{a2}^2 - d_{a1}^2}{4\,a^2} - 1\right)\right] \tag{3.077}$$

$$\Delta_2 = arc \cos\left[\frac{a}{d_{a2}}\left(\frac{d_{a2}^2 - d_{a1}^2}{4\,a^2} + 1\right)\right] \tag{3.078}$$

$$\psi_1 = inv\ \alpha_{a1} - inv\ \alpha_{wt} + \Delta_1 \tag{3.079}$$

$$\psi_2 = inv\ \alpha_{a2} - inv\ \alpha_{wt} + \Delta_2 \tag{3.080}$$

$$\Delta = \frac{1}{2}(d_{b1}\ \psi_1 + d_{b2}\ \psi_2)\ . \tag{3.081}$$

Die Störung besteht nicht, wenn:

$$\Delta > 0\ . \tag{3.082}$$

Der Wert dieser Funktion ist gegen schwache Achsabstandsänderungen sehr empfindlich. Manchmal ist es nötig, die Werte zu prüfen, d. h. ob der Achsabstand noch im Bereich der Toleranzen liegt (siehe Kap. Genauigkeit der Zahnräder).

Kopfspiel. Um die Betriebs- und Schmierungssicherheit zu gewährleisten, muß das während des Betriebs zwischen dem Radzahnkopf und dem Zahnfuß des zusammenarbeitenden Rads gelassene Spiel einen Wert, der nicht Null ist, annehmen.

Das Kopfspiel wird so ausgedrückt:

$$c_{1,2} = a - \frac{1}{2}(d_{a2,1} - d_{f1,2})\ . \tag{3.083}$$

Man sieht klar, welche Rolle die Zahnverkürzung im Zusammenhang mit einem guten Lauf spielt.

3.4.3 Gleiten

Theorie. Roll- und Gleitgeschwindigkeit. Wir betrachten ein Punkt M des Schubschnitts der diagonalen Fläche. Dieser Punkt ist der Berührungspunkt von

Ritzel und Rad, und während des Laufs bewegt er sich auf der Schublinie entlang, beide Räder bleiben in Berührung. Dieser Punkt dreht sich auch um die Mitte O_1, weil er Mittelpunkt des Ritzels ist und um die Mitte O_2, weil er Mittelpunkt des Rads ist. In beiden Fällen bewegt er sich mit der gleichen Geschwindigkeit auf die Schublinie (Abb. 3.8).

Wenn n_1 die Ritzelrollen- und n_2 die Umdrehungsgeschwindigkeit ist, dann ergibt sich die Rollenteilgeschwindigkeit ($n_2 = n_1 u$) zu:

$$v = \pi \, \frac{n_1 d_{w1}}{60000} = \pi \, \frac{n_2 d_{w2}}{60000} \quad . \tag{3.084}$$

Wenn der Wert für die Umdrehungswinkelgeschwindigkeit des Ritzel ω_1 ist, dann ergibt sich die Rotationsgeschwindigkeit um O_1 zu $v_1 = 0{,}0005 \, d_{y1} \, \omega_1$, was rechtwinklig zu O_1M ist. Die tangentiale Geschwindigkeit des Rads um O_2 beträgt $v_2 = 0{,}0005 \, d_{y2} \, \omega_2$, was rechtwinklig zu O_2M ist.

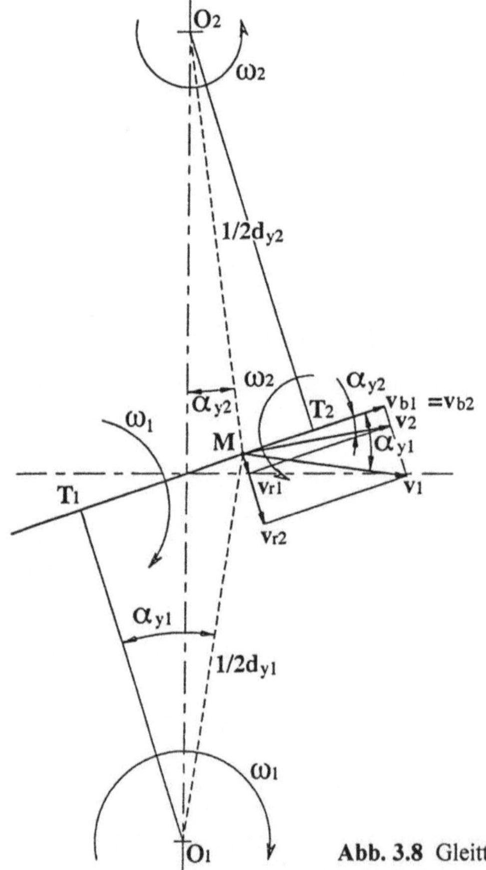

Abb. 3.8 Gleittheorie

Wir projizieren diese Geschwindigkeiten auf eine Schublinie und auf eine zu ihr rechtwinklig Linie und erhalten:

$$v_{r1} = v_1 \sin \alpha_{y1} = 0{,}0005\, d_{y1}\, w_1 \sin \alpha_{y1}$$
$$v_{r2} = v_2 \sin \alpha_{y2} = 0{,}0005\, d_{y2}\, w_2 \sin \alpha_{y2}$$
$$v_{b1} = v_1 \cos \alpha_{y1} = 0{,}0005\, d_{y1}\, w_1 \cos \alpha_{y1}$$
$$v_{b2} = v_2 \cos \alpha_{y2} = 0{,}0005\, d_{y2}\, w_2 \cos \alpha_{y2}$$

$$d_{y1} \cos \alpha_{y1} = d_{b1}$$

und

$$d_{y2} \cos \alpha_{y2} = d_{b2}$$

und bei der Zahnradbestimmung:

$$v_{b1} = v_{b2}$$

Daraus ergibt sich:

$$\frac{\omega_1}{\omega_2} = \frac{d_{b2}}{d_{b1}} = \frac{z_2}{z_1} \;. \tag{3.085}$$

Anderseits hat man:

$$0{,}5\, d_{y1} \sin\alpha_{y1} = T_1 M = \rho_{M1} \tag{3.086}$$

und

$$0{,}5\, d_{y2} \sin\alpha_{y2} = T_2 M = \rho_{M2} \tag{3.087}$$

und auch

$$v_{r1} = \rho_{M1}\, \omega_1 / 1000 \tag{3.088}$$

und

$$v_{r2} = \rho_{M2}\, \omega_2 / 1000 \;. \tag{3.089}$$

Der augenblickliche Eingriff besteht aus einer Geschwindigkeit zusammengesetzt aus der Schublinie für jeden zusammenziehenden Zahn und aus einer tangentialen Umdrehungsgeschwindigkeit um Punkt T_1 und T_2. Diese zwei unterschiedlichen Rotationsgeschwindigkeiten folgen derselben Richtung, die senkrecht zur Schubgerade ist, sind aber von einander verschieden. Es gibt also eine Gleitgeschwindigkeit in jedem Berührungspunkt, die durch folgende Gleichung gegeben ist:

$$v_g = \left| v_{r1} - v_{r2} \right| \;. \tag{3.090}$$

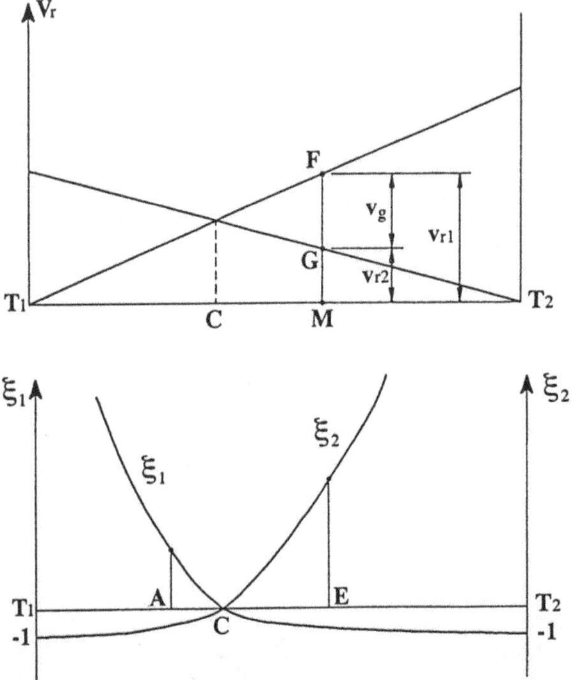

Abb. 3.9. Roll- und Gleitgeschwindigkeit (Außenverzahnung)

Die Abb. 3.9 zeigt den Ablauf der Roll- und Gleitgeschwindigkeit für eine Außenverzahnung.

Die Abb. 3.10 zeigt die gleichen Geschwindigkeiten für eine Innenverzahnung.

Wir bemerken bei dem Zugangssegment, daß das getriebene Rad auf dem Leitrad gleitet, und bei dem Ausgangssegment, daß das Leitrad auf dem getriebenen
Rad gleitet. Der Abgleitwert ist am Wälzpunkt Null, da beide tangentialen Umdrehungsgeschwindigkeiten gleich sind.

Der Betrieb eines Zahnrads erfolgt durch das Gleiten und Abgleiten der Gegenzähne.

Im Geschwindigkeitsdiagramm ergibt sich für irgendeinen Punkt M der Gleit-
wert MG und der Abgleitwert GF. Dieses Abgleiten verursacht Abnutzung und
Überhitzung, und das bedeutet Energieverlust. Daher ist die Leistung der einzelnen
Zahnräder kleiner als die der gesamten Zahnradeinheit.

Spezifisches Abgleiten. Um die Wichtigkeit des Abgleitens zu beurteilen, betrachtet man das Verhältnis zwischen tangentialer Abgleit- und Rollgeschwindigkeit in
jedem Berührungspunkt. Dieses Verhältnis ist das spezifische Abgleiten. Es ist
positiv in einem der zwei Räder, wenn das Gegenrad auf dem anderen gleitet, oder

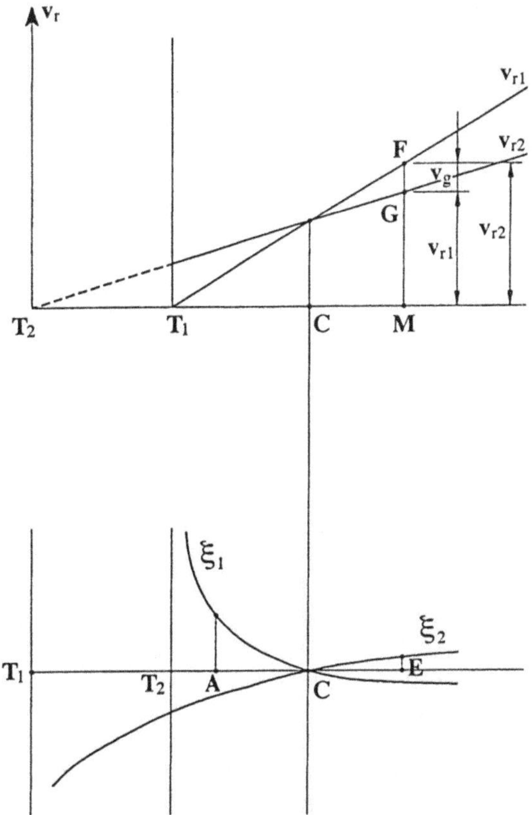

Abb. 3.10. Roll- und Gleitgeschwindigkeit (Innenverzahnung)

wenn das Rad abgleitet. Es ist negativ, wenn der betrachtete Zahn das Abgleiten verursacht. Dann ist:

$$\xi_1 = \frac{\omega_2\, \rho_{M2} - \omega_1\, \rho_{M1}}{\omega_1\, \rho_{M1}} \qquad (3.091)$$

und

$$\xi_2 = \frac{\omega_1\, \rho_{M1} - \omega_2\, \rho_{M2}}{\omega_2\, \rho_{M2}} \qquad (3.092)$$

oder auch

$$\xi_1 = \frac{\omega_2\, \rho_{M2}}{\omega_1\, \rho_{M1}} - 1 = \frac{z_1\, \rho_{M2}}{z_2\, \rho_{M1}} - 1 \qquad (3.093)$$

und

$$\xi_2 \;=\; \frac{\omega_1 \, \rho_{M1}}{\omega_2 \, \rho_{M2}} - 1 \;=\; \frac{z_2 \, \rho_{M1}}{z_1 \, \rho_{M2}} - 1 \qquad\qquad (3.094)$$

oder

$$\xi_1 \;=\; \frac{\tan \alpha_{y2}}{\tan \alpha_{y1}} - 1 \qquad\qquad (3.095)$$

$$\xi_2 \;=\; \frac{\tan \alpha_{y1}}{\tan \alpha_{y2}} - 1 \;\;. \qquad\qquad (3.096)$$

Die Abb. 3.10 zeigt die Diagramme des spezifischen Abgleitens auf beiden Gegenzähnen für einen Berührungspunkt, der sich zwischen den beiden Tangentenpunkten am Grundkreis bewegt. Werden die Punkte A und E als Anfangs- und Endpunkte des Zahnrads festgelegt, dann ist es erforderlich, daß am Anfang des Eingriffs das spezifische Abgleiten maximal auf dem Leitrad ist, und daß es am Ende des Eingriffs maximal auf dem getriebenen Rad ist. Ein zu hohes spezifisches Abgleiten verursacht eine beträchtliche Abnutzung, die zu den Zahnfüßen hin immer größer wird. Alle Vorkehrungen, die den Wert des spezifischen Abgleitens vermindern, bevorzugen die Zahnwiderstandsfähigkeit gegenüber der Abnutzung. In dem Abschnitt „Profilverschiebungsfaktoren der Verzahnung" werden wir Methoden kennenlernen, die diese Werte vermindern.

3.4.4 Kräfte

Wenn ein Drehmoment T_1 auf die Achse des Leitrads einwirkt, wird eine Kraft F zwischen den Gegenzähnen erzeugt. Diese Kraft ist senkrecht zu der Bodenfläche der erzeugenden Gerade, weil die Richtung der beiden Berührungsflächen die gemeinsame Normale ist. Diese Kraft wirkt auf das getriebene Rad und wird von dem Leitrad ausgelöst. Auf der Bodenfläche ist es möglich, eine solche Kraft in eine Kraft F_b, die auf der diagonalen Flächen lokalisiert ist, und in eine Axialkraft F_x, die parallel zu der Achse lokalisiert ist, zu zerlegen.

Die Kraft F_x ist gegeben durch:

$$F_\alpha \;=\; F \sin\beta_b \qquad\qquad (3.097)$$

während man für die Kraft F_b erhält:

$$F_b \;=\; F \cos\beta_b \;\;. \qquad\qquad (3.098)$$

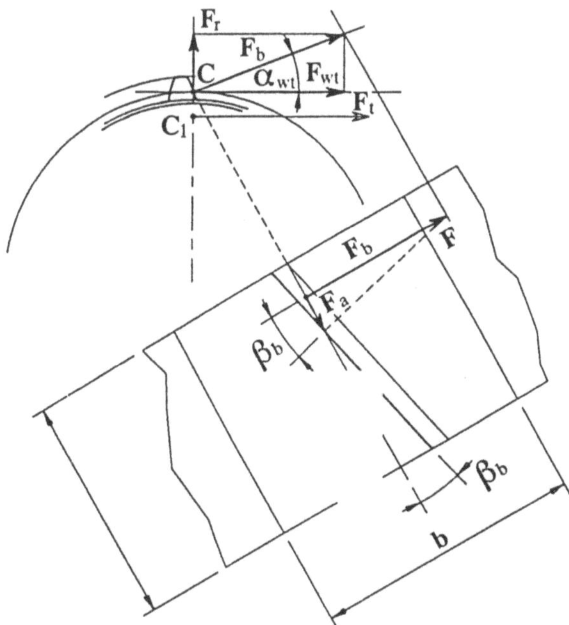

Projektierte Grundfläche

Abb. 3.11. Kräfte

Diese Kraft kann auch durch das Drehmoment T_1 bestimmt werden.

$$F_b = 2000\frac{T_1}{d_{b1}} \ .$$

(3.099)

Die Kraft F_b, die auf dem Teilkreispunkt aufgebracht wird, kann in zwei Kräfte zerlegt werden: eine Kraft F_{wt}, die tangential zu dem Betriebsteilkreiszylinder gerichtet ist, und eine weitere Kraft F_{wb}, die rechtwinklig zu den Axialrädern gerichtet ist. Diese Kräfte sind sowohl Wirk- als auch Reaktionskräfte.

Für die Kraft F_r gilt:

$$F_r = F_b \sin\alpha_{wt} = F_{wt} \tan \alpha_{wt} \ .$$

(3.100)

Tangential zu dem Teilkreiszylinder ist es möglich, eine Bezugskraft F_t zu bestimmen. Ihr Drehmoment ist das gleiche wie bei der Kraft F_{wt}:

$$F_t = F_{wt} \frac{d_{wt}}{d} = F_{wt} \frac{\cos\alpha_t}{\cos\alpha_{wt}} \ .$$

(3.101)

Nehmen wir F_t als Parameter an, dann ergeben sich folgende Kräfte:
Bezugstangentialkraft:

$$F_t = 2000\, \frac{T_1}{d_1} = 1{,}908 \cdot 10^7 \, \frac{P}{d_1\, n_1} \; . \tag{3.102}$$

Reale Tangentialkraft:

$$F_{wt} = F_t \, \frac{\cos\alpha_{wt}}{\cos\alpha_t} \; . \tag{3.103}$$

Radialkraft:

$$F_r = F_t \, \frac{\sin\alpha_{wt}}{\cos\alpha_t} \; . \tag{3.104}$$

Axialkraft:

$$F_a = F_t \, \tan\beta \tag{3.105}$$

und die sich aus der Summe der einzelnen Kräfte ergebende Gesamtkraft:

$$F = \frac{F_t}{\cos\alpha\,\cos\beta} \; . \tag{3.106}$$

Die Kraft F_b ist die Kraft, die sich aus F_r und F_{wt} ergibt; sie liegt auf der transversalen Fläche tangential zu dem Grundzylinder. Sie beträgt:

$$F_b = \frac{F_{wt}}{\cos\alpha_{wt}} = \frac{F_t}{\cos\alpha_t} \; . \tag{3.107}$$

Die großen Werte für Längsbelastungen bei Rädern mit Schrägverzahnung, auf die große Drehmomente einwirken und weite Schrägungswinkel auftreten, sind unerwünscht.

Um dies zu verhindern, verwendet man Pfeilverzahnung. Bei ihr werden zwei gegenüberliegenden Schrägverzahnungen mit gleichwertigem Schrägungswinkel und von demselben Radkörper getragen. So neutralisieren sich die Längsbelastungen.

3.4.5 Eingriffverhältnis – Geschwindigkeitsverhältnis

Das Eingriffverhältnis wird durch das Verhältnis zwischen der Radzahnzahl und der Ritzelzahnzahl bestimmt.

$$u = \frac{Radzahnzahl}{Ritzelzahnzahl} = \frac{z_2}{z_1} \ . \tag{3.108}$$

Das Geschwindigkeitsverhältnis wird durch das Verhältnis zwischen der Geschwindigkeit des getriebenen Rads und der Geschwindigkeit des Leitrads bestimmt.

$$i = \frac{Geschwindigkeit\ des\ getriebenen\ Rads}{Geschwindigkeit\ des\ Leitrads} \ . \tag{3.109}$$

3.4.6 Berührungsdruck

Die beiden Flanken werden mit der Kraft F gegeneinander gepreßt und berühren sich entlang der Berührungsgeraden. Diese Situation entspricht genau der Hertzschen Theorie über die Berührung zweier Zylinder. Sie legt dar, daß infolge der Raumverformungen der Wert gleich c ist, wobei der Berührungsdruck in der Mitte von c Werte von 0 bis σ_H annehmen kann, und durch folgende Gleichung gegeben ist, wobei b die Berührungslänge ist:

$$\sigma_H = \sqrt{\frac{F}{b} \frac{\dfrac{1}{\rho_1} + \dfrac{1}{\rho_2}}{\pi \left[\dfrac{1-\nu_1^2}{E_1} + \dfrac{1-\nu_2^2}{E_2} \right]}} \tag{3.110}$$

ferner sind
ρ_1 der Krümmungsradius in dem betrachteten Punkt des Leitzahnrads,
ρ_2 der Krümmungsradius in dem betrachteten Punkt des getriebenen Rads,
ν_1 die Querzahl (Poissonsche Konstante) des Materials des getriebenen Rads,
ν_2 die Querzahl des Leitrads,
E_1 das Modul des Materials des Leitrads und,
E_2 das Modul des Materials des getriebenen Rads.

Die Breite auf der die Verformung stattfinden wird, ist durch

$$c = \frac{4}{\pi} \frac{F}{b\sigma_H} \tag{3.111}$$

gegeben.

Diesen Druck verursacht eine Scherkraft im Material. Der Wert dieser Scherkraft erreicht den Höchststand bei einer Tiefe von 0,39 c unterhalb der Oberfläche. Der maximale Wert der Scherkraft ist:

$$\tau_{max} = 0{,}304\ \sigma_H\ . \tag{3.112}$$

Wenn man die Änderung von σ_H entlang der Berührungslinie in einem bestimmten Zahnrad studiert, genügt es, folgende Änderung zu betrachten:

$$\sigma_{H\,geom} = K\sqrt{\frac{1}{\rho_1} + \frac{1}{\rho_2}}\ . \tag{3.113}$$

Sie besteht aus zwei Variablen, deren Summe gleich zum Segment T_1T_2 ist.

Die repräsentative Kurve beginnt bei T_1, im Unendlichen, danach läuft sie durch ein Minimum in der Mitte von T_1T_2 und endet wieder im Unendlichen.

Die Abb. 3.12 stellt den Ablauf einer solchen Änderung dar. Wir setzen die Punkte A und E so fest, daß sie der Berührungslänge entsprechen, und die Punkte B und D, daß sie jeweils der untere und der obere Punkt der einfachen Berührung sind. Zwischen A und B und D und E ist die Belastung auf die zwei sich berührenden Zähnen verteilt, und der Berührungsdruck ist niedriger als die Länge der dargestellten Linie. Zwischen B und D gibt es eine einfache Berührung, und die Belastung wird vollständig angegeben. Der Berührungsdruck folgt dem Lauf der Kurve. Wenn der Referenzpunkt C zwischen B und D liegt, erreicht der Berührungsdruck seinen Maximalwert in dem unteren Punkt der einfachen Berührung.

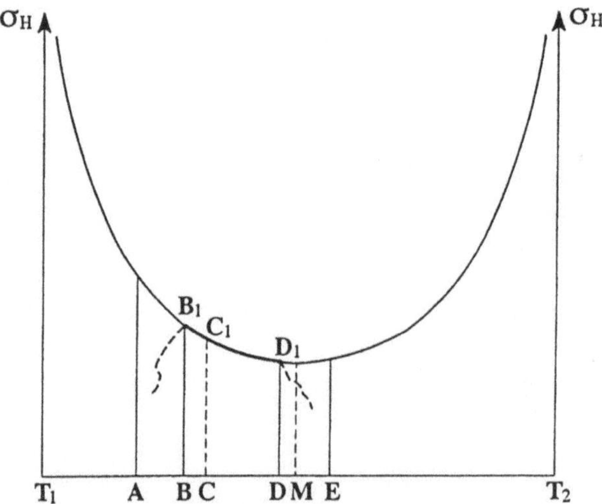

Abb. 3.12. Berührungsdruck

3.4.7 Profilverschiebungsfaktor

Wir haben schon gesehen, daß der Profilverschiebungsfaktor einen Antrieb mit modifiziertem Achsabstand erlaubt. Er hat weitere Einflüsse auf ein Zahnrad.

(1) Der Profilverschiebungsfaktor, wenn er vernünftig gewählt wird, verhindert das Phänomen des Unterschnitts.

(2) Wenn der Profilverschiebungsfaktor zu hoch ist, wird die Zahnradspitze zu spitz.

(3) Die Erhöhung des Profilverschiebungsfaktors vergrößert die Dicke des Zahnfuß, und somit nimmt der Bruchwiderstand des Zahns zu. Bei dem Bezugsachsabstand führt jede Erhöhung eines Profilverschiebungsfaktors auf einem Rad zu der Verminderung der Profilverschiebungsfaktoren auf dem anderen Rad. Eine wertvolle Lösung für ein Rad kann wertlos für das andere sein. Der Antrieb mit modifiziertem Achsabstand bei einer positiven Summe der Profilverschiebungsfaktoren erlaubt die Erhöhung des Profilverschiebungsfaktors auf beiden Rädern in Bezug auf die Profilverschiebungsfaktoren in dem Antrieb mit modifizierten Achsabstand. Eine Erhöhung der Summe der Profilverschiebungsfaktoren wirkt also günstig auf das Zahnrad.

(4) Die Erhöhung der Profilverschiebungsfaktoren der Verzahnung des Leitrads führt die Berührungslinie bis hin zu der Schubgeraden, aber gleichzeitig vermindert sich leicht das Verzahnungsverhältnis.

Wenn man den Einfluß der Bewegung der Berührungslinie auf die Schubgerade beobachtet, bemerkt man, daß das spezifische Abgleiten und der Berührungsdruck auf den Zahn des getriebenen Rads absinkt. Bis zu einer gewissen Grenze ist die Erhöhung des Profilverschiebungsfaktors auf dem Leitrad für das Zahnrad günstig.

Es gibt somit einen optimalen Wert des Profilverschiebungsfaktor. In der Tat ist die Ritzelabnutzung höher (bei den gleichen Bedingungen) als jene des Rads, dessen Zähne nicht so oft eingreifen.

3.4.8 Radpaare mit Übersetzung ins Langsame – Radpaare mit Übersetzung ins Schnelle

Wenn das kleinere Rad (Ritzel) in das größere (Rad) eingreift, findet eine Verlangsamung der Geschwindigkeit des Rads bezogen auf das Ritzel statt (i ist niedriger als die Gesamtheit). In diesem Fall spricht man von einem Radpaar mit Übersetzung ins Langsame). Beim Gegenteil (i größer als die Gesamtheit) spricht man von Radpaaren mit Übersetzung ins Schnelle. Wenn die Zähne der Räder sich im Punkt A berühren, werden zwei Zähne in D in Berührung kommen, nur diese beiden Zähne übertragen das Drehmoment. Der Leitzahn biegt sich nach hinten, während der getriebene Zahn sich nach vorne biegt. Die Kreisteilung des Leitrads vermindert sich, während die des getriebenen Rads zunimmt. In A ist der Leitzahn voraus und der getriebene Zahn zurück. Wenn die Berührung erfolgt, wird ein Unterschnitt zwischen den Zähnen erzeugt, der eine beträchtliche Anstrengung erfordert.

In Ermangelung besonderer Vorsichtsmaßregeln für das Profil der Zähne können wir sagen, daß eine augenblickliche Erhöhung der angewandten Belastung am Anfang des Eingriffs stattfindet. In der gleichen Lage hat man das höchste spezifische Abgleiten. Außerdem verändert eine Verschiebung des Berührungspunktes das Abgleiten und erhöht daher seine negative Wirkung. Es ist also interessant, den Profilverschiebungsfaktor der Leitradverzahnung zu erhöhen. In einem Zahnradpaar wird das Leitrad der Ritzel für die Kanteneingriffverminderung. Für die Antriebsverbesserung ist es positiv, den Ritzelprofilverschiebungsfaktor zu erhöhen. Die sich daraus ergebende Verminderung auf das Rad ist nicht relevant, denn je größer die Zahnzahl des Rads ist, desto kleiner ist das sich aus dem Unterschnitt ergebende Risiko.

Für die Radpaare mit Übersetzung ins Schnelle ist es dagegen notwendig, den Profilverschiebungsfaktor auf das Rad zu erhöhen und den auf das Ritzel zu vermindern, so daß die störende Wirkung teilweise wieder vernichtet wird. Bei den Radpaaren mit Übersetzung ins Schnelle muß man einen Kompromiß zwischen diesen beiden Tendenzen finden. Die Radpaare mit Übersetzung ins Langsame benötigen das nicht. Die beste Lösung für das Radpaar mit Übersetzung ins Langsame ist nicht identisch mit der für das Radpaar mit Übersetzung ins Schnelle.

Der Antrieb ins Schnelle in einem als Zahnradgetriebe erzeugten Zahnrad muß mit Vorsicht durchgeführt werden, falls notwendig muß sogar eine eventuelle Verminderung der angegebenen Belastung erfolgen.

3.4.9 Modifikationen für die Verzahnung

Diagonale Modifikationen. Die Zähne, die in dem oberen Punkt der einfachen Berührung in Kontakt stehen, verformen sich, erhöhen dazu die Teilung des getriebenen Rads und vermindern die Teilung des Leitrads.

Um die Bewegung zu glätten und die sich ergebende Belastungszunahme am Eingriffsanfangspunkt beider Geradräder zu verhindern, ist es möglich, die Teilung des getriebenen Rads durch Abschrägung des Zahnkopfs zu vermindern. Die Abschrägung besteht aus der Verminderung der Zahnkopfdicke durch C_a und der progressiven Erreichung des theoretischen Profils bei einer theoretischen Höhe h_C (Abb. 3.13).

Es ist auch möglich, den Fuß zu untermaßen oder Fuß und Kopf auf jedem Rad zusammen zu untermaßen. Das Ergebnis ist eine progressive Anwendung der Kraft der Anfangsberührung und eine progressive Verminderung der Kraft der Endberührung. Wird sowohl das Kopf- als auch das Fußuntermaß ausgeführt, dann ergibt sich ein balliges Profil.

Wenn man die elastische Konstante zweier Zahnfüße im Eingriff aufgrund irgendeines analytischen Systems berechnet, und wenn die Zahnradbelastung konstant ist, dann wird es möglich, die Verformung der Zähne in dem oberen Punkt der einzelnen Berührung zu ermitteln.

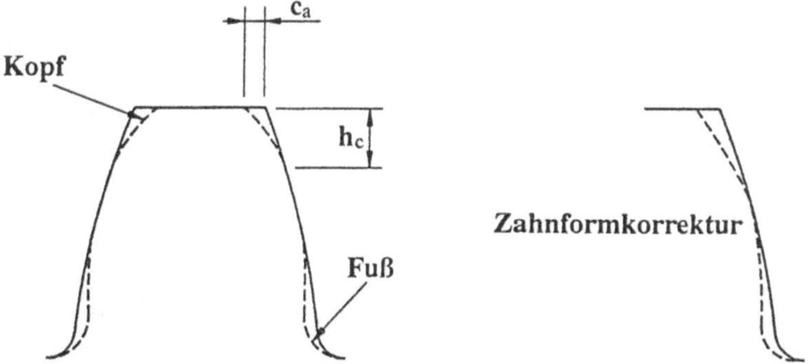

Abb. 3.13. Modifikationen für die Verzahnung

Die Höhenballigkeit (Summe des Kopf- und des Fußuntermaßes auf dem getriebenen Rad) wird gleich diesem Wert sein. Wenn es eine einzige Höhenballigkeit gibt, wird sie den Wert der Verformung annehmen. Bei vielen Zahnradgetrieben ist die Belastung nicht konstant, und für die Zahnradgetriebe von standardisierten Serien bleibt die Belastungsbedingung bis zu deren Benutzung unbekannt. Es ist also unmöglich, den Höhenballigkeitswert zu berechnen.

Deswegen wird die Kopfhöhenballigkeit einen empirischen Wert haben, der wahrscheinlich für eine Belastung gültig ist und für eine andere nicht. Trotzdem wird die Höhenballigkeit positiv sein, auch wenn sie nicht völlig für den Zahn geeignet ist.

Longitudinale Modifikationen. Die die Räder abstützende Welle und die Räder können sich verformen, da sie Biegungs- und Drehbelastungen ausgesetzt sind.
Wenn die theoretische Berührung auf einer Gerade entlang der Zahnflanken erfolgt, dann wird die tatsächliche Berührung wegen dieser Verformung verschieden sein. Die sich ergebende Berührung wird weniger exakt sein und wird auf einer kleineren Fläche erfolgen: so wird die lokale Belastung auf jeden Zahn gesteigert.

Um die theoretische Berührung nach der Verformung zu erhalten, muß der Zahn nicht seine theoretische Form, als er erzeugt wurde, haben, sondern eine, die nach der Verformung die theoretische Form sein wird. Bei der Erzeugung ist es also möglich, die theoretische Form der Schraubenlinie zu ändern.

Man spricht von longitudinalen Korrekturen.

– Berichtigung der Schraubenlinie: die Drehungsverformung ist eine Schraubenverformung.

Wenn diese Verformung korrigiert werden muß, muß der Schraubenwinkel so geändert werden, daß er bei Betrachtung des Winkels dem Drehwinkel in einer zur Verformung entgegengesetzten Richtung äquivalent ist. Diese Änderung wird die Berichtigung der Schraubenlinie genannt. Sie kann analytisch begrenzt sein, nur wenn das Drehmoment, das an dem Zahnrad angreift, konstant ist.

Wenn es variiert oder unbekannt ist, dann ist es notwendig einen empirischen Mittelwert zu benutzen.

– Höhenballigkeit: die Biegungsverformung ist ein Bogen, der sich durch die Drehung verursachte Verformung ergibt.

Es ist möglich, den Zahn quer zu korrigieren und bezüglich seiner theoretischen Form, eine Abänderung, die die gleichen Bedingungen erfüllt und gegengesetzter Richtung zu der verursachten Verformung wirkt, zu erzielen.

Die sich ergebende Form ist die ballige Form (Abb. 3.14). Solch eine Korrektur kann genau berechnet werden, wenn das Drehmoment des Zahnrads konstant ist. Anderseits ist die ermittelte Balligkeit zusammen mit einem gewissen Drehmoment für die anderen nicht mehr gültig. Trotzdem, eine empirische Balligkeit, die sich aus der Erfahrung des Konstrukteurs ergibt, hat immer einen positiven Effekt auf die Belastbarkeit des Getriebes.

Statt einer Höhenballigkeit, die eigentlich eine longitudinale Endrücknahme über die gesamte Breite des Zahns ist, ist es möglich, die Endrücknahme auf eine bestimmte Länge an jedem äußersten Ende zu begrenzen.

Diese Endrücknahme verbindet sich schrittweise mit dem nicht korrigierten Zahn. Diese longitudinale Änderung ist nicht perfekt, trägt aber zur Belastbarkeit bei. Der Korrekturwert wird empirisch ermittelt und basiert auf der Erfahrung des Konstrukteurs.

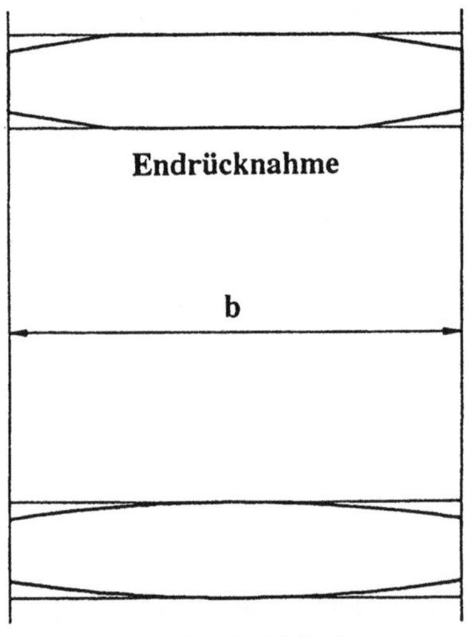

Abb. 3.14. Höhenballigkeit und Endrücknahme

3.4.10 Mechanische Verluste in Zahnrädern

Wegen Reibung zwischen den Zähnen bei Belastung findet ein Verlust der mechanischen Energie statt, der sich in Wärme verwandelt.

Die verlorene Leistung ist das Produkt aus Kraft mal Gleitgeschwindigkeit. Die Kraft ist variabel entlang des Berührungssegments, ebenso wie die Gleitgeschwindigkeit. Das Ergebnis ist ein Integral des Produkts. Die verlorene Leistung ist gleich dem Produkt der getragenen Leistung, des Mittelreibungskoeffizients zwischen den Zähnen und einem Faktor, der nur von der Geometrie des Zahnrads abhängt.

$$P_f = P\,\mu_m\,H_g\ . \tag{3.114}$$

Bei einer Approximation der Verteilung der Kräfte zwischen den Zähnen in Doppelberührung, findet man:

$$H_g = \frac{\pi\,(u+1)\,\cos^2\beta}{u\,z_1}\ \frac{\varepsilon_1^2 + \varepsilon_2^2}{\varepsilon_\alpha} \tag{3.115}$$

mit

$$\varepsilon_1 = \frac{g_f}{p_{bt}} \tag{3.116}$$

$$\varepsilon_2 = \frac{g_a}{p_{bt}}\ . \tag{3.117}$$

Der Wirkungsgrad wird in dem Kapitel über die thermische Kraft der Zahnräder erläutert.

3.5 Kegelradpaare

3.5.1 Definition

Das einfache Kegelradpaar besteht aus zwei Rädern, deren Achsen sich im Punkt S kreuzen und deren Bezugsflächen (umhüllende Kopf- und Fußfläche) Kegel sind, die ihren Scheitelpunkt in S haben.

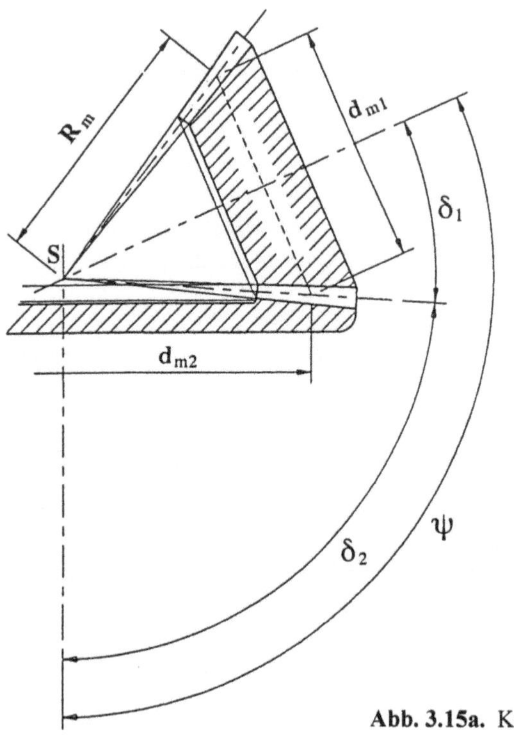

Abb. 3.15a. Kegelradpaare

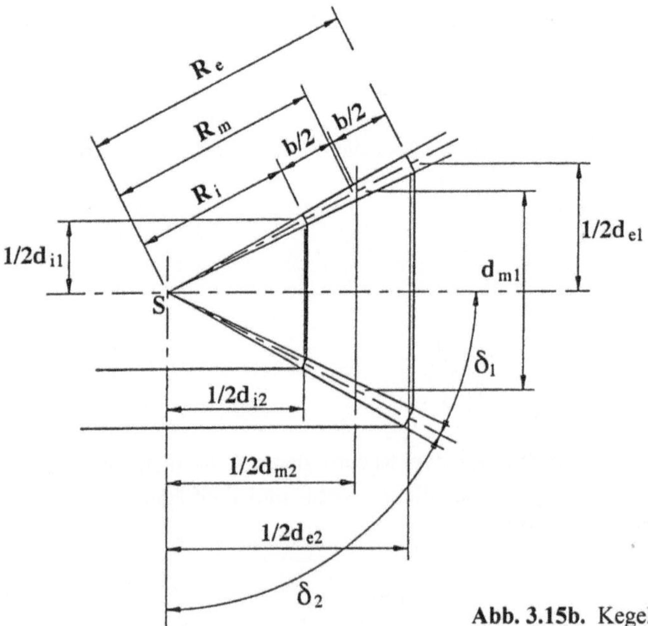

Abb. 3.15b. Kegelradpaare

Die Zähne der Räder, aus denen das Zahnrad besteht, haben verschiedene Höhen. Ist M der Mittelpunkt der Zahnbreite, δ_1 der Teilkreisdurchmesser des Leitrads, δ_2 der Teilkreisdurchmesser des getriebenen Rads und ψ der Winkel, der von beiden Achsen gebildet wird, dann erhält man:

$$\psi = \delta_1 + \delta_2 \ . \tag{3.118}$$

Wir bestimmen jetzt das Zahnrad mit Mittelverzahnung, in Bezug auf den Mittelpunkt der Bandbreite, d.h. im Punkt M R_m ist Entfernung SM. d_{m1} ist der Durchmesser des Teilkreiskegels des Leitrads im Punkt M und d_{m2} der Durchmesser des getriebenen Rads im Punkt M.

Man bemerkt, daß:

$$R_m \ \sin\delta_1 = \frac{1}{2} d_{m1} \tag{3.119}$$

und

$$R_m \ \sin\delta_2 = \frac{1}{2} d_{m2} \ . \tag{3.120}$$

Man erhält also:

$$\frac{\sin\delta_1}{\sin\delta_2} = \frac{d_{m1}}{d_{m2}} \ . \tag{3.121}$$

Da die Räder z_1 bzw. z_2 Zähne haben, kann man ein Modul m_{mt} definieren, das durch den Quotient aus Teilkreisdurchmesser durch Zahnzahl gegeben ist. Man hat also:

$$\frac{\sin\delta_1}{\sin\delta_2} = \frac{z_1}{z_2} = \frac{1}{u} \ . \tag{3.122}$$

Für zwei rechtwinklige Achsen gilt:

$$\delta_2 = \frac{\pi}{2} - \delta_1 \tag{3.123}$$

$$\tan\delta_1 = \frac{z_1}{z_2} = \frac{1}{u} \ . \tag{3.124}$$

Ferner gilt:

$$R_m = \frac{z_1 \ m_{mt}}{2 \sin\delta_1} = \frac{z_2 \ m_{mt}}{2 \sin\delta_2} \tag{3.125}$$

$$R_i = R_m - \frac{b}{2} \qquad (3.126)$$

und

$$R_e = R_m + \frac{b}{2} \quad . \qquad (3.127)$$

So hat man

$$m_{ti} = m_{mt}\,\frac{R_i}{R_m} = m_{mt} - \frac{b}{z_1}\sin\delta_1 = m_{mt} - \frac{b}{z_2}\sin\delta_2 \qquad (3.128)$$

und

$$m_{te} = m_{mt}\,\frac{R_e}{R_m} = m_{mt} + \frac{b}{z_1}\sin\delta_1 = m_{mt} + \frac{b}{z_2}\sin\delta_2 \quad . \qquad (3.129)$$

Der kleinste Durchmesser ist:

$$d_{i\,1} = z_1\,m_{ti} \qquad (3.130)$$

$$d_{i2} = z_2\,m_{ti} \quad . \qquad (3.131)$$

Der größte Durchmesser ist:

$$d_{e1} = z_1\,m_{te} \qquad (3.132)$$

$$d_{e2} = z_2\,m_{te} \quad . \qquad (3.133)$$

3.5.2 Äquivalente Räder. Trestgold Hypothese

Wir schneiden das Kegelradpaar in der Achsenebene und bringen eine Ebene rechtwinklig zu dem Schnitt des Kegels mit der Achsenebene.

Sei O_1 der Schnittpunkt dieser Normalen mit der Achse des Leitrads und O_2 der Schnittpunkt mit der Achse des getriebenen Rads. Es ist möglich, diese zwei Punkte als Mitten der geometrischen Räder anzusehen, die das betrachtete Kegelradpaar bilden.

Man hat:

$$O_1 M = \frac{1}{2}d_{v1} = \frac{d_{m1}}{2\cos\delta_1} \qquad (3.134)$$

oder

$$d_{v1} = \frac{d_{m1}}{\cos\delta_1} \qquad (3.135)$$

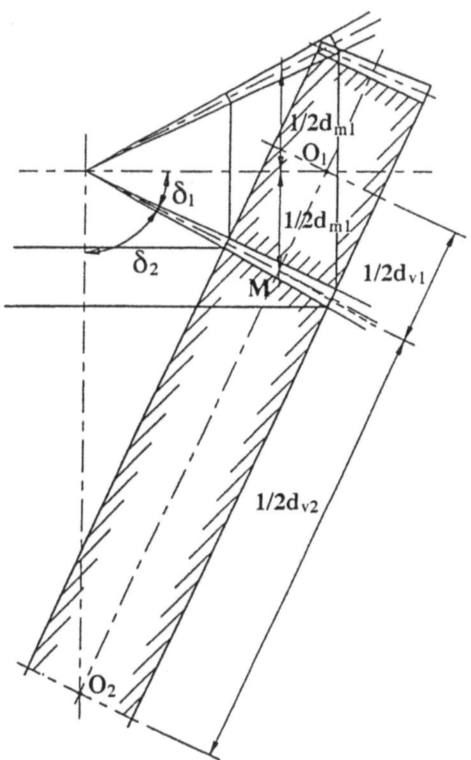

Abb. 3.16. Virtuelle Räder

und

$$d_{v2} = \frac{d_{m2}}{\cos\delta_2} \ .$$
$$(3.136)$$

Nun betrachten wir die parallelen Achsen. Die einzig betrachtete ist:

$$d_{v1} = \frac{d_{m1}}{\cos\delta_1}$$
$$(3.137)$$

$$d_{v2} = \frac{d_{m2}}{\sin\delta_1}$$
$$(3.138)$$

$$z_{v1} = \frac{z_1}{\cos\delta_1}$$
$$(3.139)$$

$$z_{v2} \ = \ \frac{z_2}{\sin\delta_1} \qquad\qquad (3.139 \text{ bis})$$

$$\cos\delta_1 \ = \ \frac{z_1}{z_{w1}} \ . \qquad\qquad (3.140)$$

Es gilt:

$$\tan\delta_1 \ = \ \frac{1}{u} \ = \ \frac{\sin\delta_1}{\cos\delta_1} \ . \qquad\qquad (3.141)$$

Für eine trigonometrische Entwicklung hat man:

$$z_{v1} \ = \ z_1 \ \frac{\sqrt{u^2 + 1}}{u} \qquad\qquad (3.142)$$

$$z_{v2} \ = \ z_2 \ \sqrt{u^2 + 1} \qquad\qquad (3.143)$$

und

$$u_v \ = \ \frac{z_{v2}}{z_{v1}} \ = \ u^2 \ . \qquad\qquad (3.145)$$

Wir nehmen die so bestimmten Zahlen als gleichwertige Zahnzahlen an und betrachten das Modul m_{mt}, das sich ergebende Zahnrad ist aus Kreisrädern mit parallelen Achsen bestimmt worden. Dieses Zahnrad ist äquivalent zu dem Kegelradpaar und wird in den folgenden Betrachtungen verwendet.

3.5.3 Konstante Zahnhöhe beim Kegelrad

Es ist möglich, Zähne mit konstanter Höhe auf dem Teilkreiskegel zu zeichnen (Abb. 3.17).

Wir verlängern den Kopf und Fuß des Zahns bis zu einem gewissen Punkt, um exakte Übereinstimmung mit dem entstehenden Zahn bezüglich des Kegelschnitts zu erzielen. Das so erhaltene Rad ist ein Planrad mit einem Mitteldurchmesser 2 R_m . Solche Planräder greifen exakt mit dem Leitrad als auch mit dem getriebenen Rad.

Wenn man das Werkzeug ersetzt, das das Zahnprofil erzeugt, wird es möglich beide Räder mit dem selben Gerät zu fräsen. Dieses Werkzeug erzeugt Kreisbogen in dem Planrad oder andere Kurven, die auf den Kegelrädern konjugierte Kurven erzeugen, die imstande sind, exakt einzugreifen.

Man kann auch vermuten, daß beide Räder von demselben Planrad mit sich nicht mehr kreuzenden, sondern windschiefen Achsen bearbeitet werden. Man erhält

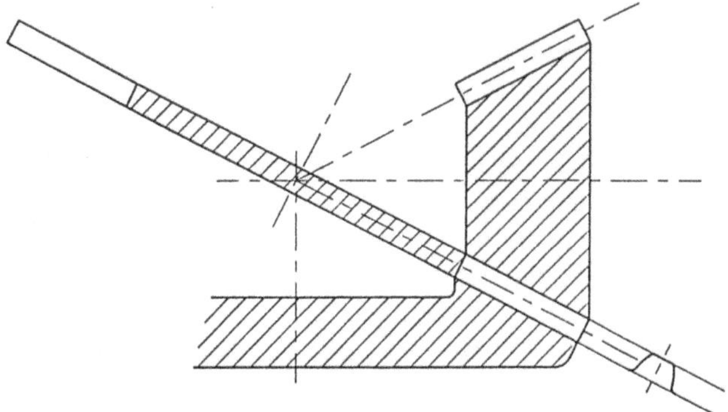

Abb. 3.17. Konstante Zahnhöhe

zahlreiche Verbindungsmöglichkeiten, die uns erklären, warum Ingenieure so viel
Interesse an Rädern mit gebogener Verzahnung haben. Der Winkel, der von der
Tangente an dem Profil (an dem korrespondierenden Punkt zu der Halbbreite des
Profils) und dem Radius des Rads gebildet wird ist gleich dem Schraubenwinkel.
Das mit der Trestgold Hypothese erhaltene Rad ist ein Schrägstirnrad, das in Ge-
radstirnrad verwandelt werden kann.

Die Zahl der virtuellen Zähne gewährleistet, daß sowohl Kegelräder auch als
Geradstirnräder verwendet werden können:

$$z_{vn1} = z_1 \frac{\sqrt{1 + u^2}}{u \cos^3 \beta_m} \qquad (3.146)$$

und

$$z_{vn2} = z_2 \frac{\sqrt{1 + u^2}}{\cos^3 \beta_m} . \qquad (3.147)$$

Die Theorie der Geradstirnräder kann auch auf Kegelräder mit konstanter oder
variabler Zahnhöhe angewendet werden, aber nur unter der Bedingung, daß Räder
mit gleicher Zahnzahl betrachtet werden.

3.5.4 Zahnräder mit konstanter Zahnhöhe

Zahnräder können auch so klassifiziert werden, daß sie sich nach den Normkurven
der Großräder und nach den zur Verfügung stehenden Werkzeugen und Maschinentypen einteilen lassen:

- Gleason: die Kurven sind Kreisbogen. Die Abmessungen des Zahns sind nicht konstant und nehmen ab dem Ende der Kegelspitze ab. Der Winkel der Spirale kann von 0° bis 35° reichen, aber normalerweise beträgt er 35°. Es ist möglich, Spiralen rechts- oder linksdrehend zu zeichnen.
- Klingelnberg ("Palloid"): die Kurven sind Kreisevolventen. Der Inklinationswinkel reicht von 35° bis 38°. Die Zahnhöhen sind konstant.
- Klingelnberg ("Zyklo-Palloid"): die Kurven sind Epizykloiden. Die Zahnhöhen sind konstant, und der Inklinationswinkel reicht von 0° bis etwa 45°.
- Modul-Kurvex: die Kurven sind Kreisbogen. Die Zahnhöhe ist konstant, und der Inklinationswinkel reicht von 25° bis 45°. Beide Gegenräder können von demselben Werkzeug gefräst werden.
- Oerlikon ("Spiromatic"): die Kurven sind Epizykloiden. Die Zahnhöhen sind konstant. Man unterscheidet zwei Verzahnungstypen: die N-Verzahnungen und die G-Verzahnung. Bei der ersten liegt das Höchstmodul in der Zahnmitte und vermindert sich leicht nach beiden Enden. Der Inklinationswinkel reicht von 30° bis 50°. Bei der G-Verzahnung reicht der Inklinationswinkel von 0° bis etwa 50°.

3.5.5 Kräfte, die auf Kegelverzahnungen wirken

Wir betrachten zwei Tangentialräder, bezogen auf ihre Teilkegel. Die Tangentialkraft in der Längenmitte der Kegel ist gegeben durch:

$$F_{mt} = 2000 \frac{T_1}{d_{m1}} = 2000 \frac{T_2}{d_{m2}} \ . \qquad (3.148)$$

Eine Axialkraft F_1 (bezogen auf das virtuelle Stirnradpaar) und eine Kraft F_2 die aus der Verzahnungsinklination entsteht, wenn das Rad nicht gerade bezogen auf das virtuelle Radpaar mit parallelen Achsen ist, korrespondieren zu der von dem virtuellen Zahnrad betrachteten Tangentialkraft (Abb. 3.18).

$$F_1 = F_{mt} \frac{\tan \alpha_t}{\cos \beta_m} \qquad (3.149)$$

und

$$F_2 = F_{mt} \tan \beta_m \ . \qquad (3.150)$$

Die Kräfte F_1 und F_2, betrachtet auf den Kegelrädern, erzeugen Axial- und Radialkomponenten, da sie jeweils die Radialkomponente von einem Rad und die Axialkomponente des anderen Rads sind. Man erhält so:

$$F_{r1} = F_{a2} = F_{mt} (\tan \alpha_t \frac{\cos \delta_1}{\cos \beta_m} \mp \tan \beta_m \sin \delta_1) \qquad (3.151)$$

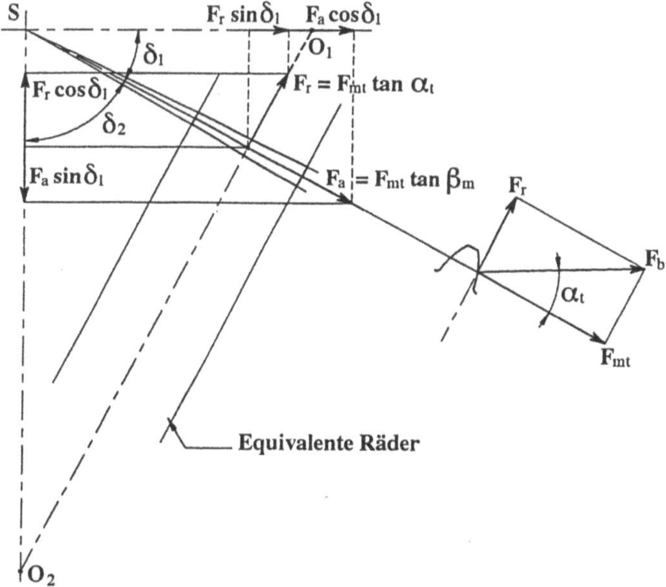

Abb. 3.18. Kräfte, die auf Kegelverzahnungen wirken

und

$$F_{r2} = F_{a1} = F_{mt}\left(\tan\alpha_t\ \frac{\sin\delta_1}{\cos\beta_1} \pm \tan\beta_m\ \cos\delta_1\right)\ . \qquad (3.152)$$

Bei Geradverzahnungen ist der zweite Term Null.

Bei Ungeradverzahnungen fällt auf, daß das Vorhandensein gebogener Zähne die Axialkraft auf ein Rad vermindert. Um die Axialkraft auf dem anderen Rad zu erhöhen, wird die Radialkraft auf das erste Rad erhöht, damit sie auf dem anderen Rad vermindert wird.

Die Richtung der Krümmung des Zahns wird entscheiden, welches Rad von der Verminderung oder von der Erhöhung betroffen sein wird.

3.5.6 Abmessungen der Radkörper

Aus Abb. 3.19 erhalten wir die folgenden Gleichungen.

Wir haben schon bestimmt:

$$\tan\delta_1 = \frac{z_1}{z_2} = \frac{1}{u} \qquad (3.153)$$

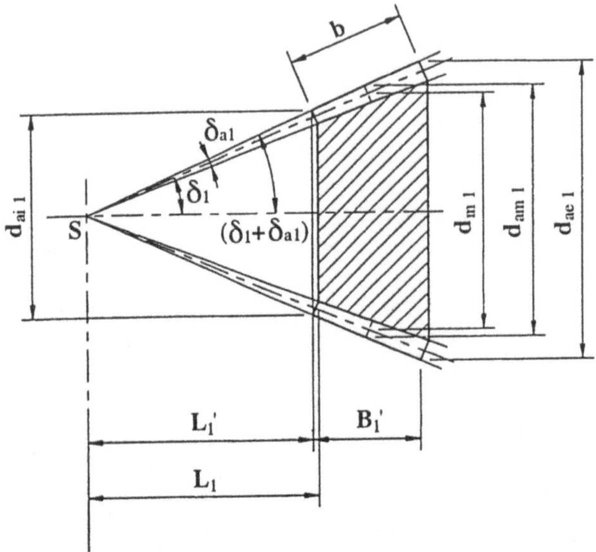

Abb. 3.19. Abmessungen der Radkörper (oder der Zahnräder)

$$d_{m1} = m_{mt}\, z_1 \tag{3.154}$$

und

$$d_{m2} = m_{mt}\, z_2 \;. \tag{3.155}$$

Wir haben auch:

$$R_m = \frac{1}{2}\,\frac{d_{m2}}{\cos\delta_1} \;. \tag{3.156}$$

also

$$m_{te} = m_{mt}\,\frac{d_{m1} + b\cos\delta_1}{d_{m1}} \tag{3.157}$$

$$m_{ti} = m_{mt}\,\frac{d_{m1} - b\cos\delta_1}{d_{m1}} \tag{3.158}$$

$$d_{am1} = m_{mt}\left[z_1 + 2(h_{a1}^{*} + x_1)\cos\delta_1\right] \tag{3.159}$$

$$d_{am2} = m_{mt}\left[z_2 + 2(h_{a2}^{*} + x_2)\sin\delta_1\right] \tag{3.160}$$

$$d_{ae1} = d_{am1}\,\frac{m_{te}}{m_{mt}} \tag{3.161}$$

$$d_{ai1} = d_{am1}\,\frac{m_{ti}}{m_{mt}} \tag{3.162}$$

$$d_{ae2} = d_{am2}\frac{m_{te}}{m_{mt}} \tag{3.163}$$

$$d_{ai2} = d_{am2}\frac{m_{ti}}{m_{mt}} \tag{3.164}$$

$$\tan\delta_{a1} = \frac{(h_{a1}^{*} + x_1)\,m_{mt}}{R_m} \tag{3.165}$$

$$\tan\delta_{a2} = \frac{(h_{a2}^{*} + x_2)\,m_{mt}}{R_m}\;. \tag{3.166}$$

So erhält man die Kegelhöhe und die Baumaße:

$$L_1' = \frac{d_{am1}}{2\,\tan(\delta_1+\delta_{a1})} - \frac{b\,\cos^2(\delta_1+\delta_{a1})}{2\,\cos\delta_1} \tag{3.167}$$

$$L_2' = \frac{d_{am2}}{2\,\tan(\delta_2+\delta_{a2})} - \frac{b\,\cos^2(\delta_2+\delta_{a2})}{2\,\sin\delta_1} \tag{3.168}$$

$$B_1' = b\,\frac{\cos^2(\delta_1+\delta_{a1})}{\cos\delta_1} \tag{3.169}$$

$$B_2' = b\,\frac{\cos^2(\delta_2+\delta_{a2})}{\sin\delta_1} \tag{3.170}$$

$$L_1 = L_1' + (h_{a1}^{*} + h_{f1}^{*})\,m_{ti}\,\sin\delta_1 \tag{3.171}$$

$$L_2 = L_2' + (h_{a2}^{*} + h_{f2}^{*})\,m_{ti}\,\cos\delta_1\;. \tag{3.172}$$

3.6 Zylinderschneckenrad und Schnecke

3.6.1 Definition

Wir betrachten einen Zylinder mit einem Durchmesser d_{m1} und plazieren auf diesem Zylinder z_1 Zähne zu einer Schraube, so daß die Anzahl der Lücken gleich der Anzahl der Zähne ist, und daß die Verzahnung auf einer Seite so verteilt ist wie auf der anderen Seite, bezogen auf den Zylinder mit einer oberen Höhe h_a und einer unteren Höhe h_f. Dieser Zylinder wird Teilzylinder genannt, und sein Durchmesser ist der Teilkreisdurchmesser.

Die so erzeugte Komponente ist eine Schnecke. Man kann diese Schnecke mit einem toroidförmigen Rad vergleichen, dessen Zähnen genau die Schnecke umhüllen, die die gleichen Abmessungen wie die Schneckenzähne haben und die gleiche Inklination wie die der Schneckenzähne haben. Sei z_2 die Zahnzahl dieses Rads. In dem Mittelschnitt des Rads finden wir ein geometrisches Rad mit Stirnverzahnung, das der transversale Schnitt eines Schraubenrads ist. Wenn die Schnecke mit einer Geschwindigkeit n_1 in Gang gesetzt wird, dreht sich das Rad mit einer Geschwindigkeit n_2. Man hat also:

$$n_2 = n_1 \frac{z_1}{z_2} \ . \tag{3.173}$$

Die sich ergebende Gesamtheit wird Schneckenrad und Schnecke genannt. Die Rotationsachsen stehen senkrecht aufeinander. Da die Zahnzahl der Schnecke, das Gewinde der Schnecke, sehr niedrig ist und auch gleich Null sein kann, ist es möglich, daß das Geschwindigkeitsverhältnis sehr groß ist. Die Schneckenräder und die Schnecken erlauben die Transmission zwischen zwei nicht orthogonal kreuzenden Achsen bei Reduzierung der Abmessungen und großer Verminderung der Übersetzung.

3.6.2 Hauptabmessungen

– Schnecke: jeder Zahn bildet eine Schraubenlinie mit Neigungswinkel γ_m. Diese Schraubenlinie hat eine Axialteilung p_{z1}, die zu dem Teilkreisdurchmesser und dem Neigungswinkel folgende Beziehung hat:

$$p_{z1} = \pi \, d_{m1} \, \tan \gamma_m \tag{3.174}$$

Gibt es z_1 äquidistante Zähne, dann ergibt sich der Wert für die Verzahnungsteilung p_x:

$$p_x = \frac{p_{z1}}{z_1} = \pi \frac{d_{m1} \tan \gamma_m}{z_1} \ . \tag{3.175}$$

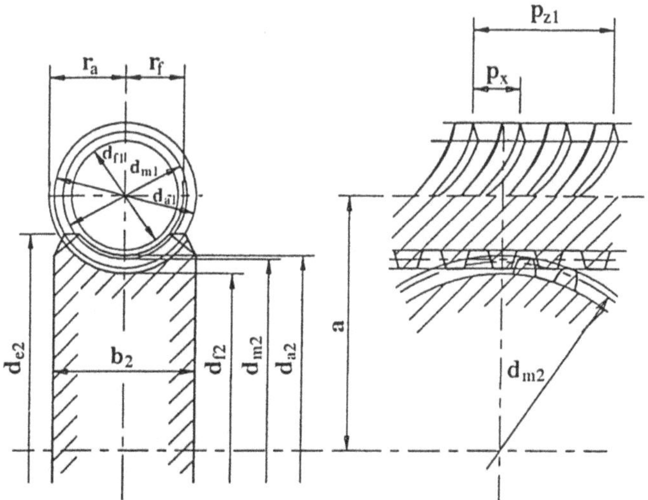

Abb. 3.20. Schneckenrad und Schnecke (Abmessungen)

Man bestimmt ein Modul m_t :

$$m_t = \frac{p_x}{\pi} = \frac{d_{m1}\tan\gamma_m}{z_1} \; . \tag{3.176}$$

Bei der Division des Teilkreisdurchmessers durch das Modul erhält man den Durchmesserquotient q:

$$q = \frac{d_{m1}}{m_t} \; . \tag{3.177}$$

Man stellt fest, daß für die Kopfhöhe des Zahns m_t und für die Fußhöhe $m_t + c_1$ gilt (wobei $c_1 = 0{,}2\,m_t$), da diese Größe c_1 ein gewisses Spiel zwischen dem Zahnkopf des Rads und dem Fuß des Schneckenzahns erlaubt. Man hat also:

$$d_{a1} = d_{m1} + 2\,m_t \tag{3.178}$$

$$d_{f1} = d_{m1} - 2(m_t + c_1) \; . \tag{3.179}$$

Es ist auch möglich ein normales Modul rechtwinklig zur Schraube zu bestimmen. Dieses Modul ist:

$$m_n = m_t \cos\gamma_m \; . \tag{3.180}$$

Für die Zahndicke auf dem Teilkreizylinder gilt:

$$s = \frac{p_x}{2} = \pi \frac{m_t}{2} \qquad (3.181)$$

und für die normale Zahndicke:

$$s_n = \frac{\pi\, m_t\, \cos\gamma_m}{2} \; . \qquad (3.182)$$

Verschiedene Zahnformen werden in den folgenden Kapiteln betrachtet. Trotzdem, wenn eine Evolventenverzahnung vorliegt, ist es möglich einen Grundzylinder mit dem Durchmesser zu bestimmen:

$$d_{b1} = d_{m1}\, \frac{\tan\gamma_m}{\tan\gamma_b} \qquad (3.183)$$

mit

$$\cos\gamma_b = \cos\gamma_m\, \cos\alpha_1 \; . \qquad (3.184)$$

Für die Schneckenbreite legen wir fest:

$$b_1 = 2\, m_t\, \sqrt{z_2 + 1} \; . \qquad (3.185)$$

– Schneckenrad. Auf der Mittelebene des Rads bestimmt man ein geometrisches Rad, das zu dem Schraubenrad mit dem Schraubenwinkel γ_m gehört.

Die Abmessungen in diesem Schnitt werden jene des scheinbaren Schnitts eines Rads mit Modul m_{t2}, sein, dessen Kopfhöhe m_{t2} und Fußhöhe $m_{t2} + c_2$ sind, und der Zahn durch die Evolventen, die den Winkel α_t haben, definiert ist.

Das transversale Modul dieses Rads wird gleich dem Axialmodul der Schnecke sein, da die transversale Stirnteilung gleich der Axialteilung der Schnecke ist.

$$m_t = m_{x1} = m_{t2} \qquad (3.186)$$

c_2 ist das Verdrehflankenspiel am Zahnfuß, das gleich etwa 0,2 m_t ist. Wirkt auf das Rad ein Zahnstangenverschiebungsfaktor x, dann erhält man:

$$d_{m2} = z_2\, m_t \qquad (3.187)$$

$$d_{a2} = d_{m2} + 2\, m_t\, (1 + x) \qquad (3.188)$$

$$d_{f2} = d_{m2} - 2\, (m_t + c_2 - m_t\, x) \; . \qquad (3.189)$$

Wenn a der Achsabstand ist, wird das toroidförmige Rad von zwei Radii bestimmt, dessen Werte für den Zahnkopf und Zahnfuß gelten:

$$r_a = a - \frac{d_{f2}}{2}$$ (3.190)

und

$$r_f = a - \frac{d_{a2}}{2} \ .$$ (3.191)

Die Radverzahnungsbreite wird sich dem Wert annähern:

$$b_2 = 2\, m_t\ \sqrt{q + 1}\ .$$ (3.192)

Der Außendurchmesser des Rads wird gewöhnlich:

$$d_{e2} = d_{a2} + m_t$$ (3.193)

der Teildurchmesser und der Betriebsteilkreisdurchmesser werden:

$$d_2 = d_{m2} - 2\, x\, m_t$$ (3.194)

$$a = \frac{1}{2}\, (d_{m1} + d_{m2})\ .$$ (3.194)bis

3.6.3 Leistungsvermögen der Schneckenräder und der Schnecken. Irreversibilität

Während ihres Antriebs unterliegen die Schneckenräder und Schnecken Reibungskräften, die größer als bei anderen Zahnrädern sind; dabei ist auch ihr Wärmeverlust größer. In dem Kapitel über Wärmekapazität der Zahnräder wird erklärt, wie diese Verluste bestimmt werden. Wenn P_v die während der Transmission verlorene Leistung, P_1, die Leistung der Schnecke und P_2, die Leistung des Rads sind, dann muß man zwei Fälle betrachten:

(1) die Schnecke ist die antreibende Einheit, während das Rad die getriebene Einheit ist

$$\eta_G = \frac{P_2}{P_2 + P_v} = \frac{P_1 - P_v}{P_1}$$ (3.195)

(2) das Rad ist die antreibende Einheit

$$\eta'_G = \frac{P_1}{P_1 + P_v} = \frac{P_2 - P_v}{P_2} \ .$$ (3.196)

Um alles ein wenig zu vereinfachen, kann man sagen, daß die Kräfte der Gesamtheit von Schneckenrädern und Schnecken ähnliche denen auf einer schiefen Ebene sind (Abb. 3.21).

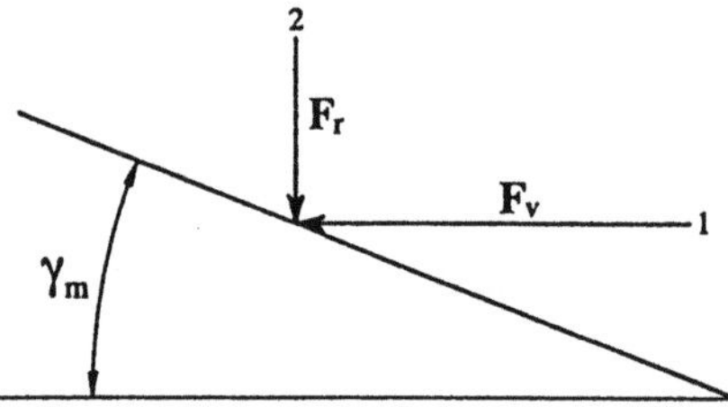

Abb. 3.21. Kräfte auf einer schiefen Ebene

Wir betrachten F_r als die Kraft, die sich auf dem Radzahn durch das Drehmoment ergibt, und als F_v die Kraft, die sich durch das an der Schnecke angewandte Drehmoment ergibt. Beide sind orthogonale Kräfte. Auf diese Kräfte wird die Arbeitstheorie angewandt, und ϕ ist der Reibungskoeffizient.

– Wenn F_v aktiv und F_r passiv sind, (d.h., wenn das Rad ein Leitrad ist) dann erhält man:

$$F_v \;=\; F_r \, \tan(\gamma_m + \phi) \;. \tag{3.197}$$

Im umgekehrten Fall hat man:

$$F_v \;=\; F_r \, \tan(\gamma_m - \phi) \;. \tag{3.198}$$

Im letzten Fall bemerkt man, daß für einen Neigungswinkel, der gleich dem Reibungswinkel ist, die Kraft unendlich sein muß, unabhängig von dem Wert der Kraft F_r. Ein Antrieb wäre unmöglich. Es passiert das gleiche, wenn der Neigungswinkel niedriger als der Reibungswinkel ist. Also, wenn die Schraubenneigung der Schnecke niedriger als der Reibungswinkel ist, ist der Eingriff der Schnecke durch das Rad unmöglich. Man spricht also von Irreversibilität.

3.6.4 Zahnprofile

Schnecke. Aufgrund des Herstellungsverfahrens unterscheidet man zwischen zwei verschiedenen möglichen Profile für die Zähne der Schnecke:

(1) Schnecke *ZA*: der Schnitt der Schnecke, den man bei Schnitt durch eine Ebene erhält, die durch ihren Achsen geht, schafft gerade Zähne. Sie werden mit tra-

pezoidförmigen Werkzeugen erzeugt. Ihre Profilschärfe wird mit einer Schleifscheibe erzeugt.

(2) Schnecke *ZN*: der Schneckenschnitt, den man von einer Ebene rechtwinklig
zu den Zähnen (normaler Schnitt) erhält, erzeugt gerade Profile. Ein solches Profil
kann mit einem Zahnform-Fingerfräser, der kegelförmige schneidende Kanten hat,
oder mit einem Werkzeug für das Formdrehen, das der Neigung der Schnecke
während des Vorgangs folgt, erzeugt werden. Die Profilschärfe wird mit einem
Scheibenfräser, mit trapezoidförmiger Verschneidung, erzielt.

(3) Schnecke *ZK*: das Werkzeug für den normalen Schnitt hat eine trapezoidale
Form. Die Verarbeitung erfolgt mittels großer Scheibenfräsern oder Formwerk-
zeugen für das Drehen.

(4) Schnecke *ZI*: die Profile sind Evolventen, die mit einem Formwerkzeug auf
die Grundfläche gestellt werden.

(5) Schnecke *ZH*: das Profil ist konkav, das mit einer Schleifscheibe, die einen
Schnitt mit angemessenem konkaven Profil hat, erzeugt wird.

Radprofile. Der Mittelschnitt des Rads ist ein geometrisches flaches Rad, dessen
Profil eine Evolvente ist. Wenn man der normalen Ebene folgt, ist das Profil eine
Evolvente, die von einem Bezugsprofil mit Druckwinkel α_n erzeugt ist.

3.6.5 Kräfte

Sei T_1 das Drehmoment auf der Schneckenachse und T_2 das Drehmoment auf der
Radachse (Abb. 3.22).

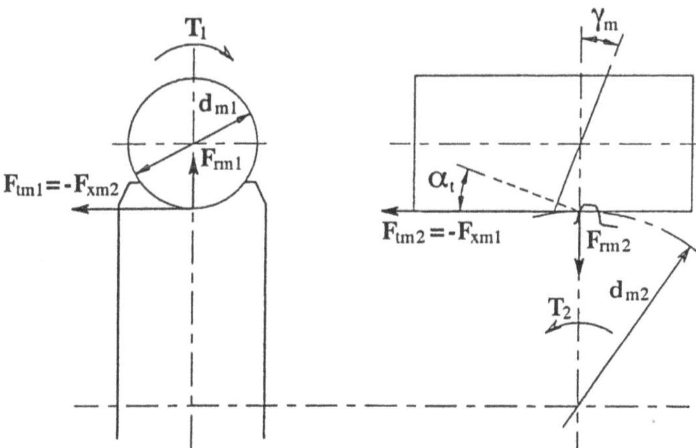

Abb. 3.22. Auf Schneckenräder wirkende Kräfte

(1) Wir betrachten den Fall der Leitschnecke. Wenn η der Übertragungswirkungsgrad ist, ergibt sich:

$$F_{tm1} = 2000\,\frac{T_1}{d_{m1}} = 2000\,\frac{T_2}{d_{m1}\,\eta\,\dfrac{z_2}{z_1}} \qquad (3.199)$$

und

$$F_{tm2} = 2000\,\frac{T_2}{d_{m2}} = 2000\,\frac{T_1\,\eta\,\dfrac{z_2}{z_1}}{d_{m2}} \, . \qquad (3.200)$$

(2) Wir betrachten den Fall des Leitrads und erhalten

$$F_{tm1} = 2000\,\frac{T_1}{d_{m1}} = 2000\,\frac{T_2\,\eta\,'}{\dfrac{z_2}{z_1}\,d_{m1}} \qquad (3.201)$$

und

$$F_{tm2} = 2000\,\frac{T_2}{d_{m2}} = 2000\,\frac{T_1\,\dfrac{z_2}{z_1}}{\eta\,'\,d_{m2}} \, . \qquad (3.202)$$

In allen Fällen ist die obenerwähnte Tangentialkraft gleich der Axialkraft, die auf das andere Werkteil wirkt.

Aufgrund des im vorigen Abschnitt Festgestellten kann man schreiben:

(1) Leitschnecke

$$F_{tm1} = -\,F_{xm2} = F_{tm2}\,\tan(\gamma_m + \phi) \qquad (3.203)$$

$$F_{tm2} = -\,F_{xm1} \, . \qquad (3.204)$$

(2) Leitrad

$$F_{tm1} = -\,F_{xm2} = F_{tm2}\,\tan(\gamma_m - \phi) \qquad (3.204\ \text{bis})$$

$$F_{tm2} = -\,F_{xm1} \, . \qquad (3.205)$$

Bei beiden Fällen gibt es eine Radialkraft für die getriebenen Räder:

$$F_{rm1} = F_{rm2} = \frac{F_{tm1}\,\tan\alpha_n}{\sin(\gamma_m + \phi)} \qquad (3.207)$$

und für die Antriebsräder:

$$F_{rm1} \; = \; F_{rm2} \; = \; \frac{F_{tm2} \, \tan\alpha_n}{\cos(\gamma_m - \phi)} \qquad\qquad (3.208)$$

wobei α_n der normale Druckwinkel des Rads ist.

3.7 Einfacher Planeten-Getriebezug

3.7.1 Beschreibung (Abb. 3.23)

Wir betrachten ein Rad, das Sonnenrad (*S*) genannt wird, das mit *n* Rädern eingreift, die Planetenräder (*P*) genannt werden, die jeweils mit einem innenverzahnten Zahnrad eingreifen, das innerer Kranz genannt wird. Die Planetenräder sind in gleichem Abstand auf einer Kreislinie, die ihre Achsen verbindet, angeordnet. Sie sind auf einem Teil befestigt, das sich konzentrisch zu dem Sonnenrad dreht und als Planetenträger bezeichnet wird. Diese Gesamtheit nennt man Planeten-Getriebezug.

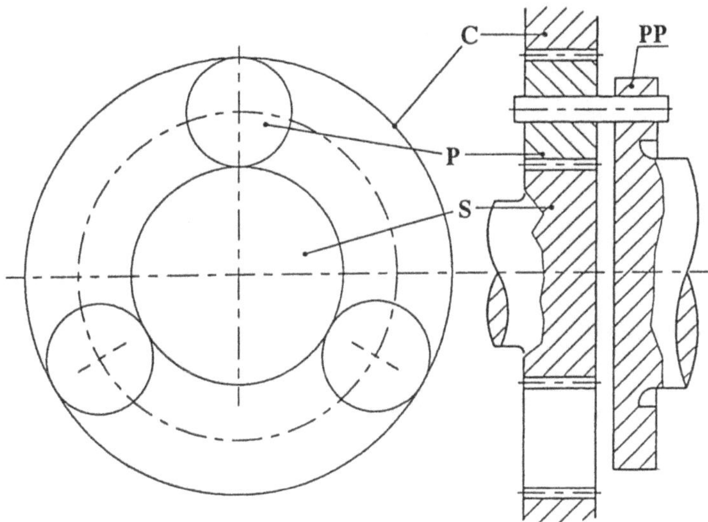

Abb. 3.23. Planeten-Getriebezug

Das Sonnenrad hat den Index 1, jedes Planetenrad den Index 2, der Kranz den Index 3 und der Planetenträger den Index *e*. Die eingreifenden Räder befinden sich in einem definierten Abstand zur Bezugsachse oder zum modifizierten Achsabstand. Um die Dinge zu vereinfachen, werden wir die im modifizierten Abstand betrachten. Die Räder sind also Tangenten, die dem Betriebsteilkreiszylinder folgen, und man erhält:

$$d_{w3} = d_{w1} + 2\,d_{w2} \tag{3.209}$$

und somit auch

$$z_3 = z_1 + 2\,z_2 \tag{3.210}$$

Wenn man annimmt, daß die Betriebsteilkreiswinkel des Paars Sonnenrad-Planetenrad und des Paars Planetenrad-Innenkranz für Planetenräder ähnliche Werte haben, dann können wir sie als gleich betrachten. Die die Zahnzahl regelnde Bedingung für den Zusammenbau ist die folgende:

$$z_1 + z_3 = \textit{Multipel} \text{ von } n \tag{3.211}$$

wobei n die Anzahl der Planetenräder ist.

Anderseits müssen die Planetenräder auf der Kreislinie, die ihre Mitten umfaßt, angeordnet sein. Daher ist es notwendig, daß:

$$\frac{\pi\,(d_{w1} + d_{w3})}{n} > d_{w2} \tag{3.212}$$

oder derselben Voraussetzung folgen

$$n < \text{Ganze Zahl}\left(\pi\, \frac{\dfrac{z_3}{z_1} + 1}{\dfrac{z_3}{z_1} - 1} \right). \tag{3.213}$$

3.7.2 Kinematische Relation

n_1, n_2, n_3 und n_e sind die Umdrehungsgeschwindigkeiten der Werkteile um ihre Achsen. Bei diesen Geschwindigkeiten muß man ihre Vorzeichen berücksichtigen.

Für einen Beobachter auf dem Planetenträger sind die Geschwindigkeiten:

$$n_1' = n_1 - n_e \tag{3.214}$$

$$n_2' = n_2 - n_e \tag{3.215}$$

und

$$n_3' = n_3 - n_e \tag{3.216}$$

und die kinematische Relationen weisen die gleichen Charakteristika wie bei normalen Getriebesätzen auf:

$$\frac{n_2}{n_1} = -\frac{z_1}{z_2} \qquad (3.216 \text{ bis})$$

$$\frac{n_2}{n_3} = \frac{z_3}{z_2} \qquad (3.217)$$

woraus sich folgendes herleiten läßt:

$$\frac{n_1}{n_3} = \frac{n_1 - n_e}{n_3 - n_e} = -\frac{z_3}{z_2}\frac{z_2}{z_1} = -\frac{z_3}{z_1} \ . \qquad (3.219)$$

Dies ist bekannt als die Willische Relation.

In einem Planeten-Getriebezug (Typ 1) ist der Innenkranz fest. Ist $n_3 = 0$, dann ergibt sich:

$$\frac{n_1 - n_e}{- n_e} = -\frac{z_3}{z_1} = -K \qquad (3.220)$$

oder

$$\frac{n_1}{n_e} = K + 1 \ . \qquad (3.221)$$

3.7.3 Kräfte

Wir betrachten die Kräfte auf der diagonalen Ebene. Die Kräfte rechtwinklig zu dieser Ebene wirken nur als Schübe auf die Lager, aber nicht auf den Lauf der Zahnradgetriebe.

$$F_{wt1} = 2000\,\frac{T_1}{d_1\, n} \ . \qquad (3.222)$$

Die betrachtenden Kräfte sind F_{b1} und F_{b2} , für die gilt:

$$F_{b1} = F_{wt}\frac{1}{\cos\alpha_{wt1}} \qquad (3.223)$$

und

$$F_{b2} = F_{wt}\frac{1}{\cos\alpha_{wt2}} \ . \qquad (3.224)$$

Solche Kräfte sind gleich, wenn die Betriebsdruckwinkel denselben Wert haben. Sie unterscheiden sich kaum voneinander. Auf die Achsen der Planetenrädern wirken die Kräfte $2F_{wt}$, die gleich dem Drehmoment auf den Planetenträger sind:

$$T_e = 2\ F_{wt1}\ n\ \frac{a}{1000} \qquad (3.225)$$

wobei a der Achsabstand der beiden Innen- und Außenzahnradpaaren ist. Bildet man das Verhältnis zwischen T_1 und T_e, dann erhält man nach einer Vereinfachung:

$$\frac{T_e}{T_1} = K + 1 \quad . \qquad (3.226)$$

Die Kräfte F_{b1} auf dem Sonnenrad bilden ein geschlossenes Polygon und heben sich gegenseitig auf. Das Sonnenrad zentriert sich selbst. Das gilt auch für die Kräfte F_{b2}, die sich auf dem Kranz gegenseitig aufheben. Man muß außerdem die wirkenden Spannungen auf die Planetenwelle betrachten, und berücksichtigen, daß die auf sie wirkende Zentrifugalkraft nicht unbeträchtlich ist. Ist m_p die Masse, dann kann man die Kraft durch folgende Formel ausdrücken:

$$F_c = \frac{m_p\ \pi^2\ n_e^2\ a}{900} \quad . \qquad (3.227)$$

3.7.4 Vorteile der Planeten-Getriebezüge

Planetensätze können hohe Kräfte übertragen, obwohl sie dank der Verteilung der Kraft zwischen den verschiedenen Planetenrädern einen Mindestraumbedarf haben. Diese Kraftübertragung findet auch bei einem hohen Verminderungsverhältnis des Mindestraumbedarfs statt.

4 Abmessung der Zahnräder

4.1 Abmessung der Zahndicke

4.1.1 Tangente am Grundkreis

Die Tangente am Grundkreis auf der diagonalen Ebene, begrenzt von den Profilen beider Endzähne des Sektors von κ Zähnen (Abb. 4.1), hat folgenden Wert:

$$W_k = \left(k - 1\right) p_{bt} + s_b \qquad (4.001)$$

oder wenn man die Teilung und die Dicke mit ihren Werten einsetzt:

$$W_{kt} = \frac{m \cos\alpha_t}{\cos\beta} \left(k\,\pi - \frac{\pi}{2} + 2\,x \tan\alpha + z\,\text{inv}\alpha_t \right) \ . \qquad (4.002)$$

Der Tangente auf der normalen Ebene ist:

$$W_k = W_{kt}\,\cos\beta_b \qquad (4.003)$$

oder

$$W_k = m\left[\left(2\,k - 1\right) \frac{\pi}{2} \cos\alpha + 2\,x \sin\alpha + z\,\text{inv}\alpha_t \cos\alpha\right] \ . \qquad (4.004)$$

Die Zahnzahl des Sektors wird so gewählt, daß die Länge W_k durch zwei parallele Tangenten in etwa der Hälfte der Zahnhöhe an den Endprofilen begrenzt wird. Dieser Wert ist gegeben durch:

$$k = \frac{\left(\sqrt{d_x^2 - d_b^2}\right) \cos\beta_b - s_{bn}}{p\,m \cos\alpha_x} + 1 \qquad (4.005)$$

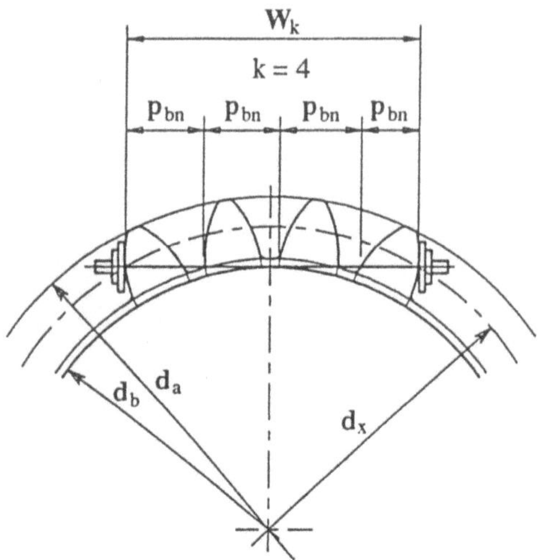

Abb. 4.1. Zahnweite

um eine kreisförmige Figur zu erhalten, setzen wir fort:

$$d_x = d_a - 2m \qquad (4.006)$$

$$\cos\alpha_x = \frac{d_b}{d_a - 2m} \qquad (4.007)$$

und

$$s_{bn} = m\left(\frac{\pi}{2}\cos\alpha + z\,\mathrm{inv}\alpha_t\,\cos\alpha + 2\,x\,\sin\alpha\right) . \qquad (4.008)$$

Diese Formeln gelten für den Zahn einer Außenverzahnung und für den Zwischenraum einer Innenverzahnung. Kennt man die Länge der Tangente am Grundkreis und will einen Zahn charakterisieren, dessen Dicke niedriger als die theoretische Dicke ist, dann ist unter Berücksichtigung der Abweichung Δs_b, der Bezugswert durch folgenden Wert gegeben:

$$W_{k\,betr} = W_k - \Delta s_b . \qquad (4.009)$$

Liegt die Fußdicke zwischen zwei Endwerten (Toleranzen), dann ergibt sich:

$$W_{k\,min} = W_k - \Delta s_{b\,max} \qquad (4.010)$$

und

$$W_{k\,max} = W_k - \Delta s_{b\,min} \tag{4.011}$$

und

$$W_{k\,min} < W_{k\,mes} < W_{k\,max} \ . \tag{4.012}$$

Die Zahnweite wird mit einem Mikrometer oder mit einer Schieblehre (weniger genau) gemessen. Diese Messung kann bereits auf der Fräsmaschine durchgeführt werden. Der Verwendung dieser Meßinstrumente bei großen Zahnräder sind einerseits durch deren Ausmaße Grenzen gesetzt, und anderseits ist die Möglichkeit, die zwei Scheiben des Mikrometers auf die äußeren Zähnen zu stellen, die durch deren Zahnbreite und deren Weite des Schrägungswinkel bestimmt werden, eingeschränkt.

Diese Bedingungen werden erfüllt, wenn:

$$W_{kt} < \frac{b}{\sin\beta_b} \ . \tag{4.013}$$

Die Messung der Innenverzahnungen kann nur für Geradverzahnungen durchgeführt werden. Bei Innenverzahnungen bevorzugt man die Messung mit einer Meßkugel oder -rolle.

4.1.2 Messung der Zahndickensehne

Diese Messung wird durchgeführt, indem ein Tiefenmikrometer auf dem Zahnkopf positioniert wird. Der Tiefenmikrometer wird so justiert, daß der Zahn rechtwinklig zu diesem steht und die Zahnflanken den Teilkreiszylinder berühren. Ziel dieser Messung in diesem Punkt ist, den Abstand zweier Zähne zu messen. Die Messung wird auf der Normalebene durchgeführt, und der erhaltene Wert entspricht der Länge der Zahndickensehne, die auf dem Teilkreiszylinder von Zahn zu Zahn läuft (Abb. 4.2).

Der erste Mikrometer wird bei der Höhe h_c positioniert, die durch folgende Gleichung gegeben ist:

$$h_c = h_m \pm \frac{m\,z_v}{2}\,(1 - \cos\psi) \tag{4.014}$$

die Länge der Zahndickensehne ergibt:

$$\overline{s_n} = m\,z_v\,\sin\psi \tag{4.015}$$

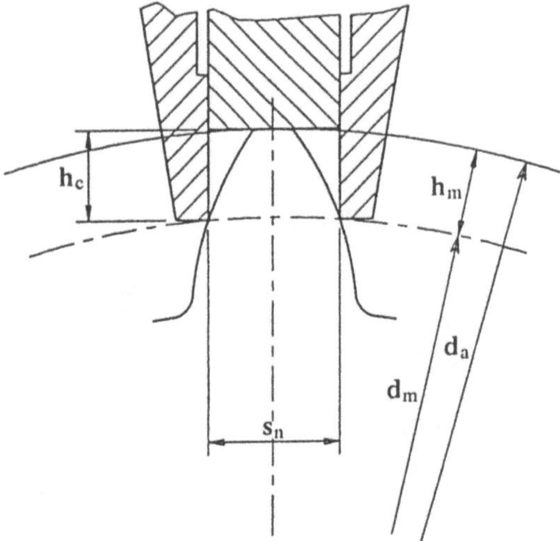

Abb. 4.2. Messung der Zahndickensehne

mit:

$$h_m = \left|\frac{d_a - d}{2}\right| = h_a - m(k \pm x) \qquad (4.016)$$

$$z_v = \frac{z}{\cos^3\beta} \qquad (4.017)$$

$$\psi = \frac{s}{z_v} \qquad (4.018)$$

oder

$$\psi = \frac{\dfrac{\pi}{2} \pm 2\,x\,\tan\alpha}{z_v}\,. \qquad (4.019)$$

Das positive Vorzeichen gilt für eine Außenverzahnung, und das negative Vorzeichen gilt für eine Innenverzahnung. Man bemerkt, daß die Dicke s indirekt gemessen wird, und ihr Ausdruck nicht explizit ist. Solch eine Messung zeigt nicht den Unterschied zwischen dem real existierenden Wert und dem theoretischen Wert. Diese Messung wird auf dem Kopfkreis durchgeführt, dessen Abmessungen ungleich zu dem theoretischen Wert sind. Außerdem folgt das Meßinstrument nicht einer Tangente, sondern einer Kante (einem Punkt auf dem Profil). Diese Meßtechnik ist nicht so interessant und wird nur genutzt, wenn es unmöglich ist, die Basistangentenlänge von κ Zähnen zu messen.

4.1.3 Messung durch Kugeln und Dorne

Zwei Kugeln oder zwei Dorne (mit Durchmesser D_M) werden auf der gleichen diagonalen Fläche in der Fußhöhe entgegengesetzter Zähne positioniert, falls die Zahnzahl gerade ist, oder auf der nächsten Fußhöhe, wenn die Zahnzahl ungerade ist. Wenn α_{kt} der Eingriffswinkel bezüglich der Berührung der Kugel mit der Zahnflanke ist, und wenn M_d der Wert der Tangente an dieser Kugel ist, erhält man, falls die Zahnzahl gerade ist:

$$\cos\alpha_{kt} = \frac{d_b}{M_d \mp D_M} \qquad (4.020)$$

und falls die Zahnzahl ungerade ist:

$$\cos\alpha_{kt} = \frac{d_b \cos\dfrac{\pi}{2z}}{M_d \mp D_M} \qquad (4.021)$$

Daraus ergibt sich:

$$S_{bn} = z\, m \cos\alpha \,\, \mathrm{inv}\,\alpha_{kt} \mp D_M \quad . \qquad (4.022)$$

Das positive Vorzeichen steht für eine Außenverzahnung und das negative Vorzeichen für eine Innenverzahnung. Solch eine Messung ist eine gute Kontrollmessung für die Verzahnung. Das Positionieren der Kugeln und deren Lagerung auf gleichen diagonalen Fläche verhindert die Anwendung dieser Meßmethode in Lagern, und aus diesem Grund kann sie nicht unter den nötigen Kontrollen in Lagern genutzt werden. Im Betriebslabor wird das zu kontrollierende Rad auf das Reisbrett gestellt, und dort wird die korrekte Messung durchgeführt.

Ein Teil der Kugeln und Dorne liegt außerhalb des Kopfdurchmessers, so daß die Kugeln und Dorne außerhalb vermessen werden können. Aus diesem Grund haben die Kugeln und Dorne genaue Durchmesser. Die erfolgreiche Messung hängt von der Geometrie der Verzahnung und besonders von der Zahnzahl, dem Profilverschiebungsfaktor, dem Schrägungswinkel usw. ab. Für eine Innenverzahnung kann man einen Wert wählen, der doppelt so groß wie der Wert des Moduls des Kugeldurchmessers ist. Für die Außenverzahnung nimmt dieser Durchmesser 2,2mal den Wert des Moduls für $z < 20$ und 1,8mal den Wert des Moduls für $z > 20$ an.

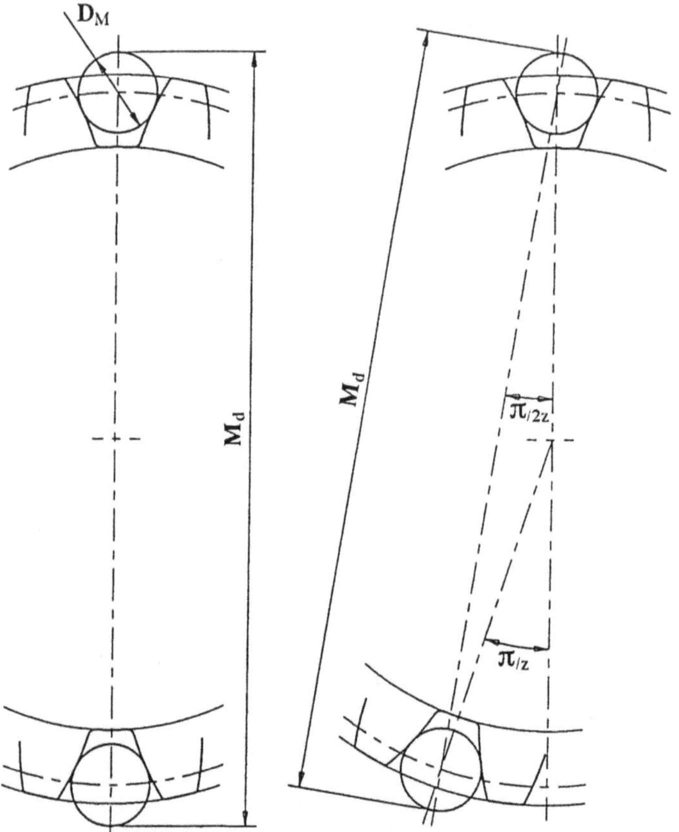

Abb. 4.3. Messung durch Kugeln und Dorne

4.2 Teilungsabmaß

Bei einem theoretischen Rad ist die Teilung gleichmäßig um das Rad verteilt. Bei einem realen Rad verursacht die Herstellung Abweichungen. Der algebraische Unterschied zwischen der realen Abmessung der Teilung und der theoretischen Abmessung (Abb. 4.4) wird Einzelabmaß genannt.

Die Zahnweitentoleranz bei k Teilungen ist die Differenz zwischen dem realen Bogen dieser k Teilungen und dem theoretischen Bogen derselben k Teilungen. Es ist möglich, zwischen der Stirnkreisteilung, der Normalkreisteilung und der Grundzylinder-Normalteilung zu unterscheiden.

Die Stirnkreisteilung kann in zwei verschiedenen Verfahren gemessen werden.

Bei dem ersten Verfahren muß man einen Tastkopf (Abb. 4.4a) radial zu dem Rad stellen, derart daß er eine Flanke in Höhe des Bezugskreises berührt. Das Rad

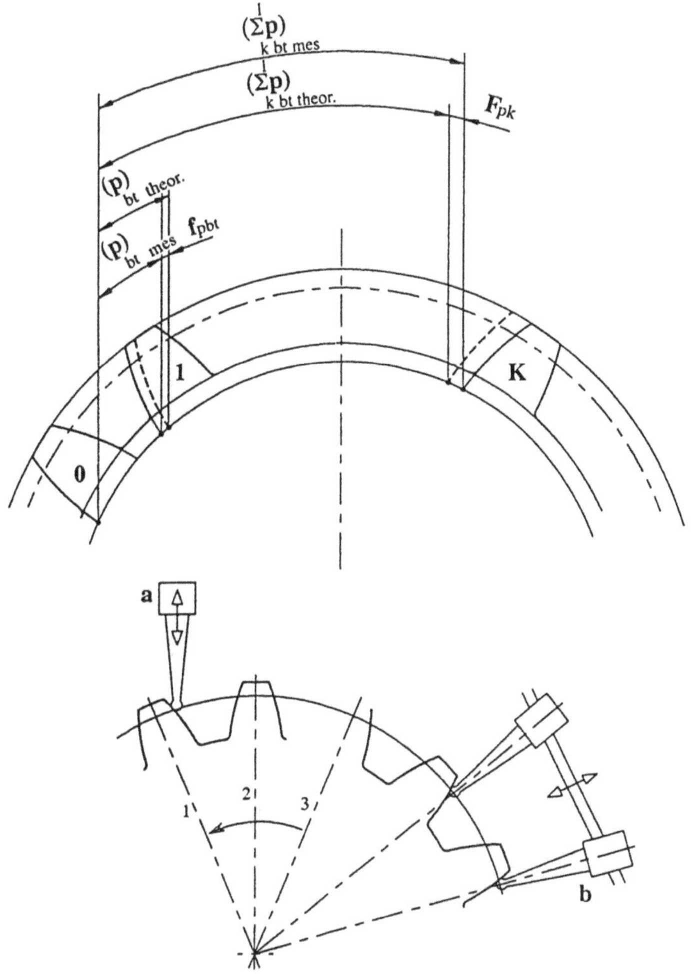

Abb. 4.4. Teilungsabmaß

wird so um seine Achsen gedreht, daß sie einen Winkel bilden der gleich zu dem
der Teilkreisteilung ($2\pi/z$) ist, wofür man das Maß des Tastkopfes benötigt. Diese
Teilung ist die einfache Teilung für die Mittenkreisteilung. Man muß sich nur vergewissern, daß die Umdrehungsachse des Rads während der Messung identisch
mit der laufenden Umdrehungsachse ist.

   Bei dem zweiten Verfahren muß man zwei Tastköpfe so positionieren, daß sie in
einem Abstand stehen, der nahezu gleich zu dem der zu messenden Teilung ist.
Beide Tastköpfe stehen radial zu dem Rad. Das Rad dreht um seine Achse, und bei
jeder Teilung läßt man die Tastköpfe sich so weiter bewegen bis sie mit dem Rad
in Höhe der Mittenkreisteilung in Berührung kommen. Man nimmt das Maß zwi-

schen den Tastköpfen auf. Nachdem das Rad eine Umdrehung gemacht hat, ist die Summe der verzeichneten Maße wegen der Meßungenauigkeit bei der gemessenen Teilung nicht null. Trotzdem muß die Summe der Meßwerte null sein, weil man wieder zu der Ausgangsflanke zurückkehrt. Die Summe der Meßwerte geteilt durch die Zahnzahl des Rads gibt die Größe an, um die man jede Messung korrigieren muß. Das Maß der Teilkreisteilung ist durch die algebraische Differenz aus den Meßwerten und dem so kalkulierten Mittel gegeben. Es ist also möglich, dieses Maß so zu berechnen, daß nur einigen Sektoren mit k Zähnen berücksichtigt werden.

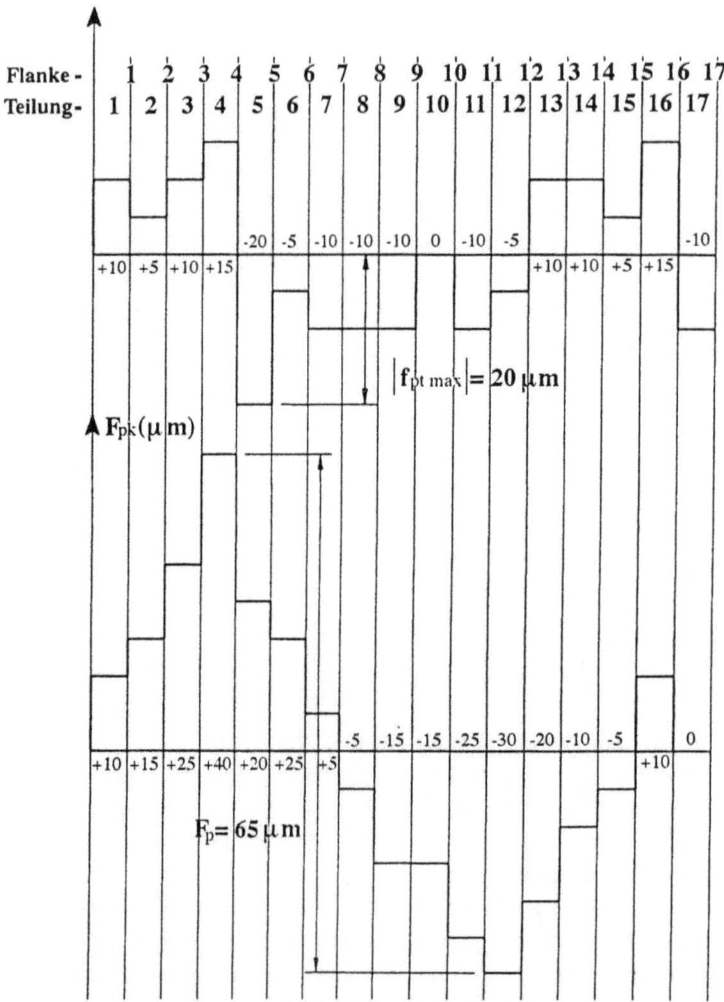

Abb. 4.5. Diagramme der Teilungabmaße

Das wird bei zahnreichen Rädern (ab 60 Zähne) aus wirtschaftlichen Gründe durchgeführt, aber man erhält so keine genauen Ergebnisse.

Wenn man Einzelmaße totalisiert, erhält man die kumulierten Teilungsmaße, die sich ergebenen Diagramme werden in Abb. 4.5 gezeigt.

So erhält man das Diagramm der Einzelabmaße der Stirnteilkreisteilung f_{pt} und das Diagramm der gehäuften Abmaße der Stirnteilkreisteilung F_{pk}. In der Abbildung sieht man die große Verschiedenheit der Abmaße F_p gemeinsam mit F_p gezeigt. Diese Größe wird totales gehäuftes Abmaß genannt. Mit besonderen Einrichtungen ist es möglich, das Grundteilungabmaß zu gewinnen. Die Einzelabmaße der Teilung beeinflussen die Kräfteverteilung auf den Zähnen. Man soll versuchen, daß diese Abmaße die Standardwerte, die Toleranzen, nicht überschreiten. Die gehäuften Abmaße der Teilung sind die Beweise der Abänderungen in die Eingriffsgeschwindigkeiten. Ihr Bestehen zeigt, daß sie einige dynamischen Kräfte erzeugen, die sich aus der Bewegungsbeschleunigung ergeben; es wird nötig, diesen Kräften einige Toleranzen zuzuordnen.

4.3 Profilkontrolle

Das Profil, das infolge der Verzahnung oder der Flankenberechtigung erzeugt worden ist, weicht von der theoretischen Evolventenform mit einem festgelegten Druckwinkel ab. Beim Überschreiten der Abmessungen betrachtet man als Beispiel den Fall aus Abb. 4.6.

Ein solches Profil kann mit einer Vorrichtung kontrolliert werden, die einen Sensor auf den Zähneflanken entlang bewegt und dazu einer reinen Evolvente auf dem Kreis folgt. Wenn das Abmaß des Sensors unter dem Einfluß der Flanke bezüglich der normalen Richtung angetragen wird, werden auch die Flankenabmaße angetragen. Wenn man ein Diagramm zeichnet, bei dem die Abszisse proportional

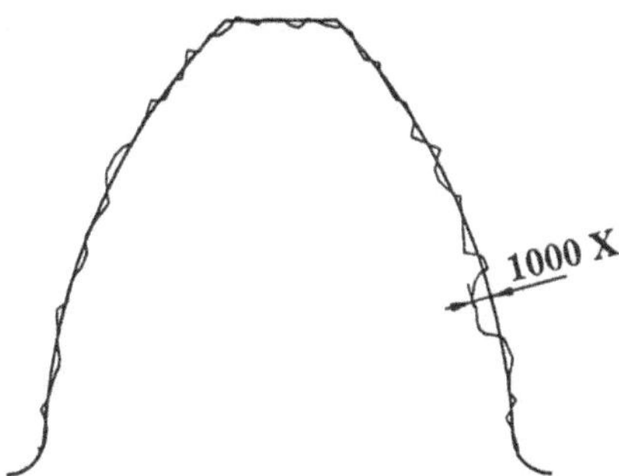

Abb. 4.6. Reale Form des Profils

der Länge der Stellung des Meßpunkts auf der Druckgerade ist, und die Ordinate korrespondiert zur vorgegebenen Länge der Teilung (die sehr vergrößert wurde), für einen Zahn ohne Abmaß (also theoretisch) wird das Profil eine horizontale Linie sein. Abbildung 4.7 zeigt ein solches Diagramm.

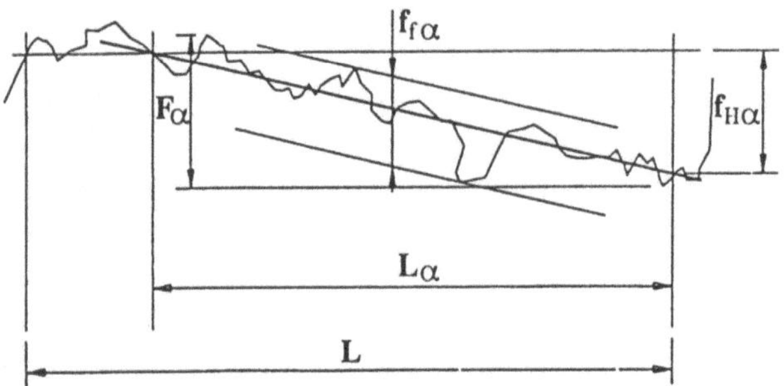

Abb. 4.7. Diagramm des Profils

Man bemerkt, daß eine Evolvente zu einem Kreis einen Druckwinkel verschieden von dem gewünschten zu dem einer Geraden in dem Diagramm hat, die in einem Winkel bezüglich der Waagrechten läuft.

Aus dem Diagramm kann man den totalen Fehler des Profils F_α ablesen. Dieses Fehlermaß erhält man, indem man den Graph mit zwei Parallelen umschließt. Es ist aber auch möglich, eine Gerade so zu zeichnen, daß sie die Kurve mittelt. Diese Gerade gehorcht den statistischen Regeln der kleinsten Quadraten und stellt also eine Evolvente dar. Wenn man die Kurve durch zwei Geraden parallel zu der Mittelgeraden umhüllt, erhält man den vertikalen Abstand dieser Parallele und der Mittelgeraden am anderen Ende, also den Fehler der Profilneigung f_{Ha}.

Alles was für ein Profil der Evolvente gesagt wurde, gilt auch für ein modifiziertes Profil. Es genügt, die dem Profil entsprechende Gerade mit einer Kurve, die das modifizierte Profil darstellt, zu zeichnen. Die Mittelgerade wird eine Mittelkurve mit einer modifizierter Neigung. Die Bestimmungen bleiben dieselben. Der Neigungsfehler ergibt sich aus einem Fehler des Grunddurchmessers. Es ist möglich, den Fehler auf dem Grunddurchmesser zu schätzen:

$$f_{db} = f_{H\alpha}\,\frac{d_b}{L_\alpha} \qquad (4.023)$$

wobei im Diagramm die Schätzung der Länge L_α ist.

Der Fehler des Druckwinkels wird mit Hilfe des Fehlers, der durch folgende Formel ausgedrückt werden kann, berechnet:

$$f_\alpha = -\,\frac{f_{H\alpha}}{L_\alpha\,\tan\alpha_t}\,. \qquad (4.024)$$

Das Meßinstrument für die Profilmessung besteht aus einer Scheibe mit einem Durchmesser, der gleich zu dem des zu messenden Rads ist (Abb. 4.8).

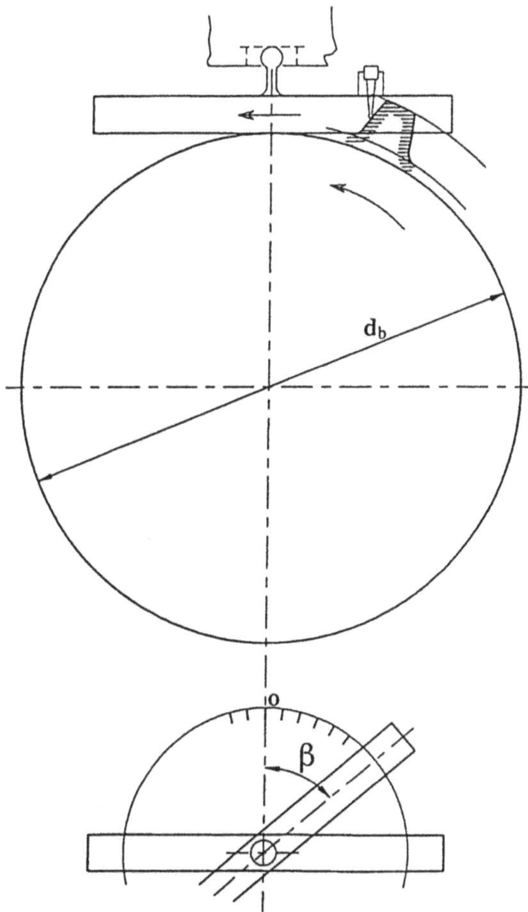

Abb. 4.8. Maschine für die Profilmessung

Das zu messende Rad dreht sich zusammen mit der Scheibe, wobei ein Sensor sich auf der gleichen senkrechten Fläche tangential der Scheibe (Kupplungsfläche) wie das Winkelmaß mitbewegt. Um Messungen auf den verschiedenen Stirnschnitten durchführen zu können, kann der Sensor sich auf die Scheibenfläche rechtwinklig bewegen. In den Schrägungsrädern wird er gleichzeitig von einer quer vorher regulierbaren Bewegung in Gang gesetzt, in Bezug auf den Wert des Schrägungswinkels. Um die Dreharbeit einer Scheibe für jedes Rad zu verhindern, wird eine Maschine mit regulierbarem Grunddurchmesser gebraucht, dessen Prinzip in der Abb. 4.9 gezeigt ist.

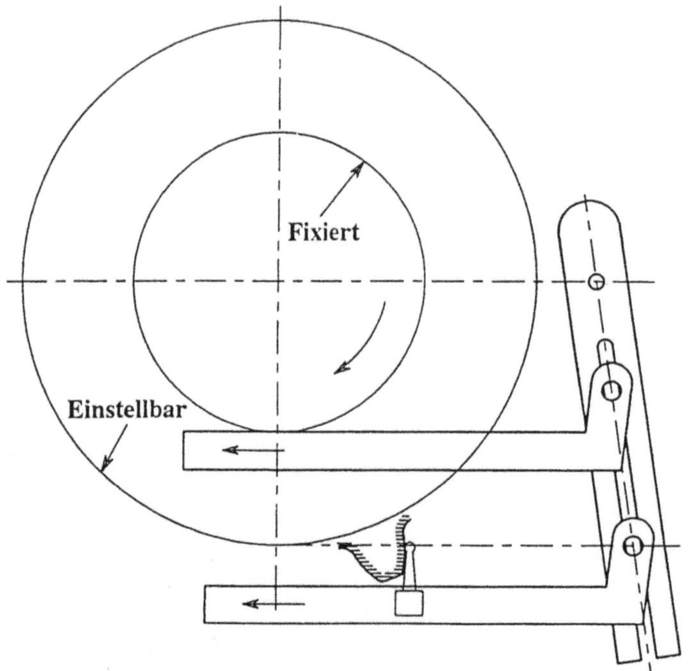

Abb. 4.9. Maschine mit regulierbarem Grunddurchmesser

4.4 Neigungskontrolle

Es ist möglich, die Entwicklung des Schrägungswinkels mit der obenerwähnten Maschine zu kontrollieren. Wenn ein Sensor so entlang der Zahnflanke gestellt wird und er sich senkrecht bewegen läßt, dem Winkel gerade folgend, dessen Wert nach dem Schrägungswinkels reguliert worden war, wird es möglich das Abmaß der Stellung des Sensors zu übertragen, bezüglich der Bewegung zu der theoretischen Schrägung. Man erhält ein Diagramm der Abweichungen auf einer Achse in Relation zu der Verzahnungsbreite auf einer senkrechten Achse. Wenn die daraus resultierende Schrägung perfekt ist, dann ist der Graph eine Gerade. Anderseits erhält man einen Graphen, der ähnlich zu demjenigen in Abb. 4.10 ist.

Wenn man den für das Profil geltenden Regeln folgt, kann man zwischen:

– dem Gesamtfehler der Neigung F_β
– dem Formfehler der Neigung $f_{f\beta}$
– der Fehler des Neigungsgefälles $f_{H\beta}$

unterscheiden.

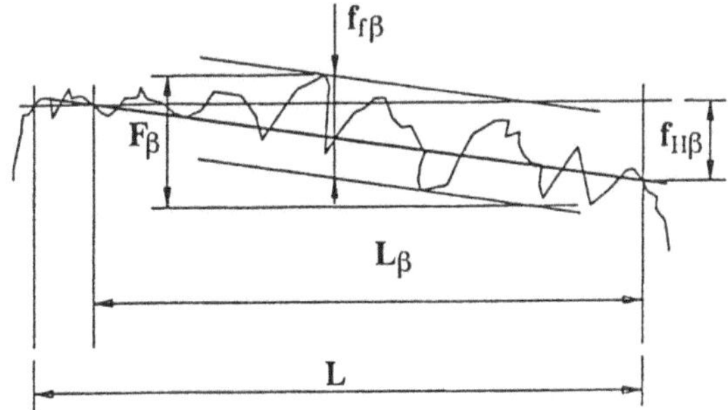

Abb. 4.10. Neigungsdiagramm

4.5 Zusammengesetzte tangentiale Abweichung

Wenn man ein zu prüfendes Zahnrad vor ein Musterzahnrad im Referenzachsabstand stellt und dieses korrekt eingreifen soll, und zwar so, daß die regelmäßige Bewegung des einen theoretisch die Bewegung des anderen verursacht, dann gilt für die kinematische Beziehung des Eingriffs:

$$\frac{\omega_2}{\omega_1} = \frac{z_1}{z_2} . \tag{4.025}$$

Ein tatsächlicher Eingriff erfolgt allerdings nicht wegen der Fehler, die sich bei dem geprüften Zahnrad ergeben (da das Musterzahnrad in Bezug auf das zu prüfende ohne Defekte ist).

Mit mechanischen Einheiten (Kupplungszahnräder mit Betriebsteildurchmesser) oder elektronischen Einheiten (Pulsationszähler und Antrieb bei einem Motor mit proportionaler Geschwindigkeit) ist es möglich, die theoretische Geschwindigkeit zu berechnen und sie mit der realen Geschwindigkeit zu vergleichen. So erhält man das Diagramm der Abb. 4.11.

Dieses Diagramm stellt den zusammengesetzten Gesamtfehler dar.

Man benötigt eine Schwingungswelle, die zu jedem Zahn des zu prüfenden korrespondiert. Es handelt sich um die zusammengesetzte tangentiale Abweichung von Zahn zu Zahn (f'_i). Das Diagramm zeigt ebenfalls die Entfernung zwischen der höchsten Spitze und der untersten Spitze. Dieser Abstand ist als zusammengesetzter Gesamtfehler (F_i) bekannt.

Der zusammengesetzte Gesamtfehler vermittelt ein klares Bild der Getriebearbeit, auch wenn er keine nützliche Information über die Fehlerursachen gibt. Der Fehler kann nicht dazu dienen, eine globale Qualität zu bestimmen, aber ist zur Hinterfragung sehr interessant. Es ist nicht möglich, ein Musterzahnrad ohne Fehler zu erzeugen, daher ist das zu prüfende Zahnrad von einer geringeren Qualität

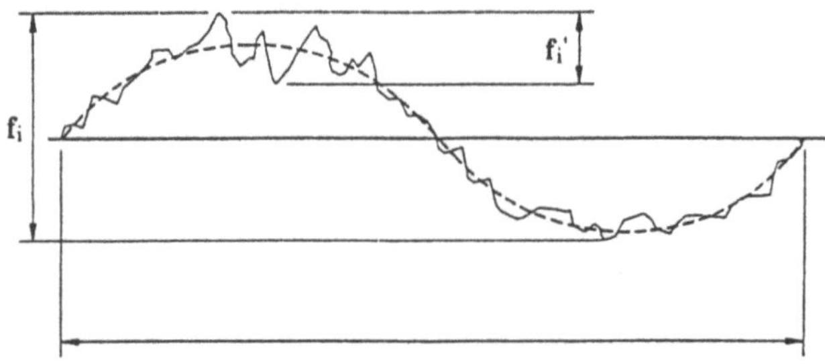

Abb. 4.11. Zusammengesetzte tangentiale Abweichung

als das Musterzahnrad. Diese Bedingung beschränkt die Verwendung dieser Messungen.

4.6 Zusammengesetzter Radialfehler (Messung auf den zwei Flanken)

Das zu prüfende Zahnrad wird vor ein Musterzahnrad gestellt, so daß die Zähne ineinander greifen. Eine der beiden Achsen des Zahnrads ist auf einer Feder befestigt, so kann sich der Achsabstand ändern, da die zwei Zähne ununterbrochen in Berührung auf den Flanken bleiben. Man verzeichnet als Fehler (Achsabstandsänderung) den der mobilen Achse. Wenn das Musterzahnrad nicht fehlerbehaftet wäre, und das zu prüfende Zahnrad perfekt wäre, dann würde man eine Gerade der Abweichungen erhalten, die in Relation zu der Länge der Drehung des zu prüfenden Zahnrads steht.

Die Fehler ergeben ein Diagramm wie in Abb. 4.12.

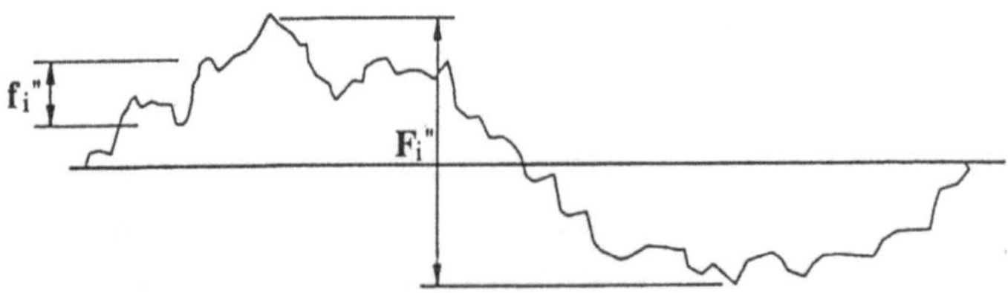

Abb. 4.12. Zusammengesetzter Radialfehler

Wenn man annimmt, daß das Musterzahnrad vernachlässigbare Fehler in Bezug auf das zu prüfende hat, kann man erwarten, daß der zusammengesetzte Fehler allen Fehlern des zu prüfenden Zahnrads entspricht.

Man unterscheidet somit zwischen dem zusammengesetzten Radialfehler von Zahn zu Zahn f''_i und dem Gesamtradialfehler F''_i. Solch ein Test gibt keine nützlichen Informationen über den Antrieb des Zahnrads, aber er ist einfach auszuführen und kann dazu dienen, während der Herstellungsprozesse, die Maschinen für die Teileproduktion so zu regulieren, daß aufgrund der durchgeführten Messungen auf dem Musterstück gleiche Teile hergestellt werden. Wenn ein reales Zahnrad mit seinen Fehlern ohne Spiel läuft (d.h. mit sich auf den Flanken berührenden Zähnen), und wenn die Achsen sehr starr befestigt sind, dann entwickeln sich Spannungen, weil die Bewegung der Welle verhindert wird.

Diese Spannungen wirken sich nachteilig auf den Antrieb aus und können sehr groß werden. Dazu kommt, daß die Zahnräder mit starr zusammengebauten Achsen mit einem Spiel zwischen den Zähnen arbeiten müssen.

4.7 Rundlaufabweichung

Der Fehler bei der Rundlaufabweichung, der sich aus der Verarbeitung ergibt, verursacht eine Dezentrierung des Teilkreisdurchmessers in Bezug auf den Achsabstand. Das wird durch F_r ausgedrückt und wird bei der Einführung eines Tastkopfes, ausgerüstet mit einer Kugel, in der Lücke der Zähne gemessen.

Bei einer anderen Meßmethode wird ein Tastkopf, ausgerüstet mit einer Gabel, auf den Kopf des Zahns aufgesetzt. Die Abweichung wird in jedem Punkt gemessen.

Abbildung 4.13 stellt das Prinzip dar und zeigt einen Graphen mit den sich ergebenden Testwerten.

4.8 Präzision des Zahnradkörpers

Der Präzisionsgrad, der die Elemente des Zahnrads charakterisiert und seinen Antrieb beeinflußt, ist eine Funktion der allgemeinen Genauigkeitsstufen, die wir erhalten möchten. Das Aufbohren muß besonders genau erfolgen, um eine korrekte Zentrierung zu gewährleisten. Der Kopfdurchmesser spielt nicht so eine wichtige Rolle, da er an der Bewegung nicht beteiligt ist. Die Toleranzen mit negativen Werten werden benutzt, um Interferenz des Ineinandergreifens zu verhindern.

Die Toleranz wird in h8 oder h7 nach den Parametern, die von der ISO bestimmt worden sind, ausgedrückt.

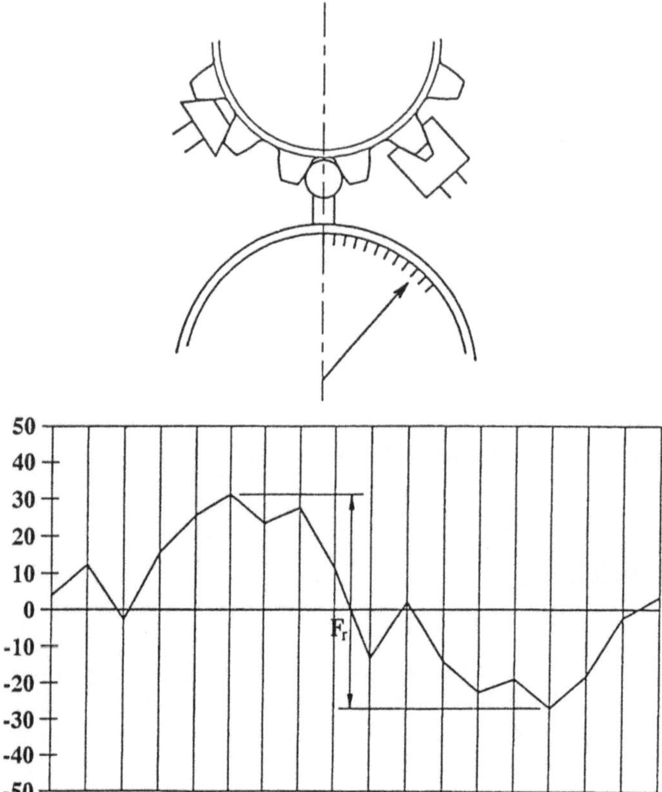

Abb. 4.13. Rundlaufabweichung

Das Aufbohren wird mit einer Toleranz H angezeigt, und die Qualität variiert aufgrund der gewünschten Verzahnungsqualität. Trotzdem, wenn man den Kopfzahn als Basis für die Messung nimmt (s. a. die Messung der normalen Sehnendikke), wird der Toleranz während des Drehen eine große Wichtigkeit gegeben.

Um einen guten Betrieb zu gewährleisten, muß man sich vergewissern, daß der Zusammenbau bei der Ausführung die erreichte Qualität nicht mindert.

Es sind Bezugsoberflächen vorzusehen, die sowohl rechtwinklig als auch konzentrisch zur Achse sind. Solche Oberflächen dienen als Basis für das Positionieren auf Fräsmaschinen, Schleifmaschinen und Kontrollvorrichtungen.

Die zylindrische Oberfläche, konzentrisch zu der Achse, weist eine Toleranz bezüglich der Dimensionen, der Konzentrizität und der Exzentrizität auf.

Sie wird als Basis für das Positionieren der Zahnräder auf ihren Achsen in verschiedenen Herstellungsmaschinen und Kontrollvorrichtung verwendet.

In Ritzel, in denen die Auflagegebiete der Lager sich berühren, können diese als Bezugsfläche dienen. Die Toleranzen variieren mit dem Grad der Präzision des Zahnrads (Abb. 4.14).

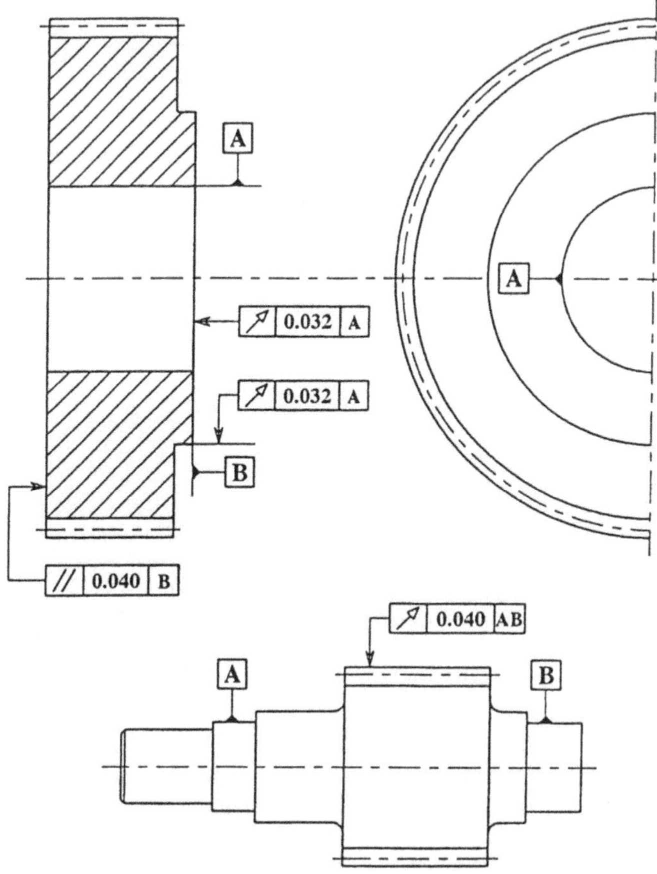

Abb. 4.14. Bezugsflächen

4.9 Achsabstandsfehler und Parallelität der Achsen

Die Achsen zweier Zahnräder, die in ihren Lagern befestigt sind, können einige
Abweichungen haben, die auf die Geometrie dieser Lager zurückzuführen sind.

Normalerweise unterscheidet man zwischen zwei Fehlertypen: dem Fehler be-
züglich der Achsenebene ($f_{\Sigma\delta}$) und dem Fehler außerhalb der Achsenebene ($f_{\Sigma\beta}$)
(Abb.4.15).

Für den Antrieb des Zahnrads ist der letztere wichtiger. Diesem Fehler werden
Toleranzen zugeschrieben.

Solche Toleranzen werden in mm pro mm ausgedrückt, d.h. daß die Abweichungen winkelartig sind.

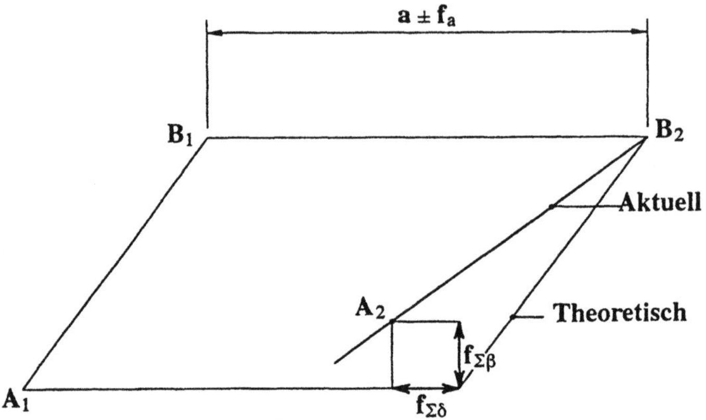

Abb. 4.15. Parallelität der Achsen

Um diese Fehler zu bestimmen, wählt man eine der beiden Achsen und einen Punkt auf der anderen, um eine Ebene zu bestimmen. Man mißt den Fehler von einem anderen Punkt der zweiten Achse in Bezug auf die so bestimmte Ebene (auf einer Ebene rechtwinklig dieser Ebene) und den Fehler im Verhältnis zur Bezugsachse auf dieser Ebene. Der Fehler, den wir betrachten müssen, ist das Verhältnis zwischen der gemessenen Entfernung auf der einen und der anderen Ebene und die Entfernung von der Welle, von dem gewählten Punkt bis zu dem für die Bestimmung der Bezugsebene benutzten Punkt. Die Entfernung zwischen der gewählten Achse und dem Punkt, aus dem sich die Bezugsebene ergibt, ist der reale Achsabstand. Er unterscheidet sich von dem theoretischen Achsabstand f_a. Diesem Fehler können negative und positive Toleranzen zugeschrieben werden. Um Interferenzen beim Ineinandergreifen zu vermeiden, muß die negative Toleranz kleiner als die des Kopfkreises der Zahnräder sein.

4.10 Informationen über die Normen

Einige Normen legen die annehmbaren Toleranzen in Abhängigkeit der gewünschten Qualität fest. Wir beziehen uns auf die ISO 1328 Norm und zeigen dabei, daß es Normen für andere Länder geben kann, wie z. B. die DIN 3991 Norm. In der ISO 1328 Norm werden 13 Qualitätsklassen bestimmt, die von 0 bis 12 (die kleinste Zahl zeigt den genauesten Qualität-Mindestfehler) gekennzeichnet sind.

Normen wurden nicht festgelegt, um Ausführungsarten oder Betriebsqualität zu bestimmen, sondern nur um den Interessenten einige Bezugsparameter an die Hand zu geben. Es ist aber auch zu berücksichtigen, daß bereits bestimmte Qualitäten bei genauer Befolgung der Ausführungsanweisungen erreicht werden können, und daß einige Qualitäten für bestimmte Anwendungen geeigneterer sind als andere. Man kann z. B. sagen, daß die Qualitäten in Kategorien von 1 bis 3 für Musterzahnrädern aufgeteilt werden, von 4 bis 6 für geschliffenen Zahnrädern und von 7 bis 10 für Zahnräder, die gefräst worden sind. Die Qualitäten von 11 und 12 sind typisch der Rohzahnrädern, die in Gießereien verwendet werden. Dies sind nur informative Hinweise für Ingenieure. Räder erfordern einen hohen Präzisionsgrad für Zahnräder, die alle Abweichungen verbinden, wie z. B. Zahnräder für Turbinen oder Zahnräder, die für das genaue Positionieren verwendet werden; Räder mit geringeren Präzisionsanforderungen werden bei größeren Zahnrädern, die mit geringerer Geschwindigkeit laufen, eingesetzt.

Bei der ISO 1328-1 Norm gibt es Toleranztabellen für den Teilungs-, Profil- und Neigungsfehler, die entweder von dem Durchmesser und dem Modul oder von der Breite der Zähne (je nach dem betrachteten Fehlertyp) und dem Modul abhängig. Die vorgegebenen Werte sind Toleranzen für einen Abstand von Durchmesser und Modul oder von Zahnbreite; dieser Wert wird für jeden Abstand berechnet, es ist das geometrische Mittel der Abstandsgrenzen, das durch Formeln, die von der Norm vorgeschrieben sind, berechnet wird.

Diese Formeln definieren Qualität 5. Die anderen Qualitäten haben Toleranzen mit steigendem oder fallendem Index bei einer Teilung von $2^{0,5}$ als Qualitätsindex. Qualität 7 hat also einen zweimal größeren Toleranzbereich als Qualität 5 und einen zweimal kleineren als Qualität 9. Für die Profiltoleranzen gibt die Norm eine Bewertungslänge L_α vor, die gleich zu 92% der Länge der benutzten Flanke ist, da 8% am Zahnkopf vernachlässigbar sind, es sei denn, es gibt Materialüberschuß.

Der Hauptteil der Normen befaßt sich mit Toleranzen für den Gesamtfehler F_α, während man in einem Informationsanhang die Werte für die Toleranzen $f_{f\alpha}$ und $f_{H\alpha}$ findet. Das gilt auch für die Neigungsfehler, deren Gesamtfehler F_β standardisiert sind.

Die Fehler $f_{f\beta}$ und $f_{H\beta}$ sind in einem Anhang berücksichtigt.

Die ISO 1328-1 Norm gibt auch Toleranzen für den zusammengesetzten tangentialen Fehler von Rädern und Achsen.

4.11 Verdrehflankenspiel

Wenn sich ein Zahn in der Lücke eines theoretischen Gegenzahnrads befindet, berührt die Flanke des ersten Zahns die Flanke des zweiten. Für ein Zahnrad mit Verdrehflankenspiel, bei dem sich die aktiven Flanken berühren, stehen die anderen in einer gewissen Entfernung zueinander. Dieses wird Verdrehflankenspiel genannt.

Das Verdrehflankenspiel wird aufgrund seiner Richtungen zu charakterisiert. Es gibt das radiale Verdrehflankenspiel j_r, das dem Räderhalbmesser, die das Zahnrad bilden (d.h. der Achsabstand) folgt, das kreisförmige Verdrehflankenspiel j_t, das der Betriebsteilkreislinie folgt und das normale Verdrehflankenspiel j_n, das rechtwinklig zu den Achsen ist.

Es gibt auch das winkelige Verdrehflankenspiel j_θ, wobei der Winkel dadurch gegeben ist, um den sich ein Rad drehen kann, während das andere rotiert.

Die Beziehung zwischen diesen verschiedenen Verdrehflankenspielen ist folgende:

$$j_t = \frac{j_n}{\cos\alpha_{wt}\,\cos\beta_b} \tag{4.026}$$

$$j_r = \frac{j_n}{2\sin\alpha_{wt}\,\cos\beta_b} \,. \tag{4.027}$$

Das winkelige Verdrehflankenspiel ist:

$$j_\theta = \frac{j_t}{\frac{1}{2}d_w} \,. \tag{4.028}$$

Das Verdrehflankenspiel tritt bei Verminderung der Zahndicke auf (Abb. 4.16).

Wenn für die Dicke einige Toleranzen zugelassen werden, wird es möglich, eine Mindest- und eine Höchstdicke eines Zahns zu bestimmen. Seien $s_{b1\,min}$ und $s_{b1\,max}$ die Grenzdicken für das Ritzel und $s_{b2\,min}$ sowie as $s_{b2\,max}$ die Grenzdicken für das Rad. Wenn das Zahnrad theoretisch perfekt ist, dann wird das minimale Verdrehflankenspiel durch folgende Formeln bestimmt:

$$j_{t\,min} = \frac{(s_{b1} - s_{b1\,max}) + (s_{b2} - s_{b2\,max})}{\cos\alpha_w} \tag{4.029}$$

oder

$$j_{t\,min} = \frac{1}{\cos\alpha_{wt}}(f_{sb1\,min} + f_{sb2\,min}) \,. \tag{4.030}$$

In Wirklichkeit muß man weitere zahlreiche Faktoren berücksichtigen, insbesondere den Achsabstand, die Teilungs-, Profil- und Neigungstoleranzen, die Exzentrizitätstoleranzen, außerdem muß man die Auswirkungen der Betriebstemperatur in Bezug auf die Kontroll- und Ausführungstemperatur berücksichtigen. Das Maß der verursachten Einflüsse hängt von der Qualität der Zähne ab. Die Einflüsse, die die Abweichungen auf die Zahnräder in Verbindung mit der Zahnqualität haben, werden durch K_q und der Einfluß auf die Expansion unter Temperaturänderungen durch K_T angegeben.

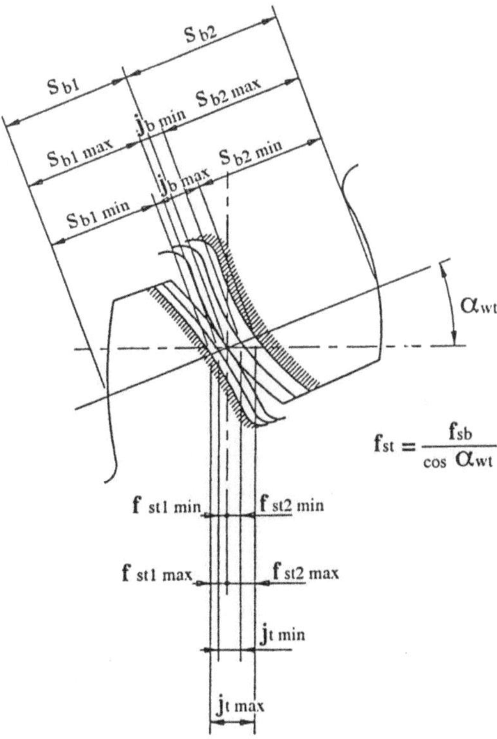

$$f_{st} = \frac{f_{sb}}{\cos \alpha_{wt}}$$

Abb. 4.16. Verdrehflankenspiel

Ist f_a der Mittelabstand der negativen Abweichung des minimalen Verdrehflankenspiels, dann gilt:

$$j_{t\,min} = f_{sb1\,min} + f_{sb2\,min} - 2\,f_a\,\sin\alpha_{wt} - K_q - K_T \qquad (4.031)$$

und für das normale Verdrehflankenspiel gilt:

$$j_{n\,min} = j_{t\,min}\,\cos\beta_b\ . \qquad (4.032)$$

Der Wert des normalen Verdrehflankenspiel muß größer als Null sein, um einen normalen Betrieb zu gewährleisten. Beim theoretischen Verdrehflankenspiel, durch die Summe der Mindestabmaße der Zähne gegeben, müssen die Ausführungsqualität und die Temperaturschwankungen berücksichtigt werden.

Für bleibende Qualitäten kann das Verdrehflankenspiel höhere Werte erreichen. Das geschieht auch, wenn hohe Temperaturwechsel auftreten.

Theoretisches Verdrehflankenspiel mit einem Modul von 0,1 kann nicht als außergewöhnlich angesehen werden. Wählt man ein Zahnrad ohne Verdrehflankenspiel (oder mit einem extrem reduzierten Verdrehflankenspiel), dann sind die einflußnehmenden Elemente nur teilweise wirksam und die Zahnradabmessungen müssen bei Betriebstemperatur erhalten bleiben.

Wenn man ein Zahnrad ohne Verdrehflankenspiel wünscht (oder mit einem sehr kleinen Verdrehflankenspiel, weil Zahnräder ohne Verdrehflankenspiel nicht vorstellbar sind), benötigt man hochwertige Ausführungen aller Elemente, aus denen das Zahnrad besteht, und man muß beachten, daß die Abmessungen des Zahnrads bei Betriebstemperatur so gut wie möglich erhalten bleiben.

4.12 Berührungsprüfung

Oft und gern werden auf den Zahnrädern Berührungsprüfungen durchgeführt. Bei diesen Prüfungen wird eine dünne Farbschicht zwischen den Zähnen des Zahnrads aufgetragen, um den Abdruck zu betrachten, der sich nach dem Leerbetrieb bildet. Die Art und Weise dieser Messung und Interpretation der Ergebnisse ist sehr subjektiv. Sie können für einen Fachmann in einem bestimmten Anwendungsgebiet nützlich sein, da sie interessante Vergleichspunkte mit vorher gemachten Beobachtungen ergeben können.

Für jemanden mit wenig Erfahrung kann es schwierig sein, diese Farbabdrücke korrekt zu beurteilen, da die Berührungen zwischen den Zähnen während des Betriebs sehr unterschiedlich zum Leerbetrieb sein können.

Außerdem, wenn Veränderungen bei der Verzahnung vorhanden sind, könnte es sein, daß diese bei der Leerberührung nicht so sind; aber dagegen bei angewandter Belastung perfekt sind, da das Prinzip der Verzahnungsänderungen lautet, eine Verzahnung zu schaffen, die sich bei Leerlauf von dem theoretischen Profil entfernt, damit dieses Profil bei einer Belastung einen perfekten Lauf ergibt. Es gibt eine Berührungsprüfung für das Kegelradpaar, die sich als nützlich erweist. Auf einer speziellen Apparatur ist es möglich, daß zwei Kegelgegenräder in Berührung stehen und die Lage finden, die die optimale Leerberührung durch Axialbewegung des Ritzels ergibt (Erfahrung und perfekte Kenntnis der Berührungen sind notwendig, um die möglichen Verformungen der Belastung bestimmen zu können).

Die Stellung der Ritzelbezugsfläche wird in Bezug auf die Ecke des Kegels gesehen, und dieser Wert bestimmt die Quote für den Zusammenbau des Ritzels in Relation zu der Radachse.

5 Berechnung der Zahnräder

5.1 Betrachtung des Aussehens der Verzahnung nach dem Betrieb

Nach dem Betrieb können die Verzahnungen ein verschiedenartiges Aussehen haben, je nach ihrer Arbeitsweise und ihren Anwendungsbedingungen. Die ISO 12825 Norm (Aussehen der Verzahnung nach dem Betrieb) enthält alle nützlichen Hinweise dafür. Im folgenden werden Situationen beschrieben, bei denen sich große Nachteile ergeben können.

An den Zähnen können verschiedene Abnutzungserscheinungen auftreten: Abrieb, Erosion, normale Abnutzung, Kavitationsbildung usw. Die normale Abnutzung wird durch Gleiten zwischen den Zähnen verursacht, die bei Anwendung eines geeigneten Profilverschiebungsfaktors reduziert werden kann. Die anderen Abnutzungsarten werden durch vermeidbare Ursachen während des Betriebs verursacht. Keine Berechnungen können diese Abnutzung verhindern. Schneckenräder werden von diesem Problem nicht berührt, weil die Reibung bestimmend ist. Grübchenbildung ist bei Zahnrädern ein häufig auftretendes Phänomen. Diese Einfressungen können im Laufe der Zeit wieder verschwinden. Es handelt sich meistens um Grübchenbildung beim Einlaufen (Anfangspitting), die allerdings keine Nachteile bringt. In anderen Fällen vermehren sich die Grübchen, vergrößern und verdichten sich bis es zu einer Oberflächenzerstörung der Flanken oder es kommt gar bis zum Zerbrechen.

Fortschreitende Grübchenbildung führt zur Zerstörung des Zahnrads und muß vermieden werden. Dabei können die Zähne brechen, sowohl durch Ermüdungserscheinungen als auch durch Anwendung zu großer statischer Belastung. Dieser Mangel ist entscheidend und muß deswegen auch unbedingt vermieden werden. In einigen Fällen, bei Vorhandensein einer großen Menge von Schmierstoff, findet ein Fressen statt, das thermisches Fressen genannt wird, das sehr gefährlich ist, weil es plötzlich auftritt, und die Abtrennung von Materialstücken verursachen kann und dadurch die Zähne brechen können. Gewöhnlich tritt dieses Phänomen nur in Zahnräder, die sehr großen Belastungen ausgesetzt sind und sich mit hoher Geschwindigkeit drehen, auf.

Die Berechnung des Belastungsvermögens von Zahnrädern stützt sich auf die Vermeidung des Pittings, des statischen Zerbrechens bei Ermüdungserscheinungen und in einigen Fällen des thermischen Fressens (s. Kap. 8). In Schneckenrädern und Schnecken ist es ebenfalls notwendig, den Abrieb zu verhindern.

5.2 Belastungsvermögen von Zahnrädern mit parallelen Achsen und von Kegelradpaaren

5.2.1 Vorbeugung des Pittings (Berührungsdruck)

Allgemeines. Das Pitting ist ein Phänomen, das in Zahnrädern relativ spät auftritt, d.h. wenn sie immer größeren Belastungen und höheren Wärmebelastungen ausgesetzt sind, natürlich unter der Berücksichtigung des Bruchphänomens. Als erster hat Niemann den Oberflächendruck mit dem Pitting in Zusammenhang gebracht.

Der Oberflächendruck (oder Hertzsche Druck, nach Hertz benannt, da er diese Untersuchungen durchgeführt hat) verursacht bei einer kleiner Distanz unterhalb der Oberfläche, eine Schnittkraft proportional der Druckkraft, wenn die Tiefe etwa ein Drittel der Breite der auf der Oberfläche verformten Fläche ist. Die Scherspannung kann statistisch oder wegen Ermüdung eine Haarrißbildung der Werkstoffunterschicht verursachen.

Wenn die Haarrißbildung wächst, kann sie die Oberfläche des Werkstoffs erreichen, und unter der Wirkung des Schmierdrucks (der sich aus der Geschwindigkeit, der Viskosität des Schmierstoff und der Rauheit der Oberfläche ergibt) kann diese sich so vergrößern, daß es zu einer Ablösung von Werkstoffteilchen kommt. Es ist daher logisch, die Erscheinung des Pittings mit einem übermäßigen Berührungsdruck in Verbindung zu bringen.

Berührungsdruck (Hertz). Im Abschn. 3.4.7 haben wir gesehen, daß sich zwischen zwei in Berührung stehenden Zähnen, die einer Berührungslinie folgen, ein Druck ergibt, der durch Gl. (3.110) gegeben ist. Es ist möglich, solch eine Gleichung auf ein Geradstirnrad eines Schrägstirnradpaares oder auf ein Kegelradpaar anzuwenden.

Wendet man diese Gleichung auf ein Schrägstirnradpaar an, unter Verwendung der in den vorhergehenden Abschnitten definierten Gleichungen, dann erhält man:

$$\sigma_{H\,theor} = Z_H\,Z_E\,\sqrt{\frac{F_t}{d_1\,b}\,\frac{u+1}{u}} \qquad (5.001)$$

angenommen, daß sich die Kraft auf den Wälzpunkt aus folgenden Faktoren zusammensetzt:

$$Z_E = \frac{1}{\sqrt{\pi\left[\dfrac{1-v_1^2}{E_1} + \dfrac{1-v_2^2}{E_2}\right]}} \qquad (5.002)$$

wobei $v_{1,2}$ der Poissonsche Koeffizient und $E_{1,2}$ das Elastizitätsmodul des Ritzel-
und Radmaterials sind, und

$$Z_H = \sqrt{\frac{2 \cos\beta_b \, \cos\alpha_{wt}}{\cos^2\alpha_t \, \sin\alpha_{wt}}} \; . \tag{5.003}$$

In einem Radpaar mit parallelen Achsen, in dem der Durchmesser d_1 zu dem des
Ritzels korrespondiert und in einem Zahnradpaar mit sich kreuzenden Achsen ist
der Durchmesser d_1 gleich dem Durchmesser des virtuellen Ritzels des Kegel-
radpaares.

Der theoretische Berührungsdruck muß durch die Basisfaktoren korrigiert werden:

– Der Einfluß des Stirnberührungsverhältnis und des Schrägüberdeckungsverhältnisses. Die Verteilung der Kräfte auf die Zähne wird von diesen Verhältnissen beeinflußt. Ihre Zunahme entspricht einer Verminderung des normalen Drucks.

– Der Einfluß des Winkels β. Die Schubgerade bei einer Schrägverzahnung auf
die Erzeugende des Zylinders ist gekrümmt, während sie in einer Geradverzahnung
parallel dieser Erzeugende ist. Das heißt, daß die Kraft sich bei Schrägverzahnungen in einer günstigeren Weise verteilt als bei einem virtuellen Stirnrad eines Ke-
gelrades.

Für Geradverzahnungen oder Verzahnungen, deren Schrägüberdeckungsverhältnis minimal ist, wirkt der größte Berührungsdruck nicht in dem Betriebs-
teilkreispunkt, sondern in dem unteren Einzelberührungspunkt (wenn der Betriebs-
teilkreispunkt sich nach dem unteren Einzelberührungspunkt auf der Schubgerade
befindet). Die sich ergebende Kraft wird mit einer Kraft verglichen, die sich aus
einer Prüfung des Testmaterials ergibt oder aus einem mehr oder weniger identi-
schen Zahnrad ergibt. Diese Spannung wird in gleicher Weise von Faktoren beeinflußt, die den Unterschied zwischen dem betrachteten Zahnrad und dem Muster
berücksichtigt, und dient gleichzeitig für die Bestimmung der Grenzspannung.

Die zugelassene Belastung hängt auch von der Wöhler-Kurve unter Einbezug
des Pittings des betrachteten Werkstoffs und der unter Druck stehenden Zahnzahl
S-N ab.

Die berechnete Spannung des Oberflächendrucks wird niedriger oder gleich zu
der zumutbaren berechneten Belastung unter Berücksichtigung aller realen Bedingungen.

5.2.2 Wirkende Kraft auf den Zahnkopf

Materialbruch wird von einer übermäßigen statischen Belastung, einer übermäßi-
gen Ermüdung oder einer übermäßigen Beanspruchung auf die Zähne verursacht.
Ein Teil des betrachteten Zahnabschnitts unterliegt einer Biegungs- und einer
Druckkraft unter Last, die senkrecht zu der betrachteten virtuellen Geradverzah-

nung wirkt, und gleichzeitig Ursache für die Neigung des Profils im Teilkreispunkt quer zur Zahnachse.

Wir betrachten die Komponente der Belastung rechtwinklig zur Achse des Zahns bei beliebiger Höhe (Abb. 5.1).

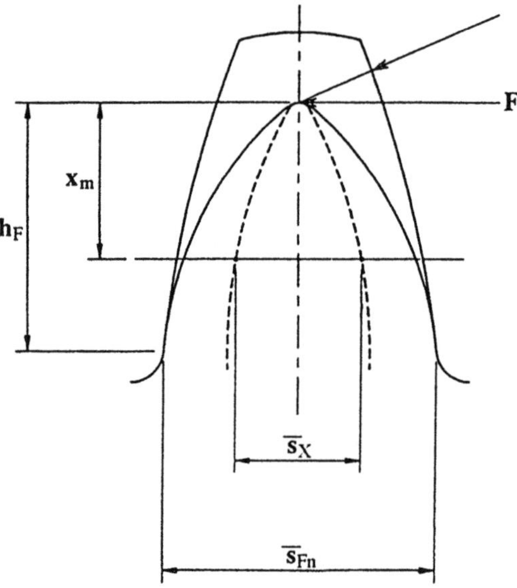

Abb. 5.1. Biegung auf dem Zahnfluß

Es sei die Entfernung x von dem Schnittpunkt zwischen dem Angriffspunkt der Kraft und dem der Zahnachse, und wenn σ_x die Kraft auf den Zahn ist, die sich aus der Biegung ergibt, erhält man:

$$\sigma_x = \frac{F x}{\dfrac{b \, \overline{s}_x^2}{6}} \; . \tag{5.004}$$

Wenn man die Biegungskraft konstant halten will, unabhängig von der markierten Entfernung x, dann ist es notwendig, daß das Profil parabelförmig ist:

$$\overline{s}_x = \sqrt{\frac{x}{\sigma_x}} \sqrt{\frac{6 F}{b}} \; . \tag{5.005}$$

Die Parabel hängt von der Kraft ab. Es ist möglich, eine Parabel zu zeichnen, dessen Scheitelpunkt der Punkt ist, indem sich die Richtung der Kraft mit der

Radachse schneidet; solch eine Parabel ist tangential zum Profil. Berührung erfolgt in Zusammenhang mit dem Anschlußprofil. In diesem Abschnitt, auch kritischer Abschnitt genannt, erreicht die Biegungskraft ihren höchsten Wert (Lewis):

$$\sigma_{theor} = \frac{6\,F\,h_F}{b\,\overline{s}_{Fn}^{2}} \ . \tag{5.006}$$

Die Abmessungen dieses Abschnitts und die des Hebelarms der Kraft lassen sich als Funktion des Moduls ausdrücken, woraus sich ergibt:

$$\sigma_{theor} = \frac{F}{b\,m}\ \frac{6\,h_{Fn}^{*}}{\overline{s}_{Fn}^{*2}} \ . \tag{5.007}$$

Betrachtet man den oberen Punkt der Einzelberührung, bei dem die Biegungskraft am höchsten ist, dann erreicht sie ihr Maximum an dem größeren Hebelarm, der der Gesamtbelastung entspricht. In diesem Punkt werden die Größen, die von dem Index e abhängen, beeinflußt, und es ergibt sich:

$$\sigma_{F\,theor} = \frac{F_t}{b\,m}\ \frac{6\,h_{Fe}^{*}\ \cos\alpha_{Fne}}{\overline{s}_{Fn}^{*2}\ \cos\alpha_n} \tag{5.008}$$

oder

$$\sigma_{F\,theor} = \frac{F_t}{b\,m}\ Y_F \tag{5.009}$$

mit:

$$Y_F = \frac{6\,h_{Fe}^{*}\ \cos\alpha_{Fne}}{\overline{s}_{Fn}^{*2}\ \cos\alpha_n} \ . \tag{5.010}$$

Wenn man die Druckkraft betrachtet, die sich aus der Kraftkomponente entlang der Zahnachse ergibt, dann ergibt sich eine zusätzliche Kraft:

$$\sigma_{N\,theor} = \frac{F_t}{b\,m}\ \frac{\sin\alpha_{Fne}}{\overline{s}_{Fn}^{*}\ \cos\alpha_n} \ . \tag{5.011}$$

Die Belastung, die auf den Zahn wirkt, ist die Summe dieser zwei Kräfte. Da die Form der Zähne variabel ist, muß man die erzeugenden Spannungskonzentrationen berücksichtigen und wie für die Berührungsdruckkraft, auch die Faktoren, die die Überdeckung und die Neigung der Schrägverzahnung betreffen.

Die sich ergebende Kraft wird mit einer Kraft verglichen, die sich aus Tests ergibt, in denen die Kraft von bestimmten Faktoren beeinflußt wird, wie z. B. die

Zahl der Spannungskreisläufe, die Rauheit des Profils in dem Gebiet des kritischen Abschnitts und dem Empfindlichkeitsunterschied des Werkstoffs zu der Kerbwirkung bezogen auf den des Prüfwerkstoffs.

5.3 Standard ISO Norm 6336 (oder DIN 3990)

5.3.1 Einleitung

Die Zahnradberechnung ist durch die ISO Norm geregelt worden, insbesonders durch die ISO Norm 6336, Teil 1, 2, 3 und 5 (außer einige Einzelheiten, die sorgfältig angezeigt werden, ist die DIN Norm 3990 fast identisch zu der ISO Norm 6336). Dieser Standard basiert auf die obenerwähnten Grundprinzipen und wurde festgelegt, um in allen Anwendungsfällen der Zahnräder, die durch verschiedene Betriebsbedingungen gekennzeichnet sind, eingesetzt werden zu können. Eine solche Norm ist sehr umfassend, und um weitere Einzelheiten zu erhalten, ist es nötig, die Norm in ihrer vollständigen Form zu betrachten. In besonderen Fällen werden Anwendungsnormen entwickelt, die sich aus der allgemeinen Norm ableiten, nämlich für Zahnräder bei generellen Anwendung, für Zahnräder, die unter Hochgeschwindigkeit laufen und für Zahnräder, die in der Schiffahrt und Autos eingesetzt werden. Die verschiedenen Faktoren, die in dieser Norm auftreten, können aufgrund der einzelnen Methoden, die mit A, B, C, D, usw. klassifiziert werden, berechnet werden. Diese Methoden unterliegen natürlich gewissen Einschränkungen. Wenn man von Methode B zu Methode C geht, erhöhen sich die Vorsichtsmaßnahmen. Dasselbe gilt auch, wenn man von einer Methode zur einer anderen, die sich höher im Alphabet befindet, geht.

Um das Bild so vollständig wie möglich zu machen, werden wir die Methoden für den allgemeinen Anwendungsfalls prüfen.

Unterschiede treten auch dann auf, wenn man den Werkstoff wechselt, und deshalb betrachten wir nur einen einzigen Werkstoff: gehärteten aufgekohlten Stahl. Die Methode A ist nicht standardisiert; es handelt sich hierbei um eine analytische oder experimentelle Methode. Die analytische Methode setzt theoretische Kenntnisse aller Phänomene voraus, die experimentelle bezieht die Ausführungen der Abmessungen auf dem Prüfungszahnrad mit in Betracht, die absolut identisch mit dem kalkulierten Prüfungszahnrad sein müssen. Diese Prozedur ist sehr teuer, und ihr Einsatz ist nur gerechtfertigt, wenn zahlreiche Serien desselben Zahnrads vorgesehen sind. Bei der Faktorenberechnung der Zahnräder für allgemeine Anwendungen benutzt man oft die Methode C. Wir werden uns an diese Regeln halten, auch wenn die Grundprinzipien der Methode B, die auch die Prinzipien der Methode C kennzeichnen, bestimmend sein werden. Für diese Berechnung betrachten wir vier verschiedene Aspekte:

(1) Berechnung der Einflußfaktoren.
(2) Berechnung in Bezug auf den Berührungsdruck.

(3) Berechnung in Bezug auf die Biegung auf dem Zahnfuß.
(4) Prüfung der Werkstoffeigenschaften.

5.3.2 Einflußfaktoren

In der Einleitung haben wir gesehen, daß die angewendete Kraft eine Funktion der Tangentialkraft an dem Referenzkreis ist. Wie auch immer, der Wert der effektiven Kraft, angewendet auf den Zahn, kann größer als die theoretische Kraft sein, weil es dafür innere und äußere Ursachen geben kann. Die Einflußfaktoren berücksichtigen die Zunahme der Kraft. Man unterscheidet zwischen einem Anwendungsfaktor, dynamischen Faktor, Faktor der longitudinalen Verteilung der Kraft und Faktor der Stirnverteilung der Kraft.

Anwendungsfaktor (K_A). Man führt die Berechnung mit einer Bezugsleistung und daher einer Tangentialteilkraft durch, d.h. die sich aus der Nominalleistung des betrachteten Motors ergibt. Trotzdem können die Betriebsbedingungen nicht immer gewährleisten, daß die sich ergebende Kraft konstant bleibt. Die Antriebsmaschinen können dynamische Änderungen zeigen (Stöße): es gibt keine großen Unterschiede zwischen dem Antrieb eines Zahnrads mittels eines elektrischen Motors oder einer Turbine und dem Antrieb eines mehrzylindrischen oder einzylindrischen Innenverbrennungsmotor. Anderseits arbeiten die getriebenen Maschinen unter sehr verschiedenen dynamischen Bedingungen. Allerdings gibt es einen wesentlichen Unterschied zwischen dem Betrieb einer Kugelmühle und dem eines Bandförderers, auch wenn die Nominalleistung gleich ist.

Der Anwendungsfaktor wird durch K_A ausgedrückt und berücksichtigt alle oben erwähnten Unterschiede. Im Anwendungsfall, der ein Belastungsspektrum vorsieht, ist es möglich, das Zahnrad für eine Nominalleistung zu berechnen, wobei diese verschieden von jener Leistung ist, welche äquivalent zum der Miner Regel folgenden Spektrum ist. Wenn das Belastungsspektrum vollständig bekannt ist und eine gleichwertige Belastung von Miner für die Berechnung angewendet wird, dann wird der Anwendungsfaktor gleich Eins. Wenn man die gleichwertige Belastung des Spektrums kennt und eine nominal verschiedene Belastung für die Berechnung anwendet, dann wird der Anwendungsfaktor das Verhältnis zwischen der gleichwertigen Belastung und der Nominalbelastung. Der Anwendungsfaktor wird oft empirisch gewählt, aufgrund der angenommenen Erkenntnis in Bezug auf einen bestimmten Maschinentyp.

Man darf den Anwendungsfaktor auf gar keinen Fall mit dem Servicefaktor verwechseln. Wir werden im weiteren mit dem Servicefaktor die Geschwindigkeit der Zahnradgetriebe prüfen.

Dynamischer Faktor (K_v). Die Verzahnung besitzt ein gewisses Maß an Elastizität, während Werkstücke durch ihre Masse bestimmt werden. Beide Elemente sind entgegengesetzt und an den ansetzenden Betrieb jedes Zahns gebunden, die erzeugten Schwingungen (s. Kap. 12) und dynamischen Innenkräfte müssen zu den ermittelten Kräften hinzugefügt werden. Methode B basiert auf der elastischen Behandlung der Zähne in Bezug auf die Rädermasse. Ist c_γ die elastische Konstante der sich berührenden Zähne, ausgedrückt durch die Zahnweiteeinheit, und m_{verk} die reduzierte Zahnradmasse, so kann ein Vergleich der Schwingungen der Verzahnung mit der Erregungsfrequenz des oben bestimmten Systems ($z_1\, n_1$) erfolgen. Man erhält so ein dimensionsloses Verhältnis.

$$N = \frac{\pi\ n_1\ z_1}{30000} \sqrt{\frac{m_{red}}{c_\gamma}} \ . \tag{5.012}$$

Im Resonanzfall ist dieses Verhältnis gleich 1.

Es gibt vier Bereiche: einen wenig kritischen Bereich, einen kritischen Bereich, einen mittleren Bereich und einen besonders kritischen Bereich. Unter Berücksichtigung der Trägheitsmomente eines Rads (J_1 und J_2), durch die Breite b dividiert, erhält man die reduzierte Masse m:

$$m_{verk} = \frac{J_1^*\ J_2^*}{J_1^*\ r_{b2}^2 + J_2^*\ r_{b1}^2} \ . \tag{5.013}$$

Methode B liefert Formeln, die es erlauben K_v in jedem Bereich zu berechnen. Diese Berechnung wird von der Gesamtbedeckung der Teilungs- und Profilfehler beeinflußt, sowie von eventuellen Profiländerungen für ISO Qualitäten niedriger als 5. Methode C ergibt sich aus der Methode B, ist aber einfacher. Diese Methode berücksichtigt die Arbeit der Zahnräder bei allgemeinen Anwendungen in dem wenig kritischen Bereich.

Der Faktor K_v wird wie folgt berechnet:

$$K_v = 1 + \left[\frac{K_1}{K_A\ \dfrac{F_t}{b}} + K_2 \right] \frac{z_1\ v}{100} \sqrt{\frac{u^2}{1 + u^2}} \tag{5.014}$$

mit:

K_2 = 0,0193 für die Geradverzahnungen

     = 0,0087 für die Schrägverzahnungen

K_1 = 14,9 für die Geradverzahnungen mit ISO Qualität 6

     = 26,8 für die Geradverzahnungen mit ISO Qualität 7

     = 39,1 für die Geradverzahnungen mit ISO Qualität 8

     = 13,3 für Schrägverzahnungen mit ISO Qualität 6

     = 23,9 für Schrägverzahnungen mit ISO Qualität 7

     = 34,8 für Schrägverzahnungen mit ISO Qualität 8

v = Referenztangentialgeschwindigkeit

K_A = Anwendungsfaktor.

Für die Verzahnungen, deren Gesamtüberdeckungsverhältnis zwischen 0 und 1 liegt, interpoliert man linear das Ergebnis für die Geradverzahnung und für die Schrägverzahnung als Funktion des Schrägüberdeckungsfaktors.

Longitudinalteilungsfaktoren ($K_{H\beta}$, $K_{F\beta}$). Es gibt einen Faktor für die Berechnung des Berührungsdrucks ($K_{H\beta}$) und einen für die Biegung des Zahnfußes ($K_{F\beta}$).

Solche Faktoren sind miteinander verbunden. Nach Schrägungsfehlern und Verformungen der Wellen und der Räder sind die Zähne, die sich theoretisch entlang der Berührungsgerade auf den Flanken berühren, nur in einem Punkt in Berührung.

Nach der Zahnverformung dehnt sich diese Berührung auf eine bestimmte Länge aus, die von der Elastizität der Zähne und der Anwendungskraft abhängt, und ist verschieden von der theoretischen Länge. Wenn der Zahn starr wäre, dann erfolgt die Berührung nur in einem Punkt, in dem die Kraft der Einheitslänge maximal ist.

Das Verhältnis zwischen dieser Maximalkraft und der Kraft, die sich aus der gleichförmigen Verteilung der Belastung auf der Flanke ergibt, bildet den Faktor der Longitudinalverteilung $K_{H\beta}$.

Betrachtet man den Zahn als starr, dann ergibt sich $F_{\beta y}$ als Fehler zwischen den beiden Flanken vor der Zahnverformung an dem gegenüberliegenden Ende des Punkts, in dem sich die Flanken berühren (Abb. 5.2).

Die Zahnverformung kann zu einer Teilberührung oder zu einer Totalberührung führen. Der Fall der Teilberührung ergibt bei einer schwachen Kraft und einem großen Fehler. Andererseits wird die Teilberührung durch Variable bestimmt:

$$\frac{F_{\beta y}\, c_\gamma}{\dfrac{2\, F_t\, K_A\, K_v}{b}} \geq 1 \quad . \tag{5.015}$$

In diesem Fall:

$$K_{H\beta} = \sqrt{2\, \frac{F_{\beta y}\, c_\gamma}{\dfrac{K_A\, K_v\, F_t}{b}}} \quad . \tag{5.016}$$

Andererseits:

$$\frac{F_{\beta y}\, c_\gamma}{\dfrac{2\, K_A\, K_v\, F_t}{b}} < 1 \tag{5.017}$$

$$K_{H\beta} = 1 + \frac{F_{\beta y}\, c_\gamma}{\dfrac{2\, K_A\, K_v\, F_t}{b}} \quad . \tag{5.018}$$

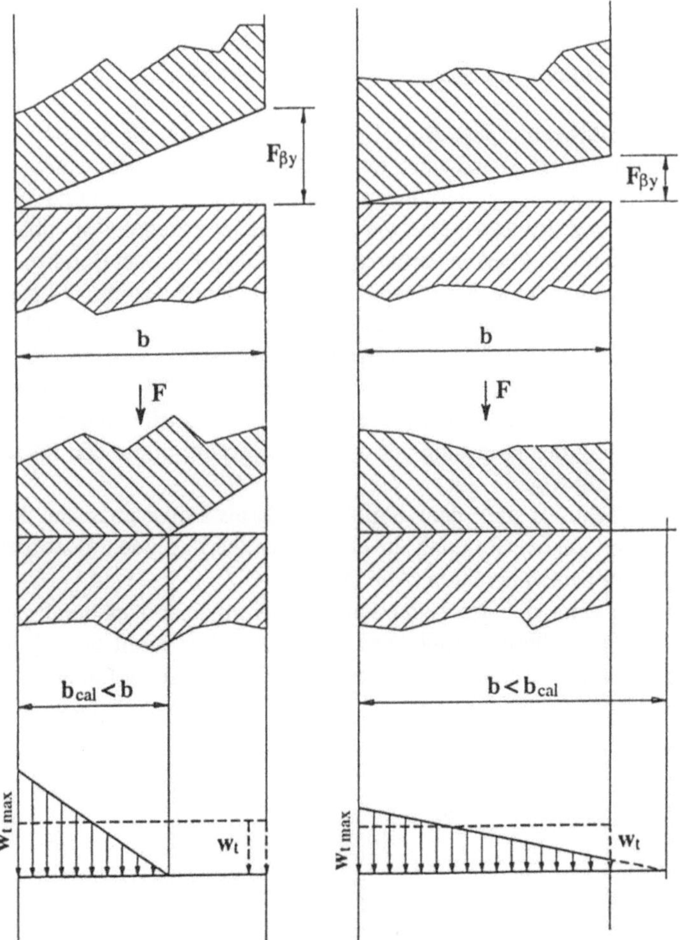

Abb. 5.2. Bestimmung des Gesamtfehlers

Die elastische Konstante der Zähne kann gleich zu 20N/(mm µm) sein.

Der Fehler $F_{\beta y}$ ist das Ergebnis aller Verformungen, die die Stellung der Zähne beeinflussen unter Berücksichtigung des Einlaufens.

Die Elemente, die zu der Nichtfluchtung der Räder beitragen, sind:

– Wellenverformung
– Lagerverformung
– Gehäuseverformung
– Schrägungsfehler der Räder
– Fluchtungsfehler der Lager.

Für die Berechnung werden die Wellenverformungen der Ritzelwelle und die Toleranzen auf der Schrägung eines weniger genauen Rads betrachtet.

Die Wellenverformung wird durch f_{sh}, ausgedrückt, der Erzeugungsfehler durch f_{ma} und der Einfluß des Einlaufens durch y_β , und man erhält:

$$F_{\beta y} = 1{,}33\, f_{sh} + f_{ma} - y_\beta \ . \qquad (5.019)$$

Für eine Verzahnung ohne Schrägungsabänderung $f_{ma} = f_{H\beta}$
Für eine Verzahnung mit Schrägungsabänderung $f_{ma} = 0{,}5\, f_{H\beta}$
Für eine Verzahnung mit Breitenballigkeit $f_{ma} = 0{,}7\, f_{H\beta}$.
Für gehärtete und aufgekohlte Stähle kann man nehmen:

$$y_\beta = 0{,}15\,(1{,}33\, f_{sh} + f_{ma}) \ . \qquad (5.020)$$

Die Berechnung von f_{sh} ist abhängig von der Tatsache, ob das Ritzel bezüglich der Lager zentriert ist (Methode C 1) oder nicht (Methode C 2).

(a) Methode C1. Diese Methode ist analytisch. Man betrachtet die Biegungs- und Drehungsverformung. Die Norm sieht zahlreiche Beispiele vor, z. B. jenes in dem sich Schrägungsabänderungen ergeben oder jenes der Planetenräder in dem Planetenrädergetriebezug. Wir betrachten nur den Fall der Zahnräder ohne Schrägungsabänderungen für die normalen Transmissionen. Die Berechnung f_{sh} ist direkt integriert in $K_{H\beta}$.

Für Geradstirnräder mit Einfachschrägung:

$$K_{H\beta} = 1+\frac{4000}{3\pi}\, \chi_\beta\, \frac{c_\gamma}{E}\left(\frac{b}{d_1}\right)^2\left[5{,}12+\left(\frac{b}{d_1}\right)^2\left(\frac{l}{b}-\frac{7}{12}\right)\right]+\frac{\chi_\beta\, c_\gamma f_{ma}}{K_A K_v F_t/b} \ . \qquad (5.021)$$

Für Zahnräder mit Doppelschrägung:

$$K_{H\beta} = 1+\frac{4000}{3\pi}\, \chi_\beta\, \frac{c_\gamma}{E}\left[3{.}2\left(\frac{2b_B}{d_1}\right)^2 + \left(\frac{B}{d_1}\right)^4\left(\frac{l}{B}-\frac{7}{12}\right)\right]+\frac{\chi_\beta\, c_\gamma f_{ma}}{K_A K_v F_t/b_B} \qquad (5.022)$$

wobei:

χ_β = 0,85 für aufgekohlte Stähle
E = 206000 N/mm² für Stähle
b_B = Breite eines der zwei halbschrägverzahnten Zahnräder eines doppelschräg-
     verzahnten Getriebes
B = Gesamtbreite des doppelschrägverzahnten Getriebes
l = Länge der Welle zwischen den Lagern.
Diese Methode kann nicht für aufgekohlte Stähle angewandt werden:

$$\frac{K_{H\beta} - 1}{\chi_\beta\left(\dfrac{c_\gamma/2}{K_A K_v F_t/b}\right)}\, 0{,}15 > 6 \ . \qquad (5.023)$$

In diesem Fall wendet man die Methode C2 an, die im weiteren erklärt wird.

(b) Methode C2 wird angewandt, wenn das Ritzel bezüglich der Lager nicht zentriert ist. Sei s die Entfernung der Mittelfläche des Ritzels von der Mitte des Abstandes der zwei Lager. Man berechnet mittels der folgenden Formeln einen Faktor γ, basierend auf den Abmessungen des Ritzels und dessen Stellung auf der Welle:

$$\gamma = \left[\left| 1 + K' \frac{l\,s}{d_1^2} \left(\frac{d_1}{d_{sh}} \right)^4 - 0{,}3 \right| + 0{,}3 \right] \left(\frac{b}{d_1} \right)^2 \tag{5.024}$$

wobei

l = die Entfernung zwischen den Lagermitten

d_{sh} = Mitteldurchmesser der Welle

K' = eine Konstante, die von der Stellung der Wellen des Ritzels und des Rads abhängt. Die Abb. 5.3 zeigt die Werte von K'.

Faktor K'		Bild	
Mit	Ohne		
Versteifung			
0.48	0.8	a)	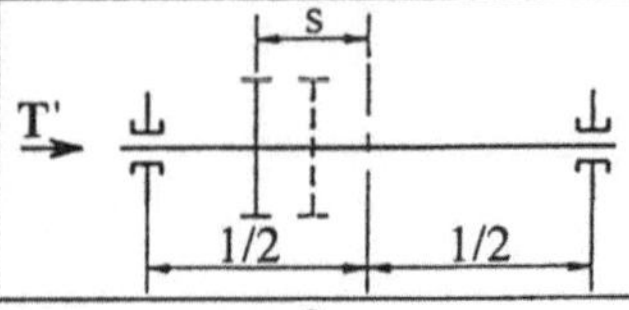 mit s/l <0.3
-0.48	-0.8	b)	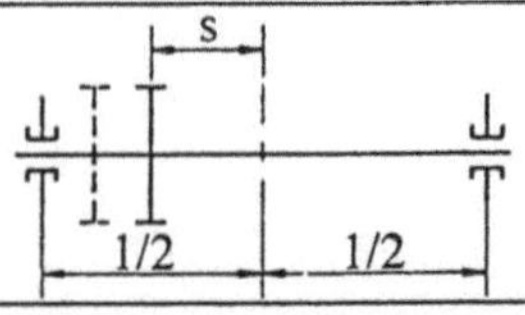 mit s/l <0.3
1.33	1.33	c)	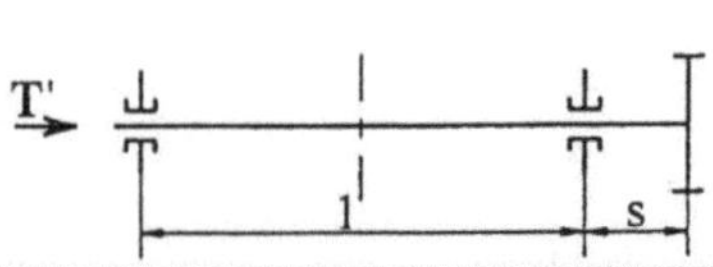 mit s/l <0.5
-0.36	-0.6	d)	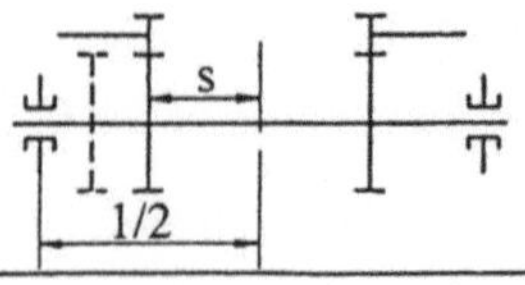 mit s/l <0.3
-0.6	-1.0	e)	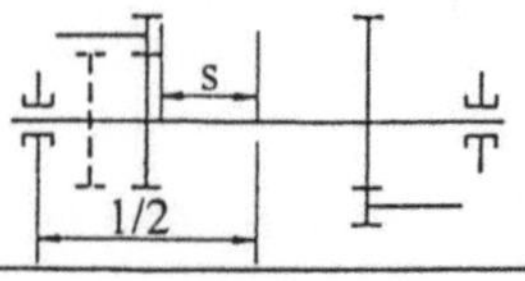 mit s/l <0.3

Abb. 5.3. Werte von K'

Es ist also möglich, einen Wert der Verformung für einen Einheitswert der spezifischen Belastung in Rädern ohne Longitudinalabänderung zu berechnen:

$$f_{sh0} = 0{,}023\ \gamma\ .$$

(5.025)

Für Räder mit Höhenballigkeit wird man die Hälfte und für Räder mit Kopfballigkeit zwei Drittel des Wertes nehmen können.

Die empirisch berechnete, elastische Gesamtverformung der Welle ergibt sich also zu:

$$f_{sh} = \frac{K_A\ K_v\ F_t}{b}\ f_{sh0}$$

(5.026)

$K_{H\beta}$ wird wie oben berechnet.

Wenn die Grenze von $1/s$, die in der Abb. 5.3 angesetzt ist, überschritten wird, dann ist diese Methode nicht anwendbar.

Um f_{sh} berechnen zu können, muß man eine analytische Methode verwenden, und in der obenerwähnten Weise fortschreiten.

Der Faktor $K_{f\beta}$ wird also wie folgt berechnet:

$$K_{F\beta} = K_{H\beta}^{NF}$$

(5.027)

mit:

$$NF = \frac{(b/h)^2}{1 + b/h + (b/h)^2}$$

(5.028)

wobei b die Zahnbreite und h die Gesamthöhe der Zähne ist.

Wenn die Zähne des Rads und des Ritzels verschiedene Höhen haben, wählt man das kleinere Verhältnis b/h.

Faktor der Belastungstirnverteilung ($K_{H\alpha}$, $H_{F\alpha}$). Die Teilungsfehler verursachen Abänderungen in der Zahnberührung; dazu folgen noch Abänderungen der ermittelten Belastung.

Um zu schätzen, wann die Belastung einen Höchstwert während des Eingriffs erreicht, betrachtet man einen Faktor, der durch das Verhältnis zwischen dem höchst möglichen und dem gebrauchten Nominalwert gegeben ist. Solch ein Faktor ist der Faktor der Stirnverteilung der Belastung.

Die Methode C ist eine simplifizierte Methode, gestützt auf die Methode B, die von der Änderung der Grundteilung abhängiger Werte abhängt.

Für aufgekohlten Stähle und Schrägungsverzahnungen hat man die folgenden Werte:

– Qualität ISO 5 $K_{H\alpha} = K_{F\alpha} = 1{,}0$

– Qualität ISO 6 $K_{H\alpha}$ = $K_{F\alpha}$ = 1,0
– Qualität ISO 7 $K_{H\alpha}$ = $K_{F\alpha}$ = 1,1

Für die Norm gibt es eine vollständige Tabelle.

5.3.3 Berechnung des Berührungsdrucks

Spannungen. Den Oberflächendruck berechnet man mittels der Hertz-Theorie, die wir in dem vorigen Abschnitten aufgestellt haben. Die Gleichung (5.001) gibt den Wert des theoretischen Berührungsdrucks an. Wie schon gesagt, muß der reale Berührungsdruck den Einfluß des Verhältnisses der Gesamtüberdeckung und des Schrägungswinkels berücksichtigen.

Die Gleichung des Nominalberührungsdrucks in dem Teilkreispunkt lautet:

$$\sigma_{H0} = Z_H \, Z_E \, Z_\varepsilon \, Z_\beta \sqrt{\frac{F_t}{b \, d_1} \frac{u \pm 1}{u}} \qquad (5.029)$$

mit:

Z_H Gebietsfaktor (s.(5.002))
Z_E Elastizitätsfaktor (s.(5.003) und die dort folgenden Informationen)
Z_ε Bedienungsfaktor (s. u.)
Z_β Schrägungswinkelfaktor (s. u.)

Man muß nicht nur die obenerwähnten Faktoren berücksichtigen, sondern auch die Tatsache, daß der Maximaldruck nicht unbedingt auf den Teilkreispunkt ausgeübt wird, sondern auch auf den unteren Punkt der Einzelberührung. Für das Ritzel erhält man:

$$\sigma_H = Z_B \sqrt{K_A \, K_v \, K_{H\beta} \, K_{H\alpha} \, \sigma_{H0}} \qquad (5.030)$$

und für das Rad:

$$\sigma_H = Z_D \sqrt{K_A \, K_v \, K_{H\beta} \, K_{H\alpha} \, \sigma_{H0}} \; . \qquad (5.031)$$

Die Faktoren K sind im vorigen Abschnitt bestimmt worden.
Die Faktoren Z_B und Z_D sind die Einzelberührungsfaktoren bzw. des Ritzels und des Rads. Diese Berührungskraft muß kleiner als die annehmbare Kraft bleiben, und sie ist gegeben durch:

$$\sigma_{HP} = \sigma_{H\,Grenze} \, Z_{NT} \, (Z_L \, Z_v \, Z_R) \, Z_W \, Z_X \qquad (5.032)$$

mit:

$\sigma_{H\,Grenze}$: Widerstandsgrenze der Spannung (s. u.)
Z_{NT} : Lebensdauer (s. u.)
$(Z_L\,Z_v\,Z_R)$: Schmierungsfaktor (s. u.)
Z_W: : Härtefaktor (s. u.)
Z_X : Abmessungsfaktor (s. u.)

Allerdings muß gelten:

$$\frac{\sigma_{HP}}{\sigma_H} \geq S_{H\,Grenze} \qquad (5.033)$$

wobei $S_{H\,Grenze}$ der annehmbare minimale Sicherheitsfaktor ist.

Faktoren für die Berührungsdruckkraft. – Gebietsfaktor(Z_H): siehe Gleichung (5.003). – Elastizitätsfaktor (Z_E): siehe Gleichung (5.002).

Diese theoretischen Faktoren ergeben sich von den Elastizitätseigenschaften der Werkstoffe der Zahnräder. Für Stahlräder gelten die Poissonschen Koeffizienten 0,3 und die Elastizitätsmodule 206000.

Dazu ergibt sich für Stähle, das $Z_E = 189,8\ (N/mm^2)^{0,5}$.

– Der Bedienungsverhältnisfaktor (Z_ε) berücksichtigt das Gesamtbedienungsverhältnis bei einer mehr oder weniger günstigen Verteilung der Belastung auf den Zähnen, wobei eine Verteilung dieser Belastung auf einem oder mehreren Zahnpaaren, die in Berührung stehen, erfolgt. Dieser Faktor wird so berechnet:

$$Z_\varepsilon = \sqrt{\frac{4 - \varepsilon_\alpha}{3}\,(1 - \varepsilon_\beta) + \frac{\varepsilon_\beta}{\varepsilon_\alpha}}\ . \qquad (5.034)$$

Für eine Geradverzahnung ist $\varepsilon_\beta = 0$; wenn $\varepsilon_\beta > 1$, verwendet man $\varepsilon_\beta = 1$.

– Schrägungswinkelfaktor (Z_β): dieser Faktor berücksichtigt die Tatsache, daß die Berührungsgerade auf der Flanke der Zähne einer Schrägverzahnung nicht parallel zu der Radachse ist. Das verursacht eine Verminderung der Maximaldruckkraft der Berührung durch Verlängerung der Berührungslinie.

Es wird so ausgedrückt:

$$Z_\beta = \sqrt{\cos \beta}\ . \qquad (5.035)$$

– Einzelberührungsfaktor (Z_B/Z_D): diese Faktoren tragen den Berührungsdruck von dem Teilkreispunkt auf den unteren Punkt der Einzelberührung von jedem Rad. Die Stellung wird in der Hertz-Gleichung von dem Bedienungshalbmessern bezüglich des Teilkreispunkt bestimmt. Es genügt also, den Biegungshalbmesser im Teilkreispunkt mit dem Biegungshalbmessern der Zähne in dem unteren Punkt der Einzelberührung gleichungsmäßig in Verbindung zu setzen. Man muß auch berücksichtigen, daß die Summe der Biegungshalbmesser in jedem Punkt konstant und äquivalent zu der Entfernung zwischen den beiden Tangentenpunkten der Eingriffsgerade an den Grundkreisen ist. Die sich daraus ergebenden Gleichungen erklären die Werte der obenerwähnten Biegungshalbmesser.

$$Z_B = \sqrt{\frac{\rho_{C1}\ \rho_{C2}}{\rho_{B1}\ \rho_{B2}}} \qquad (5.036)$$

und

$$Z_D = \sqrt{\frac{\rho_{C1}\ \rho_{C2}}{\rho_{D1}\ \rho_{D2}}}\ . \qquad (5.037)$$

Ist der Wert dieser Faktoren größer als 1, dann werden sie integral angewandt, andererseits werden sie ignoriert. Wir bemerken, daß die maximale Berührungskraft identisch für das Ritzel und das Rad ist.

Faktoren des annehmbaren Berührungsdrucks. – Bezugsdruck ($\sigma_{H\,Grenze}$) : dieser Druck wird in Teil 5 der Norm behandelt. Wir bemerken, daß dieser Faktor einem exakten Wert der von dem Zahn ertragenen Belastungskreisläufe entspricht. In den aufgekohlten Stählen wird dieser Wert für $5 \cdot 10^7$ Kreisprozesse bestimmt, wenn kein Pittingphänomen auftritt und für 10^9 Kreisläufe, wenn ein minimales Pitting tolerierbar ist. Der gegebene Wert erreicht einen Zuverlässigkeitsgrad von 0,99, das entspricht einem Bruchrisiko von 1%.

– Lebensdauer (Z_{NT}): dieser Faktor ist abhängig von der Wöhler-Kurve für die betrachteten Werkstoffe (Abb. 5.4).

Wir haben die Kurve der Strukturstähle, der Warmbehandlungsstähle, der Perlitgraugusse, der aufgekohlten Stähle und der oberflächengehärteten Stähle (diese Werkstoffe haben die gleiche Wöhler-Kurve) bestimmt; wir haben eine Kurve bestimmt, ferner eine in der ein Mindestpitting (obere Kurve) tolerierbar und eine Kurve in der kein Pitting tolerierbar ist (untere Kurve). Die Werte hängen von der Kreislaufzahl, die für das Ritzel und das Rad vorgesehen ist, ab. Die Kreislaufzahl errechnet sich:

$$N_{L\,1,2} = 60\,h\,n_{1,2} \qquad (5.038)$$

wobei h die Stundenzahl des zu erwartenden Gesamtbetriebs des Zahnrads ist. Folgenden Gleichungen werden daraus abgeleitet:

(a) Tolerierbares Pitting

– für $N_L < 6\,.\,10^5$ $\qquad Z_{NT} = 1,6$

– für $6\,.\,10^5 < N_L < 10^7$ $\qquad Z_{NT} = 4,3739(N_L)^{-0,756}$

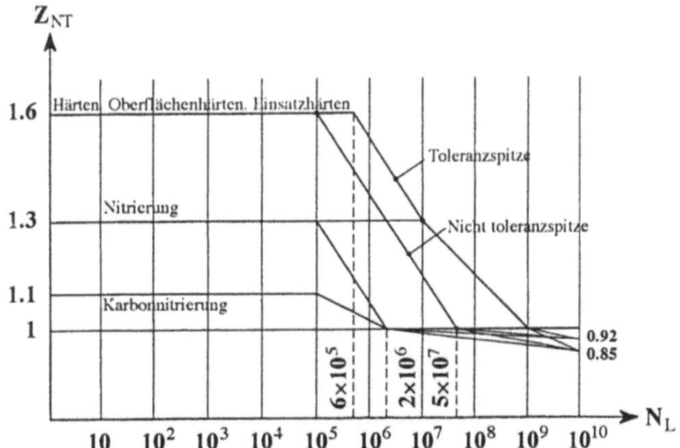

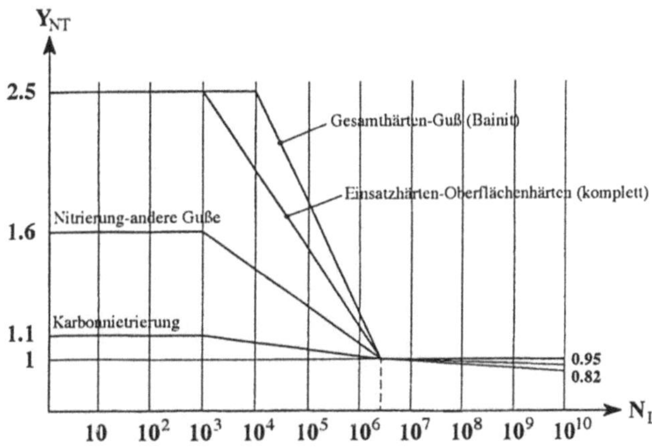

Abb. 5.4. Lebensdauer

– für $10^7 < N_L < 10^9$ $Z_{NT} = 3{,}2584(N_L)^{-0,570}$

– für $10^9 < N_L < 10^{10}$ $Z_{NT} = N_L^{-0,004}$

b) Kein Pitting:

– für $N_L < 10^5$ $Z_{NT} = 1{,}6$

– für $10^5 < N_L < 5.10^7$ $Z_{NT} = 3{,}8198(N_L)^{-0,756}$

– für $5 \cdot 10^7 < N_L < 10^{10}$ $Z_{NT} = (N_L)^{-0,047}$

– Schmierungsfaktoren (Z_L, Z_R, Z_v): das Pitting wird von dem elastisch-hydro-dynamischen Druck (s. Kap. 8) des Schmierstoffs beeinflußt, der von seiner Schmierstoffviskosität, von seiner Werkstoffrauheit und von seiner Gleitgeschwindigkeit bestimmt wird. Methode B erlaubt eine getrennte empirische Berechnung dieser drei Faktoren (Viskosität, Rauheit, Gleiten). Methode C ist dienlicher als Methode B. Mit ihr erhält man einen Wert des Produkts der drei Faktoren mal der statischen Stellung und dem Widerstand. So erhält man eine Wöhler-Kurve, die diesen Faktor repräsentiert. Es ergeben sich die folgenden Werte:

(a) Leichtes, tolerierbares Pitting:

– für $N_L < 6 \cdot 10^5$ $\qquad\qquad$ $Z_L\,Z_R\,Z_v = 1$

– für $6 \cdot 10^5 < N_L < 10^9$ $\qquad\qquad$ $Z_L\,Z_R\,Z_v = (N_L/6 \cdot 10^5)^{3{,}04\log Z\text{Schm}}$

– für $10^9 < N_L$ $\qquad\qquad$ $Z_L\,Z_R\,Z_v = Z_{Schm}$

(b) Kein Pitting:

– für $N_L < 10^5$ $\qquad\qquad$ $Z_L\;Z_R\,Z_v = 1$

– für $10^5 < N_L < 5 \cdot 10^7$ $\qquad\qquad$ $Z_L\,Z_R\,Z_v = (N_L/10^5)^{0{,}3705\log Z\text{Schm}}$

– für $5 \cdot 10^7 < N_L$ $\qquad\qquad$ $Z_L\,Z_R\,Z_v = Z_{Schmier}$

Der Wert $Z_{Schmier}$ hängt von der Verarbeitungsart der Verzahnung ab.
Bei geschliffener Verzahnung $\quad Z_{Schmier} = 1 \quad$, wenn $R_{z\,10} < 4$ mm
$\qquad\qquad\qquad\qquad\qquad\qquad Z_{Schmier} = 0{,}92$ andererseits
bei gefräster Verzahnung $\qquad Z_{Schmier} = 0{,}85$
Der Wert $R_{z\,10}$ ist durch folgende Gleichung gegeben, wenn R_{z1} die Ritzelrauheit ist und R_{z2} die Radrauheit ist:

$$R_{z10} = 0{,}5(R_{z1} + R_{z2}) \sqrt[3]{\frac{10}{\rho_{red}}} \qquad\qquad (5.039)$$

mit:

$$\frac{1}{\rho_{red}} = \frac{1}{\rho_1} + \frac{1}{\rho_2} . \qquad\qquad (5.040)$$

– Härtefaktor (Z_W): dieser Faktor berücksichtigt das Erhärten des Zahnrads während des Betriebs, wenn die Gesamthärte viel niedriger als jene des Ritzels ist. Das ist z.B. bei einem aufgekohlten und gehärteten Ritzel der Fall, der in ein mit Glühen erzeugtes Stahlrad eingreift. Wenn die Räder die gleiche oder fast gleiche Härte haben, dann wird dieser Faktor gleich 1 sein. Wenn die Härte des Rads wesentlich niedriger als die des Ritzel ist, muß man dies bei Berechnung des Faktors der annehmbaren Druckkraft des Rads berücksichtigen. Man benötigt zwei Methoden: Methode B, die einer empirische Rechnung folgt, und Methode C, die diesen Faktor nicht berücksichtigt (oder setzt ihn gleich 1).

– Abmessungsfaktor: Methode ISO 6336 setzt diesen Faktor als gleich 1, im Gegensatz zu der Norm ISO 3990, die empirische Werte angibt, die von der Größe des Moduls abhängen.

5.3.4 Berechnung der Biegung des Zahnfußes

Spannungen. Die Norm ISO 6336, Teil 3 betrachtet die Biegungsbelastungen im Zahn und vernachlässigt die Beanspruchung der Druckspannung, da sie sie mit den angewandten Faktoren berechnet.

Die Gleichung der theoretischen Spannung wurde im Abschn. 5.2.2 (5.009) behandelt. Dieser theoretische Wert muß korrigiert werden und zwar mit einem Faktor der Spannungskonzentration, der die Änderung des Abschnitts (Wert des Übergangsradius in dem kritischen Abschnitt) berücksichtigt. Es gibt eine maximale Spannung der Belastung in dem oberen Einzelberührungspunkt. Trotzdem ist es unmöglich, den Formfaktor und den Faktor der Spannungskonzentration unter Belastung entweder in dem Einzelberührungspunkt (bezogen auf den korrigierten Spannungswert) oder auf dem Zahnkopf (notwendig ist hier die Einführung eines empirischen Berechtigungswert) zu berechnen. Dieser empirische Faktor, der die für die Belastung auf dem Zahnkopf kalkulierte Spannung auf den Wert für die Belastung in dem oberen Einzelberührungspunkt zurückführt, hängt von dem Berührungsverhältnis ab, und wird deswegen Berührungsfaktor genannt. Der Belastungswert unterliegt den obengenannten Einflußfaktoren. Da die Verzahnung nicht schräg sondern gerade ist, ist die Berührungslinie auf den Flanken geneigt und nicht parallel zur Achse. Daher ist es notwendig einen Schrägungswinkelfaktor zu definieren.

Für die Biegungsspannung hat man also:
für die Kraft, die in dem oberen Einzelberührungspunkt wirkt:

$$\sigma_F = K_A \; K_v \; K_{F\beta} \; K_{F\alpha} \frac{F_t}{b \; m_n} Y_F \; Y_S \; Y_\beta \quad . \tag{5.041}$$

Für die Kraft, die am Zahnkopf wirkt:

$$\sigma_F = K_A \; K_v \; K_{F\beta} \; K_{F\alpha} \frac{F_t}{b \; m_n} Y_{Fa} \; Y_{Sa} \; Y_\varepsilon \; Y_\beta \quad . \tag{5.042}$$

Die zweite Methode wird in den folgenden Kapiteln erklärt. Diese Spannung muß kleiner als die annehmbare Spannung bleiben:

$$\sigma_{FP} = \sigma_{F\,Grenze} \; Y_{ST} \; Y_{NT} \; Y_{\delta\,bez\,T} \; Y_{R\,bez\,T} \; Y_X \quad . \tag{5.043}$$

Die Faktoren werden weiter unten erklärt.

$$\frac{\sigma_{FP}}{\sigma_F} \geq \; S_{F\,min} \; .$$

(5.044)

Definition der Faktoren. Kritischer Abschnitt. Dieser wird von dem Tangentenpunkt der Parabel bestimmt, die den gleichen Widerstand wie das Fußrundungsprofil besitzt. Der ISO Standard besagt, daß man diesen Punkt der Tangenten am Profil, die einen Winkel von 30° mit der Zahnachse bildet, erhält. Die Zahndicke des kritischen Abschnitts ist die gleiche wie jene, die bei der Betrachtung der Kraft auf dem Zahnkopf oder in dem oberen Einzelberührungspunkt. Die Methode bestimmt analytisch die Außenverzahnungen.

Für die Innenverzahnungen betrachtet man den Zahn als Bezugsprofil. Für die Außenverzahnungen erhält man die folgenden Gleichungen (Abb. 5.5):

$$E = \frac{p}{4}\,m_n \; - \; h_{fP}\,\tan\alpha_n \; + \; \frac{s}{\cos\alpha_n} \; - \; (1 - \sin\alpha_n)\frac{\rho_{fP}}{\cos\alpha_n}$$

(5.045)

wobei s ist die Kopfhöhe des Verzahnungswerkzeugs, und h_f ist das Werkzeugsaddendum, und ρ_{fP} zeigt den Kopfradius des Wälzfräsers.

Beide Werte können an die Größen des Bezugsprofils des Rads angeglichen werden.

$$G = \frac{\rho_{fP}}{m_n} \; - \; \frac{h_{fP}}{m_n} \; + \; x$$

(5.046)

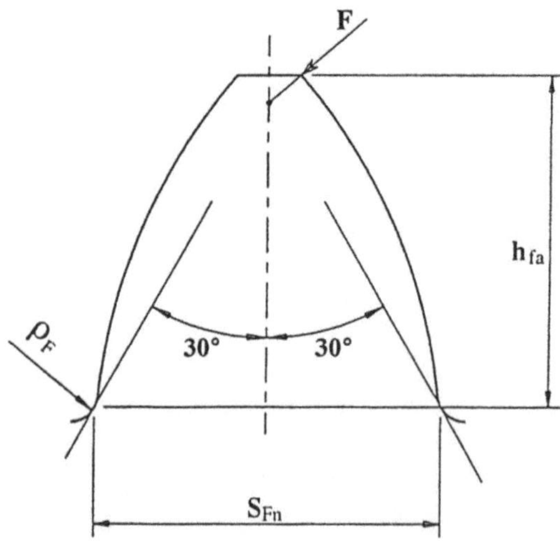

Abb. 5.5. Kritischer Abschnitt

$$H = \frac{2}{z_n}\left(\frac{\pi}{2} - \frac{E}{m_n}\right) - \frac{\pi}{3} \qquad (5.047)$$

$$\theta = \frac{2\,G}{z_n}\,\tan\theta - H \;. \qquad (5.048)$$

Die letzte Gleichung wird durch Iteration gelöst, Einsetzen von $\theta = \pi/6$ und θ ersetzen den gefundenen Wert solange bis die Gleichung verifiziert ist (zwei oder drei Iterationen genügen). Der gefundene Wert wird in die Gleichung der kritischen Dicke eingesetzt:

$$\frac{s_{Fn}}{m_n} = z_n\,\sin\left(\frac{\pi}{3} - \theta\right) + \sqrt{3}\left(\frac{G}{\cos\theta} - \frac{\rho_{fP}}{m_n}\right) \;. \qquad (5.049)$$

Der Biegungsradius im kritischen Abschnitt ist gegeben durch:

$$\frac{\rho_F}{m_n} = \frac{\rho_{fP}}{m_n} + \frac{2\,G^2}{\cos\theta\,(z_n\,\cos^2\theta - 2\,G)} \;. \qquad (5.050)$$

Als Höhe des Hebelarms des Biegungsmoments bei Zahnkopfbelastung erhält man:

$$\frac{h_{Fa}}{m_n} = 0{,}5\,z_n\left[\frac{\cos\alpha_n}{\cos\alpha_{Fan}} - \cos\left(\frac{\pi}{3} - \theta\right)\right] + 0{,}5\left(\frac{\rho_{fP}}{m_n} - \frac{G}{\cos\theta}\right) \qquad (5.051)$$

mit:

$$\alpha_{an} = \text{arc}\ \cos\left[\frac{\cos\alpha_n}{1 + \dfrac{(d_a - d)}{m_n\,z_n}}\right] \qquad (5.052)$$

und

$$\alpha_{Fan} = \tan\alpha_{an} - inv\,\alpha_n - \frac{0{,}5\,\pi + 2\,x\,\tan\alpha_n}{z_n} \;. \qquad (5.053)$$

– Formfaktor (Y_{Fa}): der Formfaktor, für die auf den Zahnkopf einwirkende Kraft, ergibt sich zu, unter Berücksichtigung von (5.010):

$$Y_{Fa} = \frac{6\,\dfrac{h_{Fa}}{m_n}\,\cos\alpha_{Fan}}{\left(\dfrac{s_{Fn}}{m_n}\right)^2\,\cos\alpha_n} \;. \qquad (5.054)$$

– Spannungskorrekturfaktor (Y_{Sa}): dieser Faktor berücksichtigt die Verschiedenheiten zwischen der realen Spannung und der analytisch berechneten Spannung. Er betrachtet die Spannungskonzentrationen und teilweise die Tatsache, daß sich die Spannung nicht nur aus der einfachen Biegung zusammensetzt, sondern aus Biegung und Druckspannung. Sein Wert setzt sich aus dem Parameter q_s und dem Parameter L_a zusammen, die von den Abmessungen des kritischen Abschnitts abhängen. Somit ergibt sich:

$$q_s = \frac{s_{Fn}}{2\, r_F} \qquad (5.055)$$

$$L_a = \frac{s_{Fn}}{h_{Fa}} \qquad (5.056)$$

$$Y_{Sa} = (1{,}2 + 0{,}13\ L_a)\ q_s^{[1/(1{,}21+2{,}3/L_a)]} \ . \qquad (5.057)$$

– Berührungsfaktor (y_ε): dieser Faktor geht empirisch von dem Wert, der sich bei der Krafteinwirkung am Zahnkopf ergibt, in einen approximativen Wert (im Sinne von Sicherheit) für die Kraft, die auf den oberen Einzelberührungspunkt einwirkt, über. Er hängt ausschließlich von dem realen Berührungsverhältnis, das sich aus der Stirnberührung ergibt, ab unter Berücksichtigung der folgenden Gleichung:

$$\varepsilon_{an} = \frac{\varepsilon_a}{\cos^2 \beta_b} \ . \qquad (5.058)$$

Man hat also:

$$Y_e = 0{,}25 + \frac{0{,}75}{\varepsilon_{an}} \ . \qquad (5.059)$$

– Schrägungswinkelfaktor (Y_β): der Schrägungswinkelfaktor erfüllt für die Biegung den gleichen Sinn, den er für den Berührungsdruck erfüllt. Er berücksichtigt die Neigung der Berührungslinien auf den Flanken des Zahns und ergibt sich wie folgt:

$$Y_\beta = 1 - \varepsilon_\beta\, \frac{\beta}{120°} \ . \qquad (5.060)$$

In dieser Gleichung ist das Überdeckungsverhältnis auf eine Einheit beschränkt, wenn dieser Wert überschritten wird, wobei der Schrägungswinkel in Grad gemessen wird, dann liegt der Höchstwert bei 30°.

– Bezugsspannung ($\sigma_{F\,Grenze}$): diese Spannung ist jene, die ein Bruchrisiko von 1% für eine bestimmte Kreislaufzahl angibt, die bei den meisten Werkstoffen bei

$3 \cdot 10^6$ Kreisläufen liegt. Sie wird durch Berechnungen auf einem Prüfungszahnrad bestimmt und wird von der berechneten Belastung an mit den von der Norm bestimmten Gleichungen berechnet unter Berücksichtigung, daß man nur die Biegungsspannung berechnet und die Druckspannung ignoriert. Die Werte für die verschiedenen Werkstoffe werden in dem Teil 5 der Norm gezeigt.

– Lebensdauer (Y_{NT}): dieser Faktor berücksichtigt die Änderung der Spannung, die aufgrund der Kreislaufzahl gerade der Wöhler-Kurve folgt, deren Verlauf vom Werkstoff abhängt. Als Beispiel betrachten wir die Werte für gehärtete Stähle. Diese Änderung ist die gleiche wie für die nur oberflächenbehandelten Stähle und entspricht drei Wertebereichen in Bezug auf die Anzahl der gewünschten Kreisläufe der Gesamtbetriebsdauer des Zahnrads (N_L). Für das Ritzel und das Rad sieht es etwas anders aus, nicht nur weil die Werkstoffe verschieden sein können, sondern auch weil die Kreislaufzahl mit derselben Dauer (im Sinne von Stunden) verschieden sein kann:

$$\text{für } N_L < 10^3 \qquad Y_{NT} = 2,3$$

$$\text{für } 10^3 < N_L < 3.10^6 \qquad Y_{NT} = 5,5118 \, (N_L)^{-0,1144}$$

$$\text{für } 3.10^6 < N_L < 10^{10} \qquad Y_{NT} = 1,166 \, (N_L)^{-0,0103}$$

– Empfindlichkeitsfaktor ($Y_{\delta\,bez\,T}$): dieser Faktor berücksichtigt die verschiedenen Kerbempfindlichkeiten zwischen dem verwendeten Werkstoff und dem Werkstoff, der für Prüfungen eingesetzt wird, um die Bezugsspannung zu bestimmen. Die Methode B beschreibt eine empirische Gesamtberechnung. Methode C leitet sich aus Methode B ab und ist viel einfacher. Sie kann angewendet werden wenn man den Spannungsfaktor bei der Anwendung der Kraft im Zahnkopf berechnet. Es kann ein Wert für das Gebiet bezüglich der Dauer angenommen werden, der einer unendlichen Dauer entspricht. Für die statische Periode (weniger als 1000 Kreisläufe) ist es möglich den Wert 1 zu nehmen. Für die unendliche Dauer wird man haben (für die aufgekohlten Stähle):

$$Y_{\delta\,bez\,T\,stat} = 0,52 \, Y_{Sa} + 0,20 \; . \tag{5.061}$$

Für die eingeschränkte Dauer des Gesamtbetriebs (zwischen 10^3 und $3 \cdot 10^6$) interpoliert man wie folgt:

$$Y_{\delta\,bez\,T} = \left(\frac{3 \cdot 10^6}{N_L} \right)^{\log\frac{Y_{\delta\,bez\,T\,stat}}{3.4771}} \; . \tag{5.062}.$$

– Oberflächenfaktor ($Y_{R\,bez\,T}$): er berücksichtigt den Rauheitsgrad zwischen dem Zahnfuß des berechneten Rads und dem Zahnfuß des Prüfungsrads. In den meisten Fällen, in den Zahnrädern für allgemeine Anwendungen, ist dieser Faktor gleich 1.

– Abmessungsfaktor: (Y_X): das berechnete Rad und das Prüfungszahnrad haben nicht notwendigerweise dasselbe Modul. Man betrachtet den Abmessungsfaktor unter Berücksichtigung des Einflusses des Unterschieds der tolerierbaren Spannung. Es wird in gleicher Weise wie der Kerbfaktor berechnet. Man nimmt den Wert 1 für die statische Belastungsbedingung; für die Berechnung der unbegrenzten Dauer verwendet man den Wert:

für $5 < m_n < 25$

$$Y_{X\infty} = 1{,}05 - 0{,}01 \, m_n \qquad (5.063)$$

für $m_n < 5$

$$Y_{X\infty} = 1{,}0 \qquad (5.064)$$

und für $m_n > 25$

$$Y_{X\infty} = 0{,}8 \; . \qquad (5.065)$$

Für die begrenzte Dauer des Gesamtbetriebs ($10^3 < N_L < 3 . 10^6$) gilt dann:

$$Y_X = \left(\frac{N_L}{10^3}\right)^{\frac{\log Y_{X\infty}}{3.4771}} \; . \qquad (5.066)$$

– Faktor bezogen auf ein Prüfrad (Y_{ST}): solch ein Faktor stellt den Wert des Spannungskorrekturfaktors des Prüfungszahnrads dar, und ist gleich 2.

5.3.5 Zulässiger Spannungsfaktor

Teil 5 der Norm handelt von den zulässigen Spannungsfaktoren. Sie enthält Tabellen mit werkstoffabhängigen Spannungen, den Behandlungsarten und den Qualitätsvoraussetzungen solcher Werkstoffe. Man unterscheidet zwischen drei Qualitätsstufen: eine untere Stufe ML, die der erwarteten Mindestqualität der Metallwerkstoffe entspricht; eine Mittelstufe MQ, die der normalen Qualität entspricht und eine obere Stufe ME, die der Qualität speziell behandelter und kontrollierter Werkstoffe entspricht.

Generell werden solche Werkstoffe für die teuersten Erzeugnisse verwendet, bei denen sich Höchstqualität im Preis widerspiegelt. Für jede dieser Qualitätsstufen gibt es eine Tabelle, die die metallographischen und chemischen Erfordernisse und notwendigen Prüfungen aufführt.

Weitere Einzelheiten kann man der Norm in ihrer integralen Form entnehmen.

Für aufgekohlte und gehärteten Stähle werden die folgenden Werte angegeben:

für die Qualität ML $\sigma_{H\,Grenze}$ = 1300 MPa $\sigma_{F\,Grenze}$ = 325 MPa

für die Qualität MQ $\sigma_{H\,Grenze}$ = 1500 MPa

Der Wert von $\sigma_{F\,Grenze}$ hängt von den bei dem Kern verwendeten Werkstoffen ab. Wenn die Härte bei dem Kern des Werkstoffs gleich oder größer als 30 HRC ist, nimmt man an, daß $\sigma_{FGrenze}$ = 500 MPa. Wenn der Härtegrad bei dem Werkstoffkern niedriger als dieser Wert ist, aber höher als 25 HRC, dann werden jene Stähle nach dem Jominy Härtegrad ab 12mm höher als 28 HRC (der angenommene Wert liegt also bei $\sigma_{F\,Grenze}$ = 460 MPa) und jene Stähle, die eine Jominy Härte ab 12 mm höher als 25 HRC haben (für die ist der betrachtete Wert $\sigma_{F\,Grenze}$ = 425 Mpa), unterschieden.

– Für die Qualität ME $\sigma_{H\,Grenze}$ = 1650 MPa

$\qquad\qquad\qquad\qquad\quad\ \ \sigma_{F\,Grenze}$ = 525 MPa

5.4 Norm ISO 10300 (Kegelradpaare)

5.4.1 Einleitung

Die Norm ISO 10300 ist der Berechnung des Belastungsvermögens von Kegelradpaare gewidmet. Sie folgt den gleichen Prinzipien wie die Norm ISO 6336. Insbesonders wird die Berechnung unter Berücksichtigung des virtuellen Geradzahn-Zahnrads, das äquivalent zu dem betrachteten Kegelradpaar ist, ausgeführt. Einige Faktoren werden unterschiedlich sein, und andere neue werden auf die Unterschiede zwischen einem Rad mit Geradzähnen und einem Kegelrad aufmerksam machen. Diese Unterschiede sind bei den bisher aufgestellten Faktoren noch nicht betrachtet worden.

5.4.2 Einflußfaktoren

– Dynamischer Faktor (K_v) : dieser Faktor wird mit einer vereinfachten Methode C berechnet. Der festgelegte Qualitätsindex hängt von den Teilungstoleranzen, dem Normmodul und der Zahnzahl ab. Dieser Index ist gegeben durch:

$$C = -0{,}5048\,\ln(z) - 1{,}144\,\ln(m_n) + 2{,}852\,\ln(f_p) + 3{,}32 \qquad (5.069)$$

wobei „ln" der natürliche oder Nepersche Logarithmus ist.

Für sehr genaue Zahnräder (C niedriger als 6) ist es möglich, den Faktor K_v zwischen 1 und 1,1 zu wählen.

Für andere Zahnräder werden die folgenden Berechnungen durchgeführt:

$$A = 50 + 56(1{,}0 - B) \qquad (5.070)$$

$$B = 0{,}25(C - 5{,}0)^{0{,}667} \qquad (5.071)$$

$$K_v = \left(\frac{A}{A + \sqrt{200\ v_t}} \right)^{-B}$$ (5.072)

wobei v_t die Referenzgeschwindigkeit ist, gegeben durch:

$$v_t = \frac{\pi\ d_{m1}\ n_1}{60000} \ .$$ (5.073)

Die Geschwindigkeit ist auf das Resonanzgebiet beschränkt und ist gegeben durch:

$$v_{t\ max} = \frac{[A + (14 - C)]^2}{200} \ .$$ (5.074)

– Flächenbelastungsfaktor ($K_{H\beta}$): die Berechnungsmethode dieses Faktors basiert auf der Berührungsoberfläche der Zähne. Man mißt die Länge dieser Oberfläche (b_e), und vergleicht sie mit der Zahnbreite (b).
   Wenn $b_e > 0,85$,

$$K_{H\beta} = 1,5\ K_{H\beta}\ b_e \ .$$

Anderseits nimmt man

$$K_{H\beta} = 1.5\ K_{H\beta be}\ \frac{0.85}{b_e / b} \ .$$ (5.075)

Die Werte von $K_{H\beta}\ b_e$ sind in Tabelle 5.1 aufgelistet.
– Faktor der Krümmungslänge (K_{FO}): dieser Faktor ist spezifisch für Spiralkegelräder. Bei Geradverzahnungen ist sein Wert 1,00. Für Spiralverzahnungen, wobei r_{eo} der Schnittwerkzeugradius ist, erhält man:

$$K_{FO} = 0,211 \left(\frac{r_{eo}}{R_m} \right)^q + 0,789$$ (5.076)

mit

$$q = \frac{0,279}{\log_{10}(\sin\ \beta_m)}$$ (5.077)

R_m ist die mittlere Abstand von dem Kegel,
β_m ist der mittlere Spiralwinkel.

– Faktor der Querverteilung ($K_{H\alpha}$, $K_{F\alpha}$): dieser Faktor ist der gleiche wie bei Kreisrädern.

Tabelle 5.1 Werte von $K_{H\beta}\,b_e$

Ausführungsqualität	Bedingungen für den Zusammenbau		
	Kein Rad in Ausladungs-belastung	Ein Rad in Ausladungs-belastung	Zwei Räder in Ausladungs-belastung
Hohe Qualität	1	1,1	1,25
Standardqualität	1,2	1,32	1,5

5.4.3 Berührungsgebiet

Bei Kegelpaaren liegt fast immer Stirnballigkeit und Longitudinalballigkeit vor.

Diese Anordnung auf der Oberfläche, die aus der Zahnbreite und Berührungs-länge des gleichwertigen Rads besteht, ergibt sich zu einem elliptischen Profil, wie es in Abb. 5.6 gezeigt wird.

Innerhalb dieses Profils ist es möglich, den oberen Punkt (D) und den unteren Punkt (B) der Einfachberührung festzusetzen, sowie den Punkt, der in der Mitte von B und D liegt (M).

Bei einer Geradverzahnung, unter Berücksichtigung des Materialwiderstands in Zusammenhang mit dem Berührungsdruck, ist der Punkt B der kritische Punkt, und für die Biegung beim Zahnfuß ist der Punkt D der kritische Punkt.

Bei einer Spiralverzahnung ist in beiden Fällen M der kritische Punkt. Falls β_{vb} der Wert des Schrägungswinkel ist, dann ist der Abstand zwischen der Berüh-

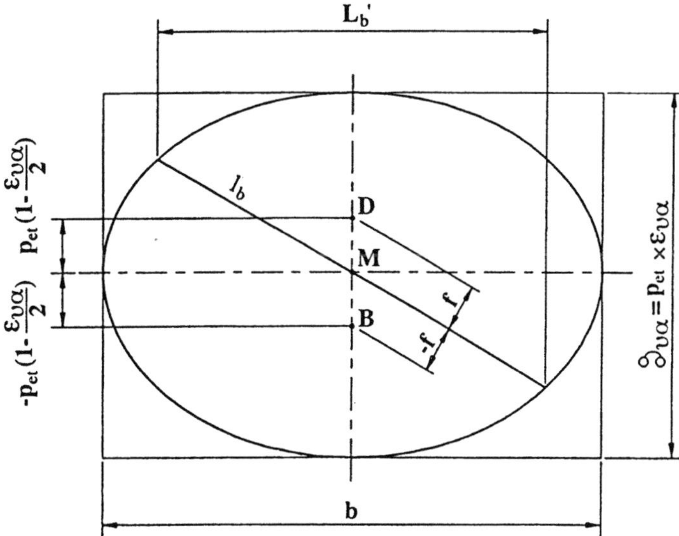

Abb. 5.6. Berührungsellipse

rungsgerade, die durch irgendeinen Wert des Punkts M geht, durch diesen Wert und das Schrägungsüberdeckungsverhältnis in einer Verzahnung gegeben, dessen Wert ε_{vb} bei einer Entfernung f sein muß, gegeben. Für die Entfernung f kalkuliert man:

– Berührungsdruck:
   der kritische Punkt

$$f = -p_{et} \, \cos \, \beta_{vb} (1 - 0{,}5 \, \varepsilon_{v\alpha})(1 - \varepsilon_{v\beta}) \tag{5.078}$$

für den Zahnkopf des Leitrads:

$$f = -p_{et} \, \cos \, \beta_{vb} [(1 - 0{,}5 \, \varepsilon_{v\alpha})(1 - \varepsilon_{v\beta}) - 1] \tag{5.079}$$

für den Zahnfuß des Leitrads:

$$f = -p_{et} \, \cos \, \beta_{vb} [(1 - 0{,}5 \, \varepsilon_{v\alpha})(1 - \varepsilon_{v\beta}) + 1] \, . \tag{5.080}$$

– Druck auf dem Zahnfuß:
   der kritische Punkt

$$f = p_{et} \, \cos \, \beta_{vb} (1 - 0{,}5 \, \varepsilon_{v\alpha})(1 - \varepsilon_{v\beta}) \tag{5.081}$$

für den Zahnkopf:

$$f = p_{et} \, \cos \, \beta_{vb} [(1 - 0{,}5 \, \varepsilon_{v\alpha})(1 - \varepsilon_{v\beta}) + 1] \tag{5.082}$$

für den Zahnfuß:

$$f = p_{et} \, \cos \, \beta_{vb} [(1 - 0{,}5 \, \varepsilon_{v\alpha})(1 - \varepsilon_{v\beta}) - 1] \, . \tag{5.083}$$

P_{et} ist die Grundzylinder-Stirnteilung eines äquivalenten Stirnrads.

In allen Fällen, in denen das Schrägungsüberdeckungsverhältnis ε_{vb} größer als 1 ist, nimmt man den Wert 1. Mit diesen Werten ist es möglich, die Länge der Berührungslinie in jedem Punkt zu rechnen. Die Werte des Zahnrads sind denen des Kegelradpaars gleichwertig (Index v).

$$l_b = b \, g_{v\alpha} \, \frac{\sqrt{g_{v\alpha}^2 \, \cos^2\beta_{vb} + b^2 \, \sin^2\beta_{vb} - 4 \, f^2}}{g_{v\alpha}^2 \, \cos^2\beta_{vb} + b^2 \, \sin^2\beta_{vb}} \tag{5.084}$$

wobei der Winkel β_{vb} durch folgende Gleichung gegeben ist:

$$\sin \, \beta_{vb} = \sin \, \beta_m \, \cos \, \alpha_n \, . \tag{5.085}$$

Die Länge der Berührungslinie, parallel zu der Erzeugende des gleichwertigen Zylinder projiziert, ist gegeben durch:

$$l_b' = l_b \, \cos \beta_{vb} \quad .$$
(5.086)

5.4.4 Berechnung des Berührungsdrucks

Allgemeine Gleichungen. Der Berührungsdruck ist gleich jenem des virtuellen Zahnrads, das die Kraft F_{mt} erzeugt.

Daher erhält man:

$$\sigma_{H0} = Z_H \, Z_E \, Z_{LS} \, Z_\beta \, Z_K \, Z_{M\text{-}B} \sqrt{\frac{F_{mt}}{d_{v1} \, l_b}} \, \frac{\sqrt{u + 1}}{u}$$
(5.087)

und

$$\sigma_H = \sigma_{H0} \sqrt{K_A \, K_v \, K_{H\beta} \, K_{H\alpha}} \quad .$$
(5.088)

Diese Spannung wird mit der anzunehmenden Spannung verglichen:

$$\sigma_{HP} = \sigma_{HGrenze} \, Z_{NT} \, Z_X \, (Z_L \, Z_R \, Z_v) \, Z_W \quad .$$
(5.089)

Der Sicherheitsfaktor ergibt sich zu:

$$S_H = \frac{\sigma_{HP}}{\sigma_H} \quad .$$
(5.090)

Bestimmung der Faktoren. Die Faktoren sind ähnlich oder gleich zu jenen, die für die Rechnung von zylindrischen Zahnräder definiert worden sind:
– Gebietsfaktor (Z_H):

$$Z_H = 2 \sqrt{\frac{\cos \beta_{vb}}{\sin 2\alpha_{vt}}} \quad .$$
(5.091)

– Elastizitätsfaktor (Z_E): dieser Faktor ist gleich zu dem, der für die Zahnräder mit Parallelachsen definiert worden ist, und für ein Rad aus Stahl beträgt er 189,8.
– Schrägungswinkelfaktor (Z_β): es handelt sich um einen Faktor ähnlich zu dem, der für Zahnräder mit Parallelachsen definiert worden ist:

$$Z_\beta = \sqrt{\cos \beta_m} \quad .$$
(5.092)

– Kegelpaarfaktor (Z_K): das ist ein spezifischer Faktor für das Kegelpaar. Es handelt sich um einen empirischen Faktor, der auf die Verschiedenheiten zwischen den Zahnrädern mit Parallelachsen und den Kegelradpaaren eingeht, wie sie sich in der Praxis ergeben. Dieser Faktor ist generell gleich 0,8.

– Abmessungsfaktor (Z_X): in der ISO Norm ist er gleich 1.

– Belastungsverteilungsfaktor (Z_{LS}): auch er ist äquivalent zu dem des Kegelradpaars. Er ersetzt den Überdeckungsfaktor bezüglich der Zahnräder mit Parallelachsen. Er wird für jede bei dem Leitzahnfuß liegende Berührungslinie in dem kritischen Punkt berechnet, und auf dem Leitzahnkopf bestimmt sich der Wert f in Bezug auf das im Abschn. 5.4.3 Gesagte. Für jede der drei Linien hat man:

$$p^* = 1 - \left(\frac{|f|}{f_{max}}\right)^{1,5} \tag{5.093}$$

wobei der Wert von f_{max} gegeben ist durch:

$$f_{max} = 0,5 \ \varepsilon_{v\gamma} \ p_{et} \ \cos \beta_{vb} \tag{5.094}$$

mit:

$$\varepsilon_{v\gamma} = \sqrt{\varepsilon_{v\alpha}^2 + \varepsilon_{v\beta}^2} \ . \tag{5.095}$$

Wenn:

$$p^* \geq 0 \tag{5.096}$$

A_i^* wird mit der Formel berechnet:

$$A_i^* = 0,25 \ \pi \ p_i^* \ l_b \tag{5.097}$$

wobei der Index i für die Berührungslinie an der Spitze gleich 1 ist, 2 für die Mittelberührung und 3 für die Berührung am Fuß. Diese Ziffern stellen Oberflächen dar, wenn p_i^* positiv oder null ist. Am Ende erhält man:

$$Z_{LS} = \sqrt{\frac{A_2^*}{A_1^* + A_2^* + A_3^*}} \geq \sqrt{0,7} \ . \tag{5.098}$$

– Mittelfaktor (Z_{M-B}): dieser Faktor wandelt die Spannung im Teilkreispunkt in eine Spannung im kritischen Punkt um, und er ist äquivalent zu:

$$Z_{M-B} = \frac{\tan \alpha_t}{\sqrt{\left(\sqrt{\left(\frac{d_{va1}}{d_{vb1}}\right)^2 - 1} - F_1 \frac{\pi}{z_{v1}}\right)\left(\sqrt{\left(\frac{d_{va2}}{d_{vb2}}\right)^2 - 1} - F_2 \frac{\pi}{z_{v2}}\right)}} \tag{5.099}$$

mit den folgenden Werten:

$$F_1 = 2 + (\varepsilon_{v\alpha} - 2)\varepsilon_{v\beta} \qquad (5.100)$$

und

$$F_2 = 2\,\varepsilon_{v\alpha} - 2 + (2 - \varepsilon_{v\alpha})\,\varepsilon_{vb} \; . \qquad (5.101)$$

Der Wert ε_{vb} ist auf 1 begrenzt.

– Schmierungsfaktor ($Z_v\,Z_R\,Z_L$): diese Faktoren sind gleich jenen, die für Zahnräder mit Parallelachsen definiert worden sind.

– Härtefaktor (Z_W): auch dieser Faktor ist gleich dem, der für die Zahnräder mit Parallelachsen definiert worden ist.

– Lebensdauer (Z_{NT}): auch dieser Faktor ist gleich dem, der für die Zahnräder mit Parallelachsen definiert worden ist. Er ist mit dem Wert der Grenzspannung verbunden, die auch gleich der ist, die für die Zahnräder mit Parallelachsen definiert worden ist (s. Abschn. 5.4.6).

5.4.5 Berechnung der Biegung auf dem Zahnfuß

Allgemeine Gleichungen. Die Spannung auf dem Zahnfuß wird wie folgt berechnet:

$$\sigma_F = \sigma_{F0}\;K_A\;K_v\;K_{F\beta}\;K_{F\alpha} \qquad (5.102)$$

und

$$\sigma_{F0} = \frac{F_{mt}}{b\;m_{mn}}\;Y_{Fa}\;Y_{Sa}\;Y_\varepsilon\;Y_K\;Y_{LS}\;. \qquad (5.103)$$

Die erlaubte Spannung ist gegeben durch:

$$\sigma_{FP} = \sigma_{F\,Grenze}\;Y_{ST}\;Y_{NT}\;Y_{\delta\,bez\,T}\;Y_{R\,bez\,T}\;Y_X\;. \qquad (5.104)$$

Die Sicherheitsfaktor beträgt:

$$S_F = \frac{\sigma_{FP}}{\sigma_F}\;. \qquad (5.105)$$

Bestimmung der Faktoren. – Formfaktor (Y_{Fa}): der Formfaktor wird wie bei den Zahnrädern mit Parallelachsen berechnet, aber unter Verwendung der Formeln für zwei Kreisrädern äquivalent zu dem Kegelpaar.

– Spannungsfaktor (Y_{Sa}): auch er wird in gleicher Weise berechnet. In diesem Fall werden die Formeln für äquivalente Zahnräder eingesetzt (ISO 6336).

– Bedingungsfaktor (Y_ε): für das Kegelpaar hängt dieser Faktor von dem Wert des Schrägüberdeckungsverhältnisses des gleichwertigen Zahnrads mit Parallelachsen ab. Er wird wie folgt berechnet:

$$Y_\varepsilon = 0{,}25 + \frac{0{,}75}{\varepsilon_{v\alpha}} - \varepsilon_{v\beta}\left(\frac{0{,}75}{\varepsilon_{v\alpha}} - 0{,}375\right) \geq 0{,}625 \qquad (5.106)$$

wobei das Schrägüberdeckungsverhältnis auf 1 beschränkt, falls sich ein Wert größer 1 ergeben sollte.

– Kegelpaarfaktor (Y_K): dieser Faktor hat eine ähnliche Funktion zu (Z_k) und wird wie folgt berechnet:

$$Y_K = 0{,}25\left(1 + \frac{l'_b}{b}\right)^2 \frac{b}{l'_b} \;. \qquad (5.107)$$

Der Wert von l'_b wird wie in Abschn. 5.4.3 berechnet.

– Belastungsverteilungsfaktor (Y_{LS}): dieser Faktor hat die gleiche Funktion wie der Faktor Z_{LS} für die Berechnung des Berührungsdrucks. Man bestimmt die Werte von A^*_i unter Verwendung der Werte f für die Biegung auf dem Zahnfuß. Man hat also:

$$Y_{LS} = \frac{A^*_2}{A^*_1 + A^*_2 + A^*_3} \geq 0{,}7 \;. \qquad (5.108)$$

– Kerbempfindlichkeitsfaktor ($Y_{\delta\,ent\,T}$): man berechnet:

$$q_s = \frac{s_{Fn}}{2\,\rho_f} \;. \qquad (5.109)$$

Wenn q_s größer oder gleich 1 ist, dann ist $Y_{\delta\,bez\,T} = 1{,}0$.
Wenn q_s kleiner als 1 ist, dann ist $Y_{\delta\,bez\,T} = 0{,}95$.
– Oberflächenfaktor ($Y_{R\,bez\,T}$): wenn die Rauheit R_z kleiner als 1μm ist, dann gilt für diesen Faktor:

$$Y_{R\,bez\,T} = 1{,}12 \qquad (5.110)$$

für aufgekohlte Stähle und gehärtete Stähle.
Wenn die Rauheit R_z beschränkt zwischen 1μm und 40μm ist, dann erhält man:

$$Y_{R\,bez\,T} = 1{,}674 - 0{,}529\,(R_z + 1)^{0{,}1} \qquad (5.111)$$

für die gleichen Stahlarten.

– Abmessungsfaktor (Y_X): für Stähle, die im Kern gehärtet sind

$$Y_X = 1,03 - 0,006 \; m_{mn} \qquad (5.112)$$

wobei Y_X zwischen 0,85 und 1,00 liegt.

Für Stähle, die nur oberflächengehärtet sind :

$$Y_X = 1,05 - 0,01 \; m_{mn} \qquad (5.113)$$

wobei Y_X zwischen 0,80 und 1,00 liegt.

– Lebensdauer (Y_{NT}): dieser Faktor wird wie für Zahnräder mit Parallelachsen (ISO 6336) berechnet.

5.4.6 Werkstoffe

Teil 5 der Norm ISO 6336 wird in dieser Norm vollständig integriert. Auch die Faktoren für die Lebensdauer sind die gleichen. Es liegen die ISO 6336-5 Vorschriften zu Grunde.

5.5 Berechnung mit einem Belastungspektrum

5.5.1 Vollständige Berechnung

Die Spannung des Berührungsdrucks und der Biegung hängen von Verteilungsfaktoren ab, und also auch von der Belastung. Es gibt also Verteilungsfaktoren für jede Belastung des Spektrums. Jede Spannung wird von den anderen getrennt betrachtet (Berührungsdruck: Ritzel und Rad, Biegungsspannung: Ritzel und Rad). Man wählt jetzt einen Sicherheitsfaktor und setzt die Berechnung der tolerierbaren Spannung fort. Man bestimmt die Kreislaufzahl für diese Spannung, die der tolerierbaren Spannung für jeden Belastungszustand entspricht. Für jeden Belastungszustand gibt es eine vorher bestimmte Kreislaufzahl. Man teilt diese Zahl durch die berechnete Zahl bezogen auf die tolerierbare Spannung. Man totalisiert die so erhaltenen Verhältnisse für jeden Belastungsstand. Das Gesamte muß gleich der Einheit sein; wenn es größer ist, dann muß der Sicherheitsfaktor vermindert werden; wenn er kleiner ist, muß der Sicherheitsfaktor erhöht werden. Nach einigen Iterationen findet man den richtigen Sicherheitsfaktor. Diese Berechnung ist langwierig und schwierig und kann nur mit einem besonderen Programm durchgeführt werden.

5.5.2 Nährungsberechnung

Für den Berührungsdruck und die Biegung bestimmt man, nach die Miner-Regel, den Wert einer gleichwertigen Belastung.

Die Gleichung ist gegeben durch:

$$F_{t\,gleich} = \left[\frac{1}{N_{L\,gleich}} \Sigma(F_{ti}^{p}\,\Delta N_{Li}) \right]^{\frac{1}{p}}$$

(5.114)

wobei $p = 6,61$ für den Berührungsdruck und $p = 8,69$ für die Biegung auf dem Zahnkopf ist.

Um diese Berechnung durchzuführen, werden die Belastungen in fallender Ordnung klassifiziert. Man beseitigt alle Belastungen, deren teilweise Dauer den Punkt, der der Widerstandsgrenze außer dem Ersten entspricht, überschreitet. Die angenommene Dauer für die Berechnung ist die äquivalente Dauer.

Es ist möglich, die klassische Berechnung mit dem obenerwähnten Wert der äquivalenten Dauer durchzuführen (vier Rechnungen sind erforderlich: eine für den Berührungsdruck des Ritzels und des Rads und eine für die Biegung des Ritzels und des Rads). Es ist möglich, die Berechnung so durchzuführen, indem irgendeine Nominalbelastung mit einem Anwendungsfaktor, der durch diese Gleichung gegeben ist, verwendet:

$$K_A = \frac{F_{t\,equi}}{F_{t\,nom}} \cdot$$

(5.115)

5.6 Berechnung von Schneckenrad und Schnecke

5.6.1 Allgemeines

Bei Schneckenrad und Schnecke entsteht Berührungsdruck, tritt Bruchrisiko der Zahnfüße auf, und es kommt zu merklicher Abnutzung, wesentlich mehr als bei Zahnrädern mit Parallelachsen und bei Kegelradpaaren. Außerdem leidet der Werkstoff, aus dem Schneckenrad und Schnecke bestehen, bei plötzlichen Temperatursteigerungen wegen des hohen Reibungsgrads, der auch von der Abnutzung abhängt.

Das Phänomen der Temperatursteigerung wird in dem Kapitel über das thermische Vermögen der Zahnradgetriebe beschrieben, da es nicht nur bei Zahnrädern, sondern auch vor allem Zahnradgetriebekomponenten auftritt.

5.6.2 Belastungsvermögen bei Berührungsdruck

T_2 ist das Drehmoment, das auf das getriebenen Werkstück übertragen wird. Die Spannung des Berührungsdruck ergibt sich wie folgt:

$$\sigma_H = Z_E \, Z_\rho \, \sqrt{\frac{1000 \, T_2 \, K_A}{a^3}} \; . \tag{5.116}$$

Die zulässige Spannung des Berührungsdruck ist:

$$\sigma_{HP} = \sigma_{HGrenze} \, Z_h \, Z_n \tag{5.117}$$

während für den Sicherheitsfaktor gilt:

$$S_H = \frac{\sigma_{HP}}{\sigma_H} \; . \tag{5.118}$$

Die Faktoren werden im einzelnen erläutert:
– Elastizitätsfaktor (Z_E): er ist von den elastischen Eigenschaften der zwei Werkstoffe (gewöhnlich Bronze für das Rad und aufgekohlter Stahl für die Schnecken) abhängig. Man erhält:

$$Z_E = \frac{1}{\sqrt{\pi \left[\dfrac{1 - v_1^2}{E_1} + \dfrac{1 - v_2^2}{E_2} \right]}} \; . \tag{5.119}$$

Für Bronzen beträgt der Elastizitätsmodul etwa 90000 MPa (ändert sich leicht in Bezug auf die Bronzezusammensetzung) und für die Stähle etwa 206000 MPa. Der Poissonsche Koeffizient von Metallen ist von 0,3. Für Bronze-Stahl-Verbindungen gilt:

$$Z_E = 150 \; MPa^{\frac{1}{2}} \; . \tag{5.120}$$

– Berührungsfaktor (Z_ρ): er ist ein empirischer Faktor und ändert sich von einem Profilschneckentyp zu anderen. Dieser Wert ist eine Funktion des Verhältnis zwischen Mitteldurchmesser der Schnecke und dem Achsabstand (d_{m1}/a).

Für ein Profil ZI erreicht er 3,4, wenn das Verhältnis gleich 0,25 ist, und bis 2,6, wenn das Verhältnis gleich 0,55 beträgt.

Für ein Profil ZH, unter gleichen Bedingungen, nimmt der Faktor die Werte 3,1 und 2,35 an.

– Lebensdauer (Z_h): er ist der Wöhler-Faktor. Er wird als Funktion der Arbeitsstundenzahl bei gleichartiger und ständiger Belastung berechnet:

$$Z_h = (25000 \, / \, h)^{\frac{1}{6}} \; . \tag{5.121}$$

Ist die Belastung nicht konstant, dann ist es möglich, eine äquivalente Dauer zu berechnen, mit Hilfe der Miner-Regel, weil der Exponent gleich 3 ist.

$$h = \frac{(h_1 \ F_{t21}^3 \ + \ h_2 \ F_{t22}^3 \ + \ ......)}{F_{t\,equi}^3} \ .$$ (5.122)

In diesem Fall wird die Berechnung für einen Zeitraum äquivalenter Belastung durchgeführt. In allen Fällen wird dieser Faktor kleiner oder gleich zu 1,6 sein.

– Belastungsänderungsfaktor (Z_n): dieser Faktor ergibt sich bei ständiger Belastung als Funktion der Drehgeschwindigkeit zu:

$$Z_n = \left[\frac{1}{\dfrac{n_2}{8} + 1} \right]^{\frac{1}{8}} \ .$$ (5.123)

Unter ständiger Belastung bei variablen Geschwindigkeiten ist es möglich, aufgrund von (5.123) ihn für jede Geschwindigkeit zu berechnen und in die Gleichung einzusetzen:

$$Z_n = \sqrt{\frac{\Sigma \ (Z_{ni}^2 \ t_i)}{\Sigma \ t_i}} \ .$$ (5.124)

– Zulässige Druckkraft der Grenzberührung ($\sigma_{H\,Grenze}$): diese Kraft tritt im Rad auf. Die zulässige Druckkraft der Grenzberührung für Bronze richtet sich nach ihrer Zusammensetzung. Für die G-CnSn 12 Bronze kann sie 265 MPa erreichen.

5.6.3 Abnutzungsvermeidung

Man berechnet eine Abnutzungsverminderung, die vergleichbar der Berührungsdruckkraft ist. Die zulässige Verminderung der Abnutzung ist gegeben durch:

$$\sigma_{WP} = \sigma_{w\,Grenze} \ W_P \ W_R \ W_v$$ (5.125)

die durch den folgenden Faktor bestimmt wird:

– Zulässiger Abnutzungsgrad ($\sigma_{W\,Grenze}$): dieser hängt von der zu ertragenden Abnutzung während der Arbeitszeit ab. Sei N_L die Lebensdauer (in Kreislaufzahl für die Räder), und sei Δm_{Grenze} die tolerierbare Abnutzung in kg, dann gilt:

$$\sigma_{W\,Grenze} = \left(\frac{2,6 \cdot 10^6 \ \Delta m_{Grenze}}{L_W} \right)^{\frac{1}{4}} \ .$$ (5.126)

– Werkstoffabnutzungsfaktor (W_P): dieser Faktor hängt von den vorhandenen Werkstoffen und von dem verwendeten Schmierstofftyp ab. Für eine Schnecke aus gehärtetem und aufgekohltem Stahl 16 CrNi 4 und einer Bronze G-CuSn 12 , beide mit einem Mineralöl (VG 320) geschmiert, ist ein solcher Faktor gleich 1. Für eine Schnecke aus im Kern gehärteten Stahl (42 CrMo 4) ist dieser gleich 0,63. synthetische Öle verwendet werden, sind Werte zwischen 1,71 und 1,56 akzeptabel.

Wir bemerken je größer dieser Faktor ist, desto widerstandsfähiger ist die Einheit.

– Rauheitsfaktor, der die Abnutzung beeinflußt (W_R): dieser Faktor berücksichtigt den Einfluß der Rauheit und der Abnutzung. Wenn R_z die Rauheit der Räder ist (dieser Wert ist etwa sechsmal die Mittelrauheit), dann nimmt man an:

$$W_R = 4\sqrt{\frac{R_z}{3}} \; . \tag{5.127}$$

– Geschwindigkeitsfaktor, der die Abnutzung beeinflußt (W_v): dieser Faktor berücksichtigt den Einfluß des Gleitens der Räder. Die Abnutzungsfaktoren der Werkstoffe, die Rauheit und die Geschwindigkeit sind elasto-hydro-dynamische Faktoren, die auf den Reibungskoeffizient und auch auf die Überhitzung und die Abnutzung einwirken. Der Geschwindigkeitsfaktor kann wie folgt berechnet werden:

$$W_v = 4\sqrt{\frac{n_1(v_{go} + v_{gm}^{1.5})}{u\ v_{gm}}} \; . \tag{5.128}$$

Der Wert v_{go} ist von den Werkstoffen und vom Schmierstoff abhängig. Für aufgekohlten gehärteten Stahl und Räder aus CuSn12 Bronze, geschmiert mit Mineralöl, wird der Wert gleich 0,1. Für einen im Kern gehärteten Stahl wird der Wert gleich 0,65. Wird mit einem synthetischen Öl geschmiert, liegen die Werte bei 0,10 und 0,85.

Die Geschwindigkeit v_{gm} ergibt sich zu:

$$v_{gm} = v_m \frac{v_{m1}}{\cos \gamma_m} \tag{5.129}$$

$$v_{m1} = \frac{\pi\ d_{m1}\ n_1}{60000} \tag{5.130}$$

der Sicherheitsfaktor für die Abnutzung ist also:

$$S_W = \frac{\sigma_{WP}}{\sigma_H} \; . \tag{5.131}$$

5.6.4 Zahnbiegung

Der Sicherheitsfaktor zur Verhinderung des Zahnbruchs gründet sich auf eine Approximation. Man berechnet einen Faktor U, gegeben durch:

$$U = \frac{F_{tm1}\ K_A}{m\ b_2} \qquad (5.132)$$

für die Bronze G-CuSn12 gilt $U_{Grenze} = 115$
Der Sicherheitsfaktor ist gegeben durch:

$$S_F = \frac{U_{Grenze}}{U}\ . \qquad (5.133)$$

Wir erinnern uns daran, daß der Schneckendurchmesser ausreichend groß sein muß, damit die Welle der Schnecke gegenüber verursachtem Stoßen widerstandsfähig sein kann (wir werden diesen Fall betrachten, wenn wir uns mit Wellen beschäftigen).

5.6.5 Normative Bemerkungen

Die im vorigen Abschnitt gezeigte Berechnung ist die meist verwendete Methode, ausgerichtet nach nationalen Standards. Es gibt weitere Normen, die sich von dieser unterscheiden. Sie betrachten den Berührungsdruck nicht als Pittingserzeugende, sondern als Abnutzungserzeugende; außerdem ist die Bestimmung der Abnutzungsstufe, die man tolerieren will, gewährleistet. Es gibt dafür noch keine internationalen Normen. Eine ISO Arbeitsgruppe ist beauftragt, dieses durchzuführen. Die hier vorgestellte Methode ist eine Art These. Es ist noch keine entgültige Norm zu erwarten, da sich die Diskussionen noch in der Anfangsphase befinden. Es gibt trotzdem Übereinstimmung bei allen Prinzipien: es werden nämlich dem Widerstand des Pittings, die Abnutzung und die Biegung am Zahnfuß betrachtet. Außerdem unterscheiden die vorhandenen Normen nicht zwischen toroidförmigen Rädern und Stirnrädern. Die letzteren sind weniger widerstandsfähig gegenüber Pitting und Abnutzung, da die Berührungsoberfläche viel kleiner als die eines toroidförmigen Rads ist. Die neue ISO Norm berücksichtigt auch den Unterschied bei der Betrachtung von Berührungskurven und ihren Länge.

5.6.6 Reversibilität und Wirkungsgrad

Aufgrund des Neigungswinkels der Schrägung kann das System Schneckenrad-Schnecke reversibel sein oder nicht. Die statische Reversibilität ist einfach bestimmbar, da sie ausschließlich vom Winkel abhängt.

Die dynamische Reversibilität hängt von vielen Faktoren ab, wie der Geschwindigkeit, dem Wirkungsgrad und den von der Belastung verursachten Vibrationen. Die Irreversibilität besteht aus einem plötzlichen Anhalten, wenn die Schnecke nicht mehr im Bewegung ist, und sie verursacht Überlastung des Systems, wenn kein Drehmomentbegrenzer vorgesehen ist. Man kann folgende Grenzen für die Reversibilität setzen, in Abhängigkeit von der Funktion des Neigungswinkels der Schneckenschrägung:

> 25° Gesamtreversibilität
von 12° bis 25°   statisch reversibel
         dynamisch reversibel
von 8° bis 12°   variable statische Irreversibilität
         dynamisch reversibel
von 5° bis 8°   statisch irreversibel
         sehr schlecht dynamisch reversibel
von 3° bis 5°   statisch irreversibel
         fast nichtige dynamische Reversibilität
von 1° bis 3°   statisch irreversibel
         fast nichtige dynamische Reversibilität

Der Wirkungsgrad der Transmissionen durch Schneckenräder und Schnecken kann aus den Gleichungen der schiefen Ebene hergeleitet werden.

Für die Leitschnecke, wenn die Tangentialkraft der Schnecke, die sich aus dem angewandten Drehmoment ergibt, F_v ist, wird die Kraft, die sich aus dem Ausgangsdrehmoment ergibt:

$$F_r = \frac{F_v}{\tan(\gamma_m + \phi)} \ . \tag{5.134}$$

Ist die Reibung Null, dann ergibt sich diese Kraft zu:

$$F_r' = \frac{F_v}{\tan \gamma_m} \ . \tag{5.135}$$

Der Wirkungsgrad ist also das Verhältnis zwischen der realen Kraft mit Reibung und der theoretischen Kraft ohne Reibung:

$$\eta = \frac{F_r'}{F_r} = \frac{\tan \gamma_m}{\tan(\gamma_m + \phi)} \tag{5.136}$$

für die getriebene Schnecke:

$$F_v = F_r \, \tan(\gamma_m - \phi) \tag{5.137}$$

$$F'_v = F_r \tan \gamma_m \tag{5.138}$$

$$\eta = \frac{F'_v}{F_v} = \frac{\tan(\gamma_m - \phi)}{\tan \gamma_m} \ . \tag{5.139}$$

6 Wellen

6.1 Bestimmungen und Funktionen

Wellen sind die Verkörperung der Drehungsachsen; sie bestehen gewöhnlich aus zylindrischen Teilen oder Kegelabschnitten und dienen dazu, die Räder zu positionieren. Sie übertragen die Kräfte auf die Träger, auf denen solche Reaktionen geschaffen und die Drehmomente auf die Zahnräder übertragen werden.

6.2 Wellen und Kräfte in den Verzahnungen

Wir haben gesehen, daß die Zahnradverzahnungen Kräfte verursachen, die entweder tangential, quer oder längs auf die Räder wirken. Die Tangential- und Querkräfte der Zahnräder sind radial zu der Welle, und sie erzeugen Kräfte, die auf die Biegungen wirken.

Die Längskräfte der Zahnräder sind axial zu der Welle, aber sind nicht mittig zu der Hälfte des Durchmessers des getriebenen Rads auf der Welle. Diese Biegemomente wirken direkt auf die Welle. Die Tangentialkräfte erzeugen ein Drehmoment, das gleich dem übertragenen Drehmoment ist. Die von Längskräften erzeugten Spannungen auf die Wellenachse sind Druck- und Zugspannung, die die gleiche Richtung wie die Biegungsspannungen haben. In einigen Fällen werden auf Wellen Werkstücke mit Druck befestigt (siehe Zusammenbau). Dadurch werden Spannungen in einer Richtung in den Wellen erzeugt, die rechtwinklig zu denen der Biegung sind. Diese Spannungen sind Druckspannungen. Diese Wellen müssen also Biegung ertragen können, Druckspannung oder Zug wirken in derselben Richtung der Biegung oder der Druckspannung, die rechtwinklig zur Biegung wirkt.

6.3 Untersuchung der theoretischen Spannung

6.3.1 Biegung

Flache Biegung. Sie ergibt sich, wenn sich alle auf die Welle wirkenden Kräfte auf derselben Oberfläche, die axial zu der Welle ist, befinden. Wir unterscheiden: eine Kraft, die zwischen zwei Trägern konzentriert ist (Abb. 6.1):

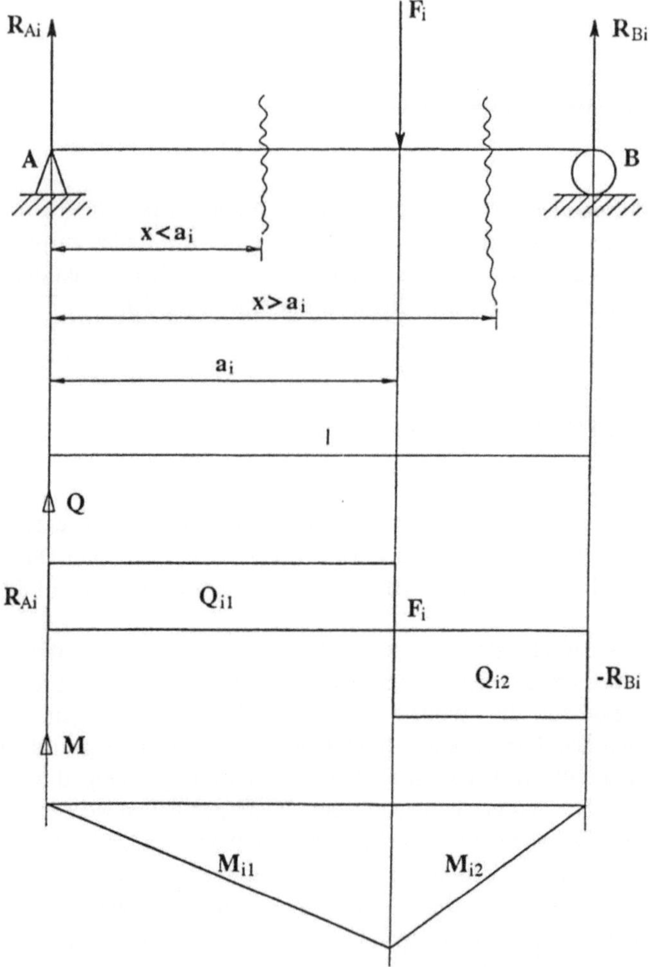

Abb. 6.1. Flache Biegung

Wir betrachten eine Kraft in einer Entfernung a_i von dem linken Träger. Diese Kraft erzeugt in A eine Reaktion, die gegeben ist durch:

$$R_{Ai} = - F_i \frac{\ell - a_i}{\ell} \quad . \tag{6.001}$$

Aufgrund der Stellung des gewünschten Abschnitts wird man zwei Gleichungen für die Biegemomente erhalten (x ist die Position des Abschnitts bezogen zu dem markierten Punkt A):

a) Wenn $x < a_i$:

$$M_{i1} = R_{Ai} \, x \quad . \tag{6.002}$$

b) Wenn $x > a_i$:

$$M_{i2} = R_{Ai} \, x + F_i \, (x - a_i) \quad . \tag{6.003}$$

Die Scherkraft wird unter den gleichen Bedingungen so ausgedrückt:
Wenn $x < a_i$:

$$Q_{i1} = R_{Ai} \tag{6.004}$$

und wenn $x > a_i$:

$$Q_{i2} = R_{Ai} + F_i \quad . \tag{6.005}$$

– Mehrfach konzentrierte Kräfte. Wenn mehrfach konzentrierte Kräfte auf die Welle wirken, dann steht die Welle unter dem Einfluß aller dieser Kräfte. Sind die Kräfte F_1, F_2,....,F_n und die dazugehörigen Entfernungen a_1, a_2, ...,a_n gegeben, dann erhält man als Reaktion des Trägers:

$$R_A = \sum_{1}^{n} R_{ai} \quad . \tag{6.006}$$

In einer Abschnittentfernung x setzt sich das Biegemoment aus der Summe der Momente der Kräfte rechts und links des Abschnitts zusammen.
Sind F_1 bis F_j diese Kräfte, so daß die Entfernungen a_i kleiner als x sind, dann gilt:

$$M = R_A \, x + \sum_{1}^{j} F_i \, (x - a_i) = \sum_{1}^{j} M_{i2} + \sum_{j+1}^{n} M_{i1} \quad . \tag{6.007}$$

In demselben Abschnitt ist die Scherbelastung:

$$Q = R_A + \sum_{1}^{j} F_i \quad . \tag{6.008}$$

– Kraft, die auf den Trägern verteilt ist (Abb. 6.2). Eine verteilte Kraft ist gekennzeichnet durch eine Kraft je Längeneinheit q_i in einer Entfernung, die von der

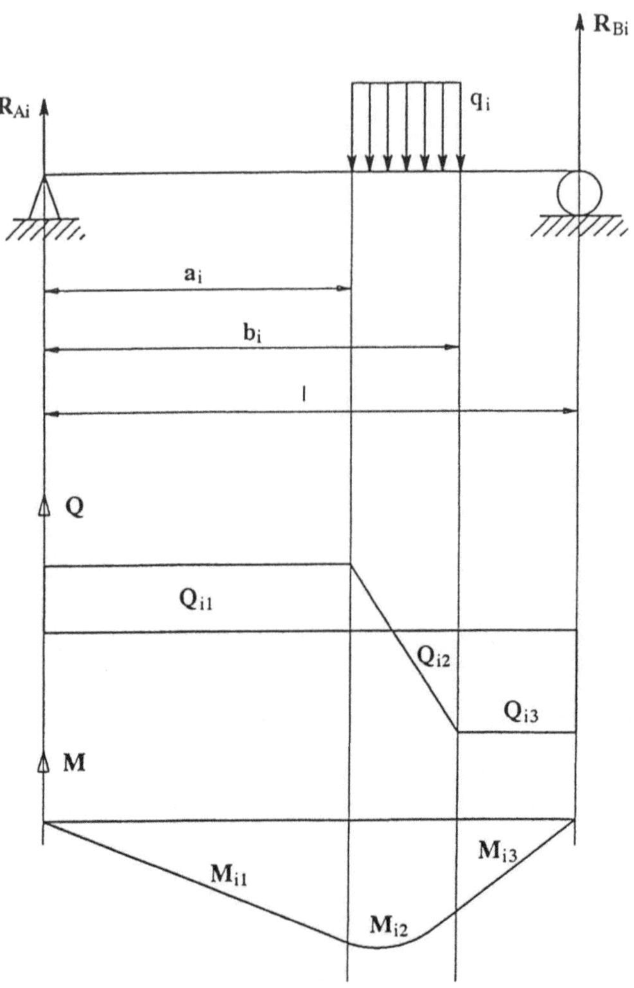

Abb. 6.2. Verteilte Kräfte

Abszisse a_i bis zu der Abszisse b_i reicht. Die Reaktion des linken Trägers wird gleich zu dem einer konzentrierten Kraft $F_i = q_i (b_i - a_i)$ sein. Das Biegemoment ist durch drei Gleichungen gegeben:

a) $x < a_i$ für eine konzentrierte Kraft F_i, die in der halben Entfernung von a_i und b_i wirkt.

b) $a_i < x < b_i$:

$$M_{i2} = R_A x + q_i \frac{(x - a_i)^2}{2} \ .$$

$$(6.009)$$

c) $b_i < x$ wie für eine konzentrierte Kraft, die in der halben Entfernung der zwei Enden der konzentrierten Kraft wirkt.

Auch die Scherkräfte werden durch drei Gleichungen bestimmt, wobei die beiden Extreme gleich der konzentrierten Belastung sind, wie sie an der Mittellinie vorliegt:

$$Q_{i2} = R_{Ai} + q_i (x - a_i) . \tag{6.010}$$

– Mehrfach verteilte Kräfte. Die Gleichungen entsprechen denen, die sich bei der Superposition der Gleichungen für einzeln verteilte Kräfte ergeben, unter Berücksichtigung der richtigen Anwendung der Gleichungen für Momente und Scherkräfte.

Wenn eine verteilte Kraft außerhalb des betrachteten Abschnitts fällt, dann treten konzentrierte Kräfte auf, wie sie sich aus der Resultanten der verteilten Kraft, die auf die Mitte der Länge der verteilten Kraft wirkt, ergeben. Wenn eine verteilte Kraft, die a_j und b_j als Grenzen hat, in diesen Abschnitt fällt, wird man die Summe der Momente der sich ergebenden konzentrierten Kräfte als Moment haben (außer diesem, das um M_{j2} wächst). (Berechnet wird dies mit Hilfe von (6.009), aber anstelle von j nimmt man i).

– Überhängende Last (Abb. 6.3)

Wir betrachten eine überhängende Last rechts eines Stützpunkts B. Man wird die folgenden Reaktionen haben:

$$R_{Bi} = - F_i \frac{a_i}{l} \tag{6.011}$$

$$R_{Ai} = - (R_{Bi} + F_i) . \tag{6.012}$$

Das Biegemoment zwischen den beiden Trägern ergibt sich zu:

$$M_{i1} = R_{Ai} \, x \tag{6.013}$$

und

$$M_{i2} = R_{Ai} \, x + R_{Bi} (x - l) . \tag{6.014}$$

Die Scherkräfte sind die stützenden Kräfte in A und die Summe aus diesen beiden stützenden Reaktionen.

Die sich aus der Kombination der unterschiedlichen Fälle ergebenden Biegemomente ist die Summe der Teilmomente. Da die Momente in jedem Abschnitt bestimmt werden, ergibt sich eine Kraft in dem Abschnitt mit dem Durchmesser d zu:

$$\sigma_{b0} = \frac{32 \, M}{p \, d^3} \approx \frac{M}{0{,}1 \, d^3} . \tag{6.015}$$

Die berechnete Kraft ist die maximal zulässige Kraft in diesem Abschnitt.

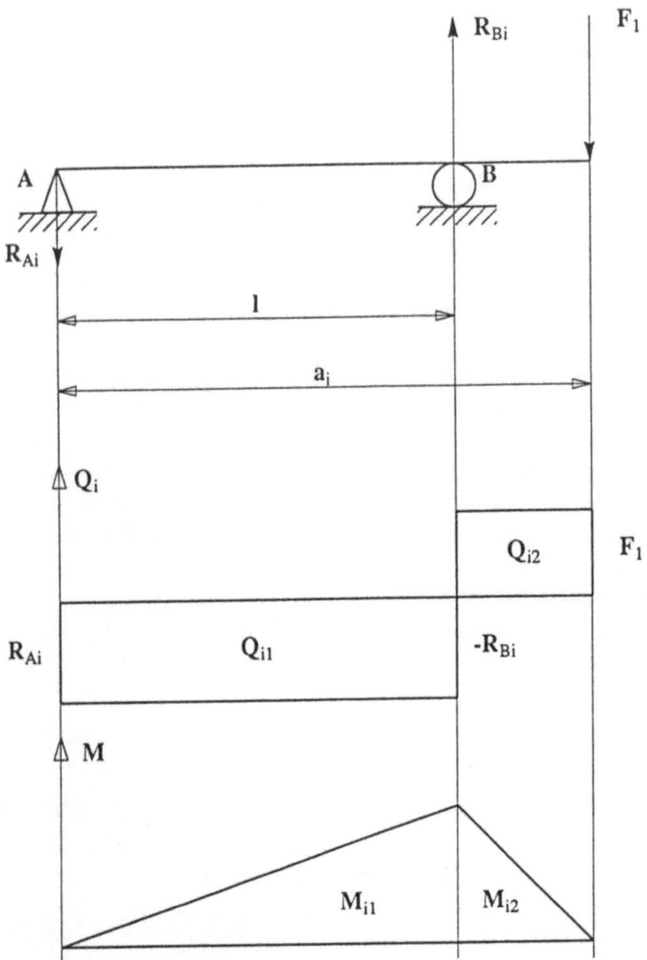

Abb. 6.3. Überhängende Last

Sie ist positiv in einer Faser und negativ in einer anderen und entspricht der Druckspannung in einer Faser und dem Zug in einer anderen. Diese Fasern liegen an der Peripherie der Welle (in der Nähe der beiden Enden eines Durchmessers). Die Kraft wird geringer, wenn man unter der gespannten Faser durchdringt, und sie wird Null auf dem senkrechten Durchmesser. Dreht die Welle unter Belastung, dann wechselt derselbe Punkt der Welle von der Zugspannung zu der Druckspannung und umgekehrt.

Abweichende Biegung. Man hat eine abweichende Biegung, wenn die Kräfte, die an dem Träger wirken, sich nicht auf der gleichen Fläche befinden. Man projiziert also die Kräfte auf zwei willkürlich gewählte, senkrechte Flächen, und man betrachtet die flache Biegung in jeder der beiden Flächen mit den dazugehörigen Kräften. Man erhält in dem Abschnitt zwei Biegemomente M_y und M_z, die rechtwinklig zueinander sind. Das sich ergebende Moment wird:

$$M = \sqrt{M_y^2 + M_z^2} \; . \tag{6.016}$$

Die Kraft wird mit (6.015) berechnet.

6.3.2 Drehung

Wenn T das Drehmoment in einem Wellenabschnitt (Drehmoment von der Welle übertragen) und d der Durchmesser dieses Abschnitts ist, dann erhält man:

$$\tau_0 = \frac{16\,T}{p\,d^3} \approx \frac{T}{0{,}2\,d^3} \; . \tag{6.017}$$

6.3.3 Normale Kraft

Wenn N die normale Kraft zu dem Abschnitt mit Durchmesser d ist, dann hat man:

$$\sigma_{n0} = \frac{4\,N}{p\,d^2} \approx \frac{N}{0{,}8\,d^2} \; . \tag{6.018}$$

6.3.4 Äußere Druckspannung

Die Druckspannung außerhalb der Welle ist gleich dem Druck, der von dem Festkörper ausgeübt wird.

6.4 Reale Kräfte (Spannungskonzentrationsfaktor – Formfaktor)

Die durch den Werkstoffwiderstand gegebenen Spannungen, das sind theoretische Spannungen, repräsentieren nicht die realen Werte, die in dem zusammengesetzten Abschnitt auftreten. In der Tat werden diese Kräfte von der Festkörperform bei jeder Spannungsart beeinflußt. Weiterhin werden wir auch einen Formfaktor Y_{Fk} definieren, wobei mit k die verschiedenen Spannungsarten dargestellt werden (b die Biegung, t die Drehung, n die normale Kraft, d die Druckspannung). Wellen haben keinen konstanten Abschnitt. Diese Bedingungen hängen von ihrer Konstruktion ab.

Für jede Abschnittsänderung ergeben sich zusätzliche Spannungen. Sie sind bekannt als Spannungskonzentrationen. Es ist möglich, einen Spannungskonzentrationsfaktor Y_S zu bestimmen, der das Verhältnis zwischen der maximal zulässigen Kraft in einem bestimmten Abschnitt und der errechneten Kraft wiedergibt.

Wir werden die Werte des Faktors Y_S in einem anderen Abschnitt nachprüfen. Die reale Kraft ist gegeben durch:

$$\sigma_k = \sigma_{k0}\ Y_{Sk}\ Y_{Fk}\ .\tag{6.019}$$

Der Index k entspricht der Biegung ($k{=}b$), der normalen Kraft ($k{=}n$) oder der Druckspannung ($k{=}d$).

Für die Drehung gilt:

$$\tau = \tau_0\ Y_{Ft}\ Y_{St}\ .\tag{6.020}$$

6.5 Zulässige statische Kraft

6.5.1 Statische Bruchkraft während des Zugs

Es ist leicht, Zugprüfungen auf Labormaschinen durchzuführen. Im ersten Kapitel haben wir untersucht, wie man vorgehen muß, um die statische Bruchkraft eines bestimmten Werkstoffs zu bestimmen. Es ist möglich, drei Stahlarten zu klassifizieren: Baustähle, Behandlungsstahl und Einsatzstahl.

Unter den Baustählen (für die Zahnradgetriebe wenig gebraucht) befinden sich vor allem die unlegierten Stähle, z.B. der Stahl B60 m (0,6% C), dessen statische Bruchkraft zwischen 59 bis 710 MPa liegt.

Bei Behandlungsstählen ist der verwendete Stahl ein legierter Stahl, gewöhnlich mit Chrom-Nickel, wie 34CrNiMo6, der 0,38% C, 1% Cr und Ni sowie 0,2% Mo enthält. Dieser Stahl hat eine statische Bruchkraft von 980 bis 1180 MPa. Unlegierten Stähle setzen sich zusammen: z.B. 16MnCr5 Stahl (0,6 % C, 1,15% Mn und 0,95% Cr), dessen statische Bruchkraft bei 790 bis 1080 MPa liegt, und 18NiCrMo6 Stahl (0,18% C, 1,55% Ni und Cr und 0,2% Mo), seine statische Bruchkraft liegt bei 1080 bis 1280 Mpa.

Diese Kraft wird mit σ_R beschrieben.

Beim Scheren (Drehung) ist die Bruchkraft an eine Zugkraft unter folgender Bedingung gebunden:

$$\tau_R = \frac{\sigma_R}{\sqrt{3}}\ .\tag{6.021}$$

6.5.2 Elastische Grenze (Faktor Y_E)

Die elastische Grenze bei Stählen wird vom Materialwiderstand bestimmt. Die elastische Grenze steht mit der Bruchkraft in folgender Relation:

$$\sigma_E = \sigma_R \, Y_E \, . \tag{6.022}$$

Der Faktor Y_E ist der Faktor der elastischen Grenze und ist in der Tabelle 6.1 aufgelistet.

Tabelle 6.1. Werte von Y_E

Stahltypen	Zug
Baustahl	0,6
Behandelter Stahl	0,7
Unlegierter Stahl	0,7

6.5.3 Zugelassene statische Kraft

Die zugelassene statische Kraft ist die elastische Grenzkraft, ab der die Werkstoffe bleibenden Verformungen erleiden, die unvereinbar mit ihrer mechanischen Funktion sind.

Diese zulässige Grenze wird also ausgedrückt durch:

$$\sigma_{P\,stat} = \sigma_R \, Y_E \, . \tag{6.023}$$

6.6 Zulässige Kraft für eine unbegrenzte Dauer

6.6.1 Widerstand (Widerstandsfaktor Y_C)

Wenn ein polierter, zylindrischer Probestab mit einem konstanten oder variablen Abschnitt einer periodischen Zug-Druckspannung mit hoher Kreislaufzahl unterliegt, erfolgt ein Bruch bei einem Spannungswert, der niedriger als der Wert der statischen Bruchspannung ist. In der Wirklichkeit liegen die Ergebnisse vieler Prüfungen statistisch gestreut, und ist es möglich, einen Wert zu bestimmen, der einer Bruchrate entspricht. Wählt man ein 10%iges Bruchrisiko, dann erhält man $\sigma_{D\text{-}1}$, das ein mögliches Bruchrisiko angibt. Man könnte einen anderen Wert für einen anderen Prozentsatz bestimmen.

Wir nehmen einen Wert für ein Bruchrisiko von 10% an und werden ihn mit σ_D angeben. Dieser Wert ist mit periodischer Spannung verbunden, d.h. mit dem Wert k, den wir schon aus Kap. 1 kennen. Dieser Spannungswert kann durch das Verhältnis statischer Bruchspannungen definiert werden. Dieser Bruch hängt von der Spannungsart ab, also von k. Die so bestimmte Spannung ist die Widerstandsspannung und wird wie folgt ausgedrückt:

$$\sigma_D = \sigma_R \, Y_C \qquad (6.024)$$

wobei Y_C (Widerstandsfaktor) durch die folgenden Gleichungen und Tabelle 6.2 gegeben ist:

Tabelle 6.2. Widerstandsfaktor

Stahltypen	K 1	K 2	K 3
Baustahl	0,7	0,45	0,675
Behandelter Stahl	0,432	0,41	0,697
Unlegierter Stahl	0,6	0,4	0,64

Für $-1 < k < 0$

$$Y_C = K_3 \, (1 + k) - K_2 \, k \, . \qquad (6.025)$$

Für $0 < k < 1$

$$Y_C = K_3 \left(1 - \frac{k}{K_1} \right) + \frac{k}{K_1} \, . \qquad (6.026)$$

Der Wert von Y_C ist auf 1 beschränkt.

6.6.2 Widerstandsverändernde Faktoren

Zuverlässigkeitsfaktor (Y_ϕ). Der Widerstand ist durch einen wahrscheinlichen Bruchprozentsatz von 10% definiert, das entspricht einer Zuverlässigkeit R von 0,90. Für verschiedene Zuverlässigkeitsgrade ist es nötig, die Widerstandsgrenze mit einem Faktor Y_ϕ zu korrigieren, der gegeben ist durch:

$$Y_\phi = 1{,}25 \, (1 - R)^{0,1} \qquad (6.027)$$

wobei R der gewünschte Zuverlässigkeitsfaktor ist.

Rauheitsfaktor (Y_R). Der Widerstand wird auf einem polierten Probestab bestimmt. Wenn die Rauheit der betrachteten Welle sich von der Probestabrauheit unterscheidet, ist auch der Widerstand verschieden. Man bestimmt also einen

Modifizierungsfaktor Y_R:

$$Y_R = A - B\,\sigma_R \ . \qquad\qquad (6.028)$$

Ist die Rauheit $R_t > 1\,\mu\mathrm{m}$, dann hat man:

$$A = 1{,}025 - 1{,}252 \cdot 10^{-3}\ R_t \qquad\qquad (6.029)$$

$$B = (0{,}8472 + 3{,}82 \cdot 10^{-2}\ R_t)\,10^{-4} \ . \qquad\qquad (6.030)$$

Ist die Rauheit $R_t < 1\,\mu\mathrm{m}$, dann hat man:

$$A = 1$$
$$B = 0 .$$

Kennt man die Rauheit nicht, so ist es möglich, die Werte zu benutzen, die in Tabelle 6.3 aufgelistet sind; sie sind abhängig von der Bearbeitungsart, so wie die Werte der letzten Spalte den Mittelwert der Rauheit R_t wiedergeben.

Tabelle 6.3. Konstanten für die Faktoren Y_R

Bearbeitungsweise	A	B	R_t
Hochglanzschliff	1	0	<1
guter Feinschliff	1,024	0,0000885	1
mittlerer Feinschliff	1,022	0,0000943	2,5
normaler Feinschliff	1,017	0,0001088	6,3
feines Schruppen	1,005	0,0001458	16
Schruppen	0,946	0,0003254	63
geschmiedet-laminiert (sorgfältig)	0,915	0,0004208	80
geschmiedet-laminiert (normal oder im feinen Sand gegossen)	0,904	0,0004553	100

Abmessungsfaktor (Y_X). Die Abmessung des Probestabes unterscheidet sich von der Größe der berechneten Welle. Die Dimension hat Einfluß auf den Widerstand, der die Abhängigkeit des Abmessungsfaktors Y_X berücksichtigt. Dieser Faktor hängt von dem Durchmesser der Welle in dem Abschnitt ab, der sich wie folgt berechnet:

$$Y_X = 1 - 0{,}2 \log \frac{d}{10} \ . \qquad\qquad (6.031)$$

6.6.3 Zulässige Kraft für eine unendliche Dauer $\sigma_{P\,Grenze}$

Aufgrund des bisher Gesagten drückt man die zulässige Kraft für eine unendliche Dauer folgendermaßen aus:

$$\sigma_{P\,Grenze} = \sigma_R \; Y_E \; Y_C \; Y_\phi \; Y_R \; Y_X \; . \tag{6.032}$$

Dieser Wert ist für die Anwendung einer großen Kreislaufzahl der Spannung gültig.

6.7 Zulässige Kraft (σ_P)

Die statisch zulässige Kraft gilt für eine Kreislaufzahl bis zu $5 \cdot 10^3$.
Die zulässige Kraft für eine unbegrenzte Dauer startet bei $5 \cdot 10^6$.
Die zulässige Kraft variiert in Abhängigkeit von der Spannungskreislaufzahl.
Die so erhaltene Kurve ist eine Wöhler-Kurve (Abb. 6.4).

Der Wert der zulässigen Kraft ist:

Für $N_L < 5 \cdot 10^3$ $\qquad$ $\sigma_P = \sigma_{P\,stat}$ $\quad$ Siehe Gleichung (6.023)

Für $5 \cdot 10^3 < N_L < 5 \cdot 10^6$

$$\sigma_P = \sigma_{P\,stat}\left(\frac{N_L}{5 \cdot 10^3}\right)^{\frac{1}{p}} \tag{6.033}$$

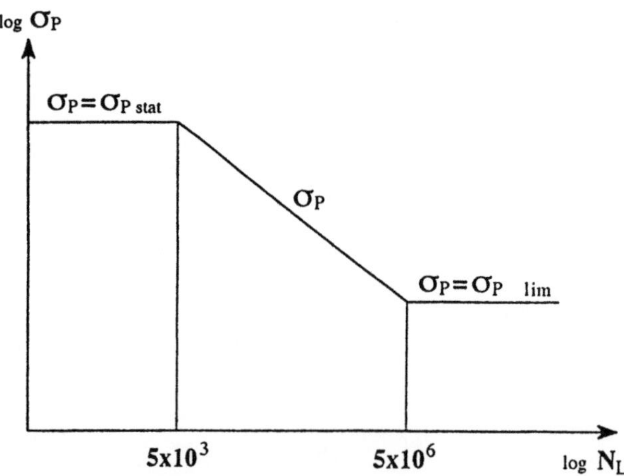

Abb. 6.4. Wöhler-Kurve für Wellen

mit:

$$p = - \frac{3}{\log \dfrac{\sigma_{P\,stat}}{\sigma_{P\,Grenze}}} \quad . \qquad (6.034)$$

Für $5 \cdot 10^6 < N_L$ $\qquad$ $\sigma_P = \sigma_{P\,Grenze}$ $\qquad$ Siehe Gleichung (6.032)

6.8 Spannungskonzentrationsfaktor (Y_β, Y_α)

6.8.1 Definition

Wie bereits oben gesagt, verursachen die Änderungen der Form oder des Abschnitts und Scherspannungen zusätzliche Spannungen zu den theoretisch berechneten Spannungen. Am Anfang waren diese Erwägungen bis zu dem Zeitpunkt nur empirisch, bis die mechanischen Werkstücke wegen der zulässigen Spannung an den berechneten Punkten, in denen Kerbeffekte auftraten, zerbrachen. Experimentelle Untersuchungen mit Photoelastizität haben es ermöglicht, die zusätzlich auftretenden Spannungen mehr oder weniger zu bestimmen. Nähere analytische Untersuchungen (z.B. die Theorie und die Berechnung mit endlichen Elementen) haben die verschiedenen Erkenntnisse verfeinern helfen. Eine Berechnung mit endlichen Elementen gäbe bessere Ergebnisse, aber solche Berechnungen benötigen gewöhnlich ein großes Aufgebot an technischen Hilfsmitteln (sehr leistungsstarke Computer, lange Rechenzeiten, große Schwierigkeiten bei der Berechnung der nötigen Grenzbedingungen usw.). Das führt zu der bevorzugten Verwendung von empirischen Formeln, die immer eine schnellerer Berechnungen ermöglichen. Der Faktor der Spannungskonzentration kann bestimmt werden, als Verhältnis der maximalen Kraft, erzeugt von einer Diskontinuität der Form, und der theoretisch kalkulierten Kraft in demselben Punkt. Es gibt einen statischen Faktor der Spannungskonzentration (durch $Y_{\alpha k}$ ausgedrückt) und einen Faktor der Konzentration der Grenzspannung (für eine hohe Kreislaufzahl bei einer periodischen Belastung und durch $Y_{\beta k}$ ausgedrückt). Es wird ein Index k für jede Drehspannung, Biegungs- oder Normalspannung, für die die Faktoren verschieden sind, angewandt.

6.8.2 Kerbempfindlichkeit (ρ^*)

Jeder Werkstoff hat eine Kerbempfindlichkeit, die von seiner statischen Bruchspannung σ_R abhängt, und diese ist gegeben durch:

$$\rho^* = 0{,}054 - 6 \cdot 10^{-6} \, (\sigma_R - 300) \quad . \qquad (6.035)$$

6.8.3 Kerbgradient ($s_{\sigma k}$)

In Annäherung an die Modifikationen eines Festkörpers, ändert sich die Spannung mit der Entfernung x. Der Schnittgradient ist die Relation zwischen der Tangente des Winkels, der Tangente an der Spannungsänderung in Abhängigkeit vom Abstand x und der maximalen Spannung, die die Perturbation verursacht. Dieser Gradient wird durch $s_{\sigma k}$ wiedergegeben (k steht für die Spannungsart). Dieser Faktor ist charakterisiert durch die Schnittperturbation, genau wie der Faktor der Grenzspannungskonzentration.

6.8.4 Kerbfaktor ($v_{\sigma k}$)

Dieser Faktor ist gegeben durch das Verhältnis der Faktoren der statischen Spannungskonzentration und dem Faktor der Grenzspannungskonzentration. Man erhält:

$$Y_{\alpha k} = v_{\sigma k}\ Y_{\beta k} \tag{6.036}$$

und

$$v_{\sigma k} = 1 + \sqrt{\rho^{\,*}\ s_{\sigma k}}\ . \tag{6.037}$$

6.8.5 Wert der zulässigen Grenzspannungskonzentration und des Kerbgefälles

Stirnwelle ohne Kerbe. In diesem Fall hat man $Y_\beta = 1,00$ und $s_{\sigma k} = 0,000$.

Zylinder mit Nuten (oder mehr als zwei Hohlkehlen bei Keilen).
– Bei Biegung:

$$Y_{\beta b} = 3,9 \cdot 10^{-7}\ \sigma_R^2 + 4,9 \cdot 10^{-5}\ \sigma_R + 1,55\ . \tag{6.038}$$

– Bei Drehung

$$Y_{\beta t} = 3,25 \cdot 10^{-7}\ \sigma_R^2 + 4,1 \cdot 10^{-5}\ \sigma_R + 1,3\ . \tag{6.039}$$

– Bei Drehung-Druckspannung

$$Y_{\beta n} = 1,00\ .$$

In allen Fällen hat man:

$$s_{\sigma k} = \frac{2}{d} \tag{6.040}$$

wobei d der äußere Durchmesser der Welle ist.

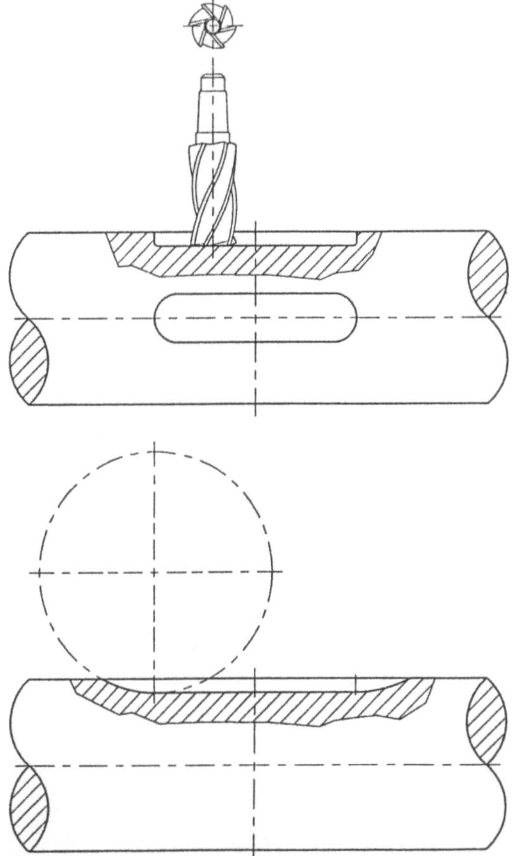

Abb. 6.5. Hohlkehlen bei Keilen

Zylinder mit einer oder zwei Longitudinalnuten. (b = Biegung, t = Drehung, n = Zug-Druckspannung)

Für eine Hohlkehle, die mit einem Fingerfräser erzeugt wurde:

$$Y_{\beta b} = 2{,}8 \cdot 10^{-7}\ \sigma_R^2 + 2{,}48 \cdot 10^{-4}\ \sigma_R + 1{,}7 \tag{6.041}$$

$$Y_{\beta t} = \frac{Y_{\beta b}}{1{,}2} \tag{6.042}$$

$$Y_{\beta n} = 1{,}00 \tag{6.043}$$

$$s_{\sigma k} = \frac{2}{d} \tag{6.044}$$

d ist der Außendurchmesser der Welle und $k = b$, bzw. gleich t oder n.
Für eine andere Art von Fräser:

$$Y_{\beta b} = 2{,}80 \cdot 10^{-7}\, \sigma_R^2 + 2{,}48 \cdot 10^{-4}\, \sigma_R + 1{,}5 \qquad (6.045)$$

$$Y_{\beta t} = \frac{Y_{\beta b}}{1{,}2} \qquad (6.046)$$

$$Y_{\beta n} = 1{,}00 \qquad (6.047)$$

$$s_{\sigma k} = \frac{2}{d} \cdot \qquad (6.048)$$

Zylinder mit halbkreisförmiger Hohlkehle [1]

Bei Biegung ($k=b$)	$K_1= 0{,}715$	$K_2=2$
Bei Drehung ($k=t$)	$K_1= 0{,}365$	$K_2=1$
Bei Zug ($k=n$)	$K_1= 1{,}197$	$K_2=1{,}871$

$$K_p = \sqrt{\frac{t}{r}\,\frac{d/D}{1-d/D} + 1} - 1 \qquad (6.049)$$

$$K_q = \sqrt{\frac{t}{r}} \qquad (6.050)$$

$$s_{\sigma b} = \frac{2}{r} + \frac{2}{d} \qquad (6.051)$$

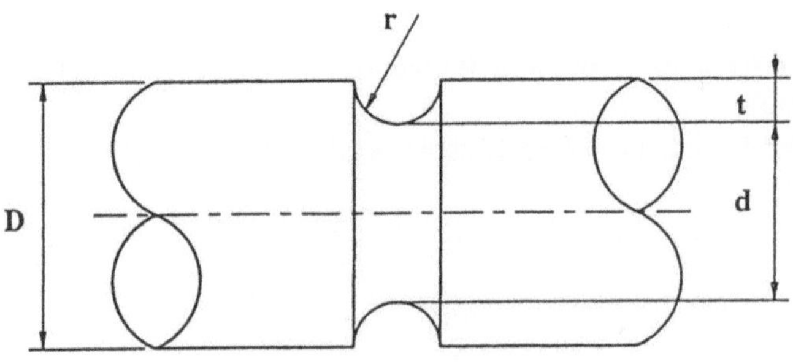

Abb. 6.6. Hohlkehle mit halbkreisförmigem Profil

---

[1] H. NEUBERT - Kerbspannungslehre (Springer - 1958)
R.E. PETTERSON (1974), HOTTENROTT (1952)

$$s_{\sigma t} = \frac{1}{r} + \frac{2}{d} \qquad (6.052)$$

$$s_{\sigma n} = \frac{2}{r} \qquad (6.053)$$

$$\beta = \sqrt{\left(\frac{1}{K_1\,K_p}\right)^2 + \left(\frac{1}{K_2\,K_q}\right)^2} \qquad (6.054)$$

$$Y_{\beta k} = \frac{1+\beta}{\beta} \ . \qquad (6.055)$$

Zylinder mit Einzelabsatz[2]

Wie für die halbzylinderförmige Hohlkehle, aber:

$k=b$	$K_1=0{,}541$	$K_2=0{,}843$
$k=t$	$K_1=0{,}263$	$K_2=0{,}843$
$k=n$	$K_1=0{,}880$	$K_2=0{,}843$

$$s_{\beta b} = \frac{2}{r} + \frac{4}{d+D} \qquad (6.056)$$

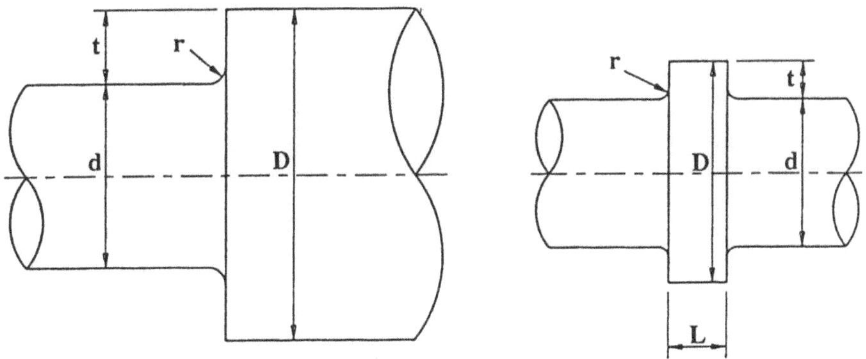

Abb. 6.7. Einzel-und Doppelabsatz

---

[2] Biegung: M.M. FROCHT (1966), I.H. WILSON e D.J. WHITE (1973), I.M. ALLISON (1952).
Drehung: E. HOTTENROTT (1952), M. FESSLER, C.C. ROGERS and J.P.STANLEY (1969).
Zug: LIPSON and JULINVALL (1963), CHIH BING LING (1968), M. FESSLER, C.C. ROGERS and J.P.   STANLEY.

$$s_{\sigma t} = \frac{1}{r} + \frac{4}{d + D} \qquad (6.057)$$

$$s_{\sigma n} = \frac{2}{r} \ . \qquad (6.058)$$

Zylinder mit Doppelabsatz. Ist $L > 2\,d$, dann erfolgt die Berechnung wie im vorigen Abschnitt beschrieben. Andererseits wählt man:

$$D = d + 0{,}3 \ L \ .$$

6.8.6 Faktor der statischen Spannungskonzentration (Y_α)

Mit den gegebenen Werten aus dem vorigen Abschnitt (zulässige der Spannungskonzentration und Kerbgefälle) ist es möglich, den Faktor der statischen Spannungskonzentration zu berechnen:

$$v_{\sigma k} = 1 + \sqrt{\rho^* \, s_{\sigma k}}$$

$$Y_{\alpha k} = Y_{\beta k} \, v_{\sigma k} \ .$$

6.9 Formfaktor (Y_F)

Die zulässige Spannung bei Biegung oder Zug ist verschieden von der zulässigen Spannung bei statischem Zug. Dieser empirische Unterschied wird durch den Modifikationsformfaktor hervorgerufen. Dieser Faktor hängt von der Schnittform (in Wellen ist dieser Schnitt kreisförmig), von dem Faktor der statischen Spannungskonzentration bezüglich des Schnitts und von der statischen Spannung des Zugs bei dem Werkstoff ab. Man erhält:

$$Y_{Fk} = 1 + 0{,}75 \left(\frac{C}{Y_{\alpha k}} - 1 \right) \left(\frac{500}{\sigma_R} \right)^{0{,}25} \qquad (6.059)$$

wobei:

$C = 1{,}7$ für die Biegung eines halbkreisförmigen Schnitts
$C = 1{,}3$ für die Drehung

Bei Zug ist der Formfaktor gleich 1. Wenn bei der Berechnung (s. 6.059) ein Ergebnis kleiner 1 erreicht wird, dann setzt man den Wert gleich 1.

6.10 Reale Spannung (σ_k)

Die reale Spannung hängt von der theoretischen Spannung, den Formfaktoren und den Spannungskonzentrationsfaktoren ab. Da der letzte Wert variabel aufgrund der Kreislaufzahl ist, folgt daraus, daß die reale Spannung von der Kreislaufzahl abhängt. Die Änderung des Spannungskonzentrationsfaktor variiert von dem statischen Wert bis zu den Grenzwerten σ_{Pk} nach dem Wöhler-Gesetz.

Für $N_L < 5 \cdot 10^3$

$$\sigma_{Pk} = \frac{\sigma_R\ Y_E\ Y_{Fk}}{Y_{\alpha k}} \tag{6.060}$$

für $5 \cdot 10^3 < N_L < 5 \cdot 10^6$

$$\sigma_{Pk} = \frac{\sigma_R\ Y_E\ Y_{Fk}}{Y_{\alpha k}} \left(\frac{N_L}{5 \cdot 10^3}\right)^{\frac{1}{3}\log\ v_{\sigma k}\ y_R\ y_x\ y_c\ y_\phi} \tag{6.061}$$

für $5 \cdot 10^6 < N_L$:

$$\sigma_{Pk} = \frac{\sigma_R\ Y_E\ Y_{Fk}\ Y_R\ Y_x\ Y_c\ Y_\phi}{Y_{\beta k}} \quad . \tag{6.061bis}$$

6.11 Sicherheitsfaktoren

6.11.1 Einfache Spannung

Für jede einfache Spannung ist der Sicherheitsfaktor der Quotient der zulässigen Spannung und der realen Spannung:

$$S_k = \frac{\sigma_{Pk}}{\sigma_k} \quad . \tag{6.062}$$

Wir erinnern uns daran, daß der Index k durch b ersetzt wird, wenn es sich um Biegung handelt, und durch n wenn es sich um Zug-Druckspannung handelt. Für die Drehung hat man:

$$S_k = \frac{\tau_P}{\tau} \quad . \tag{6.063}$$

6.11.2 Spannung bis zur Bezugsspannung verkleinert

Die zulässige Spannung variiert je nach Art der Spannung, in Abhängigkeit von der Welle in einem bestimmten Abschnitt. Um zwischen den realen Spannungen zu vergleichen, wählt man eine einzelne willkürliche Bezugsspannung, die (σ_{bez}) genannt wird. Die Spannung auf die Bezugsspannung reduziert, ist eine theoretische Spannung, die die gleiche Zuverlässigkeit wie die Bezugsspannung aufweist, wie die reale Spannung gegenüber der zulässigen Spannung:

$$S_k \ = \ \frac{\sigma_{Pk}}{\sigma_k} \ = \ \frac{\sigma_{bez}}{\sigma_{red}} \ . \qquad (6.064)$$

So wird:

$$\sigma_{red} \ = \ \frac{\sigma_{bez}}{S_k} \ . \qquad (6.065)$$

Bei Drehung hat man:

$$S_t \ = \ \frac{\tau_P}{\tau} \ = \ \frac{\tau_{bez}}{\tau_{red}} \ . \qquad (6.066)$$

Für die Beziehung zwischen der statischen Zugspannung und der statischen Scherspannung (Drehung) gilt:

$$\tau_{red} \ = \ \frac{\sigma_{bez}}{\sqrt{3}\, S_t} \ . \qquad (6.067)$$

6.11.3 Zusammensetzung der Spannungen mit gleicher Richtung

Die Spannungen mit gleicher Richtung können algebraisch summiert werden. Wenn man den Sicherheitsfaktor für alle Spannungen kennen will, dann kann man sie nicht mit den zulässigen Spannungen vergleichen, da diese sich mit der Spannungsart ändern. Um die Summe mit einem gemeinsamen Wert zu vergleichen, betrachtet man die reduzierten Spannungen. Die sich ergebende Spannung kann mit der Bezugsspannung verglichen werden. Das ergibt:

$$\sigma_{red\,x} \ = \ \sum_{i=1}^{n} \sigma_{red\,i} \le \ \sigma_{bez} \ . \qquad (6.068)$$

Die Bestimmung der reduzierten Spannung ergibt:

$$\frac{1}{S_x} \ = \ \sum_{i=1}^{n} \frac{1}{S_{xi}} \le 1 \ . \qquad (6.069)$$

6.11.4 Spannungen mit irgendeiner Richtung

In einem realen Festkörper trifft man oft auf eine Verteilung der Spannungen im Raum. In der Abb. 6.8 ist die Spannungsverteilung in einem Punkt des Abschnitts gezeigt.

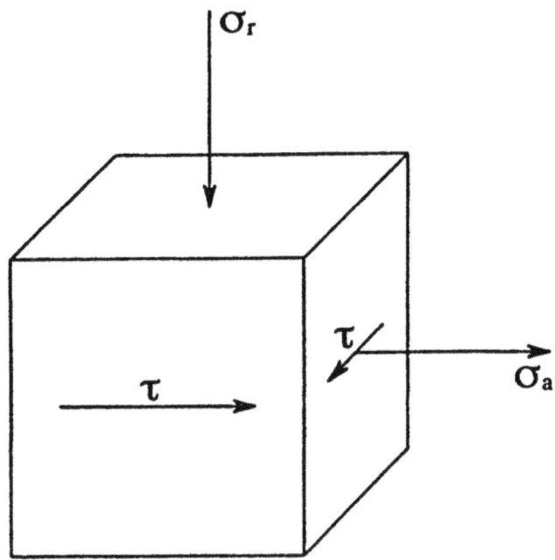

Abb. 6.8. Spannungen in einem Punkt

Die Spannung σ_r repräsentiert alle Spannungen radial zu der Welle in diesem Punkt, und die Spannung σ_a zeigt alle Axialspannungen in diesem Punkt. Nach dem im vorigen Abschnitt Gesagten zeigt sich, daß diese Spannungen die reduzierten Spannungen sind, resultierend aus der Summe der verschiedenen, reduzierten Spannungen.

Die Spannung τ ist die reduzierte Spannung der Drehspannungen.

Die Vergleichsspannung ist nach dem HENCY - VON MISES Prinzip gegeben:

$$\sigma_{red} = \sqrt{\left(\frac{\sigma_{bez}}{S_r}\right)^2 + \left(\frac{\sigma_{bez}}{S_a}\right)^2 - \left(\frac{\sigma_{bez}}{S_r}\right)\left(\frac{\sigma_{bez}}{S_a}\right) + 3\left(\frac{\sigma_{bez}}{\sqrt{3}\, S_t}\right)^2} \qquad (6.070)$$

oder

$$\frac{1}{S} = \sqrt{\left(\frac{1}{S_r}\right)^2 + \left(\frac{1}{S_a}\right)^2 - \left(\frac{1}{S_r}\right)\left(\frac{1}{S_a}\right) + \left(\frac{1}{S_t}\right)^2} \quad . \qquad (6.071)$$

In einer Welle gibt es i. allg. Radialspannungen der Druckspannung (z.B. die Schrumpfverbindungen).

$$\frac{1}{S_r} = \frac{1}{S_{Interferenz}} \quad .$$

Dieser Wert ist Null, wenn es keine Schrumpfverbindung in dem betrachteten Punkt gibt. Die Axialspannung ist das Ergebnis der Spannung, die sich aus der Biegung und aus der Spannung bei Axialbelastung ergibt.

Mit dem Index b für die Biegung und dem Index n für die Axialspannung erhalten wir:

$$\frac{1}{S_a} = \frac{1}{S_b} + \frac{1}{S_n} \; .$$

Im betrachteten Abschnitt ist die Elastizität der Welle gegeben durch:

$$S \geq S_{Grenze} \; . \tag{6.072}$$

6.11.5 Durch ein Belastungsspektrum erzeugte Spannungen

Wenn in einem Abschnitt eine Spannung durch ein Belastungsspektrum induziert wird, dann ist es möglich, den Gesamtwert unter Berücksichtigung der Verwendung einer äquivalenten Belastung (Miner-Regel) zu berechnen.

Diese Spannungen, die von einem Belastungsspektrum bestimmt werden, müssen nur bei periodischer Spannung betrachtet werden. Dies ist der Fall, in dem sich eine Spannung in Abhängigkeit von einem periodisch variabel Drehmoment oder eine Spannung in Abhängigkeit von einem nicht periodischen Drehmoment, bei dem die sich die Welle in Relation zur Spannung dreht, ergibt. Im letzten Fall geht die Biegungsspannung bei jeder Drehung der Welle von der positiven Zugspannung in die negative Druckspannung über. Wenn die Spannung nicht periodisch ist, betrachtet man die Einzelspannung, die sich bei Höchstbelastung ergibt. Ist die Spannung periodisch, dann wendet man die Miner-Regel auf die betrachtete Spannung an. So kann man das Moment äquivalent zu dem aus dem Spektrum entstandenen Drehmoment (im Falle von Drehung oder Biegung) und die äquivalente Kraft, die die Kräfte des Spektrums wiedergibt (im Falle von Zug-Druckspannung), berechnen.

$$M_{equi} = \left[\sum_{1}^{j} \frac{\Delta N_i}{N_{equi}} \, M_i^{p'} \right]^{1/p'} \tag{6.073}$$

mit

$$p' = \frac{3}{\log \dfrac{M\alpha}{M\beta}} \; . \tag{6.074}$$

In dieser Beziehung:

$$M\alpha = 0,1 \, d^3 \, \sigma_{P\,stat} \tag{6.075}$$

und

$$M_\beta = 0{,}1\, d^3\, \sigma_{P\,Grenze}\ .\tag{6.076}$$

Ist $M_i < M_\beta$, dann betrachtet man diese Komponente des Spektrum nicht. Man betrachtet nur j Komponenten, die größer als das zulässige Drehmoment sind.

Es ist möglich, diese Überlegung mit einigen Abänderungen auch bei Drehung und bei Zug-Druckspannung einzusetzen.

Die so erhaltene äquivalente Spannung wird als konstant betrachtet.

6.12 Wichtigkeit der Spannungskonzentration

Wenn man die Spannungskonzentration mit Hilfe der vorher aufgestellten empirischen Formeln berechnet, erhält man Werte, die ähnlich zu denen aus der Rechnung mit endlichen Elementen sind. Diese Werte nähern sich gut der physikalischen Wirklichkeit.

Wir nehmen als Beispiel eine Welle aus 18CrNiMo6 Stahl mit dem Durchmesser 100mm und berechnen einige Diskontinuitätseffekte für Form und Größe.

Wie betrachten den Fall einer Hohlkehle bei Paßfedern, die mit einem Fingerfräser erzeugt wurde:
statischer Spannungskonzentrationsfaktor = 2,37

$$\text{Grenze}\ =\ 2{,}30\ .$$

Für ein anderen Frästyp:
statischer Spannungskonzentrationsfaktor = 2,16

$$\text{Grenze}\ =\ 2{,}10\ .$$

Bei Hohlkehlen erhalten wir einen Wert von 2,12 bzw. 2,06.

Wenn wir einen Absatz von 110 mm (Schulterhöhe = 5 mm) betrachten, erhalten wir die Werte einer Funktion der Anschlußradien zwischen den zwei Tragkräften mit unterschiedlichen Radien (Tabelle 6.4).

Tabelle 6.4 Faktoren der Spannungskonzentration

Radius	Konzentrationsfaktor		% Sicherheitsfaktor	
	statisch	begrenzt	statisch	begrenzt
Glatte Welle	1	1	100	100
5	1,94	1,7	51,5	58,8
2	2,45	2,14	40	46,8
1	3,02	2,64	33	37,8
0,1	7,2	6,3	14	15,8

Bei diesen Beispielen erkennt man die Wichtigkeit dieser Faktoren, die nie vernachlässigt werden können; zusätzlich erkennt man auch die Wichtigkeit der Anschlußradii im Verhältnis der Durchmesseränderungen. Eine schlechte Wahl (oder eine schlechte Ausführung) dieser kann die Sicherheit so vermindern, daß es zu unerwarteten Brüchen kommen kann.

6.13 Design einer Welle

Eine widerstandsfähige Welle ist idealerweise eine ohne Kerben und ohne Veränderungen des Durchmessers. In den meisten Fällen werden diese Bedingungen nicht erfüllt. Die Gründe dafür sind zahlreich. Wir zählen die wichtigsten auf. Zuerst betrachten wir die Verarbeitungsbedingungen. Die verschiedenen Teile, aus denen die Welle besteht, haben genau bestimmte Rollen, daher erfordern sie auch unterschiedliche Aufmerksamkeit während der Herstellung. Für jene Wellenstükke, die die Lager tragen oder mit diesen verbunden werden, ist es nötig auf eine höhere Genauigkeit der Abmessungen und einen besseren Oberflächenzustand zu achten, als bei den Teilen der Welle, die nur die Aufgabe haben, das Drehmoment zu übertragen. Es wäre unwirtschaftlich, alle Stücke mit der gleichen höchsten Genauigkeit herzustellen.

Um bei der Herstellung, Teile mit verschiedene Toleranzen zu erhalten, muß es möglich sein, diese mit differenzierten Durchmessern herstellen zu können.

Schultern müssen auf der Welle sein, um die genaue Stellung jedes von der Welle getragenen Stücks zu beschränken, um die Übertragung der Längskräfte, die von den getriebenen Werkstücken verursacht werden, zu übertragen und um die Verlagerung der getriebenen Komponenten im Falle von Lagerverschiebungen und Schrumpfungen bei Elementen zu verhindern.

Hohlkehlen bei Keilen oder Nuten sind nötig, um die Bewegung auf der Welle übertragen zu können oder Drehmomente verhindern zu können. Die Paßfedern erleichtern die Demontage, und Nuten erlauben sowohl einen leichteren Zusammenbau als auch eine leichtere Demontage und manchmal die Axialumstellung des getriebenen Werkstücks. Der Konstrukteur der Welle ist also verpflichtet, auf solche Diskontinuitäten zu achten und so weit wie möglich zu verhindern und ganz besonders seine Aufmerksamkeit darauf richten, daß es nicht zu plötzlichen Veränderungen des Durchmessers kommt.

Ist die Unterschied zwischen zwei Durchmesser zu groß, dann wird es notwendig, kleine progressiven Änderungen herzustellen anstatt einer großen. Es ist zweckmäßig, Kegelanschlüsse zwischen zwei Zylindern mit verschiedenen Durchmessern herzustellen, wenn es die Länge erlaubt. In allen Fällen soll der Anschlußradius so groß wie möglich sein. Einige Werkstücke benötigen genau abgestimmte Absätze, um Anschlüsse genügend stark zu begrenzen. In diesem Fall ist ein zusätzlicher Ring die beste Lösung. Dieser Ring sollte zwischen die Welle und das Werkstück gebaut werden, wobei der Radius der Welle in Abhängigkeit vom Widerstand bemessen sein sollte, und der Ringanschlag sollte eine ausreichende Weite haben.

Zu enge Hohlkehlen verhindern die nötige Weite der Anschlüsse. Hohlkehlen bei Sicherungsringen werden gebraucht, um Werkstücke axial zu fixieren.

Solche Hohlkehlen rufen starke Konzentrationen von Kräften/Spannungen hervor, die es aber, wenn möglich, zu vermeiden gilt. Wenn sie sich nicht vermeiden lassen, muß man versuchen, sie in einem Gebiet zusammenzusetzen, in dem die Welle wenig belastet ist (z.B. in der Nähe der Auflagen eines nicht zur Drehung unterstützten Gebiets) und die Sicherungsringe mit einem Zwischenring zu verbinden. Einzelhohlkehlen sind schädlicher als Mehrhohlkehlen, die nebeneinander liegen. Wo eine Hohlkehle bereits vorhanden ist, sollte man ähnliche Hohlkehlen hinzufügen.

In diesem Fall kann man große Spannungskonzentrationen auf ein Gewinde vermeiden. Außerdem kommt es auch zu Spannungskonzentrationen in der Nähe eines mit der Welle verbundenen Werkstücks. Um dies teilweise zu vermeiden, ist es gut, die Hohlkehlen auf der Bohrung des Werkstücks, dessen Welle in der Nähe des Bohrungsende eingespannt ist, zu haben. Es sprengt den Rahmen dieses Buchs, alle möglichen Fälle, die auftreten können, zu beschreiben.

Der Konstrukteur muß sich über die Wichtigkeit der Spannungskonzentrationen im Klaren sein und dafür alle notwendigen Maßnahmen treffen, um diese Effekte abzuschwächen.

6.14 Wellenverformungen

Der Werkstoffwiderstand ermöglicht eine Theorie über die Verformungen der Wellen aufzustellen. Die sich daraus ergebenden Rechnungen sind oft lang und schwierig. Die Verformungen in einem Punkt der Wellenachse können direkt kalkuliert werden, wenn man die Bedingungen des Drehmoments, der Schnittkraft, der Schnittumdrehung und die Umstellung der zu betrachteten Enden als Ursprungspunkt, gewöhnlich bei Auflage festgestellt, kennt. Bei Wellen ist es immer möglich, eine einfache Auflage an der Welle zu finden. Falls notwendig, toleriert man ein überhängendes Teil gegenüber dem Lager, auf das keine Kraft wirkt. In diesem Fall sind die Schnittkraft, das Biegemoment und die Biegung an dem gewählten Ende null. Es bleibt nur die Schnittumdrehung, die wir mit θ_0 darstellen, zu berücksichtigen. Auf der anderen Seite des Schnitts, an der sich der Ursprung befindet, wird die Welle von Kräften (die Reaktion der Auflage inbegriffen) und von auf der Welle aufgebrachten Außendrehmomenten unterstützt. Man betrachtet P_i und M_i bzw. die Kräfte und die Drehmomente, die sich an dieser Seite der Welle befinden, und a_i die Entfernung der Kraft, P_i die Entfernung des Trägers und b_i die Entfernung des Drehmoments. Wenn verteilte Kräfte aufgebracht werden, ergibt sich die verteilte Kraft zu q_i. Die Abszissen der Endpunkte des Intervalls sind c_i bzw. d_i.

Folglich erhält man :

$$A_1 = \Sigma M_i \frac{(x - a_i)}{1!} \qquad (6.077)$$

$$A_2 = \Sigma P_i \frac{(x - b_i)^2}{2!} \qquad (6.078)$$

$$A_3 = \Sigma q_i \frac{(x - c_i)^3}{3!} \qquad (6.079)$$

$$A_4 = \Sigma q_i \frac{(x - d_i)^3}{3!} \qquad (6.080)$$

$$B_1 = \Sigma M_i \frac{(x - a_i)^2}{2!} \qquad (6.081)$$

$$B_2 = \Sigma P_i \frac{(x - b_i)^3}{3!} \qquad (6.082)$$

$$B_3 = \Sigma q_i \frac{(x - c_i)^4}{4!} \qquad (6.083)$$

$$B_4 = \Sigma q_i \frac{(x - d_i)^4}{4!} \ . \qquad (6.084)$$

Die Rotation wird wie folgt ausgedrückt:

$$\theta_x = \theta_0 + \frac{1}{EJ}(A_1 + A_2 + A_3 - A_4) \qquad (6.085)$$

und die Elongation:

$$w_x = \theta_0 \, x + \frac{1}{EJ}(B_1 + B_2 + B_3 - B_4) \qquad (6.086)$$

wobei
E = Elastizitätsmodul des Werkstoffs,
J = Trägheitsmoment des betrachteten Schnitts,
$J = \pi \, d^4/64$.

Für die Wellen mit variablem Schnitt wird die selbe Formel angewandt, aber mit den Kräften P_{si} und Drehmomenten M_{si} bei jeder Schnittänderung ergänzt:

$$P_{si} = Q_{si}\left(\frac{J}{J_{i+1}} - \frac{J}{J_i}\right) \tag{6.087}$$

$$M_{si} = M_{xi}\left(\frac{J}{J_{i+1}} - \frac{J}{J_i}\right) . \tag{6.088}$$

Man betrachtet Q_{si} als Schnittkraft und M_{xi} als Biegemoment in dem Schnitt, in dem die Änderung erfolgt. J ist das Trägheitsmoment einer äquivalenten Welle mit willkürlich konstantem Schnitt. Dieses wird in der Gleichung für die Biegung und das Drehmoments gebraucht, während J_{i+1} und J_i die Trägheitsmomente der Schnitte vor und nach der Änderung sind.

Die erhaltene Biegung entspricht der realen Welle. Im Bereich der Zahnradgetriebe kann die Biegungsberechnung interessant sein. In der Tat haben wir gesehen, daß die Zahnräder sehr von den Verformungen, die die reale Berührung zwischen den Zähnen hervorruft, beeinflußt werden. Wenn die empirischen in der Norm erhaltenen Formeln nicht anwendbar sind, ist es nötig, diese Verformungen zu berechnen. Wenn man longitudinale Änderung (Balligkeit) erreichen will, wird es auch notwendig, die Verformung zu berechnen. Zu ihr werden die Drehverformungen hinzugefügt, die für einen Zylinder mit konstantem Schnitt und Länge l gelten:

$$\psi_t = \frac{T_i\, l}{G\, I_0} . \tag{6.089}$$

Der Winkel wird in Radiant angegeben, G ist der Modul der Querelastizität (80000 MPa für Stähle), und I_0 ist der Polarträgheitsmoment des Schnitts ($I_0 = \pi\, d^4/32$).

7 Verbindungen Welle-Nabe und Nabe-Welle

7.1 ISO System der Toleranzen

Bei der Produktion von Wellen und Naben muß Präzisionsarbeit geleistet werden, was naturgemäß auch die Produktionskosten erhöht; deshalb muß man Änderungen bzw. gewünschte Abmessungen genau unter dem Kostenaspekt betrachten. Die angezeigte Abmessung, die als Bezugsabmessung dient, ist die Nominalabmessung. Die Umstellungen bezüglich dieser Abmessung werden um so kleiner sein, desto höher der geforderte Genauigkeitsgrad ist, auch wenn dies eine große Kostensteigerung mit sich bringt. Ein weiterer Grund, der zu einer Umstellung der Nominalabmessung führt, besteht aus der Möglichkeit bei der Herstellung von Kupplungen Welle-Nabe, den Zusammenbau und das Abmontieren zu gewährleisten oder nicht. Es geht nicht um die Frage, Toleranzen einer der Komponenten zu akzeptieren, sondern es sind Kupplungen herzustellen, entweder festgezogene oder mit Spiel, abnehmbar oder nicht, in Abhängigkeit von den Betriebserfordernissen. Die Toleranzen sind in einer ISO Norm festgelegt, die sich auf die folgenden Prinzipien gründet:

(1) Die Qualitäten werden durch Zahlen von 1 bis 16 klassifiziert; die höchste Zahl entspricht der untersten Qualitätsstufe. Es wurden Qualitäten geschaffen, die den Werten 0 und 01 entsprechen, dies entspricht einem sehr hohen Genauigkeitsgrad.

(2) Die Durchmesser sind durch verschiedene Intervalle klassifiziert. Der mit dem geometrischen Mittel berechnete Durchmesser kennzeichnet dieses Intervall für die Toleranzberechnung.

(3) Für jede Qualität und jedes Intervall der Durchmesser wird ein Toleranzgebiet bestimmt. Dieses Gebiet wird durch den tolerierbaren Unterschied zwischen der Maximal- und der Minimalabmessung für dieses Durchmesserintervall und für diese Qualität bestimmt. Die Grundlage für diese Berechnung ist die Bestimmung der Toleranzen mit Hilfe der folgenden Formel:

$$i = 0{,}45 \sqrt[3]{d_{bez}} + 0{,}001 \, d_{bez} \; . \tag{7.001}$$

Für die Qualität gilt: Das Toleranzintervall ist ein Vielfaches von i (Tabelle 7.1).

Tabelle 7.1. Intervalle der ISO Toleranzen

IT5	IT6	IT7	IT8	IT9	IT10
7i	10i	16i	25i	40i	64i

IT11	IT12	IT13	IT14	IT15	IT16
100i	160i	250i	400i	640i	1000i

Die unteren Abweichungen sind *ei* und *Ei* für die Bohrung und die Welle. Die oberen Abweichungen sind *es* bzw. *Es* für die Welle und die Bohrung: Die Abweichungen werden durch die Differenz zwischen Real- und der Nominalabmessung bestimmt.

(4) Die unteren und oberen Abweichungen liegen in Relation zu einer Linie, der Nullinie, die dem Nominaldurchmesser entspricht. Die Position dieser Abweichungen kann sich für jede Qualität von einer extrem negativen zu einer extrem positiven Stellung ändern. Die Position der Abweichungen wird mit einem Buchstabe des Alphabets von *a* bis *z* für die Welle und von *A* bis *Z* für die Bohrungen gekennzeichnet. Die mit *A* gekennzeichneten Abweichungen entsprechen der extrem positiven Position für die Bohrungen. Die verschiedenen Positionen, die mit Buchstaben gekennzeichnet werden, werden durch Formeln ausgedrückt. Trotzdem bemerken wir einige Besonderheiten. Der Abweichung, die mit *h* für die Welle gekennzeichnet ist, ist so positioniert, daß die obere Abweichung Null ist; die untere Abweichung wird also -IT sein. Die Bohrposition *H* entspricht einer unteren Abweichung gleich Null und einer oberen Abweichung gleich +IT. Eine besondere Abweichung wird mit *js* gekennzeichnet. Für die obere Abweichung gilt +0,5IT und für die untere Abweichung -0,5IT.

Die Norm gibt in ausführlichen Tabellen alle Abweichungen an. Der Bezug für eine bestimmte Abweichung ist von der Art 100 s6 für Wellen und von der Art 100 H7 für Bohrungen. Als Ergebnis erhält man: Nominaldurchmesser 100, Position *s* für die Welle oder H für die Bohrung und Qualität 6 für die Welle oder Qualität 7 für die Bohrung. Diese Beziehungen sind in den Normtabellen für die Werte der unteren und oberen Abweichungen zu finden, diese sind (in dem gegebenen Beispiel):

Für die Welle	untere Abweichung (*ei*)	= +71 µm
	obere Abweichung (*es*)	= +93 µm
	IT 6	= 22 µm
Für die Bohrung	untere Abweichung (*Ei*)	= 0 µm
	obere Abweichung (*Es*)	= +35 µm
	IT7	= 35 µm

Wenn beide Werkstücke (Welle und Bohrung) eine Kupplung bilden, dann wird diese durch 100 H7s6 gekennzeichnet. Wenn diese Toleranzen auf einer Ebene ausgedrückt werden, dann ist es notwendig, die letzte Abweichung bei der Welle oder der Bohrung zwischen den Werten $d + ei$ (oder Ei) und $d + es$ (oder Es) zu beschränken. Es ist also klar, daß es schwieriger ist, eine Verarbeitung mit Qualität 3 statt eine mit Qualität 8 zu verwirklichen. Der Stückpreis des Werkstücks wird sich unweigerlich erhöhen. Werden Toleranzen festgelegt, dann muß man das oben Gesagte berücksichtigen und genaue Toleranzen nur fordern, wenn besondere Erfordernisse bei der Verarbeitung es notwendig machen.

Für die Kupplung Welle-Bohrung wird das Spiel betrachtet, das von der Differenz zwischen der Bohr- und der Wellenabmessung bestimmt wird. Wenn e die reale Abweichung für die Welle und E die reale Abweichung für die Bohrung sind, dann wird diese Differenz das reale Spiel $j = (E - e)$. So ist es möglich, ein Minimal- und ein Maximalspiel zu bestimmen. Das Minimalspiel wird von der Differenz zwischen Mindestdimension der Bohrung und Höchstdimension der Welle bestimmt. Man erhält:

$$j_{min} = Ei - es.$$

Das Maximalspiel ist die Differenz zwischen der Höchstdimension der Bohrung und der Mindestdimension der Welle. Man hat also:

$$j_{max} = Es - ei \quad .$$

Zum Beispiel für die Kupplung 100 H7s6 erhält man:

$$j_{min} = 0 - 93 = -93 \ \mu m$$

$$j_{max} = 35 - 71 = -36 \ \mu m.$$

In diesem Fall wird ihr Spiel mit negativem Vorzeichen definiert. Folglich erhält man:

$$s_{max} = -j_{min}$$

$$s_{min} = -j_{max} \quad .$$

Die Kupplungen mit positivem Spiel sind Kupplungen, deren Komponenten sich in einer Beziehung zu einer anderen bewegen. Konsequenterweise sind die rotierenden und rutschenden Kupplungen auseinandernehmbar. Kupplungen mit einem negativen Vorzeichen bestehen aus nicht auseinandernehmbaren Elementen, die in Verbindung zu anderen stehen. Kupplungen mit einem negativen Minimalspiel und mit einem positiven Maximalspiel sind unsicher, sie sind gewöhnlich auseinandernehmbar, weil es unmöglich ist, eine Verlagerung ihrer Elementen zu garantieren.

Die Hauptintervalle der Durchmesser sind in Tabelle 7.2 angegeben.

Tabelle 7.2. Tabelle der Durchmesser

größer	bis zu
10	18
18	30
30	50
50	80
80	120
120	180
180	250
250	315
315	400
400	500

7.2 Rauheitsmessung

Bei mechanischer Verarbeitung erhält man gewöhnlich nicht vollkommen glatte Oberflächen. Wenn man eine Linie, die auf der erhaltenen Oberfläche gezeichnet ist, betrachtet, bemerkt man eine Reihe von Spitzen und Tälern, die durch kleinere Intesitätsgrade als die geometrischen Formänderungen charakterisiert werden. Sie werden in Mikrometer (μm) gemessen und beschreiben einen besonderen Aspekt: die Rauheit. Um die Rauheit zu messen, werden viele Methoden benutzt; aus jeder einzelnen erhält man unterschiedliche Hinweise.

Maximale Rauheit (R_t): auf einer bestimmten Länge (einige mm) wird die höchste und die kleinste Protuberanz angegeben. Die Differenz zwischen den beiden wird in μm ausgedrückt und ist die maximale Rauheit R_t (Abb. 7.1 a).

Mittlere Tiefe der Rauheit (R_z): die Länge wird in fünf gleiche Teile eingeteilt. Man mißt die maximale Rauheit jeder Länge (R_{ti}) nimmt das Mittel der fünf Maße.

$$R_z = \frac{R_{t1} + R_{t2} + R_{t3} + R_{t4} + R_{t5}}{5} \ . \qquad (7.002)$$

Siehe Abb. 7.1b.

Mittlere Rauheit (R_a): arithmetisches Mittel der Ordinaten im Verhältnis zu der Mittellinie des zu bestimmenden Profils.

$$R_a = \frac{1}{\ell_m} \int\limits_{x=0}^{x=\ell_m} |y| \, dx \ . \qquad (7.003)$$

Siehe die Abb. 7.1c. Sie wird auch als CLA-Methode bezeichnet.

Zwischen den Messungen R_z und R_a ändert sich das Verhältnis von 3 bis 7. Im Falle von Unsicherheit kann man ein Verhältnis von 6 annehmen.

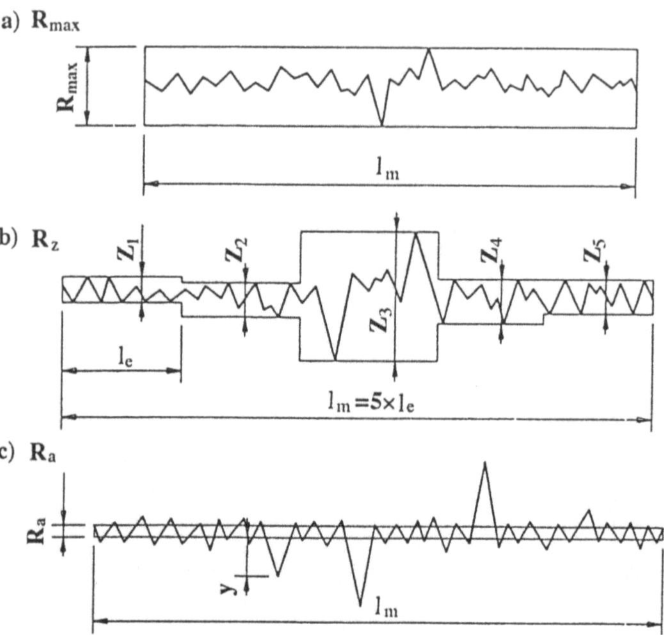

Abb. 7.1 a),b),c). Rauheitsmessung

7.3 Befestigung mit prismatischer Paßfeder (Abbildung 7.2)

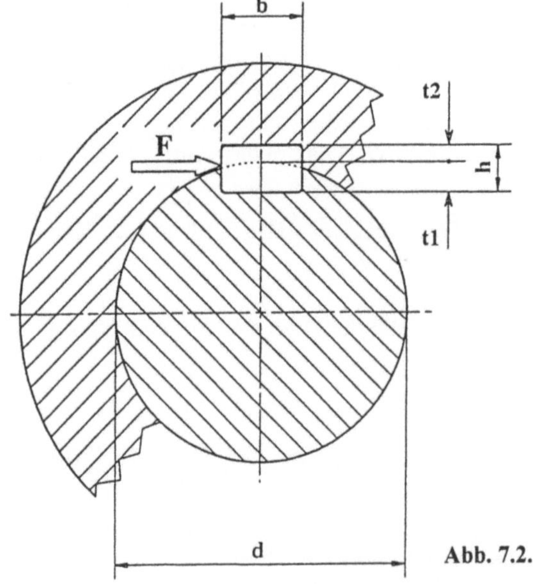

Abb. 7.2. Prismatische Paßfeder

Die Kupplung zwischen Welle und Nabe wird durch ein prismatisches Mittelstück, das sich in einer Nut der Welle und in einer Hohlnut der Nabe befindet, realisiert. Die Drehmomentübertragung erfolgt durch den Schnitt der Paßfeder. Das Dimensionsprinzip ist das folgende: die innere Scherkraft ist gleich der Drehkraft am Ende der Welle. Wenn d der Durchmesser der Welle ist, L die Länge der Hohlwelle, T das übertragene Drehmoment und b die Breite der Hohlwelle, dann erhält man:

$$\frac{T}{0,1\, d^3} = \frac{2\,T}{d\,L\,b} \; . \tag{7.004}$$

Konsequenterweise folgt:

$$b = 0,4\, \frac{d^2}{L} = 0,4\, \frac{d}{k} \tag{7.005}$$

falls $L = k\, d$.

Tabelle 7.3 gibt die Normwerte wieder, die sich aus der Beziehung zwischen den Dimensionen der Hohlwelle und einer Reihe von Durchmesserwerten ergeben.

Tabelle 7.3. (Abbildung 7.2) Abmessungen und Toleranzen

d >	d =	b	h	$t\,1$	$t2$	Rund. max	Rund. min	Toleranz Welle	Toleranz Nabe	k
30	38	10	8	5	3,3	0,4	0,25	-36	-18	1,3
38	44	12	8	5	3,3	0,4	0,25	-43	-21,5	1,3
44	50	14	9	5,5	3,8	0,4	0,25	-43	-21,5	1,35
50	58	16	10	6	4,3	0,4	0,25	-43	-21,5	1,35
58	65	18	11	7	4,4	0,4	0,25	-43	-21,5	1,35
65	75	20	12	7,5	4,9	0,6	0,4	-52	-26	1,4
75	85	22	14	9	5,4	0,6	0,4	-52	-26	1,45
85	95	25	14	9	5,4	0,6	0,4	-52	-26	1,45
95	110	28	16	10	6,4	0,6	0,4	-52	-26	1,45
110	130	32	18	11	7,4	0,6	0,4	-62	-31	1,5
130	150	36	20	12	8,4	1	0,7	-62	-31	1,55
150	170	40	22	13	9,4	1	0,7	-62	-31	1,6
170	200	45	25	15	10,4	1	0,7	-62	-31	1,65
200	230	50	28	17	11,4	1	0,7	-62	-31	1,7
230	260	56	32	20	12,4	1,6	1,2	-74	-37	1,75
260	290	63	32	20	12,4	1,6	1,2	-74	-37	1,75
290	330	70	36	22	14,4	1,6	1,2	-74	-37	1,75

Die Toleranzen für die Nuttiefe reichen von 2 für d = von 30 bis 130 mm und 3 für den Rest.

Die Toleranzen sind bezüglich der Breite der Nuten "reduziert" und haben einen negativen Wert, um eine gute Tragfähigkeit auf den Flanken und einen einfachen Zusammenbau zu gewährleisten. Die Tiefentoleranzen der Nuten sind groß und positiv, damit es auf der oberen Oberfläche der Paßfeder zu keiner Berührung kommt. Bei diesen Größen braucht der Paßfederschnitt nicht gemessen werden, statt dessen muß der Druck entlang der Flanken gemessen werden. Zu diesem Zweck wird eine sehr einfache Methode verwendet. Die Berührungsoberfläche ist mit $L\,t_1$, angegeben, und die Nabenoberfläche wird durch $L\,t_2$ ausgedrückt. Wenn σ_a die zulässige Kraft auf der Welle und σ_m die zulässige Kraft auf der Nabe ist, dann wird man als übertragbares Drehmoment haben:

$$T_a \equiv \frac{\sigma_a\,L\,t_1\,d}{2000} \tag{7.006}$$

und

$$T_m = \frac{\sigma_m\,L\,t_2\,d}{2000}\;. \tag{7.007}$$

Der kleinste dieser Werte wird als annehmbarer Wert (T_P) genommen, und als Zahl der Paßfeder ergibt sich, wenn T das übertragbare Drehmoment ist:

$$n > \frac{T}{T_P}\;. \tag{7.008}$$

Die Zahl der Paßfeder wird auf 2 beschränkt. In diesem Fall wird sich der Druck, der entlang den Flanken ausgeübt wird, nur als 3/4 des Gesamtschnitts ergeben. Man muß sich vergewissern, daß die sich ergebende Kraft kleiner als die annehmbare Kraft ist:

$$\frac{T}{1{,}5\,L\,d\,t_1} \geq \sigma_a \tag{7.009}$$

$$\frac{T}{1{,}5\,L\,d\,t_2} \geq \sigma_m\;. \tag{7.010}$$

Wenn diese Bedingungen nicht erfüllt werden, dann muß man drei Paßfedern benutzen, obwohl dies nicht ratsam ist. Im Falle der Verwendung von mehr als zwei Paßfedern ist es notwendig, die Abmessungen der Welle dahingehend zu modifizieren, daß eine größere Paßfeder anwendet werden kann.

Die zulässigen Kräfte sind:

– für Stahl: Paßfeder aus weichem Stahl $\sigma_{a,m} = 210\,\text{MPa}$
           Paßfeder aus hartem Stahl $\sigma_{a,m} = 280\,\text{MPa}$
– für Gußeisen: Paßfeder aus weichem Stahl $\sigma_m = 100\,\text{MPa}$

Wenn das Drehmoment wechselweise übertragen wird, dann wählt man 0,7 als Wert.

7.4 Übermaßmontage (Abb. 7.3)

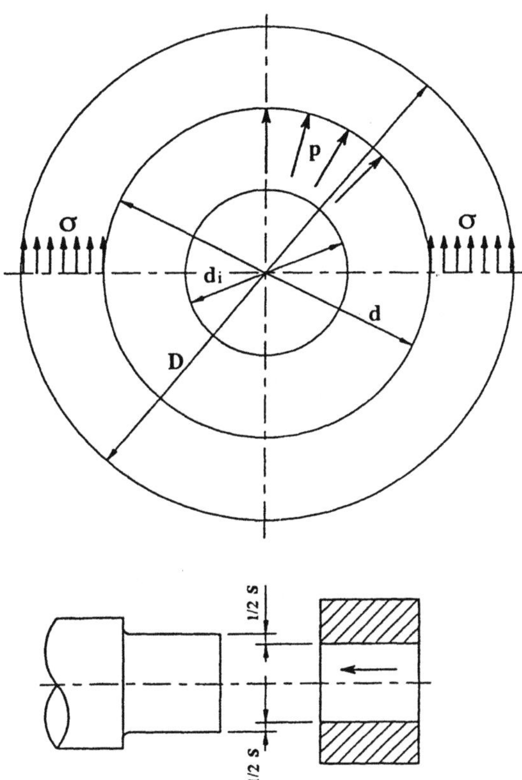

Abb. 7.3. Übermaßmontage

Die Übermaßmontage ist das Positionieren auf einer Welle, bei der innenseitig ein kleines Loch durch Erhitzen der Nabe oder durch Abkühlung der Welle erzeugt wird. Wenn das Temperaturgleichgewicht wieder hergestellt ist, sitzt die Nabe mit solcher Präzision auf dieser Welle, daß das Drehmoment durch Reibung mit einem gewissen Grad an Sicherheit übertragen werden kann.

Wenn μ der Reibungskoeffizient, L die Länge der Kupplung, d der Durchmesser der Welle, T das in Nm zu übertragenden Drehmoment und S_f der Sicherheitsfaktor der Kupplung sind, wird der erforderliche Druck:

$$p = \frac{2000\, T\, S_f}{\pi\, \mu\, L\, d^2} \; . \tag{7.011}$$

Für eine Nabe mit Nominalbohrungsdurchmesser d und Außendurchmesser D und für eine Hohlwelle mit Außennominaldurchmesser d und Innendurchmesser d_i erhält man eine theoretische Interferenz, die dem berechneten Druck entsprechen wird:

$$s = \frac{p\,d}{E_1}\left[\frac{d^2+d_i^2}{d^2-d_i^2}-\nu_1\right] + \frac{p\,d}{E_2}\left[\frac{D^2+d^2}{D^2-d^2}+\nu_2\right] \qquad (7.012)$$

wobei:

– E_1 und ν_1 sind der Elastizitätmodul bzw. der Poissonsche Koeffizient der Welle,

– E_2 und ν_2 sind der Elastizitätmodul bzw. der Poissonsche Koeffizient der Nabe.

Für eine Vollwelle und ähnliche Werkstoffe (Stahl) erhält man für die Welle und die Nabe:

$$s = \frac{2\,p}{206000}\left(\frac{D^2}{D^2-d^2}\right) . \qquad (7.013)$$

Die theoretische Interferenz berücksichtigt die Rauheit der Welle und der Nabe, und es gilt:

$$s_{th} = s + 0{.}5\,(R_{a1} + R_{a2}) . \qquad (7.014)$$

Wir betrachten eine Kupplung, deren Mindestinterferenz größer als der gewählte Wert ist. Wenn die Kupplung aus einer Bohrung H besteht, dann ist eine Qualität bis zu den Werten von $Es = IT$ für die Bohrung und von $Ei = 0$ gewährleistet.

Für die Welle legt man Toleranzen bei der Berechnung von es und ei fest. Die Mindestinterferenz ist:

$$s_{min} = ei - Es$$

davon:

$$ei > s_{th} + IT_{Bohrung} .$$

Es ist also möglich, die Wellentoleranzen zu bestimmen und so die Werte es und ei zu berechnen. Mit (7.013) oder (7.014) ist es möglich, den Minimal- und Maximaldruck, der den Toleranzen entspricht, zu berechnen. Mit dem Minimaldruck ist es möglich, das korrespondierende Drehmoment zu berechnen:

$$T_{min} = \pi\,\mu\,p\,d^2\,L\,/\,2000$$

und einen realen Sicherheitsfaktor:

$$S_f = T_{min}\,/\,T .$$

Andererseits wird der Maximaldruck auf die Welle aufgebracht, und er soll niedriger als die elastische Grenze des Werkstoffs, aus dem die Welle besteht, sein. Dieser Druck ist Teil der Berechnung der Welle; es besteht aber auch die Gefahr, daß eine maximale Zugkraft in der Welle verursacht wird, die gegeben ist durch:

$$\sigma_{max} = p \, \frac{D^2}{D^2 - d^2} \qquad (7.015)$$

und eine Mindestkraft auf der Aussenoberfläche der Nabe zu generieren:

$$\sigma_{min} = 2 \, p \, \frac{d^2}{D^2 - d^2} \, . \qquad (7.016)$$

Die Maximalkraft ist niedriger als die elastische Grenze des Werkstoffs der Nabe.

Die Kupplung wird bei Erhitzen der Nabe oder bei Abkühlung der Welle derart erzeugt, daß die Ausdehnung der Nabe oder die Kontraktion der Welle größer als die Differenz der Abmessungen zwischen Welle und Nabenbohrung ist. Die Temperaturabweichung im Bezug auf die Umgebung ist gegeben durch:

$$\Delta T = \frac{s_{max}}{\lambda \, d} \qquad (7.017)$$

wobei λ der Ausdehnungskoeffizient der Nabe oder der Welle ist, abhängig von der gewählten Methode. Dieser Koeffizient ist für Stahl gleich $12 \cdot 10^{-6}$ Der Reibungskoeffizient für Stahl auf Stahl wird gleich 0,12 angenommen. Für eine Gußeisennabe wird E gleich zu 180000 MPa gesetzt, und man wird einen Reibungskoeffizient gleich 0,08 setzen. Der Sicherheitsfaktor wird zwischen 3 und 6 liegen, da es unmöglich ist, den Zustand der Oberflächen bei Berührung vorauszusehen, da diese von Schmierfett oder von Schmierpulvern verschmutzt sein können, die wesentlichen Einfluß auf den realen Reibungskoeffizient haben.

Oft ist, im Zusammenhang mit der Befestigung der prismatischen Paßfedern, eine leichte Interferenz wünschenswert, die nicht die Funktion der Drehmomentübertragung gewährleisten muß; die Berechnung der Paßfedern wird unter Berücksichtigung der vollständigen Übertragung des Drehmoments durchgeführt. Diese Interferenzart verhindert Korrosion, die schädlich für die Wellenintegrität ist, die sich zwischen zwei Oberflächen ergibt, als Folge winziger Abweichungen von der Drehung oder der Biegung. Das Bestehen eines Drucks zwischen den von den winzigen Abweichungen betroffenen Oberflächen vermindert das Risiko.

7.5 Passungsrost

Nach Waterhouse ist es möglich, das Risiko des Passungsrosts mit dem folgenden Verfahren zu berechnen. Gegeben ist das Biegemoment in einem geschrumpften

Abschnitt M_i die Schnittkraft, Q_i die Länge der Welle zwischen den Auflagen L, der Aussendurchmesser der Nabe D, der Durchmesser der Welle d, die Breite der Kontraktion b, die Häufigkeit der Verformungen n (für eine Welle, die sich im Verhältnis zu der Belastung dreht, ist das die Rotationsfrequenz der Welle, d.h. das ist die Geschwindigkeit in min^{-1} geteilt durch 60) und die Interferenz s (in mm) in diesem Punkt. Somit ist es möglich, zu berechnen:

$$f = 0{,}6 \ D + 1$$

$$K_1 \ = \ \frac{M_i \, f}{E \, D^3}$$

$$K_2 \ = \ \frac{Q_i \, f}{E \, D \, L}$$

$$\lambda \ = \ \frac{L}{d}$$

$$\delta \ = \ \frac{d}{D}$$

$$\varepsilon \ = \ s \, b \ \frac{1 - \delta}{1 - \delta^4 + 0{,}5 \, \lambda}$$

$$\beta \ = \ \frac{1 - \delta^4 - 0{,}11 \, \lambda}{1 - \delta^4 + 0{,}5 \, \lambda}$$

$$K_{11} \ = \ \frac{K_1}{1 + 0{,}5 \dfrac{\lambda}{1 - \delta^4}}$$

$$A \ = \ \varepsilon \ + \ K_2 \ + \ K_1 \, \lambda^{\,1{,}5} \beta \ (1 + 45000 \ K_1 \lambda \ )$$

$$B \ = \ \varepsilon \ - \ K_1 \lambda^{\,1{,}5} \beta \ (1 + 45000 \ K_1 \lambda \ )$$

$$K \ = \ K_{11} \left(\frac{1}{A} \ + \ \frac{1}{B} \right) .$$

Je größer der Faktor K ist, desto größer ist das Risiko des der Passungsrost.

7.6 Keile

Keile bestehen aus regelmäßig auf der Welle verteilten Hohlräumen an jenen Plätzen, in dem bei einem Werkstück die Umdrehung angesetzt wird. Sie ersetzten die Nuten, aber im Vergleich mit letzteren, haben sie den Vorteil, regelmäßig um die Welle verteilt zu sein und den Zusammenbau und Demontage zu erleichtern. Keile haben sich als besonderes nützlich gezeigt, wenn das betrachtete Werkstück während der Umdrehung aktiviert sein muß und auf der Welle frei abgleiten können muß. Die Nabe hat innere Nuten, die exakt die Form der Zähne haben, und die sich einwandfrei mit den Nuten der Welle verbinden. Die Scherung der Nuten auf der Welle kann durch unterschiedliche Methoden durchgeführt werden, abhängig von der Nutenform. Die inneren Nuten der Nabe können nur durch Ausräumen anfallen.

Man unterscheidet zwischen drei Zahnarten: Zähne mit Parallelflanken (Abb. 7.4a), trapezförmige Zähne (Abb. 7.4b) und Evolventen-Verzahnung (Abb. 7.4c).

Für alle Verzahnungsarten hängt das zulässige Drehmoment auf der Kontaktoberfläche von den Zahnflanken ab. Wie auch immer, während des Betriebs zeigt sich immer ein gewisser Grad an Ungenauigkeit, nur ungefähr 70% der Flanken sind während des Betriebs aktiv. Ist h die Kontakthöhe zwischen den Zähnen, l die Länge der Welle, z die Anzahl der Zähne, d_m der Durchmesser an der mittleren Zahnhöhe und p der Kontaktdruck, dann erhält man:

$$M_t = 0{,}75 \, z \, h \, L \, p \, \frac{d_m}{2} \; . \tag{7.018}$$

Für Stahl unter konstanter Belastung ist der Druck p auf 100 MPa begrenzt. Bei wechselnder Belastung erreicht er 70% dieses Wertes. Für Gußeisennaben werden 60% des für die Stahlnaben angenommenen Wertes unter den gleichen Bedingungen angenommen.

Nuten mit parallelen Flanken. Die Zahl der Nuten ändert sich von 6 bis 20, abhängig vom Durchmesser und der Nutenart. Der Durchmesser d_l bei der Nutenrundung ist eine ganze Zahl. Die Höhe der Nuten bewegt sich zwischen 1,5 mm (für kleine Durchmesser und die leichte Serie), 6,5 mm für die starke Serie mit einem Durchmesser von 112 mm (125 mm für den Wellendurchmesser). Die Keilzahl ist eine ganze Zahl kleiner als die Hälfte der Länge, die man erhält bei der Teilung des Kreisliniendurchmessers d_l durch die Anzahl der Nuten. Betrachten wir z. B. eine Welle mit einem Außendurchmesser von 88 mm, dann erhält man für die leichte Serie einen Durchmesser an der Nutenrundung von 82 mm, eine Höhe von 3 mm und eine Breite von 12 mm, da die Anzahl der Nuten 10 beträgt. Der größte übertragene Drehmoment ist von 96750 Nmm pro mm Breite, wenn es sich um eine Stahlnabe handelt. Diese Nutenart eignet sich sehr gut für Werkstücke, die nicht auf einer Welle abgleiten müssen (z.B. in Getriebegehäusen von Autos). Es gibt besondere Regulationen, die sich aus vorgegebenen Abmessungen ergeben.

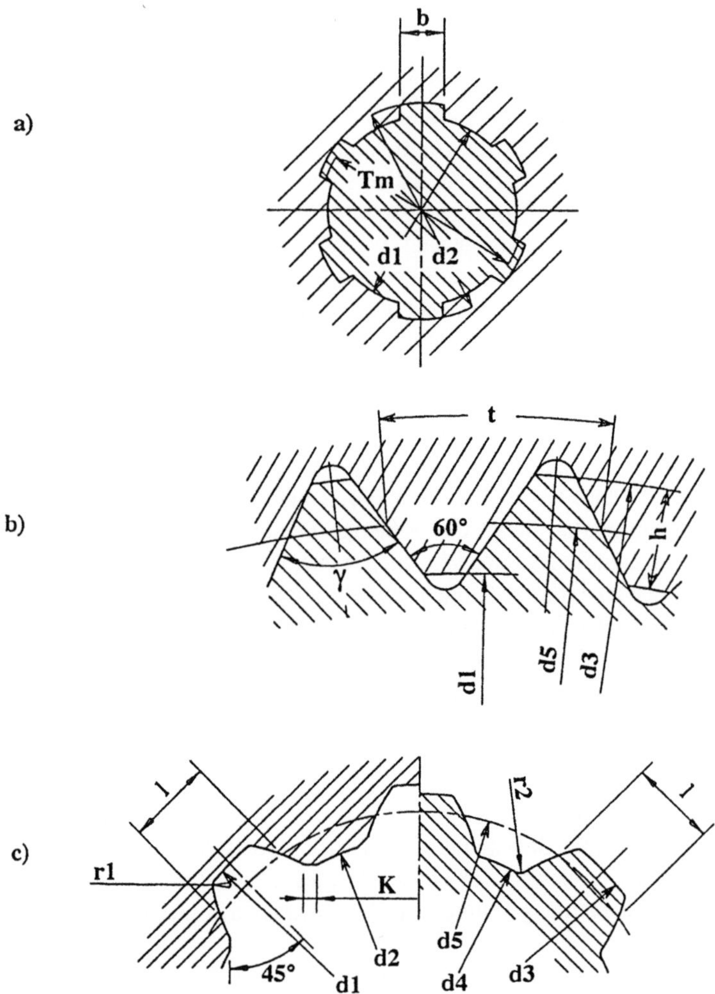

Abb. 7.4 a),b),c). Keile

Trapezförmige Nuten. Für die Serie von 7 bis 60 mm kann man folgende Abmessungen verwenden (Tabelle 7.4):

Der Zahnwinkel in der Nabe ist $\beta = 60°$ (50° für den größere Durchmesser). Der Zahnwinkel der Welle beträgt:

$$\gamma = \beta - \frac{360°}{z} \ . \tag{7.019}$$

Tabelle 7.4.

$d1$	$d3$	dm	z	h
7	8	7,5	28	0,5
8	10	9	28	1
10	12	11	30	1
12	14	13	31	1
15	17	16	32	1
17	20	18,5	33	1
21	24	22,5	34	1,5
26	30	28	35	2
30	34	32	36	2
36	40	38	37	2
40	44	42	38	2
45	50	47,5	39	2,5
50	55	52,5	40	2,5
55	60	57,5	42	2,5

Die Zahnteilung p auf dem Zahndurchmesser ist:

$$p = \frac{\pi\, d_3}{z} \; . \tag{7.020}$$

Diese Art ist die widerstandsfähigste Nut, dank der großen Zahnzahl.

Evolventennuten. Diese haben die typischen Zähne von Zahnrädern mit allen ihren Kennzeichen. Das Bezugsprofil ist ein reduziertes Profil, bei dem die Kopfhöhe und die Fußhöhe gleich 0,8m sind. Das Spiel zwischen dem Zahnkopf der Welle und dem Außendurchmesser der Nabe beträgt 0,1 mm. Die Module sind gleich 0,8/1,25/2/3/5 und 8. Für einen Durchmesser von 300 mm am Zahnfuß der Nabe und einem Modul gleich 8 ist die Zahnzahl kleiner als 300: 8 = 37,5 (d. h. 36 Zähne). Der Vergleichsdurchmesser beträgt dann 288 mm. Der Fußdurchmesser der Welle ist gleich 300-0,2·8 = 298,4. Die Kopfhöhe ist also 5,2 mm, d.h. 0,65 m. Der Profilverschiebungsfaktor der Verzahnung wird deshalb:

$$0,65 - 0,8 = -0,15\, m \; .$$

Für solche Nuten ist die Höhe h gleich $2m$, und die Formel des Drehmoments ist die folgende:

$$M_t = 0,75\, p\, L\, d_m^2 \; . \tag{7.021}$$

Verglichen mit den oben erwähnten Arten ist diese Nutenart wegen der kleineren Zahnzahl etwas weniger widerstandsfähiger, aber ihre Herstellung ist leichter. Sie haben Standardabmessungen.

7.7 Kupplungen – Allgemeines

Kupplungen sind Vorrichtungen, die gewährleisten, daß zwei Wellen an ihren Enden fixiert sind. Die Wellen sollen so in Reihe sein, daß sie zueinander in Beziehung stehen, aber in vielen Fällen ist diese strenge Anordnung nicht zu verwirklichen. Man unterscheidet zwischen einem radialen Wellenversatz (r) und einem winkeligen Wellenversatz (β).Während des Betriebs können Änderungen der Axialstellung (a) und relevante Umdrehungen auftreten. Die Kupplungen, die auf jeden Wellenversatz und jede Stellungsänderung verzichten, nennt man starre Kupplungen. Kupplungen, die während des Betriebs Wellenversatz gewährleisten, nennt man elastische Kupplungen.

7.8 Starre Kupplungen

Starre Kupplungen bestehen aus geschmiedeten Flanschkupplungen, die sich am Ende der Welle befinden, oder zusammengesetzten Flanschkupplungen. Die geschmiedeten Flansche am Ende der Welle sind in die Welle integrierte Platten und werden mit Bolzen zusammengehalten. Diese Bolzen können von Zug, Biegung und Drehung abhängig sein. Im ersten Fall verursachen sie eine Reibung zwischen den beiden Platten, die gegeneinander gespannt sind. Im zweiten Fall sind sie abwechselnd auf den beiden Platten befestigt, so daß ein Bolzen einer Platte korrespondiert zu der Bohrung (mit Spiel) der anderen. Die fixierten Bolzen werden von einer Welle angetrieben und übertragen die Bewegung auf die freien Bolzen (Abb. 7.5a).

Kupplungen mit abgeschnittenen Bolzen (Abb. 7.5) weisen Hohlräume, denen Toleranzen zugeordnet sind, auf. Diese Toleranzen charakterisieren die bearbeiteten Bolzen und verursachen eine leichte Interferenz. Das Drehmoment wird von der reinen Scherung des Bolzens übertragen. Die Kupplungen mit Scheiben (Abb. 7.5b) sind gleich denen mit Flanschen, aber bei den Flanschen sind die Naben integriert, die mit Paßfedern auf der Wellen befestigen sind. Der Vorteil ist, daß die Scheiben abmontierbar sind. Die Berechnung für diese Reibungskupplungen wird folgendermaßen durchgeführt: wenn D_m der Durchmesser der Kreislinie ist, auf dem sich die Achsen der Bolzen befinden, erzeugt das übertragene Drehmoment M_t eine Kraft, die durch folgende Formel gegeben ist:

$$F = \frac{2\,M_t}{D_m}\quad. \tag{7.022}$$

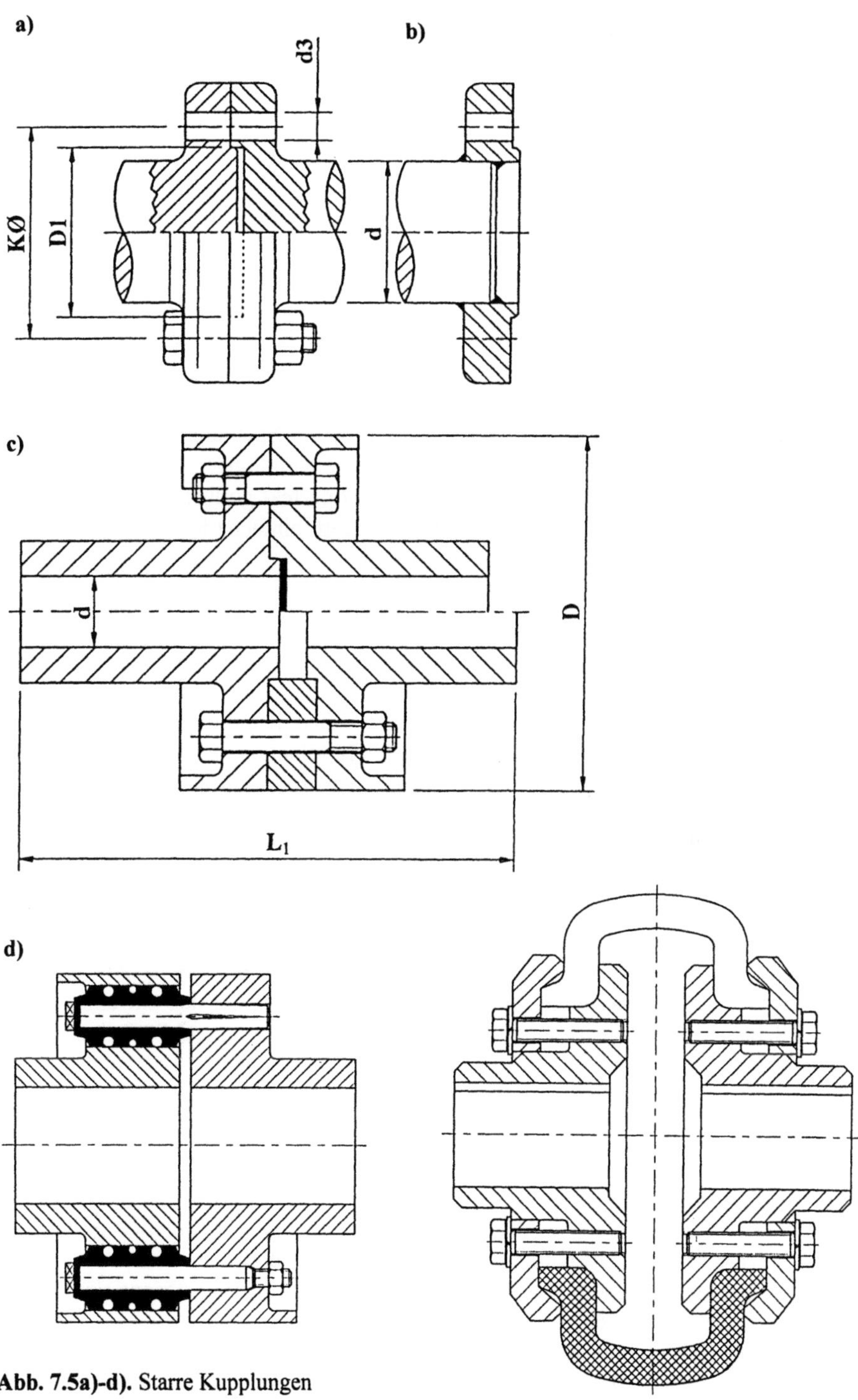

Abb. 7.5a)-d). Starre Kupplungen

Diese Kraft muß durch die Reibung zwischen beiden Scheiben entstanden sein. Mit einem Reibungskoeffizient µ ergibt sich:

$$F_b = \frac{F}{n\,\mu} \qquad (7.023)$$

wobei F_b die Zugkraft des Bolzens ist. So ist es möglich, den Durchmesser des Bolzens zu messen, der den einfachen Zug unterstützt. Für die Berechnung der gescherten Bolzen ergibt sich die Scherkraft pro Bolzen als Kraft F geteilt durch die Anzahl der Bolzen. Diese Kraft ist eine reine Scherkraft. Bei gebogenen Bolzen multipliziert man mit der Kraft F, die durch die Anzahl der Bolzen geteilt wird, und mit der Entfernung c, die die Mitte des freien Bolzenendes von ihrem Sitz trennt. Dieses Moment ist ein Biegemoment. Diese Kupplungen lassen keine Abweichungen zwischen den Wellen zu, weil sonst die Spannungen die zulässigen Werte überschreiten. Daher verwendet man solche Kupplungen nur in Maschinen, die fest auf Untergestellen montiert sind und mit perfekt gefluchteten Wellen versehen sind. Auch handelt es sich bei diesen um sehr einfache Kupplungen, bei denen allerdings der Einbau sehr komplex sein kann.

7.9 Elastische Kupplungen

Es gibt eine große Variationsbreite von elastischen Kupplungen. Ihre Auswahl hängt von der geforderten Qualität ab. Diese Kupplungen sind aus Gußeisen gefertigt und erfordern bei der Serienproduktion eine große Variantenvielfalt, und sie müssen die Produktionskosten amortisieren. Daher werden sie von speziellen Fachfirmen hergestellt. Die einfachsten sind starre Kupplungen mit gebogenen Bolzen. Die Reibahle ist von einem Elastomer-Hohlraum umgeben, der sich in den Hohlraum der anderen Scheibe schiebt. Diese Verbindung erfolgt mit Hilfe dieses Elastomers, das eine leichte Fluchtabweichung erlaubt und eine Dämpfung der übertragenen Stöße ermöglicht. Andere Kupplungen sind komplexer und bestehen aus zwei Scheiben, die durch ein Elastomer verbunden sind, das auf einer dieser zwei Scheiben befestigt ist. Das von dem Elastomer übertragene Drehmoment gewährleistet eine gewisse Biegsamkeit, sowohl bei Wellenversatz als auch bei der Übertragung von Stößen, deren Dämpfung von der Hysterese des Elastomers abhängt. Die verschiedenen Kupplungen unterscheiden sich sehr, in Bezug auf die Befestigungsmittel und der Form des Elastomers. Sie haben allerdings einen Nachteil: die Elastomere sind sehr brüchig. Deswegen wurden elastische Kupplungen entwickelt, bei denen die Verbindung zwischen den zwei Wellen durch eine Stahlfeder erfolgt. Diese Kupplung, unter dem Namen Bibby bekannt, ist durch zwei Naben mit Hohlraum charakterisiert, wobei sich die eine Öffnung vor der anderen befindet (Abb. 7.6).

In diesen Hohlräumen ist eine Stahlfeder befestigt, die sich um die Nabe dreht. Das Drehmoment wird durch diese Feder, die sich während der Belastung elastisch

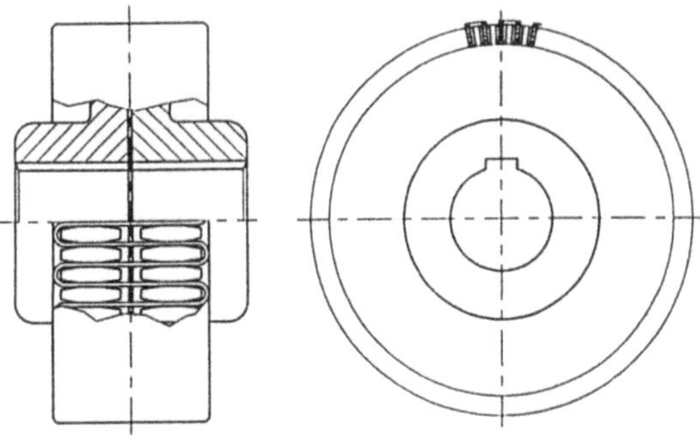

Abb. 7.6. Bibby-Kupplung

verformt, übertragen. Die Form der Hohlräume bewirkt, daß sich die Auflagenpunkte nähern, wenn die Verformung zunimmt; konsequenterweise, wird ein gewisser Starrheitsgrad erreicht, der mit dem angewandten Drehmoment wächst. Solche Kupplungen sind sehr widerstandsfähig, daher erleiden sie nur eine gemäßigte Verformung.

7.10 Verzahnungskupplungen

Diese bestehen aus zwei Naben, die Evolventenaußenverzahnungen haben und aus einer Buchse mit Innenverzahnungen, die an jedem Enden verbunden sind. Die Außenverzahnung der Antriebswelle treibt die erste Innenverzahnung der Buchse an, die wiederum den Kranz antreibt, der die zu ihre in Reihe vorhandene Außenverzahnung der getriebenen Welle bei der zweiten Innenverzahnung antreibt.

Die Außenverzahnungen haben ein sehr ballenförmiges Profil. Diese Kupplungsart gewährleistet, daß Wellenversatz der Wellen in allen Richtungen auftritt. Letztere sind starr während der Torsion, aber erlauben axiale und radiale Abweichungen während des Antriebs. Solche Kupplungen sind besonders interessant; ihre Berechnung ist sehr komplex, da die Reibung zwischen den Zähnen die Hauptursache der eventuellen Verschlechterung des Werkstückes ist, die auf seltsame Weise erfolgt. Solche Kupplungen werden von Spezialisten hergestellt und werden per Katalog verkauft, der alle Hinweise über deren Kennzeichen und deren übertragenen Drehmomente bei der verschiedenen Anwendungen enthält.

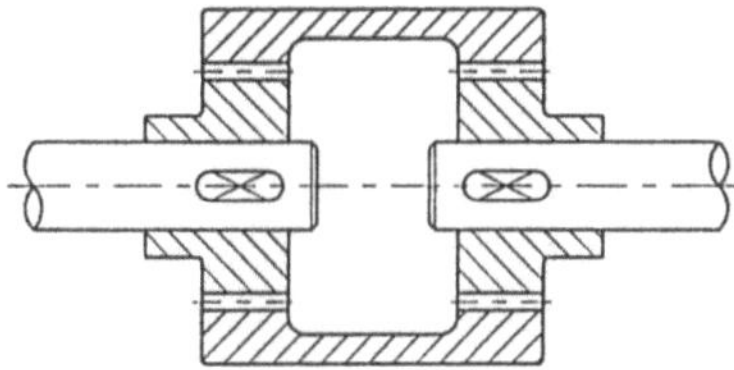

Abb. 7.7. Verzahnungskupplungen

7.11 Reibungskupplungen (Abb. 7.8)

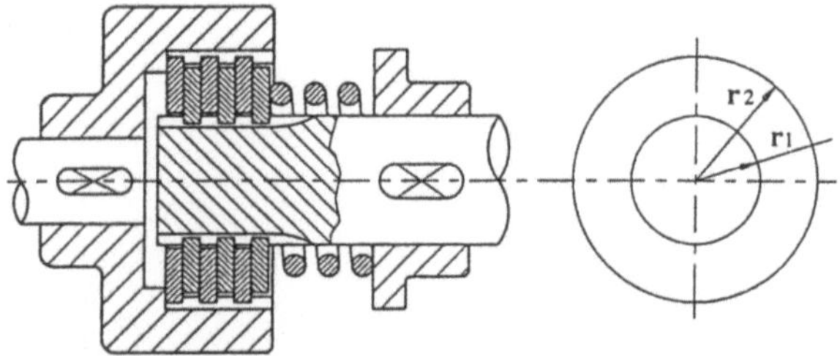

Abb. 7.8. Schaltungskupplung

Die Reibungskupplungen bestehen aus alternierenden Scheiben, wobei die erste von einer Nabe fest an der Welle in Bewegung gesetzt wird, und die andere fest an einen Kranz an der anderen Welle befestigt ist. Diese Scheiben werden zusammengepreßt und werden durch Reibung betätigt. Das übertragbare Drehmoment hängt von dem Reibungskoeffizient der tragenden Flanken, von dem Druck der Feder, von den Anmessungen und von dem Reibungskoeffizient zwischen den Oberflächen der Scheiben ab. Wenn die Kraft F, die von der Feder ausgeübte Kraft ist, r_1 der Innenradius der Scheibe und r_2 der Aussenradius ist, dann ergibt sich für den Druck auf die Scheiben:

$$p = \frac{F}{\pi\left(r_2^2 - r_1^2\right)} \tag{7.035}$$

und das übertragbare Drehmoment ist gleich:

$$T = \frac{2F}{3}\,\mu\,\frac{r_2^3 - r_1^3}{r_2^2 - r_1^2}\,(2n - 1) \tag{7.036}$$

wobei n die Anzahl der Scheibenpaare ist.

Diese Kupplungsart kann als Rutschkupplung dienen, da sie die Federkraft bis zu einem Wert reguliert, der dem erlittenen Grenzdrehmoment entspricht. Im Fall einer Überbelastung wird die Kupplung nur das Grenzdrehmoment übertragen. Wenn die Feder regulierbar ist (mit mechanischen oder elektromagnetischen Mitteln), dann wird die Kupplung einer Reibungskupplung. Wenn der äußere Kranz an einer befestigten Struktur integriert ist, dann kann das sich ergebende System eine Bremse sein.

7.12 Schrumpfscheiben-Hülsenkupplung (Abb.7.9)

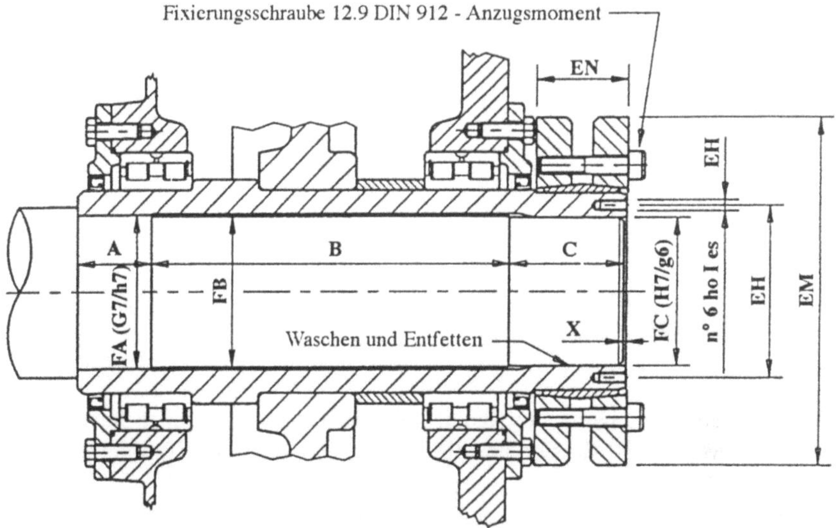

Abb. 7.9. Schrumpfscheiben-Hülsenkupplung (vgl. Bonfiglioli Katalog)

Diese Kupplung dient dazu, die Welle einer Maschine in der Hohlwelle einer anderen zu befestigen. Die volle Welle wird mit einer Toleranz g6 und die Hohlwelle mit einer Toleranz H6 hergestellt. Das Ergebnis ist eine Kupplung mit leichter Interferenz. Auf der Hohlwelle wird eine bikonale Ringmutter befestigt, wobei mit dieser Ringmutter die beiden Flansche einander näher kommen als bei einer Befestigung mit Bolzen. Diese Annäherung erzeugt eine Verformung der Hohlwelle, die an der vollen Welle befestigt ist, wobei diese Verbindung für die Übertragung des Drehmoments zuständig ist. Letzteres hängt von der Spannkraft in dem Bolzen ab und deshalb auch von dessen Drehmoment.

8 Lager

8.1 Allgemeines

Wellen müssen von Lagern, die Radial- und Axiallager-Reaktionen hervorrufen, gestützt werden, so daß sie sich um die festen Teile auch ohne Probleme drehen können.

Lager sind Werkstücke, die sowohl aus festen als auch aus beweglichen Gelenken bestehen; sie sind mit Vorrichtungen versehen, die die Aufgabe haben, Verluste zwischen diesen zwei Gelenken so gering wie möglich zu halten.

Sie bestehen aus drei essentiellen Teilen und einem Zubehörteil. Die drei essentiellen Teile bestehen aus zwei Ringen, der eine fest und der andere beweglich, charakterisiert durch Gleitebenen. Diese sind durch bewegliche Gelenke getrennt, die Wellengelenke genannt werden. Das Zubehörteil besteht aus einem Stativ, das die Gelenke in der richtigen Stellung hält und in der gleichen Entfernung zu einander.

8.2 Klassifikation der Lager aufgrund der Gelenke

Gelenke bestehen aus Kugeln oder Rollen.

Diese können Zylinderrollen, einreihige Rollen, Konusrollen oder Nadelkranzrollen sein, das sind Rollen mit sehr kleinem Durchmesser bezogen auf deren Länge. Man teilt sie in drei große Lagertypen ein: die Kugellager, die Rollenlager und die Nadellager.

8.3 Klassifikation der Lager bezüglich ihrer Positionierung

Lager können tiefrillige Lager, einreihige Kugellager oder selbst-orientierbare Lager sein. Die tiefrilligen Lager sind entweder ein- oder zweireihige Kugellager (nicht abmontierbar) oder Zylinderrollenlager. Die einreihigen Kugellager sind Kugellager, bei denen die Abrollbahnen Berührungspunkte auf den Flächen, die nicht rechtwinklig zu der Achse sind, haben. Man unterscheidet zwischen einreihigen oder zweireihigen Kugellager und Konusrollenlager.

Die selbst-orientierbaren Lager gewährleisten eine große Abweichung der Wellen bezüglich der Lager. Es handelt sich hier um zweireihige Kugellager mit einer angemessenen Gleitebene, wo es möglich ist, daß zwei Ringe die schrägen Scheiben besetzen können und die selbst-orientierbaren einreihigen Kugellager. Jeder dieser Lagertyp wird in den nächsten Abschnitten beschrieben.

8.4 Berechnung von Lagern

Wo konstante Last auf Lager ausgeübt wird, kann ihre Arbeitsweise als Ergebnis ihrer eigenen Arbeit betrachtet werden. Ihr Widerstand folgt also einem Gesetz, das ähnlich zu der Miner-Regel ist und Palmgren-Regel genannt wird. Nach dieser Regel ist die Dauer des Betriebs umgekehrt proportional zu der Leistung P der Belastungen. Für Kugellager ist der Exponent $p = 3$, und für die Rollenlager ist die Leistung $P = 10/3$. In der Tat sind Lager, unterstützt durch den Hertzschen Druck zwischen den Elementen, nur in einem Punkt des Kugellagers in Berührung, nämlich in geradliniger Berührung in den Rollenlager.

Die Kataloge der Lager geben die Abmessungen, zwei Belastungswerte, einen statischen und einen dynamischen, der gleich 10^6 Belastungskreisläufen ist, an. Die statische Belastung ist C_0, während die dynamische Belastung mit C bezeichnet wird. Zwischen der Radialbelastung, die das Lager spannt, und der Belastung C gilt die folgende Beziehung:

$$L_{10} = \left(\frac{C}{P}\right)^p \tag{8.001}$$

wobei L_{10} die Lebensdauer ist, ausgedrückt in Millionen Umdrehungen. Sie entspricht einer Zuverlässigkeit von 0,9% (das sind 10% des Bruchrisikos). Mit einem anderen Zuverlässigkeitsgrad ist es möglich, den Wert von L zu modifizieren:

$$L_r = a_1 \, L_{10} \tag{8.002}$$

wobei der Wert von a_1 aus Tabelle 8.1 entnommen ist.

Wenn man besondere Stähle verwendet oder sich um die Schmierung und insbesondere um die Lauftemperaturen kümmert, können weitere Modifikationskoeffizienten in die Betrachtung aufgenommen werden. Zu diesem Zweck kann man die Fachkatalogen zu Rate ziehen.

Tabelle 8.1. Werten von a_1

Zuverlässigkeit	Symbol	al
0,9	L10	1
0,95	L5	0,62
0,96	L4	0,53
0,97	L3	0,44
0,98	L2	0,33
0,99	L1	0,21

Die Belastung P wird als eine reine Radialbelastung betrachtet. Sie hängt von jenen Belastungen ab, auf die die Modifikationskoeffizienten, klassifiziert nach Anwendungsverfahren, angewendet werden. Letzteres kann durch dynamische Spannungen (Stoßen) verursacht werden, bei denen man den Anwendungsfaktor berücksichtigen wird. In der Literatur der Lagerhersteller findet man Anwendungsbeispiele und Rat für die entsprechende Faktorwahl, die das Ergebnis jahrelanger Erfahrung ist; im Zweifelsfall kann man auch den Hersteller zu Rate ziehen. Für Riemenantriebe auf Wellen (im Eingang oder Ausgang der Zahnräder) ist es nötig, die zusätzlichen Belastungen, die auf die Wellen von den Riemen übertragen werden, zu berücksichtigen. Wenn die Berechnung unter Berücksichtigung der Tangentialbelastung durchgeführt wird, dann wird diese Belastung mit einem Faktor multipliziert, der in der folgende Tabelle 8.2 aufgelistet ist.

Tabelle 8.2. Faktor für die tangentiale Belastung eines Riemens

Riemenart	Faktor für die tangentiale Belastung
Zahnriemen (mit Einschnitten)	von 1,1 bis 1,3
Keilriemen	von 1,2 bis 2,5
Flachriemen	von 1,5 bis 4,5

Die Belastungen auf Lagern sind nicht immer rein radiale Belastungen. Für jede Art von Lager wird gezeigt, ob und in welchem Ausmaß Axialbelastungen angenommen werden können; anderseits wird man sehen wie die Kombination zwischen Radial- und Axialbelastungen transformiert werden kann, um eine äquivalente Radialbelastung zu erhalten.

8.5 Variable Belastungen

Lager können von variablen oder kontinuierlichen Belastungen unterstützt werden. Im Fall variabler Belastungen, übereinstimmend mit dem Lagertyp, wobei P_i der Wert dieser Belastungen und wobei die Anzahl der Kreise N_i einer Zahl entspricht, und wobei N die Summe aller Teilkreisläufe ist, ergibt sich:

$$P_{equ} = \left(\sum \frac{P_i^{\,p}\, N_i}{N} \right)^{\frac{1}{p}} \, . \tag{8.003}$$

Wenn die Belastung sich ständig in einem Bereich zwischen einem Mindestwert und einem Höchstwert bewegt, ergibt sich:

$$P_{equ} = \frac{P_{min} + 2\, P_{max}}{3} \, . \tag{8.004}$$

8.6 Statisches Vermögen

Wenn die statische Höchstbelastung, die auf das Lager wirkt, bekannt ist, muß man prüfen, ob die Belastung den durch C_0/s_0 gegebenen Grenzwert nicht überschreitet. Dieser Faktor C_0 hängt von der Spannung und dem Lagertyp ab; Informationen diesbezüglich werden wir bei der jeweiligen Lagertypbeschreibung geben.

8.7 Abmessungen der Lager

Die Abmessungen der Lager werden von den Hersteller aufgrund spezifischer Normen (ISO 15 für Radiallager und ISO 355 für Kegellager) gegeben. Solche Normen bestimmen Klassen von Abmessungen der Außendurchmesser und für Breiten (im Fall der Radiallager) und für Neigungswinkels (im Fall der Kegelrollenlager).

Für Radiallager, mit ansteigenden Aussendurchmessern (Serie 7, 8, 9, 0, 1, 2, 3 und 4) und zunehmenden Breiten, die denselben Serienhinweisen folgen, gilt, daß sie zu jedem Bohrungsdurchmesser korrespondieren müssen. Das kleinste Lager mit gegebenem Durchmesser d wird mit 00, für eine Breitenserie 0 und eine Durchmesserserie 0, angezeigt. Für denselben Bohrungsdurchmesser ist das Ergebnis 20, bei einer Durchmesserserie 0 und Breitenserie 3. Die Hersteller achten auf solche Abmessungen so genau, damit die Lager austauschbar sind.

Für die Konusrollenlager sind die Seriennummern der Breite und des Durchmessers durch Buchstaben ersetzt, und es wird der Neigungswinkel des Lagers hinzugefügt. Die Norm ISO 582 gibt die empfohlenen Werte für die Anschlußradien wieder.

Die Kataloge geben auch Hinweise über die Toleranzen der Lager, der Wellen und der Lagergehäuse in den festen Lagern. Wir werden darauf zurückkommen, wenn wir an den Zusammenbau herangehen.

8.8 Radialkugellager in einer Hohlkehle

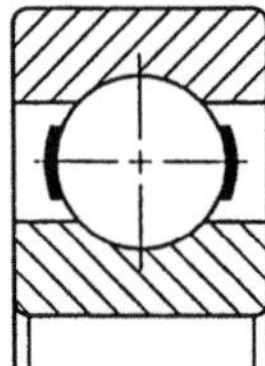

Abb. 8.1. Radialkugellager in einer Hohlkehle

Radialkugellager in einer Hohlkehle bestehen aus zwei Ringen, jeder Ring hat eine toroidförmige Gleitebene. Die Lager sind Kugeln. Sie werden in zahlreichen Anwendungen benutzt. Ihre Gestaltung ist sehr einfach; sie können mit hohen Geschwindigkeiten laufen, und die Wartung ist einfach oder nicht notwendig. Bei der Massenproduktion lassen sich die Kosten niedrig halten. Radialkugellager in einer Hohlkehle können hohe Radialbelastungen und nicht zu hohe Axialbelastungen ertragen.

Die Axialbelastungen können auf beide wirken und bei hohen Geschwindigkeiten eingesetzt werden. Die Radialkugellager in einer Hohlkehle können mit einer oder zwei Reihen von Kugeln gebaut werden. Die einreihigen Kugellager zeichnen sich durch geringe Geräuschentwicklung aus, während doppelreihige etwas mehr Lärm verursachen.

Die Reibung ist gering, obwohl sie in den zweireihigen Radialkugellagern in einer Hohlkehle ausgeprägter ist. Die Rotation einreihiger Kugellager ist sehr exakt, während sie in den zweireihigen Kugellagern etwa ungenauerer ist. Während des Betriebs nehmen Radialkugellager in einer Hohlkehle einen eventuelle Wellenversatz der Welle nicht an, und kompensieren möglichen anfänglichen Wellenversatz nicht. Dieses Phänomen tritt bei zweireihigen Radialkugellager in einer Hohlkehle häufiger auf als bei einreihigen. Die zulässige Abweichung während des Antriebs (Umdrehung der gebogenen Wellen in den Lagern) ist begrenzt und kann den Wert von 2 bis 10 Winkelminuten nicht überschreiten (von 0,000582 bis 0,002909 rad).

Diese Grenze der Abweichung hängt von vielen Faktoren, wie z. B. vom Spiel des Antriebs, der Lagerabmessung, deren innere Bauweise, von den Spannungen und von den angewandten Drehmomenten, ab. Die zweireihigen Radialkugellager in einer Hohlkehle sind noch empfindlicher, weil ihre Abweichung auf zwei Minuten begrenzt ist. Wenn eine Axialbelastung wirkt, kann die Berechnung mit einer reinen Radialbelastung, die gleichwertig zu der Kombination zwischen angewandter Radialbelastung (F_r) und der Axialbelastung (F_a) durchgeführt werden. Die gleichwertige reine Radialbelastung (P) wird berechnet als Funktion des Verhältnisses zwischen der Axialbelastung und dem statischen Belastungsvermögen.

Wenn man den Wert dieses Verhältnisses annimmt und die Werte von e, x und y einer Tabelle entnimmt, dann erhält man:

$$\text{Wenn:} \quad \frac{F_a}{F_r} \leq e \quad \Rightarrow \quad P = F_r \tag{8.005}$$

$$\text{Wenn:} \quad \frac{F_a}{F_r} > e \quad \Rightarrow \quad P = X F_r + Y F_a \ . \tag{8.006}$$

Auf die gleiche Weise kann man eine äquivalente statische Belastung berechnen:

$$P_0 = 0{,}6 \, F_r + 0{,}5 \, F_a \ . \tag{8.007}$$

Eine reine Axialbelastung kann nur angewandt werden, wenn diese Belastung die Hälfte der statischen Belastung nicht überschreitet.

Für kleinen Lager und für Lager der leichten Serie wird dieser Wert zu ein Viertel des Wertes der statischen Belastung beschränkt. Für jedes Lager geben genauen Tabellen die geometrischen Hinweisen und das statischen Belastungsvermögen wieder.

Außerdem werden Toleranzen für den Zusammenbau gegeben, siehe in dem Abschnitt „Zusammenbau von Lagern".

8.9 Zweireihige selbstausrichtende Kugellager

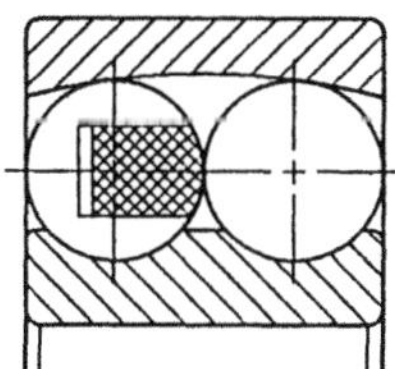

Abb. 8.2. Zweireihige selbstausrichtende Kugellager

In diesen Lagern besteht der äußere Ring aus einer sphärischen Abrollbahn, die zu zwei Sphären gemein ist. Der innere Ring bildet zwei toroidförmigen Abrollebenen, eine für jeden Kugelkranz. Diese Anordnung erlaubt die Verschiebung der Bahn des Außenrings bezüglich der Bahn des Innenrings. Diese Lager ermöglichen also eine große Abweichung und sind für Anwendungen, in denen sich ein Wellenversatz der Welle ergeben kann und große Biegungswinkel in den Gehäusen generiert werden (nicht sehr starre oder lange Wellen), gut geeignet. Die Abweichung kann sich ändern zwischen 1,5 bis 3°, abhängig von den Lagerabmessungen. Diese Abweichung hängt auch von den Bedingungen für den Zusammenbau und von den Dichtungsvorrichtungen ab. Dieser Lagertyp toleriert eine normale Radialbelastung, aber nur eine begrenzte Axialbelastung. Die zulässige Geschwindigkeit ist niedriger als die von starren Radiallager. Die Umdrehungsgenauigkeit ist normal (nicht übermäßig). Diese Lager haben keine große Starrheit. Der Antrieb ist geräuscharm, und die Reibung ist gering, obwohl ein Grad höher als jene, die in starren Lagern erzeugt werden. Die reine Radialbelastung wird mit Hilfe der folgenden Formeln berechnet:

$$\text{Wenn:} \quad \frac{F_a}{F_r} \le e \quad \Rightarrow \quad P = F_r + Y_1 \, F_a \tag{8.008}$$

$$\text{Wenn:} \quad \frac{F_a}{F_r} > e \quad \Rightarrow \quad P = 0{,}65 \, F_r + Y_2 \, F_a \; . \tag{8.009}$$

Die Werte von e, Y_1 und Y_2 können in Tabellen für jedes Lager nachgeschlagen werden, da diese Werte sich für jeden Typ unterscheiden.

$$P_0 = F_r + Y_0 \, F_a \; . \tag{8.010}$$

Für jedes Lager – wie in den vorherigen Fällen – sind in den Tabellen geometrische Abmessungen, Anbautoleranzen und Informationen über die Berechnung angegeben.

8.10 Zylinderrollenlager

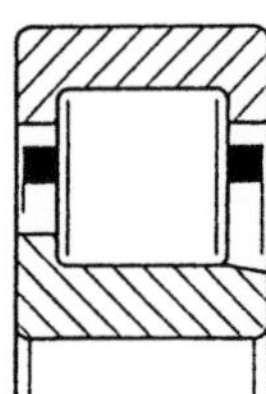

Abb. 8.3. Zylinderrollenlager

Die Zylinderrollenlager bestehen aus zylinderförmigen Rollenelementen. Die Abrollebenen sind Zylinder. Es gibt verschiedene Wege, um diese Lager zu konstruieren. In einigen bildet der Außenring Absätze an jedem Ende der Gleitebene, während der Innenring glatt ist, d. h. ohne Absatz. Die Gesamtheit Außenring-

Rolle kann axial auf dem Innenring gleiten. Für andere gilt das Gegenteil, da der Innenring fest an den Rollen ist und auf dem Außenring gleiten kann. Für noch andere sind die zwei Ringe mit Absätzen ausgerüstet, und alles ist starr axial. Diese Lager sind starr, und die Abweichung bewegt sich in dem Bereich von 3 bis 4 Winkelminuten. Verglichen mit Kugellagern können sie große Radialbelastung ertragen. Die Axialbelastungen, wie auch kombinierten Belastungen, dürfen nicht auftreten, außer in Lagern mit Absätzen auf den Ringen. Trotzdem, in diesem Fall soll den Axialschub begrenzt sein, da der Antrieb jetzt nicht eine Umdrehung ist, sondern eine Umdrehung, die von Reibungen auf den Absätzen in hohem Maße begleitet wird. Man kann also annehmen, daß die Axialschübe verboten sind oder mindestens zufällig auftreten.

Solche Lager tolerieren hohe Geschwindigkeiten; sie weisen eine große Rigidität auf, und ihr Betrieb ist geräuscharm (aber etwas weniger als der der Kugellager). Sie sind besonders für sehr hohen Radialbelastungen geeignet. Wie für andere Lager auch, geben die Herstellerkatalogen alle notwendigen Hinweise. Bei ungenügendem Raummangel für einen normales Lager verwendet man Nadellager. Hierbei handelt es sich um Zylinderrollen mit Rollenelementen, die einen sehr kleinen Durchmesser haben, bezogen auf die Abrollebenen: sie können mit oder ohne Ringe versehen sein, da die gesamten Elemente die Abrollebenen ersetzen. Das Belastungsvermögen hängt von der Härte der Abrollebenen des Lagers ab.

8.11 Zweireihige selbstausrichtende Radialkugellager (Abb.8.4)

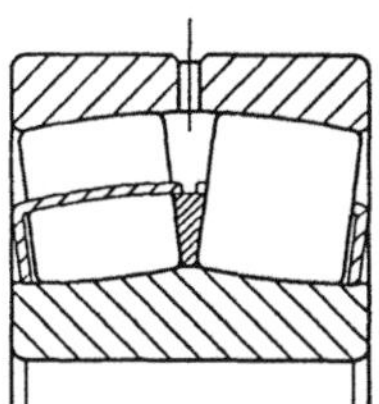

Abb. 8.4. Zweireihige selbstausrichtende Radialkugellager

Zweireihige selbstausrichtende Radialkugellager haben einen Außenring mit einer sphärischen Abrollebene. Die rollenden Elemente sind Zylinderrollen mit bogenerzeugender Kreislinie, die mit der Form der Abrollebene zusammenpassen. Der Innenring hat zwei Abrollebenen für die zwei Rollenkränze. Die Einheit Innenring-Rollen kann frei schwingen bezüglich des Außenrings. Dieser Lagertyp ermöglicht also eine große Abweichung, die von 1 bis 2,5 Winkelgrade reichen kann. Diese ertragen sehr große Radialspannungen und auch reine oder kombinierte Axialspannungen. Die Formeln, mit denen es möglich ist, gleichwertige Radialbelastung zu berechnen, sind die folgenden:

$$\text{Wenn:} \quad \frac{F_a}{F_r} \leq e \quad \Rightarrow \quad P = F_r + Y_1 \, F_a \tag{8.011}$$

$$\text{Wenn:} \quad \frac{F_a}{F_r} > e \quad \Rightarrow \quad P = 0{,}67 \, F_r + Y_2 \, F_a \; . \tag{8.012}$$

Die Werte von e, Y_1 und Y_2 findet man in der Tabelle. Für die Berechnung der äquivalenten statischen Belastung, Y_0 ist aus den Tabellen zu entnehmen, erhält man:

$$P_0 = F_r + Y_0 \, F_a \; . \tag{8.013}$$

Diese Lager sind für große Axial- und Radialbelastungen ausgelegt und gewährleisten große Toleranzen, und sie weisen eine moderate Starrheit auf. Die zulässigen Geschwindigkeiten sind nicht besonders hoch, und der Reibungsgrad ist relativ hoch. Ihr Antrieb erfolgt weniger geräuscharm als der der Kugellager.

8.12 Schrägkugellager (Abb. 8.5)

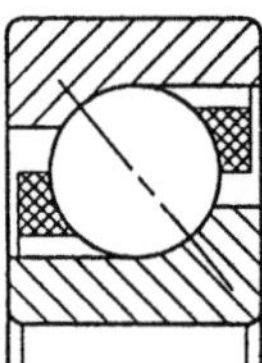

Abb. 8.5. Schrägkugellager

Die Abrollebenen des Innen- oder Außenrings sind versetzt angelegt, so daß im Fall einer Axialbelastung eine schräge Berührung erzeugt werden kann. Unter der Wirkung einer kombinierten Belastung erfolgt die Berührungsreaktion zwischen den Kugeln und den Abrollebenen in schräger Richtung bezogen auf die Wellenachse. Sie werden paarweise und sich gegenüber befindlich, in zwei verschiedenen Gehäusen oder auf demselben zusammengebaut sein. Diese Lager sind auch abmontierbar. Der Innenring mit Kugeln ist von dem Außenring getrennt. Man unterscheidet zwischen einreihigen und zweireihigen Schrägkugellagern, und auch speziellen Lagern von der gleichen Bauart. Es handelt sich hierbei um Vierpunktlager. Schrägkugellager eignen sich nur für leichte Abweichungen, und deshalb erfolgt auch nur kleiner Wellenversatz oder leichte Winkelverformung. Die Reaktionslinien der Lager sind schräg zu der Wellenachse und treffen diese Achse nicht in dem Lagergehäuse. Es ist nötig, solche Lager so zusammenzubauen, daß die Reaktionslinien eine Figur bilden, die einem X oder einem O ähneln soll, und man spricht dann von einem X- oder O-Zusammenbau. X-Zusammenbau erhöht die

Stabilität und vermindert die Starrheit. Dagegen erhöht der *O*-Zusammenbau die Starrheit und vermindert die Stabilität. Wenn solche Lager mit einer Axialbelastung K_a verwendet werden, dann erzeugt diese in Verbindung mit Radialbelastungen in jedem Lager eine resultierende Axialbelastung, die wie folgt berechnet werden kann.

Lager *A* (mit entsprechendem Index) ist jenes nach dem sich die Axialbelastung ausrichtet.

$$\text{Wenn:} \quad F_{rA} \geq F_{rB}$$

$$F_{aA} = 1.14 \; F_{rA} \; ; \quad F_{aB} = F_{aA} + K_a \qquad . \tag{8.014}$$

$$\text{Wenn:} \quad F_{rA} < F_{rB}$$

$$\text{wenn:} \; K_a \geq 1{,}14 \, (F_{rB} - F_{rA}) \; \Rightarrow F_{aA} = 1{,}14 \; F_{rA} \; ; \; F_{aB} = F_{aA} + K_a \tag{8.015}$$

$$\text{wenn:} \; K_a < 1{,}14 (F_{rB} - F_{rB}) \; \Rightarrow F_{aB} = 1{,}14 \; F_{rB} \; ; F_{aA} = F_{aB} - K_a \tag{8.016}$$

Mit den so bestimmten Axialbelastungen ist es möglich, die äquivalente Radialbelastung zu berechnen:

$$\text{wenn:} \quad \frac{F_a}{F_r} \leq 1{,}14 \quad \Rightarrow P = F_r \tag{8.017}$$

$$\text{wenn:} \quad \frac{F_a}{F_r} \geq 1{,}14 \quad \Rightarrow P = 0{,}35 \; F_r + 0{,}57 \; F_a \quad . \tag{8.018}$$

Die äquivalente statische Belastung ist gegeben durch:

$$P_0 = 0{,}5 \; F_r + 0{,}26 \; F_a \quad . \tag{8.019}$$

Die anderen Antriebskennzeichen, die verschieden von den gerade erwähnten sind, sind gleich zu denen der zweireihigen selbstausrichtenden Radialkugellager.

8.13 Kegelrollenlager (Abb. 8.6)

Abb. 8.6. Kegelrollenlager

Die zwei Ringe haben kegelförmige Abrollebenen zwischen denen Kegelrollen plaziert sind. Die Kegel der drei Elemente haben einen gemeinsamen Scheitelpunkt. Die oben gegebenen Informationen über Schrägkugellager sind die gleichen wie für Kegelrollenlager (K_a gegen A-Lager; O-Anabu).

Die Gleichungen der Axialbelastung K_a lauten:

$$\text{wenn:} \quad \frac{F_{rA}}{Y_A} \geq \frac{F_{rB}}{Y_B}$$

$$F_{aA} = \frac{0{,}5\,F_{rA}}{Y_A}$$

$$F_{aB} = F_{aA} + K_a \cdot \qquad (8.020)$$

$$\text{wenn:} \quad \frac{F_{rA}}{Y_A} < \frac{F_{rB}}{Y_B}$$

$$\text{wenn:} \quad K_a \geq 0{,}5\left(\frac{F_{rB}}{Y_B} - \frac{F_{rA}}{Y_A} \right)$$

$$F_{aA} = \frac{0{,}5\,F_{rA}}{Y_A}$$

$$F_{aB} = F_{aA} + K_a \qquad (8.021)$$

$$\text{wenn:} \quad K_a < 0{,}5\left(\frac{F_{rB}}{Y_B} - \frac{F_{rA}}{Y_A} \right)$$

$$F_{aB} = \frac{0{,}5\,F_{rB}}{Y_B}$$

$$F_{aA} = F_{aB} - K_a \cdot \qquad (8.022)$$

Für die äquivalente Radialbelastung gilt:

$$\text{wenn:} \quad \frac{F_a}{F_r} \geq e \;\Rightarrow\; P = F_r \qquad (8.023)$$

$$\text{wenn:} \quad \frac{F_a}{F_r} < e \;\Rightarrow\; P = 0{,}4\,F_r + Y\,F_a \cdot \qquad (8.024)$$

Die äquivalente statische Belastung ergibt sich zu:

$$P_0 = 0{,}5F_r + Y_0F_a \; . \tag{8.025}$$

Die Werte von e, Y und Y_0 sind in den Tabellen für jeden Lagertyp angegeben. Die anderen Lager, verschieden von den Kegelrollenlagern, sind aus Stahl mit einem Kern aus gehärtetem Chrom-Nickel. Die Kegelrollenlager sind im Kern wie die anderen Lager behandelt, oder sie sind aus aufgekohlten Stahl hergestellt.

8.14 Auswahl der Lager

Ein schwieriges Problem ist die Auswahl des Lagertyps, der für eine bestimmte Anwendung der geeignetste ist. Diese Auswahl erfolgt auf Grund der technischen und ökonomischen Voraussetzungen. Eine dieser Voraussetzungen ist der Lagerpreis, allerdings kann dieser nur bei einer verantwortungsvollen Herstellung unter Berücksichtigung wirtschaftlicher Interessen angemessen sein, sämtliche Lösungen müssen allerdings den technischen Gesichtspunkten genügen. Ist die Auswahl sehr schwierig, sollte sie nur durch einen Lagerkonstrukteur, der eine große Erfahrung auf diesem Gebiet besitzt, erfolgen.

Die folgende Methode kann als Auswahlhilfe dienen. In Tabelle 8.3 sind die für Lager relevanten Werte wiedergegeben. Diese Zahlen sind positiv, wenn das Lager geeignet ist, anderseits sind sie negativ.

Diese Zahlen steigen in Abhängigkeit zu der Eignung des Lagers. Wenn die gewünschte Qualität der Anwendung festgelegt ist und die Punkte für jeden Lagertyp zusammengezählt sind, dann entspricht die sich ergebende Zahl einer Klassifikation, bei der die höchste Ziffer dem geeignetesten Lagern entspricht. Die Spalten der Tabelle 8.3 sind:

A	Möglichkeit einer reinen Radialbelastung
B	Möglichkeit einer reinen Axialbelastung
C	Möglichkeit einer kombinierten Belastung
D	Ausgleichen des Wellenversatzes während des Betriebs
E	Ausgleichen des Wellenversatzes, der durch den Hersteller verursacht wird
F	Leichter Lärm
G	Leichte Reibung (hohe Leistung)
H	Starrheit
J	Hohe Geschwindigkeit
K	Umdrehungsgenauigkeit

Beispiel: Die ruhige Übertragung einer reinen Radialbelastung mit großer Starrheit erhält man:

Starre einreihige Kugellager	5
Starre zweireihige Kugellager	3
Zweireihige selbstausrichtende Kugellager	2
Zylinderrollenlager	6
Zweireihige selbstausrichtende Radialkugellager	6
Schrägkugellager	4
Kegelrollenlager	5

Man bemerkt, daß die Zylinderrollenlager und die selbstausrichtenden zweireihigen Radiallager den gleichen Wert haben, also werden dann wirtschaftliche Gründe, Zusammenbaugründe und Verfügbarkeitsgründe die Auswahl bestimmen. Es folgen die einreihigen Kugellager und die Kegelrollenlager.

In Tabelle 8.3 sind in fallender Reihenfolge Schrägkugellager, zweireihige Kugellager und selbstausrichtende Radialkugellager aufgeführt. Diese Klassifikation gilt allerdings nur für die oben gewünschten Bedingungen.

Tabelle 8.3. Auswahl der meist verwendeten Lagertypen

Arten	A	B	C	D	E	F	G	H	J	K
starre einreihige Kugellager	1	1	1	-1	-1	3	3	1	3	3
starre zweireihige Kugellager	1	1	1	-2	-2	1	2	1	1	1
zweireihige selbstausrichtende Kugellager	1	1	2	3	2	2	2	-1	2	2
Zylinderrollenlager	2	-2	-2	-1	-1	2	2	2	3	2
zweireihige selbstausrichtende Radialkugellager	3	1	3	3	2	1	1	2	1	1
Schrägkugellager	1	1	2	-1	-1	2	2	1	2	3
Kugelrollenlager	2	2	3	-1	-1	1	1	2	1	2

8.15 Befestigung der Lager

Lager müssen auf den Wellen und in den festen Lagergehäusen befestigt sein. Diese Befestigung unterliegt genauen Regeln, um einen angemessenen Betrieb und eine Lebensdauer, die der berechneten Dauer entsprechen muß, zu gewährleisten. Die Axialbefestigung muß das Innenspiel des Lagers berücksichtigen, das nie Null werden darf (außer bei speziellen Anwendungen, für die eine Vorbelastung vorgesehen ist). Sind für Wellen und Gehäuse Abmessungänderungen in Abhängigkeit von der Temperatur vorgesehen, dann besteht die Gefahr, daß das Spiel Null wird oder einen negativen Wert annimmt. Um das zu vermeiden, ist es nötig, den Lagern einen Spielraum zu lassen, damit sie sich bei Ausdehnung der Welle bewegen können. Anderseits müssen die Lager gut auf der Welle und in den Gehäusen positioniert sein. Um diese Bedingungen zu erfüllen, werden die Lager an dem beweglichen Element befestigt, und ein Lager wird an dem festen Element befestigt, das andere ist frei beweglich axial zu der Welle.

Für die abmontierbaren Lager (Schrägkugellager und Kegelrollenlager) wird das Spiel innen sein, wegen der Stellung des inneren Teils bezogen auf den Außenring.

In Zahnrädern ist die Welle der bewegliche Teil und das Gehäuse der feste Teil. Jedes Lager der selben Welle kann also auf jeder Seite der Welle befestigt werden. Die Befestigung erfolgt durch das Positionieren des Lagers gegenüber dem Absatz der Welle an einer der beiden Kopfflanken und an dem anderen Ende mit einer Nutmutter, oder die Befestigung wird mit Hilfe einer anderen Vorrichtung durchgeführt. Wenn auf der Welle kein Absatz möglich ist, dann plaziert man nach Möglichkeit ein Abstandstück von dem einen bis zu dem anderen Lager oder von einem Lager bis zu einem anderen Element auf der Welle (z.B. ein Zahnrad). Die Befestigung mit einer Nutmutter kann durch einen elastischen Sicherungsring ersetzt werden, der so gut angepaßt sein muß, daß er sich nicht auf einem Belastungspunkt der Welle befindet (Spannungskonzentrationen).

Die Höhe des Absatzes ist in den Katalogen für jeden Lagertyp nachschlagbar. Dieser Höhe muß große Beachtung geschenkt werden, wenn sie niedriger als vorher bestimmt ist, dann könnte sie Druckspannungen verursachen und kann unerwünschte Reibungen auf dem festen Ring verursachen.

Das befestigte Lager wird an beiden Seiten durch einen Absatz und eine bewegliche Befestigungsvorrichtung gehalten.

Der Absatz wird auf dem Gehäuse befestigt, oder wenn dies nicht möglich ist, dann wird es aus einem Abstandstück bestehen, das sich auf der anderen Seite des Gehäuses abstützt. Man kann auch elastische Außenringe benutzen.

Die Befestigung gegenüber dem Absatz wird mit Hilfe eines elastischen Rings verwirklicht, einer Innennutmutter oder eines Abschlußdeckels an der Öffnung des Lagergehäuses. Das andere Lager wird nicht befestigt, damit es sich frei bewegen kann, wenn sich die Welle ausdehnt.

Die abmontierbaren Lager (Schrägkugellager und Kegelrollenlager) haben ein einstellbares Innenspiel. Es genügt also, jedes Lager gerade an der Seite zu übernehmen, die mit einem einstellbaren Innenspiel versehen ist.

Die Radialbefestigung erfolgt durch die Kupplung Lager-Lagergehäuse. Wesentlich ist, daß der bewegliche Ring in Bezug auf die Spannung an dem beweglichen Werkstück befestigt (die Welle im allgemeinen) ist.

Wird diese Bedingung nur teilweise erfüllt, dann läuft man Gefahr, daß die Verschiebung des Rings auf der Welle Abnutzung verursachen kann und vor allem Berührungskorrosion. Man wird also einen Spannring verwenden.

Der fixierte Ring bezogen auf die Kraft (gewöhnlich der Ring im Gehäuse des Zahnradgetriebes) muß für einen des Lagers frei sein, und da er sich axial bewegen können muß, wird er mit der Bohrung des Gehäuses Spiel haben. Dieses Spiel muß ausreichend groß sein, um die freie Verschiebung des Lagers zu gewährleisten, aber so minimal, um einen exakten Rotationsbetrieb zu gewährleisten.

Lager werden mit bestimmten Toleranzen hergestellt. Um die gewünschte Spannung des festen Rings oder das geforderte Spiel des freien Rings zu erreichen, werden die vom Hersteller empfohlenen Toleranzen verwendet. Die folgenden Tabellen 8.4 und 8.5 enthalten die Symbole, die für die Welle und die Bohrung des Gehäuses empfohlen werden.

Tabelle 8.4. Paßgenauigkeit auf einer vollen Stahlwelle

Durchmesser der Welle (mm)				
Drehender Ring unter Belastung oder in unbestimmter Richtung				
Anwendungs-bedingungen	Kugel	Zylinder oder Kugelrollen-lager	zweireihige selbstausrichtende Radiallager	Toleranzen
schwache oder variable Belastung	(18) bis 100 (100) bis 140	<40 40 bis 100		j6 k6
normale oder hohe Belastung	<18 (18) bis 100 (100) bis 140 (140) bis 200 (200) bis 280	 <40 (40) bis 100 (100) bis 140 (140) bis 200 (200) bis 400	 <40 (40) bis 65 (65) bis 100 (100) bis 140 (140) bis 280 (280) bis 500 >500	j5 k5 m5 m6 n6 p6 r6 r7
Fester Ring bezüglich der Belastung				
Leerlaufrad				g6
Paßgenauigkeit in einer Gehäusebohrung				
Außenring drehend unter Belastung				
Radnabe auf den Lagern				M7
Außenring drehend unter Belastung				
Alle Belastungen				H7
Normale oder schwache Belastung bei einfachen Antriebs-bedingungen				H8

Das Lager erzeugt eine Rundung, dessen Höchstwert angegeben ist. Das Lager soll sich auf den Ansatz bei allen Höhen stützen. Der konkave Anschluß der Welle wird also niedriger sein als der Wellenanschlußradius. Das ruft allerdings Spannungskonzentrationen auf der Welle hervor. Die in Abb. 8.7 gezeigte Anordnung kann mit den Abmessungen von Tabelle 8.5 verwendet werden.

Tabelle 8.5. Unterschnitt

Anschlußradius des Lagers	Unterschnitt		
	ba	ha	rc
1	2	0,2	1,3
1,1	2,4	0,3	1,5
1,5	3,2	0,4	2
2	4	0,5	2,5
2,1	4	0,5	2,5
3	4,7	0,5	3
4	5,9	0,5	4
5	7,4	0,6	5
6	8,6	0,6	6

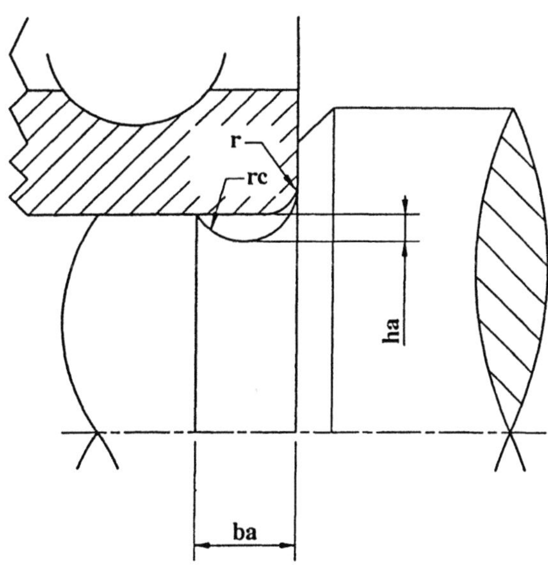

Abb. 8.7. Unterschnitt des Lagers

8.16 Demontieren von Lagern

Es ist notwendig, die Möglichkeit der Demontage von Lagern vorzusehen, damit ein eventueller Ersatz erfolgen kann. Deswegen muß man auf der Welle Einschnitte vorsehen, damit die Demontagezange angesetzt werden kann, oder man muß Löcher vorsehen, um die Demontageschrauben auf dem externen Spannringe ansetzen zu können.

8.17 Grenzgeschwindigkeit und Kreislaufzahl

Die Anwendung der Lager wird durch die Umdrehungshöchstgeschwindigkeit beschränkt. Sie verursacht Kräfte, die den Ring ausdehnen, vermindert so die Befestigung auf der Welle und schafft zusätzliche Spannungen auf den Rollenkörper. Diese Grenzgeschwindigkeit hängt von dem Lagertyp und seinem Durchmesser ab. Je größer die Masse der Ringe für einen gewissen Durchmesser und der Lagerbasisdurchmesser ist, desto niedriger ist diese Grenzgeschwindigkeit. Diese Grenzgeschwindigkeiten sind für jeden Lagertypen in Katalogen aufgelistet. Wenn das Design eines Werkstücks die Position des Lagers vorschreibt, dann muß man auch seine Geschwindigkeit berücksichtigen.

Man wird die Betriebsgeschwindigkeit der projektierten und gebauten Gesamtheit nicht als unendlich annehmen, ohne das die Lager zu großen Problemen ausgesetzt sind, wenn die Grenzgeschwindigkeit überschritten wird. Im Fall der Zahnradgetriebe könnte man versuchen, die übertragene Leistung zu vermindern und zwar proportional zu der Geschwindigkeitzunahme. Das Drehmoment bleibt konstant, und der Betrieb ist gesichert; trotzdem ist die Überschreitung einer gewissen Grenze gefährlich, nicht nur weil der dynamische Faktor der Zahnräder einen zu hohen Wert nehmen kann, sondern auch weil die Gefahr besteht, die Grenzgeschwindigkeit zu überschreiten.

Die Kreislaufzahl, die für das Lager berechnet worden ist, ist mit der Betriebsstundenzahl und der Geschwindigkeit durch folgende Beziehung verknüpft:

$$L = 60 \cdot 10^{-6}\, h\, n$$

wobei L die Zahl in Millionen Kreisläufen, h die Dauer in Stunden und n die Drehgeschwindigkeit in min^{-1} sind.

8.18 Öldichtungsringe

Lager müssen vor Unreinheiten der äußeren Umgebung geschützt sein; dazu gehören Pulver und andere Substanzen, die vorzeitige Abnutzungen an den Rollenwerkstücken und Abrollebenen verursachen. Man muß auch verhindern, daß Schmierstoff aus dem Zahnradgetriebe in das Lager fließt. Deswegen werden Öldichtungsringe benutzt, die auf die Öffnungen der Welle gesetzt werden. Wo die Wellen innerhalb der Zahnradgetriebe sind, werden Dichtungsdeckel gesetzt, die das Innere von dem Äußeren isolieren, und dadurch eine absolute Dichte gewährleisten. Es gibt Öldichtungsringe mit oder ohne Reibung.

Öldichtungsringe mit Reibung. Eine weiche Dichtung wird gegen die Welle in ihrem Randgebiet befestigt. Diese erzeugt einen leichten Druck auf die Welle, und dadurch ist die Dichte gewährleistet. Die einfacheren Dichtungen bestehen aus einem Filzring mit trapezförmigem Schnitt, der in eine Hohlkehle konzentrisch zur Welle auf den festen Teil gelegt wird. Diese Dichtungsart ist sehr einfach, billig und leicht anzuwenden. Allerdings hat sie den Nachteil, sich schnell abzunutzen, und somit nur teilweise ihrer Aufgabe gerecht zu werden (Abb. 8.8a).

Eine andere Methode besteht darin, in einer halbkreisförmigen Hohlkehle, auf dem festen Teil oder auf dem Ring einen toroidförmigen Elastomerring zu positionieren, der auf dem Teil, auf dem er nicht befestigt ist, reibt (O-Ring). Diese Dichtungen verbrauchen sich ziemlich schnell und sollen deswegen mit einer gewissen Häufigkeit ersetzt werden (aber seltener als Filzdichtungen). Es gibt kompliziertere Dichtungen mit einem besseren Wirkungsgrad. Sie bestehen aus einer Elastomermembran mit einem Mittelloch kleiner als der Wellendurchmesser. Diese Dichtungen sind auf ein leichtes Metallgerippe aufgesetzt, das sich auf dem festen Teil befindet (Bohrung der Lager). Der auf der Dichtung ausgeübte Druck läßt diese an der Welle haften; die Abnutzung wird von der Dichtungsverformung ausgeglichen. Diese Dichtungen halten länger als die obengenannten (Abb. 8.8c).

Für noch bessere Ergebnisse verwendet man Elastomerdichtungen mit komplizierten Strukturen. Der Elastomerring stützt sich an der Welle mit einer Innenmetallfeder, die einen dauerhaften Druck auf die Welle, unabhängig von dem Abnutzungsgrad, ausübt.

Diese Dichtungen werden auch auf einem leichten Metallgerippe aufgebaut, das ohne Schwierigkeiten ab der Lagerbohrung befestigt werden kann; ihr Ersatz ist leicht (Abb. 8.8d). Die Formen der Dichtungen unterscheiden sich von einem Hersteller zum anderen, aber folgen alle demselben Prinzip. Diese Dichtungen können zu niedrigen Preise angeboten werden, dank der Serienfertigung von Fachfirmen, die diese in Fachkatalogen vorstellen.

Dichtungen ohne Reibung. Die Dichtungen mit Reibung verursachen ziemlich hohe Reibungen und so eine Verminderung der Übertragungsleitung. Um das Auftreten solcher Reibungen zu vermeiden, ist es möglich (zum Schaden der Einfachheit und des Mindestversperrens) Dichtungen ohne Reibung zu benutzen. Allerdings ist hier ein eventuelles Schmierstoffaustreten in einem begrenzten Rahmen möglich, und es verringert sich das Belastungsvermögen der Länge und des Röhrenschnitts.

Wenn dieser Schnitt nicht zu groß und starr ist, und wenn die Länge ausreichend ist, dann kann ein Austreten des Schmierstoffs und eine Durchdringung von

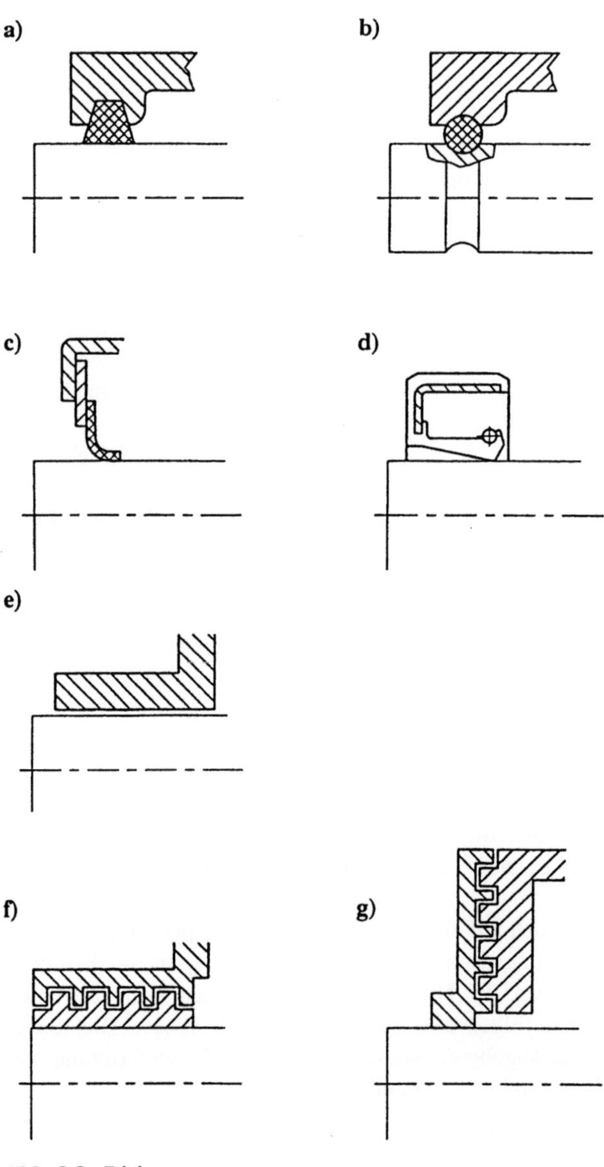

Abb. 8.8. Dichtungen

Fremdkörpern verhindert werden. Dies wird durch das Vorhandensein von Schmierstoff in der Röhre erleichtert. Die einfachste Methode besteht aus dem Umfassen der Welle mit einem Außenzylinder und dem Verwirklichen eines verringerten Spiels auf einer ausreichend großen Länge (Abb. 8.8e). Das Spiel muß so klein wie möglich sein, um die Berührung zwischen dem festen Teil und der Welle zu verhindern, wenn sich diese während des Betriebs verformt. Die ausreichende Länge ist eine Funktion des Schnitts der Dichtung. Um das Spiel wirtschaftlich zu gestalten, muß die Länge so groß sein, daß damit ein Versperren verhindert wird. Um die Länge zu begrenzen, werden Labyrinthe verwendet. Anstatt ununterbrochen zu sein, wird die Dichtung aus zwei Stücken gebildet, die ineinander stecken (Abb. 8.8f/g). Für die Form der Dichtung wird die Länge ein wenig erhöht, und die Änderung der Richtung bei jeder Teilung des Labyrinths erhöht den Belastungsverlust und dadurch die Wirksamkeit. Es ist möglich, auf die Welle konzentrische Dichtungen (Abb. 8.8f) oder auf einem Gebiet rechtwinklig zur Welle aufzusetzen. Solche Dichtungen sind wirksam und bewahren die Leistung der Übertragung, aber haben einen hohen Preis und bereiten zusätzliche Schwierigkeiten bei der Herstellung. Sie werden also nur in besonderen Fällen eingesetzt, wenn die Dichtung sehr dicht, dauerhaft und ohne Ersatzmöglichkeit sein muß (entweder weil den Ersatz schwierig und mühevoll durch erschwerte Zugangsbedingungen, oder weil die Übertragung ohne Überwachung und ohne Schmierstoffverlust arbeiten muß).

9 Schmierstoffe und Schmierung

9.1 Funktion der Schmierung

Die Schmierstoffe haben in den Zahnrädern vielfache Funktionen. Zum einen sind sie unbedingt notwendig, um den Reibungskoeffizient zwischen den einbezogenen Stücken zu vermindern. Außerdem erleichtern sie den Wärmeaustausch in den Vorrichtungen. Zusätzlich leiten sie die Wärme, die von der Reibung erzeugt wird, ab, wobei die Dissipation dieser Energie leichter und häufiger ist. Letztlich bieten sie einen Schutz für die Dichtungen (zwischen den beweglichen und festen Teilen), die einen Ausgang nach außen haben; dieser Schutz ist auch wirksam gegen den Zutritt von Pulvern oder korrosiven Substanzen. Die Schmierstoffe sind ein wesentlicher Teil der Übertragungen und können deswegen als ein echtes mechanisches Stück betrachtet werden. Das Wissen über Schmierstoffe liegt bei den Fachleuten, und es ist unmöglich in diesem Buch, alle betreffenden Aspekte zu betrachten. Wir werden nur die nützlich erscheinenden beschreiben, um die Rolle der Schmierstoffe während des Betriebs der mechanischen Einheiten zu verstehen, und werden zusätzlich Informationen für die Schmierstoffauswahl geben.

9.2 Schmierstoffarten

Es gibt zwei Schmierstoffarten: die aus Erdöl gewonnenen Mineralschmierstoffe und die synthetischen Schmierstoffe, die ständig weiter entwickelt werden. Die Mineralschmierstoffe (Öle) können rein oder mit festen Bestandteilen (Schmierfette) gemischt, verwendet werden oder müssen noch durch Zusätze ergänzt werden. Die synthetischen Schmierstoffe gibt es in verschiedenen Zusammensetzungen und diese können nach den genauen Betriebserfordernisse zusammengesetzt werden.

9.3 Mineralschmierstoffe

Die Klassifikation der Schmierstoffe erfolgt aufgrund:

(a) ihrer Herkunft: die Mineralöle werden bei der Destillation von Erdöl gewonnen und repräsentieren die schweren Elementen. Nach der Destillation können sie durch eine chemische Behandlung raffiniert werden, z. B. mit freiem Schwefel, um eventuelle Unreinheiten zu beseitigen: die raffinierten Öle sind die meist verwendeten bei Übertragungen und sichern den Erhalt der mechanischen Werkstücke.

(b) ihrer Bestimmung: die Mineralöle haben Eigenschaften, die sich abhängig von der Erzeugungsweise ändern können. Solche Eigenschaften können für bestimmten Anwendungen besonderes günstig sein. Die Öle werden also nach ihren Hauptanwendungen klassifiziert: es gibt Öle für Übertragungen, Öle für Kältemaschinen, Öle für Turbinen usw.

(c) ihrer Molekularstruktur (in Verbindung mit der Kohlenstoffchemie): es gibt aliphatische Verbindungen (mit offener Kette) und aromatische Verbindungen (mit geschlossener Kette). Einige Öle werden paraffinisch genannt. Der größte Teil der Öle setzt sich aus verschiedenen Mischungen zusammen.

(d) ihrer Zusätze: die Eigenschaften der Öle ändern sich durch Beifügung von Substanzen mit bestimmten Funktionen. Wesentlichen Zusätze sind:

– Für die Zunahme des Belastungsvermögens: organische Verbindungen mit Chlor, Phosphor oder Schwefel, Paraffine oder Naphtalinchlorid, tributilische Phosphate, Zink-Ditiophosphate. Die Öle, die so behandelt werden, daß sie sehr hohe Drücke aushalten können, werden mit EP (extreme pressure=extremer Druck) bezeichnet.

– Für die Verbesserung der Eigenschaften (Viskosität): Esterpolymere von metakrilischen Säuren, Polyolefinen usw.

– Antioxydanten: chemische Verbindungen mit Phosphor, Schwefel oder Stickstoff, Phenotyazinen, Ditiophosphaten.

– Korrosionsschützende Eigenschaften: organische Ester der phosphorischen Säure.

– Schaumzerstörende Eigenschaften: Silikone.

Es ist möglich, sowohl das Ausehen (Zufügung von Farbstoffen) als auch den Geruch zu verbessern.

9.4 Schmierfette

Die Schmierfette sind feste Körper (in Pulver), die Mineralöle enthalten. Der Basisfestkörper kann aus Kalkstein, Lithium oder Silikon bestehen. Die Schmierfette werden für die Schmierung der Werkstücke mit leichter Reibung und für verringertes Belastungsvermögen gebraucht. Sie können auch für die Schmierung der Lager, wobei einige hermetisch abgeschlossen sind und andere werden fortlaufend geschmiert. Bei Zahnradgetrieben zur Geschwindigkeitsreduzierung werden Schmierfette nicht oft eingesetzt.

9.5 Synthetische Schmierstoffe

Dabei handelt es sich um verschiedene Karbonatverbindungen.

9.6 Viskosität

9.6.1 Definition

Die Schmierstoffe sind durch ihre Scherfestigkeit gekennzeichnet. Wir betrachten zwei Abschnitte von dy (Abb. 9.1).

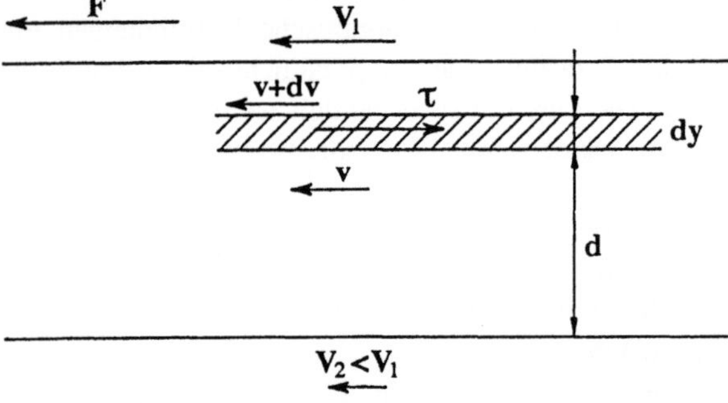

Abb. 9.1. Viskosität (Definition)

Um einen dieser Abschnitte in Relation zu dem anderen zu bewegen, mit einer Relativgeschwindigkeit dv, ist es nötig, eine Scherkraft τ auszuüben, die proportional zu der Geschwindigkeitsänderung in Bezug auf die Entfernung zwischen den zwei Abschnitten ist. Der Proportionalitätsfaktor ist die Viskosität des Schmierstoffs (Newton).

$$\tau = \mu \, \frac{dv}{dy} \qquad (9.001)$$

wobei μ die dynamische Viskosität ist.

Wenn die Viskosität konstant in alle Richtungen und unabhängig von der Geschwindigkeit ist, dann wird das Fluid Newtonisch sein. Die Schmierstoffe sind gewöhnlich Newtonisch. Die dynamische Viskosität wird in Ns/m² oder in Pa·s gemessen. Man bestimmt auch die kinematische Viskosität v, die durch den Quotienten der dynamischen Viskosität μ und der Dichte des Schmierstoffs δ gegeben ist.

$$v = \frac{\mu}{\delta} \; . \qquad (9.002)$$

Die kinematische Viskosität wird in m²/s gemessen oder wird üblicherweise mit einem Teiler dieser Einheit, mm²/s oder centistoke (cSt), multipliziert.

9.6.2 Veränderung der Viskosität in Abhängigkeit von der Temperatur

Die kinematische Viskosität ändert sich mit der Temperatur in einer mehr oder weniger auffälligen Weise, abhängig von der Natur des Schmierstoffs. Diese Änderung wird durch den Index der Viskosität (VI) gekennzeichnet. Wenn man die Viskosität eines Schmierstoffs bei verschiedenen Temperaturen mißt, dann kann man das Ergebnis im folgenden Diagramm darstellen (Abb. 9.2).

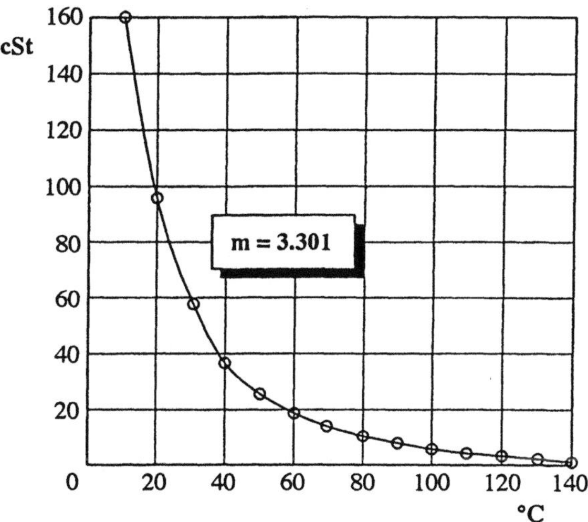

Abb. 9.2. Viskosität und Temperatur

In Anlehnung an Ubbelhode kann diese Kurve analytisch durch folgende Funktion dargestellt werden:

$$m = \frac{\log \log (v_1 + 0{,}8) - \log \log (v_2 + 0{,}8)}{\log T_2 - \log T_1} \; . \qquad (9.003)$$

Wenn man die Viskosität bei einer gewissen Temperatur kennt (z. B. 40°), dann ist es möglich, die Viskosität bei irgendeiner Temperatur zu messen, wenn man den Faktor *m*, der für den Schmierstoff charakteristisch ist, kennt.

$$\nu_t = -0,8 + (\nu_{40} + 0,8)^K \qquad (9.004)$$

mit

$$K = \left(\frac{313}{273 + t}\right)^m . \qquad (9.005)$$

Der Viskositätsindex VI ist eine inverse Funktion von *m*. Für *m* = 3,6 wird man einen Viskositätsindex gleich 85 haben. Die Öle, die gewöhnlich bei mechanischen Übertragungen gebraucht werden, haben einen Viskositätsindex von ca. 85 und eine Ubbelhode-Konstante *m*, die von 3,2 bis 3,6 reicht.

Die synthetischen Öle haben einen höheren Viskositätsindex, d.h. sie sind weniger empfindlich gegenüber Temperaturschwankungen.

9.6.3 Änderung der Viskosität mit dem Druck

Die bei mechanischen Übertragungen verwendeten Schmierstoffe haben eine Viskosität, die sich wenig mit dem Druck ändert. Trotzdem kann die Viskositätsänderung bei sehr hohen Drücken einen ziemlich hohen Werte annehmen. Die Viskositätsänderung als Funktion des Drucks ist sehr kompliziert und läßt sich nur schwer durch empirische Formeln ausdrücken.

Nach Kuss ist es möglich, zu schreiben:

$$\nu_p = \nu_1 \, e^{\alpha p} \qquad (9.006)$$

wobei ν_p die Viskosität bei dem Druck *p* ist, ν_1 die Viskosität bei atmosphärischem Druck ist, gemessen in MPa (N/mm^2) und α ist eine charakteristische Konstante des Schmierstoffs. Man nimmt an, daß diese Konstante im Bereich von 1,1 bis $1,6 \cdot 10^{-5}$ für ein Mineralöl und von 1,5 bis $5,5 \cdot 10^{-5}$ für ein synthetisches Öl liegt. So hätte ein Öl mit dem Viskositätsindex 220 mm²/s bei atmosphärischem Druck eine Viskosität von 224 mm²/s bei einem Druck von 1500MPa.

9.6.4 Messung der Viskosität

Viskosität kann direkt bei der Messung der Scherkraft für einen gegebenen Geschwindigkeitsgradienten gemessen werden. Einige Instrumente erlauben die Messung einer konventionellen Viskosität, dessen Wert von den charakteristischen Merkmalen des Instruments abhängt. Man berechnet: Englersche Grad (°E), Sayboltsche und Redwoodsche sind äquivalent. Alle diesen Messungen stützten sich

auf die Beschaffenheit des Schmierstoffs, der zu einer Temperatur in einer einge-
paßten Vorrichtung gemessen wird; man mißt die Zeit des Ölaustritts (Saybold)
oder man vergleicht sie zu jener des Wasseraustritts bei der gleichen Temperatur.
Die am häufigsten benutzte Messung in Europa ist die der Englerschen Gradmes-
sung °E. Die Umrechnung der Englerschen Grade in kinematische Viskosität
mm²/s erfolgt mit Hilfe der Formel:

$$v \approx 7,85\,E - \frac{8,32}{E}\ . \tag{9.007}$$

Eine Festlegung der Viskosität, die besonders im Gebiet der Kraftfahrzeugindustrie angewandt wird, ist die Abkürzung SAE: es handelt sich hierbei nicht um eine
Messung der Viskosität, sondern um eine einfache Standardisierung der zahlreichen Eigenschaften der Öle, wie der Oxydationswiderstand, die korrosionsfesten
Eigenschaften, die Viskosität bei 0°F (-17,8°C) und bei 210°F (98,9°C).

9.6.5 Normbestimmungen der Viskosität (ISO)

Die Norm ISO 3448 erklärt, in welcher Weise die Viskosität symbolisiert wird und
gibt die dazu erforderlichen Werte an. Die Viskosität wird bei 40°C berechnet und
in mm²/s ausgedrückt. Eine durch VG vorgegebene Zahl spezifiziert diese Viskosität. Diese Zahl ist eine runde Zahl, und die Viskosität darf nicht mehr als 10%
von ihr abweichen. Die bevorzugten Viskositäten sind VG 32, VG 68, VG 150,
VG 220 und VG 320. Die Viskosität eines Öls VG 220 muß zwischen 198 und
242 mm²/s liegen.

9.7 Andere Eigenschaften der Schmierstoffe

Wir betrachten weitere Eigenschaften der Schmierstoffe:
 – Erstarrungspunkt: Temperatur, bei der der Schmierstoff aufgrund seiner Träg-
heit aufhört auszulaufen,
 – Flammpunkt: Temperatur, bei der ein Öl sich unter der Einwirkung äußerer
Flammen entzündet,
 – Selbstverbrennungspunkt: Temperatur, bei der ein Öl sich selbst entzündet.
 Der Flammpunkt liegt ungefähr 30 bis 40°C niedriger als der Selbstverbren-
nungspunkt.
 – Spezifische Wärme: diese Eigenschaft ist für den thermischen Austausch sehr
wichtig. Sie ist eine Funktion der Dichte und der Temperatur:

$$c = \frac{4,19}{\delta}(0,402 + 0,00081\,\theta\ ) \tag{9.008}$$

wobei δ die Dichte in kg/dm³ und θ die Temperatur in °C ist. Die spezifische Wärme wird in kJ/(kg°K) gemessen. Bei einem normal verwendeten Mineralöl beträgt die spezifische Wärme etwa 1,85 kJ/(kg°K);

– Schmierfähigkeit: diese Eigenschaft ist nicht meßbar. Sie ist die Eigenschaft, die beschreibt wie sich das Öl an den zu schmierenden Oberflächen halten kann und hängt von der Oberflächenspannung, aber auch von der Beschaffenheit der Oberflächen ab;

– verschiedene chemische Eigenschaften: die Öle dürfen die Oberflächen, mit denen sie in Berührung kommen, nicht zerfressen; sie sollen so lang wie möglich stabil bleiben. Trotzdem oxydieren sie im Laufe der Zeit, und das Oxydieren ist eine der Ursachen, die einen Ölwechsel erforderlich machen. Einige Öle (die Schmieröle, die in Werkzeugmaschinen verwendet werden) müssen wasserlöslich sein.

9.8 Verfallsursachen

Die Verfallsursachen der Öle sind zahlreich, und deswegen ist oft ein häufiger Wechsel erforderlich. Als erste Ursache ist das Oxidieren zu nennen, dann die Verunreinigung durch feste (Feilspäne) oder flüssige (Kondensationswasser) Fremdsubstanzen. Diese Verfallsursachen haben einen wichtigen Einfluß auf die Öleigenschaften, nämlich daß das Öl sich zersetzt und somit das Risiko besteht, daß es nicht mehr seine Schmierfunktion erfüllt.

9.9 Auswahl des Schmierstoffs

Manchmal ist die Auswahl des Schmierstoffs schwierig, gerade weil dieser Schmierstoff zahlreiche Funktionen gleichzeitig erfüllen muß. Zum Beispiel ist der Schmierstoff für die Schmierung eines Zahnrads notwendigerweise nicht derselbe, der für die Schmierung eines Lagers gebraucht wird, aber manchmal verwendet man denselben Schmierstoff für beide Zwecke. Die Auswahl eines Schmierstoffs hängt von der Geschwindigkeit des Gleitens der zum Schmieren verwendeten Werkstücke ab. Man hat also oft Werkstücke in derselben Maschine, die mit dem gleichen Schmierstoff geschmiert werden. Trotzdem sollte man den unterschiedlichen Geschwindigkeiten angepaßte Schmierstoffe verwenden. Der Schmierstoff sollte außerdem bestimmte Eigenschaften haben, für den Fall, daß nur leichte Reibung auftritt, muß Abkühlung gewährleistet sein. Die Auswahl des Schmierstoffs ist also immer ein Kompromiß. Trotzdem kann diese Auswahl, die Behandlung einiger Werkstücke beeinflussen. Zum Beispiel, wenn man einen Schmierstoff wählt, der für ein bestimmtes Zahnrad geeignet ist, dann könnte er für die Lager weniger geeignet sein und damit auf Dauer schädlich sein.

Manchmal wird man die Schmierstoffauswahl berücksichtigen, wenn man ein mechanisches Werkstück berechnet. Trotzdem geben wir einige allgemeine Regeln: für Zahnräder wird man einen Schmierstoff wählen, der in Abhängigkeit von der Temperatur arbeitet, unter Berücksichtigung der Gleitgeschwindigkeit der Zähne (d. h. in Abhängigkeit von der Teilkreisgeschwindigkeit).

Die Auswahl der Schmierstoffe kann mit Hilfe der Tabellen 9.1 und 9.2 erfolgen.

Tabelle 9.1. Anwendungsbereiche von Mineralschmierstoffen

Geschwindig-keit (m/s)	ISO Grad für Umgebungstemperatur		
	von -40° bis -5°	von 10° bis 20°	von 10° bis 50°
bis zu 10	siehe Tabelle 9.2 synthetischen Schmierstoff	150	320
von 10 bis 20		68	150
von 20 bis 35		32	68

Tabelle 9.2. Synthetische Schmierstoffe für Zahnräder mit Parallelachsen und sich kreuzenden Achsen

Eigenschaften	Informationen über die Umgebungstemperatur			
	von -40° bis -10°	von -30° bis 10°	von -20° bis 30°	von -10° bis 50°
ISO Grade	32	68	150	220
Min. Viskositäts index	130	135	135	145

Die synthetischen Schmierstoffe haben einige Vorteile in Bezug auf die Mineralöle, weil sie stabiler sind, länger haltbar sind und in einem größeren Temperaturintervall arbeiten können. Allerdings sind die synthetischen Schmierstoffe nicht für alles geeignet. Jede Schmierungsart hat ihre Eigenschaften und Unverträglichkeiten mit anderen Schmierungskomponeneten, z.B. bei einer unerwarteten Kondensation, die einen schädlichen Einfluß haben kann. Wenn man einen synthetischen Schmierstoff wählt, lohnt es sich immer, sein Verhalten bei der gewünschten Anwendung zu analysieren. Man muß auch die Tatsache berücksichtigen, daß der Schmierstoff einige Werkstoffe oder Umhüllungen angreift. Wenn die Erfahrung fehlt, dann soll der Verbraucher Schmiermittel nur nach der Beratung des Maschinenherstellers und des Schmierstofferzeugers verwenden. Wenn es Teile gibt, die mit Elastomeren erzeugt worden sind, und in Berührung mit dem Schmierstoff sind, sollte man sich über Ablöseigenschaften des Schmierstoffs informieren, und dann den Schmierstoff sehr umsichtig verwenden.

9.10 Betrieb bei niedriger Temperatur

Die Zahnräder, die in einer Umgebung mit niedriger Temperatur arbeiten, müssen mit einem Öl geschmiert werden, das unter diesen Bedingungen flüssig bleibt, um hohe Drehmomente zu vermeiden. Man wird also ein Öl benutzen, das seinen Erstarrungspunkt niedriger als die Umgebungstemperatur hat, und eine leichte Viskosität besitzt, um den richtigen Fluß zu gewährleisten. In einigen Fällen wird eine Vorrichtung zur Erwärmung des Schmierstoffs vorgesehen, um den Maschinenstart zu erleichtern.

9.11 Betrieb bei hoher Temperatur

Die Betriebsbedingungen und die Temperatur müssen so sein, daß sich der Schmierstoff nicht über 95°C erhitzt. Man muß die Wirkung eines Hochtemperaturschmierstoff auf die Zahnradkomponenten berücksichtigen (z.B. auf die Elastomerdichtungen).

9.12 Schmierungsanweisungen bei Zahnrädern

Die Zahnräder können durch Tauch- oder Sprühschmierung geschmiert werden. Bei der Tauchschmierung werden die Zähne des Zahnrads in den Schmierstoff getaucht, der sich dann auf alle Wände des Zahnradgetriebes verteilt.

Das Schmierstoffniveau muß so hoch sein, daß die Zähne des Zahnrads eintauchen können. Ein Übermaß an Schmierstoff könnte zusätzliche Spannungen während der Übertragung verursachen, und die Zahnräder von einem Mehrfachzahnradgetriebe können sich nicht mehr auf dem gleichen Stand befinden.

Um dies zu vermeiden, muß man die Vorrichtungen so einstellen, daß das Schmierstoffniveau auf jedes Zahnrad erreichbar ist. Im allgemeinen kann die Tauchschmierung auch bei Lagern verwendet werden. Die Sprühschmierung wird derart durchgeführt, daß der Eingriffspunkt bei einer Düse und einer Pumpe liegt.

Die Schmierung kann auch nur den Teil vor oder hinter dem Eingriffspunkt treffen. Bei der Sprühschmierung ist ein Rohr für die Weiterleitung des Schmierstoffs zu den Lagern vorgesehen.

Die Sprühschmierung erlaubt auch die Einrichtung eines Abkühlungskreises, der auch für das Zahnradgetriebe eingesetzt werden kann. Die Schmierung der Lager muß durch diese Speisungsröhren gesichert sein. Die Schmierstoffe für die Sprühschmierung müssen eine Viskosität haben, die niedriger als die der Tauchschmierung ist.

Die Wahl zwischen Sprühschmierung und Tauchschmierung hängt von der Zentrifugalbeschleunigung des Schmierstoffs auf dem Zahnrad ab. Wenn der Durchmesser des Rads d und die Umdrehungsgeschwindigkeit N in min⁻¹ ist, dann liegt die Grenze bei $11 \cdot 10^7$ dM² für gleichgerichtete Zähne und $9 \cdot 10^7$ für nicht gleichgerichtete Zähne.

9.13 Elasto-hydro-dynamischer Zustand (EHD)

In den Zahnrädern wird die Zustandsschmierung elasto-hydro-dynamisch genannt. Bei den in dem Berührungsgebiet herrschenden Geschwindigkeiten und Drücken verhält sich der Schmierstoff wie ein elastischer Körper.

Im Fall von Mindestdrücke gibt es ein hydro-dynamisches Verhalten (z.B. bei glatten Lagern). Bei der Hertzschen Berührung zwischen zwei Zähnen nimmt der Druck vom Start bis zum Anhalten zu, und der Verlauf ist durch einen Peak mit dem nachfolgenden schnellen Abfall gekennzeichnet (Abb. 9.3).

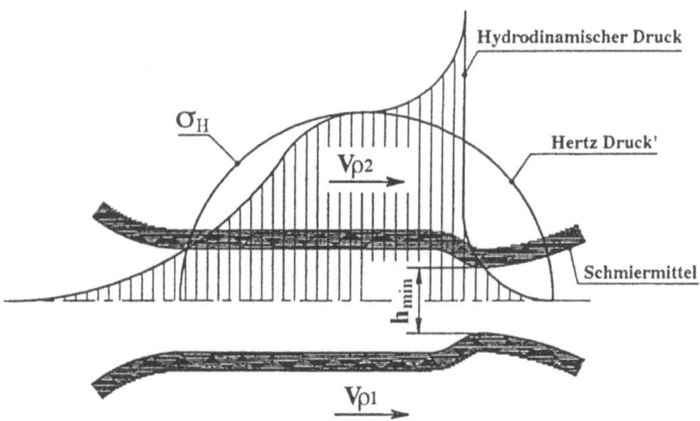

Abb. 9.3. Flüssigkeitsniveau im EHD Zustand

In diesem Punkt ist das Schmierstoffniveau minimal. Nach H. Winter kann man das Niveau durch die folgende Gleichung bestimmen:

$$h_C \approx \frac{0{,}005 \left[\dfrac{u}{(u+1)^2} \right]^{0{,}3} (v_M\, v_t)^{0{,}7}}{\sigma_H^{0{,}26}} . \qquad (9.009)$$

Die Viskosität v_M ist die Viskosität des Schmierstoffs bei den Temperatur- und Druckbedingungen in dem Berührungspunkt. Bei einem Berührungsdruck unter

1500 MPa, einer Teilkreisgeschwindigkeit von 10 m/sec, einer örtlichen Viskosität des Schmierstoffs von 20 mm²/s und einem Zahnradverhältnis gleich 4 erhält man ein Niveau der Schmierstoffsdicke gleich 18 µm.

Man muß beachten, daß das Schmierstoffniveau in der Größenordnung der Rauheit liegt. Das Verhältnis zwischen diesem Niveau und der Rauheit R_a ist die Schichtdicke des Öls. Bei allgemeinen Anwendungen ist für Zahnräder eine Öldikke kleiner als 0,7 ausreichend. Wenn die Dicke größer als 2 ist, findet der Betrieb ohne Berührung der gleitenden Teile statt; dies ist zwar günstig für die Abnutzung, aber negativ für den Eingriff.

9.14 Thermisches Fressen

Wenn man den elasto-hydro-dynamischen Zustand bestimmt, findet eine Wärmeerhöhung am Berührungspunkt statt. In jedem Berührungspunkt, in Abhängigkeit von der Geometrie, ist die Temperatur durch die Blocksche Theorie bestimmt. Diese Temperatur ist die „Flammtemperatur", die durch folgende Gleichung gegeben ist:

$$\theta_{fla} = 0{,}62 \; \mu_{inst} \; w_{bn}^{3/4} \left[\frac{E_{red}}{(1 - v^2)} \left(\frac{1}{\rho_1} + \frac{1}{\rho_2} \right) \right]^{\frac{1}{4}} \frac{\left(\sqrt{v_{\rho 1}} - \sqrt{v_{\rho 2}} \right)}{B_M} \qquad (9.010)$$

mit:

θ_{fla} = Flammtemperatur
μ_{inst} = Reibungskoeffizient in dem gewünschten Punkt
w_{bn} = spezifische Normalbelastung auf den Zähnen (N/mm)
E_{red} = $2E_1E_2/(E_1+E_2)$ (N/mm²)
$\rho_{1,2}$ = Krümmungsradius der Zähne im Berührungspunkt (mm)
$v_{\rho 1}, v_{\rho 2}$ = Abrollgeschwindigkeit der zwei Zähne im Berührungspunkt
B_M = Berührungswärmekoeffizient = $13{,}6 N/(mms^{1/2} {}^\circ K)$.

Es ist sehr schwierig, den Koeffizienten der örtlichen Reibung zu berechnen. Die spontane Flammtemperatur über einem gewissen Wert ist verschieden für jeden Schmierstoff und verursacht die plötzliche Zerstörung des Ölfilms, und in Folge dessen tritt Zersetzen ein, obwohl die Ölmenge ausreichend ist.

Diese Form der Entartung ist schwerwiegend und nicht vorauszusehen und vorauszuberechnen. Ein technischer Bericht der ISO greift dieses Problem auf und beschreibt zwei Methoden, um sie berechnen zu können: das Kriterium der spontanen Flammtemperatur auf der Integraltemperatur. Das erste Kriterium folgt genau der Blockschen Regel, aber man muß den Koeffizient der örtlichen Reibung und der augenblicklichen Reibung als hypothetisch annehmen. Das Kriterium der Integraltemperatur begründet sich auf der Summe der Temperatur in den verschiedenen Punkten (Mittel).

Es ist durch empirische Faktoren bestimmt, die sich aus Messungen ergeben oder Erfahrungswerte sind. Es ist unmöglich, eine Methode der anderen vorzuziehen oder einen einzigen Kompromiß zu finden, weil es an Erfahrung der Berechnung fehlt. Deswegen hat das ISO Komitee entschieden, einen technischen Report zu erstellen und keine Normen abzufassen, in der Hoffnung, daß in der Zukunft Fortschritte bei der Anwendung der Formeln gemacht werden. In beiden Fällen muß die berechnete Temperatur niedriger als eine Grenztemperatur sein (diese ist allerdings bei beiden Kriterien verschieden). Diese Temperaturen erhält man über Reibungs- und Abrollmessungen mit speziellen Meßgeräten. Wie auch immer tritt das thermische Fressen nur bei hohen Geschwindigkeiten auf, und dieses Risiko ist bei den Geschwindigkeiten in allgemeinen Anwendungen praktisch Null. Aber sein besonderes Augenmerk muß man auf Zahnradgetriebe bei Turbinen und in bei Maschinen der Schiffahrt legen.

10 Gehäuse

10.1 Definitionen und Funktionen

Gehäuse sind Behälter mit zahlreichen Funktionen. Erstens dienen sie dazu, die Wellen in ihren Lagergehäusen zu stützen. Zweitens enthalten sie den Schmierstoff, und drittens dienen sie zur Befestigung der Zahnradgetriebe an ihren Antriebsstellen. In Anlehnung an die erste Funktion müssen die Gehäuse widerstandsfähig sein, da sie die Welle fest in ihrer Stellung halten müssen. Sie werden also aus Metall gefertigt und so bemessen, daß sie die auftretenden Spannungen aushalten können und die Verluste minimal halten. Zweitens müssen diese Gehäuse hermetisch abgeschlossen sein, damit keine Schmierstoffverluste auftreten. Drittens müssen sie so ausgerüstet sein, daß Beschleuniger und Stützoberflächen sinnvoll angebracht werden können.

10.2 Werkstoffe

Die Gehäuse sind aus Stahl, aus Gußeisen und manchmal aus leichten Legierungen (Aluminium). Letztere haben kleine Abmessungen und sind Spritzgußerzeugnisse (Strangpresse). Die Stahlgehäuse sind geschweißt. Sie sind also aus Kohlenstoffstahl, oder man formt sie aus dickem Blech. An der Stelle, an der das Lager vorgesehen ist, wird normalerweise geschmiedeter Kohlenstoffstahl verwendet. Die verschiedenen Teile werden durch Schweißen zusammengefügt. Die Gußeisengehäuse sind aus mechanischem Grauguß oder aus Sphäroguß. Sie werden gegossen, und die Form wird deshalb durch die Form der einzelnen gegossenen Elemente bestimmt. Das gilt auch für die Gehäuse aus leichten Legierungen.

10.3 Hauptfunktion: Lagerstütze

Um Lager stützen zu können und Reaktionen auf die Untergestelle zu übertragen, müssen sich die Gehäuse Verformungen widersetzen. Die Gehäuseverformungen erzeugen einen Wellenversatz der Welle und in Folge dessen eine Verminderung der Belastungsfähigkeit der Zahnräder. Die Berechnung von Gehäusen ist ziemlich kompliziert, weil ihre Formen kompliziert sind. Man kann sie als Ebenen betrachten, die die Druckspannungen oder Zugspannungen unterstützen. Dieses Verfahren ist approximativ, und die Berechnung soll mit hohen Sicherheitsfaktoren durchgeführt werden. Es ist sehr schwer, ihre Verformung voraussehen. Es können auch Probleme in Bezug auf die Vibrationen auftreten (s. Kap. 12).

Um Spannungen und Verformungen zu bestimmen, die in den Gehäusen auftreten, werden moderne Berechnungstechniken benutzt. Es handelt sich um Methoden, die befriedigendere Ergebnisse ergeben als die einfachen Berechnungen des Werkstoffwiderstands; es handelt sich um die Berechnung mit finiten Elementen.

10.4 Berechnung mit finiten Elementen

Informationshalber möchten wir hier nur die Prinzipen vorstellen, die die Grundlage solcher Berechnungen bilden. Es wurden verfeinerte Programme geschaffen, die es den Fachleuten auf diesem Gebiet ermöglichen, solche Berechnungen durchzuführen.

Das Prinzip beruht darauf, den Werkstoffwiderstand nicht auf den gesamten Festkörper, sondern an kleinen Elementen anzuwenden. Diese Elemente, die in dem Festkörper bestimmt werden, haben endliche, aber nicht unendlich kleine Abmessungen. Jedes Element erleidet eine Verteilung der Kräfte und die folgenden Verformungen, da diese Kräfte und Verformungen von den Nachbarelementen ausgehen.

Hypothetisch schneidet man den Festkörper in Elemente, von denen man die Koordinaten der Ecken bestimmt. Dieser Vorgang wird Diskretisation genannt.

Man bestimmt die Gleichungen des Kräftegleichgewichts, der Spannungen und der Verformungen für jedes Element in fortlaufender Weise von einem Element zum anderen. Die so bestimmten Gleichgewichte ergeben zahlreiche Gleichungen mit vielen Unbekannten. Einige Konstanten werden hinzugefügt, die von den Bindungen und den Außenkräften abhängen. Die äußeren Kräfte, bezogen auf ihre Position zu dem Festkörper sind normalerweise bekannt. Die Bindungen sind teilweise schwierig zu bestimmen, da man nie sicher sein kann, in welchen Punkten die Spannungen endliche Werte haben. In diesen Fällen muß man sich auf die Erfahrung stützen oder sich auf Berechnungen verlassen, die mit denselben Methoden gewonnen wurden, und sich letztendlich eine Reihe von Hypothesen überlegen. Das System der Gleichungen mit vielen Unbekannten wird durch ein Berechnungsprogramm gelöst, und man erhält so die Kräfte und die Verformungen in einem gewählten Punkt.

Die bestehenden Programme erleichtern die Berechnungen und ihre Vorbereitung, und bestimmen automatisch die Diskretisation, die sich auf die Erfahrung des Benutzer stützt. Dieser verfügt über einen reichen Informationsschatz, um eine geeignete Diskretisation für die Lösung der Probleme zu erstellen. Insbesondere muß er die exakte Position des kritischen Punktes kennen, um die Diskretisation zu erhöhen, ohne gezwungen zu sein, eine für den ganzen Festkörper schaffen zu müssen. Wenn die Diskretisation zu feinmaschig ist, in den Teilen, bei denen sie nicht notwendig ist, kommen Saturationen des Programms, Verlängerung der Berechnungsdauer und Zunahme der Kosten dazu.

Der Operator muß auch die exakten Punkte bestimmen können, in denen die Kräfte als gekannt betrachten werden können und die Punkte, in denen die Spannungen Null sind.

Am Ende der Berechnung kennt man die Verteilung und den Wert der Spannungen und die Verformungen und kann Änderungen der Diskretisation einbringen, um die Ergebnisse genauer in einigen Punkten zu machen oder die Konstruktion des Gehäuses besser an seine Erfordernisse anzupassen.

Dieses Verfahren ist das einzige, das am Ende der Operation die Verwirklichung eines Gehäuses mit der optimalen Form für die Anwendung gewährleistet. Man kann allen Imperative der Erzeugung berücksichtigen, die geschweißten oder die gegossenen Stücke. In Abb. 10.1 ist ein Beispiel für die Diskretisation eines Gehäuses eines Koaxialzahnradgetriebes.

10.5 Zweite Funktion: Dichte

Die Gehäuse bestehen nicht aus einem einzigen Stück, da ein Zusammenbau der inneren Teile möglich sein muß.

Die Ausformungen der Gehäuse, die sehr zahlreich sein können, hängen von dem Design der Zahnradgetriebe ab, und es ist unmöglich, alle Herstellungsarten zu analysieren. Unabhängig von den Gehäusen unterstützen einige Teile Spannungen, die sich durch den Betrieb ergeben.

Die verschiedenen Teile werden gewöhnlich mit Hilfe von Bolzen und Schraubenmuttern verbunden. Mit der Spannwirkung verlängern sich die Schrauben. Da Dichte gewährleistet werden muß, dürfen sich die Dichtlippen der Dichtung, die sich zwischen den verschiedenen Teilen befinden, nicht öffnen. Die Dehnschrauben erleiden also eine Vorspannung beim Zusammenbau. In dem nächsten Abschnitt werden wir sehen, wie man Dehnschrauben berechnet.

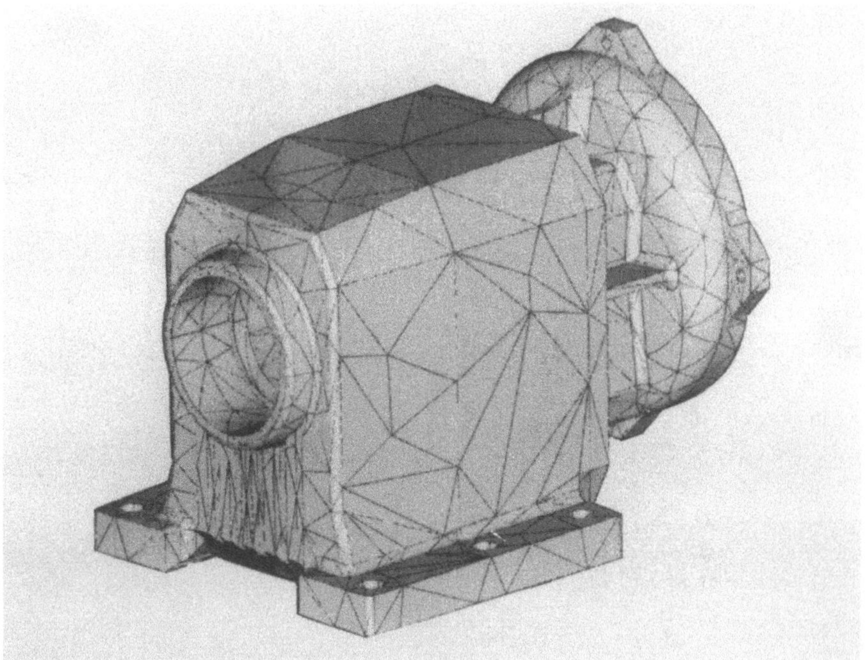

Abb. 10.1a Getriebegehäuseeingriff

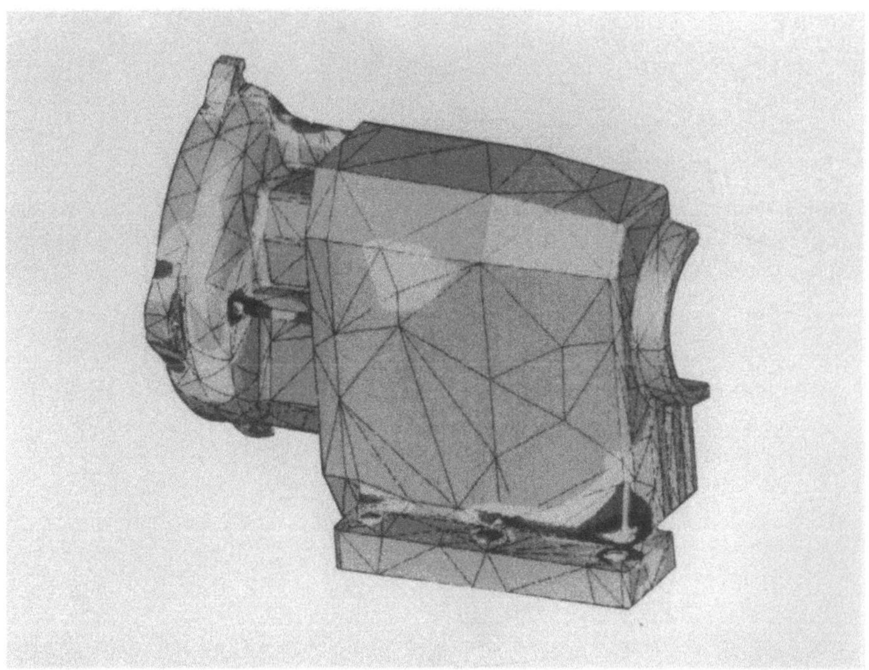

Abb. 10.1b Getriebegehäuse: Punkte maximaler Spannung

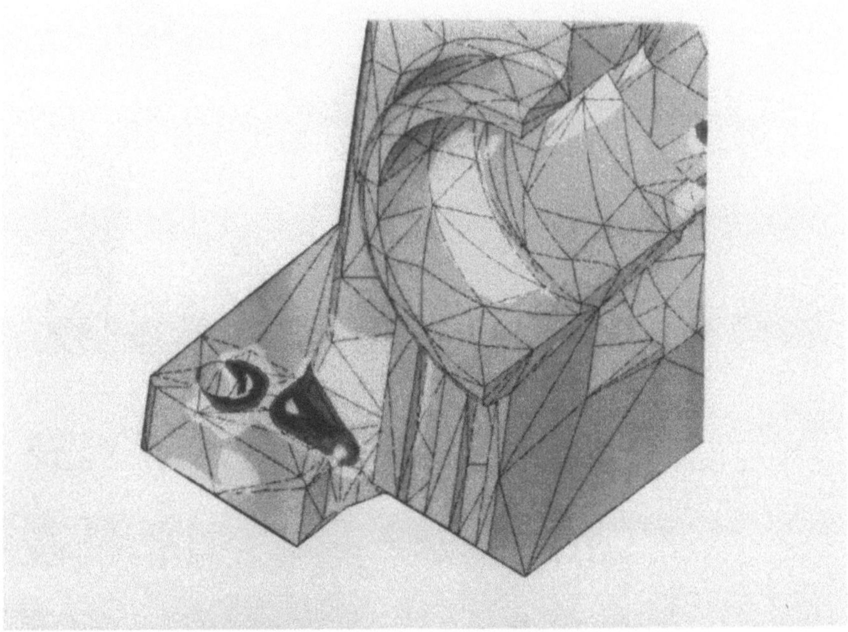

Abb. 10.1c Fixierungsfläche der Getriebegehäuse: maximale Spannungen

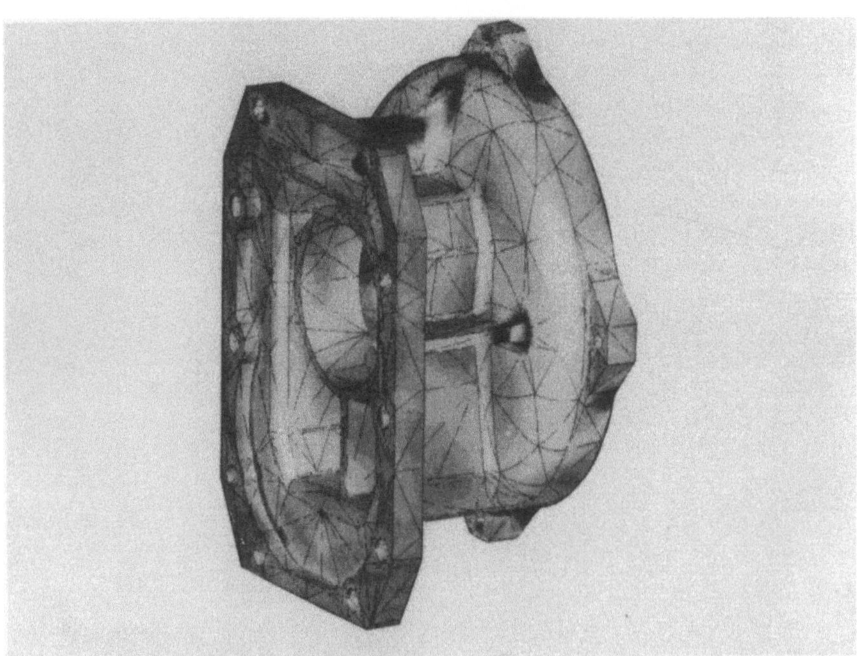

Abb. 10.1d Motorflansch: maximale Spannung

10.6 Dritte Funktion: Außenbefestigung

Die Zahnradgetriebe müssen in der Gesamteinheit so fixiert sein, daß sie das Zahnradgetriebe, die Leitmaschine und die getriebene Maschine tragen. Es sind daher, auf den Gehäusen Verbindungsmöglichkeiten mit den Untergestellen vorzusehen. Wenn das Zahnradgetriebe für einer bestimmten Zweck erdacht und gebaut wurde, ist seine Stellung in Bezug auf die Untergestelle vorausbestimmt und die unterstützende Lage und die Befestigungsbohrungen müssen exakt gewählt werden. Das so projektierte Zahnradgetriebe ist für eine bestimmte Funktion vorgesehen und kann nicht für andere Zwecke verwendet werden.

Wenn Zahnradgetriebe unabhängig von ihrem Verwendungszweck projektiert werden und deshalb für allgemeine Anwendungen vorgesehen sind, ist es unmöglich, die Befestigungselementen genau vorauszuplanen. Es ist eine Aufgabe des Konstrukteurs, das Gehäuse so zu bemessen, daß die Positionen, die in Bezug auf die Antriebssicherheit des Zahnradgetriebes zu gewährleisten sind, eingenommen werden können (unter Berücksichtigung der Schmierung). Das Design der Zahnradgetriebe für den allgemeinen Gebrauch ist bei jedem Konstrukteur verschieden. Trotzdem muß in allen Fällen die Befestigung des Zahnradgetriebes gewährleistet sein und natürlich auch die seines Gehäuses sowohl auf waagerechten als auch senkrechten Oberflächen.

Einige Zahnradgetriebe werden als Getriebemotoren konstruiert. In diesem Fall ist der Motor ein wesentlicher Teil der Gesamteinheit, und es müssen Befestigungsflansche des Motors vorgesehen sein. In anderen Fällen ist ein schwingender Zusammenbau vorgesehen, die Zahnradgetriebe drehen sich frei um die Ausgangswelle, und die Achsstrebe des Drehmoments sorgt für ihre Befestigung. In dem Fall muß ein Flansch vorgesehen sein, damit man die Strebe befestigen kann. Die Befestigung der Gehäuse wird mit Dehnschrauben verwirklicht, die den Spannungen widerstehen müssen, die das Gehäuse von den Untergestellen zu trennen versucht. Diese Spannungen werden von dem Antrieb erzeugt. Es handelt sich um Innen- und Außenspannungen, die auf die Lager wirken.

10.7 Zubehör

Bei der Konstruktion von Gehäusen muß man unbedingt notwendiges Zubehör mitplanen. Man wird z.B. Schmierstoffbelastungs- bzw. Entleerungsvorrichtungen vorsehen. Diese Bedienungen müssen mühelos durchführbar sein, nämlich ohne Gehäusedemontage.

Man muß auch ein Kontrollsystem für den Schmierstoffstand vorhanden sein, das bei laufendem Betrieb einsehbar sein muß. Die Gehäuse spielen eine sehr wichtige Rolle in der Wartung von Zahnradgetrieben. Sie müssen mit geeigneten

Vorrichtungen ausgerüstet sein, die so konstruiert sein müssen, daß sie Zahnradgetriebe tragen können. Die Position der Zahnradgetriebe muß mit einem hohen Maß an Genauigkeit bestimmt werden (besonders beim Nivellieren). Deswegen sind einige Bezugsoberflächen vorzusehen, an denen die Kontroll- und Abmeßvorrichtungen angebracht werden können. Diese Oberflächen können als Bezug für den Zusammenbau der Gehäuse an den Werkzeugmaschinen dienen.

10.8 Herstellung und Genauigkeit der Gehäuse

Die Gehäuse unterliegen strengen Vorschriften, die sich aus ihren Einbaufunktionen für Lager und Achsen ergeben. Man muß also beachten, daß die Lagerposition mit der nötigen Genauigkeit verwirklicht wird (s. Kap. 8), damit auch die Parallelität der Achsen (s. Kap. 4) und die Genauigkeit der Achsabstände gewährleistet ist.

Auch die Abmessungen der Achsen über der Befestigungsoberfläche müssen beachtet werden, so daß der Zusammenbau mit den Gegenmaschinen korrekt durchgeführt werden kann; die Oberflächen der verschiedenen Teile und Deckel müssen geglättet sein. Sie müssen den richtigen Rauheitsgrad aufweisen, da dieser auch die Wirksamkeit der Dichtung beeinflußt. Das gilt auch für die Auflageflächen der Gehäuse auf den Einbauflächen. In geschweißten Gehäusen können die Schweißungen Restspannungen verursachen, die sich nach der Verarbeitung ausdehnen. Verformungen, die die Toleranzen und den allgemeinen Betrieb gefährden, sind unbedingt zu vermeiden. Die geschweißten Gehäuse werden also so hergestellt, daß das Risiko dieser Spannungen gering ist, und daß in vielen Fällen die geschweißten Gehäuse ausgeglüht werden, um die Spannungen von der Verarbeitung zu beseitigen. Auch gegossenen Gehäuse können Restspannungen aufweisen, die durch den Schmelzprozeß verursacht wurden. Diese Spannungen verschwinden bei der natürlichen Alterung.

Gegossenen Gehäuse sind also gewöhnlich so ausgelegt, daß sie für eine genügend lange Zeit die Spannungen beseitigen können. Diese Alterung kann auch künstlich mittels leichten Erhitzens in geeigneten Öfen durchgeführt werden.

10.9 Geschnittene Elemente für Zusammenbau
(Bolzen und Nute)

Dehnschrauben sind Zylinder, die ein geschnittenes Ende haben und einen sechswinkligen Kopf. Die Schraubenmutter haben innenseitig das gleiche Gewinde wie die Dehnschrauben, aber außen die Form des Dehnschraubkopfs. Die sechswinklige Form ist nicht zufällig: Sie erlaubt die Befestigung mittels eines Werkzeugs, dem Schraubenschlüssel. Dehnschrauben unterliegen der ISO Norm, sowohl bei den Stählen und deren Bestimmung, als auch bei deren Abmessungen (ISO Profil) und Toleranzen. Für die Stähle erfolgt die Bestimmung mittels zweier Ziffern. Die erste kennzeichnet die Widerstandsklasse der Stähle (statische Bruchkraft), und die zweite kennzeichnet das Zehntel des Verhältnisses zwischen der elastischen Grenze und der Bruchkraft. Allgemeine Klassen sind 4, 5, 6, 8, 10, 12 und 14. Die statische Bruchkraft erhält man bei Multiplikation der Ziffer der Klasse mit 100; so hat die Klasse 8 eine statische Bruchkraft von 800 MPa. Die zweiten Ziffern sind 6, 8 oder 9, korrespondierend zu 0,6, 0,8 oder 0,9, die dem Verhältnis zwischen elastischer Grenze und Bruchkraft entsprechen. So haben die Dehnschrauben der Klasse 8.8 eine Bruchkraft von 800 MPa und eine elastische Grenze von 640 MPa. Die entsprechenden Schraubenmutter werden durch die Ziffer der Dehnschraubenklasse bestimmt. Diese Zahl zeigt, daß der höchste Widerstandsgrad der Schraubenmutter derjenige ist, der den Bruch der Dehnschrauben unter dieser Belastung angibt. Wir werden mit σ_R die Bruchkraft und mit σ_E die elastische Grenze bezeichnen. Die Abmessungen der Dehnschrauben und der Schraubenmutter sind durch einen Nominaldurchmesser gegeben und hängen von der entsprechenden Schraubensteigung ab. Das Gewinde der Schraube hat ein dreieckiges Profil mit Eckenwinkel von 60°. Die Innenbohrung der Schraubenmutter schneidet die Ecke des Schraubengangs in einem Abschnitt. Die Flanken des Schraubengangs der Dehnschraube und der Schraubenmutter sind an einen Kreisbogen angelehnt. Bezogen auf den Nominaldurchmesser d (mm) und auf die Schraubensteigung P (mm) ergeben sich folgende Hauptabmessungen (Abb. 10.2):

Dehnschrauben:
Außendurchmesser (d)   = Nominaldurchmesser
Kerndurchmesser (d_3)   = d - 1,22687 P
Mitteldurchmesser (d_2)   = d - 0,64953 P
Schraubenmutter:
Bohrungsdurchmesser (D_1)   = d - 1,08254 P

Der Innendurchmesser, in dem das sechswinklige Prisma, daß den Dehnschraubenkopf und die Schraubenmutter bildet, ist gleich 2d. Die Höhe des Dehnschraubenkopfs ist etwa 0,8 d und die Dicke der Dehnschraube etwa d. Die Abweichung zwischen zwei parallelen Schraubenmuttern und zwei parallelen Dehnschraubenköpfen ist 0,866 d.

Der Flächeninhalt des Mindestabschnitts (beim Gewindefuß) der Dehnschraube ist:

$$A_{min} = 0{,}7854 \, (d - 1{,}2267 \, P)^2.$$

Der Flächeninhalt des Mittelschnitts der Dehnschraube ist:

$$A_{durch} = 0{,}7854 \, (d - 0{,}64953 \, P)^2.$$

Tabelle 10.1 gibt die Normabmessungen bis 30 mm Durchmesser an.

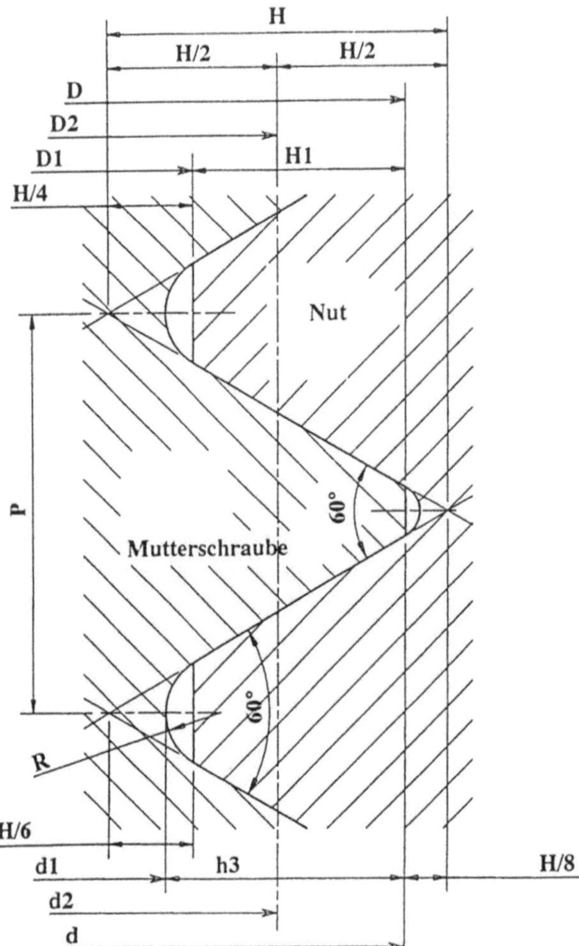

Abb. 10.2. Dehnschrauben und Schraubenmutter

Um die Dichte der Verbindungen und die Stabilität der Untergestelle zu gewährleisten, werden die Dehnschrauben vorgespannt; so ergibt sich noch eine zusätzliche Spannung unter zusammengesetzten Teilen, die unter der Maximalkraft des Zusammenbaus stehen. Wir betrachten zwei Flansche mit Dicke e, die mit einer Dehnschraube zusammengebaut sind. Unter Einwirkung der Befestigungskraft wird die Dehnschraube um f_b verlängert, und die Flansche werden um f_s verkürzt. Es ist möglich, die Änderungen der Verlängerung und der Verkürzung als Funktion der Spannung in einem Diagramm wiederzugeben. Diese Änderungen sind eine Gerade. Für die Spannung der allgemeinen Vorspannung F_v erhält man den Graph in Abb. 10.3, dessen linker Teil die Änderung der Verlängerung der Dehnschraube als Funktion der Kraft und dessen rechter Teil die Verkürzung (Verminderung) der Flanschdicke als Funktion derselben Kraft darstellt.

Tabelle 10.1. Normabmessungen der Dehnschrauben

Nominaldurchmesser	Teilung
3	0,5
4	0,7
4	0,8
6	1,0
8	1,25
10	1,5
12	1,75
16	2,0
20	2,5
24	3,5
30	3,5

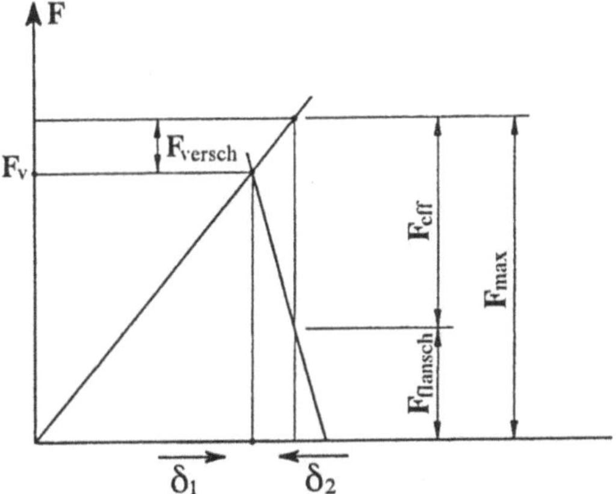

Abb. 10.3. Spannung in den Dehnschrauben

Man verwendet eine Kraft F_{max}, die kleiner als die Kraft der Vorbefestigung ist und für den Zusammenbau unverändert bleibt. Man verwendet eine Kraft F_{max}, die größer als die der Vorbefestigung ist, die Dehnschraube verlängert sich, und die Kraft auf den Flansch vermindert sich. Die Kraft F_{max} teilt sich in zwei Kräfte, F_{eff} ist eine Kraft die auf die zusammengebaute Verbindung wirkt, und $F_{Flansch}$ ist die Restkraft, die auf den Flansch wirkt. Solange diese Kraft größer 0 bleibt, bleibt der Flansch befestigt. Die Befestigungskraft ist gegeben durch:

$$\sigma_n = \frac{F_{max}}{0{,}785\ (d - 0{,}64953\ P)^2}\ . \tag{10.001}$$

Um die Vorspannung F_v anzuwenden, wird in der Dehnschraube eine Drehkraft erzeugt:

$$\tau = \frac{16\,\mu\;d\,F_v}{\pi\,(d - 1{,}22867\,P)^3}\;.\qquad(10.002)$$

Die sich ergebende Spannung ist durch das Hencky-Von Mises Kriterium gegeben:

$$\sigma = \sqrt{\sigma_n^2 + 3\,\tau^2}\;.\qquad(10.003)$$

Die Kraft muß unter der obenerwähnten elastischen Grenze bleiben. Wenn keine Vorsichtsmaßnahmen getroffen werden, kann der Reibungskoeffizient einen Wert von 0,2 annehmen. Die Verwendung von Schmierfett (Öl oder Wachs wird bei Dehnschrauben angewandt oder Dehnschrauben mit einer speziellen Umhüllung z.B. galvanisierte Dehnschrauben) kann den Reibungskoeffizient vermindern. Die Kraft der Vorspannung entspricht normalerweise 75% der Kraft, die der elastischen Grenze des Werkstoffs entspricht:

$$F_v = (0{,}75 \cdot 0{,}785)\,\sigma_E\,d_2^2 = 0{,}58875\,\sigma_E\,(d - 0{,}64953\,P)^2\;.\qquad(10.004)$$

Diese Vorspannung genügt, um die Dichte oder eine gute Befestigung zu gewährleisten. Manchmal arbeiten die Dehnschrauben beim Schnitt. In diesem Fall, um jede zusätzliche Kraft der Biegung zu vermeiden, wird man sich vergewissern, daß die Dehnschrauben in ihrer Position ein Mindestspiel haben. Die zulässige Kraft unter Maximalbelastung ist die elastische Schnittkraft τ_E,:

$$\tau_E = \frac{\sigma_E}{\sqrt{3}}\;.\qquad(10.005)$$

Die beste Lösung ist das Einbringen der Dehnschrauben in die Gehäusen in der Art und Weise, daß während des Betriebs nur eine Minimalkraft auf sie wirkt. Aus diesem Grund haben die gut geprüften Gehäuse, wenn es möglich ist, zu den Achsen rechtwinklige Befestigungen. Die anderen Kräfte, die sog. Längskräfte, werden von dem Gehäuse in dem Schrägheitspunkt bezogen auf die Achsen und die Dehnschrauben absorbiert. Die Deckel, die die Lagersitze schließen, sind zur Unterstützung der Längskräfte vorgesehen. Die Dehnschrauben, die diese Deckel schließen, müssen korrekt bemessen sein. Die Dehnschrauben werden bevorzugt bei Vorrichtungen verwendet, um die Wirkung der unvermeidlichen Vibrationen zu vermeiden.

10.10 Wirtschaftliche Bedingungen, die die Gehäuseauswahl beeinflussen

Gehäuse können geschweißt oder aus Gußeisen sein; die Auswahl stützt sich auf rein wirtschaftliche Kriterien. Die geschweißten Gehäuse sind Einzelstücke oder werden in kleinen Serien erzeugt, da die Gußeisengehäuse besondere Merkmale haben, die die geschweißten Gehäuse nicht haben. Die Konstruktion der Gußeisengehäuse erfordert hohen Aufwand, der bei Großserienproduktion nicht geleistet werden kann. Das betrifft auch die Standardzahnradgetriebe, die in großen Stückzahlen gefertigt und per Katalog verkauft werden. Ihre Verwirklichung erlaubt eine Mindestverschiedenartigkeit von Formen und Abmessungen; das gewährleistet, daß in Gießereien gleichzeitig zahlreiche Gehäuse erzeugt werden können. Gußeisen, wie wir nachher sehen werden, wenn wir uns mit der Forschung der Vibrationen beschäftigen, ist leicht verarbeitbar und ist ein sehr interessanter Werkstoff, da er Dämpfungsqualitäten hat, die größer als bei Stahl sind. Außerdem müssen geschweißte Gehäuse aus Stahl- bzw. Blechplatten, die es im Handel gibt, hergestellt werden können. Bei der Serienproduktion der Gehäuse kann man Sphäroguße von guter Qualität erzeugen, die im allgemeinen besser als die aus gewälzten Bleche sind. Die geschweißten Gehäuse werden für sehr besondere Anwendungen gebraucht, bei denen es unmöglich ist, Standardlösungen zu finden.

11 Standardzahnradgetriebe

11.1 Definition und Anwendungsgebiete

Um ein Übertragungsproblem zu lösen, ist es möglich, ein besonderes Zahnradgetriebe zu konstruieren. Dieses Konstruktionsverfahren kann sehr langwierig oder aber sehr kurz sein. Im ersten Fall wird man ein gutes, aber mit sehr hohen Produktionskosten belastetes Produkt haben. Im zweiten Fall läuft man Gefahr, die Risiken während des Betriebs zu unterschätzen, da diese Lösung zu schnell erarbeitet worden ist; man hat zwar die verschiedenen Möglichkeiten berücksichtigt, aber es wurden keine Optimierungen überprüft, oder jene, die vorgenommen worden sind, wurden zu schnell angenommen. Außerdem sind die Produktionskosten eines Zahnradgetriebes mit speziellen Abmessungen, das für zukünftige Anwendungen vorgesehen ist, zu hoch, da bei der Produktion großer Serien der Abschreibungsfaktor der Werkstoffe nicht berücksichtigt werden kann; es ist unmöglich, bessere Lösungen zu verwenden, weil es z. B. notwendig ist, geschweißte Gehäuse anstatt Gußeisengehäuse zu verwenden, die normalerweise bevorzugt werden. Es ist also möglich, ein besonderes Zahnradgetriebe für jede spezielle Anwendung herzustellen, wenn diese Anwendung mit keinem anderen Mittel gelöst werden kann, aus Spezifikationsgründen oder besonderen Raumbedarfsgründen. Wenn der Preis keine Rolle spielt, kann man die Herstellung des besonderen Zahnradgetriebes forcieren. Zahnradgetriebe für die Kraftfahrzeugindustrie (Wechselgetriebe, Antriebsachsen) werden in großen Serien erzeugt, und ihre Verarbeitung unterliegt besonderen Erfordernissen. Für diese Art der Übertragungen ist immer eine besondere Lösung erforderlich, da sie von dem Wagentyp abhängig ist, sie werden in großen Serien erzeugt, wodurch die Kosten gedämpft werden. In der Raumfahrtindustrie gibt es so große Sicherheitsanforderungen, daß Prototypen erzeugt werden müssen, die sich Laborprüfungen und zusätzlich Tests unter realen Bedingungen unterziehen müssen, die sehr teuer sind, aber die hohen Kosten rechtfertigen, da es um Menschenleben geht.

Für Zahnräder mit hoher Geschwindigkeit (Zahnradgetriebe oder Turbinenübersetzer) gelten die gleichen Regeln wie in der Kraftfahrzeugindustrie, wenn es möglich ist, gleiche Bedingungen zu finden. Oft sind es Einzelstücke, und ihr Preis ist wegen der Installationskosten noch höher. Ihre Forschung wird von Fachleuten durchgeführt, die rationelle Produktionsmittel einzusetzen wissen. Die Geschwindigkeitverhälnisse sind mit einer großen Toleranz innerhalb bestimmter Grenze annehmbar. Die Bedingungen des Raumbedarf sind nicht besonders starr. Ein Standardzahnradgetriebe ist eines, das in großer Stückzahl erzeugt wird, und zusätzliche Komponenten aufweist, die auch in großer Stückzahl erzeugt werden. Diese Elementen sind austauschbar, und ihre Produktionskosten werden durch die Serienproduktion vermindert.

Die Konstrukteure dieser Zahnradgetriebe sind Spezialisten, da ihre Erfahrungen und Kenntnisse der einzelnen Produkte sehr groß ist. Die Forschungen können umfangreich sein, da bei der Konstruktion und der Herstellung alle möglichen Probleme geprüft werden müssen. Die Produktionsmittel sind weit entwickelt, da die Kosten des Einkaufs und der Maschinenwartung durch Serienproduktion oder durch Produktion einer beschränkten Stückzahl mit genauen Abmessungen gedämpft werden.

11.2 Konstruktionsgrundlagen

Um die Kosten für die Gehäuse zu dämpfen, sieht man eine sehr kleine Variationsbreite bei den Gehäusen vor, bezüglich Formen und Abmessungen. Diese Gehäuse sind ähnlich, haben aber verschiedenen Abmessungen. Man versucht ähnliche Gehäuse zu verwenden, ohne sie in ihrer Funktion für verschiedene Produktarten zu beschränken. Die Verminderungsverhältnisse werden in geometrischen Reihen aufgrund der Renardserie bestimmt. Sie werden durch Anzahl der Zähnen bestimmt und liegen nahe dem theoretisch angenommenen Wert, und so kann man am besten die Abstufung verwirklichen. Auch die Kombination mehrerer Stufen werden in geometrischer Reihenfolge als Kombination der Reiheneinzelstufen verwirklicht. Es ist möglich, die Stufen auszutauschen: die letzte oder die zweite Stufe eines Zahnradgetriebes mit niedrig übertragbarer Leistung (also raumsparend) kann die erste Stufe eines Zahnradgetriebes mit hoher Leistung werden (also mit großem Raumbedarf). Die Achsabstände werden von den einfachen Stufen bestimmt, die verarbeitet worden sind. Die Achsabstände folgen einer Reihe, die sich einer geometrischen Reihe nähert, da die Abmessungen der Gehäuse von den Achsabständen bestimmt werden. Da die Zahl der Stufen von der Rationalisierung der Abmessungen verringert wird, ist auch die Zahl der angewandten Komponenten verringert, und ihre Forschung und Herstellung werden wirtschaftlicher. Das alles gilt für Wellen, Lager und sämtliche Hilfsapparate.

Die Forschungen, die von Spezialisten durchgeführt worden sind, werden auch durch Produktion großer Serien gedämpft, sie können also sehr teuer sein und den Verkaufspreis beeinflussen. Diese Forschungen sichern eine sehr gute Qualität des Produkts. Um diese Serien zu verwirklichen, ist die Zahl der Gehäuse sehr klein. Das erlaubt, sie mit großer Genauigkeit zu studieren und für sie den besten Widerstand zu berechnen. Sie können so hergestellt werden, damit sie auf verschiedene Auflagen gestellt werden können. Mit wenigen Modellen kann man praktisch alle Problemen lösen.

11.3 Zahnradgetriebetyp

Verschiedene Zahnradgetriebe in großer Variationsbreite sind auf dem Markt erhältlich. Die gebräuchlichsten Typen:
- Zahnradgetriebe mit einer oder zwei Stufen, gemäß des Verminderungverhältnis erzeugt (Stufe unter 7,5);
- Zahnradgetriebe mit rechtwinkligen Achsen mit einer enzigen Kegelstufe (Winkelvorlage) oder einer Kegelstufe mit einer oder zwei parallelen Achsen: die Kegelstufe kann Eingangsstufe sein oder die zweite, wenn es zwei parallele Stufen gibt;
- Zahnradgetriebe mit Schneckenrädern und Schnecken. Sie sind geeignet für eine bestimmte Übertragung und erlauben Verminderungsverhältnisse von 6 bis 100 mit einem Paar Schneckenrad-Schnecke. Ihre Kupplung in Serie erlaubt zusätzliche Verminderungen bei einem Mindestraumbedarf. Sie haben den Nachteil, daß sie einen schlechteren Wirkungsgrad und ein niedrigeres Wärmevermögen aufweisen. Ein weiterer Nachteil ist ihre Irreversibilität bei starker Verminderung durch Schrauben mit reduzierter Schrägungsneigung. Es gibt Rutschkupplungen, die Überbelastungen im Fall eines plötzlichen Anhaltens vermeiden;
- Planetenzahnradgetriebe. Auch diese Zahnräder sind interessant, dank ihres Mindestraumbedarfs bei einem hohen mechanischen Vermögen. Es ist leicht möglich, sie in Serienpaaren herzustellen, und so ihre Verminderungsvermögen zu erhöhen. Sie können für Gehäuse mit einer oder zwei Zahnradstufen hergestellt werden. Sie haben einen kleinen Nachteil: ein leicht verringertes Wärmevermögen bezogen auf ihre Dichtigkeit. Ein großer Vorteil ist die Koaxialität der Eingangs- und der Ausgangswellen. Ihr Anwendungsgebiet ist sehr groß. Sie werden in Förderbändern, in Einzelantrieben von Treibachsen bei Transportern, in der Landwirtschaft und in den Spillen, die in der Marine verwendet werden, eingesetzt;
- Zahnradgetriebe mit verringertem Spiel. Sie müssen sehr exakt sein, da ihr verringertes Spiel von dem Spiel der Achsabstände abhängt, daß nur durch einen hohen Genauigkeitsgrad während der Verarbeitung erreicht werden kann. Ihre Zahnräder haben einen höheren Genauigkeitsgrad als die Norm fordert. Ihre Verwendung in vielen Anwendungen, mit sehr genauen Positionierungsmitteln, macht es erforderlich, daß die Umdrehung der Ausgangswelle absolut proportional zu der Umdrehung der Steuerungswelle/Motor in beiden Umdrehungsrichtungen ist. Es ist eine große Starrheit aller Komponenten und ein verringertes Spiel der Lager notwendig.

Es gibt auch spezielle Zahnradgetriebe, die sehr flach sind und direkt auf der Welle zusammengebaut werden können. Sie werden in Förderbändern, aber auch in anderen Anwendungen gebraucht.

Für die Anwendung der Zahnräder siehe auch Kap. 14.

11.4 Auswahl eines Zahnradgetriebes

Wenn man das Zahnradgetriebe für eine bestimmte Anwendung ausgewählt hat, und diese Wahl ist abhängig von der Anordnung der getriebenen Maschinen und von der Kenntnis bestimmter Bedingungen (z.B. Raumbedarf).

Die Daten, die der Anwender zur Verfügung stellt, sind die Leistung der Übertragung und die gewünschten Eingangs- und Ausgangsgeschwindigkeiten (oder das Drehmoment am Eingang und am Ausgang, d.h. das Verhältnis zwischen den Drehmomenten). In allen Fällen ist es möglich, eine Eingangsleistung, eine Eingangsgeschwindigkeit und ein gewünschtes Verminderungsverhältnis zu bestimmen. Für die Bestimmung der Eingangsleistung muß man den Wirkungsgrad berücksichtigen, wenn man von den Ausgangsmerkmalen ausgeht. Man schätzt das Geschwindigkeitsverhältnis ab, das die Zahl der möglichen Stufen bestimmt. Man nimmt approximativ einen Verlust von 2% für jede Stufe, 0,96% für zwei Stufen und 0,94% für drei Stufen von Zahnrädern an, diese Zahlen sind auch im Sinne der Sicherheit zu berücksichtigen. Für ein Paar Schneckenrad-Schnecke geben die Hersteller Leistungskurven als Funktion der Verminderung an. Die Leistung bestimmt die Abmessung des Zahnradgetriebes, das aus einem Katalog der Leistung und des Verminderungsverhältnisses gewählt werden kann. Man kann so weiter vorgehen, wenn die Anwendung des Zahnradgetriebes unter gleichen Bedingungen, die der Hersteller berechnet hat, stattfindet. Das geschieht fast nie; deswegen braucht man den Betriebsfaktor.

11.5 Betriebsfaktor

Bei der Berechnung der Zahnradgetriebe haben wir gesehen, daß der Betriebsfaktor von den Abmessungen und der Genauigkeit der Zahnräder und den Anwendungsbedingungen beeinflußt wird. Der Anwendungsfaktor ist von den Leitmaschinen, den getriebenen Maschinen (oder von dem Spektrum der wirklichen Belastung), dem Dauerfaktor, der von der Kreislaufzahl des Zahnrads, von dem gewünschten Zuverlässigkeitsgrad und von dem Sicherheitsfaktor, der von dem Zahnrad erreicht wird, abhängig.

Es ist klar, daß der Hersteller bei der Konstruktion die Betriebsbedingungen für die Zahnradgetriebe bei dem Kunden nicht kennt. Der Hersteller wird sich also in die Lage versetzen, die angemessenen Faktoren wählen zu können. Die im dem Katalog angezeigte Leistung ist eine Funktion dieser. In einem Zahnrad ergibt die Kombination der genannten Faktoren einen Faktor, den wir individuellen Betriebsfaktor nennen.

Es gibt jeweils einen solchen Faktor für das Ritzel und das Rad jeder Stufe, für den Berührungsdruck und die Biegung dieses Werkstückes. Es gibt auch verschiedene Betriebsfaktoren für die Wellen und Lager, die auch auf die Gehäuse ausgedehnt werden können. Es ist unmöglich, für jede besondere Anwendung einen kombinierten Faktor zu berechnen, um die Nominalleistung zu vervielfachen oder zu verteilen. Die Erfahrung des Herstellers gewährleistet ihm empirisch zu erkennen (dank schon erlebter Fällen, dank der Fachpresse oder Prüfungen in situ), welcher Einfluß diese Betriebsfaktoren auf die verschiedenen Anwendungen haben können. Die Erfahrung des Hersteller kann mit der des Verbrauchers zusammenfließen und sogar bereichern. Der Faktor von dem bis jetzt gesprochen wurde, wird als Betriebsfaktor bezeichnet (für eine gewisse Anwendung), aber man soll ihn nicht mit dem Anwendungsfaktor vermischen.

11.6 Äquivalente Leistung

Als die effektive Leistung am Eingang des Zahnradgetriebes bestimmt worden ist, war es möglich, eine gleichwertige Leistung zu bestimmen, indem man diese Leistung mit dem Betriebsfaktor multipliziert, bezogen auf die gewünschte Anwendungsart. Die gleichwertige Leistung ist von der gleichen Art der Leistung, die man mit einem Belastungsspektrum gewinnt. Die Abmessung des Zahnradgetriebes für diesen besonderen Anwendungsfall ist die eines Zahnradgetriebes in einem Zustand, bei der die übertragene Nominalleistung (vgl. Katalog) direkt größer als die gleichwertige Leistung ist.

11.7 Berechnungsbeispiel

Wir betrachten eine Maschine, die mit einer Geschwindigkeit von etwa 10 min^{-1}, dreht, angetrieben von einem asynchronen Motor, der mit 1400 min^{-1} dreht.

Das Drehmoment am Ausgang des Zahnradgetriebes muß gleich 20000 Nm sein. Man findet so das Verhältnis der Totalverminderung, das etwa 140 sein muß und verwendet konsequenterweise ein Zahnradgetriebe mit drei Zahnradstufen. Da der geschätzte Wirkungsgrad 0,94 ist, ergibt sich das Drehmoment am Eingang zu 20000/(0,94.140)= 152 Nm.

Die entsprechende Leistung bei 1400 min^{-1} ist 23 kW.

Die gewünschte Anwendung erfordert einen Betriebsfaktor von 1,25, das einer gleichwertigen Leistung von 28,75 kW entspricht. In den Katalogen wird man finden, daß für eine Eingangsgeschwindigkeit von 1400 min^{-1} eine Leistung von 26 kW und somit 31 kW für ein Zahnradgetriebe erforderlich sind. Man wird also letzteres Zahnradgetriebe wählen. Die Abmessungen sind im Katalog nachzulesen.

11.8 Faktoren, die den Betriebsfaktor beeinflussen

Der Betriebsfaktor hängt von den Anwendungsbedingungen ab:
- Typ der Leitmaschine: synchron, asynchron, mit Gleichstrommotor, Explosionsmotor multizylindrisch oder einzylindrisch, Turbine, Druckluftmotor, Hydromotor usw.
- Dauer und Häufigkeit des Betriebs: Stundenzahl pro Tag, Betriebstage pro Jahr, vorauszusehender Betrieb in Tagen usw.
- Belastung während des Betriebs: die Maschinen, die die Zahnradgetriebe anwenden, sind in ihrer Betriebsweise verschieden. Man wird nie eine Kugelmühle mit einem Förderband, das unter ständiger Belastung fein gemahlene Produkte befördert vergleichen, ebensowenig wie einen Ventilator mit einer Papierproduktionsmaschine usw.

Solche Bedingungen müssen in dem Betriebsfaktor berücksichtigt werden.

11.9 Besondere Vorsichtsmaßnahmen

Der Betriebsfaktor berücksichtigt nur die normalen Betriebsbedingungen. Er berücksichtigt die Überbelastungen und die dynamischen Bedingungen, die bei normalen Bedingungen entstehen. Man muß diese besonderen Bedingungen, die von Außenbedingungen erzeugt werden, sehr aufmerksam erforschen. Dies sind dynamische Faktoren des Systems der Leitmaschine, des Zahnradgetriebes und der getriebene Maschine, und die hängen wieder von anderen Maschinen, verschiedene Zahnradgetrieben ab. Man muß auch die Grundlagen für den Zusammenbau erforschen. Die Drehmomente beim Anlassen werden an der für den Motortyp zulässigen Grenze, die von dem Hersteller vorgesehen ist, betrachtet und diese Grenze erhält man, indem man das zweifache Nominaldrehmoment mit dem Betriebsfaktor multipliziert.

Diese Drehmomente müssen begrenzt sein, gewöhnlich auf das 10000fache während der gesamten Betriebsdauer des Zahnradgetriebes. Wenn diese Bedingungen nicht erfüllt werden, dann soll man ein anderes Zahnradgetriebe wählen, oder man soll ein besonderes Schutzsystem vorsehen. Greifen Radialbelastungen an den Wellenenden an, dann muß man besonders vorsichtig sein. Die Radialbelastungen werden von Übertragungen der Treibritzeln, der Riemenscheiben und den Kettenzahnrädern verursacht.

Als Effekt der Radialbelastungen tritt die Zunahme der Kräfte auf die Welle und dadurch werden zusätzlichen Verformungen verursacht, die sich in einer weiteren Nichtfluchtung der Zähne des Zahnrads und somit in einer Verminderung des Belastungsvermögens ausdrücken.

11.10 Getriebemotoren

Einige Hersteller schlagen Getriebemotoren vor, bei denen die Zahnradgetriebe direkt mit einem geeigneten Motor zusammengebaut sind. Das ist vorteilhaft, da dieser aufgrund der Erfahrung und der Berechnungsbedingungen des Zahnradgetriebes gewählte Motor vom Hersteller ausgesucht wurde (Drehmoment am Anlassen, eventuelle Überbelastungen usw. wurden berücksichtigt).

Ein anderer Vorteil der Getriebemotoren ist die große Kompaktheit und der Mindestraumbedaf in Bezug auf ein Zahnradgetriebe mit getrenntem Motor. Ein weiterer Vorteil der Getriebemotoren ist ein dynamisches Verhalten gegenüber den Drehungsvibrationen (Kap. 12), das sich für die Gesamtheit Motor und Getriebemotor gut bestimmen läßt; die einzige Unbekannte ist das dynamische Verhalten der getriebenen Maschine. Der Einfluß dieser letzten auf die allgemeinen Behandlung kann mit einer elastischen biegsamen Kupplung vermieden werden.

12 Vibrationen und Geräusche

12.1 Natürliche Vibration

Wenn ein System, bestehend aus einer Feder und einer Masse, eine Verformung der Feder hervorruft, dann führt dieses System in dem Moment seiner Entlastung eine sinusförmige Bewegung aus, bezogen auf seine Position während des statischen Gleichgewichts (Abb. 12.1).

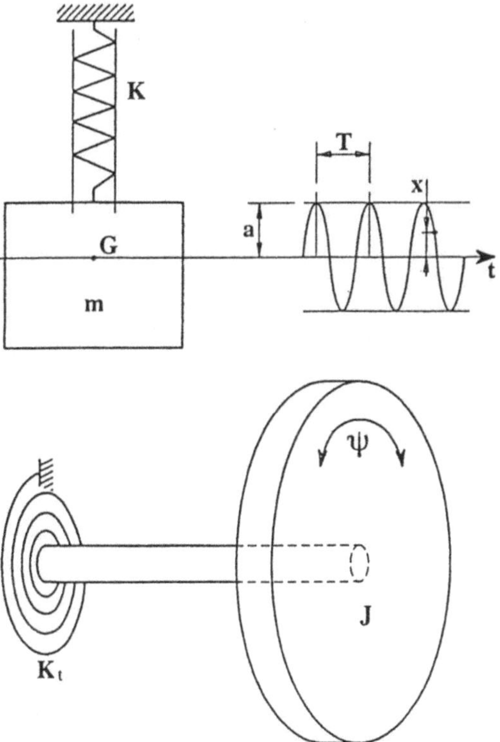

Abb. 12.1. Natürliche Vibration

Die Frequenz der periodischen Bewegung ist gegeben durch:

$$\omega_0 = \sqrt{\frac{k}{m}} \qquad (12.001)$$

wobei m die Masse und k die elastische Konstante der Feder sind.

Die so bestimmte Frequenz ist die Frequenz im betrachteten, elastischen System. Dieses Gesetz gilt generell für jedes System und jeden Typ der Verformung. Die erhaltene Bewegung wird natürliche Vibration des Systems genannt. Für die Vibration einer Masse auf einer Welle zwischen den Gehäusen ist die elastische Konstante eine elastische Konstante der Welle in Biegung, und die Bewegung ist eine seitliche.

Für ein Drehvibrationen ausgesetztes System ist die elastische Konstante die der Feder in Drehung und wird mit k_t bestimmt, und die Masse ist das Massenträgheitsmoment J der vibrierenden Scheibe.

$$\omega_{0t} = \sqrt{\frac{k_t}{J}} \, . \qquad (12.002)$$

12.2 Erzwungene Vibration

Wenn ein elastisches System einer sinusförmige Erregerkraft ausgesetzt ist, unterliegt das System einer periodischen Bewegung, deren Weite von dem Wert des Verhältnisses zwischen der Erregerfrequenz und der Eigenfrequenz des Systems abhängt. Wenn dieses Verhältnis kleiner 1 ist, dann sagt man, daß das System in dem subkritischen Gebiet liegt, und wenn dieses Verhältnis größer als 1 ist, dann sagt man, daß das System in dem superkritischen Gebiet liegt. Wenn das Verhältnis gleich 1 oder fast 1 ist, dann sagt man, daß das System in dem kritischen Gebiet liegt. In diesem Gebiet nimmt die Weite der Bewegung schnell mit der Zeit zu, bis der Wert erreicht ist, der zu einem Systembruch führt. Man sagt, daß das System sich in Resonanz befindet. Die Weite der Vibrationen in dem kritischen Gebiet wird um einen gewissen Wert der Dämpfung vermindert. Die Dämpfung der Metalle ist leicht, während die Dämpfung der Elastomere und einiger Werkstoffe, wie Filz, sehr hohe Werte erreicht. Unter den Metallen gibt es verschiedene Grade der Dämpfung. Der Grauguß, z.B., hat dank seiner heterogenen Struktur eine Dämpfung, die größer ist als die des Stahls.

12.3 Vibrationsmodalitäten

Die Vibration eines elastischen Systems findet nicht so einfach statt, wie es erscheinen mag. In der Tat setzt sie sich aus zahlreichen Frequenzen zusammen, die Harmonische zu der Grundfrequenz sind. Wenn die Erregerfrequenz nahe einer harmonischen Frequenz ist, wird das Phänomen der Resonanz auftreten. Außerdem können die Teile verschiedene Formen annehmen, die wiederum eigene verschiedenen Frequenzen erzeugen können. Eine Welle kann sich z.B. in einem einfachen Bogen der Sinuslinie, in eine völlige Sinuslinie, in zwei Sinuslinien usw. verformen.

Jede Verformung kann wieder eine eigene (natürliche) Vibration erzeugen oder eine erzwungene Vibration schaffen. Jede dieser Verformungen wird nach ihrer Vibrierweise benannt.

Nicht nur die ausgebogenen Wellen besitzen verschiedene Vibrierweisen. Auch Flansche und Gehäuse haben verschiedene Vibrierweisen mit Frequenzen, die für jede Art eigen ist.

12.4 Biegungsvibration

Wir betrachten eine Welle mit zwei Auflagen (Abb. 12.2) ohne eigene Masse und mit einer Scheibe, mittig bezüglich der Umdrehungsachse. m ist die Scheibenmasse und e die Exzentrizität. Infolge der Umdrehung erfährt die Welle eine Biegung durch die Wirkung der Zentrifugalkraft $m\omega^2(y+e)$, wobei y die Verformung der Welle ist. Wenn k die elastische Konstante der Welle ist, dann ist ky die Zentrifugalkraft und man erhält:

$$m\,\omega^2\,(y + e) = k\,y \qquad (12.003)$$

die Biegung der Welle unter der Scheibe ergibt sich zu:

$$y = \frac{\omega^2 e}{\dfrac{k}{m} - \omega^2} = \frac{\omega^2 e}{\omega_0^2 - \omega^2} \qquad (12.004)$$

wobei k/m das Quadrat des Systems Welle-Scheibe ist. Unabhängig von der Exzentrizität e wird die Biegung unendlich, wenn die Umdrehungsfrequenz gleich der Eigenfrequenz des Systems ist. Diese Frequenz, die eine Resonanz erzeugt, wird kritische Frequenz der Welle genannt. Wenn y_{stat} die statische Biegung ist, die von der Welle in Übereinstimmung mit der Scheibe unter der Einwirkung des Scheibengewichtes mg angenommen wird, dann hat man $k\,y_{stat} = m\,g$ und stellt fest, daß die kritische Geschwindigkeit in min^{-1} ist:

$$n_{krit} = \frac{30}{\pi} \sqrt{\frac{g}{y_{stat}}} = \frac{945{,}8}{\sqrt{y_{stat}}} \ .$$

(12.005)

Wenn auf der Welle zahlreiche Scheiben vorhanden sind, dann ist es möglich, die kritische Geschwindigkeit nach der Raleigh-Hypothese zu berechnen. Man betrachtet die Biegung der Welle, die sie durch das Scheibengewicht erfährt. Die Gewichte der Treibscheiben werden in der tatsächlichen Richtung zu der realen Richtung betrachtet, um so eine gleichförmige Krümmung der Welle nach der Verformung zu erhalten. Man berechnet den Wert der Biegungen unter dem Einfluß der Gewichte (s. Kap. 6). y_i ist die Biegung, die die Welle durch die Massescheiben m_i erfährt. Es ist möglich, die Gleichung (12.005) anzuwenden, wenn man für y_{stat} den Wert annimmt:

$$y_{stat} = \frac{\sum\limits_{1}^{n} y_i^2}{\sum\limits_{1}^{n} y_i} \ .$$

(12.006)

Um die Eigenmasse der Welle zu ermitteln, verteilt man sie in viele Schnitte, von denen man dann die Einzelmassen berechnet, unter Berücksichtigung, daß es sich dabei um Einzelscheiben handelt, die im Mittelpunkt des Schnitts liegen. Für eine Welle mit konstantem Schnitt (Durchmesser d) und einer Länge L zwischen den Auflagen hat man:

$$n_{krit} = 3{,}8 \cdot 10^8 \ \frac{d}{L^2} \ .$$

(12.007)

Die kritischen Geschwindigkeiten für die Biegung liegen gewöhnlich über den Betriebsgeschwindigkeiten der Zahnradgetriebe bei allgemeinen Anwendungen.

12.5 Drehvibrationen

Die verschiedenen Wellen eines Zahnradgetriebes sind untereinander kinematisch verbunden und bilden eine Gesamtheit von Trägheitsmassen und Drehfedern. Das sind die Wellen selbst und die Zähne der Zahnräder. Die Massen sind alle rotierende Massen, die an der Bewegung beteiligt sind. Man kann nicht die Massen, die sich außerhalb des Zahnradgetriebes befindet, unberücksichtigt lassen, denn das sind die Massen der Leitmaschinen und der getriebenen Maschinen. Wegen dieser

Massen und Drehfedern hat das System eigene Frequenzen. Die Erregerfrequenzen bei der Drehung müssen sich von diesen Frequenzen unterscheiden. Es ist unmöglich, die Drehvibrationen für ein Zahnradgetriebe zu erforschen, ohne sie im Zusammenhang mit den Maschinen (Leitmaschinen und getriebenen Maschinen) zu sehen. Das Zahnradgetriebe besitzt keine eigenen Frequenzen, wenn man es nicht in der Gesamtheit des Systems während des Betriebs betrachtet. Bei Verwendung eines Zahnradgetriebes sollte der Benutzer alle Massen und elastischen Konstanten des Systems kennen, um die Kennzeichen des Zahnradgetriebes einzubeziehen und eine Gesamtberechnung zu machen.

Das Ziel der Berechnung ist, alle Bedingungen auf eine einzige Welle zurückzuführen, die eine willkürliche Umdrehungsgeschwindigkeit n hat.

Die Massen und die Konstanten aller Wellen des Systems werden auf die Bezugswelle zurückgeführt und werden mit dem Quadrat des Verhältnisses zwischen der Geschwindigkeit der realen Welle und der Geschwindigkeit der Bezugswelle (n) multipliziert. Die Bezugswelle wird also eine Massengesamtheit mit getrennt kalkuliertem Trägheitsmoment der Federn, deren Konstanten man kennt. Die Bewegungsgleichungen bilden eine Gesamtheit von Gleichungen mit vielen Unbekannten, die bei Lösung die Frequenzen des Systems ergeben.

Man kann die Frequenz des Zahnradgetriebes getrennt von den Leitmaschinen und getriebenen Maschinen betrachten, wenn diese letzten mit dem Zahnradgetriebe durch elastische Kupplungen mit ausreichender Begrenzung der Drehung verbunden sind. Die Getriebemotoren sind dafür sehr interessant, weil sie eine gut bestimmbare Gesamtheit, Kupplungen eingeschlossen, mit dem Zahnradgetriebe bilden, und es ist möglich, eine dynamische Antwort auf die Drehung der Einheit zu erhalten.

12.6 Funktion der sinusförmigen Vibration

Die sinusförmige Funktion, die eine einfache Vibration darstellt, ist durch die folgende Gleichung gegeben:

$$x = A \sin(\omega t + \phi) \tag{12.008}$$

x wird die Verschiebung genannt,
A ist die Amplitude,
ω ist die Kreisfrequenz,
ϕ ist die Phasenverschiebung.
Die Kreisfrequenz und die Frequenz stehen in der Beziehung:

$$f = \frac{\omega}{2\pi} . \tag{12.009}$$

Die Zeit für einen vollständigen Kreisumlauf ist T und wird Periode genannt. Zwischen der Periode und der Frequenz gibt es die Beziehung:

$$fT = 1 \quad . \tag{12.010}$$

Die Geschwindigkeit einer Vibration ist die Derivate der Bewegung, während die Beschleunigung die Derivate der Geschwindigkeit ist. Man erhält also:

$$v = A\,\omega\,\cos(\omega t + \phi) \tag{12.011}$$

$$a = -A\,\omega^2\,\sin(\omega t + \phi) = -\omega^2 x \quad . \tag{12.012}$$

12.7 Funktion einer periodischen Vibration (Fourier)

Jede Vibration, die mit einer Bewegung verbunden ist, wird periodisch genannt. Fourier hat dargestellt, daß jede periodische Vibration die Summe sinusförmiger Vibrationen mit zunehmender Kreisfrequenz ist. Die Vibration, deren Kreisfrequenz am niedrigsten ist, ist die Grundkreisfrequenz; die anderen sind die Harmonischen mit zunehmendem Grad. Jede Vibration hat eine eigene Frequenz, Weite und Phasenverschiebung. Der Ausdruck einer Vibration ist also:

$$x(t) = \sum \left[A_i\,\sin(\omega_i t + \phi_i) \right] \quad . \tag{12.011}$$

Umgekehrt ist die Fouriertransformierte eine mathematische Funktion, die erlaubt, die Weiten der verschiedenen Harmonischen einer bestimmten periodischen Vibration zu finden. Um solch eine Berechnung zu machen, kann man zu diesem Zweck elektronische Datenverarbeitungsanlagen (Computer) programmieren. Bei der Verwendung von Fouriertransformierten ist die Berechnung sehr lang, und um Zeit zu sparen, verwendet man die schnelle Fouriertransformierte (FFT), eine Vereinfachung.

12.8 Modal-Analysis

Jeder Körper kann sich in vielfache Weisen verformen. Jede besondere Verformung eines verformten Körpers wird Modalität der Vibration genannt. Jeder Modalität der Vibration entspricht eine eigene Frequenz. Ein elektronisches Verfahren, das aus der Fourier-Analyse kommt und sich aus der Aufnahme der Vibration in mehreren Punkten des zu untersuchenden Körpers gründet, erlaubt die Bestimmung der Frequenz und der verformten Struktur für jede Modalität. Diese Methode wird daher Modal-Analysis genannt.

12.9 Messung der Vibrationen

Bei einer sinusförmigen Vibration ist es möglich, die Verschiebung, das Maximum der Weite, die Geschwindigkeit oder die Beschleunigung zu messen und von einem Kennzeichen zum anderen durch elektronische Abgleitung oder elektronische Integration zu gehen. Für die Messung werden sehr empfindliche Beschleunigungsmesser benötigt. Diese Meßinstrumente müssen mit dem Werkstück, dessen Vibrationen gemessen werden sollen, in Berührung stehen.

Ihre Masse muß zu der des Werkstücks hinzugefügt werden, da sie die registrierte und gemessene Vibration beeinflussen kann. Sie sollte also eine vernachlässigbare Masse in Bezug auf die gemessene Masse haben. Einige Meßinstrumente, bei denen die Berührung mit dem Werkstück nicht notwendig ist, können Verschiebungen messen, die Amplitude deduzieren. Für die Messung realer Vibrationen, die nicht sinusförmig sind, ist es möglich, Filter zu benutzten, die die Vibrationen in einem Frequenzband halten oder die Vibration aufnehmen und sie nach der FFT-Methode umwandeln.

Für die Vibrationsmessung der Zahnradgetriebe ist es möglich, die Vibrationen des Gehäuses oder der Wellen aufzunehmen. Die Messungen bei den Gehäusen können als ausreichend betrachtet werden, wenn die Wellen auf Lagern zusammengebaut sind. Die letzten haben ein ziemlich reduziertes Spiel, um die Vibration der Wellen völlig auf das Gehäuse übertragen zu können. In diesem Fall ist es besser, die Messung auf den Lagern durchzuführen. Im Fall einer reduzierten Zugänglichkeit soll die Messung an den Befestigungspunkten auf dem Gehäuse durchgeführt werden. Jedes Mal werden die Messungen in drei orthogonale Richtungen erfolgen, zwei von denen sind auf eine Fläche gerichtet, die rechtwinklig zu der Achse der betrachteten Welle steht. Die Messungen auf dem Gehäuse werden mit Meßinstrumenten durchgeführt, die starr auf dem Gehäuse befestigt sind.

Auch die Messungen auf den Wellen werden in drei orthogonalen Richtungen durchgeführt, von denen wieder eine auf der Achse der Welle ist. Die Meßinstrumente haben normalerweise keine Berührungspunkte. Für die Messung auf den Gehäusen wird man Meßinstrumente brauchen, die einen Reihe von Frequenzen abdecken, von 10 bis 10000 Hz und höher. Für die Vibrationsmessung auf der Wellen wird man Meßinstrument benötigen, die von 0 bis 500 Hz reichen. Die Meßinstrumente haben einen hohen Genauigkeitsgrad; sie können die Vibrationen in einem Frequenzband von einem Drittel einer Oktave messen (eine Oktave ist das Intervall, das die Frequenz von seiner doppelten teilt, das Drittel einer Oktave deckt das Intervall von einer Frequenz bis zu Grundfrequenz multipliziert mit der Quadratwurzel von 2, d. h. 1,26 ab).

Die Messungen werden bevorzugt unter Anwendungsbedingungen gemacht. Wenn es unmöglich ist, eine Messung auf der Übertragungseinheit durchzuführen (Leitmaschinen und getriebenen Maschinen eingeschlossen), kann man keine Garantie bezüglich des Einflusses des dynamischen Verhaltens der Gesamteinheit geben. Für weitere Einzelheiten muß man die Norm ISO 8579-2 zu Rate ziehen.

12.10 Vibrationsursachen in Zahnradgetrieben. Frequenz des Eingriffs

Vibrationen in Zahnradgetrieben hängen wesentlich von der Bewegung der Werkstücke des Zahnradgetriebes ab. Andere Vibrationen können auf das Zahnradgetriebe von der Leitmaschine und getriebenen Maschinen übertragen werden. Diese können durch die angemessene Verwendung elastischer Kupplungen gemildert werden, obwohl sie die Starrheit der Übertragung mindern. Die Vibrationen, verbunden mit der Bewegung, die als Primärursache betrachtet wird, können zahlreiche Herkünfte haben. Zuerst kann man sagen, daß der theoretische Eingriff die Vibrationsursache ist. Die Änderung des Verhältnisses der Totalleitung, die eine variable Verteilung der Kraft auf die Zähne verursacht, hat eine Verformung, die sich periodisch ändert, als Folge. Diese Änderungen, bezüglich der Zahnverformungen, bestimmen eine unregelmäßige Bewegung, die die Vibration verursacht. Anderseits schaffen die Teilungs-, die Profilabweichungen und die Exzentrizität periodische Vibrationen, die mit der Bewegung verbunden sind, und bei jedem Durchgang der Zähne entstehen Änderungen, die sich von der Messung des gehäuften Teilungsfehlers abheben.

Diese Vibrationen sind mit der Umdrehungsgeschwindigkeit und Zahnzahl des betrachteten Zahnrads verbunden. Das Ergebnis der Umdrehungsfrequenz eines Zahnrads (seine Geschwindigkeit durch 60 geteilt) und die Anzahl seiner Zähne ist die Eingrifffrequenz. Man bemerkt, daß das Ergebnis für das Ritzel und das Rad eines Zahnrads gleich ist. Die Eingrifffrequenz ist eine der Hauptursachen der Vibrationen. In einem Zahnradgetriebe wird man also Vibrationen mit Eingrifffrequenzen finden, die die verschiedenen Zahnräder kennzeichnen.

Die Unwucht aus dem Zusammenfall der geometrischen Achsen und der Umdrehungsachsen der Zylinderwerkstücke entsteht durch Zentrifugalkraft und Vibrationen, deren Frequenz die Umdrehungsfrequenz des betrachteten Werkstücks ist. In Zahnradgetrieben werden bei der Herstellung durch Abweichungen beim Drehen und Fräsen Vibrationen erzeugt, die als Frequenz die Umdrehungsfrequenzen der verschiedenen Wellen haben.

Auch Lager erzeugen Vibrationen beim Durchgang der Rollenelementen auf der Belastungsseite. Diese Vibrationen sind mit der Umdrehungsgeschwindigkeit, den Lagerabmessungen, dem Typ und der Zahl der Rollenelementen verbunden. Deren

Bestimmung ist komplexer als die Bestimmung der Frequenzen. Die Gesamtheit dieser Vibrationen wird auf die Wellen übertragen, dann auf die Lager und letztendlich auf das Gehäuse. Das Spiel in den Lagern ermöglicht eine Dämpfung der Vibrationen und somit ein wenig, ihre Übertragung zu vermindern. Man kann also die Vibrationen entweder auf der Welle (gewöhnlich auf den ablaufenden Enden der Welle) oder auf den Gehäusen messen, bevorzugt in der Nähe der Lager.

12.11 Vibrationseffekte

Vibrationen können Schäden bei den Maschinen, in der Außenumgebung und bei Menschen verursachen. Wenn sie in einer Mindestkonzentration vorhanden sind, können sie die Maschinen beschädigen. Der Schaden wird noch größer, wenn Resonanzphänomene auftreten, d.h. wenn sich Erregungen mit der Eigenfrequenzen einiger Werkstücke ergeben. Auch die Umwelt kann beschädigt werden. Im Menschen können Vibrationen Problemen verursachen. Die Beschleunigung, die sie verursachen, können Kräfte in den Menschen verursachen, die zu ernsten Schädigungen führen können.

Die Vibrationen verursachen auch Geräusche, die schädlich und unerwünscht sind. Wenn diese Vibrationen die Eigenfrequenz einiger Komponenten annehmen, z. B. bei Gehäusen und ihren Deckel, können die Resonanzeffekte unerträgliche Geräusche verursachen (s. nächsten Abschnitt). Man sieht also die Wichtigkeit der Messung und der Vibrationsvorbeugung. Insbesonders gewährleistet die Anwendung der modalen Analyse eine Verminderung der Vibrationen bei Prototypgehäusen, bei der Erzeugung großer Serien kleine Änderungen an der Struktur und an den starren Elementen vorzunehmen.

12.12 Geräusche

Geräusche sind die Wirkung einer physiologischen Handlung der Luft auf die Gehörorgane. Das Geräuschempfinden ist also subjektiv. Es wird von der Luftvibration und der Modulation des Drucks verursacht. Man unterscheidet zwei Geräuschquellen. Das Geräusch, das von der direkten Luftvibration beim Anlassen einer Maschine erzeugt wird, und das Geräusch, das von dem Luftdruck der Vibrationsstrukturen erzeugt wird. Die erste Quelle ist direkt mit dem Betrieb, die zweite mit den Vibrationen verbunden. Die Messungen zur Vibrationsverminderung ermöglichen auch, Geräusche zu vermindern.

Die Erforschung der Geräusche ist also eng mit der Vibrationen verbunden. Wir werden das Geräusch, das beim Betrieb der Maschine in der Luft erzeugt wird, betrachten.

12.13 Geräuschmessung

Die Intensität eines Geräusches ist die Schalleistung pro Oberflächeneinheit. Diese Intensität ist ein Vektor, in dem Sinne, daß er eine Dimension und eine Richtung hat. Die Schalleistung ist ein Skalar, in dem Sinne, daß er keine Richtung hat. Einige Messungen werden mittels eines Doppelmikrophonmeters durchgeführt, das die Intensität mit seinem Kennzeichen bestimmt. Wenn man die Geräuschquelle mit einer Reihe von Mikrophonen umgibt, ist es möglich, die ein- und ausgehende Intensitäten zu messen und bei Abweichungen, die Intensität des Geräusches, das von einer Quelle verursacht wird, zu bestimmen.

Diese Art der Messung verbreitet sich immer mehr, weil heute sehr kleine Mikrophone auf dem Markt angeboten werden, nichts desto trotz ist es noch nicht möglich, dies als übliche Praxis zu bezeichnen.

Eine häufig verwendete Methode besteht aus der Messung der Schalleistung mit einem Mikrophon. Im allgemeinen betrachtet man nicht die Leistung, sondern das Verhältnis zwischen der Leistung und einer Vergleichsleistung. Der Wert dieser Vergleichsleistung beträgt üblicherweise 10^{-12} W. Man betrachtet nicht mehr den Wert dieses Verhältnisses, sondern seinen Logarithmus. Man mißt die Schallintensität in Dezibel:

$$L_W = 10 \log \frac{W}{10^{-12}} \ . \tag{12.014}$$

Bemerkenswert ist, wenn sich die Schalleistung verdoppelt, dann erhöht sich die Messung um 3 dB (10 log 2 =3). Es ist möglich, die Schallintensität als Funktion des Drucks anzugeben. Die Schalleistung ist proportional dem Quadrat des Drucks. Man hat also:

$$L_W = 10 \log \frac{p^2}{p_0^2} = 20 \log \frac{p}{p_0} \ . \tag{12.015}$$

Wählt man einen willkürlichen Bezugsdruck, der nicht an die Bezugsleistung gebunden ist (Druck, abhängig von der Empfindlichkeitsschwelle des menschlichen Ohrs, d.h. 20 μN/m²), dann bestimmt man den Wert des Schalldrucks wie folgt:

$$L_p = 20 \log \frac{p}{p_0} \ . \tag{12.016}$$

Zwischen den zwei Werten der Gleichungen (13.014) und (13.016) ergibt die folgende Beziehung:

$$L_W = L_p + 10 \log \frac{S}{S_0} \tag{12.017}$$

wobei $S_o = 1$ m².

12.14 Wohlüberlegte Meßskalen (dB$_A$)

Das menschliche Ohr ist nicht für alle Schallfrequenzen gleich empfindlich. Es ist bei niedrigen Frequenzen und hohen Frequenzen weniger empfindlich als bei Frequenzen zwischen 1000 bis 5000 Hz. Die Druckmessung mit einem für alle Frequenzen empfindlichen Instruments entspricht nicht der Geräuschmessung durch das menschliche Ohr. Gewöhnlich rüstet man die Meßinstrumenten für Geräusche mit Filtern aus, die die Messung als Funktion der Frequenz wiedergeben. Das System, das dem menschlichen Ohr am meisten ähnelt, ist das System A, das von einer Abschwächungskurve bestimmt wird, deren Wert -50 dB pro 20 Hz beträgt, um 0 dB pro 1000 Hz zu erreichen und bis zu einem Maximum von 1,3 dB pro 2500 Hz anwächst, und wieder bis zu -11 dB pro 20000 Hz hinuntergeht. Tabelle 12.1 gibt die verbesserten Werte des Systems A für den Mittelpunkt der Oktaven an, die üblicherweise für die Geräuschmessungen der Getriebemotoren verwendet wird.

Tabelle 12.1 Verbesserte Werte für dB$_A$

Frequenz	Verbesserter Wert
125	-16,1
250	-8,6
500	-3,2
1000	0
2000	1,2
4000	1
8000	-1,1

Gewöhnlich wird die Schallintensität in dB$_A$ ausgedrückt.

Um eine Vorstellung von der Maßeinheit eines Geräusches zu haben, geben wir einige Beispiele:

Raschelnde Blätter	30 dB
Bibliothek	35 dB
Büro	von 40 bis 45 dB
Weg mit mitteldichtem Verkehr	70 dB
Motorrad (7 m)	85 dB
geräuschvolle Industrie	von 95 bis 115 dB
Flugzeug im Start	130 dB

Bei einem Geräusch im Bereich von 30 bis 65 dB besteht für den Menschen keine Gefahr. Längere Belastungen durch Geräuschquellen von 65 bis 90 dB können dem Nervensystem einige Probleme verursachen. Bei Belastungen von 90 bis 120 dB können Ohrschäden auftreten. Belastungen über 120dB können im Menschen ernsthafte Schäden verursachen. Zahnradgeräusche sind von 65 bis 90 dB beschränkt.

12.15 Geräuschmessung bei Zahnradgetrieben

Geräuschmessung bei Zahnradgetrieben in einem Arbeitsraum kann nicht als glaubwürdig betrachtet werden, da neben diesem Geräusch viele andere Geräusche auftreten, die man Parasiten nennt, und die nicht beseitigt werden können, aber auch in ihrer Intensität nicht geschätzt werden können. Um eine Geräuschmessung durchzuführen, bei der nur das vom Zahnradgetriebe verursachte gemessen wird, muß diese Messung in einem Raum durchgeführt werden, den man als schalltot bezeichnet. Das ist ein Raum, dessen Wände, außer der Boden, kein Geräusch reflektieren. Man muß das Zahnradgetriebe isolieren (die Maschinen werden außer acht gelassen, außer der Leitmaschine, wenn sie ein wesentlicher Teil des Zahnradgetriebemotors ist). Um das Geräusch des Zahnradgetriebe mit jenem von anderen derselben Art verursachten vergleichen zu können, muß die Messung unter gleichen Bedingungen durchgeführt werden.

Da das Geräusch mit der Entfernung abnimmt, wird man das Zahnradgetriebe mit einer Oberfläche in der Form eines normalisierten Parallelepiped umgeben, dessen Gesamtflächeninhalt, ohne Grundfläche, berechnet ist.

Darüberhinaus ist es möglich, den Wert von L_S zu messen:

$$L_S = 10 \log \frac{S}{S_0} \qquad (12.018)$$

wobei S_0 gleich 1 m² ist. Durch Messungen mit einem Phonometer, das für alle Oktavintervalle oder Intervalle für ein Drittel einer Oktave mit der Bandbreite von 125 Hz bis 8 kHz ausgelegt ist, auf der Bezugsoberfächen bestimmt man den Mittelwert des Schalleistung des Zahnradgetriebes(L_{pA}). Der Level der Schalleistung ist also gegeben durch:

$$L_{WA} = L_{pA} + L_S . \qquad (12.019)$$

Für jede Oktave oder jedes Drittel einer Oktave hat man so den Bezugswert des Zahnradgetriebegeräusches. Die Gesamtheit der Messungen gibt das Spektrum des Lärms wieder. Die erhaltenen Werte können korrigiert werden, hier ist der Reflektionsgrad der Wände zu berücksichtigen. Um die Messungen zu korrigieren, ist es möglich, von einem Punkt aus, der bei der Messung in der Mitte des Zahnradgetriebes sitzt, die Frequenz und die Schallintensität zu regulieren. Mit einer Messung, die äquivalent zu derjenigen ist, die bei dem Zahnradgetriebe durchgeführt wird, ist es möglich, einen gewissen Zuverlässigkeitsgrad zu bestimmen. Für weitere Einzelheiten ziehe man die Norm ISO 8579-1 zu Rate.

13 Thermische Leistung der Zahnräder

13.1 Bestimmung

Zahnräder werden derart berechnet, daß sie den Kräfte, denen die Werkstücke ausgesetzt sind, gewachsen sind. Allerdings muß man auch die Tatsache berücksichtigen, daß während des Betriebs eines Zahnradgetriebes ein Leistungsverlust aufgrund verschiedener Reibungen einhergeht, und daß sich die verlorene Kraft in Wärme umwandelt. Die Wärme verteilt sich auf verschiedene Weise in der Umgebung. Bei einer gewissen Temperatur stellt sich ein Gleichgewicht ein, daß von den Betriebsbedingungen, der Struktur des Zahnradgetriebes und den Austauschoberflächen abhängt. Wenn die Temperatur die Grenzsicherheitstemperatur überschreitet, wird man besondere Maßnahmen vorsehen, um den Wärmeüberschuß zu verteilen oder die übertragene Leistung zu begrenzen. Die Höchstleistung, die ein Zahnradgetriebe ohne Risiko für seine Komponenten (Schmierstoff eingeschlossen) übertragen kann, ist die Mindestleistung der berechneten Werte: thermische Leistung und mechanische Leistung des Zahnradgetriebes.

13.2 Verluste in Zahnradgetrieben

Leistungsverluste durch Reibungen verursacht konzentrieren sich in verschiedenen Punkten. Die Verluste treten vor allem in den Zahnrädern auf. Wir haben gesehen, daß bei Zahnrädern Reibungen auftreten, und daß ihr Wirkungsgrad niedriger als der der Einheit ist. Es treten auch Verluste in den Lagern auf, die nicht mit Rollen arbeiten und auf die nicht vernachlässigbare Reibungen wirken. Weiterhin treten relativ wichtige Reibungen bei den Dichtungen auf. Auch die Mischung des Schmierstoffs ist eine Quelle mechanischer Verluste, die in Wärme umgewandelt werden.

13.3 Verluste während des Eingriffs

Verluste in Zahnrädern werden im Kap. 3 durch (3.114) und (3.115) bestimmt. Durch Kombination beider erhält man:

$$P_f = P \, \mu_m \, \pi \; \frac{u + 1}{z_1 \, u} \; \frac{\varepsilon_1^2 + \varepsilon_2^2}{\varepsilon_a} \; . \tag{13.001}$$

Der Reibungskoeffizient ist durch die elasto-hydro-dynamische Theorie gegeben und wird mittels folgender Gleichung ausgedrückt:

$$\mu_m = 0{,}045 \left(\frac{F / b}{V_{\Sigma C} \, \rho_C} \right)^{0{,}2} \eta_{\ddot{O}l}^{-0{,}05} \; X_R \; X_L \; . \tag{13.002}$$

Der Faktor X_R ist der Rauheitsfaktor, und es gilt:

$$X_R = 3{,}8 \left(4 \sqrt{\frac{R_a}{d_1}} \right) \; . \tag{13.003}$$

Die Rauheit R_a ist das Mittel der Rauheit des Ritzels und des Rads.

Der Faktor X_L ist der Schmierstoffaktor und ist eine Konstante, die vom Schmierstofftyp abhängt. Sein Wert ist gleich 1,0 für die Mineralöle. Der Term $V_{\Sigma C}$ ist die Summe der Abrollgeschwindigkeiten der zwei Zähne um den Tangentenpunkt bezogen auf den Grundkreis. Dieser Faktor hängt von der Teilkreisgeschwindigkeit v_t ab, die auf 50 m/s beschränkt ist. Der Faktor ρ_C ist der Halbmesser der Krümmung in dem reduzierten Teilkreispunkt ($1/\rho_C = 1/\rho_{C1} + 1/\rho_{C2}$).

Die spezifische Belastung F/b ist auf 150 MPa begrenzt, wenn ihr Wert kleiner als diese Zahl ist, da F die tangentiale Kraft zu dem Grundkreis auf der Querfläche($F = F_{bt}$) ist.

Diese Gleichungen gelten für Zahnräder mit parallelen Achsen und für Kegelradpaare. In diesen letzten wendet man die Gleichungen bei gleichwertigen Zylinderrädern an. Dieselben Gleichungen werden an den Schneckenrädern-Schnecken verwendet, außer der Reibungskoeffizient ist:

$$\mu_z = \mu_{z0} \, Y_W \sqrt{\frac{v_{gm}}{V_{\Sigma C}}} \, 4 \sqrt{\frac{R_z}{R_{z0}}} \; . \tag{13.004}$$

Die Koeffizienten mit Index 0 erhält man aus der Reibungsabrollprüfung zwischen zwei Scheiben. Der Wert v_{gm} ist etwa gleich dem 2,5 fachem Wert von $V_{\Sigma C}$. Der Wert Y_W entspricht dem der Einheit. Der Wirkungsgrad ist wie in Abschn. 5.6.6 ausgedrückt, da der Reibungswinkel der Winkel ist, dessen Reibungskoeffizient die Tangente ist. In einem Zahnradgetriebe ist der Totalverlust wegen des Eingriffs die Summe aus den Verlusten jeder Stufe des Zahnrads und aus jedem Eingriff jeder Stufe. Die Verluste für die Paare Schneckenrad-Schnecken sind größer als die Verluste, die sich in Zahnrädern mit parallelen oder sich kreuzenden Achsen ergeben.

13.4 Verluste wegen Klappern

Das Klappern verursacht eine Reibung zwischen Rad und Schmierstoff. Diese Reibung erzeugt einen inneren Verlauf des Schmierstoffs und einen Verlust, der unabhängig von der Belastung ist. Dieser Verlust kann durch folgende Gleichung ausgedrückt werden (nach Mauz), wobei T_H das mechanische Drehmoment, das dem Verlust entspricht (in Nm) und v_t die Teilkreisgeschwindigkeit ist:

$$T_H = C_{Sp}\ C_1\ e^{C_2 \cdot v_t}\ . \tag{13.005}$$

Der Faktor C_{Sp} berücksichtigt die Projezierungsrichtung des Schmierstoffs, der der Richtung der Räder folgt. Wenn der Schmierstoff direkt auf den Berührungspunkt aufgebracht wird, dann ist dieser Koeffizient 1,0. Erreicht der Schmierstoff den Berührungspunkt nach seiner Projezierung auf die Gehäusewände, dann nimmt dieser Koeffizient einen niedrigeren Wert, der von der Tauchtiefe des Rads, von der Stellung des Berührungspunkts und von der Länge des Wegs des Schmierstoffs abhängt, an. Dieser Wert liegt zwischen 0,75 bis 1,0. Die Koeffizienten C_1 und C_2 sind gegeben durch:

$$C_1 = 0,0063\ e_1 + 0,0128\ 10^{-3}\ b^3 \tag{13.006}$$

$$C_2 = \frac{e_1}{8000} + 0,02 \tag{13.007}$$

wobei e_1 die Tauchtiefe des Rads in dem Schmierstoffs ist, und b die Breite des Rads ist.

Die verlorene Leistung erhält man, wobei n die Umdrehungsgeschwindigkeit der Radwelle ist:

$$P_{vz0} = \frac{T_H\ n}{9540}\ . \tag{13.008}$$

In einem Zahnradgetriebe ist der Totalverlust die Summe der Verluste aller getauchten Rädern. Diese Verluste haben kein sehr hohen Wert und nehmen exponentiell mit der Tauchtiefe zu, vor allem dann, wenn diese $e_1/8000$ einen signifikanten Wert bezogen auf 0,02 ergibt. Man vermeidet also, Zahnradgetriebe mit zuviel Schmierstoff zu füllen und berücksichtigt immer die vom Hersteller angegebenen Werte. Ein Schmierstoffüberschuß ist unnütz für die Schmierung und schädlich für den Wirkungsgrad und die thermische Leistung.

13.5 Verluste in den Lagern

In Lagern gibt es zwei Verlustarten: die Verluste, die unabhängig von der Belastung und die Verluste, die proportional zu der Belastung sind.

Die Verluste, die unabhängig von der Belastung sind, hängen von dem Produkt der kinematischen Viskosität des Schmierstoffs bei Betriebstemperaturbedingungen und von der Umdrehungsgeschwindigkeit ab. Wenn dieses Produkt größer oder gleich 2000 ist, dann hat man:

$$T_0 = 10^{-7} \, f_0 \, (\nu \, n)^{\frac{2}{3}} \, d_m^3 \qquad (13.009)$$

wenn das Produkt kleiner als 2000 ist:

$$T_0 = 160 \cdot 10^{-7} \, f_0 \, d_m^3 \, . \qquad (13.010)$$

T_0 ist das verteilte Drehmoment (in Nm), d_m ist der Mitteldurchmesser des Lagers $((d+D)/2)$, und f_0 ist der Faktor aus Tabelle 13.1. Wie bereits gesagt, ist n die Umdrehungsgeschwindigkeit der Welle in min^{-1} und ν die Viskosität des Schmierstoffs bei Betriebstemperatur.

$$L_1 = (P_0/C_0)^{0,55}$$
$$L_2 = (P_0/C_0)^{0,4} \text{ wenn nicht}$$
$$L_3 = (P_0/C_0)^{0,33}$$
$$A = F_r$$
$$B = F_a$$

(1) Wenn $F_r/F_a < Y_2$ $\qquad 1,35 \, Y_2 \, A$
$B \, [1 + 0,35(Y_2 \, B/A)^3]$

Das der Belastung proportionale Drehmoment ist gegeben durch:

$$T_1 = f_1 \, P_1^a \, d_m^b \qquad (13.011)$$

Die Faktoren f_1 und P_1 sind in Tabelle 13.2 aufgelistet, die Exponenten a und b sind gleich 1, außer für die orientierbaren zweireihigen Radialkugellager. In diesem Fall nehmen sie die Werte, die in Tabelle 13.3 aufgelistet sind, an.

Tabelle 13.1. Faktor f_0

Lagertyp	Schmierungsart			
	Fett	Luft-Öl	Ölbad	Ölguss oder senkrechte Welle
einreihiges starres Kugellager	0,75...0,2	1	2	4
zweireihiges starres Kugellager	3	2	4	8
zweireihiges orientierbares Radialkugellager	1,5..2,0	0,7..1,0	1,5..2,0	3,0..4,0
einreihiges schräges Kugellager	2	1,7	3,3	6,6
zweireihiges schräges Kugelager	4	3,3	6,6	13
Zylinderrollenlager				
Serien 2, 3, 4	0,6	1,5	2,2	4,4
Serie 22	0,8	2,1	3	6
Serie 23	1	2,8	4	8
zweireihiges orientierbares Radialkugellager				
Serie 213	3,5	1,75	3,5	7
Serie 222	4	2	4	8
Serie 223	4,5	2,25	4,5	9
Kegelrollenlager	6	3	6	8...10

Tabelle 13.2 Faktoren f_1 und P_1

	f1	P1
starres Kugellager	0,0009 L1	3 A - 0,1 B
zweireihiges orientierbares Radialkugellager	0,0003 L2	1,4 Y2 A - 0,1 B
einreihiges schräges Kugellager	0,001 L3	A - 0,1 B
zweireihiges schräges Kugellager	0,001 L3	1,4 A - 0,1 B
Zylinderrollenlager		
Serie 2	0,0003	A
Serie 3	0,00035	A
Serie 4	0,0004	A
orientierbares zweireihiges Radialkugellager		
Serie 213	0,00022	
Serie 222	0,00015	-1
Serie 223	0,001	
Kegelrollenlager	0,0004	2 Y B

Tabelle 13.3 Werte von a und b

Orientierbares zweireihiges Radialkugellager	a	b
Serie 213	1,35	0,02
Serie 222	1,35	0,03
Serie 223	1,35	0,01

Der Gesamtverlust ist die Summe aus zwei verschiedenen Verlusten. Das Gesamtdrehmoment für ein Lager ist also:

$$T = T_1 + T_0 .$$

Der Leistungsverlust in dem Lager ist also:

$$P_B = \frac{T n}{9540} . \qquad (13.012)$$

Bei einigen besonderen Bedingungen (C/P = etwa 10, gute Schmierung und normale Betriebsbedingungen) ist es möglich, T direkt zu berechnen:

$$T = 0,5\,\mu\; F d \qquad (13.013)$$

wobei μ der Reibungskoeffizient ist, der in Tabelle 13.4 gegeben ist, F die Belastung auf das Lager und d der Durchmesser des Innenrings.

Tabelle 13.4. Werte von μ

	m
starres Kugellager	0,0015
zweireihiges orientierbares Radialkugellager	0,001
schräges einreihiges Kugellager	0,002
schräges zweireihiges Kugellager	0,0024
Zylinderrollenlager	0,0011
orientierbares zweireihiges Radialrollenlager	0,0018
Kegelrollenlager	0,0018

13.6 Verluste in Dichtungen

Reibungslose Dichtungen haben fast keine Energieverluste. Gleitdichtungen haben Energieverluste, die von der Beschaffenheit des Rings und dem Durchmesser der Welle abhängen.

Der Verlust eines Dichtrings, in kW, ist gegeben durch:

$$P_S = \frac{3 \cdot 10^{-3} \, d_{sh} \, n}{9540} \qquad (13.014)$$

d_{sh} ist der Wellendurchmesser, und n ist seine Umdrehungsgeschwindigkeit.

13.7 Gesamtverluste

Um den Wert des Gesamtverlustes zu erhalten, berechnet man alle Verluste, die man bisher analysiert hat und summiert sie. Der Gesamtverlust wird durch P_{ges} wiedergegeben.

13.8 Wärmeverlust

Die in den Zahnradgetrieben erzeugte Wärme zirkuliert dank des Schmierstoffs und wird letztendlich auf das Gehäuse übertragen, das die Wärme nach Außen abgibt. Es gibt verschiedene Arten von Wärmeverlusten: Konduktion durch Festkörper, Konvektion durch Gas und Flüssigkeiten und Ausstrahlung im Vakuum. Der Verlust für Ausstrahlung ist vernachlässigbar, und der Verlust bei Konduktion kann bei Konvektion eingeschränkt werden, da dieser von den Umgebungsbedingungen und von der Temperatur des Gehäuses abhängt. Unter Umgebungsbedingungen versteht man die Umgebungstemperatur, die Luftgeschwindigkeit in der Nähe des Zahnradgetriebes und eventuell die Bedingung des Zahnradgetriebes in der Nähe einer starken Ausstrahlungsquelle.

Die Temperatur des Gehäuses kann mit der des Schmierstoffs verglichen werden, dessen Höchstwert bei 95° liegt. Manchmal ist diese Temperatur eine Funktion der Wärmeverluste und der thermischen Austausche. Für das Gleichgewicht der Temperaturen ist die verlorenen Wärme Q gleich zu der Wärme, die von den Verlusten erzeugt wird. Diese Gleichung ist eine Funktion derselben Variablen beider Glieder. Man kann sie mittels Iteration lösen, unter Berücksichtigung der übertragenen Leistung und der Berechnung der Verluste und dem Vergleich mit der Verlustleistung. Wenn die Verluste kleiner als die Leistung sind, die das Gehäuse, aufgrund der hohen Temperatur des Schmierstoffs verteilen kann, dann ist es möglich, die Leistung zu erhöhen und ihren Austausch zu berechnen. Wenn die erzeugte Wärme die Wärme, die wirklich verteilt werden kann, überschreitet, dann vermindert sich die Leistung, und man muß sie erneut berechnen.

Die Gleichgewichtswärmeleistung ist die Leistung des Zahnradgetriebes.

Die Leistung, die verteilt werden kann, wird wie folgt berechnet:

$$Q = A_{wirk} \; k \; \Delta T \qquad (13.015)$$

wobei A_{wirk} die Oberfläche des Gehäuses ist, das die Wärme bei Konvektion übertragen kann. Diese Oberfläche ist der Außenflächeninhalt des Gehäuses, ohne die Oberfläche, die in Berührung mit der Grundfläche und ohne die Überschüsse von Protuberanzen und Befestigungselementen. ΔT ist die Temperaturdifferenz zwischen den Gehäusen und der Umgebung, und k ist der Wärmeübertragungskoeffizient. Der Faktor k hat einen Wert zwischen 0,010 und 0,014 (kw/m²°K) für eine Luftgeschwindigkeit in der Nähe des Gehäuses, die kleiner als 1,4 m/s ist (das entspricht einem geschlossenen Raum ohne Lüftung).

Wenn die Geschwindigkeit den Wert von 3,7 m/s überschreitet, dann multipliziert man den Faktor mit 1,40. Ist diese Geschwindigkeit größer als 3,7m/s, dann multipliziert man den Wert mit 1,90. Der obere Wert von k kann nur nach berechtigter Prüfung angenommen werden.

Gewöhnlich wird die Wärmeleistung, die sich durch das Austauschgleichgewicht ergibt, unter Standardbedingungen der Luftgeschwindigkeit und Umgebungstemperatur kalkuliert oder bestimmt. Die Bedingungen sind die folgenden: niedrige Luftgeschwindigkeit (<1,40 m/s) und Umgebungstemperatur von 40°C. Für andere Temperaturen multipliziert man sie mit einem Faktor:

Umgebungstemperatur von 10°C	1,39
20°C	1,25
30°C	1,13
40°C	1,00
50°C	0,81

Wenn das Zahnradgetriebe mit plötzlichem Anhalten arbeitet, wobei eine wesentliche Abkühlung erlaubt ist, dann ist auch möglich, die Wärmeleistung des Zahnradgetriebes zu erhöhen. Wenn die Wärmeleistung größer als die mechanische Leistung ist, die als Grundlage für die Berechnung der Werkstücke eines Zahnradgetriebes dient, dann ist sie unwesentlich. Wenn diese Leistung kleiner als die mechanische Leistung des Zahnradgetriebes ist, dann wird man die übertragene Leistung auf diesen Wert beschränken, oder man wird die Abmessungen so wählen, daß sie sich erhöhen (Abkühlung durch Lüftung, Öl oder durch Tauchbad eines Kühlers in einem Ölbad). Im Fall von Außenkühlung durch Lüftung wird die Berechnung mit einem Faktor k durchgeführt, der in Tabelle 13.5 gegeben ist.

Tabelle 13.5 Faktor k

Luftgeschwindigkeit m/s	k kw/m² °K
2,05	0,015
5	0,024
10	0,042
15	0,058

Die Abkühlung erfolgt während des Ölkreislaufs, da die Temperaturdifferenz zwischen Eingang und Ausgang des Öls gleich Δt und die Differenz zwischen erzeugter Wärmeleistung und Leistung, die real verteilt werden kann, gleich ΔQ ist, die erforderliche Ölmenge $m_{\ddot{O}l}$ ergibt sich dann zu:

$$m_{\ddot{O}l} = \frac{\Delta Q}{c\,\Delta t} \tag{13.016}$$

wobei c die spezifische Wärme des Öls bei Betriebstemperatur ist, wie sie im Abschn. 9.7 festgelegt worden ist.

13.9 Wirkungsgrad der Zahnradgetriebe

Der Wirkungsgrad der Zahnradgetriebe ist das Verhältnis zwischen der nutzbaren Leistung und der gebrauchten Leistung. Die nutzbare Leistung ist jene, die man auf der Ausgangswelle des Zahnradgetriebes findet, und diese ist gleich der gebrauchten Leistung (Leistung auf der Eingangswelle des Zahnradgetriebes, die von dem Motor erzeugt wird), die um alle Verluste, die berechnet worden sind, vermindert wird und die von zusätzlichen Energieverbrauchern für den Betrieb notwendig sind. Unter diesen finden wir Verbraucher, wie die Kreislaufpumpe des Schmierstoffs, die diesen zurückführt, und wie Abkühler der Schmierstoffe.

13.10 Messung des Wirkungsgrads bei Zahnradgetrieben

Anstatt die Verluste zu berechnen, indem man analytische Methoden verwendet, kann man, wenn das Zahnradgetriebe aus einer Einheit besteht, diese mit Hilfe experimenteller Rechnungsmethode ermitteln. Es gibt zwei Methoden: die Messung bei offenem Stromkreis und die Messung bei geschlossenem Stromkreis.

13.10.1 Messung bei offenem Stromkreis

Diese Messung, charakterisiert durch einen offenen Stromkreis bezogen auf die Leistung, besteht aus dem Starten eines Zahnradgetriebes eines Motors und dem Eingriff dieses Zahnrades auf eine mechanische oder elektrische Bremse. Die mechanische Bremse wandelt die ausgehende Leistung in Wärme um, die dann verteilt wird mittels eines Kühlmittels. Die elektrische Bremse besteht aus einem Generator, der den Strom auf einen Widerstand oder in einem Stromkreis entlädt.

Man mißt die Leistung am Eingang und Ausgang. Die Differenz ist der mechanische Verlust, und der Wirkungsgrad ergibt sich aus der Division der Ausgangsleistung durch die Eingangsleistung. Anstatt die Leistung zu messen, kann man auch das Drehmoment und die Geschwindigkeit messen. Diese Methode erlaubt es auch, die Wärmeleistung eines bestehenden Zahnradgetriebes experimentell zu bestimmen. Bei dieser experimentellen Bestimmung der Leistung ergibt sich die maximal tolerierbare Höchstbetriebstemperatur.

Diese Methode erscheint im ersten Moment einfach, aber in Wirklichkeit weist sie doch ernste Nachteile auf. Es ist sehr schwer, die Messung großer Leistung bei Zahnradgetrieben (wegen der Abmessungen der Generatoren und der Bremsen) durchzuführen. In der Tat muß man die übertragene Leistung in den Bremsen oder in dem Widerstand, die in Wärme umgewandelt wird, berücksichtigen. Außerdem muß der Anlasser die Nominalleistung des Zahnradgetriebes haben, wodurch hohe Kosten verursacht werden.

Anderseits liegt der Wirkungsgrad von Zahnradgetrieben im Bereich von 0,98 bis 0,93, und die Verluste erhöhen sich auf Werte von 2 bis 7% des Werts der übertragene Leistung. Man muß also die Leistungen hoher Werten messen und voneinander subtrahieren, da die Genauigkeit der Leistungsmessung von der Größe abhängig ist, d. h. von den Verlusten. Es ist also notwendig, sehr genaue Apparate zur Durchführung dieser Messungen zu haben. Zum Beispiel, wenn die Verschiedenheit (die Verluste) 5% beträgt, um eine ausreichende Genauigkeit dieser Messung haben zu können (Genauigkeit von 5%), dann sollte die Genauigkeit der Leistungsmessung am Eingang und Ausgang 0,25% betragen. Es gibt sehr wenige Apparate, die diese Genauigkeit gewährleisten. Bei der Durchführung der Messung von Geschwindigkeit und Drehmoment muß die Genauigkeit dieser Messung bei jeder dieser Größen einen noch höheren Standard haben, da die Genauigkeit der Leistung von der Summe der Genauigkeiten der Messung des Drehmoments und der Geschwindigkeit bestimmt wird. Dieser letzte Einwand ist nicht wesentlich für die Bestimmung der Wärmeleistung, da in diesem Fall der Wirkungsgrad nicht berücksichtigt wird.

Diese Methode ist für die Leistungsschätzung der Zahnradgetriebe mit niedriger oder mittlerer Leistung geeignet, aber ist vollkommen ungeeignet für die Messung des Wirkungsgrad.

13.10.2 Messung bei geschlossenem Stromkreis

Um diese Messung durchführen zu können, sind zwei gleiche Zahnradgetriebe notwendig, die sich gegenüber stehen, d. h. daß sowohl die langsamen Wellen als auch die schnellen Wellen miteinander gekuppelt sind (s. Abb. 13.1).

Ein statisches Drehmoment wirkt auf die Welle des Zahnradgetriebes. Sei T das Drehmoment an der schnellen Welle. Das System wird von einem Motor betätigt, der mit der schnellen Welle gekoppelt ist. Die Leistung, die auf die Elemente des Zahnradgetriebes wirkt, ist die Leistung, die von dem angewandten statischen Drehmoment und von der Umdrehungsgeschwindigkeit herrührt, obwohl der Motor nur die Leistung in die zwei gekuppelten Zahnradgetriebe überträgt. Der Vorteil ist, daß die notwendige Leistung viel niedriger ist, und daher ist es unnötig, einen Energieverlust bei einer Bremse einzuplanen. Außerdem kann die Messung eventueller Verluste bei der direkten Messung des Drehmoments und der Geschwindigkeit am Ausgang des Motors durchgeführt werden. Es ist möglich, die Drehmomente und die Geschwindigkeit auf der Motorseite und das zugeführte statische Drehmoment zu messen. So bestimmt man direkt die verlorene Leistung P_f. Die übertragene Leistung P entspricht dem angewandten Drehmoment. Um diese Leistung zu ändern und eine Prüfung mit einem Belastungsspektrum zu verwirklichen, können bei der Messung besondere Vorrichtungen verwendet werden.

Seien P_{f1} und P_{f2} die verlorenen Leistungen bezogen auf das Zahnradgetriebe 1 und das Zahnradgetriebe 2. Die Leistung P geht in das Zahnradgetriebe 1 über, und die Leistung $(P - P_{f1})$ wird weitergegeben. Diese Leistung geht in das Zahnradgetriebe 2, und die Leistung $(P - P_{f1}) - P_{f2}$ wird weitergegeben.

Die verlorene Leistung ist $P_f = P_{f1} + P_{f2}$.

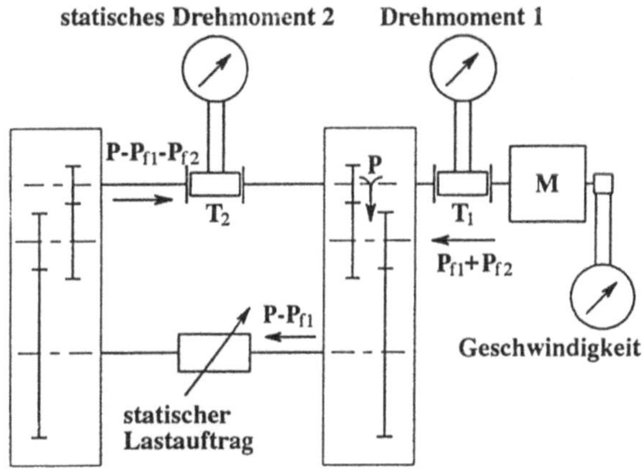

Abb. 13.1. Messung bei geschlossenem Stromkreis

Wenn η_1 der Wirkungsgrad des ersten Zahnradgetriebes und η_2 der des zweiten Zahnradgetriebes ist, dann hat man

$$P_{f1} = (1 - \eta_1)P \quad \text{und} \quad P_{f2} = (1 - \eta_2)\,\eta_1\,P$$

Als Ergebnis ergibt sich:

$$P_f = P_{f1} + P_{f2} = (1 - \eta_1)P + (1 - \eta_2)\,\eta_1\,P = P(1 - \eta_1\,\eta_2)$$

Wenn man annimmt, daß die zwei Zahnradgetriebe den gleichen Wirkungsgrad besitzen, dann erhält man:

$$\eta = \sqrt{1 - \frac{P_f}{P}}\ . \tag{13.017}$$

Ist der Wirkungsgrad nahe dem der Gesamteinheit, so erhält man einen genügend exakten Wert:

$$\eta = 1 - \frac{1}{2}\,\frac{P_f}{P} \tag{13.018}$$

3.11 Vergleich zwischen verschiedenen bestehenden Zahnradgetrieben

Die verschiedenen Typen von Zahnradgetrieben haben besondere Verhaltensweisen unter dem Gesichtspunkt der Wärmeleistung. Die Zahnradgetriebe, die die beste Wärmeleistung haben, sind Zahnradgetriebe mit parallelen oder sich schneidenden Achsen, bei denen die parallelen Achsen auf der selben Fläche liegen. In der Tat benötigen sie für eine mechanische Leistung und ein gegebenes Verminderungverhältnis ein größeres Gehäuse. Diese Getriebeeinheiten haben auch einen maximalen Raumbedarf, in Volumeneinheiten gemessen. Die Zahnräder mit sich kreuzenden und parallelen Achsen, dessen Parallelachsen nicht auf derselben Fläche liegen, haben ein kleineres Volumenbedürfnis und eine niedrigere Austauschoberfläche bei gleichen Betriebsbedingungen. Ihr Wärmevermögen wird also kleiner sein, aber sie haben den Vorteil eines begrenzten Raumbedarfs. Zahnräder mit Planetenräder haben ein sehr verringertes Volumen und sehr verringerter Austauschoberfläche bezogen auf andere Zahnräder mit Parallelachsen und somit auch ein niedrigeres Wärmevermögen. Die Paare Schneckenrad-Schnecken sind durch großen Wärmeverlust, niedrigen Wirkungsgrad und verringerte Austauschoberfläche gekennzeichnet. Sie haben also auch ein verringertes Wärmevermögen. Je mehr das Wärmevermögen abnimmt, desto mehr muß man dieses Vermögen berücksichtigen. Die Vorteile in dem einen Sinn können Nachteile in dem anderen Sinn sein; man soll also vorsichtig bei der Auswahl der Lösungen sein. Die Wichtigkeit des Wärmevermögens ist nicht ein Qualitätskriterium, sondern nur ein Kennzeichen unter anderen, das man bei der Auswahl von Lösungen berücksichtigen muß.

14 Die Herstellung von Untersetzungsgetrieben

14.1 Einführung

Es ist für alle klar, daß sich die Herstellungsart auf den Preis und die Qualität der Produkte auswirkt. So gut auch die Planung und Berechnung der Produkte durchgeführt worden sind, können bei der Fabrikation, wenn diese schlecht organisiert oder ausgeführt wird, Unterschiede bei den Abmessungen und Positionen der verschiedenen Komponenten entstehen. Infolgedessen kommt es zu Betriebsbedingungen, die von den anderen Bedingungen abweichen, und es treten Betriebsstörungen auf, die zu Überbeanspruchungen und danach zu Beschädigungen oder sogar Materialbrüchen führen.

Die Qualität der hergestellten Produkte hängt von der Sorgfalt ab, mit der bei der Herstellung vorgegangen wird. Aber auch die Produktionsausstattung, das heißt, der Maschinenpark und die verwendeten Werkzeuge sind wichtig für die Endqualität eines Produkts. Der Techniker, der sich um die Planung des Produkts kümmert, muß daran denken, welche Arbeitsmittel ihm zur Verfügung stehen, und diese hängen von der Ausstattung des Herstellungsbetriebes ab. Gewisse Neuerungen, die er beim Entwurf des Produkts einführen will, können nur dann realisiert werden, wenn entsprechendes Material vorhanden ist oder eine Investition zur Fabrikation des geplanten Produkts getätigt werden kann.

Zur Herstellung eines Einzelteils oder einer beschränkten Serie können keine großen Investitionen gemacht werden, auch dann nicht, wenn dies zur Verbesserung der Produktqualität notwendig wäre. Gleichzeitig kann bei der Herstellung eines Einzelstückes oder einer sehr beschränkten Serie nicht in Werkzeuge, die die Qualität des Produktes verbessern könnten, investiert werden.

Hier wird der Hauptvorteil der Herstellung von großen Produktmengen besonders deutlich, denn diese erlauben die Wahl von Maschinen und Werkzeugen, die in bezug auf Qualität und Preis den Wünschen des Projektleiters entsprechen.

In diesem Kapitel beabsichtigen wir nicht, eine Auflistung der Möglichkeiten von Werkzeugmaschinen aufzustellen, und wir wollen keine technologische Studie über Maschinen, die sich momentan auf dem Markt befinden, erstellen.

Unser Ziel ist es, anhand eines Beispiels zu zeigen, welche Bearbeitungsqualität notwendig ist, wenn es darum geht, ein Untersetzungsgetriebe herzustellen, und zu erklären, welche Schwierigkeiten auftauchen können und welche Operationen und Maschinen für die Produktion notwendig sind.

14.2 Die Rohteile

Die Rohteile, die in Teilen des Gehäuses verarbeitet werden sollen, sind die Welle und die Radkörper.

– Die Gehäuse können entweder aus mechanischen Teilen bestehen, die zusammengeschweißt sind, oder aus Gußteilen. Die geschweißten Gehäuse der mechanischen Teile sind für Einzelteile bestimmt oder Teile, die in kleinen Serien produziert werden, denn Teile dieser Art können die Kosten der Modelle oder der Schweißereiausstattung nicht amortisieren. Da sie aus geschweißtem Blech bestehen, sind sie in bezug auf Lärm und Vibration weniger vorteilhaft als Gußgehäuse. Ihr Preis ist relativ hoch, denn ihre Herstellung ist aufwendig.

Gegossenen Gehäuse sind entweder aus Gußeisen oder aus einer Aluminiumlegierung. Letztere eignen sich besonders gut für kleine Teile, denn Aluminium kann leicht mit relativ dünnen Wände gegossen werden.

Bei den Gußmethoden gibt es den Guß in Sandformen sowie den Druckguß in Stahlmodellen.

Die Sandformen werden anhand von Modellen hergestellt, die die äußere Form der Teile, die hergestellt werden sollen, haben. Diese Modelle können aus Holz oder aus Stahl sein. Hölzerne Modelle nützen sich im Laufe der Zeit ab und eignen sich deshalb nur für kleine Serien. Modelle aus Stahl sind widerstandsfähiger und werden normalerweise für große Serien verwendet. In diesem Fall sind sie oft fest an einer Platte befestigt, die beim automatischen Gießverfahren zu ihrer Positionierung verwendet wird. Sie werden Modellplatten genannt. Der Sand wird in speziellen Rahmen um die Modelle herum festgepreßt. Nach Entfernung des Modells erhält man dann den Abdruck der Außenseite des Teiles, das gegossen werden soll. Die Innenseite (leer) wird durch einen Kern aus Sand, der zuvor außerhalb der Form gebildet worden war, geformt. Das Modell muß zu dem Elemente aufweisen, die es ermöglichen, innerhalb der Form Halterungen für die Kerne anzubringen. Danach wird das Gußmetall ins Innere, in den Raum zwischen dem Abdruck des Modells und dem Kern gegossen. Nachdem sich die Masse abgekühlt hat und hart geworden ist, wird das gegossene Teil aus der Form genommen diese wird dabei zerstört und muß für jedes weitere Teil neu hergestellt werden. Für sehr große Serien gibt es automatische Systeme, die die Formen mit ihren Kernen herstellen, den Guß vornehmen und danach auf einer Übertragungskette die Form abnehmen. Eine ähnliche Fabrikationsmethode könnte mit wiederverwendbaren Metallformen erarbeitet werden, aber natürlich sollte die Schmelztemperatur der Form wesentlich höher liegen als diejenige des Gußmetalls. Diese Hypothese kann für Teile aus Metall oder Gußeisen in Metall- oder Gußeisenformen nicht in Erwägung gezogen werden. Teile aus Aluminium eignen sich sehr gut für diese Verfahrensmethode. In diesem Fall kann man wegen des hohen Weichheitsgrades des geschmolzenen Aluminiums unter Druck formen. Das flüssige Metall wird unter Druck in eine Stahlform gespritzt, mit einem Kern, der auch aus Stahl besteht. Natürlich müssen die Teile so geplant werden, daß die Kerne ohne Beschädigung des Teils entfernt werden können.

– Wellen und Radkörper bestehen aus Stahl (außer Schneckenrädern, die normalerweise aus Bronze sind und von denen noch später die Rede sein wird). Sie können aus Stangen gewalztem Stahl, die gesägt werden, oder aus gesenkgeschmiedeten Rohteilen hergestellt werden. Letztere haben den Vorteil, daß ihre Form bereits der endgültigen Form ähnlich ist, zudem weisen sie nur größere Dicken auf, die bei der Bearbeitung notwendig sind. Je nach Komplexität einiger dieser Teile kann beobachtet werden, wie die Zylinderform der rohen Stangen sich recht gut von den endgültigen Formen unterscheidet, und deshalb ist das Gesenkschmieden vorteilhaft, denn es kommt dabei nicht zur Spanbildung, und die Bearbeitung ist deshalb schneller. Ein Nachteil beim Gesenkschmieden besteht darin, daß eine sehr kostspielige Ausstattung bestehend aus Schmiedematrizen notwendig ist, die erst abgeschrieben werden können, wenn große Mengen eines einzigen Teiles produziert worden sind. Für große Räder können auch Kronen aus Stahllegierung geschmiedet werden, die durch zwei Radnaben aus einem gewöhnlichen Stahl oder aus Gußeisen verbunden sind, und zwar mittels Schweißungen mit dünnen Zwischenstücken aus Blech.

Die aus Bronze bestehenden Radkronen der Schneckenräder werden oft auf Stahlkerne gegossen, die zuvor so verarbeitet worden sind, daß sie Fixierungskerben bilden.

Die Bronze wird überreichlich gegossen, so daß man sicher ist, daß unreine Partikel und infolge der Schrumpfung entstandene Luftblasen eliminiert werden. Dieser Materialüberfluß muß danach entfernt werden. In einigen Fällen werden Bronzekronen durch Zentrifugieren hergestellt und auf den Stahl- oder Gußeisenkern geschlagen.

14.3 Die Bearbeitung des Gehäuses

Die Gehäuse bestehen normalerweise aus verschiedenen Stücken, so daß die verschiedenen Teile im Innern des Untersetzungsgetriebes leicht montiert werden können. Jedes Teil muß einzeln bearbeitet werden, aber auch auf dem komplett montierten Gehäuse müssen noch gewisse Bearbeitungsoperationen vorgenommen werden. Dabei geht es um folgende Arbeitsschritte:

(a) die Zusammenbau- und Montageflächen auf dem Rahmen und den Motorflanschen müssen geebnet werden;

(b) die Halterungen der Lager und der Ölabdichtungen müssen gebohrt werden;

(c) die Löcher der Mutterschrauben zum Zusammenbau oder zur Fixierung auf dem Rahmen oder den Flanschen müssen gebohrt werden;

(d) in die Fixierungslöcher müssen Gewinde geschnitten werden.

Deshalb müssen Maschinen verwendet werden, die folgende Operationen ausführen: Ebnen (Fräse oder Hobelmaschine), Ausbohren (Bohrmaschine), Gewindeschneiden (Gewindeschneidmaschine). Bei Einzelstücken oder kleinen Serien müssen diese Operationen separat vorgenommen werden. Die klassischen Spezialmaschinen werden immer seltener verwendet, denn sie werden durch Maschinen ersetzt, bei denen eine numerische Kontrolle vorprogrammiert werden kann. Aber bei sehr begrenzten Serien muß jedes Teil geplant werden, und dies braucht sehr viel Zeit. Bei den großen Serien können diese Maschinen mit numerischer Kontrolle so programmiert werden, daß eine sehr hohe Stückzahl erreicht wird, was sich praktisch nicht auf den Preis eines einzigen Stücks auswirkt. Ein weiterer Vorteil der Maschinen mit numerischer Kontrolle besteht darin, daß diese oft verschiedene Ebenen aufweisen und so verschiedene Operationen auf mehrere Arbeitsflächen in verschiedene Richtungen ermöglichen, wobei das zu verarbeitende Stück nur einmal montiert werden muß.

Folglich besteht der Vorteil darin, daß weitere Positionseinstellungen und Montagekontrollen entfallen, da das Teil nur einmal auf der Maschine montiert werden muß und alle Bearbeitungsschritte aufgrund dieser Montage erfolgen können.

Bei modernen Maschinen ist es sogar möglich, eine Positionskontrolle des zu verarbeitenden Werkstückes vorzunehmen, und die Stellung der Werkzeuge zu verändern. Der Vorteil dieser Bearbeitung in einer einzigen Position ist, daß eine rechtwinklige Position mit engen Toleranzräumen zwischen dem Montageprofil auf dem Flansch und der Bohrachse der Lager erreicht werden kann.

Maschinen anderer Art können bei der Herstellung von Teilen in großen Serien verwendet werden. Es handelt sich um Maschinen, die spezielle Arbeiten ausführen, aber in einer Produktionseinheit mit Übertragung des Werkstücks mittels speziell für dieses geschaffene Bearbeitungszange von einer Maschine zur anderen aufgestellt werden, wo das Werkstück automatisch auf jeder Maschine positioniert wird. So wird bei den nachfolgenden Positionierungen eine präzise Stellung erreicht, und die Bearbeitung der verschiedenen Elemente des Teiles erfolgt unter optimalen Bedingungen. Der Vorteil dieser Maschinen ist, daß sie auf eine oder zumindest wenige Arbeitsschritte spezialisiert sind, und so bei diesen Operationen sehr genau und perfekt eingestellt sind. Ihre Präzision ist von den darauffolgenden Montagen praktisch unabhängig. Natürlich müssen die Bearbeitungszangen für jedes Teil speziell erarbeitet und hergestellt werden. Sie sind sehr kostspielig, aber bei der Herstellung von großen Serien können diese Kosten so amortisiert werden, daß sie nur einen geringen Einfluß auf die Stückpreise haben, da der Endpreis niedriger ist als die Kosten für Montage und Einstellung der einzelnen Teile auf den darauffolgenden Maschinen, falls ein Einzelteil gefertigt wird.

Die Ausarbeitung der Lagergehäuse (Bohrung) wirkt sich auf die Positionierung der Radachsen und infolgedessen auch auf die Fluchtung der Verzahnungen aus. Das ist sehr wichtig für die Beladungskapazität der Zahnräder (s. Kap. 5). Es ist deshalb absolut notwendig, diese Halterungen in einer einzigen Operation auf einem Einzelteil auszubohren. Falls das Gehäuse so gestaltet ist, daß die Halterungen der Lager einer einzigen Welle sich auf verschiedenen Teilen befinden, müssen die verschiedenen Teile vor der Ausbohrung montiert werden, so daß die beiden Ausbohrungen garantiert konzentrisch liegen. Es ist interessant, zu versuchen, die Halterungen der Lager einer einzigen Welle auf einem einzigen Teil anzubringen, so daß eine weitere Montage bei der Bearbeitung vermieden wird. Diese Verfahrensweise ist jedoch nicht immer wegen weiterer Montagen oder wegen der Gießerei möglich.

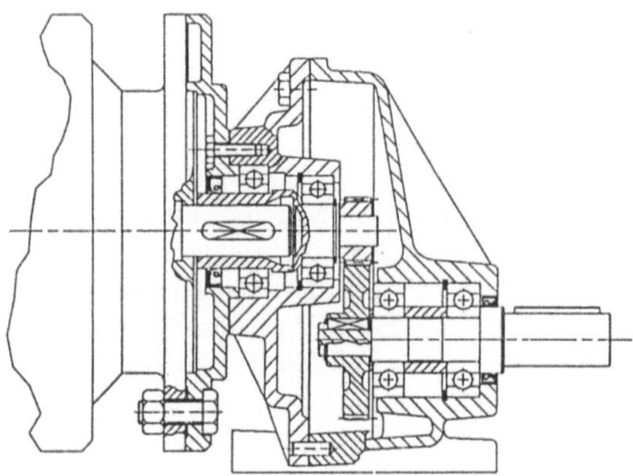

Abb. 14.1. Gesamtdarstellung

Auf der Zeichnung der Abb. 14.1 sieht man, wie wichtig eine Bearbeitung ist, die eine rechtwinklige Stellung der Achsen der Lagerhalterungen zu den Ebenen, die die Verbindungsfläche der beiden Gehäuseteile bilden, garantiert. Wird diese rechtwinklige Stellung nicht garantiert, sind die Achsen der beiden Räder, die das Räderpaar bilden, nicht parallel, und das Gehäuse der Verzahnung ist schlechter, als dies bei der Berechnung vorgesehen war. Die Belastungskapazität des Untersetzungsgetriebes wird so vermindert. Dasselbe gilt für die Ausgangsachse gegenüber der Verbindungsfläche des Motorenflansches. Kommt es zu keiner rechtwinkligen Stellung, steht die Motorenwelle schräg zur Ausbohrung der Ausgangswelle, und es kommt zu weiteren Biegungsspannungen auf den Wellen. Hier sieht man auch, wie wichtig die Mittigkeit des Umfanges ist, auf dem sich die Schraubenmuttern für den Zusammenbau befinden. Wenn dieser Umfang nicht mittig ist, könnte dies zu einer Veränderung der Verzahnungshalterungen führen, sowie zu weiteren Biegungsspannungen auf den Wellen.

14.4 Bearbeitung der Wellen

Die Bearbeitung der Wellen besteht vor allem aus der Dreharbeit. Dazu kommt das Schleifen der Lagergehäuse und die Fräsung der Keilgehäuse. Bei hohlen Wellen muß man auch die Ausbohrung des inneren Gehäuses in Betracht ziehen, sowie den Anschnitt für die Keilgehäuse. Das Beispiel der Abb. 14.2, die die Ausgangswelle des Untersetzungsgetriebes von Abb. 14.1 darstellt, zeigt, wie komplex die Drehung wegen der verschiedenen Gehäuse ist.

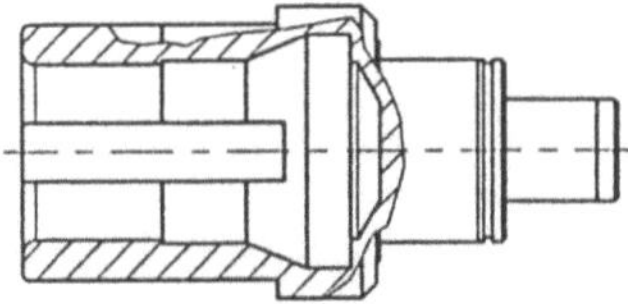

Abb. 14.2. Die Abtriebswelle

Diese Gehäuse rechtfertigen die Genauigkeitsunterschiede, die zu ihrer Funktion notwendig sind. Auf einer glatten Welle erfolgt die Dreharbeit in einer einzigen Operation mit einer einzigen Montage auf der Maschine. Die Bearbeitung einer solchen Welle wäre mit klassischen Mitteln zu kostspielig, und die Positionsveränderungen, die auf verschiedenen Maschinen notwendig wären, könnten die Einhaltung der vorgegebenen Toleranzgrenzen gefährden. Für die Fabrikation von großen Serien kann die Bearbeitung sowohl auf der Drehbank mit verschiedenen Abschnitten, bei denen jeder eine für eine einzige Stückmontage spezifische Funktion hat, erfolgen, oder auf aneinandergeschalteten Maschinen einer Produktionseinheit, mit automatischer Zufuhr und Positionierung des Teils durch geeignete Bearbeitungszangen. Auf jeden Fall müssen die Lagergehäuse auf einer zylindrischen Schleifmaschine geschliffen werden, die nicht zur Drehscheibe gehört. Auch Ausbohrung und Spanentfernung erfolgen auf Spezialmaschinen.

Vor allem das Schleifen wird auf Maschinen vorgenommen, die für ein einziges Stück eingestellt werden und die Kontrollvorrichtungen für die Abmessungen vor und nach der Schleifung aufweisen. Alle diese Vorrichtungen sind nur für die Serienproduktion möglich.

Die parallele Stellung der Ausbohrachsen, der Lagergehäuse und des Ritzelgehäuses muß gewährleistet werden, damit es zu einer parallelen Stellung der Zahnradachsen kommt. Will man diese innerhalb der vorgegebenen Toleranzgrenzen halten, verlangt die Bearbeitung auf verschiedenen Maschinen mit Handmontage bei jeder Operation eine sehr genaue und kostspielige Einstellung.

Auf den Wellen müssen auch die Keilgehäuse durch Fräsen angebracht werden. Dabei können Stiftfräsen verwendet werden (mit einer Achse, die rechtwinklig zur Wellenachse steht und zu dieser in konkruent ist), die einen Durchmesser aufweisen, der der Breite des Keilgehäuses entspricht, oder Scheibenfräsen (deren Achse rechtwinklig zur Wellenachse steht, aber nicht zu dieser konkruent ist). Mit dem ersten System erhält man Keilgehäuse, die mit zwei Halbumfängen enden, deren Durchmesser der Breite des Keilgehäuses entspricht. Mit dem zweiten erhält man zylindrische Teile an den Enden der Keilgehäuse, deren Durchmesser demjenigen der Fräse entspricht. Die Länge des Keilgehäuses hängt vom Durchmesser der Fräse ab.

14.5 Die Bearbeitung der Radkörper

Da die Räder einen integrierenden Bestandteil der Wellen bilden (Wellenritzel), ist ihre Bearbeitung wie bei den Wellen, da das Rad eine Zone hat, die vor allem von der verarbeiteten Welle getragen wird.

Für die Räder, die auf die Wellen gesetzt werden (oder für innere Räder, die ans Gehäuse fixiert werden), erfolgt die Bearbeitung unabhängig von der der Wellen (Abb. 14.3).

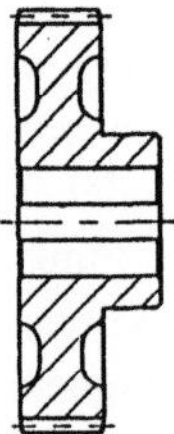

Abb. 14.3. Der Radkörper

Die Arbeitsschritte bestehen aus der Drehung des Kopfdurchmessers und des Durchmessers der zylindrischen Vergleichsfläche, der Ausbohrung der inneren Gehäuse zur Fixierung auf den Wellen und der Ebnung der beiden Seitenprofile der Räder, sowie aus der Fertigbearbeitung der Vergleichsfläche, die rechtwinklig zur Achse steht. Diese Bearbeitungsschritte können auf verschiedenen Maschinen vorgenommen werden, wobei das Teil jedesmal auf die Maschine montiert und danach von dieser abmontiert wird, was gewisse Nachteile in bezug auf Zeitverbrauch und Fehlergefahr bei der Montage mit sich bringt, und auch zu beträchtlichen Fabrikationsunterschieden führt. Diese Schritte können auch auf anderen Maschinen vorgenommen werden, die jede einen oder mehrere Arbeitsschritte ausführen, aber Montagezangen aufweisen, die eine leichte und schnelle Fixierung auf den nachfolgenden Maschinen ermöglichen.

Mit dieser zweiten Methode kann Zeitverlust verhindert und eine bessere Genauigkeit bei der Bearbeitung garantiert werden, aber aus wirtschaftlichen Gründen verlangt die Montage mit Bearbeitungszangen (Planung und Herstellung) eine hohe Stückzahl. Eine dritte Methode besteht darin, alle Operationen auf einer einzigen Maschine auszuführen – oft handelt es sich dabei um eine Drehbank mit vielen Abschnitten oder ein Bearbeitungszentrum.

Diese Methode bietet natürlich den Vorteil, daß nur wenig Zeitverlust entsteht, und es zu keinen Montagefehlern kommen kann. Sie ist auf Maschinen möglich, die eine numerische Kontrolle für mittlere und große Serien ermöglichen. Bei der Bearbeitung der Seitenprofile errät man sofort, daß gesenkgeschmiedete Rohteile den großen Vorteil haben, daß das Materialvolumen, das entfernt werden muß, geringer ist, da ja die Form dieser Rohteile praktisch bereits der definitiven entspricht.

14.6 Bearbeitung der Verzahnungen von zylindrischen Rädern mit geraden, schraubenförmigen Zähnen

14.6.1 Allgemeines

Es gibt zwei große Kategorien von möglichen Bearbeitungsmethoden: die Bearbeitung durch Fräsen und diejenige durch Wälzvorgang.

14.6.2 Bearbeitung durch Formfräsen

Das Prinzip dieser Bearbeitungsmethode besteht darin, im Radkörper durch Fräsen Nuten herzustellen, die die Form des Zahnsitzes haben. Für diese Bearbeitung wird also eine Fräsmaschine benötigt, die auch teilen kann, d. h., daß sie das Rad je nach Zahnzahl zur Vornahme jeder folgenden Nute verschiebt.

Diese Einstellung erfolgt mittels eines Teilkopfes, der über den Motor der Maschine mit einer speziellen Einstellung für jedes Rad mit einer bestimmten Anzahl Zähne gespeist werden kann. Die numerische Kontrolle erlaubt es momentan, diese Einstellung zu erleichtern, da sie einfach dadurch erfolgt, indem man die Zahnzahl angibt. Ein anderes Problem, dessen Lösung schwierig scheint, bestand darin, daß die Form der Nute bei jeder Zahnzahl und bei jedem Modul anders war. Daher war eine extrem hohe Zahl an Zahnfräsen notwendig.

Um das Ganze zu vereinfachen, entwickelte man zuerst die Methode einer Verwendung von nur wenigen Fräsen, die für ein bestimmtes Zahnnummernintervall arbeiten. Dies entsprach aber den Genauigkeitskriterien moderner Zahnräder nicht. Die Verwendung von Fräsen mit Aufschweißplättchen löste dieses Problem auf einfache Art, denn nur die Schneideplättchen müssen der gewünschten Zahnzahl entsprechen, während die Frässcheibe für eine Skala verwendet werden kann, die ein oder mehrere Module umfaßt. Die Plättchen aus gesintertem Karbid können zudem vor der Sinterung auf weichem Material hergestellt werden, mit einer Kontrolle ihrer Abmessungen beim Profilprojektor. Vorrichtungen mit Diamantwerkzeugen erlauben dieselbe Bearbeitung auf fertigen Plättchen. Auch hier sind die Kosten so hoch, daß die Bearbeitung unbedingt bei relativ großen Serien erfolgen muß. Diese Schnittart (Verzahnung) eignet sich nicht für Räder, auf denen keine weitere Endbearbeitung vorgenommen wird.

14.6.3 Bearbeitung durch Wälzvorgang. Prinzip

Das Prinzip der Bearbeitung durch Wälzvorgang besteht darin, daß ein Werkzeug mit scharfen Kanten, die ein Rad (der Evolventenfamilie) bilden, verwendet wird, das in das Rad eingreift, das geschnitten werden soll. Die Verzahnungsmaschine gibt dem Stück und dem Werkzeug außer den Bewegungen, die für den Schnitt notwendig sind, eine Wälzbewegung, eine relative Bewegung also, die zwischen den zwei sich bewegenden Organen ein Ineinandergreifen verursacht. Die Maschine erzeugt also eine Bewegung, nämlich die des Ineinandergreifens zwischen dem Werkzeug und dem fertigen Teil. Da der Schnitt während des Ineinandergreifens erfolgt, sind die gezahnten Seiten die Hüllkurve der Schnitte. Diese Seiten werden zu Evolventenseiten.

Es gibt drei große Verfahrensarten beim Wälzvorgang:
1 Verzahnung durch Werkzeug mit Zahnschiene;
2 Verzahnung durch Werkzeug mit Ritzel;
3 Verzahnung durch Wälzfräser.

14.6.4 Verzahnung durch Werkzeug mit Zahnschiene

Das Werkzeug besteht aus einer Schleiffläche, deren Profil die Bezugslinie des verarbeiteten Rades ist. Schnitt- und Auskupplungswinkel werden entsprechend den normalen Kanten und der Schleiffläche angebracht, so daß ein Stoßwerkzeug, genannt Werkzeug mit Zahnschiene, entsteht. Die normale Abmessung entspricht einem Modul, demjenigen des Zahnrades. Es gibt nur eine Werkzeugform für alle Räder desselben Moduls, unabhängig von der Anzahl der Zähne. Die Profile der Schnittkanten können von der Bezugslinie abweichen, es kann Details wie Protuberanzen der Verzahnung usw. (s. Schleifen) geben.

Nach dem Schleifen und wegen der Schnitt- und Auskupplungsabstände wird dieses Profil bei jedem Schleifgang etwas kleiner, so daß das Modul des Werkzeugs nicht genau dem gewünschten entspricht, auch wenn es nur wenig von diesem abweicht. Da die Fabrikationskontrolle sich auf die Dicke der Zähne bezieht und nicht auf die Position des Werkzeuges und des Rades, ist dies kein Nachteil.

Die Verzahnungsmaschine macht verschiedene Bewegungen. Das Werkzeug befindet sich auf einem Werkzeugträger, der eine alternierende geradlinige Bewegung ausübt und dessen Lauf leicht länger ist als die Verzahnungsbreite gemäß der Zahnneigung. Diese abwechselnde Bewegung wird entsprechend der zu erstellenden Zahnneigung veranlaßt. Der Schnitt erfolgt in einer Richtung, da das Schneideprofil des Werkzeugs sich vorher präsentiert. Da es bei der Rückfahrt nicht mehr schneiden kann, entfernt es sich vom bearbeiteten Teil.

Während dieser Zeitspanne wird das geschnittene Rad von einer minimalen Drehbewegung erfaßt, sowie von einer Verschiebungsbewegung parallel zum Werkzeug in die sichtbare Sektion des Rades. Die Verschiebung entspricht in ihrem Umfang der Drehbewegung, die dem ursprünglichen Umfang des noch zu verzahnenden Rades folgt. Das Zusammenwirken der Bewegungen ergibt also eine Bewegung, die mit dem Ineinandergreifen vergleichbar ist (der ursprüngliche Umfang des Rades dreht sich, ohne zu gleiten auf der ursprünglichen Linie der Bezugslinie, die durch das Profil des Werkzeugs gebildet wird - s. Abb. 14.4).

Wenn das Werkzeug beginnt herunterzufahren, kommt es erneut mit dem Rad in Kontakt und entfernt Material. Durch diese wiederholte Operation wird also eine Flanke, die aus Facetten besteht, deren Hüllkurve eine Flanke mit Evolventenprofil ist, verzahnt. Die Einstellung der Maschine je nach Zahnzahl und Modul ermöglicht eine Zusammenarbeit der beiden Dreh- und Verschiebungsbewegungen, die der Anzahl der zu erstellenden Zähne entsprechen.

Die Verschiebung, die parallel zum Werkzeug erfolgt, erreicht, daß wenn die Länge des Werkzeugs fertig ist, das zu verzahnende Rad keinen Kontakt mehr mit dem Werkzeug hat. Ein zusätzlicher Arbeitsschritt ist deshalb notwendig, die Trennoperation. Nachdem ein oder mehrere Zähne geschnitten worden sind (je nach Maschine, Werkzeug und Arbeitsbedingungen) wird das Werkzeug aus dem Rad ausgekuppelt, und das Rad wird wieder in seine ursprüngliche Position gebracht, aber die Rotation entspricht der Zahnzahl der Verschiebung. Und es kann also erneut beginnen. Diese Aufeinanderfolge von Operationen erfolgt so lange, bis das Rad komplett bearbeitet worden ist.

Die Einstellung der verschiedenen Bewegungen hängt vom Modul ab und von der Anzahl der Zähne des Rades. Die verschiedenen Verschiebungen können mit einer ganzen Serie von Rädern eingestellt werden, die je nach zu bearbeitendem Rad auf die Maschine montiert werden. In diesem Fall erfolgen die Bewegungen automatisch von einem einzigen Motor aus. Auf modernen Maschinen erfolgt die Einstellung mittels numerischer Kontrolle. Die gewünschten Werte werden eingestellt, und die Geschwindigkeitsregulierung der verschiedenen Motoren, die die einzelnen Verschiebungen veranlassen, erfolgt elektronisch. So ist es einfacher, die Maschinen einzustellen.

Auf diesen Maschinen erfolgt die Bearbeitung nicht kontinuierlich. Die Bearbeitungszeit kann wegen aller notwendigen Bewegungen, die die Verzahnung unterbrechen, relativ lang sein. Aber die Einfachheit des Werkzeugs, das nur aus Flächen besteht, ermöglicht eine extrem genaue Arbeit. Der Oberflächenzustand der Räderflanken ist relativ gut, auch wenn er aus Facetten und nicht aus einer glatten Oberläche besteht. Das ist unwichtig, wenn nach der Bearbeitung Fertigbearbeitungsoperationen vorgesehen sind.

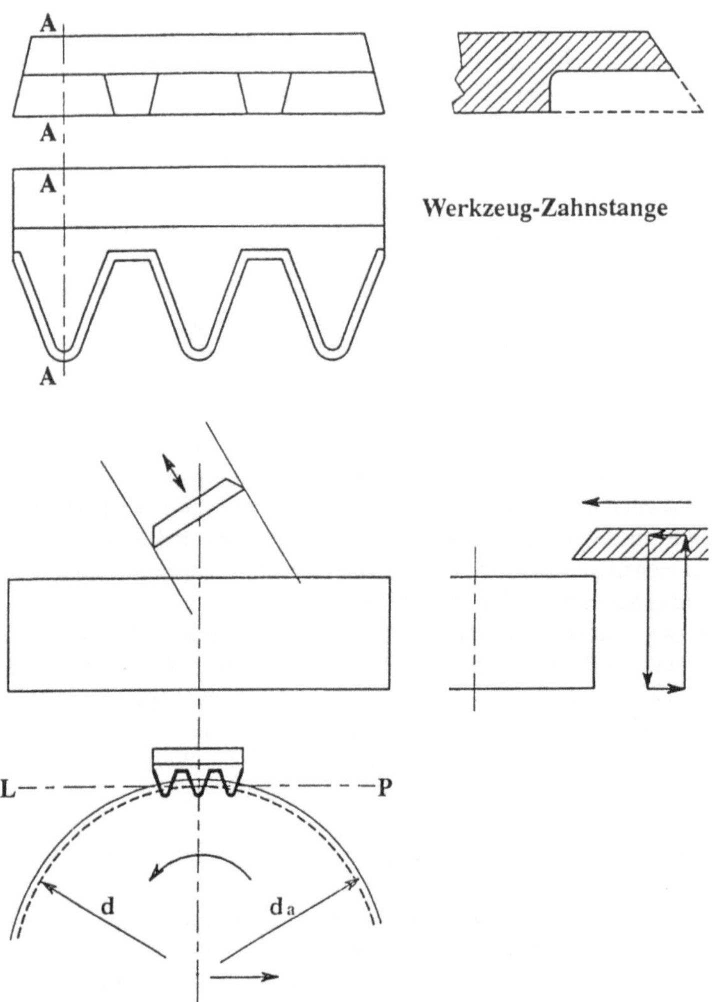

Abb. 14.4. Werkzeug mit Zahnschiene

14.6.5 Verzahnung mit Ritzelwerkzeug

Der Wälzvorgang wird durch ein Werkzeug vorgenommen, dessen Schleifoberfläche ein Ritzel darstellt, sein Modul und seine Bezugslinie sind diejenigen des Zahnrades. Hier ist der Wälzvorgang die ineinandergreifende Bewegung des Rades, das verzahnt werden soll, und des Schneidrads. Bei der Bearbeitung kommt es zu einer abwechselnden Bewegung des Räumers des Werkzeugs, zu einer Räumerdrehung, einer Drehung des Rades, das verzahnt werden soll im Zustand des Ineinandergreifens der Räder und zu einer Drehung des Werkzeugs während seines geradlinigen Laufes zur Herstellung der Zahnschraube. Wie bei der Zahnschienen-verzahnung ist die Position des Werkzeugs und des Rades je nachdem ver-schieden, ob das Werkzeug am Herunter- oder Herauffahren ist. Beim Herunter-fahren kommt das Werkzeug mit dem zu verzahnenden Rad in Kontakt und ent-fernt mit seiner Stoßbewegung einen Span. In diesem Zeitabschnitt sind das Rad und das Werkzeug unbeweglich bei der Drehung, außer der schraubenförmigen Drehung. Wenn das Werkzeug am Laufende der Bearbeitung angelangt ist, kuppelt es leicht radial aus dem Rad aus.

Beim Herauffahren machen das Ritzelwerkzeug und das Rad eine ganz leichte Wälzbewegung, da die beiden Verschiebungen von der Zahl der Zähne der beiden Organe abhängen. Wenn das Werkzeug am Ende seines Hubes angelangt ist, wird es erneut zum Rad geführt, in eine Position, die es ihm erlaubt, Späne vom Rad, das verzahnt werden soll, zu entfernen. Die Bewegung kann kontinuierlich erfol-gen, bis das Rad komplett verzahnt ist. Die Verschiebungen des Werkzeugs und des Rades zum Zwecke des Ineinandergreifens erfolgen sowohl mittels einer Serie von Einstellrädern, deren Zahl von der Zahl der Zähne und des Werkzeugs ab-hängt, als auch durch die numerische Kontrolle. Diese Art der Bearbeitung ist schneller als die vorherige. Sie eignet sich deshalb besser für die serienmäßige Herstellung und ist vor allem oft das einzige Mittel bei der Bearbeitung von inne-ren Rädern. Der Oberflächenzustand, der so erreicht wird, bildet eine Folge von kleinen Facetten. Vielleicht ist diese wegen der Komplexität des Werkzeuges ein bißchen weniger genau. Auf jeden Fall ist das Werkzeug wegen dieser Kom-plexität teurer als im vorigen Fall (Abb. 14.5).

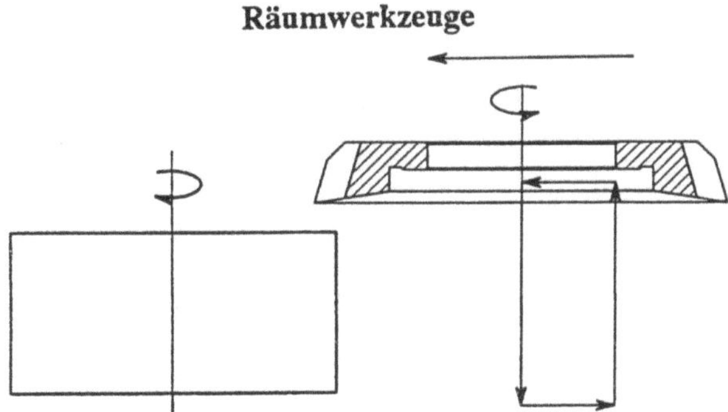

Abb. 14.5. Schneidrad

14.6.6 Bearbeitung mit Wälzfräser (Hobbing)

Im Rahmen der Theorie über Räder und endlose Schrauben hat man gesehen, daß das Rad in seiner Mittelsektion ein geometrisches Rad mit Evolventenprofilen ist, verbunden mit einer Bezugszahnschiene, die die Schraube bestimmt. Wir nehmen nun ein Schneidewerkzeug, das aus einer Schraube entstanden ist, bei dem rechtwinklig zum Gewinde Vorrichtungen angebracht wurden, die die Schnittkanten bestimmen, und wir ändern die Gewinde, um Schnitt- und Auskupplungswinkel zu erhalten. Wir bringen nun dieses Werkzeug mit dem zu verzahnenden Rad in Kontakt (Abb. 14.6).

Auf der Ebene dieses Rades, die der Achsenfläche des Schraubenwerkzeugs entspricht, entsteht ein Rad für den Wälzvorgang, wenn Rad und Schraube bei einer Geschwindigkeit drehen, die ein Ineinandergreifen erlaubt, d.h. die Geschwindigkeiten hängen von der Gewindezahl der Schraube und von der Zahl der Radzähne ab. Wenn sich die Schraube entsprechend der Radbreite verschiebt, dann reproduziert sich dieses geometrische Rad auf alle Ebenen, und man erhält ein Rad mit evolvierenden Flanken. Die Bewegungen sind komplex.

Die Wälzfräse neigt sich über den Werkzeugträger, so daß der Schrägungswinkel des zu verzahnenden Rades entsteht. Diese Neigung ist so, daß die Schraubenflanke in Richtung des Radzahnes schaut. Die Schraube wird durch eine Rotationsbewegung um ihre eigene Achse bewegt. Gleichzeitig macht auch das Rad eine Bewegung um die eigene Achse bei einer Geschwindigkeit, die das Ineinandergrei-

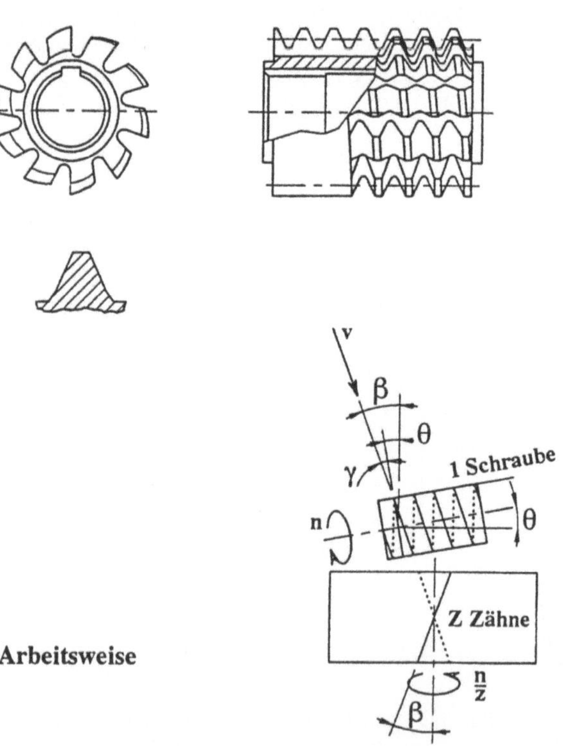

Abb. 14.6. Walzfräser und Verzahnung mit Walzfräser

fen mit der Schraube erlaubt. Das Werkzeug unterliegt einer Verschiebungsbewegung, die viel langsamer ist als die der beiden anderen, und die der Verzahnungsbreite entspricht. Durch diese Bewegung kann sich das Werkzeug senken, um auf allen Flächen des zu verzahnenden Rades, die erscheinen, die verschiedenen aufeinanderfolgenden flachen Räder zu formen.

Da die Schraube schräg zur Radachse steht, muß eine Kompensationsbewegung zwischen dem Rad und dem Werkzeug entstehen, die aus einer Rotation entsprechend zum funktionierenden Rad des Schrägungswinkels besteht. Auf traditionellen Maschinen werden alle diese Bewegungen durch kinematische Ketten erreicht, die je nach Werkzeug und zu verzahnendem Rad auf einen einzigen Motor eingestellt werden. Bei Maschinen mit numerischer Kontrolle werden die verschiedenen Bewegungen über mehrere Motoren erreicht, deren Geschwindigkeit elektronisch durch das Kontrollprogramm geregelt werden. Maschinen dieser Art haben eine sehr hohe Produktionsleistung, denn sie funktionieren dauerhaft. Beim Werkzeug handelt es sich um ein sehr komplexes Gerät, das schwierig herzustellen und deshalb sehr teuer ist. Hier handelt es sich um die ideale Maschine zur Bearbeitung großer Serien von Rädern mit äußerer Verzahnung. Für die innere Verzahnung von Rädern eignet sie sich nicht. Die Qualität der Bearbeitung ist gut, auch wenn die Flanke nicht die ideale Form aufweist, sondern eine Serie von Facetten, deren Hüllkurve die ideale Form aufweist. Diese Facetten entstehen durch das unregelmäßige Schneiden, weil auf der Fräse nach und nach immer neue Vorrichtungen montiert werden.

14.6.7 Bearbeitung mit Karbid- oder Keramikwerkzeug

Die oben genannten Bearbeitungen erfolgen normalerweise mit Werkzeugen aus behandeltem Stahl oder mit eingesetzten Karbidplättchen. Bei diesen Arbeiten wird das Werkzeug geschmiert, damit das Werkzeug und das Werkstück sich nicht überhitzen. Bei dieser Art der Bearbeitung ist die Schnittgeschwindigkeit wegen des Widerstands des Werkzeugs relativ niedrig. Die heutige Tendenz besteht aber darin, Schnittwerkzeuge zu verwenden, die aus Hartmetallen oder Keramik bestehen, extrem hart sind und eine Trockenbearbeitung bei hoher Schnittgeschwindigkeit erlauben. Die Werkzeuge weisen Plättchen auf, mit denen ihr Stahlkörper bestückt ist. Die Vorteile dieser Schnittmethode bestehen einerseits darin, daß Zeit gespart werden kann, andererseits wird kein Schnittöl verwendet, und der Arbeitsprozeß ist sauberer, weniger gesundheitsschädlich und wirtschaftlicher. Bei der Bearbeitung hat sich außer dem Werkzeugmaterial nichts geändert.

14.7 Die Bearbeitung von kegelförmigen Rädern

Welcher Art auch immer das geschnittene Rad sein wird, das Bearbeitungsverfahren basiert immer auf das flache, zusammenarbeitende Rad. Gewisse scheibenförmige flache Werkzeuge haben eingesetzte Zähne (i. allg. in Dreiergruppen), die das gewünschte Profil erzeugen können. Das so dargestellte flache Rad und das zu verzahnende Rad werden in ihren entsprechenden Positionen, die vom Winkel auf der ursprünglichen Kegelspitze des zu verzahnenden Rades abhängen auf die Maschine montiert. Durch eine kombinierte Bewegung der beiden Räder wird das Zahnprofil auf der Querfläche und dem Kegel errreicht. Die Bewegung hängt natürlich von der Linie des Zahns auf dem flachen Bestimmungsrad ab und ist deshalb auch von der Art der Verzahnung.

14.8 Bearbeitung der Schnecken und der Zahnräder

Die Bearbeitung der Schnecken erfolgt einerseits durch Gewindeschneiden an der Drehbank, anderseits durch Fräsen mit Scheiben- oder Stiftfräsen.

Die Bearbeitung durch Gewindeschneiden erfolgt an der Drehbank, denn das Werkzeug hat die Form eines Zahnstangenzahns mit dem gewünschten Druckwinkel. Die Schneidekanten des Werkzeugs liegen auf einer Ebene und nehmen die Form der Bezugslinie an. Falls diese Fläche mit einer Radialfläche der Schnecke verwechselt wird, so kommt es beim geschnittenen Profil zu einer ZA-Form. Wird diese Fläche mit der Tangentenebene zum Grundzylinder der Schnecke verwechselt, ergibt sich ein ZI-Profil. Ist das Werkzeug geneigt, so daß seine Schnittfläche rechtwinklig zur Schraubenlinie des Gewindes steht, kommt es zu einem ZN-Profil. Der Schrägungswinkel entsteht, indem man die Drehbank für das Gewindeschneiden einstellt, und sich das Werkzeug parallel zur Schneckenachse bei jeder Schneckendrehung um einen Achsenschritt der Schraubenlinie verschiebt. Schnekken mit verschiedenen Gewinden können mit einem einfachen Werkzeug geschnitten werden (ein Zahn der Bezugslinie), das für jedes Gewinde neu positioniert wird oder mit einem Werkzeug, das so viele Zähne hat, wie Gewinde vorhanden sind, wobei hier die Schnecke in einem einzigen Schritt bearbeitet wird. Letztere Methode ergibt genauere Schnitte, denn es sind keine Zwischeneinstellungen notwendig, und so kommt es zu keinen Bearbeitungsfehlern. Abbildung 14.7 zeigt diese Schnittverfahren.

Die Scheibenfräse besteht aus einer Folge von Radialflächen, in denen sich die Schnittkanten befinden, die einen Zahn der Bezugslinie bilden. Diese Fräsen bestehen aus einem Block oder haben aufgesetzte Plättchen. Die Fräse ist auf eine Welle montiert, um die sie sich dreht, und bewegt sich parallel zur Schneckenachse. Die Fräsachse für ZA- und ZI-Profile ist parallel zur Schneckenachse und parallel zur Realsektion (rechtwinklig zu den Schraubenlinien) für ZN-Profile. Für ZA-Profile ist die Stellung so, daß die Schnittkanten in die Radialflächen der Schnecke übergehen. Für ZI-Profile gehen die Kanten in die Tangentenfläche zum Grundzylinder der Schnecke über. Die Fräse wird in Abb. 14.8 dargestellt, die Bearbeitungspositionen in Abb. 14.7.

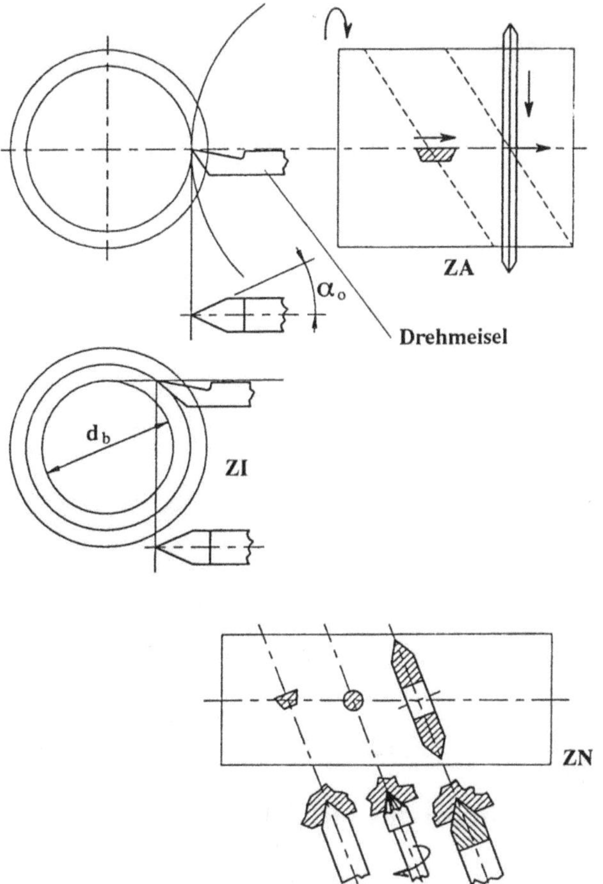

Abb. 14.7. Schnitt der Schnecken

Das ZN-Profil kann mit einer kegelförmigen Stiftfräse erreicht werden, der Winkel entspricht zweimal dem Druckwinkel der Schnecke. Ihre Achse ist auf der Ebene, die rechtwinklig zur reellen Fläche der Schnecke steht (Abb. 14.7).

Zudem kann das ZI-Profil durch ein Schnittverfahren der schraubenförmigen Räder erreicht werden, das im Abschn. 14.6 beschrieben wird. Tatsächlich sind diese Schnecken schraubenförmige Räder, deren Schrägungswinkel ein Zusatz zum Neigungswinkel der Schneckenschraubenlinie ist.

Die Bearbeitung der Schneckenzahnräder erfolgt auf der Maschine, die auch die Bearbeitung der schraubenförmigen Räder mit dem Wälzfräser vornimmt, ohne die Bewegung, die die Zahnbreite verfolgt, stattfinden zu lassen. Ein Wälzfräser mit angemessenem Schrägungswinkel tritt radial ins Rad ein, während dieser, sowie auch das Werkzeug eine Bewegung machen, die genau zum Ineinandergreifen der Schnecke mit dem Rad führt. Die Schnecke kann auch durch ein einfaches Werk-

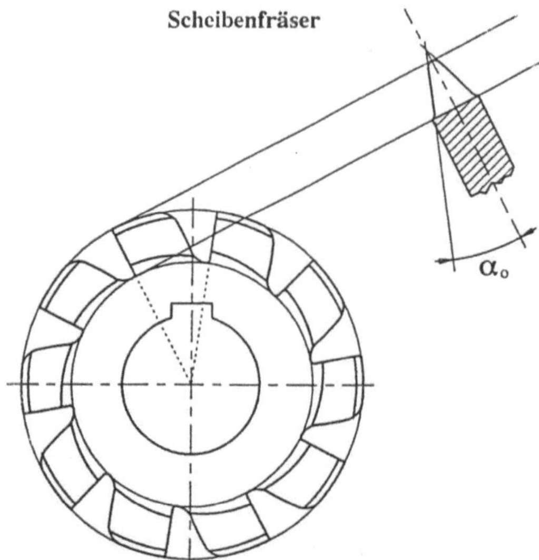

Abb. 14.8. Scheibenfräse

zeug ersetzt werden (ein Werkzeug mit einer einzigen Schnittkante), dessen Bewegung diejenige der Schnittkante der Wälzfräse übernimmt.

14.9 Ausarbeitung der zylindrischen Räder

Je nach Material, gewünschter Oberflächenbeschaffenheit und Genauigkeit gibt es mehrere Arten zur Ausarbeitung der schraubenförmigen Räder, wenn der Zustand der Zahnräder nach einem der oben beschriebenen Verfahren nicht zufriedenstellend ist.

Es wurde beobachtet, daß Wärmebehandlungen oft zu Formveränderungen führen können, die nach ihrer Montage eine weitere Fertigbearbeitung notwendig machen. In diesem Fall besteht das Ziel darin, eine genaue Form zu erhalten, was wichtiger als die Oberflächenbeschaffenheit ist.

Die notwendigen Arbeitsschritte waren dabei: Schleifen, Schneiden mit Entfernung von Spänen und Feilen (Honing-Verfahren).

14.9.1 Das Schleifen

Das Schleifen zylindrischer Räder erfolgt durch Bewegung oder durch eine Formschleifscheibe.

Letztere Methode entwickelt sich mehr und mehr dank der Möglichkeit, die die elektronischen Vorrichtungen bieten, mit denen man den Tellerscheiben das gewünschte Profil geben kann. Die Schleifscheiben dringen in den Zahnabstand ein und erarbeiten auf den beiden Flanken das gewünschte Profil. Das Rad, das geschliffen werden soll, verschiebt sich und macht dabei ganz genau bemessene Schritte, so daß die Schleifscheibe die nächsten Zahnabstände in ihrer genauen Position erfaßt. Die Flankenlinie und die Teilung des geschliffenen Rades erfolgen elektronisch auf entsprechenden Maschinen mit numerischer Kontrolle.

Das Wälzschleifen kann auch nach dem Prinzip der Bezugszahnschienen erfolgen oder nach der gleichen Prozedur wie die Verzahnung mit der Wälzfräse.

Beim Schleifen mit der Technik der Bezugszahnschiene können eine oder zwei Tellerscheiben verwendet werden, die auf ihrer ebenen Kopfflanke arbeiten. Mit einer einzigen Schleifscheibe gibt man dem Rad und dem Werkzeug eine relative Wälzbewegung, die die Evolvente simuliert, und jede Flanke wird separat geschnitten. In einem Arbeitsgang wird die rechte Flanke und in einem anderen die linke geschnitten. Nach einer bestimmten Anzahl von Schleifgängen wird die Schleifscheibe mit Hilfe eines Diamantens wieder plan geschliffen. Die Position der Schleifscheibe zum Zahn wird durch automatische Vorrichtungen korrigiert, je nach Abnützungsgrad der Schleifscheibe.

Wenn zwei Schleifscheiben verwendet werden, können sie parallel oder schräg zueinander stehen. Sind sie parallel, positioniert sie die Maschine so, daß die theoretischen Kontaktpunkte mit den Flanken, die geschliffen werden sollen, sich auf einer geraden Tangente zum Basiskreis des Rades befinden. Wenn eine ineinandergreifende Bewegung entsteht, bleiben die beiden Schleifscheiben Tangenten der beiden antihomologen Profile, und die Zähne werden auf die gewünschte Form geschliffen. Bilden die beiden Schleifscheiben einen Winkel, so sind sie eine Bezugszahnschiene, die sich verschiebt, ohne auf einen der Umfänge der Räder zu gleiten, die noch geschliffen werden müssen. Der Durchmesser dieses Umfanges hängt vom Rad und vom Winkel zwischen den beiden Schleifscheiben ab. Diese Maschinen müssen entsprechend zur Zahl der Zähne und zum Modul eingestellt werden, aber auch entsprechend der anderen geometrischen Variablen der Zähne, die geschliffen werden sollen. Traditionelle Maschinen haben entsprechende Trennräder (Schwierigkeiten, großer Zeitverbrauch). Die Maschinen mit numerischer Kontrolle können durch einfache Werteeingabe elektronisch eingestellt werden. Die planen Schleifscheiben könnten während des Schleifens mit dem Verbindungsprofil der Flanken in Berührung kommen. In diesem Fall käme es zu Einschneidungen auf dem Profil, praktisch genau in der gefährlichen Sektion des Zahnes, wegen der Biegungsbindungen, und es könnte zur Bildung von engkonzentrierten schädlichen Bindungen kommen. Um dies zu vermeiden, müssen die Räder vor dem Schleifen mit einem Protuberanzwerkzeug abgeschnitten werden. Werkzeuge dieser Art entsprechen einer Bezugslinie, die einer übermäßigen Bearbeitungsdicke auf der Flanke der geschnittenen Zähne Rechnung trägt. Diese übermäßige Dicke wird durch das Schleifen komplett oder teilweise abgeschnitten, und dabei greift die Schleifscheibe das Anschlußprofil nicht an.

Eine andere Methode zum Schleifen der zylindrischen Räder besteht darin, daß mit einer schneckenförmigen Schleifscheibe geschliffen wird. Diese Schleifscheiben sind Schnecken mit einem oder mehreren Gewinden und bestehen aus einem abrasiven Material. Sie haben einen großen Druchmesser (verglichen mit dem Modul), so daß das Gewindeprofil einer Geraden gleichkommt, und können so leicht die Flanken plan machen. Die Schleifscheibe arbeitet wie eine Wälzfräse, nur daß die Wälzbewegung kontinuierlich ist und im Moment der Bearbeitung nicht unterbrochen wird. Die geschliffene Flanke ist also eine kontinuierliche Evolvente und nicht – wie dies beim Schnitt mit der Wälzfräse der Fall ist – eine Folge von kleinen Facetten, die auf die unstetige Bearbeitung zurückzuführen sind. Der Vorteil dieser Methode besteht darin, daß die Arbeitsschritte kontinuierlich und ohne Trennvorgang wie bei den anderen Verfahren von statten gehen, bei denen der Arbeitsablauf diskontinuierlich ist, weil das Rad nach dem Schleifen eines Zahns in bezug auf dem Schleifen verschoben werden muß.

14.9.2 Das Schaben

Diese Art des Schabens ist eine Fertigbearbeitungstechnik, die das Schleifen ersetzt. Das Werkzeug, das dabei verwendet wird, ist ein Zahnrad mit genuteten Flanken (Abb. 14.9).

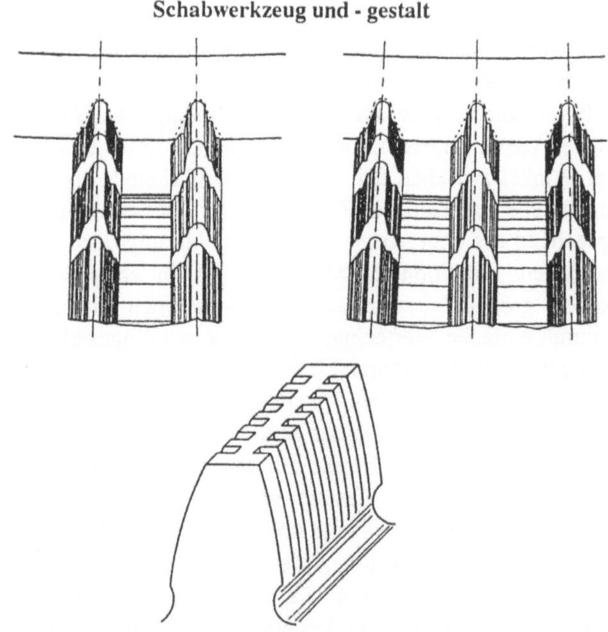

Abb. 14.9. Schneiden

Das Werkzeug und das Rad werden mit zwei schrägen Wellen montiert und erfahren eine Bewegung, die derjenigen von zwei ineinandergreifenden schräg gestellten Rädern gleich ist. Die Rillen der Nuten des Werkzeugrades bewirken eine leichte Materialentfernung und gleichzeitig eine lokale Kompression auf der Flanke des behandelten Rades. So werden die Form und der Oberflächenzustand des Rades verbessert, und dies genügt i. allg. für die Bearbeitungsqualität. Das Verfahren ist stetig und schneller als das Schleifen und wird bei der Fabrikation großer Serien oft dem Schleifprozeß vorgezogen. Dieser Arbeitsgang kann nach der thermischen Behandlung (Einsatzhärtung oder oberflächliche Temperung) erfolgen oder auch vor dieser. In diesem letzteren Fall werden Oberflächenfehler entfernt, die bei der Bearbeitung entstanden sind, aber keine Deformationen, die auf die Wärmebehandlung zurückzuführen sind.

14.9.3 Das Honing-Verfahren

Das Honing-Verfahren ist ein neues Verfahren, das sich zur Zeit in Entwicklung befindet. Es handelt sich dabei um eine Prozedur zur weiteren Fertigbearbeitung, die anstatt des Schleifens nach der Verzahnung (oft mit einem Werkzeug aus Keramik, trocken und bei großer Geschwindigkeit) und einer Einsatzhärtung vorgenommen wird. Bei diesem Verfahren wird höchste Präzision erzielt und eine beträchtliche Verringerung des Zahnradlärms erreicht. Dabei gibt es verschiedene technologische Lösungsarten, aber das Prinzip bleibt unverändert. Ein inneres Rad bildet das Werkzeug und das Rad, das bearbeitet werden soll, wird wie ein epizykloides Rad mit einer Achse, die sich mit dem Werkzeugrad kreuzt, montiert. Das Rad mit innerer Verzahnung ist eine Schleifscheibe mit Korund. Die abrasive Wirkung des Schleifscheibenrades wirkt durch Gleiten, das aus dem Ineinandergreifen und der schrägen Stellung der zwei Achsen resultiert. Das Verzahnungsprofil entsteht durch das Ineinandergreifen. Man benützt das Honing-Verfahren auch nach einem Schleifgang, um eine Geräuschminderung zu erreichen.

14.9.4 Das Schneiden mit Spanentfernung

Diese Technik ist noch recht neu auf dem Markt und entspricht der des Schabens. Das eingesetzte Werkzeug ist nicht genutet, gleicht dem klassischen Verzahnungswerkzeug jedoch sehr. Auch die Maschine arbeitet wie bei der klassischen Verzahnung durch Wälzen. Ein kleines Materialpartikel wird mit einem Karbid- oder Keramikwerkzeug entfernt, bei sehr hoher Geschwindigkeit. So entsteht eine ausgezeichnete Fertigbearbeitung. Dieser Arbeitsvorgang erfolgt im allgemeinen vor der Wärmebehandlung.

14.10 Fertigbearbeitung der konischen Räder

Bis vor kurzer Zeit konnten konische Räder nicht geschliffen werden. Man honte sie nur zwischen den beiden zusammenarbeitenden Organen mit Honpaste auf entsprechenden Maschinen. Dieses Verfahren ist immer recht oberflächlich. Vor kurzem kamen Maschinen auf den Markt, die kegelförmige Zahnräder schleifen. Das Prinzip besteht in dem Wälzen durch ein flaches Rad – einer Schleifscheibe, die die Ergänzung zum Rad, das bearbeitet werden soll, bildet, d.h., deren Zähne entsprechen dem Zahnfuß des Rades, das bearbeitet werden soll. Der Betrieb ist wie bei einer Verzahnungsmaschine, die dasselbe Prinzip verfolgt. Diese Maschinen haben eine numerische Kontrolle, so daß die ineinandergreifende Bewegung perfekt erfolgen kann.

Das Schneidverfahren mit gleichzeitiger Spanentfernung wird noch weiter entwickelt und eignet sich sehr gut für kegelförmige Räder.

14.11 Das Schneckenschleifen

Beim der Schneckenschleifen wird dasselbe Prinzip angewendet wie bei der Verzahnung mit einer Scheibenfräse. Hier wird diese durch eine Tellerscheibe ersetzt, deren äußere Sektion ein Bezugsprofil bildet.

14.12 Die Montage

Die Montage besteht aus einer Serie von Operationen, die alle sehr wichtig sind. Es geht darum, die verschiedenen Teile, die hergestellt worden sind, zusammenzusetzen, um damit ein Gerät zu erhalten, das funktionstüchtig ist. Bei Einzelteilen oder Teilen aus kleinen Serien erfolgt die Montage rein manuell. Die Untergruppen werden normalerweise separat zusammengebaut (z. B. werden die Wellen mit bestückten Rädern versehen, sowie mit Lagern und eventuell mit Ringen). Diese Elemente werden plangemäß mit höchstmöglicher Genauigkeit montiert. Die Einhaltung der Toleranzgrenzen bei der Bearbeitung ermöglicht es nun, den Zeitverbrauch und infolgedessen die Kosten dieser Montagen niedrig zu halten. Die verschiedenen Untergruppen werden dann im Innern des Gehäuses montiert.

Bei großen Serien können auch automatische Montageanlagen eingesetzt werden. Diese haben den Vorteil, daß keine Eingriffe von Hand mehr nötig sind, was eventuelle Fehler und Auslassungen ausschließt. Die Anlagen benötigen hingegen eine besonders sorgfältige Organisation, und zwar nicht nur bezüglich der Monta-

ge, sondern bezüglich der gesamten Fabrikation. Vor allem die Zufuhr der Teile
zur Montage muß bereits zum Zeitpunkt der Bearbeitung vorgeplant werden, so
daß diese auf Zufuhrflächen gelegt werden können, die für die Entnahmevorrich-
tungen der Teile perfekt zugänglich sind. Diese automatischen Montagevor-
richtungen zeigen, wie wichtig eine perfekte Organisation und Methodenwahl sind.
Durch sie können die Fehler und Unterlassungen, die bei der manuellen Montage
unweigerlich entstehen, vermieden werden: dank der perfekt funktionierenden,
automatischen Kontrollen, die in ihnen installiert worden sind.

15 Anwendungen

15.1 Anwendungsgebiete der Zahnräder

Zahnräder werden in allen Industriegebieten verwendet, wo es notwendig ist, eine Umdrehungsgeschwindigkeit oder ein mechanisches Drehmoment umzuwandeln, die Biegsamkeit und die Antriebssicherheit zu erhöhen. Man braucht sie in jeder Art von Maschinen in der Leicht- und Schwerindustrie, einschließlich bei den sehr komplizierten Mechanismen der Robotik. Man findet Zahnräder in Transport- und Aufhebevorrichtungen, in Vorrichtungen der chemischen Industrie oder in der Hüttenindustrie, in der Papierindustrie, in Zementwerken, im Bergbau und in Schleusen oder bei beweglichen Brücken usw. In der Schiffahrt dienen Zahnradgetriebe zur Umwandlung der Hochgeschwindigkeit der Turbinen in eine langsamere Geschwindigkeit der Schrauben, wobei diese Getriebe so groß sind, daß sie ein Zimmer einer mittelgroßen Wohnung füllen. Vorrichtungen mit sehr hohen Geschwindigkeiten sind auf dem Gebiet der Gasturbinen und Zentrifugen entwickelt worden. Alle kennen die Anwendung der Zahnräder in der Kraftwagenindustrie: Transmissionen, die die Motorgeschwindigkeit zu jener der Nabe vermindern, Kegelzahnräder, die die Transmission von der Kardanwelle zu der Quernabe, das Ausgleichsgetriebe, das die verschiedenen Geschwindigkeiten der beiden Räder ausgleicht, wenn der Wagen in einer Kurve fährt, das Getriebegehäuse usw. Die Auflagen für die Zuverlässigkeit und für den Automatismus solcher Mechanismen wächst in zunehmenden Maße. Die Luft- und Raumfahrtindustrie folgen der Kraftfahrzeugindustrie bei den Anwendungen zahlreicher Zahnradübertragungen.

Alle Landeklappen, die sich auf den Flugzeugflügeln befinden, sind mit einem Bedienungsgerät mit eigenem Motor und Zahnradgehäuse ausgerüstet; diese müssen sehr leicht sein: d.h., wenn sie den „Startimpuls" fühlen, weiß man, daß in diesem Augenblick ein besonders großes Zahnradgehäuse seine Arbeit verrichtet. Die Zahnradkette, eine kinematische Kette, von Hubschraubern ist ein sehr komplizierter und interessanter Mechanismus, der nicht nur die Rotoren in Gang setzen muß, sondern auch die Umdrehung der Blätter um ihre Achse gewährleisten muß. Bei Eisenbahnzügen werden auch viele Zahnradübertragungen eingesetzt. In einigen Gebieten, weniger verbreiteten, gibt es Probleme besonderer Art, wie z.B. Übersetzungsgetrieben eolischer Räder. Der Wind bewegt diese Flügel der Maschinen mit einer so geringen Geschwindigkeit, daß es so aussieht, als ob sie sich nicht drehen, die Zahnräder müssen diese relativ geringe Geschwindigkeit solange aufnehmen bis zu der vom Stromgenerator gewünschten Geschwindigkeit.

Diese nicht erschöpfende Liste genügt, um die Anwendungsverschiedenheiten und die großen Anforderungen aufzuzeigen. Die Anwendungsgebiete der in Serien erzeugten Zahnradgetriebe gehören zu der allgemeinen Mechanik. In diesem Kapitel werden wir Anwendungen für dieses Feld zeigen. Die ausgewählten Anwendungen dienen als Beispiel. Sie zeigen die Verschiedenheit der möglichen Anwendungen dieser Zahnradgetriebe; aber sie sind in keinem Fall die einzig möglichen.

Zahnradgetriebe mit gewährleisteten Geschwindigkeiten und Leistungen können aus einem Katalog von Zahnradgetrieben für alle möglichen Verbindungen in zahlreichen Gebieten ausgewählt werden.

15.2 Hebewerkzeuge

15.2.1 Laufkräne

Laufkräne sind Hebewerkzeuge, die in allen Industriegebieten gebraucht werden. In dieser Maschine finden drei wesentliche Bewegungen statt: das Aufheben der Last, die Translation des Karrens auf die eigene Führungsbahn und die Translation des Laufkrans selbst. Das Aufheben geschieht mit einem Motor (mit Gleich- oder Wechselstrom), bestehend aus einer Trommel, auf der das Aufhebeseil ruht und aus einem Zahnradgetriebe, das beide verbindet und dessen Aufgabe es ist, die Umdrehungsgeschwindigkeit des Motors auf die der Trommel zu bringen. Diese letzte ist von der Aufhebegeschwindigkeit abhängig, d. h. von der Umlaufgeschwindigkeit des Seils auf der Trommel. Die Translation des Karrens und des Laufkrans ist in diesem Fall einfach. Ein Motor überträgt die Umdrehungsbewegung direkt auf Gleitrollen durch ein Zahnradgetriebe (notwendig, um eine den Gleitrollen angemessene Geschwindigkeit zu erzielen), und eine starre Welle verbindet die entgegengesetzten Gleitrollen. Alle diese Zahnradgetriebe sind Zahnradgetriebe mit Parallelachsen. Für das Aufheben sind der Motor und die Trommel auf der gleichen Seite zusammengebaut, um Platz zu sparen, da alle beweglichen Werkstücke minimal bemessen sein müssen, so daß der Laufkran den meisten nutzbaren Raum einnehmen kann. Im Fall einer Aufhebewinde sind der Motor und die Trommel die Werkstücke, die den Raumbedarf bestimmen. Das Zahnradgetriebe muß so gewählt werden, daß diese Stellung dieser wichtigen Werkstücke gewährleistet ist. Das Zahnradgetriebe wird in Abhängigkeit von dem Motor- und dem Trommelraumbedarf gewählt. Es ist auch zu überprüfen, ob der notwendige Aufhebewiderstand gewährleistet ist, dieser ist von der Belastung, von der Geschwindigkeit und dem Drehmoment beim Anlassen des Motors abhängig. Die Translationszahnradgetriebe werden so bemessen, daß sie die Kräfte der Totalbelastung bewältigen können (die Last der zu übertragenen Gesamtheit ist beschränkt): den Aufhebewiderstand und die Reibung in den Gleitrollenachsen und die Trägheit. Für die Translation, abhängig von der ausgewählten Stellung für einen Mindestraumbedarf, werden die Zahnradgetriebe mit Parallelachsen oder mit rechtwinkligen Achsen ausgewählt. Alle Zahnradgetriebe haben zwei oder drei Zahnradstufen, die notwendig sind, um große Untersetzung zwischen Motor bzw. der Trommel und den Gleitenrollen auszugleichen. Hier ist es nicht notwendig, besondere Zahnradgetriebe vorzusehen, wie Planetenräder oder koaxiale Zahnradgetriebe, weil das Zahnradgetriebe den Raumbedarf nicht bestimmt.

15.2.2 Kräne

Kräne haben zahlreiche Formen, aber die notwendigen Bewegungen sind immer dieselben: die Aufhebebewegung, die Erhöhungsbewegung des Auslegers und die Drehbewegung desselben. Bei beweglichen Kräne ist auch eine Translationsbewegung, die auf Gleisen oder Raupen stattfinden kann, erforderlich. Die Aufhebewinde ist mit einem Zahnradgetriebe mit Parallelachsen ausgerüstet. Die Drehung des Auflegers erfolgt um eine rechtwinklige Achse. Gewöhnlich wird sie durch einen besonderen Satz erzielt, der aus einem Ritzel und einem grossen Kran mit Außen- oder Innenverzahnung besteht. Die Umdrehungsbewegung des Ritzels kann von einem Motor mit einem koaxialen Zahnradgetriebe, das rechtwinklig zusammengebaut ist, oder einem parallelen Zahnradgetriebe, dessen Achsen rechtwinklig zueinander stehen, erzielt werden.

Die Translationsbewegung auf Gleisen kann mit einem Hauptzahnradgetriebe oder einem oder mehreren Zahnradgetrieben, jedes auf Gleitrollen, gesteuert werden. Das Prinzip der Translationen auf Raupen ist dasselbe wie bei allen Raupenfördern, die wir in dem Abschnitt der von besonderen Wagen handelt, beschreiben werden. Die Abb. 15.1 zeigt die Translationsübertragung des Portals eines Hafenkrans, der auf den Transport von Containern für deren Beladung auf Schiffe spezialisiert ist. Dieser Kran mit großen Abmessungen ist auf einem Karren mit zwei Achsen zusammengebaut, von denen jede mit Rollen ausgerüstet ist, die von einem unabhängigen Motor und von einem Zahnradgetriebe gesteuert werden. Insgesamt gibt es jeweils 16 Rollen rechts und links. Die Zahnradgetriebe sind mit rechtwinkligen Achsen versehen. Sie sind pendelnderweise zusammengebaut, d. h., die Ausgangswelle des Zahnradgetriebes ist direkt auf der Achse zusammengebaut. Jedes ist durch eine Achsstrebe in Umdrehungsrichtung befestigt, die sie an das Gestell koppelt. Jeder Antriebsmotor ist ein Gleichstrommotor mit einer Leistung von 25kW. Die Untersetzung jedes Zahnradgetriebes beträgt 36. Die Gleitrollen haben einen Durchmesser von 800 mm. Man stellt fest, daß diese Lösung variabel ist: ein einziger Motor hätte eine sehr komplizierte Übertragung ermöglicht, auch weil die Gleitrollen auf einem unabhängigen Karren zusammengebaut sind. Für Verwendung auf See oder Meeresnähe muß man besonderen Korrosionsschutz

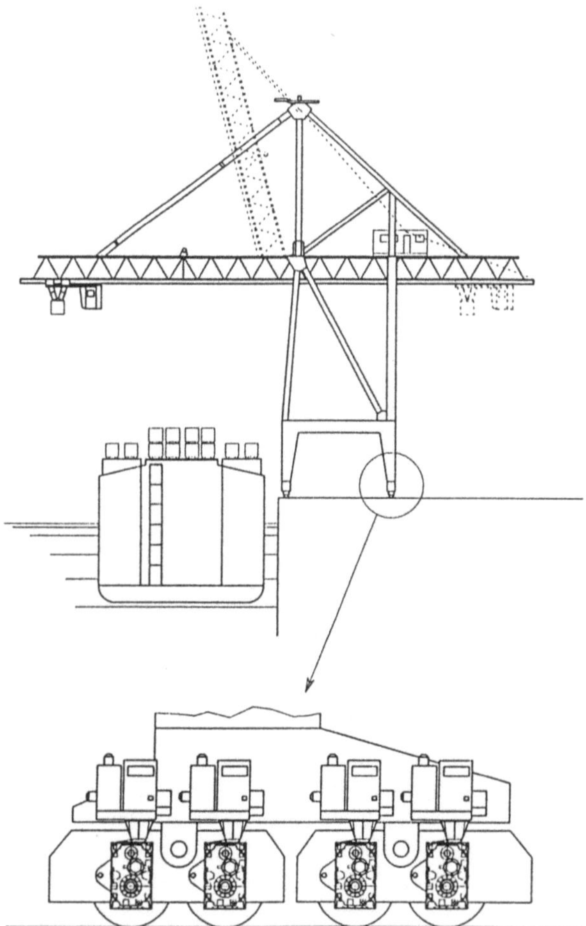

Abb. 15.1. Portalkran für Containers

vorsehen. Die Zahnradgetriebe werden also mit einer dicken Schicht eines besonderen Anstrichs übergezogen, um Korrosion zu verhindern. Bei diesem Portal
werden die anderen Bewegungen von Zahnradgetrieben mit rechtwinkligen Achsen gesteuert.

15.3 Förderer

15.3.1 Treibriemenförderer

Diese Förderer bestehen aus einem Treibriemen, aus einem Gummituch, das von
einer Motortrommel mitgenommen wird und sich auf Auflagen stützt. Um ein

Durchhängen zu vermeiden wird das Gummituch durch drei Zylinderrollen gehalten, wobei sich die erste auf einer waagerechten Achse befindet und die anderen beiden auf einer Achse, die in einem Winkel von 20° zu der waagerechten steht (Abb. 15.2).

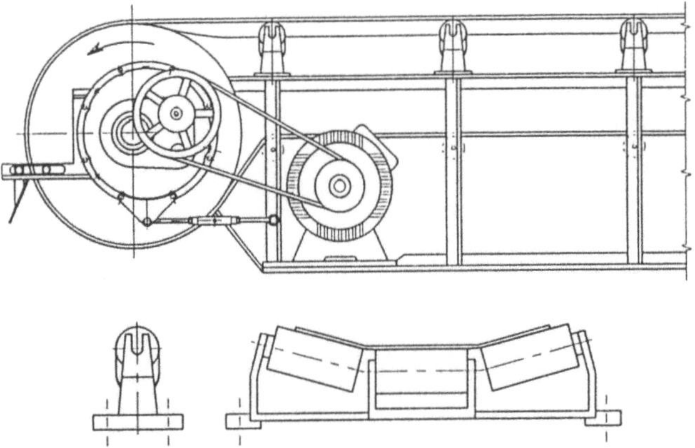

Abb. 15.2. Treibriemenförderer

Der Treibriemen läuft kontinuierlich und kehrt auf die Trommel zurück, gestützt von glatten Rollen. Diese Treibriemen können lose Produkte übertragen, sowohl auf waagerechter als auch auf schiefer Ebene. Die Höchstneigung der schiefen Ebenen hängt von dem Material ab, das sie transportieren, sie liegt im Bereich von 15° bis 20°. Diese Treibriemen sind oft auf einfachen Strukturen zusammengebaut, um so den Raumbedarf und die Antriebslast zu vermindern. Man verwendet oft Pendelzahnradgetriebe mit wenig Raumbedarf, die in einem Kurbelgehäuse enthalten sind. Die Steuerung erfolgt durch einen Transmissionsriemen von einer Riemenscheibe, die mit dem Motor zusammengebaut ist, und von einer anderen an, die mit der Eingangswelle des Zahnradgetriebes zusammengebaut ist. Eine Schubstrebe gleicht das auf das Gehäuse angewandte Drehmoment aus. Im Fall des Motorstopps neigt die auf dem Riemen bestehende Belastung während eines schiefen Transports wieder hinunterzugehen, mit allen möglichen Unfallrisiken. Es ist auf dem Zahnradgetriebe ein Nichtrückkehrsystem vorgesehen. Dieses System, in dem Deckel zusammengebaut, besteht aus einer Vorrichtung, die auf der Treibwelle befestigt ist, die die Bewegungen in die vorgegebene Richtung gewährleistet und durch eine Befestigung der Welle in die ungewünschte Richtung verhindert.

15.3.2 Kettenförderer

Diese Förderer werden bei zahlreichen Anwendungen eingesetzt. Der Zug erfolgt durch Kettenräder die zwei Ketten mitnehmen, auf denen man zusätzliche Platten für lose Produkte zusammenbauen kann, oder rechtwinklige Hubplatten für Einzelgüter oder für Stücke mit endlicher Abmessung. Man kann auch Befestigungshaken für die Produkte anhängen, die transportiert werden müssen. Sie werden für den Transport von Rohstoffen in der Industrie, für den Transport von Teilen in automatischen Zusammenbau-, in Verpackungs-, Sieb- oder Rangierenanlagen usw. verwendet. Ihr Vorteil gegenüber Treibriemenförderer ist, daß die Neigung sogar vertikal werden kann. Ein Beispiel ist der Eimerförderer, der in der Abb. 15.3 gezeigt wird.

Die Eimer, die in regelmässigen Intervallen auf der Kette ankommen, werden an dem unteren Stand mit dem zu transportierenden Produkt gefüllt. Sie werden zum oberem Stand befördert, und während der Umdrehung auf den oberen Riemenscheiben werden sie wegen der Zentrifugalkraft auf ein Förderband zurückgedrängt. Man kann so feste Kornprodukte oder Pulver transportieren. Die verwendeten Zahnradgetriebe sind mit Parallelachsen, die direkt vom Motor gesteuert werden, (oder es sind Getriebemotoren mit rechtwinkligen Achsen) ausgerüstet, oder es sind Zahnradgetriebe mit Parallelachsen, die vom Motor durch einen Transmissionsriemen und einer Hydrokupplung gesteuert werden. In jedem Fall sollte das Zahnradgetriebe mit einem Nichtrückkehrsystem ausgerüstet sein, um zu vermeiden, daß die Belastung, die in den steigenden Eimern in laufender Richtung vorhanden ist, im Fall eines Motorstopps, mitgenommen wird.

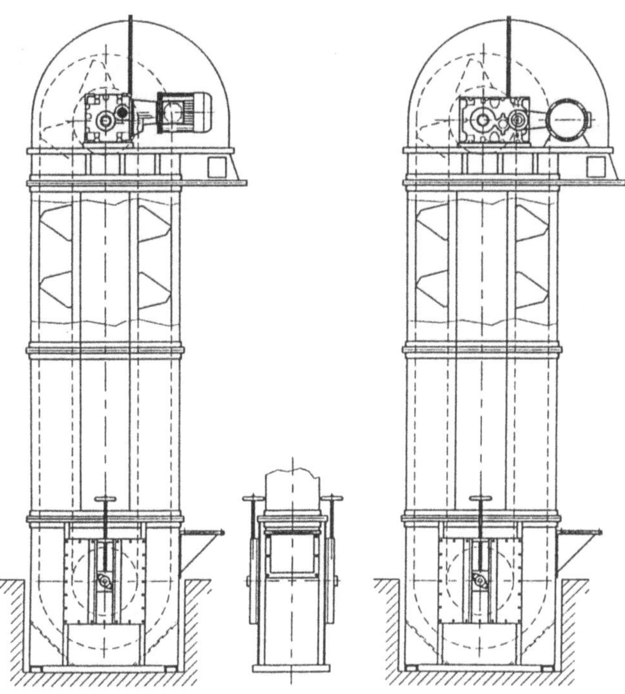

Abb. 15.3. Eimerförderer

15.3.3 Rollenförderer

Für lange Produkte, wie Baustämme oder halbfertige Produkte der Eisenmetallurgie, braucht man die Rollenförderer, die auch beim Einzelgütertransport gebraucht werden. Sie bestehen aus parallelen Rollen, von denen einige halbbeweglich sind. Die Produkte werden von diesen mitgenommen und nehmen andere, aufgrund der vorhandenen Reibung mit. Die halbbeweglichen Rollen haben koaxiale Zahnradgetriebe, die direkt auf der Welle der Rollen und auf dem Motor aufgesetzt sind. Diese Zahnradgetriebe können mit parallelen Achsen oder mit Planetenräder ausgestattet sein. Die letzteren werden dank ihres geringen Raumbedarfs oft verwendet.

15.3.4 Schneckenförderer mit Bandschnecke

Sie sind für den waagerechten Transport von Pulverprodukten vorteilhaft. Die Abb. 15.4 stellt solch einen Förderer dar.

Das Prinzip ist das der Schnecke von Archimedes. Die Bandschnecke ist in einen Trichter gestellt, dessen Boden einen kreisförmigen Schnitt hat. Der obere Teil besteht aus einem glatten Deckel. Das Zahnradgetriebe, das ein koaxialer Getriebemotor ist, ist auf dem Deckel zusammengebaut und steuert die Welle der Bandschnecke mit einem Treibriemen und Riemenscheiben. Dieser Förderertyp wird für den Transport von nichtabreibenden und nichtbindenden Pulverprodukten, wie Weizen-, Gerste- oder Maismehle, für den Transport von Getreide, wie Weizen, Soja und Kakao, und auch für den Transport der abreibenden Pulverprodukte, wie Giessereisand und Gips eingesetzt.

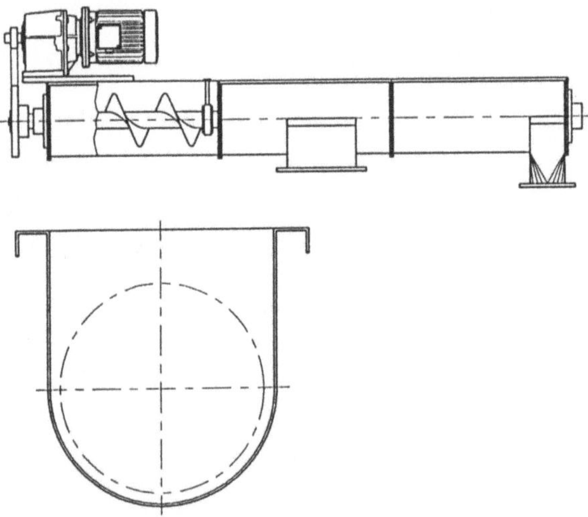

Abb. 15.4. Schneckenförderer mit Bandschnecke

15.4 Behandlung von Abfällen und Schmutzwasser

15.4.1 Behandlung von Abfällen

Sperrige Abfälle müssen im Volumen reduziert werden. Gewöhnlich werden sie aufgeteilt und gepresst, um ihr Volumen zu reduzieren. Die gepressten Produkte werden beseitigt oder für andere Zwecke benutzt, wie z.B. als Brennstoffe oder Agglomeraten für das Bauen. Abbildung 15.5 zeigt ein Beispiel.

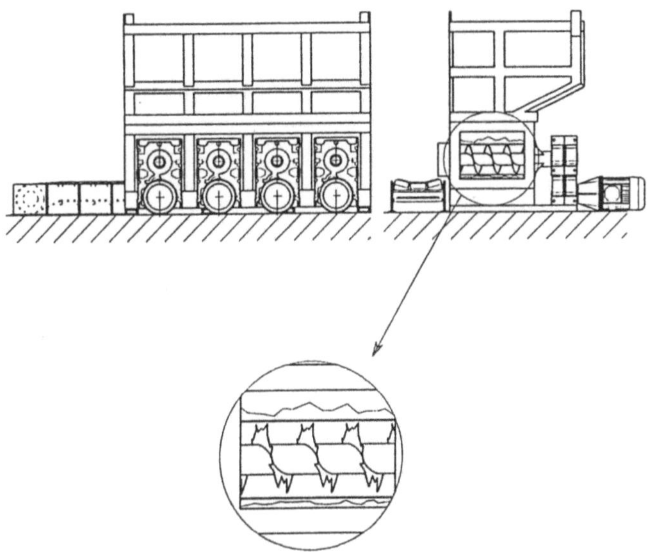

Abb. 15.5. Zerkleinerung von Abfällen

Es handelt sich um eine Anlage, die Tranportpaletten zerkleinert, Holzreste oder eine Mischung Papier-Holz verarbeitet. Am Ausgang nach einer Presse leitet ein Förderband die reduzierten Reste weiter, hier handelt es sich um Briketts für eine Heizung von öffentlichen Gebäuden. Das Zerkleinerungsystem wird durch ein Bandschneckensystem (von 2 bis 6), jedes mit einem festen Getriebemotor mit parallelen Achsen, deren Übersetzung ungefähr 100 ist, gesteuert. Der Ausgang liegt über dem Eingang (rechtwinklige Fläche der Achsen).

Das System ist kompakt und kann, abhängig von der Zahl der Bandschnecken, 10 bis 150 m^3/h Holz behandeln. Seine Kompaktheit erlaubt es, auf einem unabhängigen Gestell für den Transport zusammenzubauen.

15.4.2 Behandlung der Schmutzwasser

Die Behandlung der Schmutzwasser erfordert zahlreiche Apparate, die sich für das Schütteln des Wassers, das Auffangen schwimmender Produkte, das Dekantieren und das Pumpen eignen.

Das Auffangen schwimmender Produkte wird mittles Gittern durchgeführt. Um diese Gitter zu reinigen, muß man ihre Bewegung voraussehen. Man braucht senkrechte oder drehende Gitter. Die ersteren sind so zusammengebaut, daß sie als ein Band von der Riemenscheibe mitgenommen werden können. Die Bewegung wird durch ein Zahnradgetriebe mit Schnecke erzeugt, das mit einer Rutschkupplung-Reibungsschaltkupplung zusammengebaut ist, um den Motor im Falle von Überlastung oder Gitterklemmen zu schützen. Die drehenden Gitter sind auf einer drehenden Trommel zusammengebaut, die von einem koaxialen Zahnradgetriebe gesteuert wird. Oft haben sie einen automatischen Rechenreiniger, der von derselben Bewegung des Gitters gesteuert wird. Die Schlammeindicker und die Dekanter bestehen aus beweglichen Brücken.

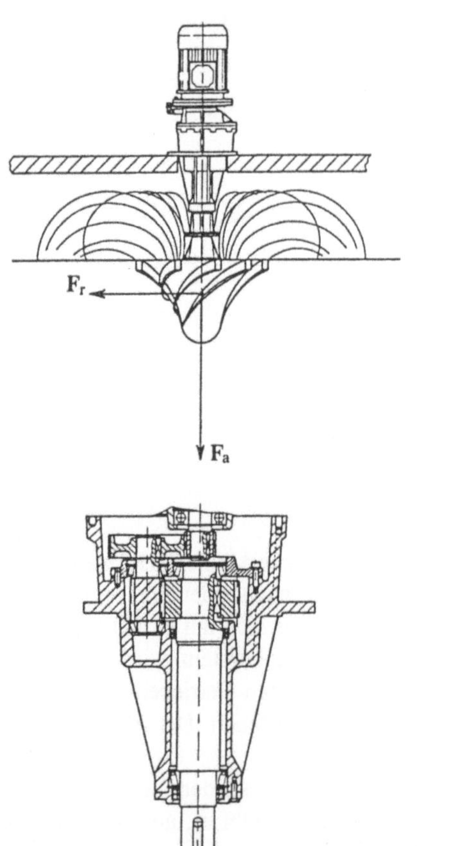

Abb. 15.6. Oberflächenbelüfter

Sie werden von Schneckenzahnradgetrieben gesteuert, deren Rad mit senkrechter Achse auf die Umdrehungsachse gestellt ist, oder von koaxialen Zahnradgetrieben, die auf das Ende der Brücke gestellt sind, die mit Gleitrollen auf einer Gleitbahn die Peripherie der Brücke steuern. Die Abb. 15.6 stellt die Steuerung eines Oberflächenschüttlers (Belüfters) dar.

Ein Läufer mit Paletten (gleich einer Zentrifugalpumpe) wird von einer Rotationsbewegung auf der Wasseroberfläche zum Reinigen gesteuert. Das System ist schwimmend auf einer Wanne zusammengebaut, so daß der Rotor kaum eintaucht. Die Achsen sind senkrecht. Das Zahnradgetriebe ist ein koaxialer Getriebemotor, der eine Untersetzung von 30 hat (Rotationsgeschwindigkeit des Rotors von etwa 50 min^{-1}) und mit einer langen Welle ausgerüstet ist. Das koaxiale Zahnradgetriebe ist ein klassisches Koaxialgetriebe, das auf einem Deckel mit Auflagelagern am Ende der verlängerten Welle hinter dem Rotor befestigt ist. Auch der Deckel ist ein Standarderzeugnis.

Die vorgesehenen Lager sind reichlich bemessen, um die senkrechten und waagerechten Reaktionen, die durch den Rotor erfolgen können, abfangen zu können. Das System ist sehr ruhig und kann in Reinigungstationen, die in Stadtmitten stehen, eingesetzt werden. Das Pumpen des Wasser auf beschränkte Höhen wird mit den Archimedesschnecken verwirklicht, die von koaxialen Getriebemotoren gesteuert werden, die auf der Bandschneckenwelle oberhalb der Bandschnecken selbst zusammengebaut sind.

15.5 Besondere Fahrzeuge oder Landmaschinen

Die auf Raupen zusammengebauten Fahrzeuge unterscheiden sich durch die verschiedenen Geschwindigkeiten zwischen den Treibraupen. Diese Verschiedenheit kann man in einer rein mechanischen Weise erreichen, aber unter großen Schwierigkeiten. Eine einfache Weise ist die, in dem jede Raupe durch einen Hydromotor mit eingebautem Zahnradgetriebe gesteuert wird, und die Geschwindigkeit dieser beiden Motoren zu nutzen, um die notwendigen Aufgaben zu erfüllen. Man hat also eine Wärmekraftmaschine, die eine Pumpe steuert, die der Leistungflüssigkeit den gewünschten Druck gibt. Diese Flüssigkeit ist in einem Behälter enthalten. Durch Röhren wird die Flüssigkeit in die Hydromotoren, die an Zahnradgetrieben auf der Mitnahmetrommel der Raupen befestigt sind, geleitet. In dieser Anwendung werden Planetenzahnradgetriebe verwendet, die dank ihrer Koaxialität und ihres geringen Raumbedarf für diese große Leistung einsetzbar sind, und auch dank der Tatsache, daß mit der Anwendung von Planetenrädern auf verschiedenen Stufen, ein Zahnradgetriebe mit zwei oder drei Stufen in einem fast zylindrischen Gehäuse Platz haben kann. Für die Hydromotoren siehe auch in dem Anhang dieses Teils des Buchs.

Eine weitere Anwendung der gleichen Art besteht aus einem Lastwagen, der Zement transportiert. Der Zement ist in einer sich drehenden Trommel enthalten.

Der Lastwagen wird von einer Wärmekraftmaschine gesteuert. Der Leistungseingriff wegen der Drehung der Trommel wird von diesem Motor durchgeführt. Die Geschwindigkeit des Lastwagens auf der Strasse wird von der Drehgeschwindigkeit der Wärmekraftmaschine verwirklicht. Es ist undenkbar, daß die Geschwindigkeit der Mischtrommel von der Drehgeschwindigkeit der Wärmekraftmaschine abhängig ist. Diese letzte schaltet eine Pumpe ein, die einen Behälter speist, und die Trommel wird von einem Hydromotor, der mit einem Planetenzahnradgetriebe gekoppelt ist, gesteuert. Dieser Hydromotor dreht sich mit einer vorregulierten, konstanten Geschwindigkeit, unabhängig von der Lastwagengeschwindigkeit. Die Geschwindigkeit der Trommel kann für die momentane Tätigkeit geregelt werden, (Transport, Entleerung, Einfüllung oder Reinigung) und zwar durch eine Regelung der Geschwindigkeit des Hydromotors.

Landmaschinen werden von einer Wärmekraftmaschinen gesteuert und benötigen oft Hydroenergie für Tätigkeiten, die von Hebeböcken durchgeführt werden. Andere Tätigkeiten erfolgen durch eine Drehbewegung. Die notwendigen Zapfwellen müssen Geschwindigkeiten haben, die unabhängig von der Geschwindigkeit der Wärmekraftmaschine sind. Die Lösung, die eine Übertragung durch Hydromotor und Planetenzahnradgetriebe voraussieht, ist auch sehr interessant. Einige Landmaschinen (wie Traktoren für Weinberge) oder andere sind auf einem beweglichen Gestell zusammengebaut, das die Form eines Portals hat. Die Übertragung von dem Motor auf die Räder ist wegen dieser Form äußerst kompliziert. Man baut einen Hydromotor, verbunden mit einem Planetenzahnradgetriebe in der Nabe der Räder, und steuert diesen Motor von einer Pumpe aus, die auf der Wärmekraftmaschine aufsitzt. Die Planetenzahnradgetriebe, die einen verringerten Raumbedarf haben, eignen sich perfekt für diese Position auf der Radnabe.

15.6 Apparate für unterschiedliche Belange

Einige Apparate werden für unterschiedliche Zwecke benötigt, z.B. Stellungsvorrichtungen (die keine große Genauigkeit verlangen), Transfer auf automatischen Montagebändern oder Schranken für Parkplätze oder Autobahngebühren. Solche Schranken werden oft am Eingang privater Parkplätze, gebührenpflichtiger Garagen oder Autobahngebührstationen eingesetzt. Sie werden von einem Bediener oder automatisch ferngesteuert, z.B. mit Einwurf von Münzen oder Einführen von Magnetkarten. Für alle diese Anwendungen sind Schneckenzahnradgetriebe besonders geeignet. In der Tat haben sie einen geringen Raumbedarf für die geforderte Beriebsleistungen, und die Tatsache, daß der Einsatz unterschiedlich ist, und daß die angewendeten Leistungen niedrig sind, ist eine natürliche Kühlung möglich, und so ergibt sich eine Wärmeleistung gleich zu der mechanischen Leistung, obwohl sie einen niedrigeren Wirkungsgrad hat. Die Abb. 15.7 zeigt eine oft verwendete Anordnung für Schranken. Schneckenzahnradgetriebe besitzen eine

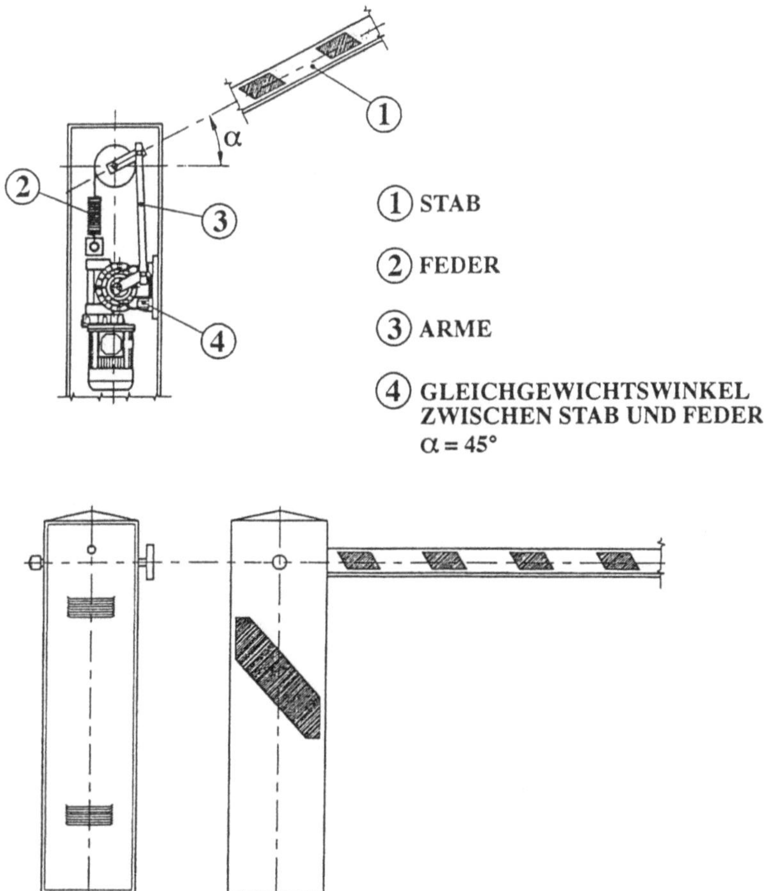

Abb. 15.7. Autobahnschranken

Rutschkupplung, um die Überbelastung des Motors, wenn die Schranke das Laufende erreicht hat, zu vermeiden.

15.7 Präzisionspositioniervorrichtungen

Sie werden benötigt, wenn eine exakte Positionierung gefordert wird, und wenn sie von der Drehung eines Antriebsmotor kontrolliert wird. Man findet diese Anwendung in Servogeräten, für die sich der Gegenstand in einer genauen Position, durch den Drehwinkel des Motors bestimmt, befinden muß. Eine Anwendung ist die Steuerung von Radarantennen. Die Position eines Gegenstandes wird vom Radar lokalisiert, als Funktion der Winkelstellung der Antenne, aber auch in Abhängigkeit von dem Winkel der drehenden Antenne, und zwar in der Zeit, die zwischen der Emission der Welle und ihrem Empfang durch die Antenne vergeht. Diese Zeitspanne kann nur genutzt werden, wenn die Drehung der Antenne absolut präzise ist.

Die Übertragung darf nie ein Spiel haben oder Verformungen größer als ein Mindestwert aufweisen, der von der verlangten Genauigkeit abhängt. Eine weitere Anwendung sind Maschinenantriebe von Robotern. Diese Vorrichtungen haben eine essentielle Stellungsfunktion, die unabhängig von dem Gebrauch des Roboters ist. Das Merkmal dieser Zahnradgetriebe ist die Ausführungsqualität der Zahnräder und die Stärke der Welle. Die Genauigkeit der Zahnräder wird von einem Antrieb mit verringertem Spiel erzeugt. Wir nehmen Bezug auf das Kapitel über die Zahnräder, in dem gesagt wird, daß der Antrieb ohne Spiel bei der Berührung auf den zwei Flanken stattfindet, und daß in diesem Fall die Erzeugungsbeanstandungen sich in Abänderungen des Achsabstands verwirklichen, wenn dieser frei ist, oder in zusätzlichen Spannungen auf den Zähnen, wobei diese Spannungen sehr hoch sein können.

Um diese Spannungen zu vermeiden, ist eine sehr genaue Verarbeitung der Zähne nötig. Andererseits ist die Bewegung der Ausgangswelle des Zahnradgetriebes bezogen auf die Eingangwelle gut nur, wenn die übertragenen Drehmomente keine größeren Drehverformungen erzeugen. Das verpflichtet zu größeren Abmessungen der Wellen, sowohl für übertragene Drehmomente als auch für normale Übertragungen. Die Übertragungen bei Robotern erfolgen über parallele oder orthgonale Achsen. Für diese letzteren sind zweifellos Kegelzahnräder angebracht, mit den oberwähnten Betrachtungen bezüglich Qualität und Starrheit. Für parallele Achsen sind Planetenzahnräder sehr interessant.

Wegen ihrer Kompaktheit, Koaxialität und Stärke, durch die Drehmomentverteilung verursacht, sind sie besonders gedrängt und wenig verformbar im Rahmen der Behandlung der Ausführungsqualität für die Zahnräder. In der Serienproduktion werden die verschiedenen Komponente mit einer gewissen Genauigkeit verarbeitet, aber dafür mit relativ weiten Toleranzen.

Trotzdem, innerhalb der erzeugten Serie werden einige Zahnradgetriebe ein Mindestspiel und andere ein Höchstspiel haben, mit der ganzen Toleranzbreite. Eine Auslese der Zahnradgetriebe mit Mindestspiel wird annehmbare Spielwerte für den Großteil der Positioniervorrichtungen ergeben.

Das Problem ist also die Auswahl, in der mit relativ weiten Toleranzen erzeugten Serie, von Produkten mit einem minimalen Gesamtspiel. Hohe Genauigkeit geht mit den Kosten einher. Bei einer Großserie steigen die Selektionskosten, die relativ niedrig sind.

Anhang. Hydromotoren und Regler

A.1 Hydromotoren

Man unterscheidet verschiedene Hydromotortypen. Die verbreitesten sind Motoren mit Radialritzeln, Orbitalmotoren, Zahnradmotoren, Schaufelmotoren, Motoren mit axialen Ritzeln mit schiefer Platte oder mit schiefem Körper.

– Motoren mit Radialritzeln (Abb. A.1).

Diese Motoren haben einen hohen Wirkungsgrad, eine gleichmässige Antriebsgeschwindigkeit, auch bei niedriger Geschwindigkeit, ein hohes Anlaßdrehmoment, aber sie haben ein großes Gewicht und große Abmessungen. Im allgemeinen laufen sie bei niedriger Geschwindigkeit (von 80 bis 600 min^{-1}).

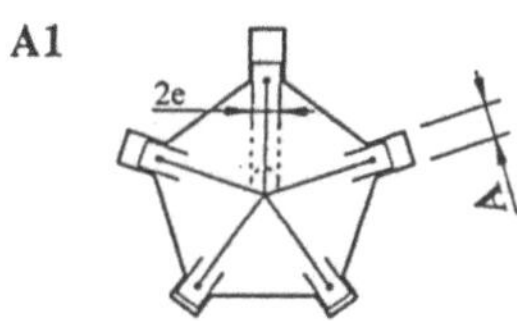

Abb. A.1. Motoren mit Radialritzen

– Orbitalmotoren (Abb. A.2).

Ein Rotor mit Zähnen dreht in einem Stator, der Kerben hat, deren Anzahl gleich der Anzahl der Zähne plus eins ist. Er ist mit einer Welle mittels einer kardanischen Kupplung verbunden. Das Einführung von Öl unter Druck zwischen dem Rotor und dem Stator erzeugt ein Drehmoment, und der Rotor dreht sich gleichzeitig innerhalb des Stators und um seine eigene Achse. Diese Motoren sind langsam (von 200 bis 800 min^{-1}). Ihre Herstellung ist einfach, und die Wirkungsvolumengerade sind gut. Das Anlaßdrehmoment ist niedrig. Die Abmessungen sind gering, und die Kosten beschränkt.

– Zahnradmotoren (Abb. A.3).

Das Prinzip ist einfach: zwei Zahnräder bilden ein Zahnrad, dessen Zahnecken ein geringes Spiel mit dem Gehäuse haben. Die unter Druck stehende Flüssigkeit wird tangential zu den Rädern auf einer Seite zugeführt, und am Ausgang tangen-

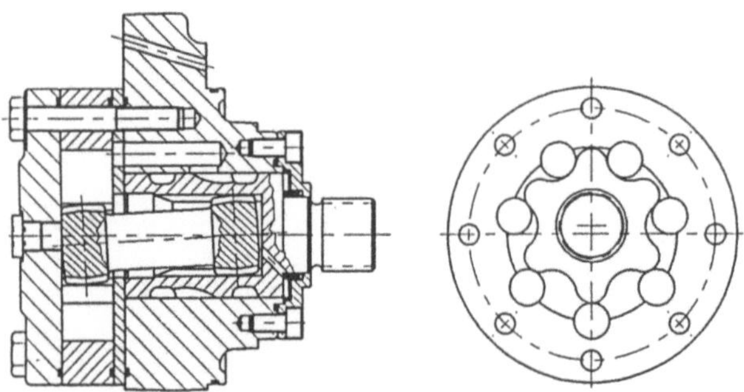

Abb. A.2. Orbitalmotoren

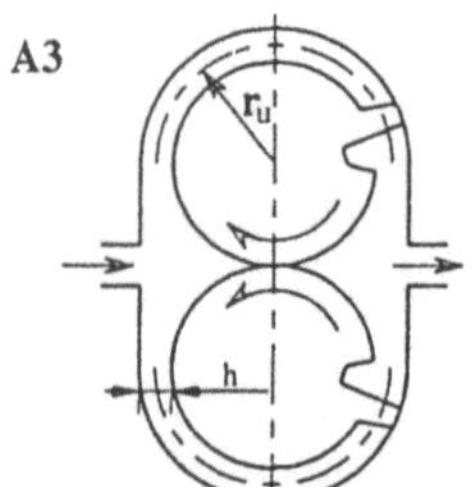

Abb. A.3. Zahnradmotor

tial auf der anderen Seite. Der Druck, der auf die Zähne in den Räumen ausgeübt wird, die ohne Eingriff sind, bildet ein Drehmoment, das den Motor drehen läßt, in der Art und Weise wie es in der Abbildung gezeigt wird. Diese Motoren haben eine hohe Geschwindigkeit (von 1500 bis 3000 min^{-1}). Die Herstellung ist einfach, der Wirkungsgrad gut, die Abmessungen sind gering, aber bei hoher Geschwindigkeit ist die Geräuschentwicklung groß. Außerdem sind sie gegenüber Unreinheiten in der Flüssigkeit sehr empfindlich.

– Schaufelmotoren (Abb. A.4).

Ein Rotor, außenachslastig bezogen auf einen Stator, hat Radialschaufeln, die sich auf die Peripherie des Stators stützen. Der Druck der Flüssigkeit auf die Oberflächen der Schaufeln ist unterschiedlich und erzeugt ein Treibdrehmoment. Diese Motoren sind relativ ruhig und haben einen gleichmäßigen Antrieb. Sie sind gegenüber Druckhöchstwerten und Unreinheiten der Flüssigkeit sehr empfindlich. Ihre Geschwindigkeit reicht von 500 bis 3000 min^{-1}.

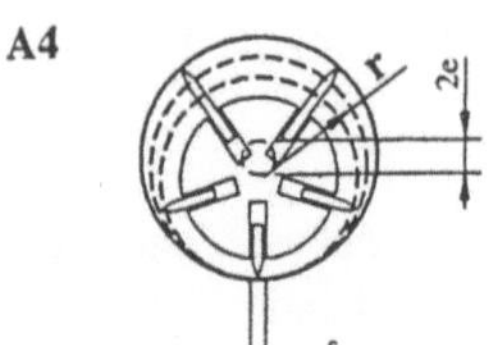

Abb. A.4. Schaufelmotoren

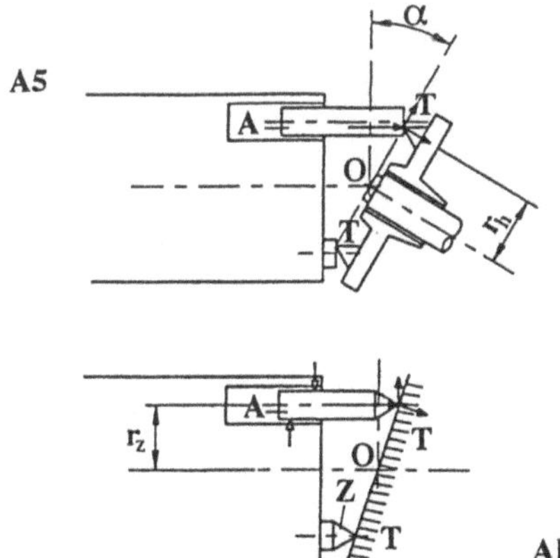

Abb. A.5. Motoren mit Axialritzel

– Motoren mit Axialritzel (Abb. A.5).

In einer kleinen drehenden Tonne sind Ritzel axial gestellt. Sie sitzen auf einer Platte, die schief zur der der Tonnenachse ist. Es gibt zwei Typen. Der erste sieht eine feste Stützplatte vor, der zweite eine bewegliche, drehende Stützplatte. Der erste Typ wird Motor mit Axialriztel mit schiefer Platte genannt, der zweite wird nach dem schiefen Ritzelkörper benannt. Beide Typen haben einen optimalen Wirkungsgrad und geringe Abmessungen, sind aber laut bei hoher Geschwindigkeit. Das Anlaßdrehmoment ist größer bei dem Typ mit schiefem Ritzelkörper. Die Geschwindigkeit wird durch den Hubraum geregelt, der sich mit der relativen Neigung der Achse des Ritzels und der Stützplatte ändern kann. Diese Motoren haben ein besonders hohes Verhältnis Leistung/Belastung.

A.2 Verstellgetriebe

Diese basieren auf Reibungsfriktion. Ihre Funktion ist, eine progressive Geschwindigkeitsänderung zwischen dem Eingang und Ausgang zu sichern: Die Zahnradgetriebe erlauben nur eine Untersetzung. Wenn man eine Regelung der Geschwindigkeiten innerhalb bestimmter Grenzen und in einer progressiven Weise wünscht, ist es nötig, dem Zahnradgetriebe einen Regler hinzufügen. Es gibt zwei Typen von Geschwindigkeitsregler: einer stützt sich auf die Reibung eines Riemens auf einer Riemenscheiben mit variablem Durchmesser, der zweite stützt sich auf der Reibung zwischen zwei Rädern, die einen Planetensatz bilden und deren Durchmesser sich ändern können.

A.2.1 Riemenverstellgetriebe

Ein Riemen mit trapezoidförmigem Schnitt wird von einer Riemenscheibe in zwei Teilen gesteuert, und er steuert seinerseits eine andere Riemenscheibe in zwei

Teilen. Die zwei Teile jeder Riemenscheibe sind Kegel, deren Ecke sich auf der Umdrehungsachse befindet. Wenn man die zwei Kegel von der Treibriemenscheibe entfernt, beschreibt der Riemen einen kleineren Durchmesser. Der Druck auf beide Kegel der empfangenden Riemenscheibe wird abgeschwächt und von einer axialen Feder geschoben, und zwar solange bis der Druck wieder die Federkraft ausgleicht. Der Durchmesser der Umhüllung des Riemens auf der empfangenden Riemenscheibe ist erhöht, deswegen hat die Untersetzung zugenommen. Wenn man die Treibkegel antreibt, spielt sich der Riemen auf einen der oberen Durchmesser ein, spannt sich und trennt die empfangenden Kegel. Der Durchmesser auf der Treibriemenscheibe nimmt zu und der der empfangenden Riemenscheibe vermindert sich; d. h. das Übertragungverhältnis vermindert sich also (Abb. A.6).

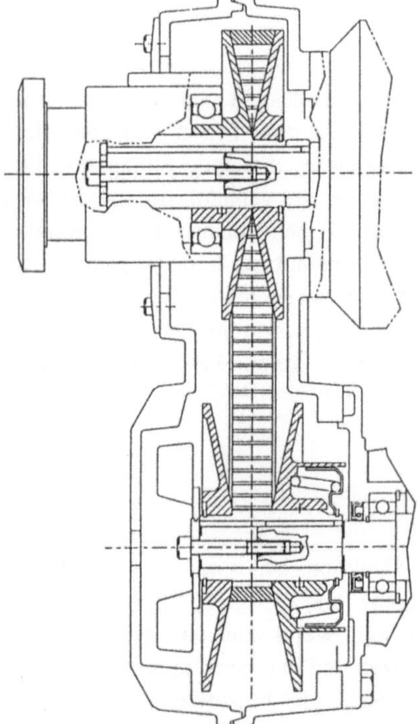

Abb. A.6. Riemenverstellgetriebe

In einigen Verwirklichungen wird der trapezoidförmige Riemen mit einem Stahlkranz mit trapezoidförmigem Schnitt ersetzt. Diese letzte Ausführung mindert die übertragbare Leistung zum Nachteil des Raumbedarfs.

A.2.2 Planetenverstellgetriebe

Der Planetenradregler ist ein Reibungsregler, der nach dem Prinzip der Planetensätze arbeitet. Die Abb. A.7 zeigt das Prinzip dieses Reglers.

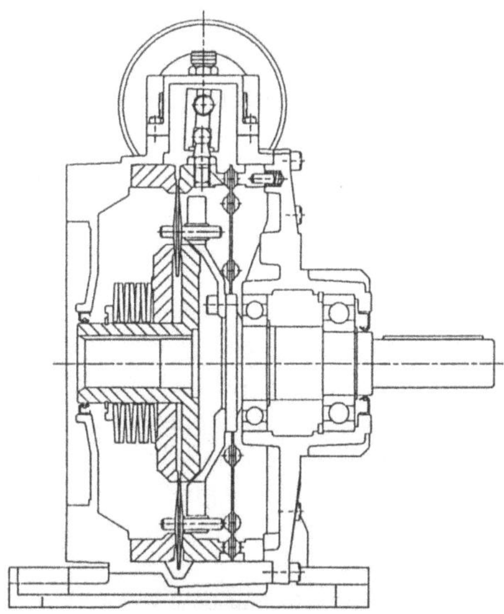

Abb. A.7. Planetenverstellgetriebe

Auf der Treibachse sind zwei koaxiale Räder zusammengebaut: das eine ist fest, das andere ist imstande, sich axial zu bewegen. Diese Räder sind Kegel vom Großwinkel an der Ecke. Doppelkegelige Räder, die als Planeten des Doppelrads als Sonnenrad fungieren, werden von diesen zwei Treibrädern gepresst. Die Achsen dieser beiden liegen auf einem Rad, koaxial zu den zwei Treibrädern und greifen in die Ausgangswelle ein. Die Planetenradscheiben sind jeweils zwischen zwei festen, kegeligen Scheiben aufgekeilt, die mit der Vorrichtung für die Umdrehung fest verbunden sind. Diese zwei Scheiben fungieren als Kranz. Die zwei Sonnenradkegel, die die Planetenräder mitnehmen, zwingen diese, sich bei der Steuerung der Ausgangswelle zu bewegen. Wenn man auf den festen Scheiben mit einer axialen eine Verschiebung bewirkt, müssen die Planetenräder sich zur Mitte hin bewegen und dadurch die zwei Sonnenradkegel trennen, aufgrund der Gegenwirkung ihrer Federn. Seien d_3 bzw. d_1 die Mitteldurchmesser der Berührung der Planetenräder mit festen Kranz und mit Sonnenrad in einer vorgegebenen Position. Wenn man die Position ändert, werden die zwei Durchmesser d_3+x und d_1+x. Man weiß, daß das Verhältnis der Geschwindigkeiten zwischen dem Eingang und Ausgang das Verhältnis der Durchmesser des Kranzes und des Sonnenrads um eins erhöht ist. Wenn x positiv ist, ist das Verhältnis $(d_3+x)/(d_1+x)$ kleiner als das Verhältnis d_3/d_1. Das Verhältnis der Geschwindigkeiten ist größer. Für progressive Wirkung, durch einen drehenden Nocken, läßt man Schritt für Schritt die Ausgangsgeschwindigkeit ändern, bezogen auf die Position der festen Scheiben bei der Umdrehung. Dieser Verstellgetriebetyp ist kompakter als die anderen bei gleicher Wirksamkeit. Er ist besonders interessant für eine Integration in einem vorgebauten Zahnradgetriebe.

Die ISO-Normen für Zahnräder (TC 60)

Seit dem 1. Januar 1995 obliegt die Normung beim technischen Komitee 60 der ISO, das sich mit Zahnrädern beschäftigt:

Veröffentlichte Normen:

ISO 677	Straight bevel gears for general engineering and heavy engineering – Basic rack.
ISO 678	Straight bevel gears for general engineering and heavy engineering – Modules and Diametral.
ISO 1328-1	Cylindrical gears – ISO system of accuracy – Part 1: Definitions and allowable values of relevant to corresponding flanks of teeth gears.
ISO 1340	Cylindrical gears – Information to be given to the manufacturer by the purchaser in order to to obtain the gear required.
ISO 1341	Straight bevel gears – Information to be given to the manufacturer by the purchaser in order to obtain the gear required .
ISO 4468	Gear hobs – Single start – Accuracy requirements.
ISO 8579-1	Acceptance code for gears: Part 1 – Determination of the airborne sound power level emitted by gear units.
ISO 8579-2	Acceptance code for gears: Part 2 – Determination of mechanical vibrations of gear units during acceptance testing.

Bestehende Normen in Revision:

ISO 53	Cylindrical gears for general and heavy engineering – Basic rack.
ISO 54	Cylindrical gears for general and heavy engineering – Modules.
ISO 701	International gear rotation – Symbols for geometrical data.
ISO 1122-1	Glossary of gear terms – Part 1: Definitions related to geometry
ISO 1122-2	Glossary of gear terms – Part 2: Metric dimensions of speed reducing worm gears
ISO 2490	Single start solid (monobloc) gear hobs with tenon drive or axial keyway, 1 to 40 module – Nominal dimension.
TR 4767	Addendum modification (rack shift) of the teeth of external cylindrical gears for speed-reducing and speed-increasing gear pairs.

Neue Normen in Veröffentlichung:

ISO 6336-1	Calculation of the load capacity of spur and helical gears – Part 1: Basic principles, introduction and general factors of influence.
ISO 6336-2	Calculation of the load capacity of spur and helical gears – Part 2: Calculation of surface durability (pitting).
ISO 6336-3	Calculation of the load capacity of spur and helical gears – Part 3: Caculation of tooth bending strength at the tooth root.
TR 10495	Cylindrical gears – Calculation of service life under variable loads – Conditions for cylindrical gears according to ISO 6336.
ISO 10825	Gears –Wears and damage to teeth – Terminology.

Normen, die zur Abstimmung der ISO für die Annahme der internationalen Normen unterstützt werden:

DIS 6336-5	Calculation of the load capacity of spur and helical gears – Part 5: Quality of materials and endurance limits.
DIS 14104	Surface temper edge after grinding.

Normen zur Abstimmung des TC 60 für die Annahme der DIS:

CD 1328-2	Cylindrical gears – ISO system of accuracy – Part 2: Definitions and allowable values of deviations relevant to radial composite deviation and runout.
CD 9084	Gears – Simplified calculation of cylindrical gears – Application standard for high speed and similar requirements.
CD 9085	Gears – Simplified calculation of cylindrical gears – Application standard for industrial gears.
CD(TR) 10064-2	Cylindrical gears – Code of inspection practice – Part 2: Inspection of radial composite deviations, runout and tooth thickness allowance.
CD 10300-1	Calculation of load capacity for bevel gears – Part 1: Introduction and factors of general influence.
CD 10300-2	Calculation of load capacity of bevel gears – Part 2: Calculation of surface durability (Pitting).
CD 10300-3	Calculation of load capacity of bevel gears – Part 3: Calculation of tooth bending strength at the tooth root.

CD 10347	Geometry of worm gears – Information on the manufacture of various worm flat form.
CD(TR) 13989-1	Gears – Calculation of scuffing load capacity of cylindrical, bevel and hyphoid gears – Part 1: Flash temperature method.
CD(TR) 13989-2	Gears – Calculation of scuffing load capacity of cylindrical, bevel and hyphoid gears – Part 2: Integral temperature method.

Normen zur Ausarbeitung in Arbeitsgruppen:

9082	Gears – Simplified calculation of cylindrical gears – Application standard for vehicle gears.
9083	Gears – Simplified calculation of cylindrical gears – Application standard for marine gears.
(TR) 10063	Accuracy of cylindrical gears – Function groups, test groups, tolerance families.
(TR) 10064-3	Cylindrical gears – Part 3: Recommendation relevant to blanks, centre distance, parallelism of axes.
(TR) 10064-4	Cylindrical gears – Part 4: ISO system of accuracy and recommandatios relative to surface texture and tooth contact pattern checking.
(TR) 10826	Rack shift of the teeth of internal spur and helical gear pairs.
10827	Calculation of industrial bevel gears.
10828	Geometry of profile of worm gears.
13593	Gears – Enclosed gear drives for industrial gears.
13691	Gears – Specifications for high speed enclosed gear units.
14179	Gears –Thermal ratings of gears.

Normen kürzlich in dem Arbeitsprogramm eingefügt:

?	Calculation of worm gears.
?	Testing of gear lubricants.

Anmerkung:	ISO : International Standard Organization;
	DIS : Draft International Standard;
	CD : Committee Document
	TR : Technical Report;
	(TR): Future Technical Report;
	? : Es wurde noch keine Zahl vergeben.

Bibliographie

– Für die Zahnräder:

Dudley D. and Towsend D.P.
      Gear Handbook,
      2.Ausgabe, McGraw-Hill, New York , (1992)

Henriot, G.
      Traité pratique et théorique des engrenages,
      Band 1   (1985)
      Band 2   (1981)
      Bordas   (Paris)

Niemann, G. und Winter, H.
      Maschinenelemente,
      Band 2 und 3,
      Springer-Verlag, Berlin, (1983)

– Für die Berechnung der Wellen:

Brand, A.
      Calcul des pièces à la fatigue. Méthode du Gradient.
      CETIM, Senlis (1980)

Brand A., Flavenot J.F., Gregoire R. and Tornier C.
      Recueil des Données technologiques sur la fatigue.
      CETIM, Senlis (1977)

Farie J. P., Monnier P., Niku-Lari,
      Guide du Dessinateur: Les concentrations de contraintes.
      CETIM, Senlis (1977)

Niemann, G. (Hirt, M.)
      Maschinenelemente,
      Band 1
      Springer-Verlag, Berlin (1975)

– Für die Berechnung der Lager:

Katalogen der Lager SKF, FAG und NSK.
Ausdrücke, Symbole und Einheiten.

Teil IV

Elektrische Motoren
und
Antriebe

Professor Dr.-Ing. Dr-Ing. h.c. D. Schröder
Lehrstuhl für Elektrische Antriebstechnik
Technische Universität München

1 Elektrische Maschinen – Vorschriften und Begriffe

1.1 Einführung und Normen

Die elektrischen Maschinen erzeugen Drehmomente in einem Drehzahlbereich, die einerseits von der Art des Motors und andererseits von der Charakteristik der Last bestimmt werden. Grundsätzlich wird unterschieden zwischen Gleichstrommaschinen und Wechsel- bzw. Drehfeldmaschinen. Diese Art der Unterscheidung betrifft die elektrische Versorgung der Maschinen. Eine andere Unterscheidung ist aufgrund der Drehzahl-Drehmomentkennlinie möglich. Hier wird beispielsweise unterschieden zwischen Reihenschlußcharakteristik, d.h. stark zunehmender Drehzahl bei abnehmendem Drehmoment, Nebenschlußcharakteristik, d.h. abnehmender Drehzahl mit zunehmendem Drehmoment oder Synchroncharakteristik, d.h. konstanter Drehzahl (nicht Winkel-Gleichlauf) bei variablem Drehmoment. Eine weitere Unterscheidung ist aufgrund der konstruktiven Bauformen, der Einsatzgebiete (Schutzklassen) oder der Verstellmöglichkeiten gegeben. Um die verschiedenen Randbedingungen für Elektromotoren, wie beispielsweise den elektrischen Anschluß, die Betriebsbereiche, die konstruktiven Ausführungsformen vereinheitlichen, wurden Vorschriften und Normen vereinbart.

VDE 0100	Bestimmungen für das Errichten von Starkstromanlagen mit Nennspannungen (DIN 57100) bis 1000 V
VDE 0105	Bestimmungen für den Betrieb von Starkstromanlagen
VDE 0113	Bestimmungen für die elektrische Ausrüstung von Bearbeitungs- und Verarbeitungsmaschinen
VDE 0165	Vorschriften für die Errichtung elektrischer Anlagen in explosionsgefährdeten Bereichen
VDE 0166	Vorschriften für die Errichtung elektrischer Anlagen in explosionsgefährdeten Betriebsstätten
VDE 0170	Vorschriften für schlagwettergeschützte, elektrische Betriebsmittel

VDE 0171	Vorschriften für explosionsgeschützte, elektrische Betriebsmittel (EN 50014)
VDE 0470	Bestimmungen für Schutzarten durch Gehäuse (IEC 529; EN 60529)
VDE 0530	Bestimmungen für umlaufende elektrische Maschinen (IEC 34-17) (Bemessungsdaten, Betriebsarten, Kühlmethoden, Anlaufverhalten etc.)
VDE 0580	Bestimmungen für elektromagnetische Geräte
DIN 40025	Gleichstrom-, Klein- und Kleinstmotoren mit dauermagnetischer Erregung (Servo-DC-Motoren)
DIN 40027	Stellmotoren (Servo-Motoren)
DIN 40030	Bemessungsspannungen für Gleichstrommotoren über steuerbare Stromrichter mit direktem Netzanschluß gespeist
DIN 40050	Elektrische Betriebsmittel, Schutzarten
DIN 40121	Formelzeichen für Elektromaschinenbau
DIN 42401	Anschlußbezeichnungen und Drehsinn von umlaufenden Maschinen
DIN 42673	Oberflächengekühlte Drehstrommotoren mit Käfigläufer Bauform B3
DIN 42677	Oberflächengekühlte Drehstrommotoren mit Käfigläufer Bauform B5, B10, B14
DIN 42939	Elektrische Maschinen, Maßbezeichnunge
DIN 42946	Zylindrische Wellenenden für elektrische Maschinen
DIN 42948	Befestigungsflansche für elektrische Maschinen
DIN 42950	Kurzzeichen für Bauformen elektrischer Maschinen
DIN 42955	Flanschmotoren, Rundlauf, Mittigkeit und Rechtwinkligkeit des Wellenendes
DIN 42961	Leistungsschilder für elektrische Maschinen winkligkeit des Wellenendes
DIN 42973	Leistungsreihe für elektrische Maschinen, Nennleistungen bei Dauerbetrieb
DIN 45632	Geräuschmessungen an elektrischen Maschinen
DIN 45635	Geräuschmessungen an Maschinen
DIN 45665	Messung und Beurteilung der Schwingstärken von elektrischen Maschinen

Die VDE-Vorschriften und DIN-Normen sind im allgemeinen international abgestimmt, und enthalten Regeln für die Anforderungen an die elektrischen Maschinen.

1.2 Betriebsarten und Bemessungsdaten

In der VDE 0530 Teil 1 (entspricht IEC 34-1) sind die möglichen Betriebsarten dargestellt, die einen wesentlichen Einfluá auf die Auslegung der elektrischen Maschinen haben.

Die Europäische Norm, die der Norm VDE 0530-1 entspricht, ist die IEC 34-1.

Wesentlich bei den folgenden Überlegungen ist, daß der Betrieber den Betriebsverlauf so genau wie möglich angibt und bei der Auslegung (Bemessungsbetrieb) der reale Betriebsverlauf einem der folgenden Betriebsverläufe genau entspricht, der einer größeren Belastung entspricht und dann mit Sicherheit nicht zu einer Überlastung und damit zu einer überhöhten Erwärmung führen kann.

Betriebsarten. Grundsätzlich gelten folgende Definitionen:

Definitionen: Betrieb: Betriebszeit t_b;
      N(IEC34-1); Zeitkonstante: T_b
      Anfahren: Anlaufzeit t_a;   D (IEC 34-1))
      Pause: Pausenzeit t_p;
      R (IEC 34-1), Zeitkonstante T_p
      Betrieb ohne Last: V (IEC 34-1)
      Bremsen: Bremszeit: t_{Br}; F (IEC 34-1)

(a) Dauerbetrieb - (nicht) periodisch DB = S1. Betrieb mit konstantem Belastungszustand, dessen Dauer ausreicht, den thermischen Beharrungszustand zu erreichen (siehe Abb. 1.1)

$$\frac{t_b}{T_b} > 3 \; ; \; \frac{t_p}{T_p} > 3.$$

Der Faktor 3 ergibt sich aus dem Zeitverlauf mit e^{-1/T_ϑ}.

Nach $t \approx 3 T_\vartheta$ ist der stationäre Endwert erreicht (95%)

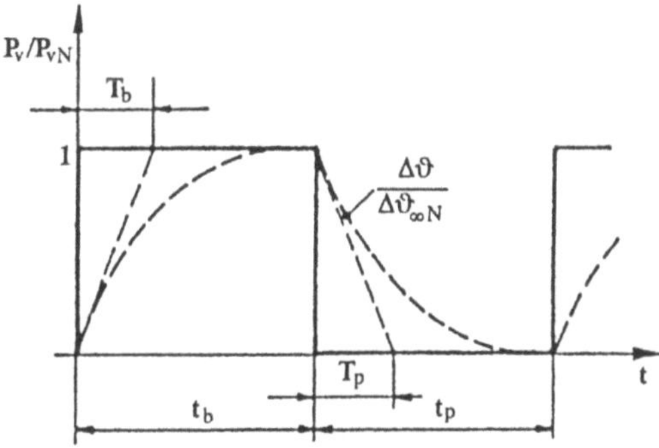

Abb. 1.1. Dauerbetrieb (S1)

Kennzeichen: Erwärmung bzw. Abkühlung immer bis zum stationären Endwert.

Zulässige Wärmebelastung: $\dfrac{\Delta\vartheta_\infty}{\Delta\vartheta_{\infty N}} \le 1;\quad \dfrac{P_V}{P_{VN}} \Rightarrow 1;$

(b) Kurzzeitbetrieb - (nicht) periodisch KB = S2. Ein Betrieb mit konstantem Belastungszustand, der aber nicht so lange dauert, daß der thermische Beharrungszustand erreicht wird, und einer nachfolgenden Pause, die so lange besteht, bis die Maschinentemperatur nicht mehr als 2K von der Temperatur des Kühlmittels abweicht (siehe Abb. 1.2).

$$\frac{t_b}{T_b} < 3;\quad \frac{t_p}{T_p} > 3 .$$

Kennzeichen: Der stationäre Endwert der Übertemperatur wird nicht erreicht; dagegen wird stationäre Normaltemperatur ($\Delta\vartheta = 0$) immer erreicht.

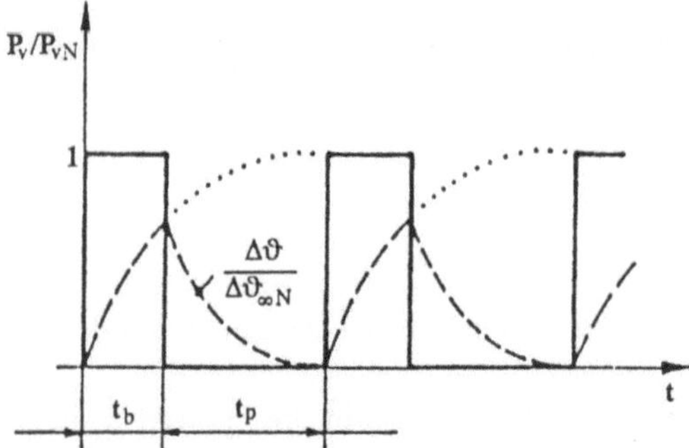

Abb. 1.2. Kurzzeitbetrieb (S2)

$$\frac{\Delta\vartheta_\infty}{\Delta\vartheta_{\infty N}} = \frac{1}{1 - e^{-t_b/T_b}}\,;\ \text{Überlastbarkeit der Maschine in dieser}$$

speziellen Betriebsart

$\Downarrow$

$$\frac{\Delta\vartheta_\infty}{\Delta\vartheta_{\infty N}} = \frac{P_V}{P_{VN}} \ge 1 \rightarrow i_{zul} = \sqrt{\frac{1+v}{1 - e^{-t_b/T_b}} - v}\ .$$

(c) Aussetzbetrieb - AB = S3. Ein Betrieb, der sich aus einer Folge gleichartiger Spiele zusammensetzt, von denen jedes eine Zeit mit konstanter Belastung und eine Pause umfaßt, wobei der Anlaufstrom die Erwärmung nicht merklich beeinflußt (siehe Abb. 1.3). Anmerkung - Dieser Betriebsart muß eine passende gewählte Dauerbelastung als Bezugswert für das Lastspiel zugrunde gelegt werden.

$$\frac{t_b}{T_b} \; < \; 3\,\frac{t_p}{T_p} \; < 3\,.$$

Kennzeichen: Das Abklingen des Übergangsvorganges wird nicht mehr abgewartet. Es stellt sich eine stabile "Schwingung" zwischen zwei Grenztemperaturen $\Delta\vartheta_1$ and $\Delta\vartheta_2$ ein.

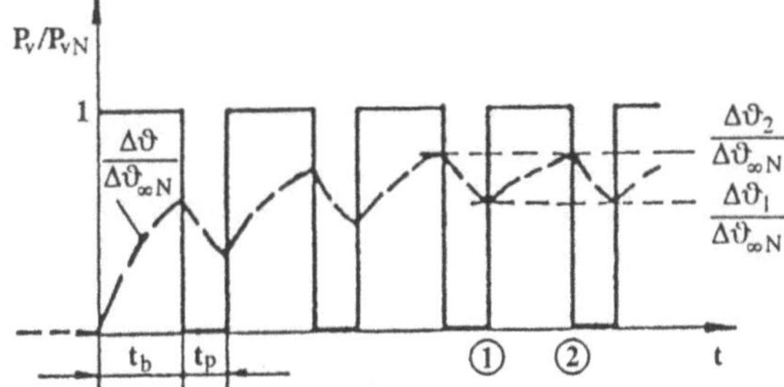

Abb. 1.3. Aussetzbetrieb (S3)

Spieldauer $t_s = t_b + t_p$.

Normierung: $\tau_b = \dfrac{t_b}{T_b}$; $\tau_p = \dfrac{t_p}{T_p}$, $\varepsilon = \tau_b \,/\,(\tau_b + \tau_p)$.

Es ergibt sich:

$$\frac{\Delta\vartheta_2}{\Delta\vartheta_\infty} = \frac{1-e^{-\tau_b}}{1-e^{-(\tau_b+\tau_p)}} \le 1 \,.$$

Für periodischen Betrieb:
$$\begin{cases} \dfrac{\Delta\vartheta_2}{\Delta\vartheta_\infty} = \dfrac{1-e^{-t_b/T_b}}{1-e^{-(t_b/T_b+t_p/T_p)}} \le 1 \\[3ex] \Delta\vartheta_1 = \Delta\vartheta_2 \, e^{-t_p/T_p} \end{cases}$$

Zulässige Wärmebelastung:

$$\frac{\Delta\vartheta_\infty}{\Delta\vartheta_{\infty N}} = \frac{1-e^{-(\tau_b+\tau_p)}}{1-e^{-\tau_b}} = \frac{P_V}{P_{VN}} = \frac{i^2+v}{1+v} \ge 1$$

$\Rightarrow$ zulässige Strombelastung:

$$i_{zul} = \sqrt{(1+v)\frac{1-e^{-(\tau_b+\tau_p)}}{1-e^{-\tau_b}}-v} \geq 1$$

bei $\tau \ll 1$ und $T_b = T_p$:

$$i_{zul} = \sqrt{\frac{1+v}{\varepsilon}-v}$$

$$\frac{\Delta\vartheta_\infty}{\Delta\vartheta_{\infty N}} = \frac{P_V}{P_{VN}} \geq 1; \quad i_{zul} = \sqrt{(1+v)\frac{\Delta\vartheta_\infty}{\Delta\vartheta_2}-v} \geq 1 \quad .$$

(d) Aussetzbetrieb mit Einfluß des Anlaufvorgangs - Betriebsart S4. Ein Betrieb, der sich aus einer Folge gleichartiger Spiele zusammensetzt, von denen jedes eine merkliche Anlaufzeit, eine Zeit mit konstanter Belastung und eine Pause umfaßt (siehe Abb. 1. 4).

Anmerkung - Dieser Betriebsart muß eine passende gewählte Dauerbelastung als Bezugswert für das Lastspiel zugrunde gelegt werden.

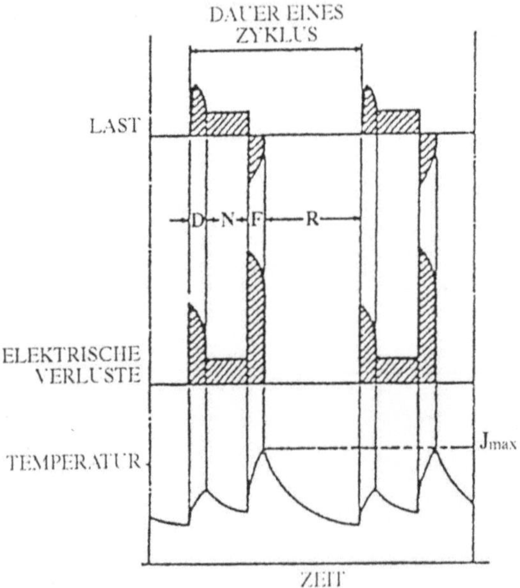

Abb. 1.4. Aussetzbetrieb mit Einfluß des Anlaufvorgangs (S4)

(e) Aussetzbetrieb mit elektrischer Bremsung. Betriebsart S5. Ein Betrieb, der sich aus einer Folge gleichartiger Spiele zusammensetzt, von denen jedes eine

Anlaufzeit, eine Zeit mit konstanter Belastung, eine Zeit schneller, elektrischer Bremsung und eine Pause umfaßt (siehe Abb. 1.5).

Anmerkung: Dieser Betriebsart muß eine passend gewählte Dauerbelastung als Bezugswert für das Lastpiel zugrunde gelegt werden

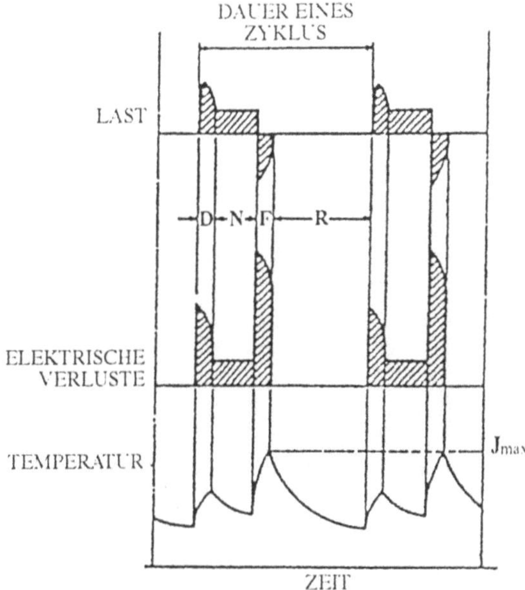

Abb. 1.5. Aussetzbetrieb mit elektrischer Bremsung (S5)

(f) Ununterbrochener periodischer Betrieb mit Aussetzbelastung. Betriebsart S6. Ein Betrieb, der sich aus einer Folge gleichartiger Spiele zusammensetzt, von denen jedes eine Zeit mit konstanter Belastung und eine Leerlaufzeit umfaßt. Es tritt keine Pause auf (siehe Abb. 1.6).

Anmerkung: Dieser Betriebsart muß eine passend gewählte Dauerbelastung als Bezugswert für das Lastpiel zugrunde gelegt werden

(g) Ununterbrochener periodischer Betrieb mit elektrischer Bremsung. Betriebsart S7. Ein Betrieb, der sich aus einer Folge gleichartiger Spiele zusammensetzt, von denen jedes eine Anlaufzeit, eine Zeit mit konstanter Belastung und eine Zeit mit elektrischer Bremsung umfaßt. Es tritt keine Pause auf (siehe Abb.1.7).

Anmerkung: Dieser Betriebsart muß eine passend gewählte Dauerbelastung als Bezugswert für das Lastpiel zugrunde gelegt werden.

(h) Ununterbrochener periodischer Betrieb mit Last-Drehzahländerung. Betriebsart S8. Ein Betrieb, der sich aus einer Folge gleichartiger Spiele zusammensetzt; jedes dieser Spiele umfaßt eine Zeit mit konstanter Belastung und bestimm-

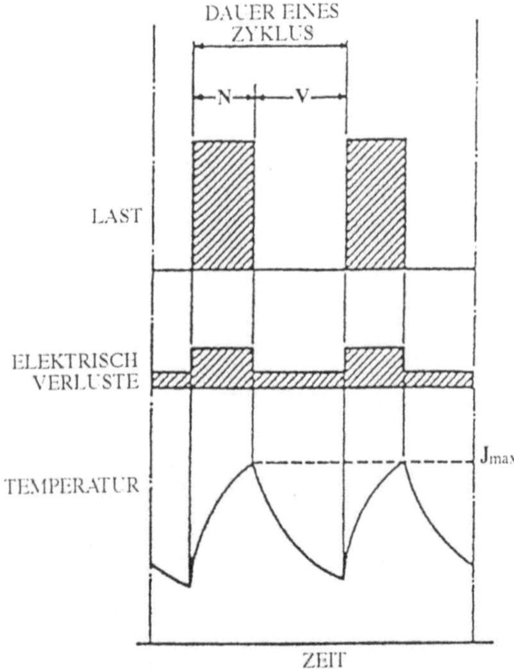

Abb. 1.6. Ununterbrochener periodischer Betrieb mit Aussetzbelastung (S6)

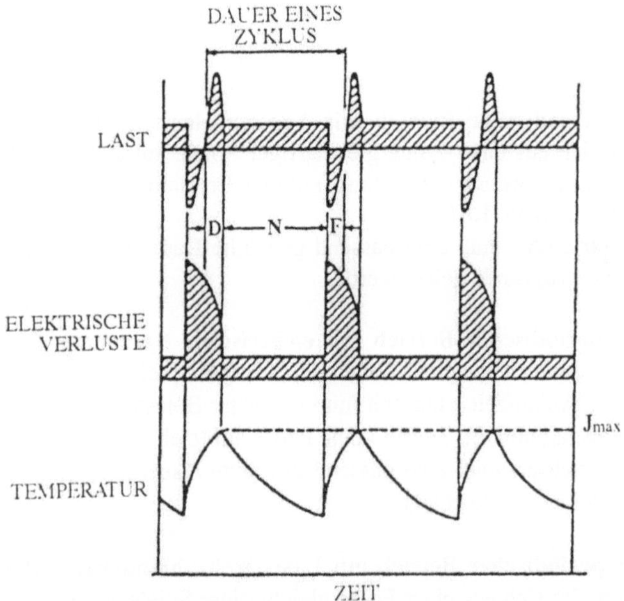

Abb. 1.7 Ununterbrochener periodischer Betrieb mit elektrischer Bremsung (S7)

ter Drehzahl und anschließend eine oder mehrere Zeiten mit anderer Belastung, entsprechend den unterschiedlichen Drehzahlen. (Dies wird beispielsweise durch Polumschaltung von Induktionsmotoren erreicht.) Es tritt keine Pause auf (siehe Abb. 1.8).

Zeitdauerfaktoren:

$$\frac{(D+N_1)}{(D+N_1+F_1+N_2+F_2+N_3)}\;100\%$$

$$\frac{(F_1+N_2)}{(D+N_1+F_1+N_2+F_2+N_3)}\;100\%$$

$$\frac{(F_2+N_3)}{(D+N_1+F_1+N_2+F_2+N_3)}\;100\%\;.$$

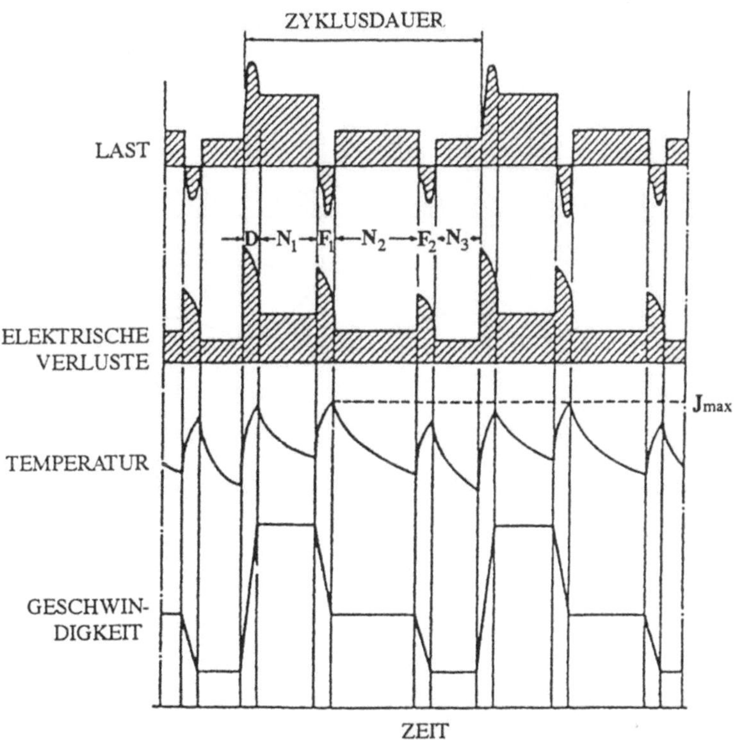

Abb. 1.8. Ununterbrochener periodischer Betrieb mit Drehzahländerung (S8)

Anmerkung: Dieser Betriebsart muß eine passend gewählte Dauerbelastung als Bezugswert für das Lastpiel zugrunde gelegt werden.

(i) Ununterbrochener Betrieb mit nichtperiodischer Last- und Drehzahländerung. Betriebsart S9. Ein Betrieb, bei dem sich im allgemeinen Belastung und Drehzahl innerhalb des zulässigen Betriebsbereiches nichtperiodisch ändern. Bei diesem Betrieb treten häufig Belastungsspitzen auf, die weit über der Vollast liegen können (siehe Abb. 1.9).

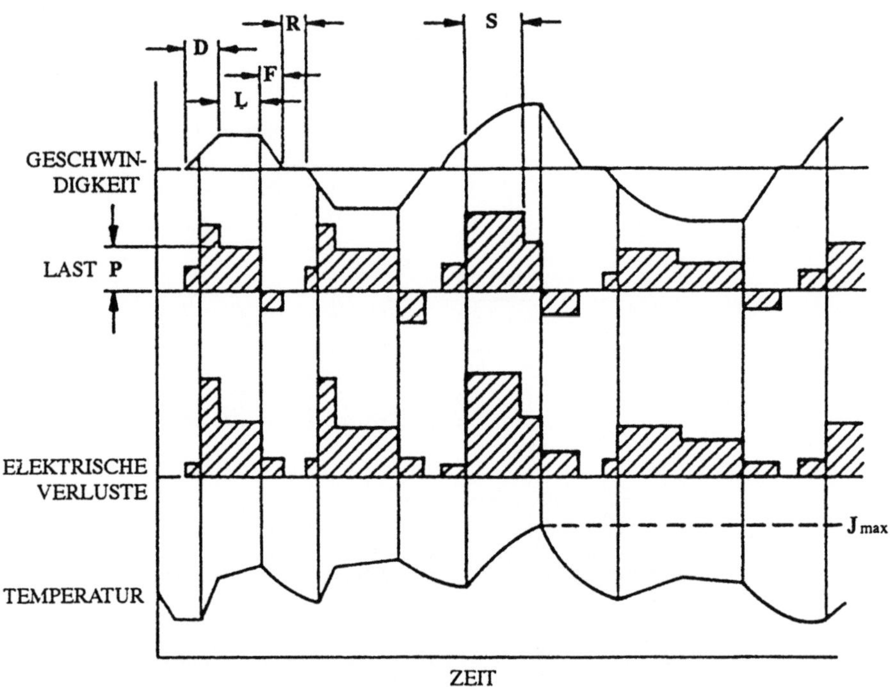

Abb. 1.9. Ununterbrochener Betrieb mit nichtperiodischer Last-und Drehzahländerung (S9)

(j) Betrieb mit Diskretem Konstantem Belastungszustand - Betriebsart S10. Ein Betrieb mit nicht mehr als vier diskreten Belastungswerten (oder äquivalente Belastung) und jedes Wertsdauer ausreicht, den thermischen Beharrungszustand der Maschine zu erreichen.

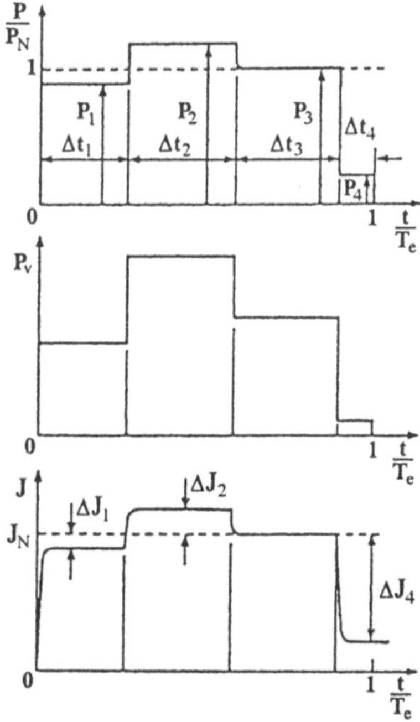

Abb. 1.10. Betrieb mit diskretem konstantem Belastungszustand (S10)

1.3 Maschinen mit mehreren Bemessungsbetrieben

(a) Maschinen mit mehreren Drehzahlen. Bei Maschinen mit mehreren Drehzahlen muß für jede Drehzahl der zugehörige Bemessungsbetrieb festgelegt werden.

(b) Maschinen mit veränderlichen Größen. Wenn eine Bemessungsgröße (Leistung, Spannung, Drehzahl usw.) mehrere Werte annehmen kann oder zwischen zwei Grenzwerten stetig veränderlich ist, muß der Bemessungsbetrieb für diese Werte oder Grenzen festgelegt werden. Diese Festlegung gilt nicht für Spannungschwankungen von ±5%, und nicht für die Sternschaltung bei Stern-Dreieck-Anlauf.

1.4 Aufstellungshöhe, Temperatur und Kühlmittel

Wenn vom Betreiber nicht anders festgelegt ist, müssen die Maschinen für die folgenden Betriebsbedingungen bemessen sein:

Aufstellhöhe. Der Aufstellungsort liegt nicht über 1000 m über NN.

Umgebungstemperatur. Die Temperatur der Luft am Aufstellungsort überschreitet aber nicht 40 °C.

Kühlmitteltemperaturen. Bei Maschinen mit Wasserrückkühlern darf die Wassertemperatur am Kühleintritt 25 °C nicht überschreiten.

Kleinste Umgebungstemperatur und Kühlmitteltemperaturen. Die kleinste Temperatur der Luft am Aufstellungsort beträgt – 15 °C.

Diese Festlegung gilt für alle Maschinen mit den folgenden Ausnahmen: (a) Wechselstrommaschinen mit Bemessungsleistungen über 3 300 kW (oder kVA) je 1 000 min^{-1}, Maschinen mit Bemessungsleistungen kleiner als 600 W (oder VA) und alle Maschinen mit einem Kommutator oder mit Gleitlagern. Für diese Maschinen beträgt die kleinste Umgebungstemperatur + 5 °C.

(b) Maschinen mit Wasser als primärem oder sekundärem Kühlmittel. Die kleinste Temperatur des Wassers und der umgebenden Luft beträgt + 5 °C.

Falls eine Umgebungstemperatur niedriger als oben angegeben zu erwarten ist, dann muß der Käufer die minimale Umgebungstemperatur genau angeben, zusätzlich muß er spezifizieren, ob dies nur für den Transport und die Lagerung gilt, oder ob diese Temperatur auch noch nach der Installation so niedrig sein wird.

Falls die Aufstellungshöhe 1000 m über dem Meeresspiegel liegt, dann muß die angenommene maximale Umgebungstemperatur in Abhängigkeit von den thermischen Maschineneigenschaften gesenkt werden. Eine andere Lösung besteht darin, die Leistung in Abhängigkeit von der Meereshöhe zu reduzieren (Tabelle 1.1 und Diagramm).

Angenommene maximale Umgebungstemperaturen

Höhe in mm	Kühllufttemperatur in °C bei Wärmeklasse				
	A	E	B	F	H
1000	40	40	40	40	40
2000	34	33	32	30	28
3000	28	26	24	19	15
4000	22	19	16	9	3

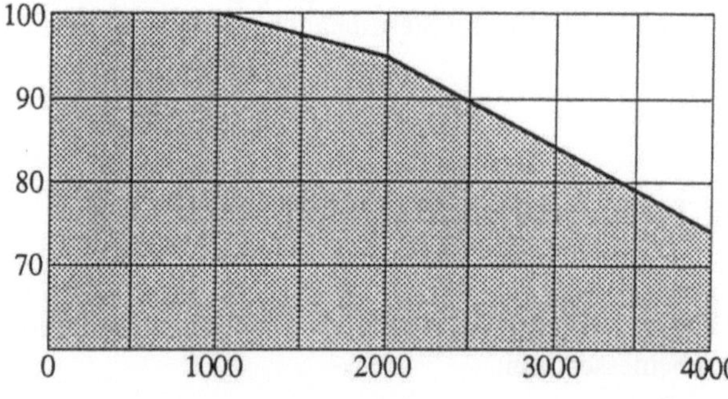

1.5 Elektrische Bedingungen

Stromversorgung. Wechselstrommaschinen nach dieser Norm müssen für ein Drehstromnetz von 50 Hz oder 60 Hz und für Spannungen, die sich von den in DIN IEC 38 angebenen Normspannungen herleiten, geeignet sein. Bei Festlegungen über die Maschinen-Bemessungsspannungen müssen die Unterschiede zwischen den Verteilungs- und den Verbraucherspannungen berücksichtigt werden.

Kurvenform und Symmetrie von Spannungen und Strömen. Maschinen müssen so ausgelegt werden, daß sie unter den Bedingungen betrieben werden können, die in den IEC 38 Abschnitten a), b) oder DIN 0530 festgelegt sind.

Wechselstrommotoren müssen geeignet sein für den Betrieb an einem Netz mit einem Spannungs-Oberschwingungsfaktor (HVF) nach der Aufkühlung a). Außerdem wird eine praktische symmetrische Netzspannung nach der Begriffserklärung der Aufzählung b) vorausgesetzt.

Wenn die in den Aufzählungen a) und b) festgelegten Grenzwerte bei Betrieb mit Bemessungslast gleichzeitig auftreten, so darf dies nicht zu einer unzulässigen thermischen Beanspruchung des Motors führen. Die sich an den Grenzwerten einstellenden Übertemperaturen oder Temperaturen sollten die in DIN VDE 0530 Teil 1 festgelegten Grenzwerte um nicht mehr als etwa 10 K überschreiten.

(a) Wechselstrommotoren der Ausführung N (siehe Publikation IEC 23-12: Umlaufende elektrische Maschinen, Teil 12: Anlaufverhalten von Drehstrommotoren mit Käfigläufer für Spannungen bis einschließlich 660 V) müssen für den Betrieb an einem Netz mit einem Spannungs-Oberschwingungsfaktor von höchstens 0,03 geeignet sein. Alle übrigen Drehstrommotoren (einschließlich Synchronmotoren) und Einphasen-Motoren müssen geeignet sein für den Betrieb an einem Netz mit einem Spannungs-Oberschwingungsfaktor von höchstens 0,02, falls vom Hersteller nicht anders angegeben.

Der Spannungs-Oberschwingungsfaktor muß nach der folgenden Beziehung berechnet werden:

$$HVF = \sqrt{\sum \frac{u_n^2}{n}}$$

mit:

u_n auf die Bemessungsspannung UN bezogene Oberschwingungsspannung
n Ordungszahl der Oberschwingung (bei Drehstrommotoren nicht durch drei teilbar)

Gewöhnlich ist es ausreichend, Oberschwingungen mit den Ordnungszahlen $n \leq$ 13 zu berücksichtigen.

(b) Ein Mehrphasen-Spannungssystem gilt als praktisch symmetrisch, wenn die Spannung des Gegensystems 1% der Spannung des Mitsystems dauernd oder 1,5% für eine kurze, über wenige Minuten nicht hinausgehende Zeit nicht überschreitet und wenn die Spannung des Nullsystems nicht mehr als 1% der Spannung des Mitsystems beträgt.

Während der Erwärmungsprüfung nach Hauptabschnitt fünf muß der Spannungsanteil des Gegensystems weniger als 0,5% des Mitsystems betragen, ein Nullsystem ist nicht zulässig. Anstelle der Spannung des Gegensystems darf der Strom des Gegensystems gemessen werden, wenn dies zwischen Hersteller und Betreiber vereinbart wurde. Der Strom des Gegensystems darf in diesem Fall 2,5% des Stromes des Mitsystems nicht überschreiten.

c) Bei von Stromrichtern gespeisten Gleichstrommotoren wird das Betriebsverhalten der Maschine durch die den zeitlichen konstanten Anteilen überlagerten Wechselanteile in Spannung und Strom beeinträchtigt. Verluste und Erwärmung nehmen zu, und die Kommutierung gestaltet sich im Vergleich zu einem von einer reinen Gleichspannungsquelle gespeisten Gleichstrommotor schwieriger.

Motoren mit Bemessungsleistungen über 5 kW, die aus einem Stromrichter gespeist werden, müssen deshalb für diesen speziellen Betrieb bemessen werden und, sofern der Motorenhersteller dies für erforderlich hält, mit einer zusätzlichen Glättungsdrossel zur Reduktion der Stromschwankungen ausgerüstet werden.

Die Speisung aus einem Stromrichter soll wie folgt durch ein Kurzzeichen gekennzeichnet werden:

$$CC\,C - U_{aN} - f - L$$

Hierin bedeuten:
CCC ist das Kennzeichen der Stromrichterschaltung entsprechend einer zukünftigen IEC 971; U_{aN} besteht aus drei oder vier Ziffern, die die Bemessungs-Wechselspannung an den Eingangsklemmen des Stromrichters bezeichnen;
f besteht aus zwei Ziffern, die die Bemessungs-Eingangsfrequenz in Hz angeben;
L besteht aus zwei oder drei Ziffern, die die zum Ankerkreis des Motors in Reihe geschaltete Induktivität mH kennzeichnen. Falls diese Null ist, entfällt die Angabe.

Motoren mit Bemessungsleistungen bis einschließlich 5 kW können, anstelle des Betriebes mit einem speziellen Typ eines Stromrichters, für den Betrieb mit einem beliebigen Stromrichter, mit oder ohne Glättungsdrossel, ausgelegt werden, vorausgesetzt, daß der Bemessungs-Gleichstromfaktor, für den der Motor ausgelegt ist, nicht überschritten wird, und daß die Isolation des Motorankerkreises passend zu der Bemessungs-Wechselspannung an den Eingangsklemmen des Stromrichters bemessen ist.

Spannungs- und Frequenzschwankungen während des Betriebes. Für die Wechselstrommaschinen sind Grenzwerte der gleichzeitig auftretenden Spannungs- und Frequenzschwankungen durch die Bereiche A oder B für Generatoren in Abb. 1.11 und für Motoren in Abb. 1.12 gekennzeichnet.

Für Gleichstrommaschinen, welche unmittelbar aus einem üblicherweise starren Gleichspannungsnetz gespeist werden, beziehen sich die Bereiche A und B nur auf die Spannungen.

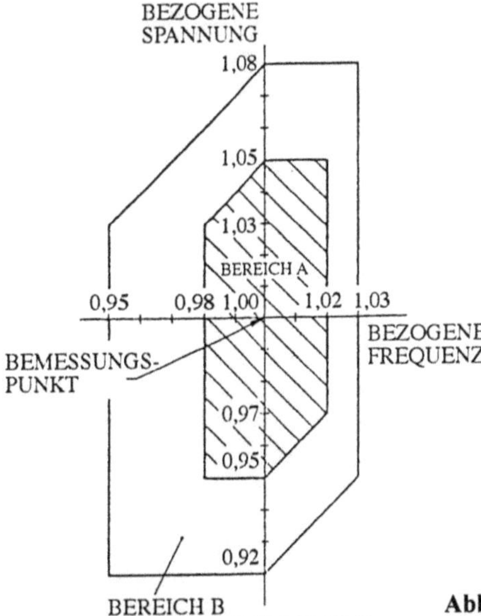

Abb. 1.11. Spannungs- und Frequenzgrenzen für Generatoren

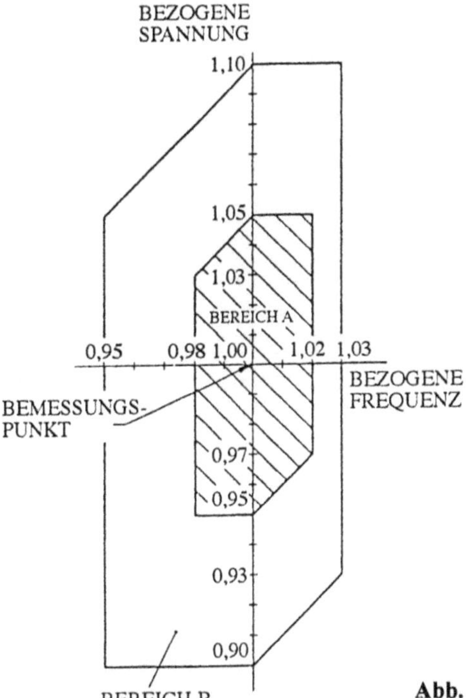

Abb. 1.12. Spannungs- und Frequenzgrenzen für Motoren

Eine Maschine muß im Bereich A im Dauerbetrieb funktionstüchtig sein, muß dabei aber nicht alle Kenndaten des Betriebes mit den Bemessungswerten für Spannung und Frequenz vollständig erfüllen (vgl. Bemessungspunkt in den Abbildungen 1.11 und 1.12), sondern darf einige Abweichungen hiervon aufweisen. Die Erwärmungen dürfen höher sein als bei den Bemessungswerten für Spannung und Frequenz.

Eine Maschine muß innerhalb des Bereiches B funktionstüchtig sein, darf aber größere Abweichungen von den Kenndaten des Betriebes mit Bemessungsspannung und Bemessungsfrequenz aufweisen als im Bereich A. Ein Betrieb über längere Zeit an der Umgrenzung des Bereichs B wird nicht empfohlen.

Thermische Klassifizierung von Maschinen. Die thermische Klassifizierung nach IEC 85 muß auf die Isolierungssysteme von Maschinen angewandt werden. Die Klassifizierung von Isoliersystemen muß durch Buchstaben und nicht durch Temperaturwerte erfolgen.

Thermische Klassifizierung von Maschinen. Folgende Klassen sind vereinbart:

$$65 \text{ K für Wicklungen der Wärmeklasse A}$$

$$80 \text{ K für Wicklungen der Wärmeklasse E}$$

$$90 \text{ K für Wicklungen der Wärmeklasse B}$$

$$115 \text{ K für Wicklungen der Wärmeklasse F}$$

$$140 \text{ K für Wicklungen der Wärmeklasse H}$$

1.6 System: Arbeitsmaschine – Antriebsmaschine

In den folgenden Abschnitten werden die normierten Größen für Drehzahl, Drehmoment und Leistung (diese normierten Größen werden in Kleinbuchstaben geschrieben) verwendet. Darüberhinaus werden alle Größen als Einheit ausgedrückt und werden von dem absoluten Wert von Drehzahl, Drehmoment bzw. Leistung unabhängig sein. Ein Normierungsbeispiel wird im Abschnitt 3.1. "Normierung" für die G.S.-Maschine dargestellt.

1.6.1 Stationäres Verhalten der Arbeitsmaschine

Nur in Ausnahmefällen fordert die Arbeitsmaschine von der Antriebsmaschine (Motor) dauernd eine gleichbleibende Antriebsleistung. Die Antriebsleistung, bzw. das Drehmoment, ist vielmehr abhängig von dem sich aus der Technologie ergebenden Arbeitsablauf, der sich mit der Drehzahl, dem Drehwinkel, dem zurückgelegten Weg, der Zeit oder anderen Größen ändert.

Das dynamische Verhalten soll hier zunächst nicht betrachtet werden. Das stationäre Verhalten der Arbeitsmaschinen läßt sich im allgemeinen durch Kennlinien $t_W = F(n,v,\varphi,x,t)$.

$t_W =$ **const.** Bei allen Arbeitsmaschinen, bei denen reine Hubarbeit, Reibungsarbeit oder Formänderungsarbeit zu leisten ist, ist das Lastmoment t_W konstant und unabhängig von der Drehzahl n bzw. der Geschwindigkeit v. Beispiele: Hebezeuge, Aufzüge und Winden, sowie Dreh- und Hobelmaschinen. Bei Reibungs- oder Formänderungsarbeit wird bei Drehrichtungsumkehr auch das Widerstandsmoment die Richtung ändern: $t_W = $ const $\cdot$ $sgn(n)$, z.B. bei Ventilen, Schiebern, Drosselklappen, Fahrwerken von Baggern und Kränen sowie spanabhebenden Werkzeugmaschinen.

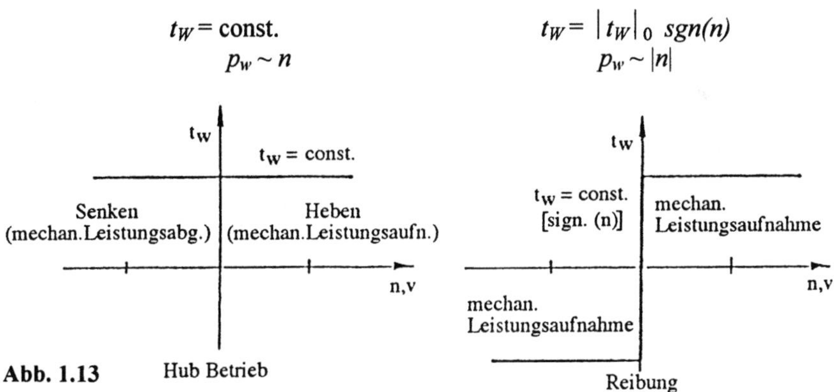

Abb. 1.13   Hub Betrieb

$t_W = f(n,v)$. (a) Ein mit der Drehzahl n linear ansteigendes Lastmoment $t_W \sim n$ verlangen nur relativ wenige Arbeitsmaschinen: Kalanderantriebe für Papier-, Textil-, Kunststoff- und Gummifolien besitzen eine geschwindigkeitsproportionale Viskosereibung (Glättung des Materials); Wirbelstrombremse und Generator, der auf konstantem Lastwiderstand arbeitet.

(b) Wenn Luft- oder Flüssigkeitswiderstände zu überwinden sind, muß das Widerstandsmoment mit dem Quadrat der Drehzahl ansteigen $t_W \sim n^2$. Beispiele: Lüfter, Kreiselpumpen, Verdichter, Zentrifugen, Rührwerke und Schiffsschrauben.

a)   b)

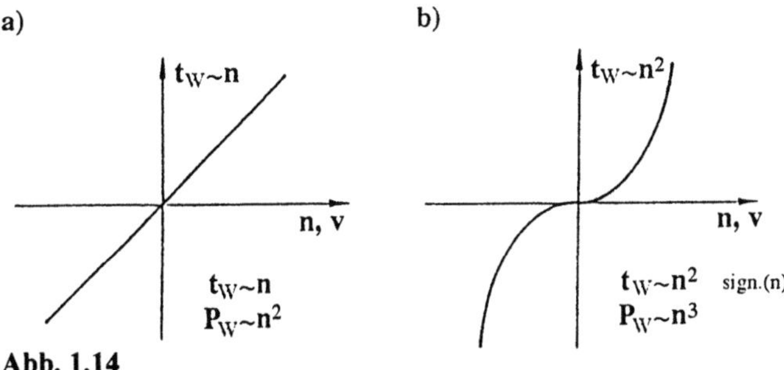

Abb. 1.14

$t_W = f(\varphi)$. Neben der drehzahlabhängigen Last tritt bei einigen Arbeitsmaschinen ein winkelabhängiges Lastverhalten auf. Bei Kompressoren z.B. ändert sich mit dem Hub die Kolbenkraft und damit das Lastmoment. Auch Stanzen, Kurbelpressen, Scheren und Webstüe fordern winkelabhängige Lastmomente.

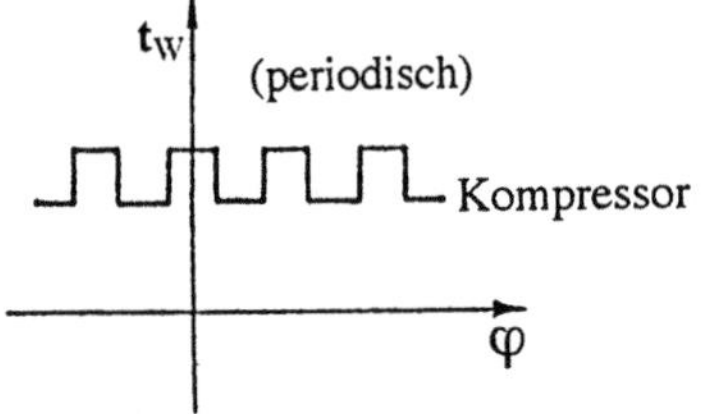

Abb. 1.15

$t_W = f(r)$. Bei Achswicklern für Papier, Blech oder anderen Stoffen wird bei zu- oder abnehmendem Wickelradius r, und gleichbleibender Umfangsgeschwindigkeit v, oft eine konstant bleibende Materialzugkraft gefordert; entsprechendes gilt beim Plandrehen auf Drehmaschinen. Damit ergibt sich ein Lastmoment $t_W \sim r$

$\sim \frac{1}{n}$. Alle aufgeführten Kennlinien sind idealisiert und entsprechen nur in erster Näherung den tatsächlichen Gegebenheiten. Bei Stillstandsreibung ergibt sich z.B. noch ein zusätzliches Losbrechmoment (Haftreibung).

In anderen Fällen ergeben sich infolge veränderlicher Parameter verschiedene Kennlinienfelder. Es kommt auch zu Kombinationen und Überlagerungen der aufgeführten Kennlinien.

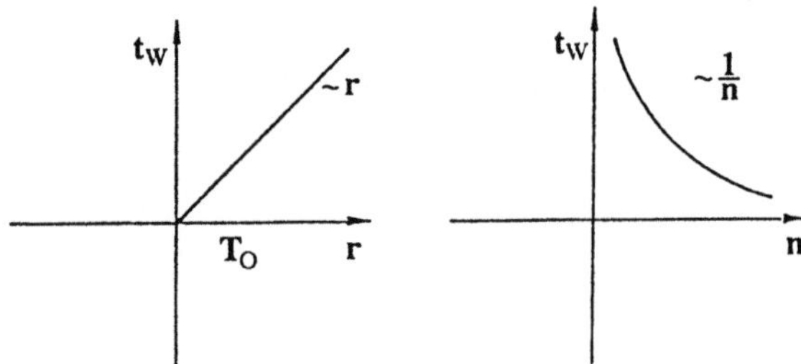

Abb. 1.16

$t_W = f(t)$ (siehe auch Betriebsarten S1 – S8). Bei vielen Antriebsanlagen ist es zweckmäßig, den zeitlichen Verlauf des Lastmoments $t_W(t)$. anzugeben. Man erhält dann z.B. ein Fahrprogramm für elektrische Bahnen oder für Förderanlagen, ein Walzprogramm oder Werkzeugmaschinenprogramm. (Die übrigen mechanischen Größen der Arbeitsmaschine ergeben sich dann entsprechend den bereits beschriebenen Kennlinien.)

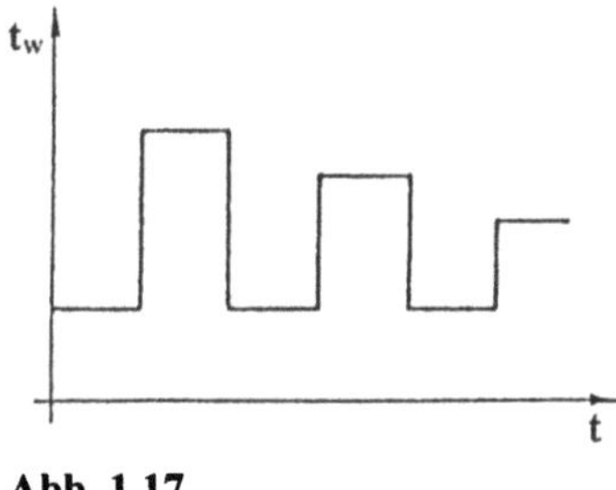

Abb. 1.17

1.6.2 Stationäres Verhalten der Antriebsmaschinen: $t_M = f(n, \varphi)$

Entsprechend den Arbeitsmaschinen lassen sich auch für die Antriebsmaschinen – wiederum unter Vernachlässigung des dynamischen Verhaltens – Kennlinien angeben, die das grundsätzliche Drehzahl-Drehmoment-Verhalten beschreiben.

Alle elektrischen Maschinen lassen sich den folgenden drei Fällen zuordnen:

Asynchrones Verhalten.

$$t_M = f\left(\frac{1}{n^2}\right)$$

Reihenschlußmaschine "R",

$$t_M = f(n_0\text{-}n)$$

z.B. Nebenschlußmaschine "N"
Gleichstromnebenschlußmaschine (GNM);
(Kapitel 3)
(Asynchronmaschine (ASM) (Kapitel 5.2 ff)
(n_0: Leerlaufdrehzahl).

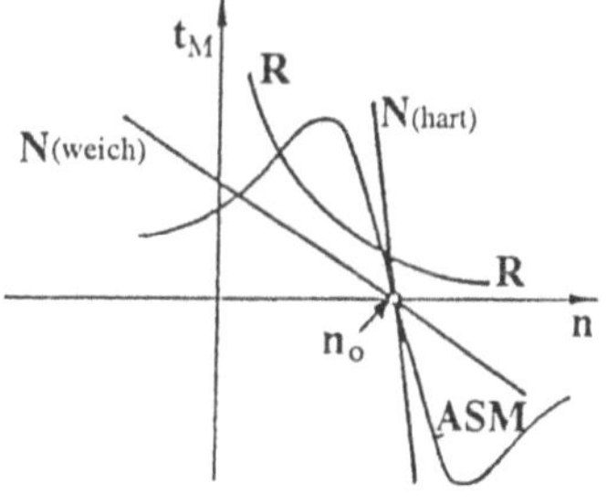

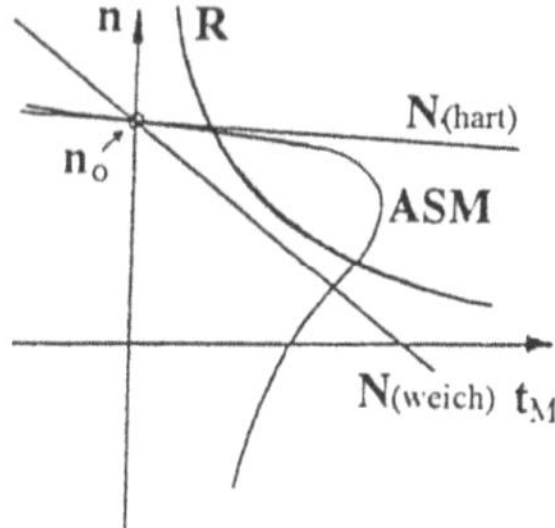

Abb. 1.18

Das asynchrone Verhalten ist dadurch gekennzeichnet, daß die Drehzahl bei zunehmendem Motormoment nachgibt (abnimmt). Ist die Drehzahländerung klein, spricht man von einer "harten" Kennlinie; ist die Drehzahländerung groß, von einer "weichen" Kennlinie.

Konstant-Moment-Verhalten.
$t = \text{const.} \cdot \text{sgn}(n_0 - n)$
Hysteresemaschine "H"
GNM bei $R_A = 0$
(supraleitend).

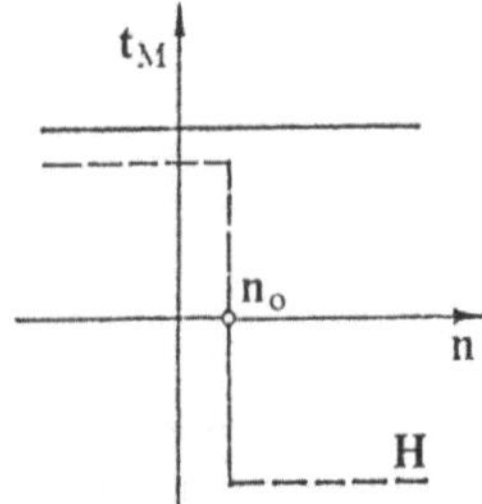

Abb. 1.19

Synchrones Verhalten.

$$n = f(f_{netz}, Z_p)$$

$$t_M \neq f(n)$$

Synchronmaschine:

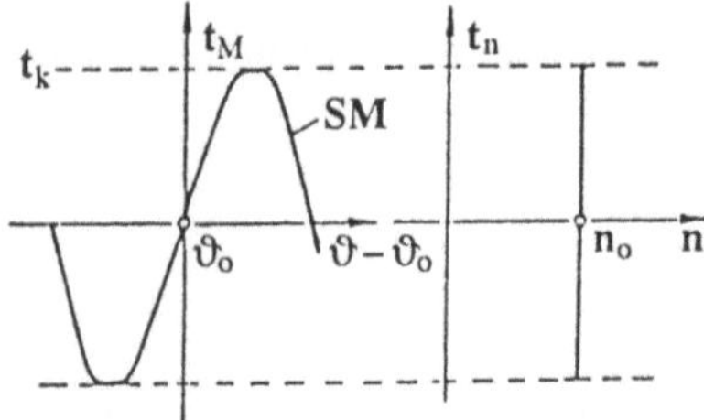

Abb. 1.20

$$t_M = f(\vartheta) \qquad \vartheta: \text{Polradwinkel}$$

Drehzahl n: starr
Polradwinkel $\vartheta = f(t_M)$ (t_K: Kippmoment)
deshalb Drehwinkel φ elastisch.

Das synchrone Verhalten ist dadurch gekennzeichnet, daß die Drehzahl unabhängig vom Motormoment bis zu einem Maximalwert (Kippmoment) starr (konstant) bleibt. Eine Momentänderung ist jedoch mit einer Drehwinkeländerung verbunden. Das bedeutet, daß die Synchronmaschine stationär nur drehzahlgenau, nicht aber winkelgenau arbeitet

Für stabiles Verhalten muß darüber hinaus stets $\vartheta < 90°$ gefordert werden, sonst "kippt" die Maschine, d.h. das Motormoment t_M verringert sich, und damit wird die Drehzahl den Punkt n_0 verlassen.

1.6.3 Statische Stabilität im Arbeitspunkt

Die Gleichgewichtsbedingung für Motor- und Widerstandsmoment lautet entsprechend nebenstehender Zählpfeildefinitionen:

$$t_M - t_W = 0$$

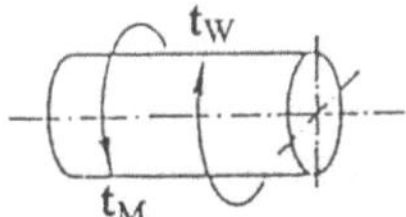

Abb. 1.21

Bei der Untersuchung der statischen Stabilität ist zu prüfen, ob der jeweilige Gleichgewichtspunkt stabil, labil oder indifferent ist (nur Steuerung, keine Regelung).

Graphische Methoden. (Untersuchung im t/n, -Kennlinienfeld, Steuerung).

<u>Beispiel</u>: normierte Widerstandsmomentenkennlinie gegeben normierte Motorkennlinie $t_M = f(n)$;
normierte Widerstandsmomentenkennlinie $t_{W1,2,3} = f(n)$.

In diesem Beispiel werden drei gegebene Gleichgewichtspunkte 1, 2, 3 auf statische Stabilität untersucht.

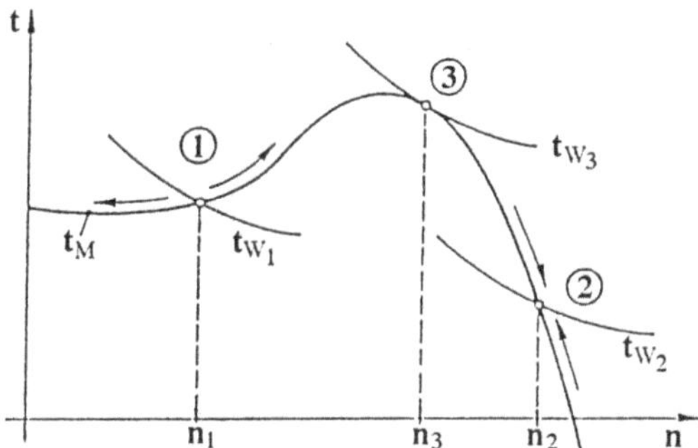

Abb. 1.22

Punkt 1:   Falls $n > n_1 \rightarrow t_M > t_{W1}$,
             $\rightarrow$ der Antrieb wird weiter beschleunigt
             Falls $n < n_1 \rightarrow t_M < t_{W1}$
             $\rightarrow$ der Antrieb wird weiter verzögert
             Beschleunigung und Verzögerung wirken von Punkt 1 weg:
             $\rightarrow$ Punkt 1 ist deshalb ein labiler Betriebspunkt
Punkt 2:   Falls $n > n_2 \rightarrow t_M < t_{W2}$ $\rightarrow$ Verzögerung
             If $n < n_2 \rightarrow t_M > t_{W2}$ $\rightarrow$ Beschleunigung
             Beschleunigung und Verzögerung wirken auf Punkt 2 zu:
             $\rightarrow$ Punkt 2 ist deshalb ein stabiler Betriebspunkt.
Punkt 3:   Grenzfall zwischen stabilem und labilem Betriebspunkt:
             Falls $n > n_3 \rightarrow t_M < t_{W3}$ $\rightarrow$ stabiles Verhalten
             If $n < n_3 \rightarrow t_M < t_{W3}$ $\rightarrow$ labiles Verhalten
             Punkt 3 ist deshalb nicht brauchbar

Bei der Untersuchung der statischen Drehzahlstabilität im Kennlinienfeld wurde angenommen, daß $t_M = f(n)$ und $t_W = f(n)$, rein drehzahlabhängig seien und nicht von der Winkelbeschleunigung abhängen.

Rechnerische Stabilitätsprüfung. Die rechnerische Stabilitätsprüfung kann auf verschiedenen Wegen durchgeführt werden. Der erste Weg ist die Lösung der Differentialgleichung.

$$T_{\Theta N} \, \frac{dn}{dt} = t_M - t_W = t_B$$

mit $t_M = f(n)$, $t_W = f(n)$, am Arbeitspunkt.

Ein anderer Weg ist die Stabilitätsprüfung im Laplace-Bereich. Wenn die Pole des Nennerpolynoms der Übertragungsfunktion in der linken Halbebene des s-Bereichs sind, ist das System stabil.

1.6.4 Bemessung der Antriebsanordnung

Für die Auslegung des Antriebsmotors sind im wesentlichen vier Gesichtspunkte maßgebend:

- benötigte Leistung
- Drehmomentverhalten
- Drehzahlverhalten
- Bauform

Es ist dabei das stationäre und dynamische Verhalten zu berücksichtigen.

Arbeitsmaschinen.

1. *Kennlinienfeld* (Betrieb)

Zunächst wird der Stellbereich der Arbeitsmaschine betrachtet und als T_W - N-Kennlinienfeld dargestellt.

Beispiel: $T_W = f(N)$.

Damit ist der stationäre Drehzahl-Drehmoment-Bedarf (einschließlich der Begrenzung) festgelegt. Auch die Zahl der benötigten Quadranten (Drehmoment-Umkehr, Drehrichtungsumkehr) liegt damit fest. (1)

2. *Stellbereich für Beschleunigen und Bremsen*

Hinzu kommt ein Moment-Stellbereich für Beschleunigen und Bremsen:

a) Beschleunigung und Bremsen des Antriebssystems

$$T_B = J \; 2\pi \frac{dN}{dt} \overset{>}{\underset{<}{}} 0 \qquad (2)$$

(b) Auch für stoßartige oder periodisch schwankende Belastungen kann ein zusätzliches Moment erforderlich sein.   (3)

Beispiele: (Abb.1.23.)

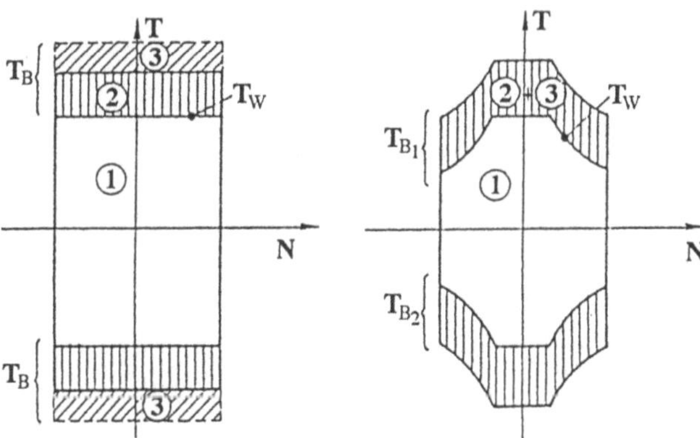

Antriebsmaschinen. Bei der Auswahl der Antriebsmaschine sind zunächst die Betriebspunkte der Arbeitsmaschine zu berücksichtigen. Das erforderliche Motormoment ergibt sich aus

$$T_M = \underbrace{T_W}_{(1)} + \underbrace{T_B}_{(2)+(3)} \; .$$

Auch die Forderung nach einem bestimmten Drehzahlverhalten bei Laständerung

$$\Delta N = f(\Delta T_W)$$

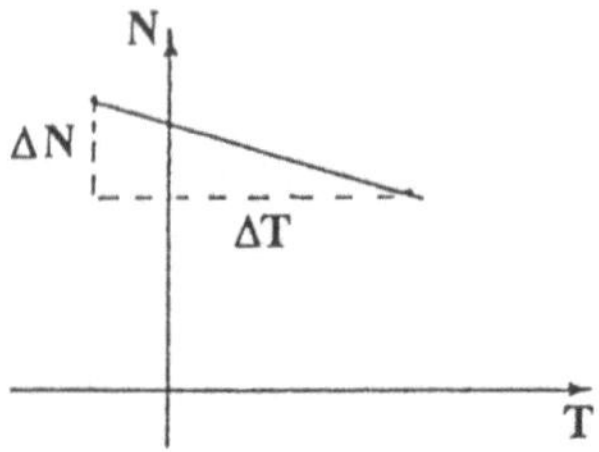

Abb. 1.24

beeinflußt ggf. die Wahl der Motorkennlinien bzw. der Motorart. In jedem Fall muß das Kennlinienfeld $T_M = f\,(n)$ des Motors so festgelegt werden, daß das Kennlinienfeld $T_W\,(n)$ innerhalb der Grenzen des Motorkennlinien-feldes liegt (einschließlich Reserven). Es kann dabei zweckmäßig sein, sich bei der Wahl der Motorkennlinie (und damit der Motorart) an die Lastkennlinien anzupassen. Damit sind auch die Grenzdaten N_{max}, und T_{Mmax} und der N-T- Stellbereich festgelegt.

Beispiel: (Abb.1.25)

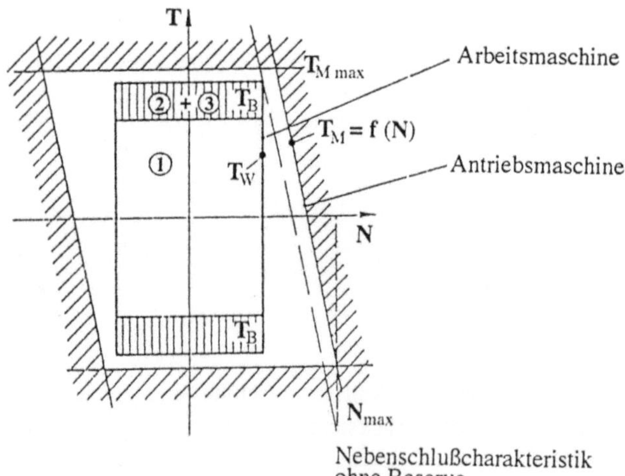

Für die thermische Auslegung der Maschine ist die Betriebsart, d.h. das Belastungs-Zeit-Programm zu berücksichtigen (siehe Kapitel 1.2).

Beispiel:(Abb.1.26)

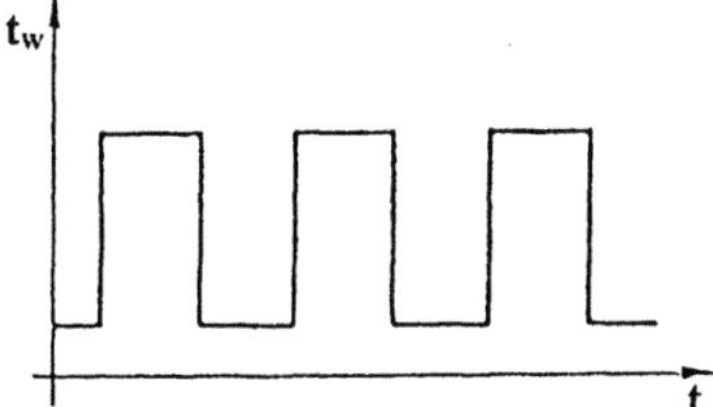

Die Nenndaten des Antriebs sind so zu wählen, daß der Antrieb während des Betriebs thermisch nicht überlastet wird. Dabei ist ein kurzzeitiges Überschreiten der Nenndaten im Rahmen der festgelegten Grenzdaten durchaus zulässig.

Zusätzlich zu den Auslegungskriterien ist es noch zweckmäßig, die Stabilität der Antriebsanordnung (Motor- und Lastverhalten), wie in Kapitel 1.6.3 behandelt, überschlägig zu kontrollieren. Interessante Fälle sind vor allem das Anfahren oder die momentenmäßige Überbelastung der Maschine.

2 Elektrische Motoren

2.1 Gleichstrommotoren

Der Gleichstrommotor ist eine elektrische Maschine, die aufgrund der heute verfügbaren leistungselektronischen Stellglieder sehr einfach in der Drehzahl und im Drehmoment verstellbar ist. Der Aufbau einer Gleichstrommaschine ist im Abb. 2.1 gezeigt. Der Stator besteht aus dem Joch und den Haupt- und Wendepolen, die konzentrierte Wicklungen tragen. Die meisten Maschinen werden mit mehreren Polpaaren ausgeführt, so daß die in Abb. 2.1 dargestellte Folge von Haupt- und Wendepolen sich mehrfach wiederholen. Die Wirkungsweise von zwei- und mehrpoligen Gleichstrommaschinen ist jedoch grundsätzlich gleich. Der Rotor (Anker) trägt eine Wicklung, die in Nuten eingelegt ist. Anfänge und Enden der Ankerspulen sind an den Kommutator angeschlossen, zur Stromabnahme sind zwischen den Hauptpolen in der neutralen Zone (NZ) feststehende Bürsten angeordnet.

Die Funktion einer Gleichstrommaschine kann am Prinzipaufbau erklärt werden. Der Stator der Gleichstrommaschine ist der magnetische Rückschluß für den Erregerfluß. Aus dem Prinzipbild 2.1 ist zu ersehen, daß der Hauptpol der Erregerpol ist, auf den die Erregerwicklung (Feldwicklung) aufgebracht wird. Wird die Erregerspule von einer Gleichspannung U_E gespeist, dann wird sich nach einer Einschwingzeit von ca. $3\,T_E = \frac{3L_E}{R_E}$ (L_E: Erreger-Wicklungsinduktivität, R_E: ohmscher

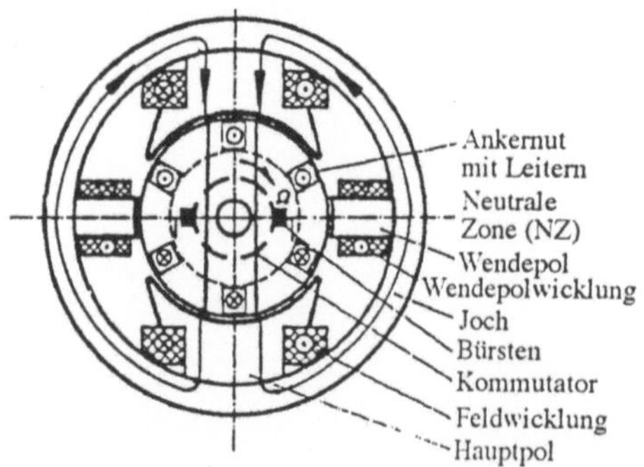

Abb. 2.1. Grundsätzlicher Aufbau einer zweipoligen Gleichstrommaschine

Widerstand der Erregerwicklung) der stationäre Erregerstrom– I_E einstellen, und es wird sich der eingezeichnete Erregerfluß ausbilden. Wird nun an die Ankerwicklung ebenso eine Ankerspannung U_A angelegt, so wird sich nach ca. $3T_A = \frac{3L_A}{R_A}$ (L_A: Ankerwicklungsinduktivität, R_A: ohmscher Widerstand der Ankerwicklung) ein Ankerstrom I_A entstehen. Aufgrund der Konstruktion der Gleichstrommaschine sind nun Fluß- und Ankerstromrichtung senkrecht zueinander ausgerichtet. Somit wird – entsprechend der Dreifinger-Regel – auf jeden Ankerstromleiter im Erregerfeldbereich eine Kraft und damit das resultierende Drehmoment erzeugt. Wenn die Richtung des Anker- oder des Erregerstromes geändert wird, dann ändert sich auch die Richtung der Kraft und damit die Richtung des Drehmoments. Dies sind allerdings nur die allereinfachsten Vorgänge bei der Drehmomenterzeugung.

Wie aus dem Prinzipbild 2.1 weiter zu erkennen ist, gibt es einen Kommutator K und Bürsten. Diese Einrichtungen sind notwendig, um die gleiche Kraft- bzw. Drehmomentrichtung für die obere und die untere Hälfte des Ankers sicherzustellen. Der Kommutator hat somit die Aufgabe, die Stromrichtung nach der neutralen (feldfreien) Zone umzukehren (Stromwendung, Kommutierung). Aus dem Prinzipbild 2.1 ist abzuleiten, daß durch den Kommutator und die Bürsten Ankerspulen kurzgeschlossen werden. Durch das erzwungene dI_a/dt des Ankerstroms während der Kommutierung wird eine Spannung in den kurzgeschlossenen Ankerwicklungen induziert, die die Stromwendung verzögert. Es entsteht dadurch bedingt an der ablaufenden Bürstenkante eine hohe Stromdichte, die zu Bürstenfeuer führen kann. Dieses Bürstenfeuer beschädigt den Kommutator und die Bürsten. Um das Bürstenfeuer zu vermeiden, muß entweder das dI_a/dt klein genug gehalten werden – dies führt zu einer Einschränkung des Drehzahlbereichs – oder es muß eine Wendepolwicklung vorgesehen sein. Diese Wendepolwicklung ist vom Ankerstrom I_A durchflossen und erzeugt ein Magnetfeld, das in den kurzgeschlossenen Ankerspulen eine Spannung erzeugt, die der ursprünglichen Wendespannung entgegengesetzt ist; somit wird die Stromwendung nicht mehr verzögert und das Bürstenfeuer vermieden.

Aus dem Prinzipbild ist weiterhin zu erkennen, daß durch die Erregerspule das eingezeichnete Erregerfeld im Luftspalt erzeugt wird. Zusätzlich wird aber auch durch den Ankerstrom ein entsprechendes Ankerquerfeld aufgebaut. Beide Felder überlagern sich und führen an der ablaufenden Kante der Erregerpolrichtung zu Flußerhöhungen und aufgrund der Hysteresekennlinie des Eisens zur Sättigung und damit zu einer Schwächung des resultierenden Feldes. Diese Feldverzerrung kann durch eine Kompensationswicklung, die im Hauptpol untergebracht ist und die ebenso vom Ankerstrom I_A durchflossen ist, vermieden werden.

Gleichstrommaschinen werden heute im allgemeinen von Stromrichter-Stellgliedern gespeist. Da die Spannungen und somit die Ströme dieser Stellglieder Wechselspannungs- und Wechselstromanteile enthalten, müssen die Anker- und Erregerkreise lameliert ausgeführt werden.

Die Funktion der Gleichstrommaschine ist im Kapitel 3 "Gleichstrommaschine"' ausführlich beschrieben. In diesem Kapitel werden die vier Grundgleichungen erläutert, und es wird außerdem ein Signalflußplan abgeleitet. Aus diesem Signalflußplan kann grundsätzlich das Betriebsverhalten bei einer Änderung der Ankerspannung U_{A_i}, eine Änderung des Erregerflusses Ψ, oder eine Änderung des Lastmomentes T_W. vorausgesagt werden. Zusätzlich zu dem Signalflußplan sind außerdem die Übertragungsfunktionen im folgenden Kapitel dargestellt. Die Übertragungsfunktionen sind systemtechnische Gleichungen, die sowohl das statische als auch das dynamische Verhalten beschreiben. Zum grundsätzlichen Verständnis der Übertragungsfunktionen ist zu bemerken, daß eine Übertragungsfunktion ein Eingangssignal betrachtet und Auskunft gibt, wie sich das gewählte Ausgangssignal bei einer Änderung des vorausgesetzten Eingangssignals verhält. Wenn nur das stationäre Verhalten gefragt ist, dann können bei diesen Übertragungsfunktionen alle Terme mit dem Buchstaben $s = 0$ gesetzt werden, und es ergibt sich die Übertragungsfunktion im stationären Zustand. Weiterhin sind in diesem Kapitel auch grundsätzliche Aussagen gegeben, wie das Übergangsverhalten ist, d. h. das dynamische Verhalten der Ausgangsgröße bei einer Änderung der Eingangsgröße mit sprungförmiger Verstellung.

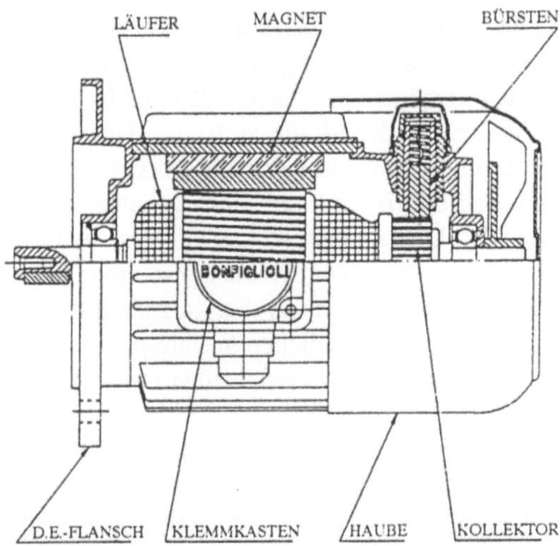

Abb. 2.2. Bauform einer Gleichstrommaschine

2.2 Drehfeldmaschinen

Drehfeldmaschinen können Drehstrom-Asynchronmaschinen oder Drehstrom-Synchronmaschinen sein. Die Funktion der Drehfeld-Asynchronmaschine wird ausführlich in Kapitel 5 und die der Drehfeld-Synchronmaschine in Kapitel 6 dargestellt.

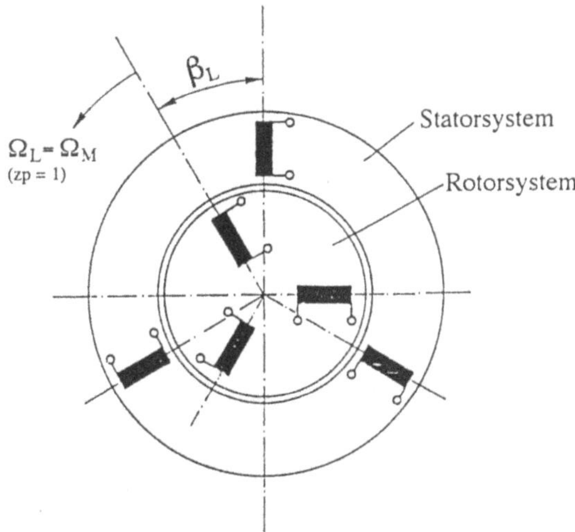

Abb. 2.3. Prinzipbild der allgemeinen Drehfeldmaschine

In diesem Kapitel soll nur der prinzipielle Aufbau und die Funktion beider Maschinentypen erläutert werden. Bei beiden Drehfeldmaschinen befindet sich im Stator im einfachsten Fall eine symmetrische Dreiphasenwicklung.

Bei der Asynchronmaschine kann nun im Rotor ebenso eine dreiphasige Wicklung oder eine mehrphasige Wicklung (Käfigläufer) eingebaut sein. Im ersten Fall wird die dreiphasige Wicklung des Rotors in Stern geschaltet und die freien Enden der drei Wicklungen werden an Schleifringe geführt. Die Schleifringe können nun entweder kurzgeschlossen oder an Widerstände oder an ein leistungselektronisches Stellglied angeschlossen sein. Im zweiten Fall sind die Mehrphasenwicklungen in der Realität Leiterstäbe im Rotor, die an beiden Enden durch ein Ringleiter (Käfig) kurzgeschlossen sind. Prinzipiell sind sowohl der Rotor als auch der Stator geblecht ausgeführt. Statt der Dreiphasenwicklung im Stator werden bei Umrichterantrieben mit Asynchronmaschinen teilweise 5-phasige oder zwei 3-phasige Wicklungssysteme, die um 30 Grad elektrisch ersetzt sind, ausgeführt. Dies führt zu einer Verringerung der Harmonischen im Drehmoment bei gewissen Umrichterantrieben.

Bei der Synchronmaschine gibt es grundsätzlich zwei Ausführungen des Rotors. Die erste Ausführung ist die Schenkelpol-Ausführung. In diesem Fall ist der Rotor mit ausgeprägten Polen ausgeführt und es befindet sich auf dem Rotor eine Wicklung, der ein Erreger-Gleichstrom (I_E) eingeprägt ist. Eine andere Ausführung zeigt die Abb. 2.5. Hier ist zusätzlich zur Erregerwicklung noch eine dreiphasige Dämpferwicklung $(L_D,\ L_Q$; Darstellung im d-q System) eingezeichnet.

Diese Dämpferwicklung ist bei einigen Umrichterantrieben mit Synchronmaschinen wichtig, um die Kommutierung der Statorströme von einer Statorwicklung zur anderen Statorwicklung zu verbessern (kürzere Zeitdauer). Eine grundsätzlich

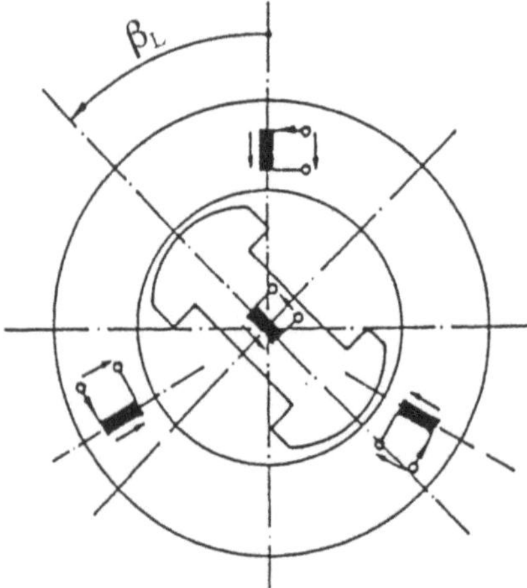

Abb. 2.4. Synchronmaschine (Schenkelpolmaschine) ohne Dämpferwicklung (Darstellung der Wicklungssysteme)

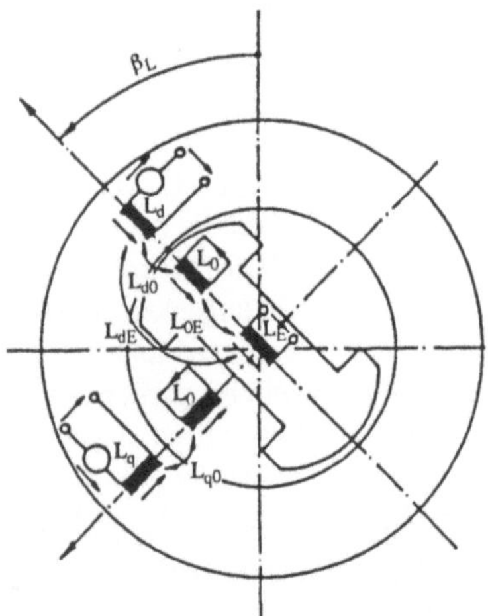

Abb. 2.5. Synchronmaschine (Schenkelpolmaschine) mit Dämpferwicklung (Darstellung d-q-System)

andere Ausführung des Rotors ist bei der Synchron-Vollpolmaschine gegeben. In diesem Fall sind die Pole nicht ausgeprägt wie bei der Schenkelpolmaschine, sondern der Rotor ist symmetrisch aufgebaut. Allerdings ist wie bei der Schenkelpolmaschine entweder nur eine Erregerwicklung oder eine Erreger- und die Dämpferwicklung vorhanden.

Eine moderne Abwandlung der Drehfeldmaschinen sind die permanent-erregten Maschinen. Bei diesen Maschinen werden statt der gleichstromerregten Wicklung wie bei der Synchronmaschine nun Permanent-Magnete am Umfang des Rotors so angeordnet, daß sich ein Feld prinzipiell wie bei der Schenkelpolmaschine ergibt. Je nach Ausführung wird dabei zwischen der permanent-erregten Synchronmaschine oder der bürstenlosen Gleichstrommaschine unterschieden. Eine genauere Darstellung wird in Kapitel 9 gegeben.

2.2.1 Prinzipielle Wirkungsweise der Drehfeldmaschinen

Wenn an eine dreiphasige, symmetrische Statorwicklung ein symmetrisches Drehspannungssystem angeschlossen wird, dann wird sich nach dem Abklingen der transienten Übergangsvorgänge ein dreiphasiges, symmetrisches Drehstromsystem in den drei Wicklungen des Stators ausbilden. Wesentlich ist, daß die drei Ströme in den drei Wicklungen nun erstens um je 120 Grad elektrisch und somit zeitlich versetzt sind (je 120 Grad Phasenverschiebung), und daß zweitens die Wicklungen ebenso um 120 Grad elektrisch räumlich versetzt sind. Aufgrund der zeitlichen und der räumlichen Versetzung wird sich ein resultierender Raumzeiger des Statorstroms ausbilden, der mit der Statorkreisfrequenz Ω_1 (Statorfrequenz F_1) im Luftspalt umläuft (ausführliche Ableitung siehe Kapitel 5.1). Ebenso wie der Strom-Raumzeiger können der sich ausbildende Fluß-Raumzeiger oder der Spannungs-Raumzeiger des Stators bestimmt werden.

Bei der Asynchronmaschine mit kurzgeschlossenen Wicklungen des Rotors wird nun das umlaufende Drehfeld in den kurzgeschlossenen Wicklungen des Rotors Spannungen induzieren, die zu einem Spannungs-Raumzeiger des Rotors und damit zu einem entsprechenden Strom-Raumzeiger führen. Durch das Zusammenwirken des Feld-Raumzeigers und des Strom-Raumzeigers entsteht ein Drehmoment, das an der Rotorwelle verfügbar ist.

Wesentlich bei dieser Überlegung ist dabei, daß Spannungen im Rotor nur dann induziert werden können, wenn eine Relativgeschwindigkeit der Rotorwicklung (Rotorstäbe) zu dem mit F_1 umlaufenden Feld-Raumzeiger des Stators besteht. Dies bedeutet, daß im Motorbetrieb die Drehzahl des Rotors immer kleiner als die synchrone Drehzahl $n_S = 60F_1/Z_p$ (Z_p: Polpaarzahl der Asynchronmaschine) sein muß.

Z_p	1	2	3	4	5	6	
Drehzahl							
n_S							
50Hz	3000	1500	1000	750	600	50	min^{-1}
60Hz	3600	1800	1200	900	720	600	min^{-1}

denn bei n_s besteht keine Relativgeschwindigkeit mehr. Die Relativgeschwindigkeit wird durch die Größe Schlupf s gekennzeichnet:

$$s = \frac{n_S - n}{n_S} \, 100 \text{ in \% }.$$

Generell gilt somit: Bei $s = 0$, wird kein Drehmoment von der Asynchronmaschine erzeugt. Mit zunehmendem s , d. h. größer werdender Relativgeschwindigkeit, wird der induzierte Spannungs-Raumzeiger und somit der Strom-Raumzeiger des Rotors zunehmen und damit prinzipiell auch das Drehmoment. Bei der Aussage "zunehmendes Drehmoment mit zunehmender Drehzahl" muß allerdings beachtet werden, daß mit steigender Relativgeschwindigkeit auch die Frequenz F_2 der induzierten Spannungen und der resultierten Ströme im Rotor zunimmt. Dadurch bedingt, muß außer dem Rotorwiderstand R_2 , auch der induktive Widerstand X_2, beachtet werden, der eine Funktion der Frequenz F_2 ist. Aufgrund des komplexen Widerstandes kann nun das Drehmoment nicht beliebig mit zunehmender Frequenz F_2 und damit zunehmendem Schlupf ebenfalls ansteigen, sondern es wird sich ein günstigster Zustand für ein maximales Drehmoment ergeben, und danach wird das Drehmoment mit weiter zunehmendem Schlupf, d. h. weiter zunehmender Frequenz F_2, abnehmen.

Aus den obigen Gleichungen ist eine weitere Möglichkeit zur Veränderung der Drehzahl zu entnehmen. Wird die Polpaarzahl Z_p des Motors geändert, dann werden sich die synchronen Drehzahlen entsprechend der obigen Tabelle einstellen. Grundsätzlich ist es somit möglich, Maschinen zu verwenden, die polumschaltbar sind und die damit unterschiedliche synchrone Drehzahlen n_S aufweisen.

Aus den übrigen Überlegungen ist weiterhin abzuleiten, daß Asynchronmaschinen auch oberhalb der synchronen Drehzahl n_S betrieben werden können, denn es besteht auch in diesem Betriebsbereich eine Relativgeschwindigkeit zwischen dem mit $\bar{\psi}_1$ umlaufenden Feld-Raumzeiger und der Rotorwicklung. In diesem Falle muß allerdings das Drehmoment negativ sein, d. h. die Asynchronmaschine speist über die Welle an das Netz Energie zurück und arbeitet somit generatorisch. Der prinzipielle Drehmomentenverlauf ist spiegelsymmetrisch zum Verlauf unterhalb der Drehzahl n_S. Der Verlauf des Drehmoments M über der Drehzahl n, bzw. dem Schlupf s, ist abhängig von der Konstruktion, z.B. der Polpaarzahl, und hier insbesondere der elektromagnetischen Auslegung, der angelegten Spannung sowie der Leistungsauslegung.

Die prinzipiellen Verläufe von Drehmoment über Drehzahl, Statorstrom über Drehzahl und Leistungsfaktor über Drehzahl sind in Abb. 2.6 dargestellt. Die Eigenschaft ist vom Bauform der Maschine, Polpaar Z_p und sehr wichtig vom Schlupfbauform und Rotorwicklungen abhängig. Wie schon erläutert, steigt das Drehmoment mit zunehmendem Schlupf s bis zum Kippmoment T_K und dem Kippschlupf s_K . Bei $s > s_K$ fällt das Drehmoment mit zunehmendem Schlupf ab und kann – je nach elektromechanischer Auslegung bei $s \approx 1$ wieder zunehmen. Ob und inwieweit das Moment bei $s \sim 1$ fällt oder ansteigt ist insbesondere von der Läuferkonstruktion abhängig (Fig. 2.7).

Das Verhalten mit Tiefnutläufer ist immer dann erwünscht, wenn die Asynchronmaschine am Umrichter betrieben wird (eventuell ohne Tachomaschine), und mit zunehmendem Drehmoment nur ein kleiner Drehzahlabfall auftritt. Das Verhalten mit Widerstandsläufer, oder noch besser mit Doppelnutläufer, ist vorteilhaft immer bei direktem Anschluss an das versorgende Drehspannungssystem und An-

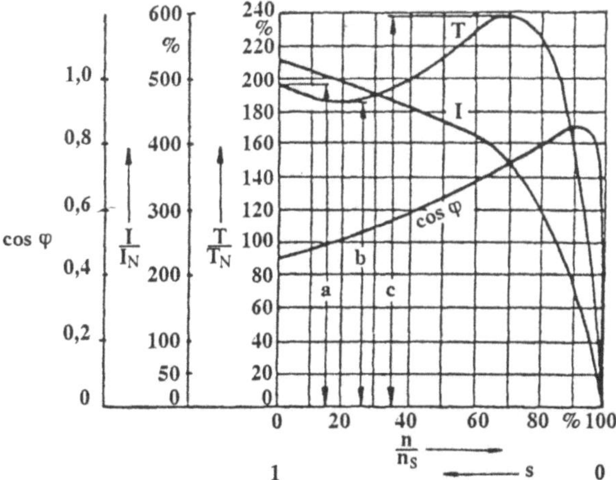

Abb. 2.6. Kennlinien von Strom, Drehmoment und Leistungsfaktor eines Drehstrom-Käfigläufermotors

laßvorgängen. Bei Anlaßvorgängen ist zu beachten, daß der Anlaufstrom ein Mehrfaches des Nennstroms sein wird. In diesem Fall empfiehlt sich der Stern-Dreieck-Anlauf, d. h. die Statorwicklungen werden zuerst im Stern und danach im Dreieck geschaltet. Dies hat den Vorteil der Verringerung der Anlaufströme; aufgrund der um $\sqrt{3}$ verringerten Spannungen an den Wicklungen sinkt allerdings das verfügbare Drehmoment mit dem Quadrat der Spannung und damit auf ein Drittel des Anlaufmoments!

a = Anzugsmoment
b = Sattelmoment
c = Kippmoment

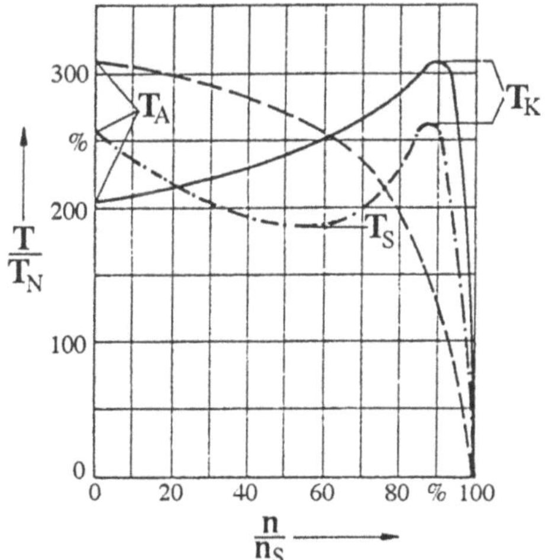

Abb. 2.7. Anlaufkennlinien verschiedener Drehstrommotoren mit Käfigläufer

T_A = Anzugsmoment
T_S = Sattelmoment
T_K = Kippmoment

Es gilt somit zu überprüfen, ob dieses Vorgehen bei eventuellem Gegenmoment noch zulässig ist.

Die gleiche Problematik der Drehmomentbeeinflussung gilt auch bei einer Spannungsabsenkung des Netzes und ist somit zu beachten bei Spannungsabsenkungen über 5%.

Eine gesteuerte Spannungsabsenkung kann auch durch einen Drehstromsteller erreicht werden, d. h. mit drei antiparallelen Thyristorpaaren in den drei Zuleitungen der Ständerwicklungen. Durch Änderung der Steuerwinkel α der Thyristoren von $\alpha = 0$ auf $\alpha = 180°$ kann die resultierende Spannung an den Ständerwicklungen vom Maximalwert bis auf Null verringert werden und so die Drehmoment-Drehzahl-Kennlinie gändert werden.

Allerdings werden durch die Steuerung des Winkels α, nur Spannungsabschnitte des Drehspannungssystems zur Asynchronmaschine durchgeschaltet und somit der Anteil der Harmonischen deutlich erhöht. Dies ist ungünstig aufgrund der erhöhten Verluste, so daß die Asynchronmaschine nicht mit der Nennleistung betrieben werden kann.

Eine andere Möglichkeit für den Anlauf ist die Verwendung von polumschaltbaren Motoren.

Eine zusätzliche Möglichkeit ist die Verwendung von Schleifringläufermotoren, bei denen an die Schleifringe ohmsche Widerstände angeschlossen werden, um das Kippmoment zum Punkt $s = 1$ zu verschieben. (siehe Kapitel 5.3). Die systemtechnisch vorteilhafteste – aber auch aufwendigste – Lösung ist der Einsatz von Umrichtern. In diesem Fall bleibt die Nebenschlusscharakteristik der Asynchronmaschine erhalten, d. h. ausgehend von $s = 0$ bis $s = s_{Nenn}$ bzw. s = s_K kann die Charakteristik zu jeder Drehzahl unterhalb der synchronen Drehzahl verschoben werden.

Die Forderung bei diesem Vorgehen ist allerdings, daß der Fluß in der Maschine konstant gehalten wird. Dies kann nur dadurch erreicht werden, indem bei steigender Drehzahl vom Umrichter ein Drehspannungssystem mit zunehmender Amplitude und zunehmender Frequenz zur Verfügung gestellt wird.

Genauere Ausführungen über die Funktion der Asynchronmaschine an sich oder über die Funktion von Umrichterantrieben sind in den Kapiteln 5 und 7 zu finden. Abschließend sei darauf hingewiesen, daß dreiphasige Asynchronmotoren auch von einem Einphasensystem (Wechselstromsystem) gespeist werden können. In diesem Fall muß die dritte Wicklung über einen Kondensator an das Wechselspannungssystem angeschlossen werden. Durch diesen Kondensator kann ein Drehspannungssystem erzeugt werden, dies gilt allerdings nur für den betreffenden Arbeitspunkt.

2.2.2 Synchronmaschine

Die Synchronmaschine hat wie die Asynchronmaschine ein im allgemeinen drei-phasiges Statorwicklungssystem, das von einem symmetrischen Drehspannungs-system gespeist wird. Es gelten somit die gleichen Überlegungen bezüglich des Stator-Fluß-Raumzeigers.

Wie nun außerdem schon beschrieben, besitzt der Läufer eine vom Gleichstrom durchflossene Erregerwicklung. Das Läufersystem "Eisenkonstruktion und gleich-stromdurchflossene Erregerwicklung" verhält sich somit wie ein Magnet. Da der Stator-Fluß-Raumzeiger im stationären Betrieb mit F_1/Z_p umläuft, wird der Magnet vom umlaufenden Stator-Fluß mitgenommen. Die Drehzahl des Läufers ist daher:

$$N = \frac{F_1}{Z_P}$$

Es ist weiterhin verständlich, daß bei einer Belastung der Synchronmaschine mit Drehmoment, der Läufer ausgelenkt und mit einer Winkeldifferenz zum Läufer-Fluß-Raumzeiger umläuft, d. h. es ist zwar eine konstante Drehzahl gegeben – nicht aber eine konstante Winkellage zum Stator-Fluß-Raumzeiger. Der Winkel zwischen Läuferlage und Stator-Fluß-Raumzeiger darf gesteuert maximal 90 Grad elektrisch sein, da bei diesem Winkel das maximale Drehmoment auftritt.

Eine genauere mathematische Darstellung erfolgt in Kapitel 6. Synchronmaschi-nen kleiner und mittlerer Leistung werden aufgrund ihres aufwendigen Aufbaus im allgemeinen nur bei drehzahl- und drehmomentvariablen Umrichterantrieben ein-gesetzt.

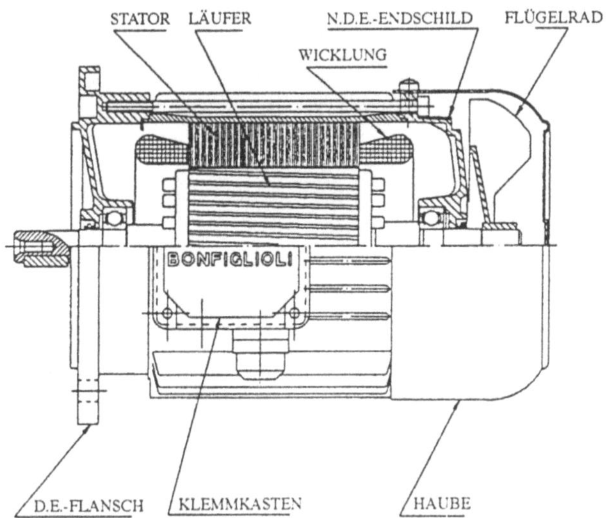

Abb. 2.8. Bauform einer Asynchronmaschine

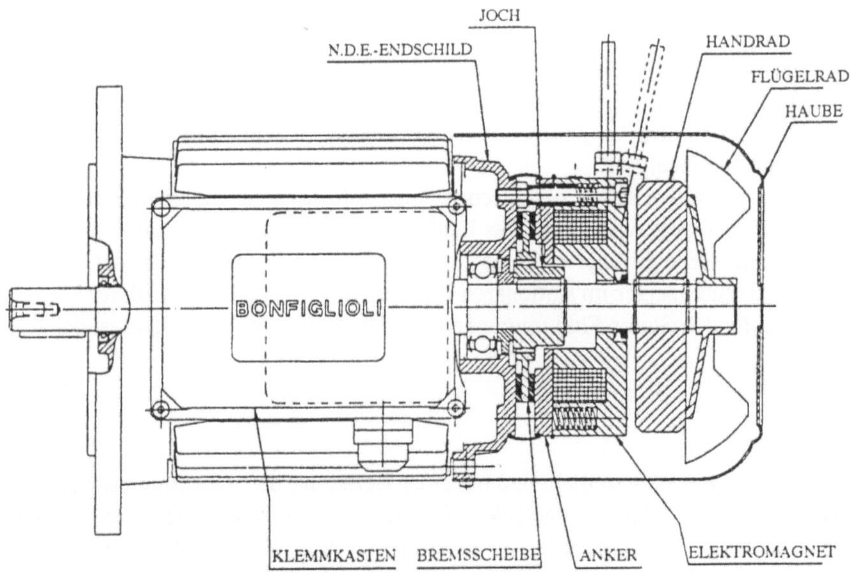

Abb. 2.9. Bauform einer Asynchronmaschine mit anderer Bremsung

3 Gleichstrommaschine

Wie schon in den obigen Kapiteln ausgeführt, ist die Gleichstrommaschine eine besonders einfach im Drehmoment und in der Drehzahl verstellbare Antriebsmaschine. Prinzipiell gibt es den Eingriff im Ankerkreis und im Feldkreis. Beim Eingriff in den Ankerkreis wird im allgemeinen der Feldkreis im Nennpunkt betrieben (Nenn-Erregerstrom, Nenn-Erregerfluß), und die Ankerspannung U_A bzw. der Ankerstrom I_A. verstellt. Umgekehrt verhält es sich beim Eingriff in den Feldkreis, bei dem nur der Erregerstrom I_E und damit der Fluß ψ verstellt, die Ankerspannung aber konstant gehalten wird. Da die Simulation inzwischen ein allgemein verfügbares Werkzeug ist, soll zuerst der Signalflußplan der Gleichstromnebenschußmaschine (Fremderregung) abgeleitet werden.

3.1 Signalfluß Gleichstromnebenschlußmaschine (fremderregt), Ankerkreis

Ansatz: idealisierte Gleichstromnebenschlußmaschine,
        d.h. keine Bürstenübergangsspannung,
        keine Ankerrückwirkung,
        keine Reibungs- und Lüfterverluste,
        keine Sättigung der Induktivitäten im Ankerkreis.

        keine Sättigung im Erregerkreis
        U_A : Ankerspannung
        I_A : Ankerstrom
        I_E : Erregerstrom, Ψ verketteter Fluß
        E_A : EMK
        N : Drehzahl

Es gelten die Grundgleichungen (Ankerkreis):

$$U_A \;=\; E_A + I_A \cdot R_A + L_A \frac{dI_A}{dt} \tag{1}$$

$$E_A = C_E \, N \, \Psi \tag{2}$$

$$T_{Mi} = C_M \, I_A \, \Psi \tag{3}$$

$$C_M = \frac{C_E}{2\pi}$$

$$T_{Mi} - T_W = J \, \frac{d\Omega}{dt} \; ; \qquad J = \text{konst.} \tag{4}$$

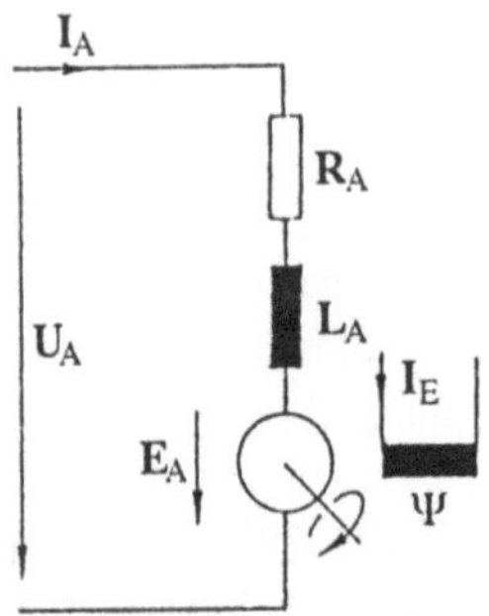

Abb. 3.1. Prinzipschaltplan einer Gleichstromnebenschlußmaschine

Um das Vorgehen zur Ableitung des Signalflußplans exemplarisch darzustellen, sollen für die Funktionsblöcke aus den Gleichungen im Zeitbereich die Übertragungsfunktionen in den s-Bereich (Bildbereich) abgeleitet werden. Mit diesen Übertragungsfunktionen der Funktionsblöcke werden dann später die für die Steuerung und Regelung wesentlichen Gesamt-Übertragungsfunktionen berechnet und diskutiert. Die drei exemplarischen Funktionsblöcke sind durch die Gleichungen (1), (3) und (4) beschrieben.

1. Gleichung:

$$U_A - E_A = I_A \, R_A + L_A \, \frac{dI_A}{dt}$$

$$L\left[U_A - E_A\right] = L\left[I_A \, R_A + L_A \, \frac{dI_A}{dt}\right]$$

$$U_A(s) - E_A(s) = I_A(s)\left[R_A + sL_A\right] \qquad I_A(+0) = 0 \; .$$

Durch Umformen der Gleichung im s-Bereich ergibt sich die betreffende Übertragungsfunktion des Funktionsblocks und damit der Signalflußplan

Übertragungsfunktion:

$$G_A(s) = \frac{I_A(s)}{U_A(s) - E_A(s)} \qquad = \frac{1}{R_A + L_A s} \qquad = \qquad \frac{1}{R_A} \; \frac{1}{1 + \dfrac{L_A}{R_A} s}$$

$$G_A(s) = \frac{1}{R_A} \cdot \frac{1}{1 + T_A s} \qquad T_A = \frac{L_A}{R_A} : \text{Ankerzeitkonstante.}$$

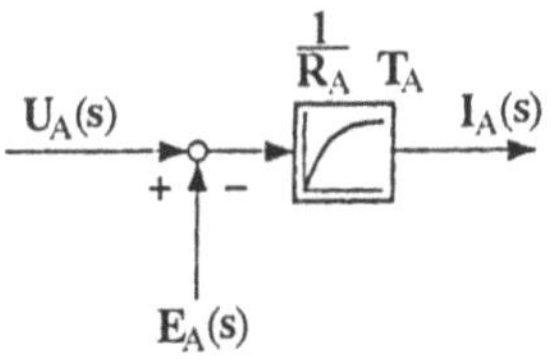

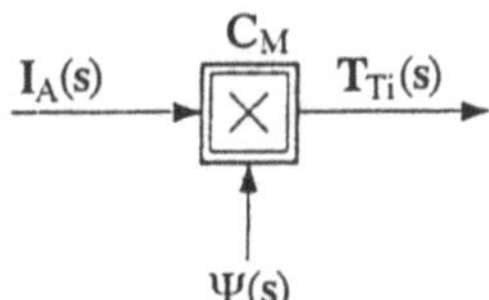

Abb. 3.2. Signalflußplan: Ankerstrom

2. Gleichung:

$$T_{Mi} = C_M \, I_A \, \Psi$$

$$T_{Mi}(s) = C_M \, \Psi(s) * I_A(s)$$

komplexe Faltung $\qquad \Psi(t) \; I_A(t) \quad o\!-\!\bullet \quad \dfrac{1}{2\pi j} \displaystyle\int\limits_{x-j\infty}^{x+j\infty} f_1(\tau) f_2(s-\tau)d\tau \; .$

Abb. 3.3. Signalflußplan Momentenbildung

3. Gleichung:

$$T_{Mi} - T_W = J \, \frac{d\Omega}{dt}$$

$$T_{Mi}(s) - T_W(s) = J s \, \Omega(s) \qquad\qquad \Omega(+0) = 0$$

$$G_M(s) = \frac{\Omega(s)}{T_{Mi}(s) - T_W(s)} = \frac{1}{J s} \; .$$

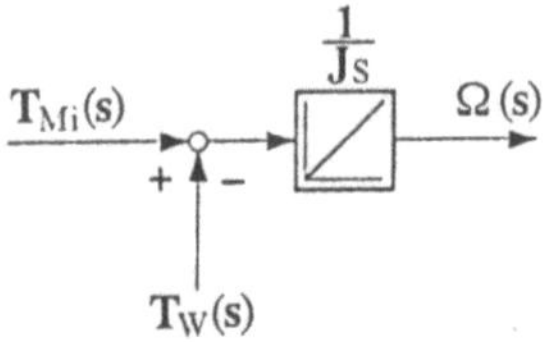

Abb. 3.4. Signalflußplan mechanischer Teil

Die Umformung der zweiten Gleichung verläuft gleich wie bei der dritten Gleichung.

Damit ergibt sich der Signalflußplan des Ankerkreises der Gleichstromnebenschlußmaschine.

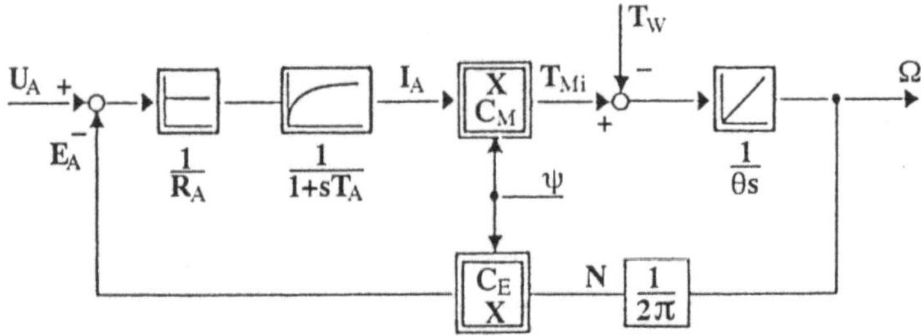

Abb. 3.5. Signalflußplan: Gleichstromnebemschlußmaschine

Dieser Signalflußplan stellt die statischen und dynamischen Abhängigkeiten des Ankerkreises dar. Wenn beispielsweise die Ankerspannung U_A erhöht wird, ausgehend von einem Gleichgewichtszustand mit Ω_0 (Arbeitspunkt), dann wird sich der Ankerstrom I_A, und damit das Drehmoment T_{Mi} sowie das Beschleunigungsmoment T_B erhöhen. Diese Erhöhung von T_B führt zu einer Beschleunigung des Ankerrotors (Trägheitsmoment J) und damit zu einer Erhöhung der Winkelgeschwindigkeit Ω sowie der EMK E_A. Dadurch bedingt wird sich die Spannungsdifferenz $U_A - E_A$ verringern und ebenso der Zuwachs von I_A. Im stationären Endzustand wird beispielsweise - idealisiert bei $T_W = 0$, die EMK E_A gleich der Ankerspannung U_A, sein, d.h. $U_A - E_A = 0$, damit wird $I_A = T_{Mi} = T_B = 0$ und $\Omega = U_A / C_M \psi$. In gleicher Weise lassen sich Eingriffe bei T_W und Ψ verstehen.

3.1.1. Normierung

Bei der Simulation eines Systems müssen die Gleichungen normiert werden, da im Rechner nur Zahlenwerte verfügbar sind.

Als Bezugsgrößen werden Nennwerte der Gleichstromnebenschlußmaschine gewählt:

U_{AN}	Ankernennspannung
I_{AN}	Ankernennstrom
Ψ_N	Nennfluß
T_{iN}	Nenn-Luftspaltmoment
N_{0N}	ideelle Leerlauf-Nenndrehzahl
	(bei $U_A = U_{AN}, \Psi = \Psi_N$ und T_{Mi})
$\Omega_{0N} = 2\pi N_{0N}$	ideelle Leerlauf-Nennwinkelgeschwindigkeit
	(mit $U_A = U_{AN}, \Psi = \Psi_N$ und $T_{Mi} = 0$)
$P_{0N} = U_{AN} I_{AN}$	Elektrische Nennleistung
$R_{AN} = \dfrac{U_{AN}}{I_{AN}}$	Bezugswiderstand

Einige Nennwerte sind keine Bezugsgrößen:

$T_N = \eta_{mech} T_{iN}$	Nennmoment (η_{mech} mechanischer Wirkungsgrad)
$N_N = \eta_{el} N_{0N}$	Nenndrehzahl (η_{el} elektrischer Wirkungsgrad)
$P_N = 2\pi N_N T_N = \eta P_{0N}$	Nennleistung ($\eta = \eta_{mech} \cdot \eta_{el}$: Ankerwirkungsgrad).

Den Zusammenhang zwischen Bezugsgrößen und den Maschinenkonstanten erhält man durch Einsetzen in die unnormierten Gleichungen der Gleichstromnebenschlußmaschine:

$$E_{AN} = C_E\, \Psi_N\, N_{0N} = U_{AN} \quad \Big|_{I_A = 0}$$

$$T_{iN} = C_M\, \Psi_N\, I_{AN} = \frac{T_N}{\eta_{mech}}$$

$$\Omega_{0N} = 2\pi N_{0N} = 2\pi \frac{U_{AN}}{C_E \Psi_N}\Big|_{I_A = 0} .$$

Normierung 1. Gleichung

$$U_A - E_A = I_A R_A + L_A \frac{dI_A}{dt}$$

$$\frac{\dfrac{U_A}{U_{AN}} - \dfrac{E_A}{U_{AN}}}{\left(\dfrac{I_{AN}}{U_{AN}}\right) R_A} = \frac{I_A}{I_{AN}} + \frac{L_A}{R_A}\, \frac{d\dfrac{I_A}{I_{AN}}}{dt}$$

$$\frac{U_A}{U_{AN}} = u_A; \quad \frac{E_A}{U_{AN}} = \frac{E_A}{E_{AN}} = e_A; \quad \frac{I_A}{I_{AN}} = i_A$$

$$\frac{R_A}{\frac{U_{AN}}{I_{AN}}} = r_A;; \qquad \frac{L_A}{R_A} = T_A \qquad\qquad T_A : \text{Ankerzeitkonstante.}$$

Damit gilt:

$$\boxed{\frac{u_A - e_A}{r_A} = i_A + T_A \frac{di_A}{dt}} \qquad\qquad \to G_A(s) = \frac{1}{r_A} \; \frac{1}{1 + sT_A}$$

Dgl. 1. Ordnung   Übertragungsfunktion

Zeitbereich: $i_A(t) = \dfrac{|(u_A - e_A)|0}{\tau r_A} \left(\left(1 - e^{-t/T_A}\right)\right)$

bei $\;|(u_A - e_A)|0 \cdot \sigma(t) \qquad$ Anregung.

In gleicher Weise sind die drei anderen Gleichungen zu normieren. Es ergeben sich:

2. Gleichung

$$\boxed{\frac{N}{N_{0N}} = \frac{\Omega}{\Omega_{0N}} = n = \omega} \qquad\qquad \frac{\Psi}{\Psi_N} = \psi; \; \frac{E_A}{E_{AN}} = e_A$$

also:

$$\boxed{e_A = n\,\psi = \omega\,\psi} \qquad\qquad\qquad \text{Nichtlinearität, } NL'$$

3. Gleichung

$$\frac{\Psi}{\Psi_N} = \psi; \frac{I_A}{I_{AN}} = i_A; \frac{T_{Mi}}{T_{iN}} = t_{Mi}$$

$$\boxed{t_{Mi} = \psi\, i_A} \qquad\qquad\qquad\quad \text{Nichtlinearität, } NL'$$

4. Gleichung

$$\frac{J\,\Omega_{0N}}{T_{iN}} = T_{\Theta N}$$

also:

$$t_{Mi} - t_W = t_M - t_W = T_{\Theta N}\ \frac{dn}{dt} = T_{\Theta N}\ \frac{d\omega}{dt}\ .$$

Übertragungsfunktion:$\quad \dfrac{n(s)}{t_{Mi}(s) - t_W(s)} = \dfrac{1}{sT_{\Theta N}} = G_M(s)\ .$

Lösung im Zeitbereich:

$$n(t) = |(t_M - t_W)|_0 \cdot \frac{t}{T_{\Theta N}}\ \text{mit}\ |\ (t_M - t_W)\ |\ _0 \cdot \sigma(t)\,\text{Anregung.}$$

Damit ergibt sich folgender normierter Signalflußplan:

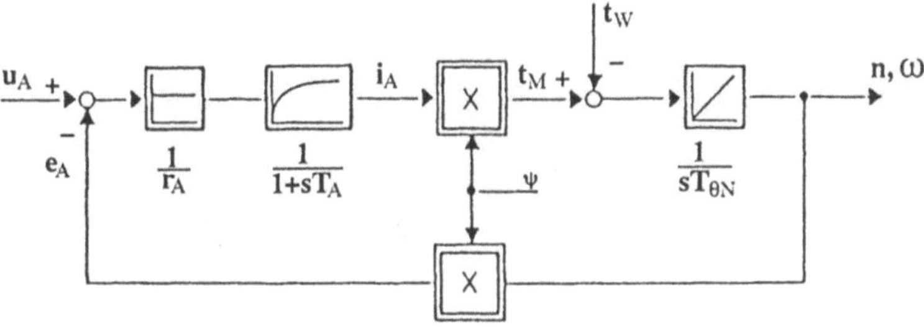

Abb. 3.6. Normierter Signalflußplan

Beachte: wenn $\Psi = \Psi_N$, dann ist $i_A = t_M$ und $\quad n = e_A = \omega$.

3.1.2 Feldkreis – Erregerkreis

Wesentlich beim Feldkreis ist der nichtlineare Zusammenhang zwischen dem Erregerstrom I_E bzw. der magnetischen Feldstärke H und der magnetischen Flußdichte B bzw. dem Fluß Ψ. Dadurch bedingt muß zwischen Gleichstrom- und Wechselstromwerten unterschieden werden.

$\Psi = L_E\, I_E$$\qquad\qquad$ Nichtlineare Funktion

$L_{EN} = \dfrac{\Psi_N}{I_{EN}}$$\qquad\qquad$ Nenninduktivität (Gleichstromwert)

$L_{Ed} = \dfrac{\Delta\Psi}{\Delta I_E} = f(\Psi)$$\qquad$ Differentielle Induktivität (Wechselstromwert)

$\qquad\qquad\qquad\qquad$ (Linearisierung im Arbeitspunkt)

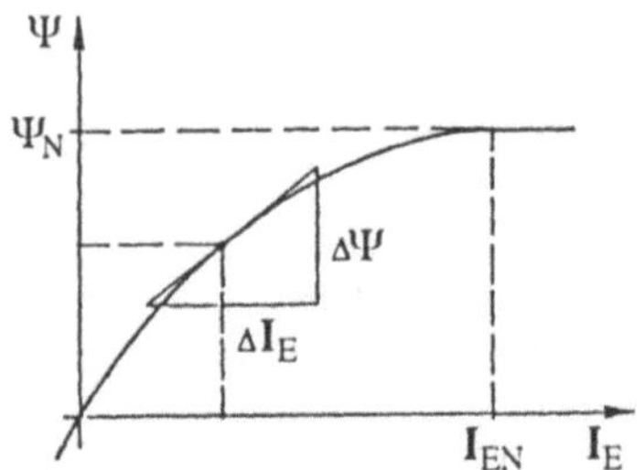

Abb. 3.7. Mittlere Flußkennlinie ohne Hysterese

Um diesen nichtlinearen Zusammenhang zu berücksichtigen, wird die Spannungsgleichung des Erregerkreises wie folgt formuliert:

$$U_E = I_E\,R_E + \frac{d\Psi}{dt} = I_E\,R_E + \frac{d}{dt}\big(I_E(t)\,L_E(t)\big)$$

Nach der Normierung mit den Nennwerten U_{EN}, I_{EN}, Ψ_N ergibt sich:

$$\boxed{U_{EN} = I_{EN}\,R_{EN}} \qquad ;\ \frac{R_E}{R_{EN}} = r_E \qquad\qquad \frac{U_E}{U_{EN}} = u_E$$

$$\frac{\Psi_N}{U_{EN}} = \frac{\Psi_N}{I_{EN}\,R_{EN}} = \frac{I_{EN}\,L_{EN}}{I_{EN}\,R_{EN}} = T_{EN} = konst.!\ [s]$$

also:

$$\boxed{u_E - T_{EN}\,\frac{d\psi}{dt} = i_E\,r_E} \qquad ;$$

$$u_E(s) - T_{EN}\,s\,\psi(s) = i_E(s)\,r_E$$

stationärer Zusammenhang nichtlinearer Funktionen (ohne Wirbelströme).

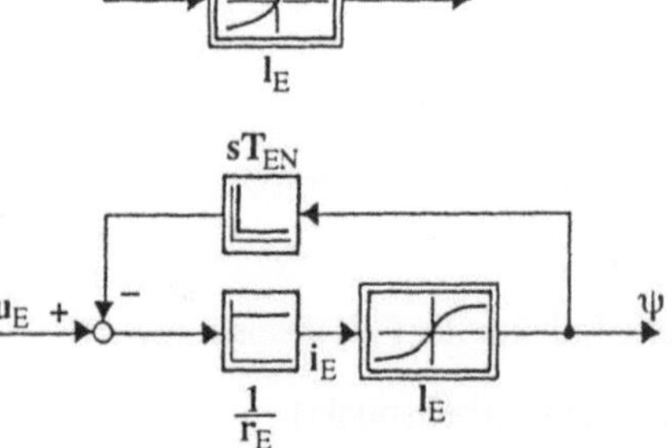

Abb. 3.8. Signalflußplan des Erregerkreises *ohne Wirbelstromeinfluß d.h. geblechtes Eisen*

Damit kann der Gesamt-Signalflußplan der Gleichstromnebenflußmaschine gezeichnet werden, wie in Abb. 3.9:

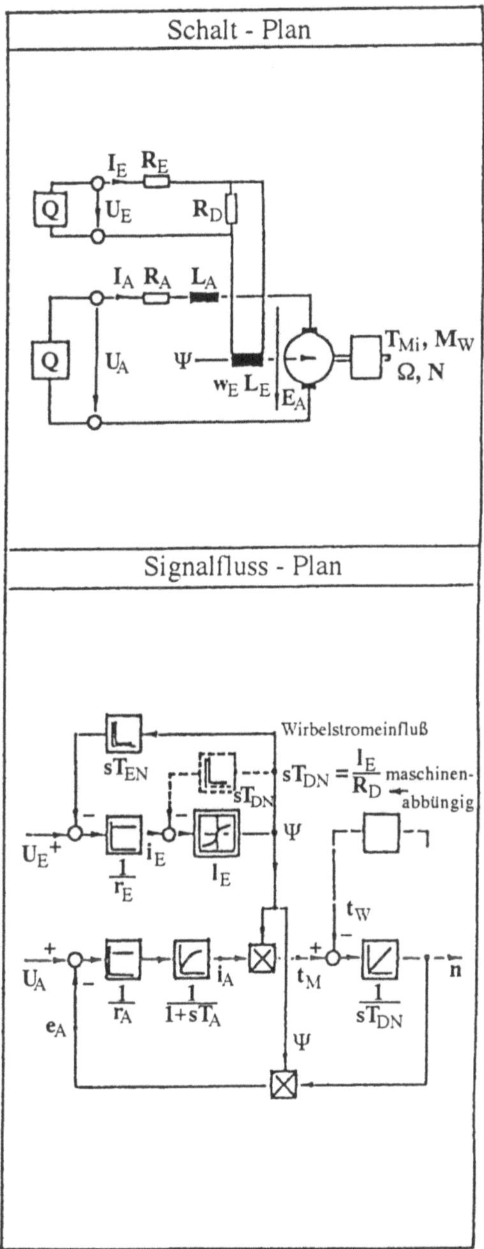

Abb. 3.9. Gesamt-Signalflußplan der Gleichstromnebenschlußmaschine

3.2 Übertragungsfunktionen – Übergangsverhalten

In diesem Kapitel werden die Übertragungsfunktionen und daraus abgeleitet das Übergangsverhalten für die verschiedenen Eingriffspunkte dargestellt. Vorausgesetzt werden dabei die Grundkenntnisse der Regelungstechnik.

Allerdings soll am ersten Beispiel der Führungsübertragungsfunktion das Vorgehen einmal exemplarisch dargestellt werden. Der Grund für dieses Vorgehen ist, daß es Gleichungen für die Übertragungsfunktionen eines geschlossenen Regelkreises gibt, die eine Einheitsrückführung $G_r(s) = 1$ voraussetzen. Dies ist aber im allgemeinen nicht gegeben

3.2.1 Führungsverhalten und Führungsübertragungsfunktion

$$n(s) = G_1(s)\, u_A(s); \quad \text{mit } t_W(t) = 0 \ \text{(keine Störgrößen)}:$$

$$\psi = \text{konst.} = \psi_0$$
$$0 < \psi_0 \le 10$$

Es gilt:

$$G_1(s) = \frac{1}{\dfrac{1}{G_V(s)} - G_r(s)} = \frac{G_V(s)}{1 - G_V(s)\, G_r(s)} \quad \text{mit} \qquad G_r = -\psi_0 \ !$$

$$\text{und} \ \ G_V(s) = \frac{1}{r_A}\ \frac{1}{1 + sT_A}\ \psi_0\ \frac{1}{sT_{\Theta N}}$$

$$G_1(s) = \frac{\dfrac{1}{r_A}\ \dfrac{1}{1+sT_A}\ \psi_0\ \dfrac{1}{sT_{\Theta N}}}{1 + \dfrac{1}{r_A}\ \dfrac{1}{1+sT_A}\ \psi_0\ \dfrac{1}{sT_{\Theta N}}\ \psi_0} = \frac{1}{\psi_0\left[1 + (1 + sT_A)\, sT_{\Theta N}\ \dfrac{r_A}{\psi_0^2}\right]} \, \text{mit}$$

$$T_{\Theta st} = T_{\Theta N}\ \frac{r_A}{\psi_0^2}\ ; \qquad\qquad T_{\Theta N} = \frac{J\,\Omega_{0N}}{T_{iN}}$$

ergibt sich allgemein:

$$\boxed{\, G_1(s) = \frac{1}{\psi_0\left(1 + (1 + sT_A)sT_{\Theta st}\right)} = \frac{1}{\psi_0\left(1 + sT_{\Theta st} + s^2 T_A T_{\Theta st}\right)} \,}$$

und der zusammengefaßte Signalflußplan (Abb. 3.10).

$$\left(\frac{1}{\psi_0}\right) \qquad\qquad \left(\frac{1}{1 + sT_{\Theta st} + s^2 T_A T_{\Theta st}}\right) \cdot$$

$$u_A \longrightarrow \boxed{} \longrightarrow \boxed{\sim} \longrightarrow n$$

Abb. 3.10. Zusammengefaßter Signalflußplan

Die Übertragungsfunktion zweiter Ordnung hat im allgemeinen ein konjugiert komplexes Polpaar – d.h. hat schwingungsfähiges Verhalten –, wenn die Gleichstrommaschine alleine betrachtet wird und zwei reelle Pole – d.h. aperiodisches Verhalten –, wenn die Gleichstrommaschine mit der Lastmaschine gekoppelt ist. Damit ergeben sich die folgenden Sprung-Übergangsfunktionen.

Zeitverläufe

Anregung

Sprungantwort

(1) $T_A = 0$

(2) $T_A \leq \left(\dfrac{T_{\Theta st}}{4}\right)$

(3) $T_A > \left(\dfrac{T_{\Theta st}}{4}\right) \cdot$

$$T'_{A1,2} = +\frac{T_{\Theta st}}{2} \pm \sqrt{\frac{T^2_{\Theta st}}{4} - T_A\,T_{\Theta st}}$$

$$T'_{\Theta st} = \frac{T_A\,T_{\Theta st}}{T'_A}$$

für $T_A \ll \left(\dfrac{T_{Qst}}{4}\right)$ gilt: $T'_A \cong T_A$ und $T'_{\Theta st} \cong T_{\Theta st}$.

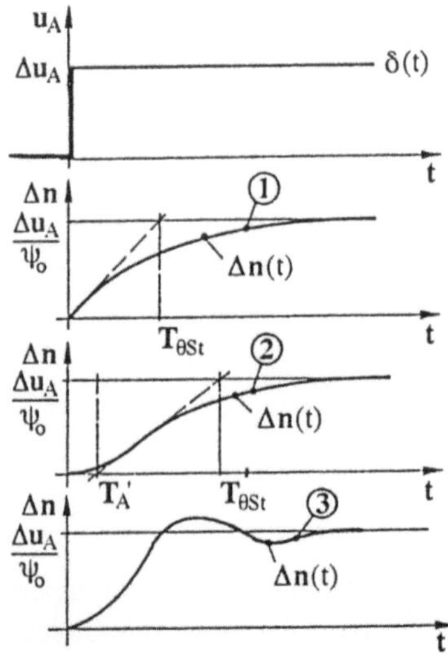

Abb. 3.11. Sprungantwort für verschiedene Ankerzeitkonstanten

3.2.2 Lastverhalten und Störübertragungsfunktion

$$n(s) = G_2(s)\, t_W(s); \qquad u_A(t) = \text{konst. und } \psi = \text{konst.} = \psi_0$$

Es gilt:

$$G_2(s) = -\frac{\dfrac{1}{sT_{\Theta N}}}{1 + \left(\dfrac{1}{1+sT_A}\ \dfrac{1}{sT_{\Theta N}}\ \dfrac{\psi_0^2}{r_A}\right)} = -\frac{r_A\left(1 + sT_A\right)}{\psi_0^2\left(1 + (1 + sT_A)sT_{\Theta st}\right)} \ .$$

Damit kann im vorliegenden Fall abgeleitet werden $(T_A \ll T_{\Theta st})$:

$$\boxed{\,G_2(s) \cong -\frac{r_A}{\psi_0^2}\ \frac{1 + sT_A}{(1 + sT_A)(1 + sT_{\Theta st})} = -\frac{r_A}{\psi_0^2}\ \frac{1}{1 + sT_{\Theta st}}\,}$$

$$G_2(s) \cong -\frac{1}{\dfrac{\psi_0^2}{r_A} + sT_{\Theta N}} \qquad\qquad \text{Anfangstangente der Sprungantwort,}$$

unabhängig von $r_A,\ \psi_0,\ T_A$.

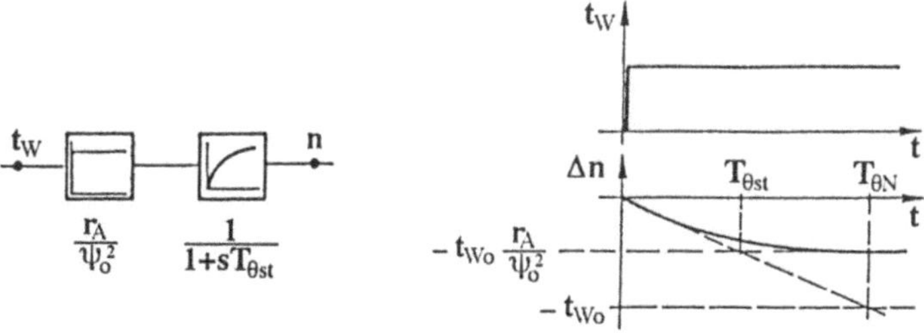

Abb. 3.12. Vereinfachter Signalflußplan und Zeitverlauf (Lastsprung)

3.2.3 Einfluß von ψ auf n (Feldschwächung)

Die zwei Pole des charakteristischen Polynominals sind die zwei Nullwerte des charakteristischen Polynominals, die Pole sind $T'_{A1,2}$ und $T'_{\Theta st}$, solche Werte sind verschieden als T_A und $T_{\Theta st}$.

Gesucht: $G_3 = \dfrac{n(s)}{\psi(s)}$

$$u_A(t) = \text{ konst.}$$
$$t_W(t) = 0 \ .$$

Aus Abb. 3.7 ist zu entnehmen, daß bei einer Änderung des Flußes Ψ die beiden Multplikatoren wirksam sind und nicht mehr, wie in den beiden vorherigen Beispielen, auf Proportionalglieder reduziert werden können. Um in diesem Fall die (lineare) Übertragungsfunktion ableiten zu können, muß am Arbeitspunkt linearisiert werden:

(a) Linearisierung: $t_M = i_A \, \psi \qquad \rightarrow \Delta t_M \cong i_{A0} \, \Delta\psi + \psi_0 \, \Delta i_A$

(b) Linearisierung: $e_A = n \, \psi \qquad \rightarrow \Delta e_A \cong n_0 \, \Delta\psi + \psi_0 \, \Delta n$

$$\chi_0 = \text{Arbeitspunkt-Größe}$$

mit: $i_{A0} = \dfrac{t_{M0}}{\psi_0} \qquad$ (Arbeitspunktgröße)

und $T_{\Theta st} = \dfrac{T_{\Theta N} \cdot r_A}{\psi_0^2}$

ergibt sich nach elementarer Umformung:

$$\boxed{\Delta n(s) \cong \Delta\psi(s) \ \frac{1}{\psi_0} \left[\frac{t_{M0} \, r_A}{\psi_0^2}(1+sT_A) - n_0 \right] \frac{1}{1+(1+sT_A)sT_{\Theta st}}}$$

$$\qquad\qquad\qquad\qquad\qquad\qquad\text{(a)}\qquad\qquad\qquad\text{(b)}$$

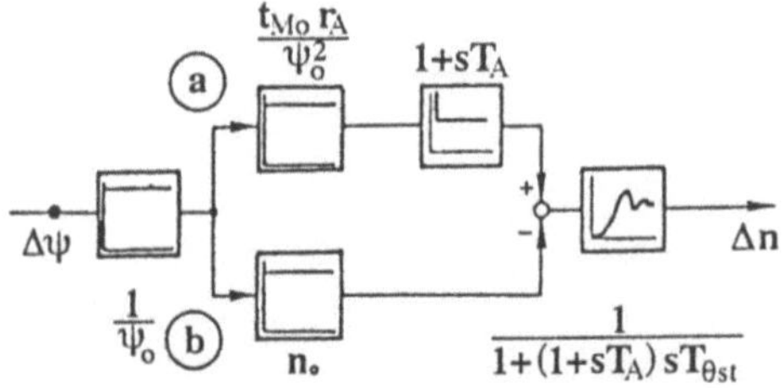

Abb. 3.13. Linearisierter Signalflußplan

$$G_3(s) = \frac{\Delta n(s)}{\Delta \psi(s)} = \frac{\left(1 + sT_A\right)\dfrac{r_A}{\psi_0^2}\, i_{A0} - \dfrac{n_0}{\psi_0}}{1 + (1 + sT_A)sT_{\Theta st}} \ .$$

Vereinfachungen, Näherungen:

mit $\dfrac{i_{A0}\, r_A}{\psi_0} \ll n_0$: $G_3(s) \approx -\dfrac{n_0}{\psi_0}\,\dfrac{1}{1 + (1 + sT_A)sT_{\Theta st}}$

und zusätzlich $T_A \ll \left(\dfrac{T_{\Theta st}}{4}\right)$: $G_3(s) \approx -\dfrac{n_0}{\psi_0}\,\dfrac{1}{(1 + sT_A)\,(1 + sT_{\Theta st})}\ .$

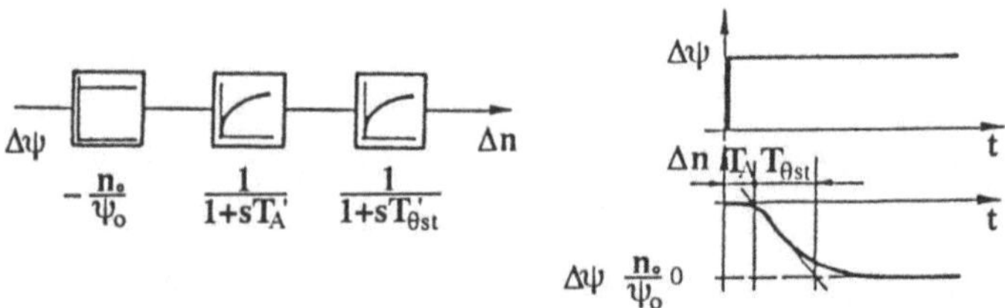

Abb. 3.14. Vereinfachter Signalflußplan und Zeitverhalten für $T_A \leq \left(\dfrac{T_{\Theta st}}{4}\right)$

3.3 Steuerung der Drehzahl

3.3.1 Drehzahlsteuerung durch die Ankerspannung

Es galt:

$$G_1(s) = \frac{n(s)}{u_A(s)} = \frac{1}{\psi_0}\,\frac{1}{1 + sT_{\Theta st} + s^2 T_A T_{\Theta st}} \qquad \left|\ \begin{array}{l} \psi_0 = \text{konst.} \\ t_W = 0 \end{array}\right.$$

$$G_2(s) = \frac{n(s)}{T_W(s)} = \frac{r_A}{\psi_0^2}\,\frac{1+sT_A}{1+sT_{\Theta st}+s^2T_AT_{\Theta st}} \qquad\Big|\qquad \begin{array}{l} u_A = \text{konst.} \\[4pt] \psi_0 = \text{konst.}\end{array}$$

Mit Näherung $\left(T_A \ll \dfrac{T_{\Theta st}}{4}\right)$: $\qquad G_2(s) \approx -\dfrac{r_A}{\psi_0^2}\,\dfrac{1}{1+sT_{\Theta st}}$.

Als zusammengefaßter Signalflußplan ergibt sich (durch Superposition):

$$n(s) = G_1(s)\,u_A(s) + G_2(s)\,t_W(s) \ \ (\text{exakt}).$$

Mit $T_A \ll \dfrac{T_{\Theta st}}{4}$:

$$n(s) \ \approx \ \frac{1}{\psi_0}\,\frac{u_A(s)}{(1+sT_A)(1+sT_{\Theta st})} - \frac{r_A}{\psi_0^2}\,\frac{t_W(s)}{1+sT_{\Theta st}} \ .$$

Zusammengefaßter Signalflußplan (linearisiert, überlagert, vereinfacht):

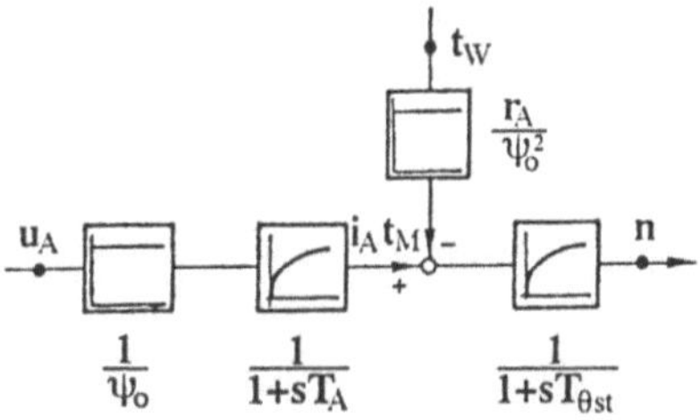

t_W

$\dfrac{r_A}{\psi_0^2}$

u_A $i_A\,t_M$ n

$\dfrac{1}{\psi_0}$ $\dfrac{1}{1+sT_A}$ $\dfrac{1}{1+sT_{\Theta st}}$

Abb. 3.15. Vereinfachter Signalflußplan für $\left(T_A \ll \dfrac{T_{\Theta st}}{4}\right)$

Stationär: $\dfrac{d}{dt} = 0$; $s \to 0$;

$$n(t) = \frac{1}{\psi_0}\,u_A(t) - \frac{r_A}{\psi_0^2}\,t_W(t) \qquad \text{quasi-stationärer Betrieb}$$

Im Ankerstellbereich u_A ist variabel und $\psi_0 = 1 = \text{konst.}$

Speisequelle:

$$e_Q = u_A + i\,r_Q = 1 + r_Q \quad (\text{im Nennpunkt})$$
$$i_Q = i_A = 1 \quad (\text{im Nennpunkt})$$

e_Q: Quellenspannung

r_Q: Innenwiderstand der Quelle

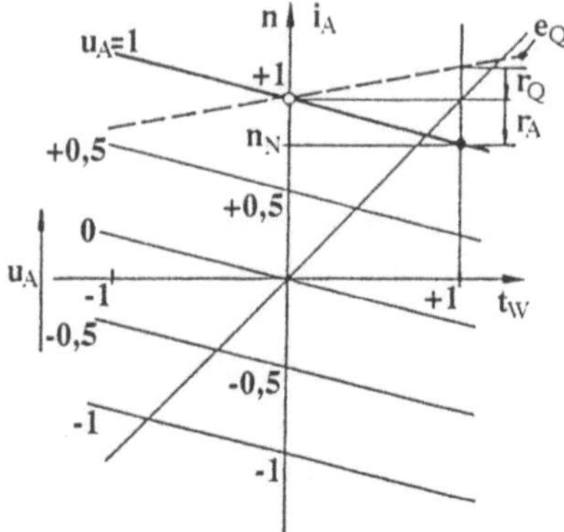

Abb. 3.16. Kennlinien Ankerstellbereich (Parameter u_A)

3.3.2 Steuerung durch den Fluß

Bei Änderung des Arbeitspunktes ψ_0 für den Fluß mit $\psi_{min} \leq \psi_0 \leq 1$ und $u_A =$ const., gilt wiederum $\Delta\psi_0 = 0$ für quasistatische Vorgänge:

$$n(t) = \frac{1}{\psi_0}\, u_A(t) - \frac{r_A}{\psi_0^2}\, t_M(t) \ .$$

Im Feldschwächbereich ist $u_A(t) = u_N =$ konst, also:

Drehzahl: $\qquad n \ = \ \underbrace{\frac{u_N}{\varphi_0}} \quad - \quad \underbrace{\frac{t_M\, r_A}{\psi_0^2}}$

$\qquad\qquad\quad$ Leerlaufdrehzahl $\qquad$ Drehzahlabfall bei Belastung

Strom: $i_A = \dfrac{t_M}{\psi_0}$

<u>Darstellung:</u> $\quad n = f(t) \ $ mit $\qquad u_A = u_N = 1$ (reiner Feldschwächbetrieb).

$$\Rightarrow \ n = \frac{1}{\psi_0} - \frac{t_M\, r_A}{\psi_0^2}$$

Beachte: n-Abfall durch r_A / ψ_0^2 nimmt mit abnehmenden ψ_0 quadratisch zu; der Strombedarf $i_A = t_M / \psi_0$ nimmt linear zu.

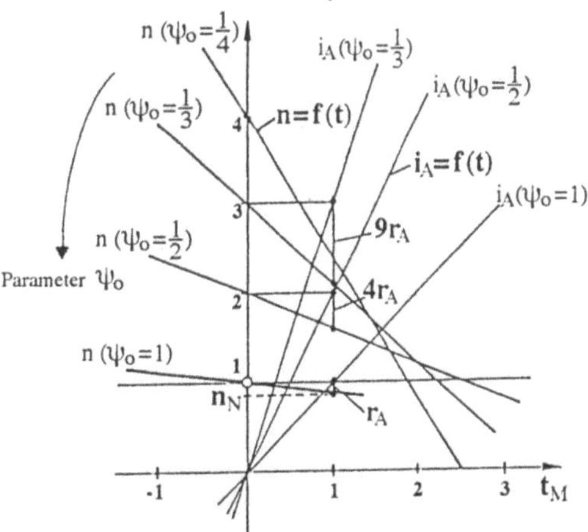

Abb. 3.17. Kennlinien bei Feldschwächung

3.3.3 Steuerung durch Ankerspannung und Feld

Stationäre Verhalten, Kennlinien.

$$n = \frac{u_A}{\psi_0} - \frac{r_A}{\psi_0^2}\, t_M$$

Ankerstellbereich: $0 \le U_A \le U_{AN}\,;\psi_0 = 1 \quad p_0 = u_A\, i_A$

$\rightarrow$ lin. Anstieg

Feldstellbereich: $0 < \psi_0 < 1; U_A = U_{AN} \quad p_0 = p_{0\max} = u_A\, i_A$

$\rightarrow$ konstant

Vorteil der Feldschwächung:

Erweiterung des Drehzahlbereiches ohne leistungsmäßsige Überdimensionierung von Maschine und Stellglied.

Nachteil:

Abnehmendes Moment und Stellglied für Fluß bzw. i_E nötig.

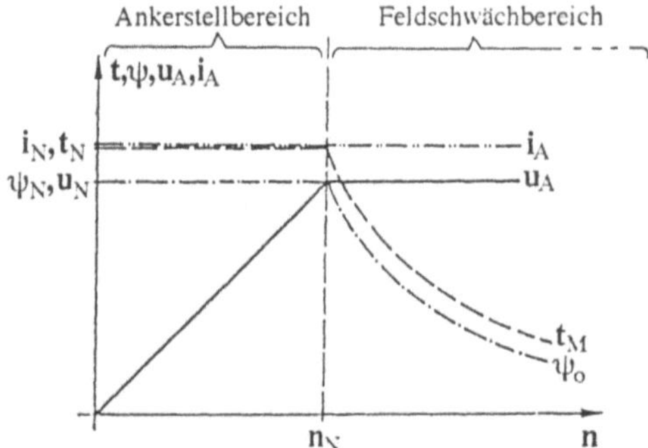

Abb. 3.18. Ankerstrom und -spannung, Fluß und Moment in Abhängigkeit der Drehzahl

3.3.4 Steuerung durch Vorwiderstand im Ankerkreis

Das Drehzahl-Drehmoment-Verhalten der Gleichstromnebenschlußmaschine kann durch das Einfügen von Vorwiderständen R_V verändert werden. Diese Lösung wurde in der Vergangenheit häufig verwendet, da die Leistungselektronik noch nicht so weit entwickelt war. Diese Art der Änderung des Verhaltens ist stark verlustbehaftet und verschlechtert deshalb den Wirkungsgrad des Systems deutlich.

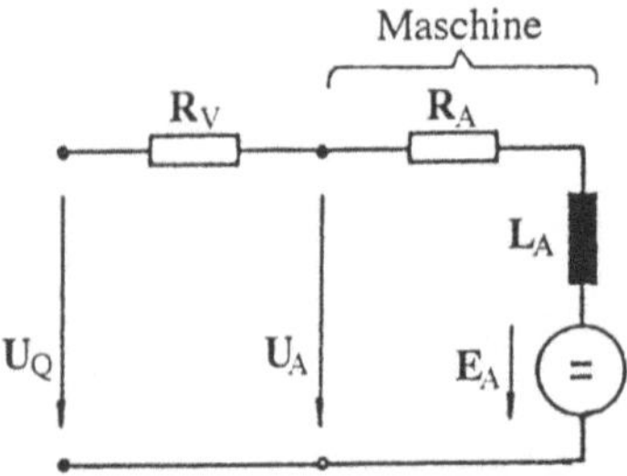

Abb. 3.19. Ersatzschaltbild GNM mit Vorwiderstand

Normierung: $\quad R_A^* = R_A + R_V = R_A\left(1+\dfrac{R_V}{R_A}\right) \;\Rightarrow r_A^* = r_A\left(1+r_V\right)$.

Drehzahl: $\quad n = \dfrac{u_Q}{\psi_0} - t_M\,\dfrac{r_A}{\psi_0^2}\left(1+r_V\right)$.

Strom: $i_A = \dfrac{t_M}{\psi_0}$.

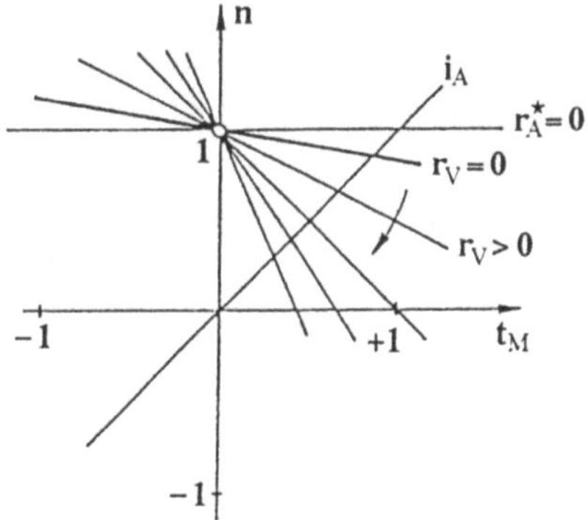

Abb. 3.20. Kennlinienfeld für Steuerung durch Vorwiderstand mit $u_Q = 1$ und $\psi = 1$

Steuerverhalten: einseitig;
                          belastungsabhängig, d.h. von Momentenanforderung;
                          mit Verlusten.

Zeitverhalten: $T_A^* = \dfrac{L_A}{R_A + R_V}$ $\Rightarrow$ $T_A\,\dfrac{1}{(1 + r_V)}$ wird kleiner

$$T_{\Theta st}^* = T_{\Theta N}\,\frac{r_A^*}{\psi_0^2}\ \Rightarrow\ T_{\Theta N}\,\frac{r_A(1 + r_V)}{\psi_0^2}\quad \text{wird größer.}$$

Durch Einschalten unterschiedlicher Vorwiderstände kann beispielsweise die Maschine – bei fester Ankerspannung U_A zwischen einem maximalen und minimalen Drehmoment (Ankerstrom) in den Arbeitspunkt hochgefahren werden.

4 Stellglieder und Regelung für die Gleichstrommaschine

Aus den Übertragungsfunktionen der Gleichstromnebenschlußmaschine hat sich ergeben, daß eine Änderung des Drehmoments eine Verstellung des Ankerstroms und eine Änderung der Drehzahl eine Verstellung entweder der Ankerspannung oder der Erregerspannung notwendig machen. Die Änderung der Drehzahl-Drehmoment-Kennlinie durch Vorwiderstände ist prinzipiell möglich, aber verlustbehaftet, Drehmoment und Drehzahl sind nicht unabhängig voneinander einstellbar, und außerdem ist die Verstellgeschwindigkeit insbesondere bei mechanischen Schaltern gering.

Wesentlich vorteilhafter sind leistungselektronische Stellglieder. Bei der Versorgung von Gleichstrommaschinen gibt es zwei grundsätzlich unterschiedliche Varianten. Die erste Variante ist die Umwandlung einer Gleichspannung in die von der Gleichstrommaschine geforderte Gleichspannung, dies sind die Gleichstromsteller. Die zweite Variante ist die Umwandlung einer Wechsel- oder Drehspannung in die gewünschte Gleichspannung, dies sind die netzgeführten Stromrichter-Stellglieder bzw. die Stellglieder mit natürlicher Kommutierung. Die Funktion beider Stellgliedtypen und ihre Steuerung bzw. Regelung werden in diesem Kapitel behandelt.

4.1 Gleichstromsteller

4.1.1 Gleichstromsteller – Prinzip

Der Gleichstromsteller ist im Prinzip ein elektronischer Schalter, der periodisch einen Verbraucher an eine Spannungsquelle schaltet oder den Verbraucher kurzschließt. Abbildung 4.1 zeigt das Prinzip eines Gleichstromstellers. Dieses Stellglied prägt der Last die Spannung ein und ist daher ein Stellglied mit eingeprägter Spannung.

$$\textit{Annahme: } Z = R - L \textit{ Last}; \qquad \frac{L}{R} \gg T \ .$$

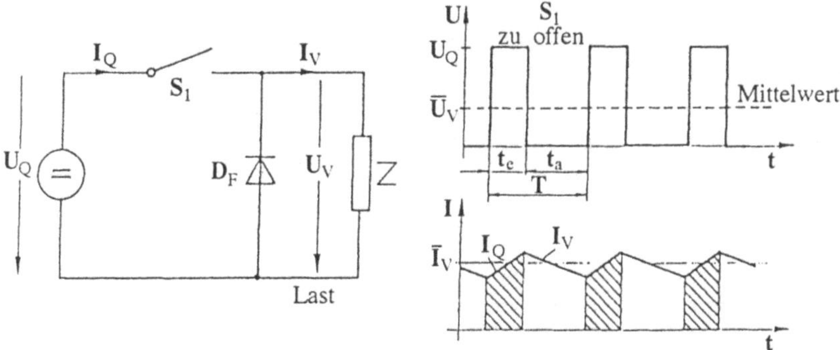

Fig. 4.1. Prinzip eines Gleichstromstellers (Tiefsetzsteller)
a) Schaltung mit mechanischem Schalter S_1
b) Spannungs-und Stromverlauf am Lastwiderstand

Bei geschlossenem Schalter S_1 fließt ein Strom I_Q von der Spannungsquelle U_Q zur Last Z die voraussetzungsgemäß einen großen Energiespeicher enthalten soll, dann folgt $\frac{L}{R} \gg T$. Wird der Schalter S_1 geöffnet, so fließt der Strom über die Diode D_F deren Spannungsabfall hier zu Null angenommen werden soll. Der Strom I_V klingt im Lastkreis ab. Bei sehr großer Zeitkonstante des Lastkreises ist der Strom nahezu konstant. Der Mittelwert der Spannung U_v ergibt sich aus der Einschaltzeit t_e, der Ausschaltzeit t_a und der Periodendauer $T = t_e + t_a$ zu:

$$\overline{U}_v = U_Q \,\frac{t_e}{T} = U_Q \, a \quad .$$

Dabei ist $a = \frac{t_e}{T}$ der Tastgrad. Bei einem konstanten Laststrom I_v, ist der Mittelwert des Stromes I_Q:

Mittelwert für

$$\underbrace{\overline{I}_Q}_{\text{Quelle}} = \underbrace{I_V}_{\text{Last, Verbraucher}} \frac{t_e}{T} = I_V\, a \qquad \frac{L}{R} \to \infty \qquad \frac{L}{R} \gg T \quad .$$

Die der Quelle entnommene Leistung ist:

$$P_Q = U_Q \,\overline{I}_Q = U_Q\, I_V\, a$$

und die von der Last aufgenommene Leistung beträgt:

$$P_V = U_V\, I_V = U_Q\, a\, I_V \quad .$$

Bei verlustlosen Gleichstromstellern gilt für die entnommene und aufgenommene Leistung:

$$P_Q = P_V \quad .$$

Der ideale Gleichstromsteller wandelt somit die Leistung verlustlos um. Beim realen Gleichstromsteller wird der Schalter S_1 durch einen steuerbaren Halbleiterschalter ersetzt. Bei kleinen Leistungen werden beispielsweise MOSFET – Transistoren, bei mittleren Leistungen wurden früher bipolare Leistungstransistoren und heute vorwiegend IGBTs, und bei hohen Leistungen beispielsweise GTOs verwendet. Diese Leistungshalbleiter und die Diode D_F haben Durchlaßverluste, die steuerbaren Leistungshalbleiter auch noch Schaltverluste, so daß Wirkungsgrade von etwa $\eta = 92\%$ bis 97% erreicht werden.

Gleichstromsteller sind somit besonders vorteilhaft einzusetzen, wenn die Speisequelle eine Batterie wie bei Batteriefahrzeugen oder wenn ein Gleichstromnetz bzw. ein Gleichstromerreger vorhanden ist. Die oben vorgestellte Schaltung ist ein Tiefsetzsteller (buck-converter), da die Ausgangsspannung niedriger als die Spannung der Speisequelle ist.

Eine Abwandlung des Tiefsetzstellers ist der Hochsetzsteller (boost-converter):

$$\overline{U}_V \geq U_Q$$

$$I_V \geq 0 \quad .$$

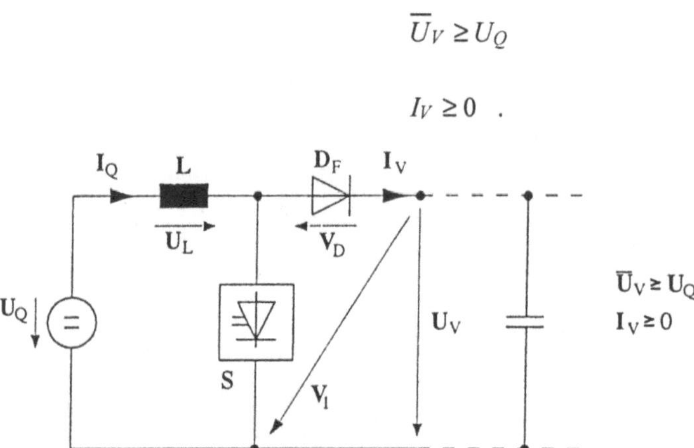

Abb. 4.2. Hochsetzsteller (Boost-Wandler)

Der Hochsetzsteller hat zum Ziel, eine Ausgangsspannung $\overline{U}_V$ zu erzielen, die größer als U_Q ist. Die Schaltung arbeitet wie folgt:

Wenn der Schalter S eingeschaltet wird, sperrt die Diode D_F. Dadurch liegt an der Drosselspule L ungefähr die Spannung U_Q an und es gilt:

$$U_Q = L \, \frac{dI_s}{dt} = L \, \frac{dI_Q}{dt} = U_L(S \text{ on}) \quad .$$

Der Strom wird daher linear ansteigen. Bei einem vorgegebenen maximalen Strom schaltet der Schalter S ab. Die Drosselspule wird daraufhin eine Spannung erzeugen, so daß

$$U_Q - U_L(S \text{ off}) = U_V$$

$$U_Q - L\,\frac{dI_V}{dt} = U_V$$

ist und sich somit ein Stromkreis über die Diode D_F und die Last bildet.

Wenn nun wiederum die Spannungen wie beim Tiefsetzsteller gewählt werden, dann gilt:

$$m = \frac{\overline{U_V}}{U_Q} = \frac{V_1}{V_1 - \overline{V}_D} = \frac{1}{1 - \dfrac{\overline{V}_D}{V_1}} = \frac{1}{1-a} \quad .$$

Bei diesem Ansatz wurde vorausgesetzt, daß die Drosselspule L ideal ist und deshalb kein Gleichspannungsabfall auftreten kann. Bei $a = 0$ (d.h. Schalter ständig geöffnet) ist somit $\overline{U_V} = U_Q$, bei $0 < a < 1$ ist $\overline{U_V} > U_Q$.

Diese Schaltung wird beim Bremsbetrieb des Gleichstrommotors benötigt. Weitere Abwandlungen sind der Hoch-Tiefsetzsteller (buck-boost-converter) und der Vierquadrantensteller.

4.1.2 Steuerarten von Gleichstromstellern

Wie schon erwähnt, ist der arithmetische Mittelwert der Ausgangsgleichspannung vom Tastverhältnis a abhängig.

$$a = \frac{t_e}{t_e + t_a} = \frac{t_e}{T}$$

t_e: Einschaltzeit
t_a: Ausschaltzeit
$T = t_e + t_a$
Zeit T

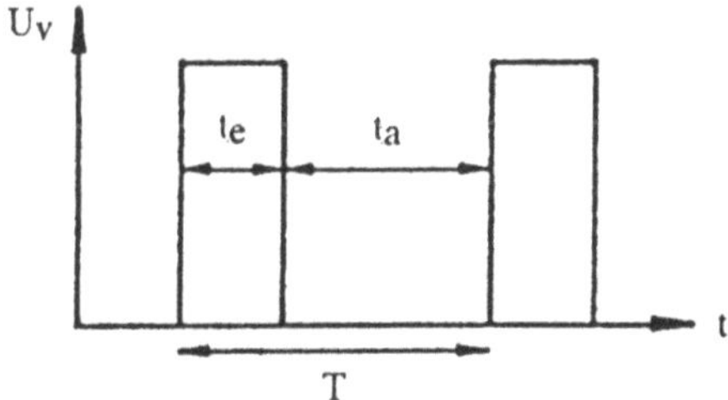

Abb. 4.3 Ausgangsspannung U_V

Pulsbreitensteuerung (T = konst.). Die Pulsbreitensteuerung findet ihr Einsatzgebiet vorwiegend in Anlagen, bei denen veränderliche Frequenzen eine Beeinflussung von Signalkreisen hervorrufen können. Das Verfahren beruht darauf, daß die Impuls- bzw. Pausendauer veränderbar ist, während die Periodendauer und damit die Frequenz konstant gehalten wird. Hier gilt die Beziehung:

$$\overline{U}_V = \frac{U_Q\,t_e}{T}\,; \quad t_e = T - t_a \qquad \text{variabel.}$$

Weder t_e noch t_a können zu Null gesetzt werden, da, bedingt durch die dynamischen Eigenschaften der Leistungshalbleiter bzw. deren Beschaltungen, dies nicht möglich ist. Eine Ausführungsform der Pulsbreitensteuerung ist in Abb. 4.4 dargestellt.

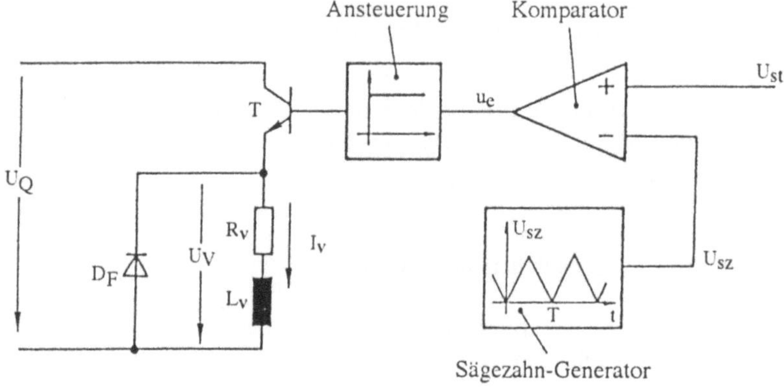

Abb. 4.4. Realisierungsbeispiel für Pulsbreitensteuerung

Pulsfolgesteuerung. Bei dieser Steuerart wird mit konstanter Pulsdauer t_e variabler Pausendauer und somit variabler Periodendauer bzw. Frequenz gearbeitet.
Aus $T = t_e + t_a$ erhält man:

$$F = \frac{1}{t_e + t_a} = \frac{1}{T} \qquad (t_e = \text{konst.}, \ T \text{ variabel})$$

$$t_e \leq T < \infty \quad .$$

Diese Frequenzsteuerung, auch Pulsfolgesteuerung genannt, zeichnet sich durch geringen technischen Aufwand aus:

$$F_{\min} = F_{\max} \ \frac{\overline{U}_{V\min}}{U_Q}$$

Mit den Gleichungen $\quad F_{\max} = \dfrac{1}{t_e} \quad$ und $\quad F_{\min} = \dfrac{\overline{U}_{V\min}}{U_Q \, t_e}$

ergibt sich der Frequenzstellbereich: $\quad \dfrac{\overline{U}_{V\min}}{U_Q \, t_e} < f < \dfrac{1}{t_e} = F_{\max} \quad .$

Während Vollaussteuerung mit F_{max} bei $t_e = T$ gegeben ist, errechnet sich F_{min} aus der kleinsten zulässigen Ausgangsspannung $\overline{U}_{V\min}$ und der gewählten Impulsbreite t_e bei vorgegebener Eingangsspannung U_Q. Hierbei ist generell zu beachten, daß niedrige Arbeitsfrequenzen einen hohen Aufwand an Glättungsgliedern – meistens teuere Induktivitäten – erfordern, falls Stromlücken vermieden werden muß.

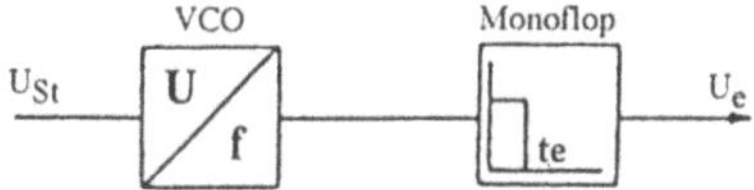

Abb. 4.5. Realisierungsbeispiel Pulsfolgesteuerung

Regelung des Gleichstromstellers. Zweipunktregelung (Stellglied mit eingeprägtem Strom). Diese Ansteuerart wird bei Laststromregelungen eingesetzt und arbeitet sowohl mit variabler Pulsdauer als auch mit variabler Arbeitsfrequenz. Die entsprechenden Ein- und Ausschaltimpulse werden vom Regler gegeben, sobald der Strom-Istwert den zulässigen Toleranzbereich verläßt.

Bsp.: GNM $\qquad E_A = a\, U_Q$ mit $R_A = 0$
gilt bei eingeschaltetem Schalter:

$$U_Q = L_A \ \frac{dI_A}{dt} + a\, U_Q \qquad \rightarrow \frac{U_Q}{L_A} \left(1 - a\right) = \frac{dI_A}{dt}$$

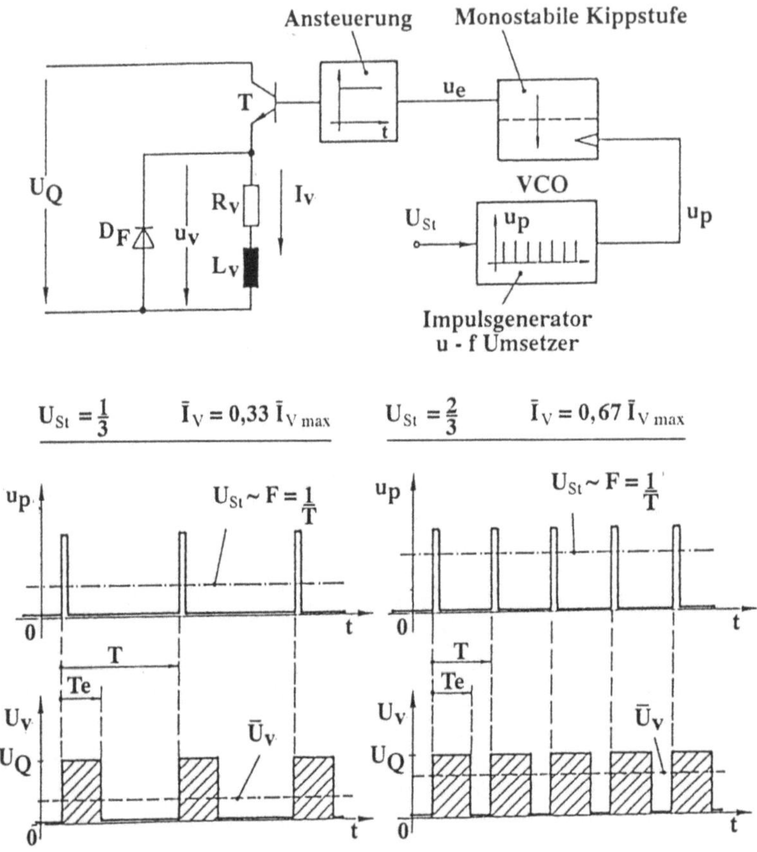

Abb. 4.6. Realisierungsbeispiel für Pulsfolgesteuerung

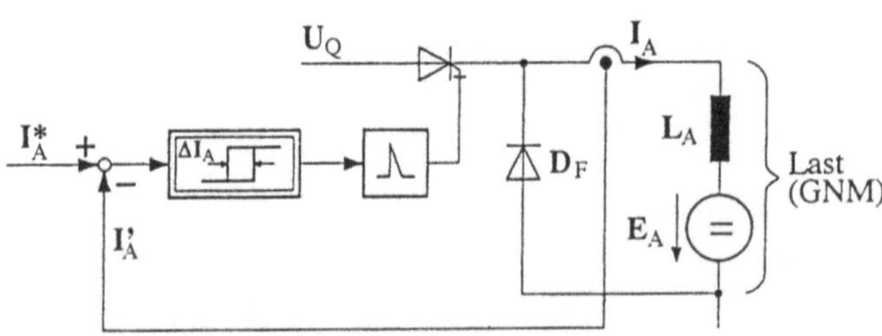

Abb. 4.7. Prinzipschaltbild Zweipunktregelung

ergibt:

$$\Delta I_A = \frac{U_Q\,(1-a)}{L_A}\,a\,T \qquad aT = t_e; \quad \overline{I}_A \text{ und } I_{d\,\min} \text{ aus}$$

exakten Rechnung mit R_A
$\rightarrow$ Dgl. aufstellen

Analog gilt bei ausgeschaltetem Schalter $:\ U_Q = 0$ somit

$$E_A = a\,U_Q = -L_A\frac{dI_A}{dt}\,;\ \text{Zeitdauer } (1-a).$$

$$\left[\frac{t_e}{T} = \frac{1}{3}\right] \qquad\qquad \left[\frac{t_e}{T} = \frac{2}{3}\right]$$

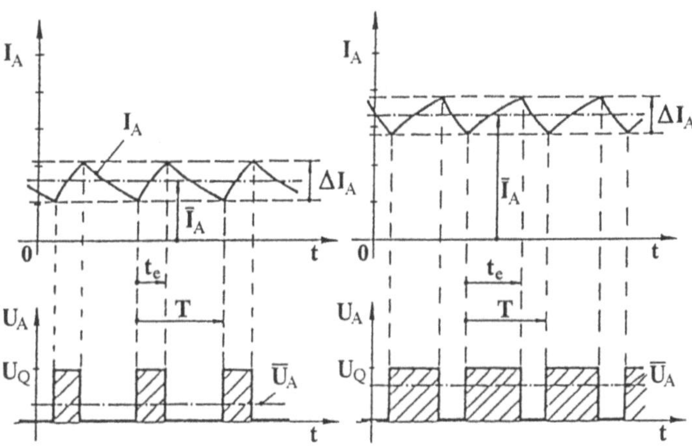

Abb. 4.8. Zeitverlaufsbeispiele Zweipunktregelung für $R_A \neq 0$

4.1.3 Gleichstromstellerschaltungen für Ein- und Mehrquadrantenbetrieb von Gleichstrommotoren

Motorischer Antrieb einer Gleichstromnebenschlußmaschine. Der Tiefsetzsteller kann direkt für den motorischen Betrieb einer Gleichstromnebenschlußmaschine verwendet werden. Der Verbraucher besteht jetzt aus R_A, L_A und der EMK E_A als Gegenspannungsquelle.

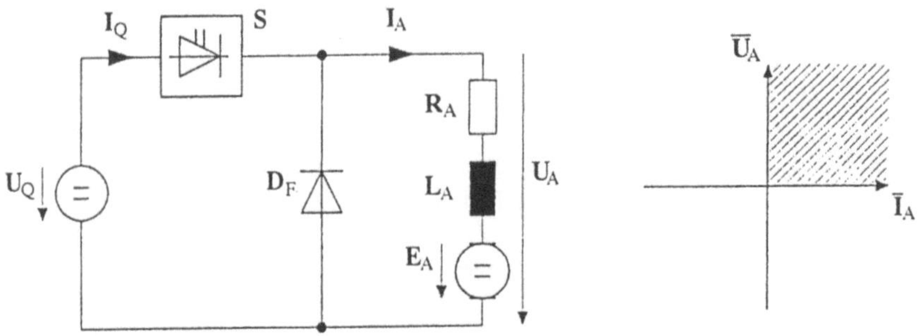

Abb. 4.9. Motorischer Antrieb: Prinzipschaltbild und Betriebsbereich

Für nichtlückenden Ankerstrom sind die Mittelwerte von U_A und I_A bei Pulsbreitensteuerung:

$$\overline{U}_A = a\,U_Q \ \text{ mit } \ a = \frac{t_e}{T}: \text{ Einschaltdauer } \ (0 \le a \le 1)$$

$$\overline{I}_A = \frac{1}{R_A}\left(\overline{U}_A - E_A\right) = \frac{1}{R_A}\left(a\,U_Q - E_A\right) \ .$$

Aufgrund der Freilaufdiode D_F gilt $U_A \ge 0$. S und D_F verhindern einen Stromfluß I_A in negativer Richtung. Die Leistungsflußrichtung ist nur von der Quelle zum Motor möglich.

Wenn S sperrt und der Ankerstrom I_A abgebaut ist, kann vorübergehend kein Ankerstrom fließen, da ein negativer Stromfluß nicht möglich ist. Die Ankerspannung U_A nimmt während dieser Zeit den Wert von E_A an und wird also nicht Null. Dadurch bedingt gilt bei lückendem Strom für die mittlere Ankerspannung $U_A \ge a\,U_Q$. Sobald S leitend ist, baut sich I_A wieder auf, die Ausgangsspannung beträgt dann $U_A = U_Q$.

Der Motor kann somit nicht elektrisch gebremst werden, da durch die Spannung E_A die Ankerspannungsrichtung vorgegeben ist und damit beim Bremsbetrieb eine Stromumkehr notwendig ist.

Kann negatives Widerstandsmoment auftreten, so ist eine mechanische Bremsvorrichtung erforderlich.

Sonderfall: Bei positivem Widerstandsmoment und kleiner Einschaltdauer t_e (d.h. $\overline{U}_A \to 0$), kann die Drehzahl negativ werden ($n = e_A < 0$). Sowohl der Motor als auch der Steller liefern dann Leistung in den Ankerwiderstand, der diese in Wärme umwandelt (Gegenstrombremsung).

Bremsbetrieb einer Gleichstromnebenschlußmaschine.

Mit dem Prinzip des Hochsetzstellers ist ein Leistungstransfer von der Last in die Spannungsquelle möglich (Rückspeisung). Gegenüber dem ursprünglichen Hochsetzsteller ist die Ein- und Ausgangsseite vertauscht (Abb. 4.10).

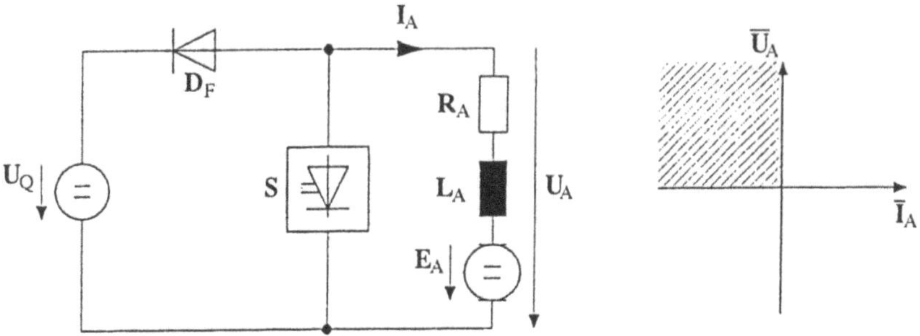

Abb. 4.10. Bremsbetrieb: Prinzipschaltbild und Betriebsbereich

Für einen stationären Betrieb muß in der Last eine Serienschaltung aus Induktivität und Spannungsquelle (oder Kondensator) vorhanden sein. Ohne Spannungsquelle der Kondensator kann nur die in der Induktivität gespeicherte Energie auf die Quelle übertragen werden. Bei der GNM wird diese Bedingung durch (L_A) und die EMK erfüllt.

Funktionsweise. Durch das Einschalten von S (d.h. $U_A = 0)$ wird ein Ankerstrom $I_A < 0$ aufgebaut. Aufgrund der Induktivität L_A, wird der Ankerstrom nach Abschaltung von S nicht unterbrochen, sondern fließt über D_F in die "Quelle". Der Spannungsabfall U_{LA} über der Induktivität ergänzt E_A auf $U_Q.$. Für nichtlückenden Strom gilt:

$$\overline{U}_A = (1-a)\, U_Q > 0$$

$$\overline{I}_A = \frac{1}{R_A}\,(\overline{U}_A - E_A) = \frac{1}{R_A}\,((1-a)\, U_Q - E_A) < 0$$

Zweiquadrantenbetrieb. Durch Kombination der Schaltungen für den motorischen Einquadrantenbetrieb und den generatorischen Bremsbetrieb ist ein Betrieb in zwei benachbarten Quadranten möglich. Es kann dann entweder der Ankerstrom oder die Ankerspannung umgekehrt werden.

Zweiquadrantenbetrieb mit Ankerstromumkehr. Die Lösung mit Schütz (Abb. 4.11) ist wirtschaftlich günstig einzusetzen, wenn die dynamischen Anforderungen beim Übergang vom 1. zum 2. Quadranten gering sind.

Schalterstellung 1: Schaltung arbeitet als Tiefsetzsteller. Die Diode D_F ist parallel und der Schalter S ist in Serie zur Gleichstrommaschine angeordnet. Die Stellung 1 ist daher für den Motorbetrieb vorgesehen.

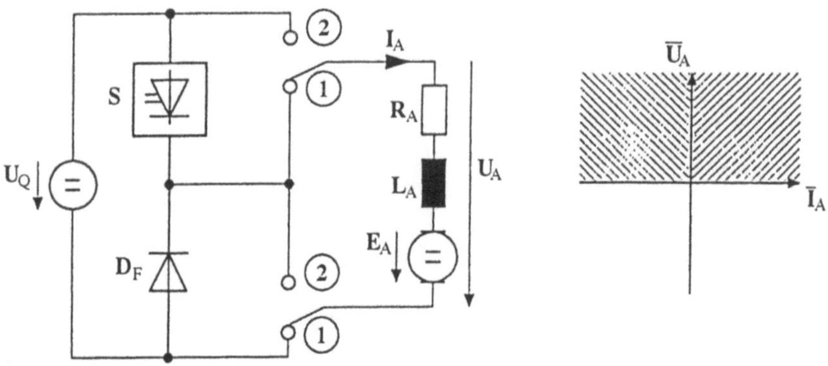

Abb. 4.11. Umsetzung mit Schütz (Trenner)

Schalterstellung 2: Der Schalter S ist parallel und die Diode D_F in Serie zur Gleichstrommaschine geschaltet. Dies ist die Lösung für den Bremsbetrieb. Der Wechsel zwischen den mechanischen Schalterstellungen erfolgt stromlos durch eine entsprechende Ansteuerung des Schalters S vor der Umschaltung. Eine Lösung ohne mechanische Schalter ist mit zwei Dioden und zwei abschaltbaren Ventilen (z.B. Transistoren, GTOs) möglich (Abb. 4.12).

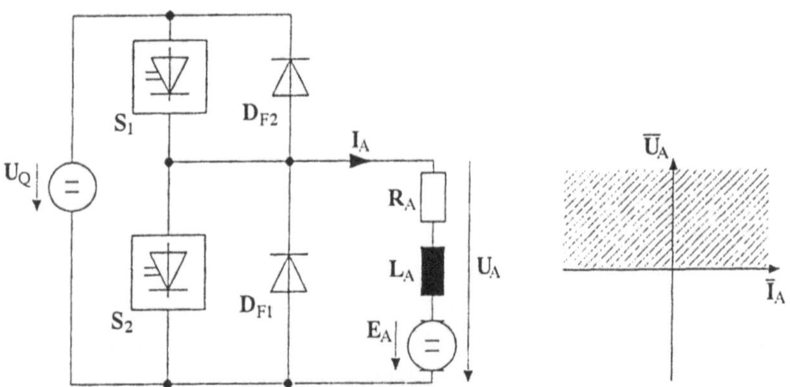

Abb. 4.12. Schaltung zur Ankerstromumkehr ohne Schütz

Anwendung: z.B. Fahrzeuge mit einer Fahrtrichtung.

Zweiquadrantenbetrieb mit Ankerspannungsumkehr.

Drei verschiedene Steuerverfahren sollen hier kurz beschrieben werden:
1. Steuerverfahren: Ist eine mittlere Ankerspannung $\overline{U}_A > 0$ gewünscht, so bleibt

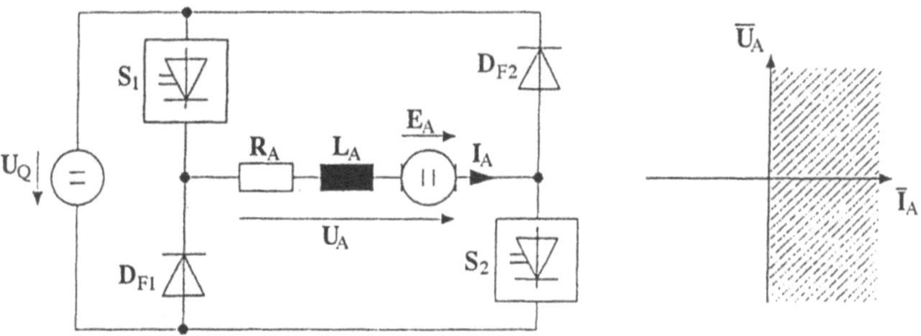

Abb. 4.13. Schaltung zur Ankerspannungsumkehr

S_2 ständig leitend, während S_1 getaktet wird. Es liegt dann motorischer Einquadrantenbetrieb vor (Abschnitt 4.1.1). Um einen Stromfluß bei $U_A < 0$ zu erhalten muß S_1 ständig gesperrt sein und S_2 getaktet werden. Der generatorische Einquadrantenbetrieb liegt jetzt im 4. Quadranten.

2. Steuerverfahren: Gleichzeitige Taktung. Beide Schalter erhalten die gleichen Steuerimpulse. Negative Ankerspannung erhält man für $0 \le a < 0{,}5$, und positive für $0{,}5 < a \le 1$. Vorteil: sehr einfache Ansteuerung. Nachteil: kein Freilauf möglich, d.h. ständiger Wechsel zwischen motorischem und generatorischem Betrieb.

3. Steuerverfahren: Dieses Verfahren ist etwas komplizierter und wird deshalb im Liniendiagramm (Abb. 4.14) verdeutlicht (1 bedeutet: Ventil leitet).

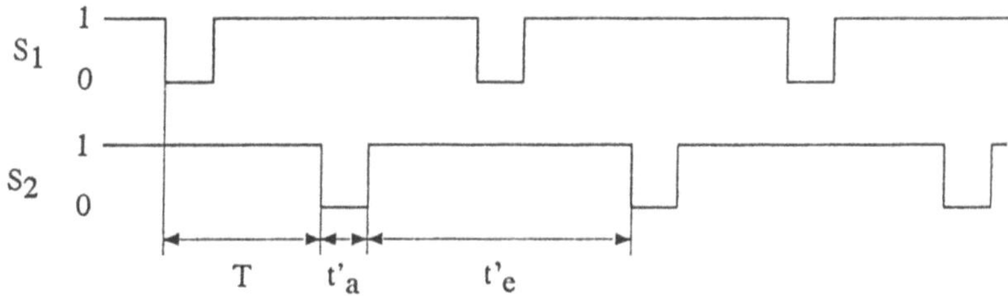

Abb. 4.14. Liniendiagramm zum 3. Steuerverfahren

$$a' = \frac{t_e'}{T} - 1 \ .$$

Das dritte Verfahren weist einige Vorteile auf: Die Ventile werden gleichmäßig belastet und die Schaltfrequenz für das einzelne Ventil ist geringer als bei den anderen Steuerverfahren.

Anwendung: z.B. Hebezeuge und Winden.

Vierquadrantenbetrieb. Durch den Einsatz von vier Dioden und vier abschaltbaren Ventilen sind beide Richtungen von $\overline{U}_A$ und $\overline{I}_A$ möglich (Abb. 4.15).

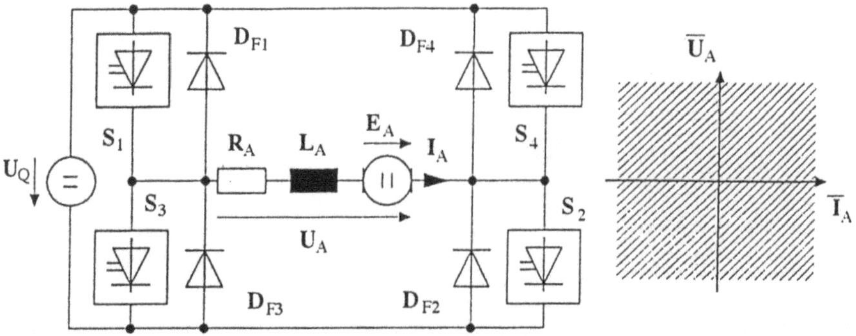

Abb. 4.15. Vierquadrantenstellglied mit abschaltbaren Ventilen

Es gibt zwei Steuerverfahren:

1. Steuerverfahren: Es sind abwechselnd zwei Schalter geschlossen: Entweder S_1 und S_2 oder S_3 und S_4. Das leitende Schalterpaar muß rechtzeitig vor dem Einschalten des anderen abgeschaltet werden, um einen Kurzschluß der Spannungsquelle zu vermeiden. Wird die Einschaltzeit von S_1, S_2 mit t_e bezeichnet und deren Ausschaltzeit mit t_a, wobei $T = t_e + t_a$ und $a = t_e/T$, ist, so gilt:

$$\overline{U}_A = a\, U_Q - (1-a)\, U_Q = (2 \cdot a - 1)\, U_Q$$

$$\overline{I}_A = \frac{1}{R_A}\left((2\,a-1)\, U_Q - E_A\right) \ .$$

2. Steuerverfahren: Das diagonale Schalterpaar S_1 und S_2 wird entsprechend dem Zweiquadrantenbetrieb mit Ankerspannungsumkehr getaktet. Die jeweils in Serie liegenden Schalter S_3 bzw. S_4 werden invers zu S_1 bzw. S_2 angesteuert: Wenn beispielsweise S_1 bzw. S_2 eingeschaltet ist, dann sperrt S_3 und umgekehrt. Die Gleichungen für Ankerspannung und -strom lauten:

$$\overline{U}_A = a'\, U_Q \quad \text{mit } a' \text{ aus Kapitel 4.1.3}$$

$$\overline{I}_A = \frac{1}{R_A}\left(a'\, U_Q - E_A\right) \ .$$

Die Ankerspannung U_A ist abwechselnd $+U_Q$ und Null für $\overline{U}_A > 0$ und U_Q und Null für $\overline{U}_A < 0$.

Vergleich der beiden Steuerverfahren: Das erste Verfahren ist in der Ansteuerung einfacher und ermöglicht die Messung der Ankerströme ohne Potentialtrennung: Der Ankerstrom fließt immer durch einen der beiden unteren Zweige. Werden diese Zweige über Meßwiderstände mit der negativen Klemme der Spannungsquelle (die auf Nullpotential der Meßelektronik liegen muß) verbunden, so kann der Ankerstrom über die Summe der Spannungsabfälle ermittelt werden.

Das Umschalten von U_A zwischen positiver und negativer Quellenspannung führt aber zu erhöhter Stromwelligkeit und damit zu zusätzlichen Ankerverlusten. Schließlich sind mehr Schaltvorgänge als beim zweiten Verfahren erforderlich, wodurch die Schaltverluste größer werden.

4.2 Netzgeführte Stromrichter – Stellglieder

Bei netzgeführten Stromrichtern erfolgt eine Umwandlung der Energie aus einem Wechsel- oder Drehstromsystem in ein Gleichspannungssystem. Die Gleichspannung besteht somit aus Ausschnitten der Wechselspannung bzw. Spannungen des Drehspannungssystems. Die Stromkurvenform wird wesentlich von der Form des gewählten Spannungsverlaufs und den Lastdaten bestimmt. Die Bezeichnung *netzgeführter Stromrichter* oder auch *Stromrichter mit natürlicher Kommutierung* ist durch die Art des Stromwechsels von einem Halbleiter zum anderen Halbleiter – Kommutierung genannt – bedingt. Im vorliegenden Fall wird durch das Wechsel- oder Drehstromsystem die Energie geliefert, um den Wechsel zu ermöglichen. In diesem Kapitel werden anhand der aus didaktischen Gründen gewählten Dreiphasen-Mittelpunkt-Schaltung die Grundbegriffe der netzgeführten Stromrichter-Stellglieder erläutert. Darauf folgend werden für die praktisch ausgeführten Schaltungen wie die Einphasen-Schaltung, Einphasen-Mittelpunktschaltung, Dreiphasen-Brückenschaltung das entsprechende Schaltbild und die charakteristischen Daten angegeben.

4.2.1 Dreiphasen-Mittelpunktschaltung

Anordnung: Pulszahl $p = 3$

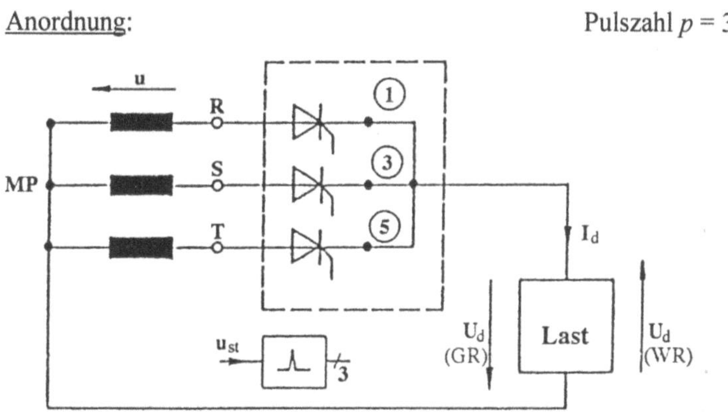

Abb. 4.16. M3-Schaltung (Prinzip)

Achtung: Die Dreiphasen-Mittelpunktschaltung kann "Y" in der obigen Schaltung betrieben werden, da in den Wicklungen des Transformators Gleichkomponenten entstehen, die den Eisenkern sättigen können. Die Darstellung in Abb. 4.16 wurde nur aus didaktischen Gründen gewählt. Bei der praktischen Realisierung mit einem Transformator und einer Dreiphasen-Mittelpunktschaltung müssen Transformator-schaltungen verwendet werden, die Gleichkomponenten in den Trafowicklungen verhindern (z.B. Zick-Zack-Wicklungen).

R – Last   Spannungsverlauf, Beispiel ($\alpha = 60°$)   **R – L – Last**

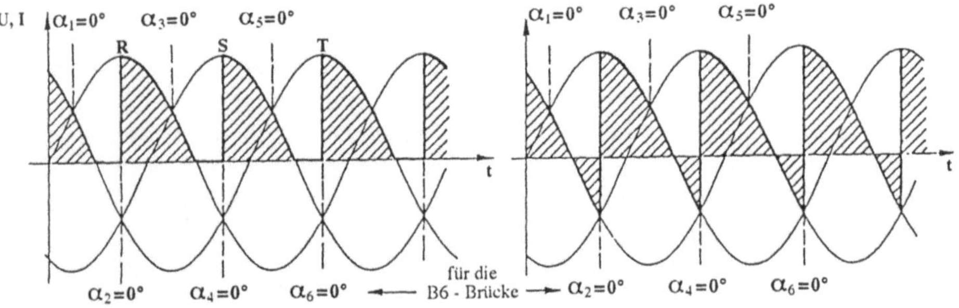

Abb. 4.17. Spannungsverläufe bei $\alpha = 60°$

Der Gleichspannungsmittelwert U_d ergibt sich aus den schraffierten Spannungsflächen, gemittelt über der Periode $1/pF_N$. Bei $\alpha \leq 90$ ist die Spannung $U_d \geq 0$; diese Betriebsart wird Gleichrichterbetrieb genannt. Die Kurvenverläufe zeigen, daß bei gleichem Steuerwinkel α die Last einen wesentlichen Einfluß hat. Im Fall (a) (R-Last) können aufgrund der Ventilwirkung keine negativen Spannungen auftreten. Im Fall (b) (R-L-Last) wird aufgrund des $U_L = L\,di/dt$, die Induktivität eine Spannung erzeugen, die einen positiven Strom aufrecht erhält und damit eine positive Spannung am geschalteten Halbleiter. Damit können auch negative Spannungsverläufe am Ausgang auftreten – solange bis der Fluß in der Induktivität abgebaut ist.

(a) ohmsche Last:	(b) R-L-Last:
U_d, I_d: Gleicher Kurvenverlauf	mit $T = \dfrac{L}{R} \gg \dfrac{1}{F_{Netz}}$
	→ gut geglätteter Laststrom nichtlückender Strom
lückender Strom	

Wechsel des Laststromes von $1 \to 3$, $3 \to 5$, $5 \to 1$. Das ist *Kommutierung* genannt.

Es gilt: Last R-L; $\dfrac{L}{R} >> \dfrac{1}{F_{Netz}}$, Kommutierungsverluste vernachlässigt.

Ideale Gleichspannung: $U_{di0} = 1{,}17\ U$ (für $\alpha=0°$)

$$U_{di\alpha} = U_{di0}\ \cos(\alpha)$$

U: Effektivwert der Strangspannung

Lückender – nichtlückender Betrieb. Wenn in der Last der ohmsche Anteil dominiert, tritt das sogenannte "Stromlücken" auf. Das heißt, zu dem Zeitpunkt, an dem der Strom zu klein wird, blockiert der Thyristor und der Stromfluß wird unterbrochen bis der nächste Thyristor gezündet wird. Ist dagegen eine größe Induktivität im Lastkreis vorhanden, so endet die Stromleitung eines Thyristors erst dann, wenn der nächste Thyristor gezündet wird. Der Laststrom bleibt dann annähernd konstant (Glättungseffekt der Drossel) und sinkt nicht mehr auf Null ab.

Im *Lückbetrieb* ist bei gleichem Steuerwinkel α, die Gleichspannung $U_{di\alpha}$ größer als im *nichtlückenden Betrieb*. Außerdem ist im Lückbereich die Verstärkung $\Delta I_d /\Delta U_{St}$ vom Betriebszustand abhängig und im allgemeinen wesentlich kleiner als im nichtlückenden Betrieb. Zusätzlich ist – regelungstechnisch gesehen – die Zeitkonstante $T_A = L_A/R_A$ der Last nicht mehr wirksam. Dies bringt größe Schwierigkeiten mit sich, die durch spezielle Regelungskonzepte (adaptive Regelung) vermieden werden können.

Kommutierung – Überlappung. Ein weiterer Effekt tritt bei der Kommutierung zwischen den Ventilen auf. Kommutierung ist der Übergang der Stromführung von einem Ventilzweig zum nachfolgenden. Bedingt durch die begrenzte zulässige Stromsteilheit der Thyristoren beim Einschalten, müssen in den Netzzuleitungen Induktivitäten vorgesehen sein.

Diese Induktivitäten verhindern einen abrupten Wechsel des Stroms I_d von dem leitenden Thyristor zum nachfolgend gezündeten Thyristor, kurzzeitig sind daher während dieses Übergangs – Kommutierung genannt – zwei Thyristoren an der Stromführung beteiligt. Während der Kommutierung überlappen sich somit die Stromleitdauern der an der Kommutierung beteiligten Thyristoren. Durch die Überlappungsdauer $\ddot{u} = f\,(I_d,\alpha)$, verringert sich die Ausgangsspannung U_d als Funktion des Laststroms I_d. Wenn bei der Kommutierung zwei Ventile gleichzeitig leiten, wird das Netz kurzgeschlossen. Die verkettete Spannung fällt dann an den Netzinduktivitäten ab. Sind diese gleich groß, so ergibt sich die resultierende Gleichspannung U_d, während der Überlappungszeit $\ddot{u}$ als halbe Strangspannung.

Gegenüber der idealen Kommutierung ohne Überlappung fehlt eine Spannungs-Zeit-Fläche (siehe Schraffur). Der Mittelwert der Gleichspannung ist deshalb kleiner als ohne Überlappung. Die Dauer der Überlappungszeit ist abhängig vom Laststrom I_d, vom Steuerwinkel α, von der Größe der Netzinduktivitäten in den

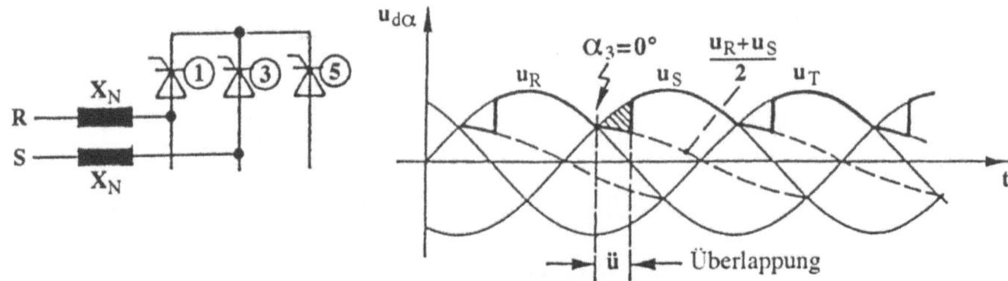

Abb. 4.18. Beispiel: Kommutierung von Ventil 1 nach Ventil 3

Ventilzweigen und der Netzspannung. Die Netzinduktivitäten werden durch die relative Kurzschlußspannung $u_{k\%}$ charakterisiert:

$$u_{k\%} = X_N \, \frac{S_{NNetz}}{3\,U^2} \, 100\% \; ; \qquad S_{NNetz} = 3\,U\,I_{NNetz}$$

$$u_{k\%} = 5 \text{ to } 10\%$$

$$u_{k\%} = \frac{I_{NNetz}\,X_N}{U} \, 100\%$$

U: Phasenspannung

Durch die Überlappungsdauer $ü = f\;(I_d,\,\alpha,u_{k\%})$ bedingt, gilt nun:

$$U_d = U_{di0}\,\cos\alpha - D_x = U_{di0}\left(\cos\alpha - d_x\right)$$

$$D_x = d_x\,U_{di0} \;\; ; \qquad d_x = \frac{D_x}{U_{di0}} = \frac{I_d}{2\sqrt{2}\,I_K}$$

D_x: induktiver Gleichspannungsabfall
d_x: bezogener Gleichspannungsabfall

$$I_K: \;\; \frac{U_v}{2X_N}$$

Mit dem Zusammenhang zwischen dem Nennstrom auf der Netzseite (I_{NNetzs}) und auf der Gleichstromseite (I_{dN}) bei der Dreiphasen-Mittelpunktschaltung kann d_x abhängig von I_d und I_{dN} angegeben werden:

$$I_{NNetz} = \frac{\sqrt{2}}{3}\,I_{dN} \quad \Rightarrow \quad d_x = \frac{\sqrt{3}}{2}\,u_{k\%}\,\frac{I_d}{I_{dN}}$$

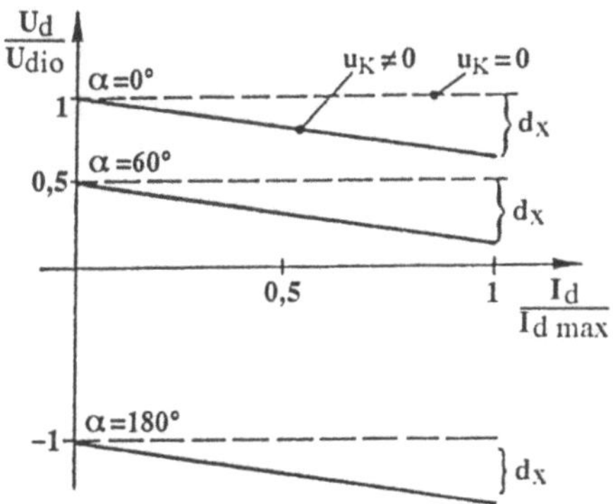

Abb. 4.19. Spannungsabfall durch Kommutierung nichtlückender Strom im gesamten Bereich

Wechselrichterbetrieb – Wechselrichterkippen. Bei Ansteuerung mit $\alpha > 90°$, ergibt sich aus $U_{di\alpha} = U_{di0}\cos\alpha$ ein negativer Gleichspannungsmittelwert:

$$U_{di\alpha} < 0: \text{Wechselrichterbetrieb}$$

mit $90° < \alpha < 180° (150°)$

Wechselrichterbetrieb ist nur möglich mit Gegenspannungen im Lastkreis, damit die Spannung an den Thyristoren positiv bleibt.

$$GR: U_{Th} + \Delta U + E = U\sim; \qquad\qquad WR: U_{Th} + \Delta U = E - U\sim \qquad (\alpha \geq 90°)$$

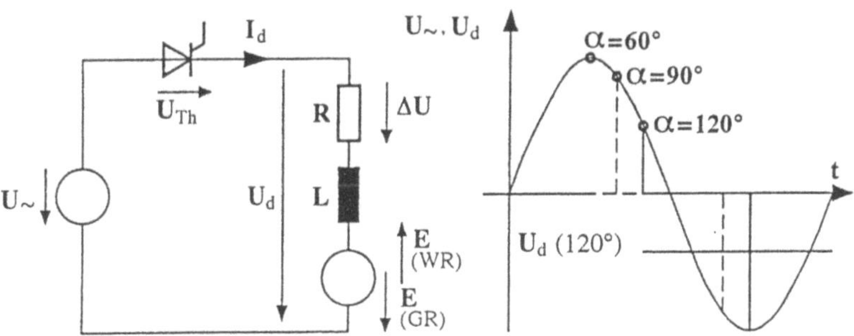

Abb. 4.20. Spannungspolaritäten und Verläufe im Gleichrichter- und Wechselrichterbetrieb

Steuerwinkel mit $\alpha > 180°$ sind nicht mehr zu erreichen, da dann an dem Ventil, das gezündet werden soll, zum Zündzeitpunkt eine negative Spannung anliegt. Die

Kommutierung unterbleibt dann, und der bisher stromführende Thyristor verlöscht nicht.

Um diesen Effekt, das *Wechselrichterkippen* zu vermeiden, muß darüber hinaus noch ein Sicherheitsabstand zum Grenzwinkel $\alpha = 180°$ eingehalten werden. Der Grund dafür ist, daß die Kommutierungszeit (Überlappung $\ddot{u}$) und die Schonzeit t_s des verlöschenden Thyristors abgelaufen sein muß, bevor ab $\alpha = 180°$, die Ventilspannung wieder positiv wird. Wenn die Kommutierung (Überlappungsdauer $\ddot{u}$) nicht vor $\alpha = 180$ beendet ist, dann bleibt der vorher stromführende Thyristor leitend, und der neu gezündete Thyristor wird wieder sperrfähig. In diesem Betriebszustand werden sich die Lastgegenspannung und die zeitvariante Stromrichterspannung addieren, und es wird sich ein sehr großer Laststrom ausbilden, der im allgemeinen zu Schäden im Stromrichter und/oder in der Last führt.

Wenn die Schonzeit t_s nicht vor $\alpha = 180°$, abgeschlossen ist, dann wird der vorher stromführende Thyristor noch nicht sperrfähig sein, d.h. er wird – ohne Zündimpuls und bei positiver Spannung U_{AK}. wieder einschalten. Das Ergebnis ist das gleiche wie im vorher beschriebenen Zustand. Deswegen muß ein Respektabstand $\Delta\alpha = \ddot{u} + \gamma$ zu $\alpha = 180°$ eingehalten werden.

$$\alpha_{max} = 180° - \ddot{u} - \gamma \quad .$$

In der Praxis wird deshalb ein maximaler Steuerwinkel $\alpha_{max} = 150°$ eingestellt.

4.2.2 Wechselstromschaltungen

(a) Spannungen und Ströme in der M2-Schaltung : (nichtlückender Betrieb):

(2)   Leerlaufspannung: $U_{di0} = \dfrac{2\sqrt{2}}{\pi}\, U = 0{,}90\, U$

(maximale Gleichspannung bei $\alpha = 0°$)

(3)   „induktiver Gleichspannungsabfall" $d_x = \dfrac{1}{\sqrt{2}}\, u_{k\%} \dfrac{I_d}{I_{dN}}$

(Kommutierung)

(4)   Mittelwert der Gleichspannung
Ohne Überlappung: $U_{di0} = U_{di0}\, \cos\alpha$
Mit Überlappung: $U_d = U_{di0}\, (\cos\alpha - d_x)$

(5)   Sperrspannung am Ventil: $\hat{U}_T = 2\, \hat{U} = 3{,}14\, U_{di0}$

(6)   Effektiver Ventilstrom: $I_T = \dfrac{1}{\sqrt{2}}\, I_d$

(7)   Mittelwert des Ventilstroms: $I_{TAV} = \dfrac{1}{2}\, I_d$

(8)   Oberschwingungsspannung $(\alpha = 0°)$ $U_{\ddot{u}} = 0{,}48\, U_{di0}$

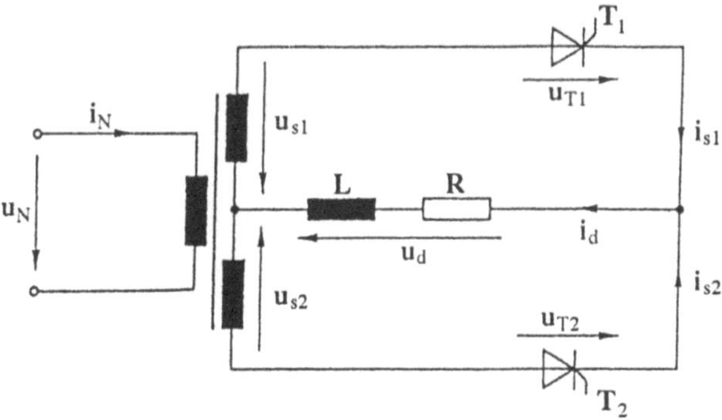

Abb. 4.21. Einphasen-Mittelpunktschaltung (M2)

(b) Spannungen und Ströme in der B2-Schaltung (nichtlückender Betrieb)

(2)   induktiver Gleichspannungsabfall: $U_{di0} = U_{di0}$ wie in 4.2.2a
       (maximale Gleichspannung)

(3)   "induktiver Gleichspannungsabfall": $d_x = d_x$ wie in 4.2.2a
       (Überlappung)

(4)   Mittelwert der Gleichspannung
       Ohne Überlappung: $U_{di0} = U_{di0}$ wie in 4.2.2a
       Mit Überlappung: $U_d = U_d$ wie in 4.2.2.a

(5)   Sperrspannung am Ventil: $\hat{U}_T = \hat{U} = 1{,}57\ U_{di0}$

(6)   Effektiver Ventilstrom: $I_T = I_T$ wie in 4.2.2a

(7)   Mittelwert des Ventilstroms: $I_{TAV} = I_{TAV}$ wie in 4.2.2a

(8)   Oberschwingungsspannung$(\alpha = 0)$ $U_{\ddot{u}} = U_{\ddot{u}}$ wie in 4.2.2a

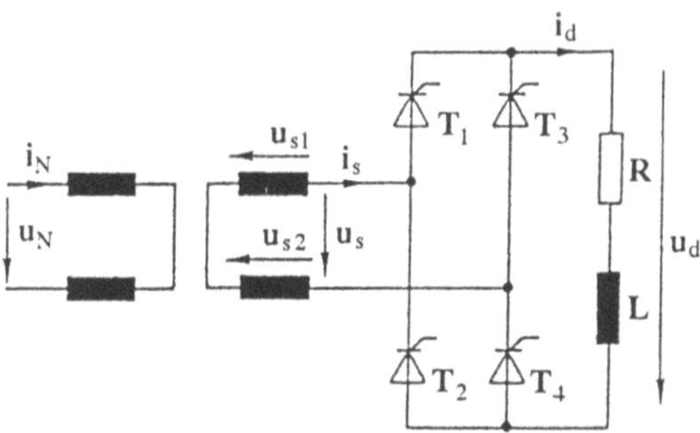

Abb. 4.22. Einphasen-Mittelpunktschaltung-Brücke (B2)

(c) Spannungen und Ströme in der B2HK-Schaltung (nichtlückender Betrieb)

(2)   Leerlaufspannung: $U_{di0} = U_{di0}$ wie in 4.2.2a

(maximale Gleichspannung $\alpha = 0$)

(3)   " induktiver Gleichspannungsabfall"

(Kommutierung) $$d_x = \frac{1}{4\sqrt{2}}\, u_{k\%}\, \frac{I_d}{I_{dN}}$$

(4)   Mittelwert der Gleichspannung

Ohne Überlappung: $$U_{di0} = U_{di0}\, \frac{1+\cos\alpha}{2}$$

Mit Überlappung: $$U_d = U_{di0}\left(\frac{1+\cos\alpha}{2} - d_x\right)$$

(5)   Sperrspannung am Ventil: $\hat{U}_T = \hat{U} = 1{,}57\, U_{di0}$

(6)   Effektiver Ventilstrom

(Thyristoren, Dioden): $I_T = I_T$ wie in 4.2.2a

(7)   Mittelwert des Ventilstroms: $I_{TAV} = I_{TAV}$ wie in 4.2.2a

(8)   Oberschwingungsspannung ($\alpha = 0$) $U_{ü} = U_{ü}$ wie in 4.2.2a

Solche Lösung hat eine geringe Kraft ($f(\alpha)$) auf die Linienteile.

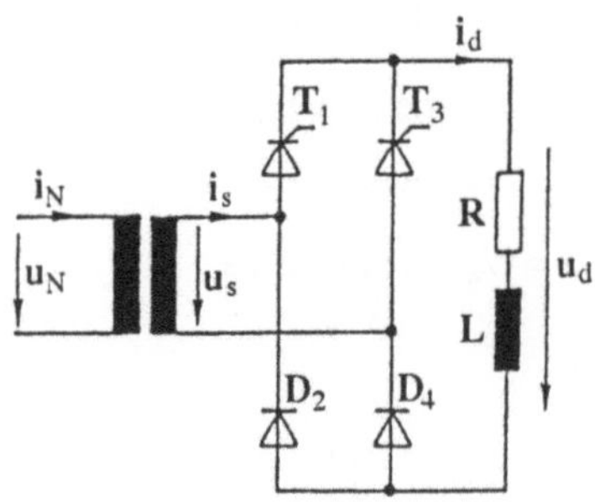

Abb. 4.23. Kathodenseitig einpolig halbgesteuerte Brückenschaltung (B2HK)

(d) Spannungen und Ströme in der B2HZ-Schaltung (nichtlückender Betrieb)

(2)   Leerlaufspannung $U_{di0} = U_{di0}$ wie in 4.2.2a

(maximale Gleichspannung bei $\alpha = 0°$)

(3)   induktiver Gleichspannungsabfall

(Kommutierung)

durch Kommutierung: $d_x = d_x$ wie in 4.2.2 c

(4)   Mittelwert der Gleichspannung

Ohne Überlappung: $U_{di0} = U_{di0}$ wie in 4.2.2 c

Mit Überlappung: $U_d = U_d$ wie in 4.2.2 c

(5)   Sperrspannung am Ventil: $\hat{U}_T = \hat{U}$ wie in 4.2.2 c

(6)   Effektiver Ventilstrom:

Thyristoren: $I_T = \sqrt{\dfrac{\pi - \alpha}{2\,\pi}}\ I_d$

Dioden: $I_T = \sqrt{\dfrac{\pi + \alpha}{2\,\pi}}\ I_d$

(7)   Mittelwert des Ventilstroms:

Thyristoren: $I_{TAV} = \dfrac{\pi - \alpha}{2\,\pi}\ I_d$

Dioden: $I_{TAV} = \dfrac{\pi + \alpha}{2\,\pi}\ I_d$

(8)   Oberschwingungsspannung($\alpha = 0$) $U_{ü} = U_{ü}$ wie in 4.2.2a

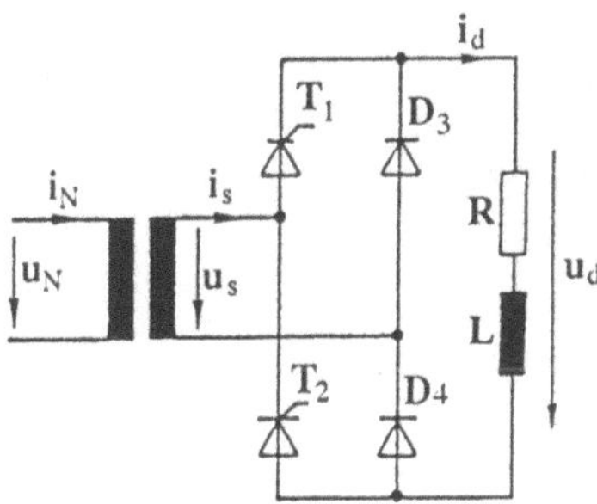

Abb. 4.24. Zweipaargesteuerte Brückenschaltung (B2HZ)

4.2.3 Dreiphasen-Brückenschaltung (B6)

Diese auch Drehstrom-Brückenschaltung genannte Schaltung ergibt sich aus zwei Dreiphasen-Mittelpunktschaltungen, einer positiven und einer negativen, die in Serie geschaltet sind.

Spannungen und Ströme in der B6-Schaltung (nichtlückender Betrieb)

(1)   verkettete Spannung: $U_v = \sqrt{3}\ U$ U: Phasenspannung

(Effektivwerte)

(2)   Leerlaufspannung: $U_{di0} = \dfrac{3\ \sqrt{2}}{\pi}\ U_v = 1{,}35\ U_v$

(maximale Gleichspannung bei $\alpha = 0$)

$$= \frac{3\ \sqrt{6}}{\pi}\ U = 2\ 1{,}17\ U$$

B6 = zwei M3 – Schaltungen in Reihe(Kapitel 4.2.1)

(3)   " induktiver Gleichspannungsabfall "

Kommutierung: $d_x = \dfrac{1}{2}\ u_{k\%}\ \dfrac{I_d}{I_{dN}}$

(4)   Mittelwert der Gleichspannung

Ohne Überlappung: $U_{di0} = U_{di0}\ \cos\alpha$

Mit Überlappung: $U_d = U_{di0}\ (\cos\alpha - d_x)$

(5)   Sperrspannung am Ventil: $\hat{U}_T = \hat{U} = 1{,}05\ U_{di0}$

(6)   Effektiver Ventilstrom: $I_T = \dfrac{1}{\sqrt{3}}\ I_d$

(7)   Mittelwert des Ventilstroms: $I_{TAV} = \dfrac{1}{3}\ I_d$

(8)   Oberschwingungsspannung $(\alpha = 0)$ $U_\ddot{u} = 0{,}042\ U_{di0}$

(wenig Glättungs-
aufwand nötig)

Dreiphasen-MP-positiv
Pulszahl p=6
Dreiphasen-MP-negativ

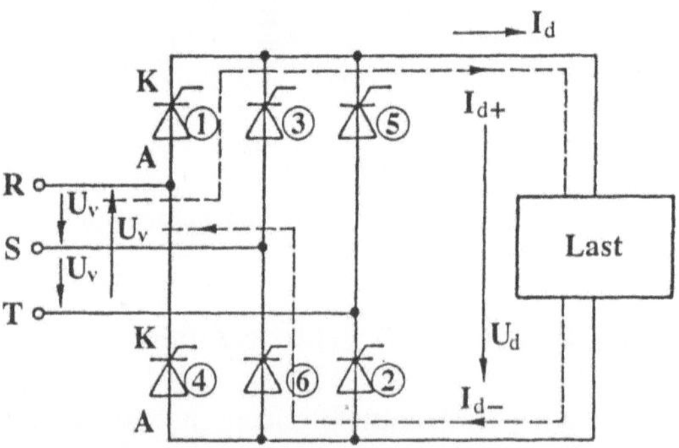

Abb. 4.25. Dreiphasen-Brückenschaltung (B6) – (Sechs-Puls-Schaltung)

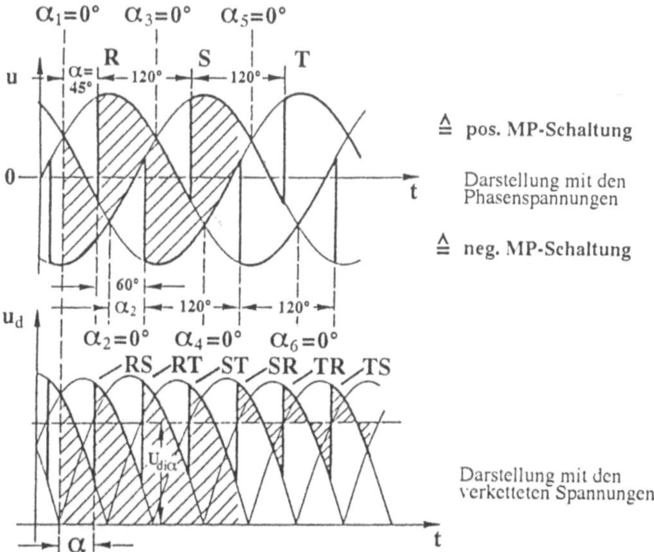

Abb. 4.26. Spannungsverläufe bei der Dreiphasen-Brückenschaltung

4.2.4 Grenzen des Betriebsbereichs - Stromrichter und Maschine

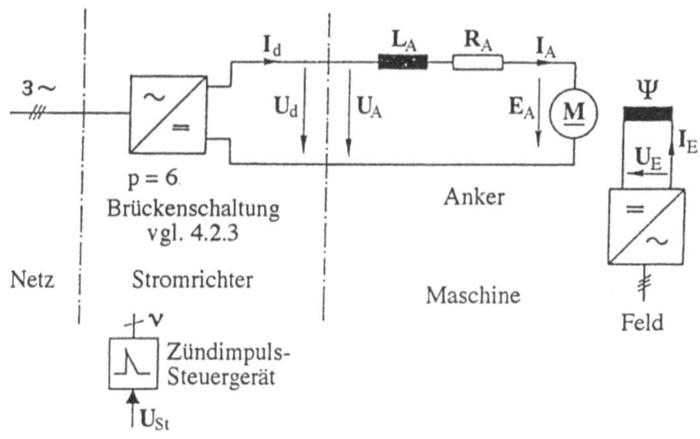

Abb. 4.27. Anordnung Netz – Stromrichter – Maschine

(A) Ankerstellbereich $\Psi = \Psi_N$; $I_E = I_{EN}$.

(A1) Stromrichter im 1. Quadranten (Gleichrichterbetrieb, Motor-Rechtslauf)

Stromrichter: $0° \simeq \alpha \simeq 90°$; $0 \simeq U_d \simeq U_{d\max(\alpha_{\min})}$

mit :

$$U_d = U_{di0} \left(\cos\alpha - \underbrace{\frac{1}{2}\, u_{k\%}\, \frac{I_d}{I_{dN}}}_{d_x} \right) = U_{di\alpha} - D_x \quad .$$

Kennliniengleichung der Maschine:

$$N = \frac{U_A}{C_E\,\Psi} - T_{Mi}\,\frac{R_A}{C_E C_M\,\Psi^2}$$

mit:

$$\Psi = \Psi_N, \quad T_{Mi} = C_M I_A\,\Psi_N \quad .$$

Speisung mit Stromrichter: $U_A = U_d,\quad I_A = I_d$

$$N = \frac{U_d}{C_E\,\Psi_N} - I_d\,\frac{R_A}{C_E\,\Psi_N} = \frac{U_d}{C_E\,\Psi_N} - T_{Mi}\,\frac{R_A}{C_E C_M\,\Psi_N^2}$$

$$N = \frac{U_{di0}\,\cos\alpha}{C_E\,\Psi_N} - I_d\left(\frac{1}{2}\,u_{k\%}\,\frac{U_{di0}}{I_{dN}} + R_A\right)\frac{1}{C_E\,\Psi_N} \quad .$$

Die Einflüsse des induktiven Gleichspannungsabfalls (Stromrichter) und des Ankerwiderstands (Maschine) addieren sich.

Obere Grenze:

$$\text{Stromrichter bei}\quad \alpha = \alpha_{\min}\quad U_d(\alpha_{\min}) = U_{d\max}(I_{A\max})$$

Grenzkennlinie:

$$N = \frac{U_{d\max}}{C_E\,\Psi_N} - I_d\,\frac{R_A}{C_E\,\Psi_N} = U_{di0}\,\frac{\cos\alpha - d_x}{C_E\,\Psi_N} - I_d\,\frac{R_A}{C_E\,\Psi_N}$$

$$N_N = \frac{U_{d\max}}{C_E\,\Psi_N} - T_{MN}\,\frac{R_A}{C_E\,C_M\,\Psi_N^2}; \quad U_{d\max} = f(I_d) = f(T_M)$$

Anmerkung: Für dynamische Vorgänge muß eine Stellreserve eingeplant werden. Deshalb wird der Stromrichter bei der stationären Anlegung nicht bis zu seiner maximalen Leistungsfähigkeit ausgenützt. Im allgemeinen ist also: $\alpha_{\min} > 0°$ und $U_{d\max} < U_{di0}$. Bei einem 4-Quadrantenstellglied mit 2 antiparallelen B6-Brücken wird der minimale Steuerwinkel $\alpha_{\min}$ auf $\alpha_{\min} \simeq 30°$ (symmetrisch zur Wechselrichtertrittgrenze bei $\alpha_{\max} = 150°$) begrenzt (siehe Kapitel 4.2.1).

Stellglied   System
mit Innenwiderstand   Stellglied und Maschine

$$U_{di\alpha} = U_{di0}\ \cos\alpha$$

$$U_d = U_{d\alpha} - D_x$$

Beachte: Zwei mit —++— gekennzeichnete Linien sind zueinander parallel.

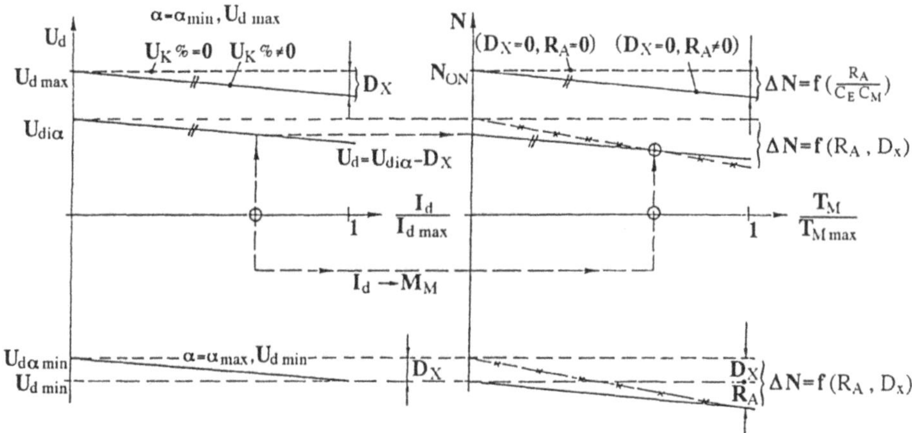

Abb. 4.28. Einfluß von D_x und R_A auf die Drehzahl

(A2) Stromrichter im 4. Quadranten
(Wechselrichterbetrieb, Generator, Motor-Linkslauf).

$$\text{Stromrichter:}\ \ 90° < \alpha \leq 150°; U_{d\min} \leq U_d < 0$$

$\alpha_{\max} \approx 150°$!

Es ergeben sich dieselben Kennliniengleichungen wie bei A1, ist die *untere Grenze* gegeben durch:

$$\text{Stromrichter bei}\ \ \alpha = \alpha_{\max} = 150°, U_{d(\alpha\max)} = U_{d\min} < 0!$$

Grenzkennlinie:

$$N = \frac{U_{d\min}}{C_E\ \Psi_N} - I_d\ \frac{R_A}{C_E\ \Psi_N}$$

mit $U_{d\min} = U_{di0}\ \cos\alpha_{\max} - D_x = U_{d\alpha\min} - D_x$

F Feldstellbereich

F1 Ankerstromrichter im 1. Quadranten

Stromrichter: $\alpha \approx 30° = konst.$; $U_d = U_{d\,max}^*|_{I_d=I_A} = U_{di0} \cos \alpha - D_x$

$\alpha \neq 0$, um den Strom $I_{A\,max}$ führen zu können!

$$N = \frac{U_{d\,max}^*}{C_E \,\Psi} - I_d \,\frac{R_A}{C_E \,\Psi}; \quad T_M = C_M \,\Psi \,I_d$$

$$N = \frac{U_{d\,max}^* - I_d \,R_A}{\dfrac{C_E}{C_M} \dfrac{T_M}{I_d}}; \quad \frac{C_E}{C_M} = 2\pi$$

$$N = \frac{\left(U_{d\,max}^* - I_d \,R_A\right) I_d}{2\pi \,T_M}$$

für $I_A = I_{A\,max} = I_{d\,max}$ bestehen die folgenden Zusammenhänge:

$$N \approx \frac{1}{\Psi}$$

$$T_M \approx \Psi$$

F2 Ankerstromrichter im 4. Quadranten

Stromrichter: $\alpha = 150°$; $U_d = U_{d\,min}^* = U_{d\,min}|_{I_d=I_A} = U_{di0} \cos \alpha - D_x$

$$N = \frac{U_{d\,min}^*}{C_E \,\Psi} - I_d \,\frac{R_A}{C_E \,\Psi}$$

$$N = \frac{U_{d\,min}^* - I_d \,R_A}{\dfrac{C_E}{C_M} \dfrac{T_M}{I_d}} = \frac{\left(U_{d\,min}^* - I_d \,R_A\right) I_d}{2\pi \,T_M}$$

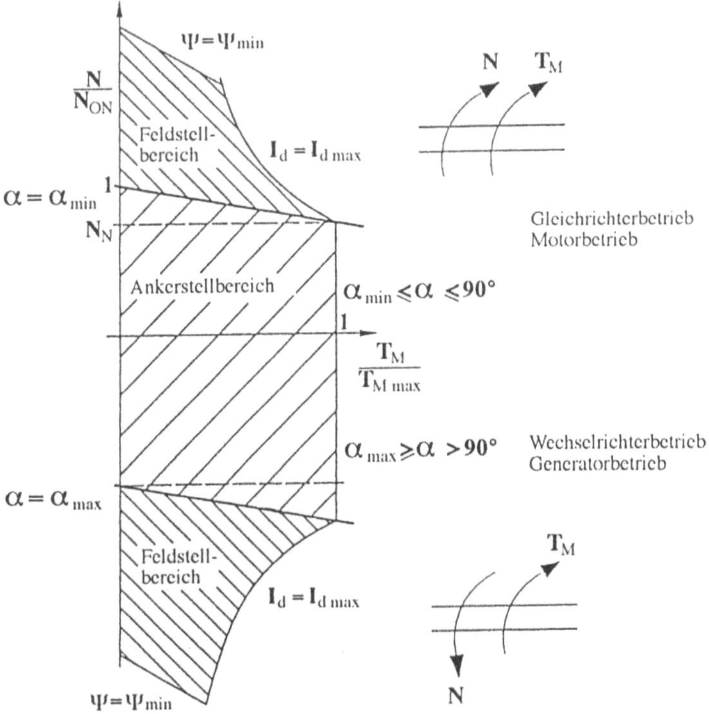

Abb. 4.29. Arbeitsbereich GNM mit B6-Brücke

4.2.5 Verfahren zur Drehmomentumkehr bei Stromrichtern

Eine Vielzahl von Gleichstromantrieben fordern gelegentlich oder betriebsmäßig eine Momentenumkehr. Im Gegensatz zu umformergespeisten GS-Motoren läßt sich der Gleichstrom bei Stromrichterspeisung wegen der Ventilwirkung der Halbleiter nicht umkehren. Eine Drehmomentumkehr ist daher bei stromrichtergespeisten Antrieben nur durch besondere Maßnahmen möglich.

Das Drehmoment eines GS-Motors ist bekanntlich proportional dem Produkt aus Ankerstrom und Fluß. Da der Fluß durch den Feldstrom bestimmt wird, kann das Drehmoment eines GS-Motors entweder durch *Umkehrung des Ankerstroms oder durch* Umkehrung des Feldstroms in seiner Richtung geändert werden.

$$+T = (+J_A)\,(+\psi)$$

$$-T = (+J_A)\,(-\psi) \qquad \text{(Feldstromumkehr)}$$

$$-T = (-J_A)\,(+\psi) \quad \text{(Ankerstromumkehr)}$$

Drehmomentumkehr durch Wenden des Ankerstroms.
(a) Ankerumschaltung mit Schütz:

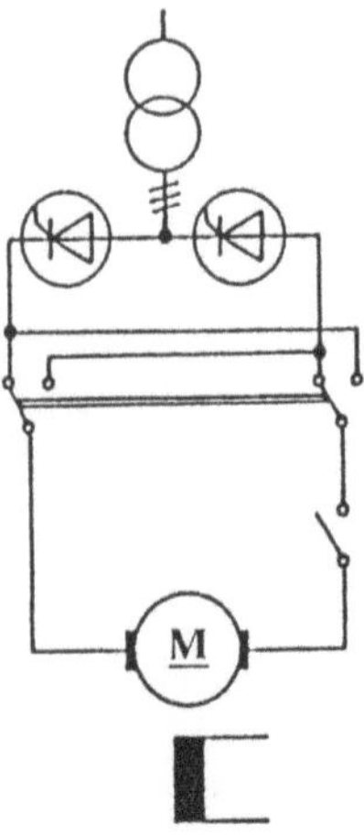

Abb. 4.30. Ankerstromumkehr mit Schütz

Die einfachste Möglichkeit, den Ankerstrom in der Maschine zu wenden, ist der Ankerumschalter. Es ist wirtschaftlich gesehen eine sehr günstige Lösung, da man nur einen Einwegstromrichter benötigt. Der Umschalter wird nur im stromlosen Zustand betätigt, deshalb können hierfür neben speziellen Polwendeschaltern auch normale Luftschütze mit Fernantrieb eingesetzt werden. Umschalter neigen jedoch zu häufigeren Störungen wegen der mechanisch bewegten Teile und deren Verschleiß. Sie sind daher ungeeignet für Antriebe mit häufiger Momentenumkehr. Außerdem liegt die durch die Umschaltung entstehende *Stromnullpause* in der *Größenordnung von 100 bis 500 msec.* Diese Schaltung kommt deshalb nur bei kleineren Leistungen zum Einsatz und auch nur dann, wenn die Stromnullpause in Kauf genommen werden kann ("Momentenloch").

Beim Umschalten des Schützes muß gleichzeitig auch der Stromrichter umgesteuert werden (z.B.: GR zu WR), da sonst die Stromrichterspannung U_d und die induzierte Maschinenspannung E_A in Reihe liegen und einen zu hohen Ankerstrom treiben.

(b) Vierquadrant-Stromrichter-Stellglieder: Unter Umkehrstromrichterschaltungen versteht man solche Stromrichterschaltungen, bei denen für jede Stromrichtung Ventile vorhanden sind. Man unterscheidet dabei die Kreuzschaltung und die Gegenparallelschaltung – auch Antiparallelschaltung genannt. Ferner unterscheidet man *kreisstrombehaftete* und *kreisstromfreie* Schaltungen.

(c) Kreisstromfreie Schaltungen: Die Umschaltung der Anschlußklemmen des Stromrichters wird hier auf elektronischem Wege dadurch bewerkstelligt, daß eine zweite antiparallele Stromrichterbrücke den negativen Laststrom übernimmt. Von den beiden beispielsweise B6-Brücken ist also nur immer eine aktiv, während die Zündimpulse für die andere blockiert werden. Das schon erwähnte "Momentenloch" bei der Umschaltung besteht weiterhin, da das Verlöschen der Ventilströme abgewartet werden muß. Die Stromnullpause bei der Stromumkehr beträgt aber nur noch 1 ms bis 6,6~ms.

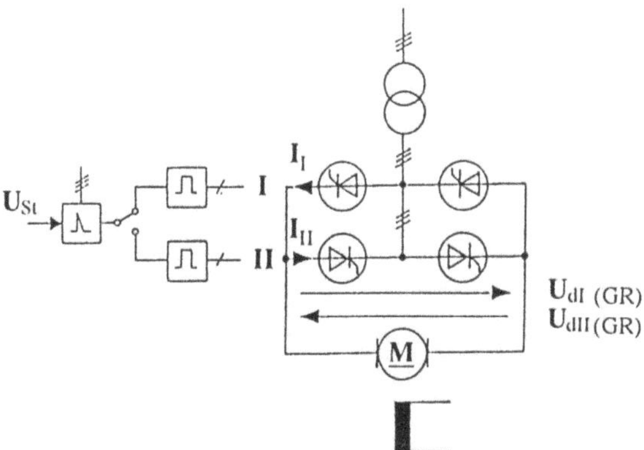

Abb. 4.31. Kreisstromfreier Umkehrstromrichter

Auch hier muß eine Umsteuerung vom GR zum WR-Betrieb beim Wechsel der Brücken erfolgen, um keine Überströme zu erzeugen. Weil die Stromrichter bei kleinen Strömen im Lückbereich arbeiten, verschlechtert sich das dynamische Verhalten bei nicht adaptiven Stromregelkreisen, so daß bei der Stromumkehr wesentlich längere Stromumkehrzeiten und damit wesentlich längere Zeiten bei der Momentenumkehr auftreten. Durch Einsatz eines adaptiven Stromreglers kann das Verhalten bei lückendem Ankerstrom verbessert werden.

Generell können bei richtig eingestellten Reglerparametern im nichtlückenden Bereich Stromausregelzeiten von kleiner 6 ms erreicht werden. Bei Einsatz einer guten adaptiven Stromregelung verschlechtert sich die Stromausregelzeit auf etwa 8 ms. Die Stromnullpause kann, wenn schnelle Stromnullerkennnungen verwendet werden, auf kleiner als 1,5 ms (abhängig von der Freiwerdezeit t_q der verwendeten Thyristoren) eingestellt werden. Die real auftretende Stromnullpause hängt wesentlich vom Zeitpunkt des gewünschten Stromwechsels ab und ist damit kleiner als 3 ms. Damit sind die regelungs-technischen Unterschiede zur kreisstrombehafteten Schaltung so gering, daß diese heute praktisch nicht mehr verwendet wird.

Wegen seines einfachen und preiswerten Aufbaus hat sich der kreisstromfreie Umkehrstromrichter in der praktischen Anwendung als Standardlösung durchgesetzt.

Drehmomentumkehr durch Wenden des Feldstroms. Allgemeine Hinweise:
Im Prinzip kommen hier die gleichen Schaltungen zum Einsatz, wie sie bereits von

den Stellgliedern des Ankerkreises bekannt sind. Da Erregerkreise aber nur kleine Leistungen, verglichen mit den Ankerkreisen, aufweisen, ist der Aufwand sehr viel geringer. Für die nachfolgenden Beispiele wird davon ausgegangen, daß der Anker von einer einfachen B6-Brücke gespeist wird (positiver Strom, positive und negative Spannung). Allen Verfahren, die auf der Feldumkehr beruhen, ist gemeinsam, daß bei der Umkehr bei $\Psi \approx 0$ ein kritischer Arbeitsbereich der Maschine auftreten kann, wenn nicht Gegenmaßnahmen ergriffen werden.

Die Erklärung folgt anhand der stationären Kennlinie:

$$n = \frac{u}{\psi} - t_M \, \frac{r_A}{\psi^2} \; .$$

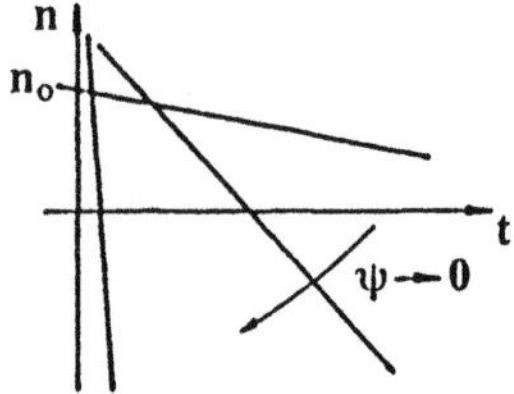

Abb. 4.32. Kennlinie der GNM mit ψ als Parameter

Bei unbelasteter Maschine ($t_w \to 0$) und konstanter Ankerspannung strebt der Term $n_0 = \left.\dfrac{u}{\psi}\right|_{\psi \to 0}$ gegen unendlich. Die Maschine "geht durch" und wird durch die Überdrehzahl (Zentrifugalkräfte) zerstört.

Die Gegenmaßnahme gegen das "Durchgehen" besteht darin, durch entsprechende Steuerung im Ankerstrom das Motormoment und damit den Ankerstrom auf Null zu setzen. Ein von der Maschine ausgehendes Beschleunigungsmoment wird somit verhindert. Auf diese Weise ist zwar die Stabilität gewährleistet, aber es entsteht wieder ein Momentenloch. Die daraus resultierende Totzeit liegt im Bereich von 100 ms bis 2s, zumal die große Induktivität der Erregerwicklung keine schnelle Feldänderung zuläßt, wenn nicht sehr hohe Übererregung (dynamische Überhöhung der Erregerspannung) in Kauf genommen wird. Bei Feldumkehr dürfen daher keine großen dynamischen Ansprüche an das Antriebssystem gestellt werden.

Weiterhin ist zu beachten, daß eine Feldumkehr bei rotierender Maschine immer mit einer Umsteuerung des Ankerstromrichters verknüpft sein muß.

4.3 Regelung der GNM (Stromregelung, Drehzahlregelung)

Aufgrund der schlechten dynamischen Eigenschaften bei der Feldregelung und der nichtlinearen Charakteristik (Hysterese) wird die Gleichstrommaschine üblicherweise über den Anker geregelt.

Meist angewendetes Verfahren:

Kaskadenregelung: innerer Kreis: Stromregler;
                                 äußerer Kreis: Drehzahlregler

Die Kaskadenregelung wird bei Antrieben aus folgenden Gründen häufig eingesetzt:

(a) Gleichstrommaschine und Stromrichter-Stellglied sind empfindlich gegen zu hohe Ankerströme I_A;
(b) die Gleichstrommaschine ist empfindlich gegen zu hohe Änderungsgeschwindigkeiten des Ankerstroms di_A/dt;
(c) die Gleichstrommaschine (und das Stromrichter-Stellglied) ist empfindlich gegen zu hohe Ankerspannungen U_A;
(d) der Ankerstrom der Gleichstrommaschine ist eine wichtige Stellgröße $(t_M = \psi\, i_A)$;
(e) der Drehzahlregler ist dem Stromregelkreis überlagert, die Regelkreise können getrennt in Betrieb genommen werden.

Zwei *Folgerungen* kann man für drehzahlgeregelte Antriebe aus diesen Angaben ableiten:

I: Ankerstrom nach Größe und eventuell Änderungsgeschwindigkeit begrenzen
$\Rightarrow$ Ankerstrom der Größe nach begrenzen und regeln
II: Drehzahl der Größe nach begrenzen und regeln

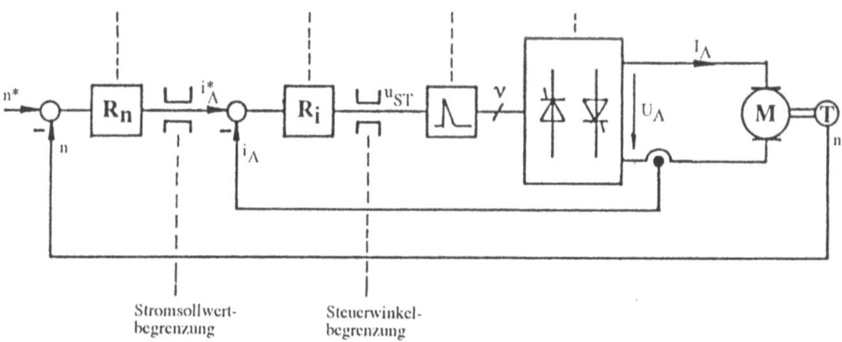

Abb. 4.33. Kaskadengeregelte Gleichstromnebenschlußmaschine

In Kapitel 3 waren der Signalflußplan der Gleichstrommaschine und in Kapitel 3.2 die Führungs- und Stoßgrößenübertragungsfunktionen abgeleitet worden. In diesem Kapitel sollen nun die wichtigsten Grundlagen der Regelung der Gleichstromnebenschlußmaschine dargestellt werden. Wie bereits erwähnt, wird häufig die Kaskadenregelung verwendet (Abb. 4.33). Aus Abb. 4.33 ist zu entnehmen, daß dem Stromregelkreis der Drehzahlregelkreis überlagert ist. Um den Strom i_A im Anker der Gleichstrommaschine und im Stellglied zu begrenzen, wird der Stromsollwert i_A^* begrenzt.

Vorteile:

1. Unterteilung der Strecke → einfache Regelkreise
2. Gutes Störverhalten
3. Begrenzung der geregelten Signale möglich
4. Auswirkungen nichtlinearer oder nichtstetiger Teile des Regelkreises eingegrenzt
5. Schrittweise Inbetriebnahme

4.3.1 Ankerstromregelung

In Abb. 4.34 ist der Stromregelkreis dargestellt. Ohne auf die speziellen Ableitungen zur Approximation des dynamischen Verhaltens des Stromrichter-Stellglieds einzugehen und ohne Optimierungsregeln abzuleiten, sollen nur die wesentlichsten Punkte dargestellt werden. Das Stellglied wird als Totzeitglied mit der Verstärkung v_{Str} betrachtet. Die Totzeit T_t hängt vom verwendeten Stellglied ab und wird

beispielsweise mit $T_t = \dfrac{T_N}{2\,p}$ als ungünstigster Fall bei netzgeführten Stromrichtern angesetzt.

Nach Abb. 4.34 besteht die Strecke des Stromregelkreises aus der Übertragungsfunktion $G_{Str}(s)$ des Stellglieds, dem Ankerkreis mit $G_{S1} = \dfrac{1}{r_A\,(1 + sT_A)}$, und der Übertragungsfunktion des mechanischen Teils $G_{S2} = \dfrac{1}{sT_{\Theta N}}$ die zurückgekoppelt ist.

Aufgrund dieser Rückkopplung ergibt sich als Streckenübertragungsfunktion:

$$G_S(s) = \frac{i_A(s)}{u_{St}(s)} = \left.\frac{G_{Str}(s)\,G_{S1}(s)}{1 + G_{S1}(s)\,G_{S2}(s)}\right|_{\psi=1}$$

$$= v_{Str}\,e^{-sT_t}\,\frac{sT_{\Theta N}}{r_A(sT_{\Theta N} + s^2 T_{\Theta N} T_A) + 1} \; .$$

Diese Übertragungsfunktion ist unerwünscht, da sie ein konjugiert komplexes Polpaar enthalten kann und damit den Entwurf des Reglers erschwert. Ein Regler mit I-Anteil würde außerdem die Ordnung des geschlossenen Regelkreises auf dritte Ordnung erhöhen und damit die Dynamik des Regelkreises ebenfalls ungünstig beeinflussen.

Um diese Nachteile zu vermeiden, ist eine EMK-Aufschaltung (gestrichelte Linie) zu empfehlen. Durch diese Aufschaltung wird der Rückkopplungszweig mit e_A. kompensiert. Wichtig bei der Aufschaltung ist, daß im Aufschaltungszweig eine Übertragungsfunktion $1/v_{Str}$ eingefügt ist, um die Kompensation der EMK sicherzustellen und um eine Mitkopplung zu vermeiden. Wenn diese Bedingungen eingehalten sind, dann ist die Streckenübertragungsfunktion reduziert auf (Abb. 4.34):

$$G_S(s)\Big|_{E.M.K.} = v_{Str}\, e^{-sTt}\, \frac{1}{r_A\left(1+sT_A\right)}$$

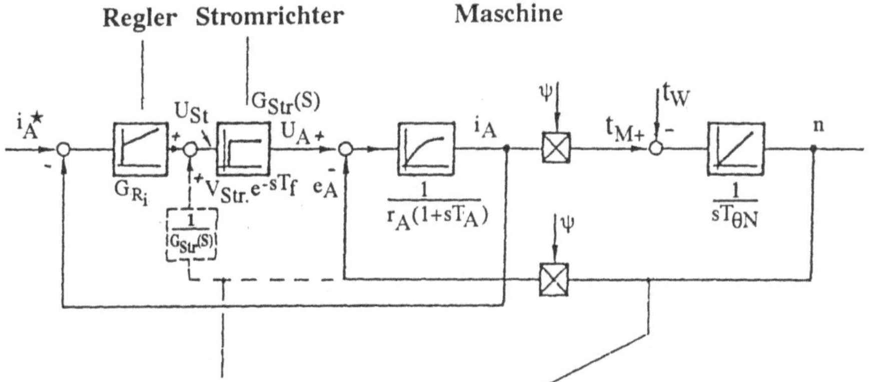

EMK-Aufschaltung
(Beobachterschaltung
zur Gewinnung von e_A)

kann vernachlässigt werden, wenn Ersatzzeitkonstante des geschlossenen Stromregelkreises $T_{ersi} \ll T_{\Theta N}$, sonst: Kompensation von e_A durch Aufschaltung

Abb. 4.34. Innerer Kreis – Stromregelung

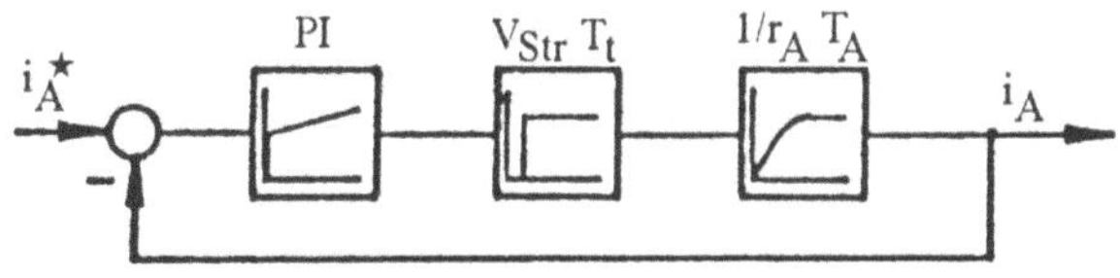

Abb. 4.35. Signalflußplan des Stromregelkreises mit EMK-Aufschaltung

Zur weiteren Vereinfachung wird das Totzeitglied durch ein PT_1 approximiert:

$$G_S(s)\Big|_{E.M.K.} = \frac{v_{Str}}{r_A}\,\frac{1}{(1+sT_t)(1+sT_A)} \qquad T_A > T_t \ .$$

Mit diesen Vereinfachungen kann nun das für diesen Streckentyp entwickelte Optimierungskriterium – das Betragsoptimum BO – angewendet werden. Beim Betragsoptimum wird als Regler bei diesem Streckentyp ein PI-Regler vorausgesetzt:

$$G_R(s) = K_R\,\frac{1+sT_R}{s} \ .$$

Die Optimierungsbedingungen für BO lauten:

$$T_R = T_A$$

$$K_R = \frac{1}{2T_t}\,\frac{r_A}{v_{Str}} \qquad ; \qquad T_t = \frac{T_N}{2p} = \frac{1}{2pF_N} \ .$$

Wenn der Stromregelkreis nach BO optimiert ist – und kein Tiefpaß zur Glättung des gemessenen Stroms zusätzlich im Rückführkanal eingefügt wurde, dann ergibt sich als Führungsübertragungsfunktion:

$$G_{wi}(s) = \frac{1}{1+s\,2T_t + s^2\,2T_t^2} \ .$$

Diese Übertragungsfunktion weist ein konjugiert komplexes Polpaar und die Dämpfung $d = \dfrac{1}{\sqrt{2}}$ auf. Das Zeitverhalten zeigt Abb. 4.36.

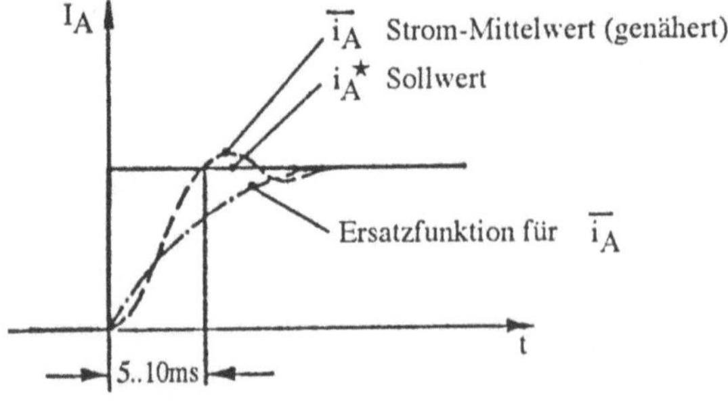

Abb. 4.36. Sprungantwort des Stromregelkreises

Zur Vereinfachung der Optimierung des überlagerten Regelkreises wird im allgemeinen eine Ersatzübertragungsfunktion gewählt (Abb. 4.37).

$$G_{wi}(s) = \frac{1}{1 + s\,2T_t + s^2\,2T_t^2} \qquad \rightarrow \qquad G_{wersi}(s) = \frac{1}{1 + sT_{ersi}}$$

Nährung

$$T_{ersi} = 2\,T_t$$

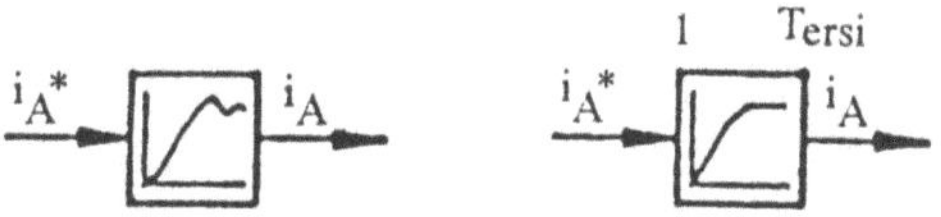

Abb. 4.37. Ersatzübertragungsfunktion

(a) Bei vielen handelsüblichen Stromrichter-Stellgliedern ist im Istwertkanal eine Glättung (PT1-Verhalten) eingebaut. Diese Glättung wird als Vorsichtsmaßnahme angesehen, ist aber bei sorgfältiger Ausführung des Sensors und der Abschirmung regelungstechnisch nicht notwendig sondern sogar nachteilig. Unter der Annahme der Glättungszeitkonstante T_G und $T_G << T_A$, kann die Optimierung nach BO folgendermaßen abgewandelt werden:

$$T_R = T_A; \quad K_R = \frac{r_A}{v_{Str}}\frac{1}{2(T_t + T_G)} = \frac{r_A}{v_{Str}}\frac{1}{2T_t^*}$$

mit $T_t^* = T_t + T_G$.

Damit verschlechtert sich auch T_{ersi} zu T_{ersi}^*. Diese größere Zeitkonstante T_t^* ist anschließend auch bei der Optimierung des Drehzahlregelkreises zu berücksichtigen, d.h. verschlechtert auch dieses dynamische Verhalten.

Abschließend soll noch kurz auf die adaptive Stromregelung bei lückendem Strom eingegangen werden. Es gibt eine Vielzahl von Ausführungsformen, die hier nicht behandelt werden können. Wesentliches Ziel der adaptiven Stromregelung ist, eine vergleichbare Regeldynamik wie bei nichtlückendem Strom zu erhalten. Dies wird heute nahezu erreicht, wenn die Erkennung des Lückbereichs und die Parameteranpassung im Lückbereich sich an die theoretischen Anforderungen annähert. Im Endergebnis ist festzuhalten, daß die Streuung der Strom-Übertragungsfunktionen bedingt durch die zeitliche Lage gegenüber dem Drehspannungssystem in etwa vergleichbar ist mit dem Unterschied lückender oder nichtlückender Strom.

4.3.2 Drehzahlregelung

Der Stromregelkreis ist im Drehzahlregelkreis (Abb. 4.38) nur als Ersatzfunktion G_{wersi} berücksichtigt. Als Drehzahlregler wird ein PI-Regler verwendet, um auch bei Störungen $t_w \neq 0$ stationäre Genauigkeit sicherzustellen.

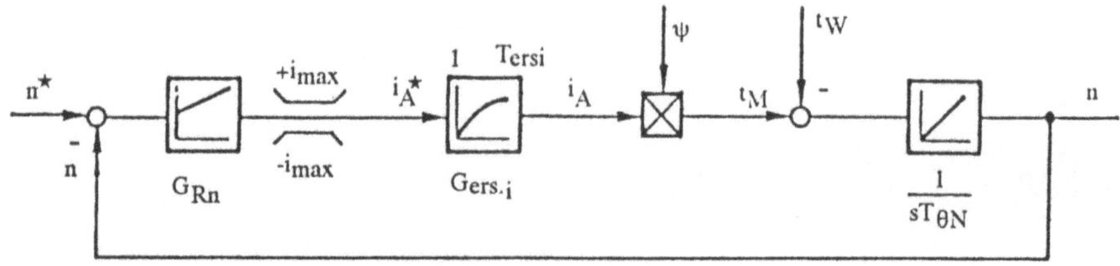

Abb. 4.38. Signalflußplan des Drehzahlregelkreises

Bei den folgenden Überlegungen soll zuerst Nennfluß ($\psi = 1$) vorausgesetzt werden. Unter diesen Randbedingungen gilt :

$$G_{Sn}(s) = \frac{1}{1+T_{ersi}\,s}\;\frac{1}{sT_{\Theta N}}$$

$$G_{Rn}(s) = K_R\,\frac{1+sT_R}{s}$$

$$-G_0(s) = \frac{K_R}{s^2 T_{\Theta N}}\;\frac{1+sT_R}{1+s\,T_{ersi}}\quad.$$

Aufgrund der Doppelintegration beginnt der Phasenwinkel ψ_0 des offenen Kreises bei $\varphi_0 = -180°$. Um den geschlossenen Regelkreis zu stabilisieren, muß $T_R > T_{ersi}$ gewählt werden. Die Parameter des Reglers sind nach den Regeln des sog. symmetrischen Optimums (SO) zu wählen:

$$\text{SO-Optimierung} \qquad T_R = 4\,T_{ersi}$$

$$K_R = \frac{T_{\Theta N}}{8\cdot T_{ersi}^2}$$

Bei Wahl der Reglerparameter nach SO ergibt sich die Führungsübertragungsfunktion $G_{wn}(s)$:

$$G'_{wn}(s) = \frac{1+4sT_{ersi}}{1+4sT_{ersi}+8s^2T_{ersi}^2+8s^3T_{ersi}^3}\quad.$$

Die Übertragungsfunktion $G'_{wn}(s)$ liefert bei sprungförmiger Sollwertverstellung aufgrund des Zählerpolynoms mit $4sT_{ersi}$ ein Ausgangssignal mit sehr großem Überschwingen. Um das gewünschte Führungsübertragungsverhalten bei sprungförmiger Verstellung des Drehzahlsollwerts sicherzustellen, muß im Führungskanal das Zählerpolynom von $G'_{wn}(s)$ kompensiert werden (Abb. 4.39). Damit ergibt sich endgültig:

$$G_{wn}(s) = \frac{1}{1 + 4sT_{ersi} + 8s^2 T_{ersi}^2 + 8s^3 T_{ersi}^3}$$

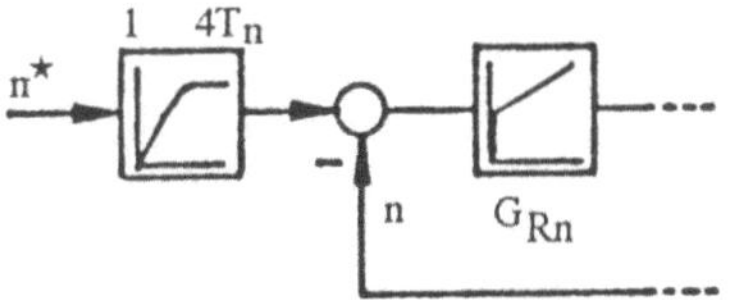

Abb. 4.39. Führungsglättung

Die Anregelzeit, einschließlich Sollwertglättung, beträgt ca. $7\ T_{ersi}$.

$$G_{wn}(s) = \frac{1}{1 + s\ 4T_{ersi} + s^2\ 8T_{ersi}^2 + s^3\ 8T_{ersi}^3} \rightarrow G_{wersn}(s) = \frac{1}{1 + s\ T_{ersn}}$$

$$T_{ersn} = 4\ T_{ersi}\ .$$

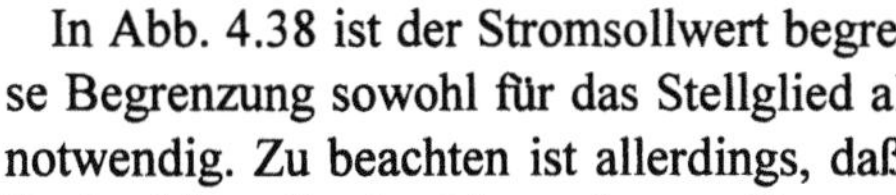

Abb. 4.40. Ersatzübertragungsfunktion Drehzahlregelkreis

In Abb. 4.38 ist der Stromsollwert begrenzt. Wie bereits oben diskutiert, ist diese Begrenzung sowohl für das Stellglied als auch für die Maschine (Kommutator) notwendig. Zu beachten ist allerdings, daß beim Ansprechen der Begrenzung der Drehzahlregelkreis nicht mehr geschlossen ist. Dies führt zu einem abweichenden Verhalten des Gesamtsystems gegenüber dem geschlossenen System.

Wenn der Stromsollwert den Begrenzungswert erreicht bzw. überschreitet, wird als Stromsollwert nur noch der Begrenzungswert wirksam. Dies bedeutet, daß – bei konstantem t_W während der Zeit der Begrenzung ein konstantes Beschleunigungsmoment wirksam ist. Ein konstantes Beschleunigungsmoment führt aber zu einer zeitlinearen Änderung der Drehzahl (Abb. 4.41).

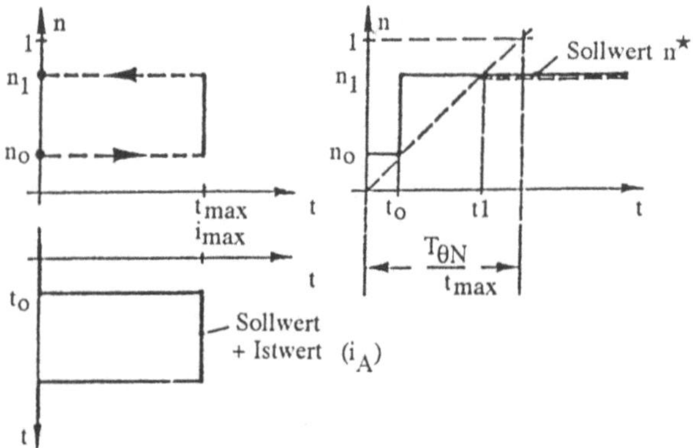

Abb. 4.41. Hochlauf bei Ankerstrombegrenzung

Zu beachten ist außerdem, daß – aufgrund des während der Begrenzungszeit offenen Regelkreises – der Verlauf des Drehzahlistwertes unterschiedlich ist gegenüber dem Verlauf bei geschlossenem Regelkreis. Der Ausgangswert des Drehzahlreglers wird sich wegen dessen Integralanteil erhöhen, obwohl der Stromsollwert i_A^* konstant auf dem Begrenzungswert bleibt.

Hat der Drehzahlistwert schließlich den Sollwert erreicht, so ist der Ausgangswert des Reglers u.U. erheblich größer als bei unbegrenztem Stromsollwert. Die Drehzahl wird sich also weiterhin erhöhen bis der P-Anteil des Drehzahlreglers den I-Anteil soweit kompensiert, daß das Beschleunigungsmoment das Vorzeichen wechselt.

Die Folge ist ein erhebliches Überschwingen des Drehzahlistwertes, wenn der Regelkreis durch die Begrenzung geöffnet war. Um dies zu vermeiden, muß die Integration der Regelabweichung im Drehzahlregler während der Zeit der Strom-Sollwertbegrenzung angehalten werden.

In Abb. 4.41 ist außerdem der Einfluß von ψ eingezeichnet. Ein Fluß $\psi < 1$ wird im Feldschwächbereich zu einer Verringerung des Drehmoments führen:

$$t_{Mi} = i_A\,\psi\,.$$

Diese Verringerung des Drehmoments verkleinert somit die Kreisverstärkung des offenen Regelkreises bzw. wirkt wie eine Vergrößerung der Integrations-Zeitkonstante $T_{\Theta N}$:

$$\frac{1}{sT'_{\Theta N}\,(\psi < 1)} = \frac{\psi}{sT_{\Theta N}\,(\psi = 1)}\,.$$

Die Integrations-Zeitkonstante des Drehzahlreglers muß daher bei $\psi < 1$ an die geänderte Verstärkung angepaßt werden. Die Anpassung erfolgt am einfachsten mit Hilfe der Division durch ψ im Drehzahlregler, dadurch wird die Multiplikation mit ψ in der Strecke kompensiert.

5 Drehfeldmaschinen – Signalflußpläne

Die Drehfeldmaschinen, d.h. die Asynchronmaschinen und die Synchronmaschinen einschließlich der permanenterregten Synchronmaschinen (sowie die bürstenlosen Gleichstrommaschinen), werden heute zunehmend als steuer- bzw. regelbare Antriebe verwendet. Wie die folgenden Kapitel zeigen werden, bestehen bei der Beschreibung derartiger Maschinen eine Reihe von Schwierigkeiten. Die erste Schwierigkeit ist das Drehstromsystem, d.h. es liegen beispielsweise für den Stator und den Rotor der Asynchronmaschine jeweils drei Spannungen, Ströme und Flüsse vor. Um eine einfachere Beschreibung mit nur zwei Größen im karthesischen System zu erhalten, muß die Raumzeigertheorie verwendet werden.

Selbst dann sind die mathematischen Gleichungen und daraus folgend die Signalflußpläne noch immer kompliziert und nichtlinear. Nur mit ganz speziellen Annahmen gelingt es, die Gleichungssysteme und damit die Signalflußpläne so zu vereinfachen, daß das Verständnis dafür und das daraus resultierende Regelungskonzept einfach werden.

Es würde den Rahmen dieses Handbuches sprengen, wenn alle diese Überlegungen im Detail und leicht nachvollziehbar abgeleitet werden würden. Dies soll der speziellen Literatur z. B. in der Springer-Serie "Elektrische Antriebe I bis IV" überlassen bleiben. Hier sollen nur die entscheidenden Schritte der Ableitungen aufgezeigt und die Ergebnisse dargestellt werden.

5.1 Raumzeigertheorie

Um das Dreiphasensystem in ein Raumzeigersystem zu transformieren, muß folgende entscheidende Bedingung erfüllt sein: Es darf nur ein symetrisches Dreiphasensystem ohne Nulleiter vorliegen. In diesem Fall gilt, daß die geometrische Summe der Spannungen und Ströme sich zu Null ergibt. Dies bedeutet, wenn zwei Spannungen oder Ströme bekannt sind, dann kann die dritte Spannung oder der dritte Strom einwandfrei berechnet werden. Daraus folgt, daß mit nur zwei Größen die drei jeweiligen Größen des Drehstromsystems zu berechnen sind. Auf dieser

Überlegung setzt die Raumzeigertheorie auf. Um das grundsätzliche Vorgehen zu veranschaulichen, soll die Bestimmung des Flußraumzeigers behandelt werden. Prinzipiell ist bekannt und wird vorausgesetzt, daß an den drei symmetrischen Wicklungen, z. B. des Stators, die drei Spannungen des Drehspannungssystems anliegen, die zu entsprechenden Strömen führen. Die Ströme erzeugen ihrerseits magnetische Feldstärken H, sowie die Flußdichten B und letztendlich durch Überlagerung den umlaufenden Gesamtfluß Ψ.

Anhand der Überlagerung der drei Flußdichten B, soll die Definition der Raumzeiger veranschaulicht werden. Wie oben schon besprochen, wird für jede Flußdichte B eine sinusförmige Verteilung über dem Luftspalt angenommen. Der wesentliche Ansatz der Raumzeigertheorie ist nun, daß einerseits im Zeitbereich die geometrische Summe der drei Flußdichten sich wie bei den Strömen und Spannungen zu Null ergibt, wenn das System symetrisch ist und keine Nullkomponente aufweist. Andererseits ist zusätzlich zu der 120° (zeitlichen) noch eine 120° (räumlichen) Versetzung der Wicklungen zu beachten.

Dies ist in Abb. 5.1 dargestellt.

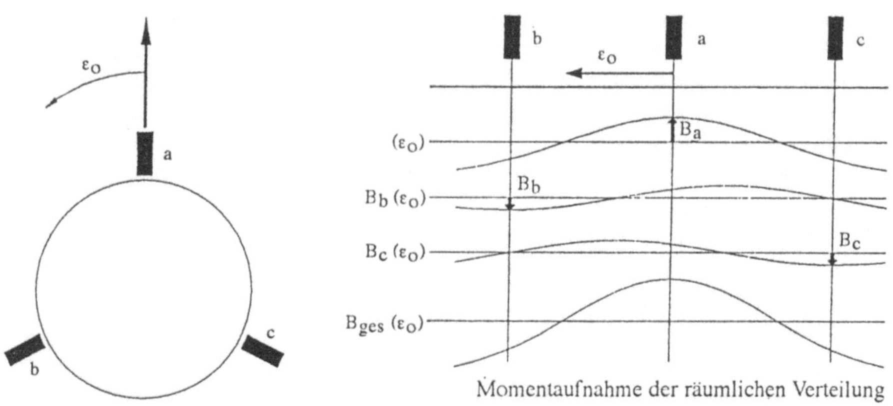

Abb. 5.1. Verteilung des B-Feldes

$$B_a(\varepsilon_0) = B_a \; \cos(\varepsilon_0) \; = \Re\left\{B_a \; e^{j\varepsilon_0}\right\}$$

$$B_b(\varepsilon_0) = B_b \; \cos(\varepsilon_0 + 120°) \; = \Re\left\{B_b \; e^{j\varepsilon_0} \; e^{j120°}\right\}$$

$$B_c(\varepsilon_0) = B_c \; \cos(\varepsilon_0 + 240°) \; = \Re\left\{B_c \; e^{j\varepsilon_0} \; e^{j240°}\right\}$$

$$B_{tot}(\varepsilon_0) = B_a(\varepsilon_0) + B_b(\varepsilon_0) + B_c(\varepsilon_0) = \Re\left\{(B_a + B_b \; e^{j120°} + B_c \; e^{j240°}) \; e^{j\varepsilon_0}\right\}$$

Mit dem komplexen Drehoperator $\underline{a} = e^{j120°}$ und $\underline{a}^2 = e^{j240°}$ wird der komplexe *Raumzeiger des Feldes* definiert zu:

$$\vec{B} = \frac{2}{3}\left(B_a + \underline{a}\,B_b + \underline{a}^2\,B_c\right)\ .$$

Aus Abb. 5.1 und den zugehörigen Gleichungen ist zu erkennen, daß aufgrund der zeitlichen und räumlichen Verschiebung nun nicht mehr das Gesamtsignal Null ergibt, sondern ein Signal, das im stationären Betrieb mit konstanter Amplitude und Frequenz umläuft.

$$B_{gesamt}\,(\varepsilon_0) = \Re\!\left\{\frac{3}{2}\,\vec{B}\,e^{j\varepsilon_0}\right\}\ .$$

Der Faktor $\dfrac{2}{3}$ bei der Definition des Raumzeigers wird verständlich, wenn man ein symmetrisches Drehspannungssystem bei der Speisung zugrunde legt.

Dann wird:

$$B_a = \hat{B}\ \cos\left(\Omega t\right)$$

$$B_b = \hat{B}\ \cos\left(\Omega t - 120°\right)$$

$$B_c = \hat{B}\ \cos\left(\Omega t - 240°\right)$$

$$\vec{B} = \frac{2}{3}\,\hat{B}\,\left(\cos(\Omega t) + \cos(\Omega t - 120°)\,e^{j120°} + \cos(\Omega t - 240°)\,e^{j240°}\right)$$

$$\vec{B} = \frac{2}{3}\left(\frac{3}{2}\,\hat{B}\,e^{j\Omega t}\right) = \hat{B}\,e^{j\Omega t}\ .$$

Die Raumzeiger können nun in einen Real- und Imaginärteil zerlegt werden, wenn ein karthesisches Koordinatensystem z.B. über das Stator-Wicklungssystem gelegt wird; dieses Koordinatensystem wird statorfest genannt und hat die Komponenten B_α und B_β:

$$\vec{B} = \hat{B}\,e^{j\Omega t} = B_\alpha + jB_\beta$$

$$B_a = \hat{B}\,\cos\Omega t = \Re\!\left\{\vec{B}\right\} = B_\alpha\ .$$

In gleicher Weise können, B_b und B_c berechnet werden. Statt eines räumlich festen Koordinatensystems (statorfest) können auch rotierende Koordinatensysteme z.B. an den Läuferwicklungen orientiert oder beliebig umlaufend definiert werden, und es können Raumzeiger verschiedener Koordinatensysteme ineinander umgerechnet werden.

Die Differentation des Raumzeigers ist ebenso möglich. Allerdings muß dabei beachtet werden, daß abhängig vom gewählten Koordinatensystem, der jeweilige Raumzeiger eine Amplitude und eventuell noch einen Drehoperator aufweist, so daß bei der Differentation nach der Amplitude und dem Drehoperator differenziert werden muß (Produktregel).

Wie schon oben hingewiesen, soll hier nicht tiefer auf die Details der Raumzeigertheorie eingegangen werden. Falls Interesse daran besteht, sei auf die Spezialliteratur verwiesen.

5.2 Allgemeine Drehfeldmaschine

Bei der allgemeinen Drehfeldmaschine soll angenommen werden, daß sie ein dreiphasiges Wicklungssystem im Stator und ein dreiphasiges Wicklungssystem im Rotor haben soll. Beide Wicklungssysteme sollen mit symmetrischen und unabhängigen Dreiphasen-Spannungssystemen gespeist werden. Folgende Randbedingungen sollen für die allgemeine Drehfeldmaschine gelten:

(a) die Sättigung der magnetischen Kreise wird vernachlässigt, die Magnetisierungskennlinie sei linear;

(b) die verteilten Wicklungen werden durch konzentrierte Wicklungen ersetzt;

(c) alle räumlich verteilten Größen haben einen sinusförmigen Verlauf über dem Umfang des Luftspaltes (z.B. Flußdichte) mit der Grundfrequenz;

(d) Eisenverluste und Stromverdrängung werden vernachlässigt, ebenso Reibungs- und Lüftermomente;

(e) die Widerstände und Induktivitäten sind temperaturunabhängig;

(f) Rotorgrößen sind auf den Stator umgerechnet.

Das Ziel dieses Kapitels ist die Ableitung eines allgemeinen Signalflußplanes für Drehfeldmaschinen. Aus diesem Signalflußplan können dann die speziellen Signalflußpläne für Synchron- und Asynchronmaschinen abgeleitet werden.

Bei der Ableitung des Signalflußplanes wird die Raumzeigertheorie verwendet. Den Aufbau der Maschine zeigt Abb. 5.2.

Folgende Indizes werden vereinbart:

oberer Index:	S	Raumzeiger im statorfesten Koordinatensystem
	L	Raumzeiger im läuferfesten Koordinatensystem
	K	Raumzeiger in einem beliebig umlaufenden Koordinaten-system
unterer Index:		
	1	Statorgröße
	2	Rotorgröße

Komponenten der Raumzeiger im jeweiligen System:

α: Realteil $\Big\}$ im statorfesten Koordinatensystem

β: Imaginärteil

A: Realteil $\Big\}$ in einem beliebig umlaufenden Koordinatensystem

B: Imaginärteil

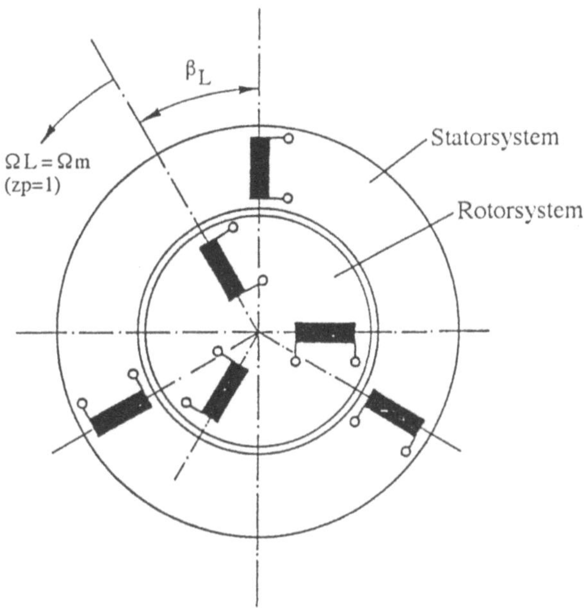

Abb. 5.2. Prinzipbild der allgemeinen Drehfeldmaschine

Es gibt nun vier Gruppen von Gleichungen:

Spannungsgleichungen:

$$\vec{U}_1^S = \vec{I}_1^S \, R_1 + \frac{d\vec{\Psi}_1^S}{dt} \qquad \text{Spannungsdifferentialgleichung Statorkreis}$$

$$\vec{U}_2^L = \vec{I}_2^L \, R_2 + \frac{d\vec{\Psi}_2^L}{dt} \qquad \text{Spannungsdifferentialgleichung Rotorkreis.}$$

Bei der allgemeinen Drehfeldmaschine sollen beide Wicklungssysteme erregt werden, d.h. beide versorgende Spannungssysteme werden im jeweiligen Wicklungssystem Ströme erzwingen. Diese Ströme erzeugen auf der Stator- und der Rotorseite Flüsse. Bei Kurzschlußläufermaschinen ist $\vec{U}_2^L = 0$, bei Schleifringläufermaschinen kann $\vec{U}_2^L$ or $\vec{I}_2^L$ eingeprägt werden.

Bei den Gleichungen der Flußverkettung muß beachtet werden, daß − bedingt durch die Schlupffrequenz − die konzentriert gedachten Wicklungen eine zeitvariante Winkellage zueinander haben. Der zeitvariante Winkel zwischen der Winkellage des Statorraumzeigers und der Winkellage des Läuferraumzeigers sei β_L.

Damit ergeben sich die *Flußverkettungsgleichungen* zu:

$$\vec{\Psi}_1^S = L_1 \vec{I}_1^S + M\,e^{j\beta_L}\,\vec{I}_2^L$$

$$\vec{\Psi}_2^L = M\,e^{-j\beta_L}\,\vec{I}_1^S + L_2 \vec{I}_2^L$$

L_1:   Eigeninduktivität der Statorwicklung

L_2:   Eigeninduktivität der Rotorwicklung

M: maximale Gegeninduktivität zwischen Stator und Rotor

β_L: Winkel zwischen dem stator- und rotorfesten
                 Koordinatensystem

$M\,e^{j\beta_L}$:   zeitvariante Gegeninduktivität

Das Luftspaltmoment ist:

$$T_{Mi} = \frac{3}{2}\,Z_p\,\Im m\!\left[\vec{\Psi}_1^{*S}\,\vec{I}_1^S\right] = -\frac{3}{2}\,Z_p\,\Im m\!\left[\vec{\Psi}_2^{*L}\,\vec{I}_2^L\right]$$

Z_p: Polpaarzahl; $Z_p = \Omega_{el}\,/\,\Omega_m$

*:   konjugiert komplexer Raumzeiger

Die letzte Gleichung der ASM ist die *Bewegungsgleichung*:

$$J\frac{d\Omega_m}{dt} = \left(T_{Mi} - T_W\right)$$

Ω_m: mechanische Winkelgeschwindigkeit des Läufers

Ω_{el}:   elektrische Winkelgeschwindigkeit des Läufers

$$\Omega_m = \frac{\Omega_{el}}{Z_p}\,; \qquad \Omega_m = 2\pi N\left[\frac{1}{s}\right]$$

$$\Omega_{el} = \Omega_L = \frac{d\beta_L}{dt}\,.$$

Bisher sind alle Gleichungen in ihrem eigenen Koordinatensystem dargestellt worden. Um einen Signalflußplan der ASM zu erarbeiten, müssen die Gleichungen in ein gemeinsames Koordinatensystem transformiert werden.

Wenn ein statorfestes Koordinatensystem gewünscht ist, dann müssen die Rotorgrößen auf die Statorseite umgerechnet werden. Analog dazu müssen für ein rotorfestes Koordinatensystem die Statorgrößen auf die Rotorseite umgerechnet werden. Bei der allgemeinen Drehfeldmaschine ist zu beachten, daß der Winkel β_L zeitvariant ist.

Im vorliegenden Fall soll zuerst das statorfeste Koordinatensystem als Bezugsbasis dienen. Ohne auf die mathematische Abhandlung im einzelnen einzugehen, ergibt sich beispielsweise die erste Spannungsgleichung:

$$\vec{U}_1^S = \vec{I}_1^S R_1 + L_1 \frac{d\vec{I}_1^S}{dt} + M \frac{d\vec{I}_2^S}{dt}$$

$$\underbrace{\text{ohmscher}}_{\substack{\text{Spannungsabfall}\\\text{Statorseite}}} \qquad \underbrace{\text{induktiver}}_{} \qquad \underbrace{\text{induzierte Spannung}}_{\text{durch Läuferstrom}}$$

Wenn statt der Ströme die Flüsse verwendet werden, dann gilt:

$$\vec{U}_1^S = \frac{d\vec{\Psi}_1^S}{dt} + \vec{\Psi}_1^S \frac{R_1}{\sigma L_1} - \vec{\Psi}_2^S \frac{MR_1}{\sigma L_1 L_2}$$

$$\vec{U}_2^S = \frac{d\vec{\Psi}_2^S}{dt} - j\Omega_L \vec{\Psi}_2^S + \vec{\Psi}_2^S \frac{R_2}{\sigma L_2} - \vec{\Psi}_1^S \frac{MR_2}{\sigma L_1 L_2} \quad .$$

Wie bereits oben erwähnt, orientiert sich das statorfeste Koordinatensystem an der Wicklungsachse R des Stators, die im Raum feststeht.

Dadurch bedingt sind alle Größen U^S, I^S, Ψ^S stationär sinusförmig im Zeitbereich, also beispielsweise:

$$\vec{U} = |U| \sin\Omega_1 t \overset{\wedge}{=} |U| e^{j\Omega_1 t} \quad .$$

Wenn man sich nun ein rotierendes Koordinatensystem vorstellt, das mit der Winkelgeschwindigkeit Ω_1 rotiert und zum Zeitpunkt $t = 0$, in der Wicklungsachse R liegt, dann sieht man nur noch den Betrag des rotierenden Spannungszeigers.

Wenn also alle oben aufgeführten statorfesten Gleichungen in ein mit Ω_1 umlaufendes Koordinatensystem transformiert sind, dann erscheinen im stationären Zustand der Maschine alle Größen in diesem Koordinatensystem als feststehende Zeiger.

Insbesondere liegt der Spannungszeiger auf der reellen Achse. Diese Vorgehensweise ist regelungstechnisch von Vorteil, da die Signalverarbeitung stationär mit konstanten Signalen arbeiten kann. Außerdem können bei Betrachtung der Gleichungen der Maschine in einem mit Ω_1 umlaufenden Koordinatensystem im stationären Zustand alle Ableitungen $\frac{d}{dt} = 0$, gesetzt werden, so daß algebraische Gleichungen statt der Differentialgleichungen übrigbleiben.

Die erste Spannungsgleichung, die in das K-System transformiert wurde, lautet dann:

$$\vec{U}_1^K = \frac{R_1}{\sigma L_1}\vec{\Psi}_1^K - \frac{MR_1}{\sigma L_1 L_2}\vec{\Psi}_2^K + \frac{d}{dt}\left(\vec{\Psi}_1^K\right) + j\Omega_K\vec{\Psi}_1^K \quad .$$

Alle anderen Gleichungen werden denselben Transformationen unterworfen, wobei die Momenten- und die kinetische Gleichung unabhängig vom Koordinatensystem sind. Wenn als letzter rein mathematischer Schritt alle Gleichungen – soweit möglich – in die Zustandsform überführt und dann nach Real- und Imaginärteil aufgelöst werden, dann kann der Signalflußplan gezeichnet werden.

Es gilt damit beispielsweise:

$$\frac{d\vec{\Psi}_1^K}{dt} = -\frac{R_1}{\sigma L_1}\left(\vec{\Psi}_1^K - \frac{M}{L_2}\vec{\Psi}_2^K\right) - j\Omega_K\vec{\Psi}_1^K + \vec{U}_1^K$$

sowie aufgelöst:
Realteil:

$$\frac{d\Psi_{1A}}{dt} = -\frac{R_1}{\sigma L_1}\left(\Psi_{1A} - \frac{M}{L_2}\Psi_{2A}\right) + \Omega_K\Psi_{1B} + U_{1A}$$

und Imaginärteil

$$\frac{d\Psi_{1B}}{dt} = -\frac{R_1}{\sigma L_1}\left(\Psi_{1B} - \frac{M}{L_2}\Psi_{2B}\right) - \Omega_K\Psi_{1A} + U_{1B} \quad .$$

Damit läßt sich der Signalflußplan der ASM für eingeprägte Spannungen (Abb. 5.3) zeichnen. Im Signalflußplan ist eine allgemeine ASM angenommen.

Wenn die ASM einen Kurzschlußläufer hat, dann sind $U_{2A} = U_{2B} = 0$. Wenn die ASM eine Schleifringläufermaschine ist, dann kann U_{2A} und U_{2B} eingeprägt werden.

Die Abb. 5.3 zeigt den Signalflußplan der allgemeinen Drehfeldmaschine im komplexen A-B-System.

Die Drehfeldmaschine ist aber normalerweise an ein dreiphasiges Drehspannungssystem angeschlossen. Abbildung 5.4 zeigt das Blockschaltbild der Asynchronmaschine bei Vorgabe eines Dreiphasen-Drehspannungssystems.

Die Abb. 5.5 und 5.6 zeigen die Umwandlung des Dreiphasensystems in das A-B-System und umgekehrt.

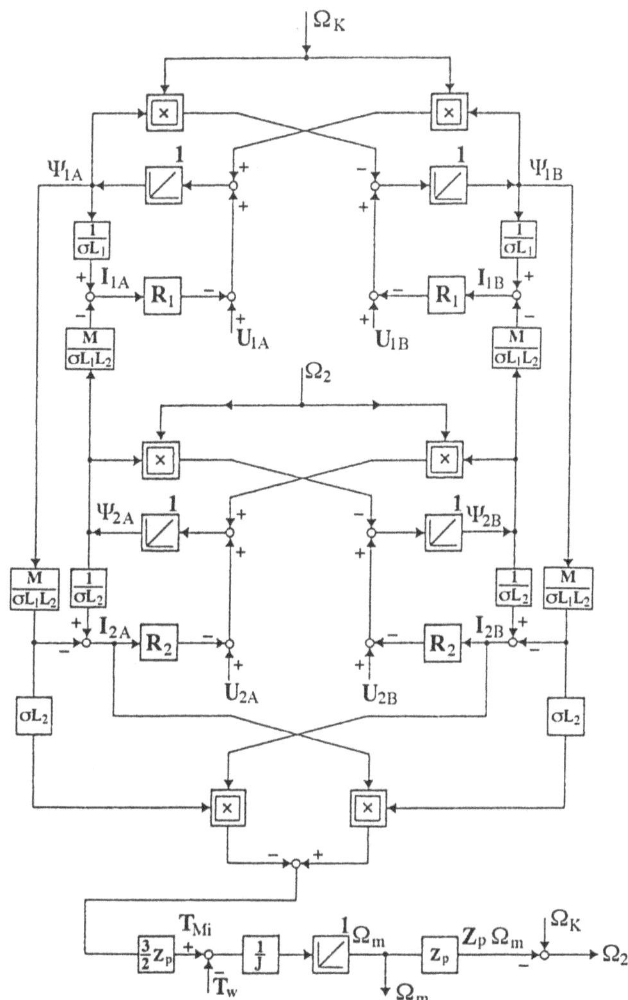

Abb. 5.3. Strukturbild der ASM

Damit ist der Signalflußplan der allgemeinen Drehfeldmaschine bekannt. Aus dem Signalflußplan bzw. aus den Zustandsgleichungen läßt sich erkennen, daß die allgemeine Drehfeldmaschine ein nichtlineares System fünfter Ordnung ist. Die Zustandsgrößen sind $\vec{\Psi}_1^K$ und $\vec{\Psi}_2^K$ und Ω_m bei komplexer Schreibweise bzw. Ψ_{1A}, Ψ_{1B}, Ψ_{2A}, Ψ_{2B} und Ω_m bei aufgelöster Schreibweise.

Die Steuergößen sind $\vec{U}_1^K$, $\vec{U}_2^K$ und $\Omega_2 = \Omega_K - Z_p\,\Omega_m$ mit Ω_K der dynamischen Statorkreisfrequenz (Ω_K bis Ω_1 im Stillstand). Außerdem muß beachtet werden, daß stets Multiplikationen zwischen den Zustands- und den Steuergrößen vorhanden sind.

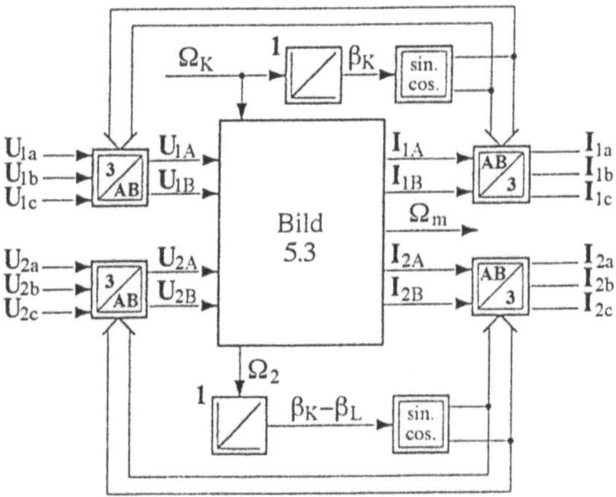

Abb. 5.4. Blockschaltbild der ASM beim Dreiphasen-Drehspannungssystem

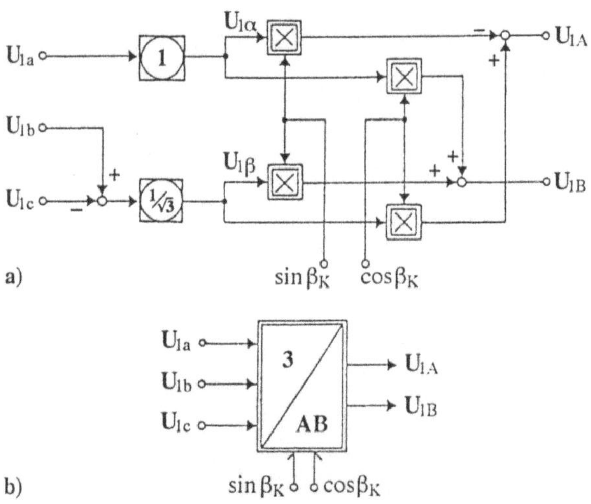

Abb. 5.5. Umwandlung der drei Phasenspannungen in das A-B-System
(a) Strukturdiagramm; (b) Blockdarstellung

Die mathematische Behandlung eines derartigen Systems ist kompliziert. Eine Linearisierung am Arbeitspunkt scheidet aus, da die Maschine im gesamten Betriebsbereich genutzt werden soll. Es gilt deswegen Steuerverfahren zu finden, um das komplexe System so zu beeinflussen, daß eine Steuerung, ähnlich wie bei der Gleichstromnebenschlußmaschine, möglich ist.

In gleicher Art kann auch ein Signalflußplan der ASM bei eingeprägten Strömen abgeleitet werden. Dies soll aber an dieser Stelle nicht erfolgen, da zuerst die verschiedenen Steuerverfahren erläutert werden.

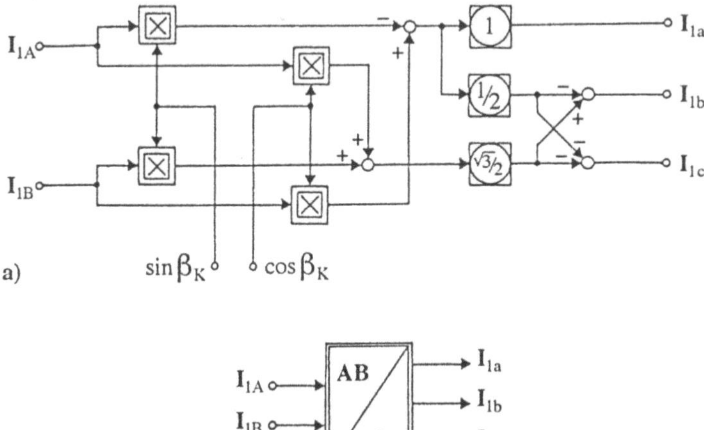

a)

b)

Abb. 5.6. Umwandlung der Ströme im A-B System in Phasenströme
(a) Strukturdiagramm; (b) Blockdarstellung

5.3 Asynchronmaschine im stationären Betrieb am Netz

5.3.1 Netz- und Umrichterspeisung

In diesem Kapitel soll untersucht werden, wie sich das Moment T_{Mi} der Asynchronmaschine ändert, wenn die Maschine stationär, d.h. an einem Netz mit konstanter Spannung, Frequenz und Belastung betrieben wird.

Viele einfache Steuer- und Regelverfahren für umrichtergespeiste Asynchronmaschinen gehen gleichfalls von der Annahme eines quasistationären Betriebs aus. Die Untersuchung soll an einer Kurzschlußläufermaschine erfolgen, d.h. $U_{2A} = U_{2B} = 0$.

In den Spannungsdifferentialgleichungen im K-System kann nun der dynamische Anteil $\frac{d}{dt}$ zu $\frac{d}{dt} = 0$ gesetzt werden, wenn K und $\Omega_K = \Omega_1$ gewählt wird. In diesem Fall ist nämlich der Spannungsraumzeiger $\vec{U}_1^K$ zeitinvariant und damit konstant.

Die Fluß- und Drehmomentgleichungen sind algebraischer Natur und bleiben auch im stationären Betrieb unverändert erhalten. Damit vereinfachen sich die Gleichungen bereits deutlich. Nun folgt ein ganz wesentlicher zweiter Schritt zur weiteren Vereinfachung, der in den späteren Kapiteln immer wieder genutzt werden wird. Wir nehmen erstens an, daß R_1 $R_1 = 0$ ist, diesen Wert kann man gut bei Maschinen mit mittleren und höheren Leistungen annehmen. Aus Abb. 5.3 ist zu ersehen, daß in diesem Fall die Rückkopplung der Integratoren entfällt.

Die dritte ganz wesentliche Annahme ist, daß das versorgende Drehspannungssystem zeitlich so an die Maschinenklemmen angeschlossen wird, daß der versorgende Spannungsraumzeiger $\vec{U}_1^K$ mit U_{1B} identisch ist. Dies bedeutet, daß $U_{1A} = 0$ und $U_{1B} = U_1 =$ konstant ist.

Wenn somit $U_{1A} = 0$ und $U_{1B} = U_1$ sowie $d/dt = 0$ und $R_1 = 0$, dann ergibt sich aus Abb. 5.3 bzw. aus den Statorspannungsgleichungen:

$$\Psi_{1A} = \frac{U_1}{\Omega_1}$$

$$\Psi_{1B} = 0 \ .$$

Der Statorfluß ist bei $R_1 = 0$, also ebenfalls konstant und unabhängig von der Belastung. Der Signalflußplan der ASM aus Abb. 5.7 läßt sich nun stark vereinfachen, wenn alle dynamischen Glieder nur mehr durch ihr stationäres Verhalten beschrieben werden.

Abbildung 5.7 zeigt die Rotorseite der ASM.

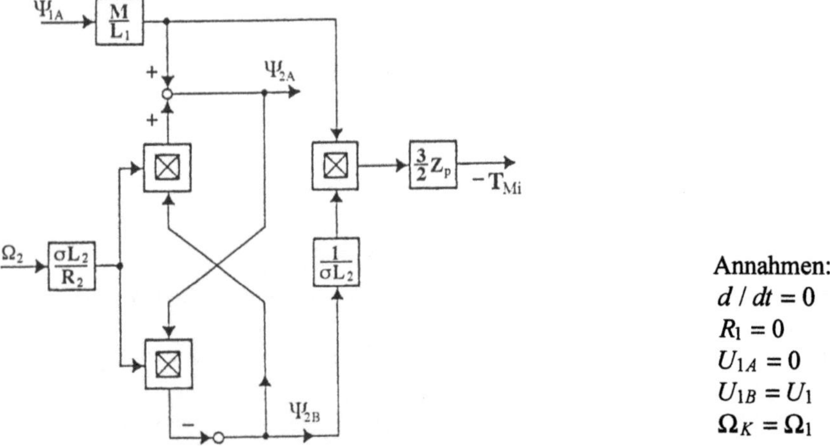

Abb. 5.7. Signalflußplan der ASM bei $\Psi_{1B} = 0$ und stationärem Betrieb

Aus den Zusammenhängen in Abb. 5.7 kann man das stationäre Motormoment $T_{Mi} = f\left(\Psi_{1A}, \Omega_1\right)$ berechnen :

$$T_{Mi} = -\frac{3}{2}\, Z_p\, \frac{M}{\sigma L_1 L_2}\, \Psi_{1A}\, \Psi_{2B}$$

bzw.

$$T_{Mi} = +\frac{3}{2}\, Z_p\, \frac{M^2}{\sigma\, L_1^2 L_2}\, \Psi_{1A}^2\, \frac{1}{\dfrac{\Omega_2}{\Omega_{2K}} + \dfrac{\Omega_{2K}}{\Omega_2}}$$

mit

$$\Omega_{2K} = \frac{\Omega_2}{\sigma\, L_2}\ .$$

In diese Gleichung muß nun der Zusammenhang zwischen Ω_2 und der Maschinendrehzahl Ω_m bzw. $\Omega_L = Z_p\, \Omega_m.$ eingesetzt werden. Dazu wird der Schlupf der Maschine als Hilfsgröße eingeführt.

Schlupf und Kippschlupf. Der Schlupf gibt die bezogene Abweichung der Maschinendrehzahl Ω_m der IM und der synchronen Drehzahl (ideale Leerlaufdrehzahl) Ω_0 – auch Ω_s genannt – an.

$$s = \frac{\Omega_0 - \Omega_m}{\Omega_0} = 1 - \frac{\Omega_m}{\Omega_0}$$

mit

$$\Omega_0 = \frac{\Omega_1}{Z_p}\ \text{und}\ \Omega_m = \frac{\Omega_L}{Z_p}:$$

$$s = \frac{\Omega_1 - \Omega_L}{\Omega_1} = \frac{\Omega_2}{\Omega_1}\ .$$

Zwei Betriebsfälle sind besonders signifikant :
Leerlauf: $\qquad\qquad s = 0$
Stillstand: $\qquad\qquad s = 1.$
Der Name "synchrone Drehzahl" besagt, daß sich der Rotor der ASM synchron zu den mit $\vec{U}_1, \vec{\Psi}_1$ umlaufenden Raumzeigern dreht. Bei der Asynchronmaschine ist dies nur im idealen Leerlauf möglich, da wegen $\Omega_2 = 0$ kein Drehmoment erzeugt werden kann.

Die Drehmoment-Drehzahl-Kennlinie der ASM weist, wie anschließend gezeigt wird, noch einen weiteren markanten Punkt auf, den *Kippmoment* T_K. Am Kipppunkt gibt die ASM ihr maximales Drehmoment ab. Der zugehörige Schlupf heißt *Kippschlupf* s_K:

$$s_K = \frac{\Omega_{2K}}{\Omega_1} = \frac{R_2}{\Omega_1 \sigma\, L_2}\ .$$

Klosssche Gleichung und Kippmoment. Mit diesen Definitionen kann das Drehmoment angegeben werden als:

$$T_{Mi} = \frac{3}{4} Z_p \frac{M^2}{\sigma L_1^2 L_2} \left(\frac{U_1}{\Omega_1}\right)^2 \frac{2}{\dfrac{s}{s_K} + \dfrac{s_K}{s}}$$

oder

$$T_{Mi} = T_K \frac{2}{\dfrac{s}{s_K} + \dfrac{s_K}{s}} = T_K \frac{2\, s\, s_K}{s^2 + s_K^2} \quad .$$

Dies ist die *Klosssche Gleichung*.

$$T_K = \frac{3}{4} Z_p \frac{M^2}{\sigma L_1^2 L_2} \left(\frac{U_1}{\Omega_1}\right)^2$$

ist ein konstanter Wert und heißt *Kippmoment T_K*.

Kennliniendiskussion. Abbildung 5.8 zeigt die nichtlineare Drehmoment-Drehzahl-Kennlinie der Asynchronmaschine nach der Klossschen Gleichung. Die Kennlinie ist punktsymmetrisch zum synchronen Betriebspunkt. In dessen Umgebung weist die ASM ein Nebenschlußverhalten wie die fremderregte Gleichstrommaschine auf. Dies ist der übliche Arbeitsbereich.

Das maximale Drehmoment, das die Maschine abgeben kann, ist das Kippmoment T_K. Dabei stellt sich der Kippschlupf s_K ein. Ein größeres konstantes Lastmoment als T_K bringt die Maschine im gesteuerten Fall zum Kippen, da der Kennlinienast für $s < s_K$ instabil ist. Dieser Fall muß unbedingt vermieden werden.

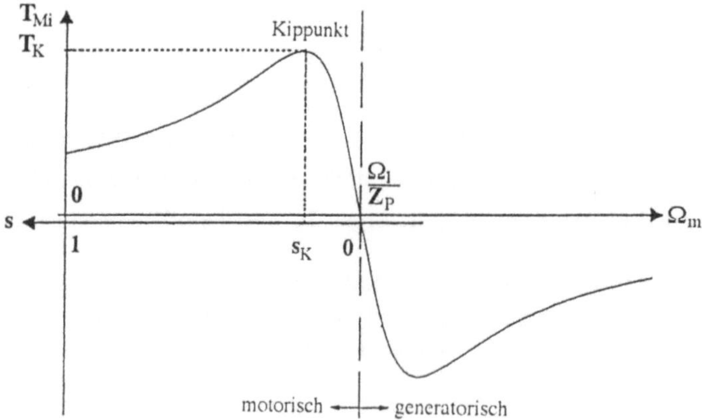

Abb. 5.8. Drehmoment – Drehzahl Kennlinie der ASM bei $R_1 = 0$

Linearisierte Kennlinie. Im üblichen Betriebsbereich um die synchrone Drehzahl genügt es meist, die linearisierte Kennlinie zu betrachten. Für $|s| \ll s_K$ erhält man die Näherung:

$$T_{Mi} \simeq 2T_K \, \frac{s}{s_K} = 2T_K \, \frac{\Omega_2}{\Omega_{2K}}$$

und nach Umrechnungen für die Drehzahl:

$$\Omega_m = \frac{1}{Z_p} \left(\Omega_1 - T_{Mi} \, \frac{\Omega_{2K}}{2T_K} \right) .$$

Die Analogie zur Drehzahl-Drehmoment-Kennliniengleichung der Gleichstrom-nebenschlußmaschine (GNM) ist hier deutlich zu erkennen.

Beeinflussung der Drehmoment-Drehzahl-Kennlinie. Ohne Umrichterspeisung kann die Kennlinie von außen nur über Z_p (Polumschaltung) oder R_{2v} (Rotor-Vorwiderstände) beeinflußt werden, da $U_1 = U_{Netz}$ und $\Omega_1 = \Omega_{Netz}$ fest vorgegeben sind.

Rotorvorwiderstand R_{2v}. Durch Vorwiderstände an den Rotorwicklungen wird ein ähnlicher Effekt wie bei der GNM erzielt :

$$R_2 = R_{20} + R_{2v} \; ; \qquad s_K = \frac{R_2}{\Omega_1 \sigma L_2} \quad .$$

Die Kennlinie wird flacher, die synchrone Drehzahl bleibt aber unverändert. Das Kippmoment bleibt ebenfalls konstant, während der Kippschlupf ansteigt (Abb. 5.9). Diese Methode ist stark verlustbehaftet und wurde von den Verfahren mit Umrichterspeisung weitgehend verdrängt.

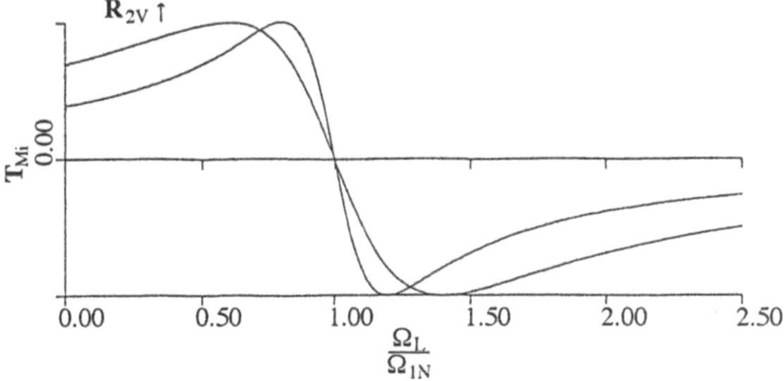

Abb. 5.9. $T_{Mi} = f\left(\Omega_L, R_2\right)$ mit $\Omega_L = Z_p \, \Omega_m$

Speisung der ASM mittels Umrichter. Bei der Speisung mit Umrichtern sind die Statorspannung U_1 und die Statorfrequenz Ω_1 einstellbar. Mit Ω_1 kann insbe-

sondere die Leerlaufdrehzahl vorgegeben werden. Analog zur Gleichstromnebenschlußmaschine versucht man, den Fluß in einem möglichst größen Drehzahlbereich konstant zu halten.

$$\bar{\Psi}_1 = \Psi_{1N} = \frac{U_1}{\Omega_1} = \textit{konst.}$$

Ein höherer Fluß als der Nennfluß bei U_{1N} und Ω_{1N}, sollte nicht angestrebt
werden, da die Induktivitäten sonst in die Sättigung gehen. Daraus ergeben sich
analog zur GNM zwei Betriebsbereiche: der Ankerstellbereich und der Feldschwächbereich.

Ankerstellbereich. Der Ankerstellbereich umfaßt die Statorfrequenzen:

$$0 < \Omega_1 \leq \Omega_{1N}$$

(Ω_{1N} : Statornennfrequenz der Maschine) und somit den Drehzahlbereich:

$$0 \leq \Omega_m \leq \frac{\Omega_{1N}}{Z_p} \ .$$

Für konstanten Statorfluß muß gelten:

$$\frac{U_1}{\Omega_1} = \textit{konst.} = \frac{U_{1N}}{\Omega_{1N}} = \Psi_{1N}$$

$$U_1 = U_{1N} \ \frac{\Omega_1}{\Omega_{1N}} \ .$$

Auf diese Weise wird die gesamte Kennlinie parallel verschoben (Abb. 5.10).
Dem entspricht die Verstellung der Ankerspannung bei der GNM.

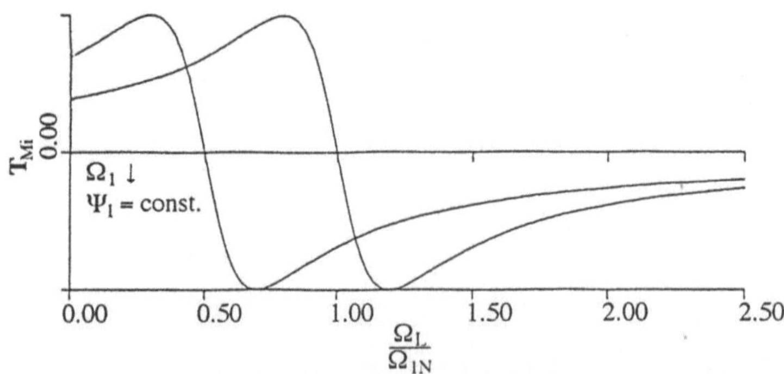

Abb. 5.10. Kennlinien der ASM im Ankerstellbereich

Denselben Effekt kann man auch erzielen, indem man an die Rotorklemmen eine einstellbare Gegenspannung anlegt. Eine solche Anwendung ist die Untersynchrone Stromrichterkaskade (Kapitel 7.2). Die Grenze des Ankerstellbereichs ist bei $\Omega_1 = \Omega_{1N}$ erreicht, da die Statorspannung U_1 nicht über ihren Nennwert U_{1N} hinaus erhöht werden sollte.

Feldschwächbereich. Sollen höhere Drehzahlen eingestellt werden, kann nur noch Ω_1 erhöht werden, während $U_1 = U_{1N}$ konstant gehalten wird. Damit wird der Statorfluß kleiner. Mit steigendem Ω_1 erhöht sich die synchrone Drehzahl und die Kennlinie wird immer flacher.

Gleichzeitig sinkt das Kippmoment aufgrund der quadratischen Abhängigkeit stark ab (Abb. 5.11).

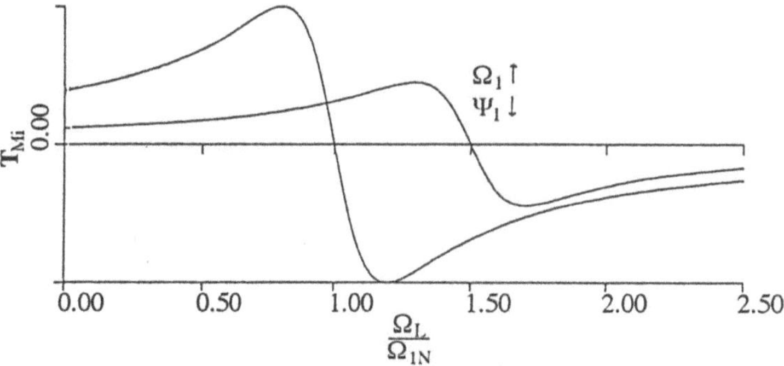

Abb. 5.11. Kennlinien der ASM im Feldschwächbereich

5.4 Elektrische Verhältnisse im stationären Betrieb

5.4.1 Ersatzschaltbilder der ASM

Im stationären Betrieb sind die Zeiger im K-System konstant. Unter dieser Voraussetzung können sie für eine Analogiebetrachtung als komplexe Zeitzeiger aufgefaßt werden.

Für diese komplexen Zeiger können Ersatzschaltbilder entwickelt werden, die das elektrische Verhalten veranschaulichen. Der Stator- und der Rotorkreis sind induktiv miteinander gekoppelt. Aus diesem Grund ist das elektrische Verhalten der ASM mit dem eines Drehstromtransformators verwandt, und man kann analog dazu ein T-Ersatzschaltbild herleiten.

(a) Die Stator- und Rotorinduktivitäten werden in eine Haupt- und eine Streuinduktivität aufgespalten:

$$L_1 = L_{1H} + L_{\sigma 1} = L_{1H}\,(1 + \sigma_1)$$
$$L_2 = L_{2H} + L_{\sigma 2} = L_{2H}\,(1 + \sigma_2)$$

(b) Dann wird mit Hilfe des Übersetzungsverhältnisses $\ddot{u}$, die Rotorseite auf die Statorseite umgerechnet. (' – Größen):

$$\ddot{u} = \frac{L_{1H}}{M} = \frac{M}{L_{2H}}$$

$$\underline{U}'_2 = \underline{U}_2\,\ddot{u} \qquad \underline{I}'_2 = \frac{\underline{I}_2}{\ddot{u}}$$

$$R'_2 = R_2\,\ddot{u}^2 \qquad L'_2 = L_2\,\ddot{u}^2$$

$$M' = M\,\ddot{u}^2 = L_{1H} = L'_{2H} \qquad\qquad \text{(gleicher verketteter Fluß)}$$

Für $U'_2 = 0$ (Kurzschlußläufermaschine) gilt:

$$\underline{U}'_2 = R'_2\underline{I}'_2 + j\Omega_2 L'_{\sigma 2}\underline{I}'_2 + j\Omega_2 L'_{2H}(\underline{I}_1 + \underline{I}'_2) = 0 \ .$$

(c) Die zu Ω_2 proportionalen induktiven Spannungsabfälle im Rotorkreis werden für Ω_1 umgerechnet und sind so an die Statorfrequenz angepaßt :

(d) mit $s = \dfrac{\Omega_2}{\Omega_1}$ und $\underline{I}_\mu = \underline{I}_1 + \underline{I}'_2$ (Magnetisierungsstrom) erhält man die Maschinengleichungen für das Ersatzschaltbild der ASM:

$$\underline{U}_1 = R_1\underline{I}_1 + j\Omega_1 L_{\sigma 1}\underline{I}_1 + j\Omega_1 L_{1H}\underline{I}_\mu$$

$$\frac{\underline{U}'_2}{s} = \frac{R'_2}{s}\underline{I}'_2 + j\Omega_1 L'_{\sigma 2}\underline{I}'_2 + j\Omega_1 L'_{2H}\underline{I}_\mu = 0$$

und daraus das Ersatzschaltbild Abb. 5.12.

Das so hergeleitete Ersatzschaltbild ist an den physikalischen Gegebenheiten orientiert. Rein rechnerisch genügt zur Berücksichtigung der Streukoeffizienten

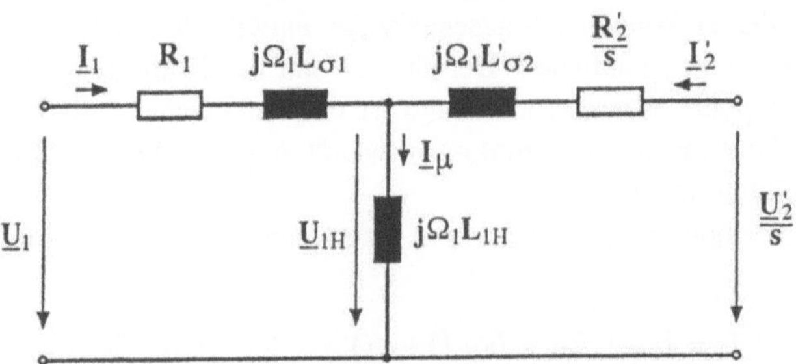

Abb. 5.12. Stationäres Ersatzschaltbild der ASM mit Statot-und Rotorstreuinduktivitäten

σ_1 und σ_2 eine einzige Größe, der Blondelsche Streukoeffizient σ

$$\sigma = 1 - \frac{1}{(1+\sigma_1)\,(1+\sigma_2)} \; .$$

Das obige Ersatzschaltbild in Abb. 5.12 wird beispielsweise bei stationären Betriebszuständen genutzt, um die Statorspannung U_1 als Funktion der Drehzahl und im Drehmoment verstellbaren Antrieben zu berechnen. Es ist ebenso möglich, das obige Ersatzschaltbild umzurechnen, damit entweder die Streuinduktivitäten nur auf der Stator- oder der Rotorseite konzentriert sind. Eine andere Nutzung ergibt sich aus der Berechnung der Strom-Ortskurve als Funktion der Spannung, des Schlupfes bzw. des Drehmoments und der Parameter der ASM. Daraus abgeleitet erhält man den bekannten Heylandkreis.

Damit ist das stationäre Verhalten der ASM soweit beschreibbar, um ein grundlegendes Verständnis dieser Drehfeldmaschine zu haben.

5.5 Asynchronmaschine bei Umrichterbetrieb

Wenn die Asynchronmaschine von einem Umrichter gespeist wird, dann ist das speisende Spannungssystem im Betriebsbereich des Umrichters frei wählbar. In diesem Kapitel sollen die Steuerbedingungen und die sich aus den Steuerbedingungen ergebenden Signalflußpläne abgeleitet werden. Mit diesen Steuerbedingungen kann dann das Verhalten der Asynchronmaschine und die Umrichterbelastung im statischen und dynamischen Betriebszustand bestimmt werden. Grundsätzlich muß bei der ASM zwischen drei Steuerverfahren unterschieden werden: dem Steuerverfahren mit Orientierung am Statorfluß, dem Steuerverfahren mit Orientierung am Rotorfluß und den Steuerverfahren mit Orientierung am Luftspaltfluß. Im allgemeinen werden dabei die Flußamplituden im Ankerstellbereich jeweils konstant auf ihrem Nennwert gehalten. Im Feldschwächbereich werden die Amplituden entsprechend abgesenkt.

Zusätzlich ist zu unterscheiden zwischen Umrichtern mit eingeprägter Spannung, bei denen die Ausgangsspannungen in Amplitude und Frequenz einstellbar sind und Umrichtern mit eingeprägtem Strom, bei denen entsprechendes für die Ausgangsströme gilt. Umrichter mit eingeprägtem Strom können von der Topologie des Stellglieds aus gesehen sowohl Umrichter mit eingeprägtem Strom als auch Umrichter mit eingeprägter Spannung sein, denen eine Stromregelung überlagert ist.

5.5.1 Steuerverfahren bei Statorflußorientierung

Im vorigen Kapitel "Asynchronmaschine im stationären Betrieb" war angenommen worden, daß bei $R_1 = 0$, der Statorfluß $\Psi_{1A} = \Psi_{1N}$, $\Psi_{1B} = 0$ und damit $U_{1A} = 0$,

$U_{1B} = U_1$ sein soll. Diese Annahmen waren getroffen worden, um möglichst einfach die charakteristischen Eigenschaften der Asynchronmaschine im stationären Betrieb am Netz aufzeigen zu können. Wenn nun die Asynchronmaschine am Umrichter betrieben wird, dann muß durch eine geeignete Steuerung bzw. Regelung im allgemeinen Fall sichergestellt werden, daß Ψ_{1A} $\Psi_{1A} = \Psi_{1N}$ und $\Psi_{1B} = 0$ ist. Wesentlicher Ansatz bei der Steuerung bzw. Regelung des Umrichters ist, daß die reelle Achse des bewegten Koordinatensystems (K-System), in dem die Maschinengleichungen betrachtet werden, auf den Statorfluß orientiert wird.

Asynchronmaschine bei $R_1 = 0$. Die Orientierungen von Fluß Ψ_{1A} und Spannung U_{1B} zeigt Abb. 5.13.

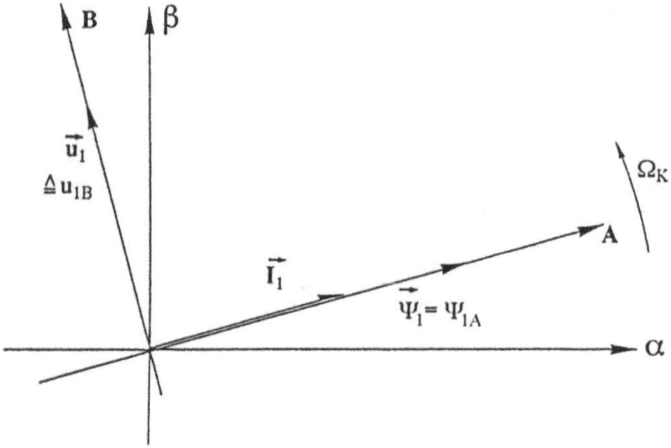

Abb. 5.13. Statorflußorientierung ($R_1 = 0$)

Wenn – wie in Abb. 5.13 angenommen – $R_1 = 0$ ist, dann erzeugen die Statorströme I_{1A} und I_{1B} keinen ohmschen Spannungsabfall und damit kann – wie aus Abb. 5.3 zu entnehmen ist – auch das Moment T_{Mi} keine Rückwirkungen auf die Statorspannung haben.

Damit gelten die bereits im vorigen Kapitel bei $R_1 = 0$, abgeleiteten Aussagen für die Statorspannungen und Flüsse :

bei	ist	bzw.
Ψ_{1A} = konst.	$U_{1A} = 0$	$\dfrac{d\Psi_{1A}}{dt} = U_{1A}$
$\Psi_{1B} = 0$	$U_{1B} = \Omega_K \, \Psi_{1A}$	$\dfrac{d\Psi_{1B}}{dt} = 0$.

Werden diese Steuerbedingungen für die Statorseite eingehalten, dann verbleibt vom Signalflußplan der ASM des Signalflußplan der Rotorseite (siehe Abb. 5.3).

Wesentlich ist, daß bei $\Psi_{1B} = \dfrac{d\Psi_{1B}}{dt} = 0$ nur noch Ψ_{1A} von der Statorseite auf die Rotorseite eingreift, und daß aufgrund der Annahme $R_1 = 0$ die Rückkopplung der Rotorflüsse auf die Statorflüsse über die Statorspannungen nicht mehr wirksam ist.

Die Steuerung des Moments T_{Mi} kann somit über Ψ_{1A} und Ω_2 erfolgen. Sollte – wie in Kapitel 3.3 angenommen –Ψ_{1A} konstant sein, dann ist das Moment nur über Ω_2 steuerbar. Im stationären Betrieb gelten dann die bereits aus Kapitel 5.3 bekannten Gleichungen für das Moment T_{mi}. Es gelten die gleichen Überlegungen.

Da – wie bereits in Kapitel 5.3 (Umrichterspeisung) erwähnt – der Umrichter die Statorspannung und die Statorfrequenz im Betriebsbereich einstellen kann, ist es dort möglich, jede Drehzahl und jedes Drehmoment mittels U_1, Ω_1 und Ω_2 vorzugeben. Es gilt: $\Omega_2 \ll \Omega_{2K}$:

$$\Omega_K = Z_p\, \Omega_m + \Omega_2$$

$$\Omega_2 \approx \frac{2}{3}\, \frac{1}{Z_p}\, \frac{R_2\, L_1^2}{M^2}\, \frac{1}{\Psi_{1A}^2}\, T_{Mi} \quad .$$

Das bedeutet, daß die Drehmoment-Drehzahl-Kennlinie in Abb. 5.12 in jeden gewünschten Arbeitspunkt mit $\Omega_0 = \Omega_K / Z_p$ verschoben werden kann.

Damit ist das prinzipielle Verhalten der ASM bei Umrichterspeisung im stationären Betrieb bei $\Psi_{1B} = \dfrac{d\Psi_{1B}}{dt} = 0$ und $R_1 = 0$ grundsätzlich bekannt.

Asynchronmaschine bei $R_1 \neq 0$. In der Realität ist $R_1 \neq 0$. Damit wirken die Rotorflüsse über die Spannungsabfälle auf die Statorflüsse zurück.

Entsprechend Abb. 5.3 bei $\Psi_{1B} = \dfrac{d\Psi_{1B}}{dt} = 0$ und $\Omega_2 \ll \Omega_{2K}$, gilt im stationären Betrieb:

$$U_{1A} = I_{1A}\, R_1 \approx \Psi_{1A}\, R_1 \left[\frac{1}{\sigma\, L_1} - \frac{M^2}{L_1^2}\, \frac{1}{\sigma\, L_2}\right] = \Psi_{1A}\, \frac{R_1}{L_1}$$

$$U_{1B} \approx \Psi_{1A}\, \Omega_K + \frac{M^2}{L_1^2}\, \frac{R_1}{R_2}\, \Psi_{1A}\, \Omega_2 \; .$$

Die Spannung U_{1A} ist somit im stationären Betrieb konstant zu halten und wird von Ψ_{1A} und den Maschinenparametern bestimmt. Die Spannung U_{1B} ist dagegen einerseits von Ψ_{1A} und Ω_K Leerlaufanteil) und andererseits von Ψ_{1A} und Ω_2 (Momenteneinfluß) bestimmt.

Die Spannungsgleichungen können auch in Abhängigkeit von Moment und Drehzahl angegeben werden. Ω_K und Ω_2 können durch bereits bekannte Zusammenhänge ersetzt werden:

$$\Omega_K = Z_p\,\Omega_m + \Omega_2$$

$$\Omega_2 \approx \frac{2}{3}\,\frac{1}{Z_p}\,\frac{R_2\,L_1^2}{M^2}\,\frac{1}{\Psi_{1A}^2}\,T_{Mi} \quad .$$

Die Drehzahl steht in einem direkten Zusammenhang zu Ω_m:

$$\Omega_m = 2\pi\,N\,\left[\frac{1}{s}\right] \quad .$$

Die Spannungsgleichungen lassen sich jetzt wie folgt schreiben:

$$U_{1A} \approx \frac{R_1}{L_1}\,\Psi_{1A}$$

$$U_{1B} \approx \frac{2}{3}\left(R_1 + R_2\,\frac{L_1^2}{M^2}\right)\frac{T_{Mi}}{Z_p\,\Psi_{1A}} + Z_p\,\Psi_{1A}\,\Omega_m$$

$$\left|\vec{U}\right| = U_1 = \sqrt{U_{1A}^2 + U_{1B}^2}$$

Die Kennlinien in Abb. 5.14 wurden mit den Daten einer realen ASM berechnet. Gezeichnet sind jeweils drei Kurven für verschiedene Momentenbelastungen.

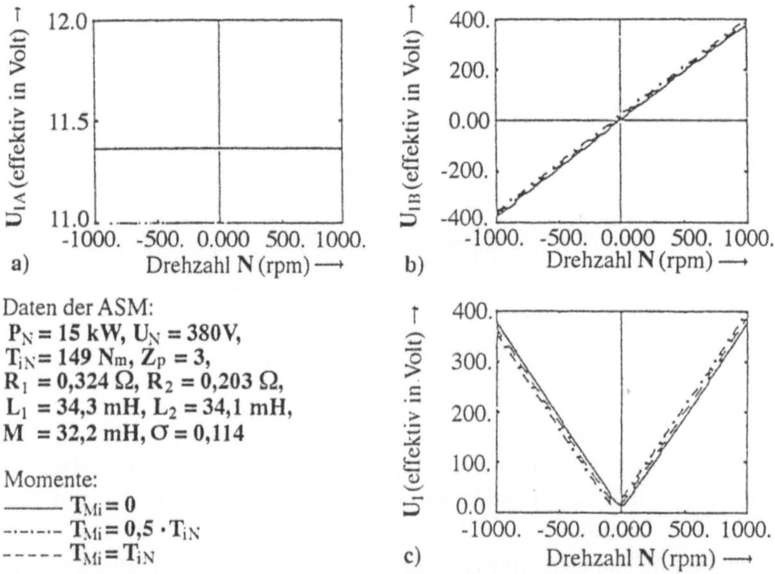

Abb. 5.14.a) b) c) Stationäre Kennlinien einer realen ASM bei Orientierung am Statorfluß

Aus den Ergebnissen in Abb. 5.14 ist zu erkennen, daß U_{1A} sowohl konstant als auch unabhängig vom Momen T_{Mi} und relativ klein gegenüber U_{1B} ist (a). Demgegenüber ist U_{1B} (b) linear abhängig von $Z_p\Omega_m$, und das Moment T_{Mi} hat einen nicht zu vernachlässigenden Einfluß (b).

Damit ergibt sich der Verlauf für $|U_1|$, der in Bild 5.14 (c) gezeigt ist.

Da $|U_{1A}| << |U_{1B}|, \vec{U}_1$ ist, wird somit U_1 nahezu in der Richtung der B-Achse des Koordinatensystems K verbleiben. Nachdem das stationäre Betriebsverhalten bei $\Psi_{1A} = \Psi_N, \Psi_{1B} = \dfrac{d\Psi_{1B}}{dt} = 0$, und Umrichterspeisung dargestellt wurde, kann aus Abb. 5.8 sofort der Signalflußplan der ASM abgeleitet werden (Abb. 5.15 für eine Kurzschlußläufermaschine).

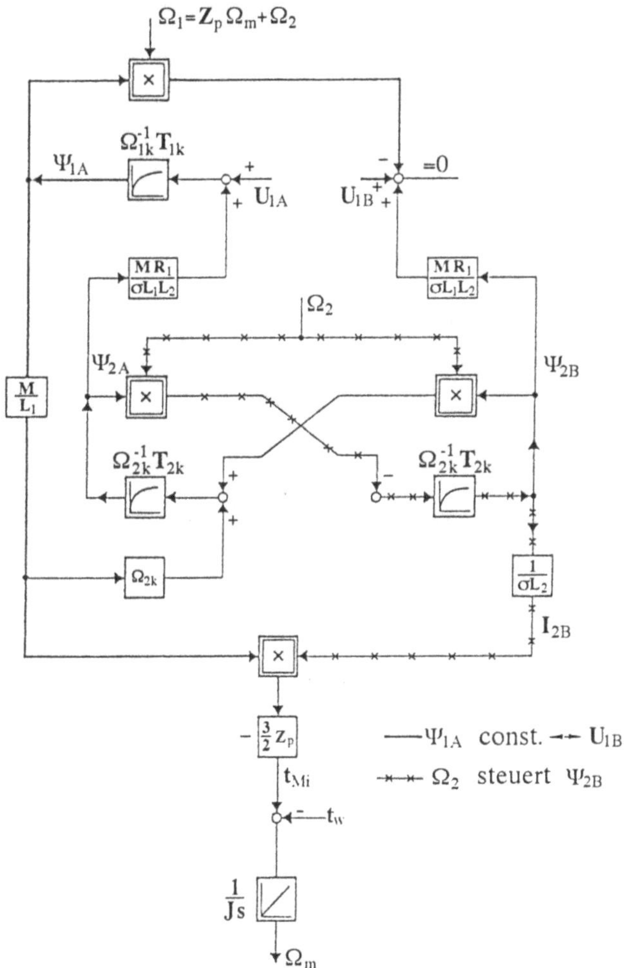

Abb. 5.15. Strukturbild der ASM bei Orientierung am Statorfluß und eingeprägten Spannungen

Dieser Signalflußplan beschreibt auch das dynamische Verhalten. Es bleibt somit festzuhalten, daß bei Vorgabe eines konstanten Statorflusses $\psi_{1A} = \psi_N$ und Umrichterspeisung weder der Signalflußplan bei eingeprägter Speisung (noch bei eingeprägtem Strom) so übersichtlich wie bei der Nebenschlußmaschine ist.

5.5.2 Steuerverfahren bei Rotorflußorientierung

Statt der Orientierung des Koordinatensystems K am Statorfluß kann das Koordinatensystem auch am Rotorfluß orientiert werden.

In diesem Fall wird die reelle Achse des Koordinatensystems K so gelegt, daß sie in der Richtung von $\Psi_{2A} = \Psi_{2N}$ liegt und somit $\Psi_{2B} = 0$ ist. Bei den folgenden Ableitungen soll zusätzlich eine Kurzschlußläufermaschine angenommen werden $\left(U_{2A} = U_{2B} = 0 \right)$. Aus dem Signalflußplan in Abb. 5.3 kann bei $\Psi_{2A} = \Psi_{2N}$,

$\dfrac{d\Psi_{2B}}{dt} = 0$ und $\dfrac{d\Psi_{2A}}{dt} = 0$ d.h. im stationären Betrieb Ψ_{2A} abgeleitet werden:

$$\Psi_{2A} = \Psi_{1A} \, \frac{M}{L_1}$$

oder

$$\Psi_{1A} = \Psi_{2A} \, \frac{L_1}{M}$$

und damit muß $I_{2A} = 0$ sein.

In diesem Fall kann der Signalflußplan (Ankerstellbereich) weiter vereinfacht werden zu Abb. 5.16. Aus dem Signalflußplan sind sofort die Unterschiede zu dem Beispiel mit Statorflußorientierung zu erkennen.. Das Drehmoment T_{Mi}, kann im Ankerstellbereich bei $\Psi_{2A} = konstant$ und Rotorflußorientierung mit

$\Psi_{2B} = \dfrac{d\Psi_{2B}}{dt} = 0$ direkt über Ψ_{1B} gesteuert werden.

Allerdings muß – um $\Psi_{2B} = \dfrac{d\Psi_{2B}}{dt} = 0$ sicherzustellen – :

$$\Omega_2 \, \Psi_{2A} = -R_2 \, I_{2B} = \frac{R_2 \, M}{\sigma \, L_1 L_2} \, \Psi_{1B} = \frac{M}{L_1} \, \Omega_{2K} \, \Psi_{1B}$$

und somit

$$\Omega_2 = \frac{M}{L_1} \, \frac{\Omega_{2K}}{\Psi_{2A}} \, \Psi_{1B}$$

eingehalten werden.

Das Drehmoment ergibt sich zu:

$$T_{Mi} = +\frac{3}{2} \, Z_p \, \frac{M^2}{L_1^2} \, \frac{\Psi_{1A}}{\sigma \, L_2} \, \Psi_{1B} \ .$$

Die Statorspannungsgleichungen ergeben sich im stationären Betrieb als Funktion von Ω_m und dem Drehmoment T_{mi} zu:

$$U_{1A} = \frac{R_1}{\sigma L_1}\left(\frac{L_1}{M} - \frac{M}{L_2}\right)\Psi_{2A}$$

$$-\frac{4}{9}\,\frac{R_2\,\sigma L_1 L_2}{Z_P^2\,M}\,\frac{T_{Mi}^2}{\Psi_{2A}^3} - \frac{2}{3}\,\frac{\sigma L_1 L_2}{M}\,\frac{T_{Mi}}{\Psi_{2A}}\,\Omega_m$$

$$U_{1B} = \frac{2}{3}\,\frac{R_2 L_1 + R_1 L_2}{Z_p\,M}\,\frac{T_{Mi}}{\Psi_{2A}} + Z_p\,\frac{L_1}{M}\,\Psi_{2A}\,\Omega_m$$

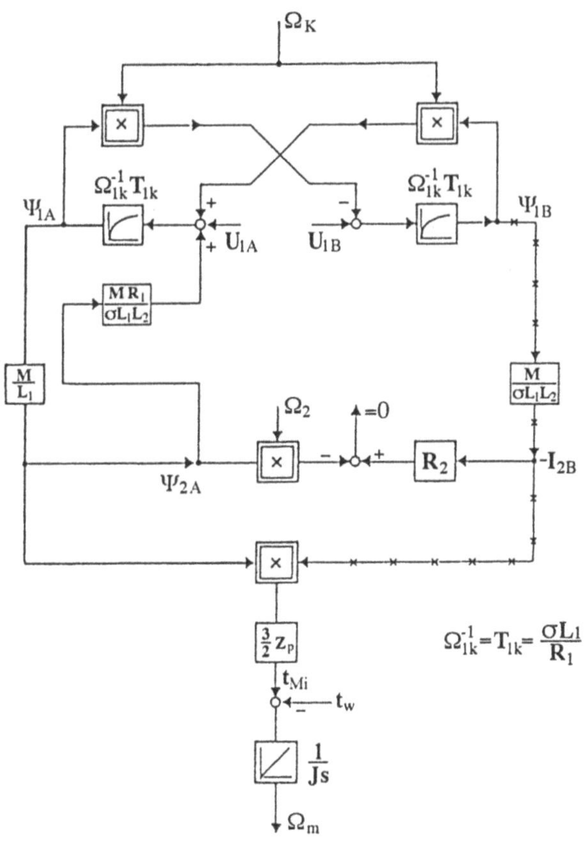

Abb. 5.16. Strukturbild der ASM bei Rotorflußorientierung $\left(\Psi_{2B} = \dfrac{d\Psi_{2B}}{dt} = 0\right)$ und Ankerstellbereich (Ψ_{2A} = konstant.)

Die Kennlinien in Abb. 5.17 erhält man durch Einsetzen der Daten einer realen ASM:

Deutlich ist in Abb. 5.17 a) zu erkennen, daß bei konstantem Rotorfluß Ψ_{2A}, die Rückwirkungen auf U_{1A} wesentlich größer und drehmomentenabhängig sind. Der Verlauf von U_{1B} (Abb. 5.17 b) entspricht in etwa dem Verlauf bei konstantem Statorfluß und ist im wesentlichen drehzahlabhängig.

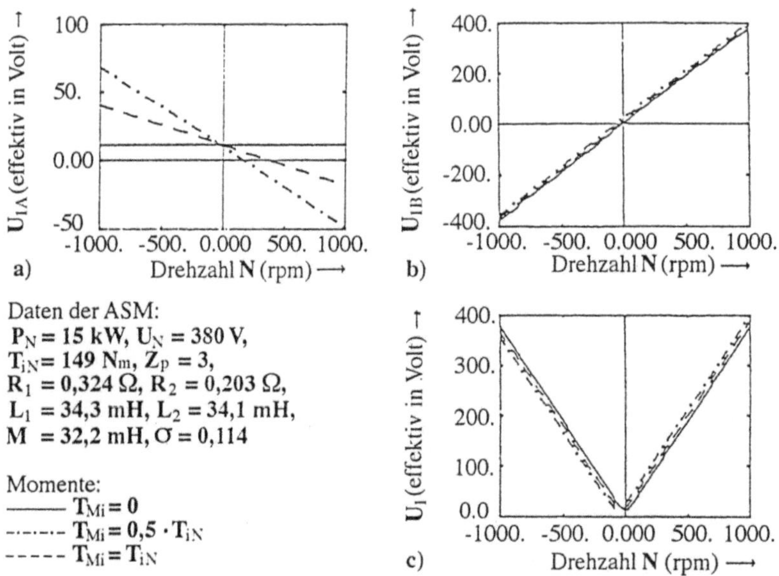

Daten der ASM:
$P_N = 15$ kW, $U_N = 380$ V,
$T_{iN} = 149$ Nm, $Z_p = 3$,
$R_1 = 0{,}324\,\Omega$, $R_2 = 0{,}203\,\Omega$,
$L_1 = 34{,}3$ mH, $L_2 = 34{,}1$ mH,
$M = 32{,}2$ mH, $\sigma = 0{,}114$

Momente:
——— $T_{Mi} = 0$
—·—·— $T_{Mi} = 0{,}5 \cdot T_{iN}$
– – – – $T_{Mi} = T_{iN}$

Abb. 5.17. a) b) c) Stationäre Kennlinien einer realen ASM bei Orientierung am Rotorfluß

Speisung durch Umrichter mit eingeprägtem Strom. Statt der Speisung mit eingeprägter Spannung kann auch eine Speisung durch einen Umrichter mit eingeprägtem Strom erfolgen.

Aus dem Signalflußplan Abb. 5.3 lassen sich für $\Psi_{2B} = 0$ folgende Beziehungen herleiten:

$$\Psi_{1B} = \sigma L_1\, I_{1B}$$

$$I_{2A} = \frac{1}{\sigma L_2}\,\Psi_{2A} - \frac{M}{\sigma L_1 L_2}\,\Psi_{1A}$$

$$I_{2B} = -\frac{M}{\sigma L_1 L_2}\,\Psi_{1B} = -\frac{M}{L_2}\,I_{1B}\ .$$

Setzt man diese Beziehung in die Momentengleichung ein, erhält man:

$$T_{Mi} = \frac{3}{2} \, Z_p \, \frac{M}{L_2} \, I_{1B} \, \Psi_{2A} \quad .$$

Wie man sieht, kann bei Rotorflußorientierung das Drehmoment T_{Mi} über die Stromkomponente I_{1B} verzögerungsfrei gesteuert werden, wenn Ψ_{2A} konstant gehalten wird. Für die Steuerung von Ψ_{2A}, erhält man aus den Grundgleichungen (mit $\Psi_{2B} = 0$):

$$\frac{d\Psi_{2A}}{dt} + \frac{R_2}{L_2} \, \Psi_{2A} = M \, \frac{R_2}{L_2} \, I_{1A} \quad .$$

Ψ_{2A} kann also mit der Zeitkonstanten $T_2 = \dfrac{L_2}{R_2}$ über die Stromkomponente I_{1A} gesteuert werden:

$$\Psi_{2A}(s) = M \, I_{1A}(s) \, \frac{1}{1 + sT_2} \quad \text{mit } T_2 = \frac{L_2}{R_2} \quad .$$

In Abb. 5.18 sind diese Zusammenhänge graphisch dargestellt.

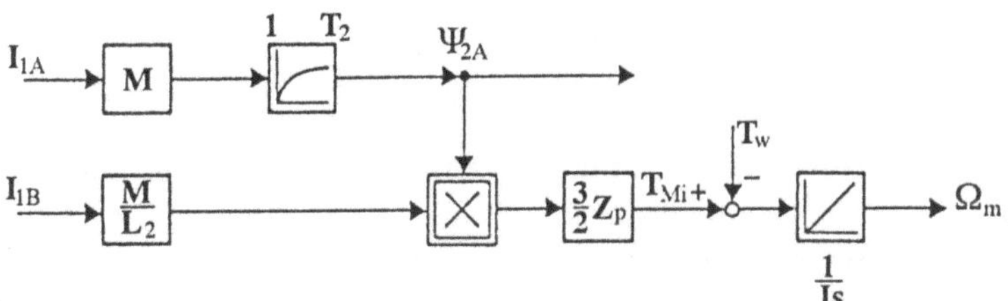

Abb. 5.18. Strukturbild der ASM bei Rotorflußorientierung und eingeprägtem Statorstrom

Aus Abb. 5.18 ist zu entnehmen, daß bei Statorstromeinprägung und $\Psi_{2B} = 0$ sich ein Signalflußplan wie bei der Gleichstromnebenschlußmaschine ergibt. Der Statorstrom I_{1A} ist flußbildend, der Statorstrom I_{1B} ist ohne Verzögerung drehmomentbildend.

Der Vorteil der einfachen Struktur wird allerdings durch eine hohe Empfindlichkeit gegen Parameteränderungen bei der Steuerung bzw. Regelung erkauft.

6 Synchronmaschine

In den folgenden Kapiteln werden Signalflußpläne von Synchronmaschinen abgeleitet und daraus unter anderem die Steuerbedingungen aufgestellt. Um die Signalflußpläne nicht allzusehr zu verfeinern, sollen folgende vereinfachende Annahmen gelten:

- Der Sättigungszustand der Maschine wird als konstant angesehen, kann jedoch in Längs- und in Querrichtung unterschiedlich sein.
- Einflüsse der Stromverdrängung in den Leitern bleiben unberücksichtigt.
- Die Eisenverluste werden vernachlässigt.
- Es wird nur die gegenseitige Dämpfung der magnetischen Grundfelder (1-fache Polpaarzahl) im Luftspalt betrachtet.
- Unsymmetrien eines ungleichmäßigen oder unvollständigen Dämpferkäfigs können in Form unsymmetrischer Widerstände und Induktivitäten der zweisträngigen Dämpfer-Ersatzwicklung berücksichtigt werden.
- Die Erregerachse soll entweder mit der Mitte einer Dämpfermasche oder mit der Mitte eines Dämpferstabes fluchten.
- Haupt- und Gegeninduktivitäten der Maschine können in Längs- und Querrichtung verschieden sein.
- Der Ständer besitzt eine symmetrische, dreisträngige Wicklung, die in eine mit dem Läufer rotierende, äquivalente zweisträngige Wicklung umgerechnet werden kann.
- Eine magnetische Kopplung von Erregerwicklung und Dämpferkäfig über die Nutenquerfelder (für den Fall, daß beide Wicklungen in gemeinsamen Nuten untergebracht sind) kann gegebenenfalls über eine erhöhte Gegeninduktivität M_{ED} berücksichtigt werden
- Das speisende Drehspannungssystem ist starr und enthält keine Nullkomponente.
- Die rotorseitigen Parameter sind auf den Statorkreis umgerechnet.

6.1 Synchron – Schenkelpolmaschine

6.1.1. Schenkelpolmaschine bei Spannungseinprägung – Signalflußplan

Bei der Ableitung des Signalflußplans wird eine Schenkelpolmaschine vorausgesetzt. In diesem Fall ist der Rotor ein Polrad mit ausgeprägten Polen. Dieses Polrad trägt nur die Erregerwicklung der Synchronmaschine (Abb. 6.1.).

Wesentlich bei der Ableitung der Gleichungen zum Signalflußplan der Synchronmaschine ist, daß der Ständer ein dreiphasiges, symmetrisches Wicklungssystem aufweist. Dieses dreiphasige Wicklungssystem kann gut in einem Gleichungssystem mit einem statorfesten Koordinatensystem beschrieben werden.

Wie bei der allgemeinen Drehfeldmaschine gilt für das Statorwicklungssystem die folgende Spannungsgleichung:

$$\vec{U}_1^S = R_1\,\vec{I}_1^S + \frac{d\vec{\Psi}_1^S}{dt} \qquad S\text{: statorfestes Koordinatensystem}$$

Wie bereits in Abb. 6.1 dargestellt, soll eine Winkeldifferenz ϑ zwischen der statorfesten Koordinatenachse α und der auf das Polrad orientierten Koordinatenachse d bestehen.

Es gilt:

$$\vartheta = \vartheta_0 + \int_0^\tau \Omega_L dt$$

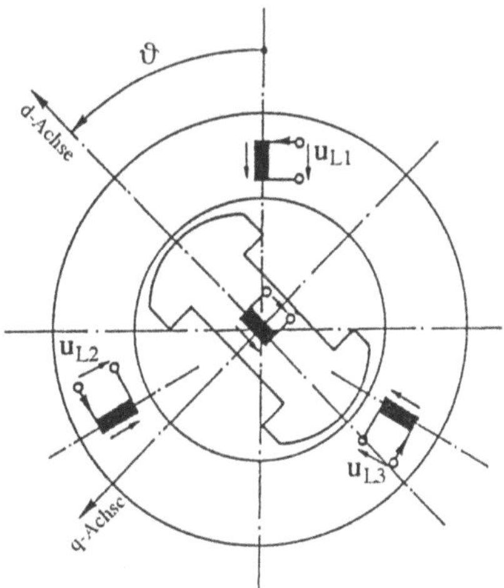

Abb. 6.1. Synchronmaschine (Schenkelpolmaschine) ohne Dämpferwicklung (Darstellung der Wicklungssysteme) – Sternschaltung im Ständer

mit ϑ_0 dem Anfangswert des Winkels zum Zeitpunkt Null und Ω_L der elektrischen Winkelgeschwindigkeit des Polrades vom statorfesten Koordinatensystem aus betrachtet.

Wie im Kapitel 5.2 soll in einem zweiten Schritt für die Wicklungssysteme des Stators und des Polrads ein gemeinsames Koordinatensystem K gewählt werden. Im vorliegenden Fall der Schenkelpolmaschine ist es naheliegend, das Koordinatensystem K auf das ausgeprägte Polrad des Rotors entsprechend Abb. 6.1 zu orientieren. Die reelle Achse wird als d-Achse, die imaginäre Achse als q-Achse, bezeichnet.

Bei der Transformation der Spannungsgleichung des Stators muß beachtet werden, daß sowohl die Amplitude des Flusses Ψ_1 als auch die Lage relativ zum Koordinatensystem K zeitvariant sind. Es muß somit die Produktregel bei der Differentiation des Flusses angewendet werden, da die Differentiation sowohl nach der zeitvarianten Amplitude als auch nach der Lage erfolgen muß. Es ergibt sich also:

$$\vec{U}_1^K = R_1\,\vec{I}_1^K + \frac{d\vec{\Psi}_1^K}{dt} + j\,\Omega_L\,\vec{\Psi}_1^K \qquad\qquad \text{mit } \frac{d\vartheta}{dt} = \Omega_L \ .$$

Der zweite Term in der obigen Gleichung beschreibt die induzierte Spannung aufgrund der Amplitudenänderung, der dritte Term aufgrund der Lageänderung. Die obige Gleichung kann direkt in die d und q-Komponenten zerlegt werden:

$$U_d = R_1\,I_d + \frac{d\Psi_d}{dt} - \Omega_L\,\Psi_q$$

$$U_q = R_1\,I_q + \frac{d\Psi_q}{dt} + \Omega_L\,\Psi_d$$

mit $\Omega_L = Z_p\,\Omega_m$ Ω_m : mechanische Winkelgeschwindigkeit des Läufers.

Ein vergleichbares Gleichungssystem hatte sich auch für das Statorsystem der Drehfeldmaschine ergeben, da U_d und analog dazu U_q von der durch den Rotor induzierten Spannung $\Omega_L\Psi_q$ bzw. $\Omega_L\Psi_d$ beeinflußt wird.

Bei der Ableitung des Signalflußplans verbleibt nur noch die Darstellung des Erregerkreises auf dem Polrad. Es gilt entsprechend:

$$\vec{U}_E^L = R_E\,\vec{I}_E^L + \frac{d\vec{\Psi}_E^L}{dt} \ .$$

Das läuferfeste Koordinatensystem L stimmt mit dem Koordinatensystem K wegen der Polradorientierung überein. Der hochgestellte Index kann also entfallen, da alle Gleichungen jetzt im gleichen Koordinatensystem vorliegen.

$$U_E = R_E\,I_E + \frac{d\Psi_E}{dt} \ .$$

Wie bei der allgemeinen Drehfeldmaschine müssen die Flußverkettungen zwischen Stator und Rotor beschrieben werden.

Die Induktivitäten in der d und q -Achse unterscheiden sich bei der Schenkelpolmaschine. Die Ständerinduktivitäten sind L_d und L_q, die Polrad-Induktivität ist L_E, die Gegeninduktivitäten zwischen Ständer und Polrad sind M_{dE} und M_{qE}.

Aus den bisherigen Darstellungen ist zu entnehmen, daß bei der Schenkelpolmaschine ohne Dämpferwicklung nur eine Flußverkettung in der d-Achse über M_{dE} möglich ist. Damit gilt:

$$\Psi_d = L_d \, I_d + M_{dE} \, I_E$$

$$\Psi_q = L_q \, I_q$$

$$\Psi_E = L_E \, I_E + M_{dE} \, I_d \quad .$$

Die Induktivitäten in der d-und q-Achse lassen sich in Streu- und Hauptinduktivitäten aufteilen. In der d-Achse entspricht die Hauptinduktivität der Gegeninduktivität.

$$L_d = L_{\sigma d} + L_{hd} = L_{\sigma d} + M_{dE} \qquad L_q = L_{\sigma q} + L_{hq} \quad .$$

Da wie bei der allgemeinen Drehfeldmaschine das erzeugte Drehmoment T_{Mi} und die mechanische Bewegungsgleichung unabhängig vom verwendeten Koordinatensystem sind, kann das folgende Ergebnis aus Kapitel 5.1 übertragen werden:

$$T_{Mi} = \frac{3}{2} \, Z_P \left(\Psi_d \, I_q - \Psi_q \, I_d \right) \quad .$$

Die Gleichung für das Drehmoment muß für die Schenkelpolmaschine noch interpretiert werden. Wenn die Gleichungen von Ψ_d und Ψ_q in die Drehmomentgleichung eingesetzt werden, erhält man:

$$\text{mit} \qquad \Psi_d = L_d \, I_d + M_{dE} \, I_E$$

$$\Psi_q = L_q \, I_q$$

$$T_{Mi} = \frac{3}{2} \, Z_P \left(M_{dE} \, I_E \, I_q + \left(L_d - L_q \right) I_d \, I_q \right) \quad .$$

Aus der Momentengleichung ist zu entnehmen, daß der erste Term durch die Verkopplung des Polradflusses mit dem Ständerstrombelag I_q entsteht.. Weiterhin beschreibt der zweite Term einen Drehmomentanteil, der unabhängig vom Polradfluß ist. Wenn beispielsweise $I_E = 0$ gesetzt wird und eine Maschine mit ausgeprägten Polen im Polrad, wie bei der Schenkelpolmaschine, vorliegt, dann kann alleine aufgrund von $L_d \neq L_q$, das Reluktanzmoment (zweiter Term), erzeugt werden. Im Fall der Vollpolmaschine ist $L_d = L_q$, und der zweite Term entfällt.

Für eine Schenkelpolmaschine ohne Dämpferwicklung kann folgendermaßen umgeformt werden:

$$T_{Mi} = \frac{3}{2}\, Z_p \left(\left(M_{dE}\, I_{\mu d} + L_{\sigma d}\, I_d \right) I_q - L_q\, I_d\, I_q \right)$$

$$\text{mit} \qquad I_{\mu d} = I_d + I_E \ .$$

Die Gleichungen sollen jetzt normiert werden. Die Bezugswerte für den Stator entsprechen den Daten der Maschine bei Nennbetrieb:

$$U_{Norm} = \sqrt{2}\, U_{effN} \, ; \qquad I_{Norm} = \sqrt{2}\, I_{effN} \, ; \ T_N = \frac{1}{2\pi f_N} \ .$$

Die abgeleiteten Bezugswerte sind dann:

$$\Psi_{Norm} = T_N\, U_{Norm}; \qquad Z_{Norm} = R_{Norm} = \frac{U_{Norm}}{I_{Norm}};$$

$$L_{Norm} = \frac{\Psi_{Norm}}{I_{Norm}} = T_N\, \frac{U_{Norm}}{I_{Norm}}$$

$$\Omega_{Norm} = \frac{1}{T_N}: \ \text{elektrisch;} \ \Omega_{0N} = \frac{1}{T_N\, Z_p}: \ \text{mechanisch;}$$

$$N_{0N} = 2\pi\Omega_{0N} \qquad T_{Norm} = \frac{3}{2}\, \frac{U_{Norm} I_{Norm}}{\Omega_{0N}} \ \ .$$

Induktivität und Reaktanz bei Nennfrequenz sind im normierten Fall gleich, z.B.:

$$l_d = \frac{L_d}{L_{Norm}} = \frac{2\pi f_N\, L_d}{Z_{Norm}} = x_d \quad .$$

Mechanische und elektrische Winkelgeschwindigkeiten und Drehzahl des Rotors sind normiert ebenfalls gleich:

$$n = \frac{N}{N_{0N}} = \omega_m = \frac{\Omega_m}{\Omega_{0N}} = \omega_L = \frac{\Omega_L}{\Omega_{Norm}} \quad .$$

Mit diesen Bezugswerten und den obigen Gleichungen ergeben sich die beschreibenden, normierten Gleichungen und daraus der Signalflußplan in Abb. 6.2.

$$T_N\, \frac{d\psi_d}{dt} = n\, \psi_q + u_d - n\, i_d$$

$$T_N \, \frac{d\psi_q}{dt} = -n \, \psi_d + u_q - n \, i_q$$

$$T_E \, \frac{d\psi_E}{dt} = u_E - i_E$$

$$t_{Mi} = \psi_d \, i_q - \psi_q \, i_d$$

$$T_{\Theta N} \, \frac{dn}{dt} = t_{Mi} - t_W \quad .$$

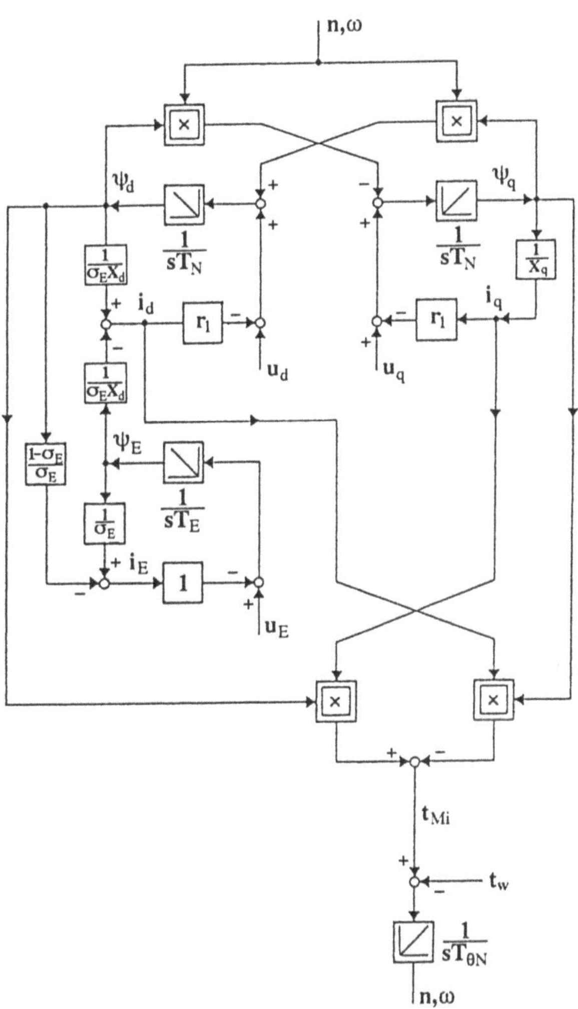

Abb. 6.2. Signalflußplan der Synchronmaschine (Schenkelpolläufer)

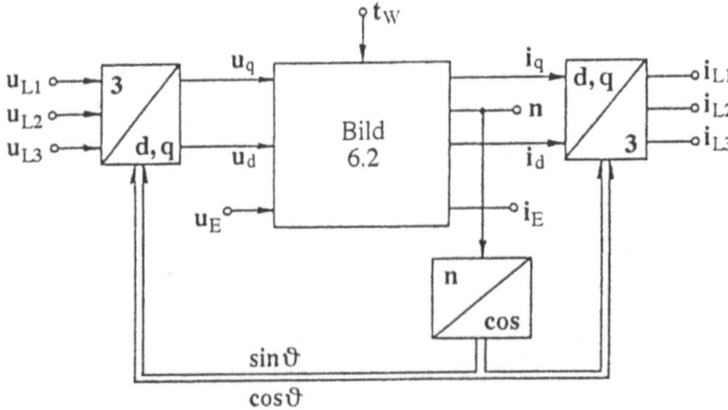

Abb. 6.3. Blockschaltbild der Synchronmaschine (Schenkelpolmaschine) bei Vorgabe der Statorspannung

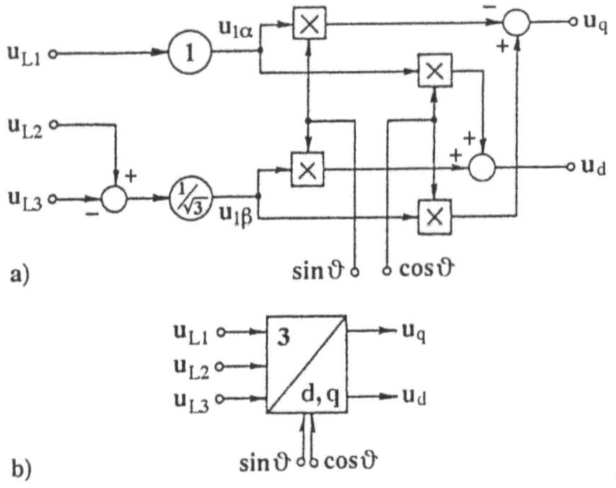

Abb. 6.4. Umwandlung der drei Phasenspannungen u_{L1}, u_{L2} und u_{L3} in die Spannungen u_d und u_q der d- und q-Achse der Synchronmaschine.(a) Strukturdiagramm; (b) Blockdarstellung

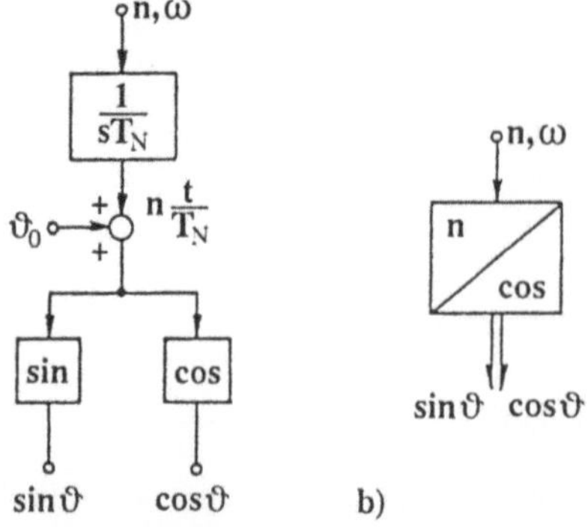

Abb. 6.5. Umwandlung der Drehzahl n in cos ϑ und sin ϑ. (a) Strukturdiagramm; (b) Blockdarstellung

Die Koordinatenwandlung von Dreiphasen-Drehstromsystem auf d - q-System zeigt Abb. 6.4 und die Umwandlung der Drehzahl n in Funkionen sin ϑ und cos ϑ die Abb. 6.5.

6.2 Synchron – Vollpolmaschine

Bei der Vollpolmaschine ist im Gegensatz zur Schenkelpolmaschine der Rotor rotationssymmetrisch aufgebaut. Damit entfallen die Unterschiede in den Induktivitäten:

$$L_1 = L_d = L_q; \qquad L_h = L_{hd} = L_{hq} \quad .$$

Die nach d und q unterschiedlichen Zeitkonstanten sind dadurch ebenfalls gleich.

Aus Symmetriegründen vereinfachen sich die normierten Flußgleichungen im auf das $d - q$ -Koordinatensystem orientierten System:

$$\Psi_d = L_1\, I_d + M_{dE}\, I_E$$

$$\Psi_q = L_1\, I_q$$

$$\Psi_E = L_E\, I_E + M_{dE}\, I_d \quad .$$

Aufgrund der Rotationssymmetrie wird kein Reluktanzmoment entstehen, und die Gleichung für das Drehmoment vereinfacht sich zu:

$$T_{Mi} = \frac{3}{2}\, Z_p \left(M_{dE}\, I_E\, I_q \right) \quad .$$

Die mechanische Gleichung verbleibt zu:

$$T_{\Theta N}\, \frac{dn}{dt} = t_{Mi} - t_W \quad .$$

Damit kann der Signalflußplan der Synchron-Vollpolmaschine aus dem Signalflußplan der Schenkelpolmaschine entwickelt werden. Gegenüber den normierten Gleichungen der Schenkelpolmaschine gilt:

$$x_1 = x_d = x_q \quad .$$

Um ein Ersatzschaltbild abzuleiten, können wie bei der ASM die Raumzeiger im stationären Betrieb als komplexe Zeitzeiger interpretieren:

$$\underline{U}_1 = U_d + jU_q; \quad \underline{I}_1 = I_d + jI_q; \qquad \underline{I}_2 = I_E \quad .$$

Man erhält die komplexe Gleichung:

$$\underline{U}_1 = R_1\,\underline{I}_1 + j\,\Omega_L\,\underline{I}_1 + j\,\Omega_L\,M_{dE}\,I_E$$

mit der Polradspannung $\underline{U}_p$, und mit der Hauptfeldspannung

$$\underline{U}_p = j\Omega_L M_{dE} I_E = jX_h I_E$$

und $\underline{U}_h$, die innere Transientspannung $\underline{U}_h = \underline{U}_p + j\Omega_L L_h \underline{I}_1 = \underline{U}_p + jX_h \underline{I}_1$:

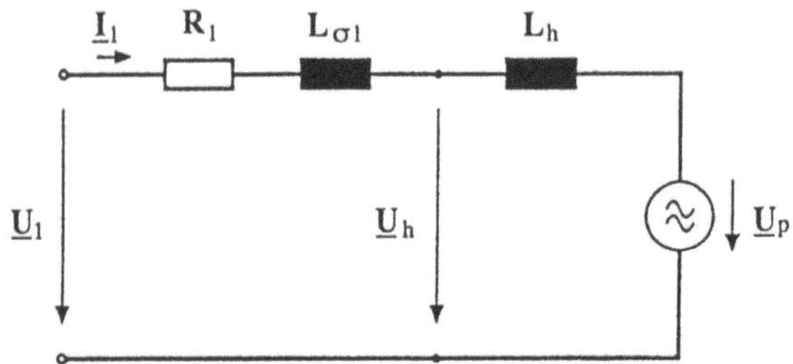

Abb. 6.6. Ersatzschaltbild der Vollpolmaschine im stationären Betrieb

Das komplexe Ersatzschaltbild zeigt Abb. 6.6.

Die Polradspannung ist eine Funktion von Ω_L und I_E und kann an den Klemmen des Stators gemessen werden, wenn keine Statorspannung angelegt wird.

Umgekehrt können, wenn das Polrad nicht erregt wird $(I_E = 0)$, die Zuordnung von $\underline{U}_1$ und $\underline{I}_1$ und somit die Parameter R_1 und X_1 bestimmt werden.

Wenn $I_E \neq 0$ und $\underline{U}_1$ eingeschaltet wird, dann gilt

$$\underline{U}_1 = R_1 \underline{I}_1 + j\Omega_L L_{\sigma 1}\underline{I}_1 + jX_h\underline{I}_1 + jX_h I_E\,.$$

Die aus dem Signalflußplan bekannte Flußverkettung ist auch im Ersatzschaltbild zu erkennen aus:

$$\underline{U}_h = jX_h\left(\underline{I}_1 + I_E\right)\,.$$

6.3 Synchron-Vollpolmaschine – Steuerbedingungen

Die Synchronmaschine soll nun so gesteuert werden, daß sich ein Verhalten wie bei der Gleichstromnebenschlußmaschine ergibt.

Da die Steuerbedingungen für den stationären Betrieb gelten, soll bei den Ableitungen $d(.)/dt = 0$ gesetzt werden. Damit können die Ableitungen des Kapitels 6.2, die zum Ersatzschaltbild nach Abb. 6.6 führten, genutzt werden.

Aus diesen Überlegungen ergab sich, daß bei $I_E = 0$ auch $\vec{U}_p = 0$ ist, und daß für die Statorspannung $\vec{U}_1$ ein ohmsch-induktiver Lastkreis verbleibt. Umgekehrt, wenn $\vec{U}_1 = 0$ ist, kann $\vec{U}_P$ an den Klemmen gemessen werden.

Die aus dem Signalflußplan bekannte Flußverkettung ist ebenso zu erkennen und resultiert in der Spannung $\vec{U}_h$. Damit gilt bei $I_q = 0$:

$$\underline{\vec{U}}_1 = R_1 I_d + j\Omega_L L_{\sigma d} I_d + jX_h I_{\mu d}$$

mit $I_{\mu d} = I_d + I_E$ und $\left|\vec{U}_h\right| = X_h I_{\mu d}$.

Gewünscht sei beispielsweise $\left|\vec{U}_h\right|$ konstant zu halten, dazu muß $I_{\mu d}$ konstant bleiben. Dies kann mit einer gewissen Freizügigkeit über I_d und I_E erfolgen.

Bei einer konstanten Drehzahl und $I_q = 0$, kann dadurch die Phasenlage des Stromes I_d zwischen kapazitivem (Synchronmaschine übererregt) und induktivem (Synchronmaschine untererregt) Verhalten verstellt werden.

Die Einstellung des Klemmenverhaltens erfolgt über den Polraderregerstrom I_E. Die Synchronmaschine kann somit zur Kompensation von Blindleistung genutzt werden (Abb. 6.7).

Aus den obigen Gleichungen ist außerdem der bei den Drehfeldmaschinen bekannte Zusammenhang zu erkennen, daß mit steigender Drehzahl N und konstantem $I_{\mu d}$ bzw. Fluß, die Klemmenspannung linear zunimmt.

Nachdem der Leerlauf diskutiert ist, soll nun die Steuerung des Moments T_{Mi} untersucht werden. Für das Moment T_{Mi} und den Statorstrom $\vec{I}_1$ gilt:

$$T_{Mi} = \frac{3}{2} Z_p M_{dE} I_E I_q$$

$$\vec{I}_1 = I_d + j I_q$$

Dies bedeutet, daß bei $T_{Mi} \neq 0$, im Statorstrom I_q zusätzlich die Stromkomponente $\vec{I}_1$ und damit durch den Spannungsfall $jX_h I_q$ die Spannungen $\vec{U}_p$ und $\vec{U}_h$ nun nicht mehr die gleiche Phasenlage aufweisen.

Aus Abb. 6.8 sind die folgenden Winkel zu entnehmen:

$\vartheta\colon \left(\vec{U}_1, \vec{U}_p\right),$ Polradwinkel, Durchflutungswinkel

$k\colon\angle \left(\vec{I}_1, \vec{U}_p\right),$ Wellensteuerwinkel

$\varphi\colon\angle \left(\vec{U}_1, \vec{I}_1\right),$ Phasenwinkel

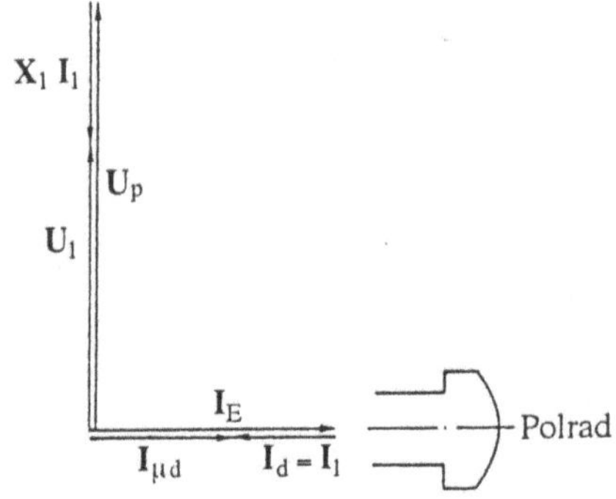

$$\left(\vec{I}_1 = I_d\right)$$

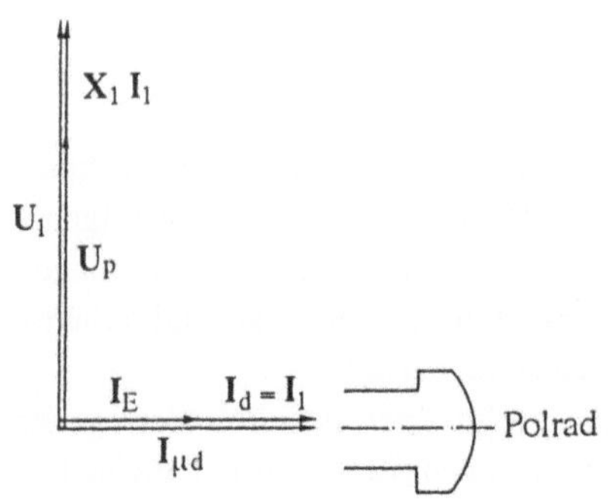

$$\left(\vec{I}_1 = I_d\right)$$

Abb. 6.7. Zeigerdiagramme für $R_1 = 0$ (idealer Leerlauf)

Bei Belastung der Maschine wird der Polradwinkel ϑ im Motorbetrieb zu ϑ < 0 und im Generatorbetrieb zu $\vartheta > 0$).

Mit $\vec{I}_\mu = I_d + I_E + jI_q$ ergibt sich aus dem Zeigerdiagramm:

$$\left|\vec{I}_\mu\right|^2 = I_E^2 + \left|\vec{I}_1\right|^2 - 2I_E \left|\vec{I}_1\right|. \sin\kappa$$

$$\delta = \arcsin\left(\frac{\left|\vec{I}_1\right|}{\left|\vec{I}_\mu\right|} \cos\kappa\right)$$

$$\vartheta = \delta + \varepsilon$$

$$P = 3 \left|\vec{U}_1\right| \left|\vec{I}_1\right| \cos\varphi \qquad \text{Wirkleistung}$$

$$\vec{U}_1 = jX_1\vec{I}_1 + \left|\vec{U}_p\right| e^{-j\vartheta}$$

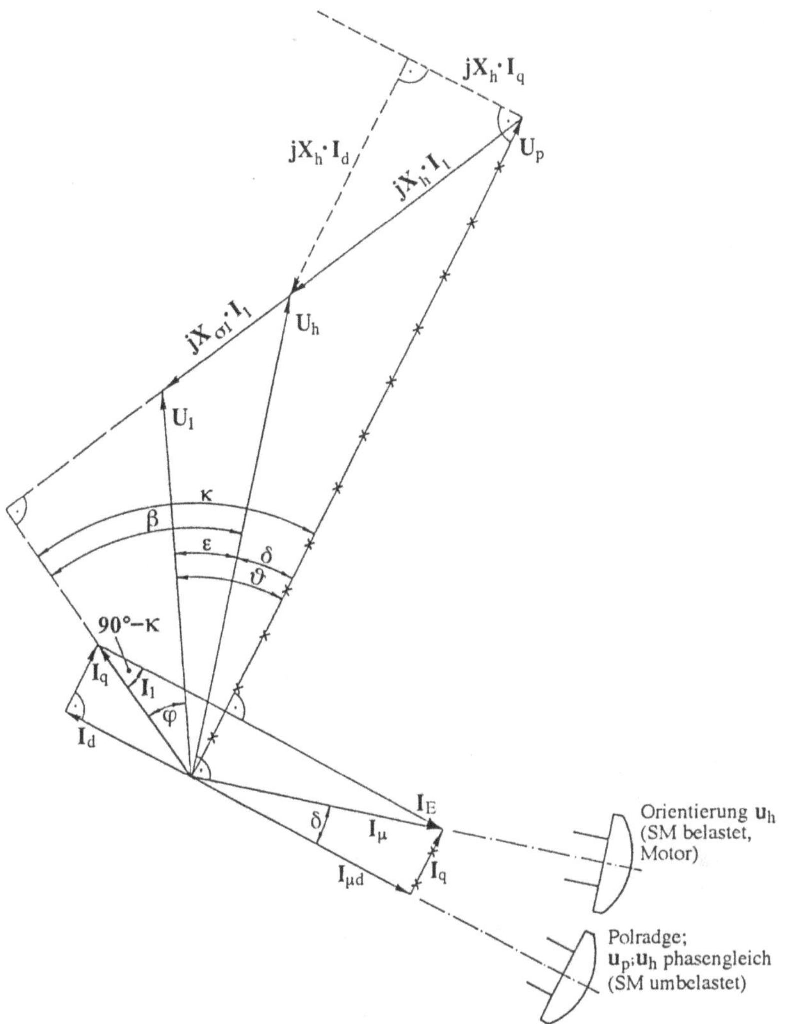

Abb. 6.8. Zeigerdiagramm der übererregten SM($R_1 = 0$)

$$\vec{I}_1 = -j\frac{U_1}{X_1} + j\frac{|\vec{U}_p|}{X_1}\ e^{-j\vartheta} = \frac{|\vec{U}_p|}{X_1}\sin\vartheta + j\ \frac{|\vec{U}_p|\cos\vartheta - U_1}{X_1}$$

somit: $\vec{I}_1 = f(\vartheta)$.

Kreis mit dem Mittelpunkt $-j\dfrac{U_1}{X_1}$ und dem Radius $\dfrac{|\vec{U}_p|}{X_1}$, Drehwinkel ϑ (Abb. 6.9).

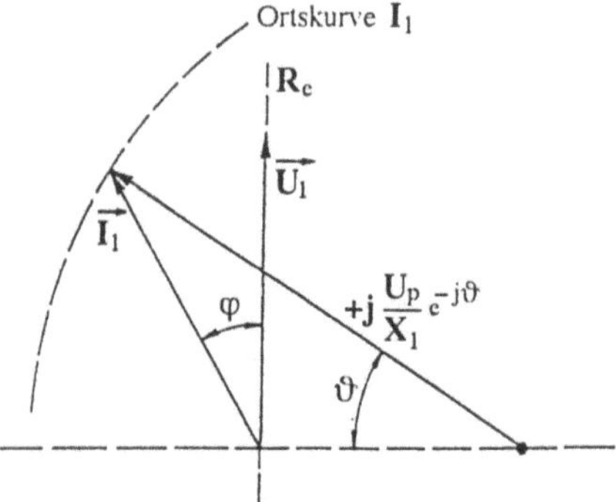

Abb. 6.9. Ortskurve von $\vec{I}_1,\ R_1 = 0$

Der Realteil des Statorstroms $\overline{I_1}$ ist:

$$\Re\!\left(\vec{I}_1\right) \;=\; \frac{\left|\vec{U}_p\right|}{X_1}\,\sin\vartheta \quad .$$

Damit ergibt sich die Wirkleistung zu:

$$P \;=\; 3\,U_1\,\frac{\left|\vec{U}_p\right|}{X_1}\,\sin\vartheta$$

und das Drehmoment:

$$T_{Mi} = \frac{P}{\Omega_L} = \frac{3\,U_1\left|\vec{U}_p\right|}{X_1\,\Omega_L}\,\sin\vartheta \quad .$$

Das Drehmoment ist somit eine Funktion von ϑ und erreicht den Maximalwert bei $\vartheta = \pm\pi/2$.

7 Umrichterantriebe

Aus den vorhergehenden Kapiteln 5 (Asynchronmaschine) und 6 (Synchron-maschine) war zu entnehmen, daß Drehfeldmaschinen in der Drehzahl und im Drehmoment steuerbar sind. Um dies zu erreichen, muß ein leistungselektronisches Stellglied (Umrichter) das versorgende Drehspannungssystem mit fester Spannung und Frequenz umformen in ein Drehspannungssystem (Umrichter mit eingeprägter Spannung) mit variabler Spannungsamplitude und Frequenz oder in ein Drehstromsystem (Umrichter mit eingeprägtem Strom) mit variabler Drehstromamplitude und Frequenz. Wie schon ausgeführt wurde, kann ein Umrichter mit eingeprägter Spannung durch Stromregelung in einen Umrichter mit eingeprägtem Strom gewandelt werden. Umrichter sind in der Schaltung deutlich aufwendiger als normale netzgeführte Stromrichter-Stellglieder, wie sie für Gleichstromantriebe verwendet werden. Aufgrund dieser Situation wurden in der Vergangenheit unterschiedlichste Varianten eingesetzt.

7.1 Direktumrichter

Ein Direktumrichter verwendet im allgemeinen pro zu versorgender Phase ein netzgeführtes Stromrichter-Stellglied. Der Vorteil dieser Lösung ist, daß die bekannte Schaltungstechnik der Gleichstromantriebe benutzt wird. Der Nachteil ist der um Null im Bereich niedriger Frequenzen liegende Frequenzbereich von $F_1 \leq$ 0,5 (0,3) F_N. Damit ist nur der Bereich niedriger Drehzahlen zu realisieren.

Der Antrieb kann daher um den Drehzahlbereich Null hohe Drehmomente und hohe Leistungen liefern. Das Antriebssystem ist somit insbesondere für Antriebsaufgaben mit hohen Leistungen und hohen Drehmomenten bei nicht zu hohen Drehzahlen als Vierquadrantenantrieb geeignet.

In Abb. 7.1 ist der Signalflußplan der Regelschaltung zur Einprägung der Statorströme der Drehfeldmaschine dargestellt. Wie bereits im Kapitel 4.3 "Regelung der Gleichstrommaschine'" beschrieben, werden als Störgrößen aufschaltung im Stromregelkreis die Hauptspannungen U_{hi} der Drehfeldmaschine verwendet. Der Stromregler ist adaptiv, um sowohl bei lückendem und nichtlückendem Strom die

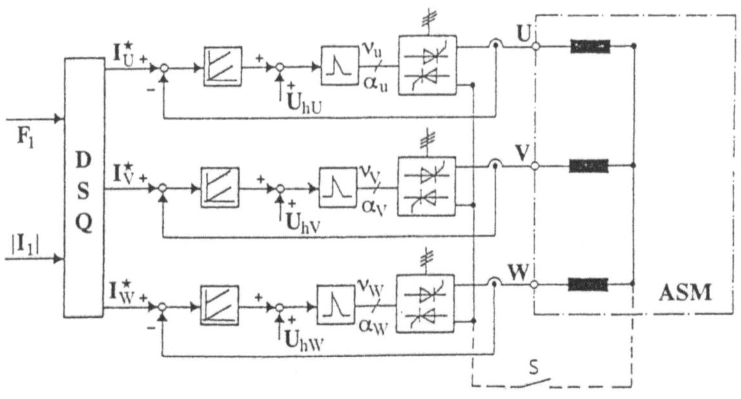

Abb. 7.1. Regelschaltung zum Einprägen des Drehstromsystems (DSQ-Drehstromsoll-
wertquelle)

gleiche Regeldynamik sicherzustellen. Der Block DSQ ist die Drehstrom-
Sollwertquelle; die Eingangsgrößen der DSQ sind die Statorfrequenz F_1 und der
Betrag des einzuprägenden Statorstroms $|I_1|$. Die Ausgangssignale der DSQ sind
die drei Statorstrom-Sollwerte.

In Abb. 7.2 ist die Regelung bei quasistationärem Ansatz (Schlupffrequenzregelung) dargestellt. Dem Drehzahlregelkreis ist der Schlupffrequenzregel-
kreis unterlagert. Der Statorstrom-Sollwert wird in Abhängigkeit von der Schlupffrequenz F_2 gesteuert.

Ausgehend von der Läufergleichung bei Kurzschlußläufermaschinen gilt:

$$\vec{U}_2^K = R_2 \vec{I}_2^K + j\Omega_2 L_{\sigma 2}\vec{I}_2^K + j\Omega_2 L_{2H}\left(\vec{I}_1^K + \vec{I}_2^K\right) = 0$$

mit:

$$\vec{I}_1^K + \vec{I}_2^K = \vec{I}_\mu^K$$

ergibt sich:

$$\vec{I}_\mu^K\left[1 + j\Omega_2 \frac{L_2}{R_2}\right] = \vec{I}_1^K\left[1 + j\Omega_2 \frac{L_{\sigma 2}}{R_2}\right]$$

und damit nach einer Normierung auf $I_{\mu N}$

$$\left|\frac{I_1}{I_{\mu N}}\right| = \left|\frac{I_\mu}{I_{\mu N}}\right| \sqrt{\frac{1 + \Omega_2^2\left(L_2 / R_2\right)^2}{1 + \Omega_2^2\left(L_{\sigma 2} / R_2\right)^2}} \cdot$$

Diese Gleichung ist im nichtlinearen Block (Abb. 7.2) implementiert und somit
ergibt sich aus Ω_2 der erforderliche Statorstrom $|I_1|$. Dabei ist allerdings zu beach-

ten, daß nur von den quasistationären Gleichungen der ASM ausgegangen wurde. Weiterhin ist zu bedenken, daß sich R_2 aufgrund von Erwärmung und L_2 aufgrund von Feldschwächung erheblich ändern können. Damit werden bei Abweichungen von den Nennwerten deutliche Abweichungen der Istgrößen und schlechtes dynamisches Verhalten die Folge sein.

Wesentlich ist außerdem, daß statt einer analogen Drehzahlerfassung eine digitale Frequenzerfassung notwendig ist.

Da der Direktumrichterantrieb vorwiegend bei Antrieben mit hoher Leistung im Bereich kleiner Drehzahlen (z.B. Rohrmühlen) eingesetzt wird, sollen zusätzliche Varianten an dieser Stelle nicht weiter behandelt werden. Eine andere Schaltungsvariante mit Einschränkungen ist die *untersynchrone Kaskade* (Scherbius drive).

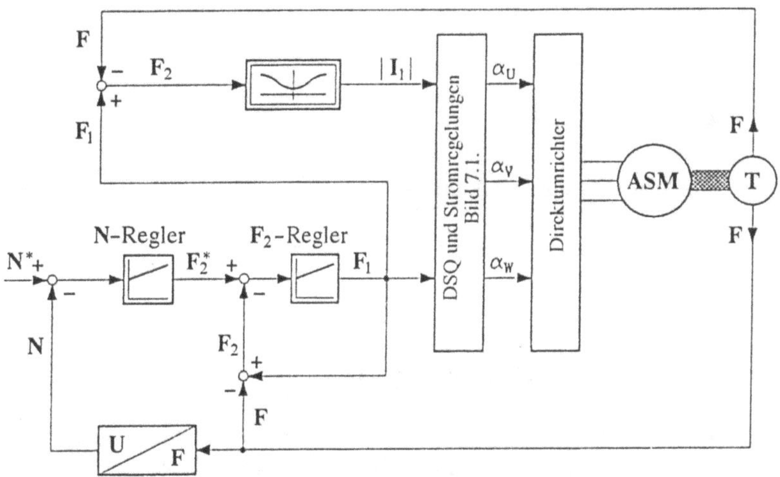

Abb. 7.2. Quasistationäre Schlupffrequenzregelung der ASM

7.2 Untersynchrone Stromrichterkaskade (USK)

Die untersynchrone Kaskade setzt eine Asynchronmaschine mit einem ständerseitigen und einem läuferseitigen Wicklungssystem voraus. Die läuferseitigen Wicklungen sind an Schleifringen herausgeführt.

Der starkstromseitige Aufbau der als "Untersynchrone Stromrichterkaskade" bezeichneten Antriebseinheit geht aus Abb. 7.3 hervor. An die Schleifringe der Asynchronmaschine wird ein ungesteuerter Stromrichter in Drehstrom-Brückenschaltung angeschlossen, der die in Frequenz und Amplitude schlupfproportionale Läuferspannung gleichrichtet. Die Drosselspule mit der Induktivität L_z

nimmt die Differenzspannung aufgrund der unterschiedlichen Momentanwerte der welligen Gleichspannungen U_{zG} und U_{zW}, auf und glättet damit den Gleichstrom I_z.

Der netzgeführte Wechselrichter – ebenfalls im allgemeinen in Drehstrom-Brückenschaltung – speist die vom Gleichstromzwischenkreis übertragene Wirkleistung ins Netz zurück. In Abb. 7.4 ist die Auswirkung einer stromabhängigen Gegenspannung und in Abb. 7.5 die einer stromunabhängigen Gegenspannung im Läuferkreis einer Asynchronmaschine auf die Drehmoment-Drehzahlcharakteristik der Maschine dargestellt. Wie ersichtlich, bleibt im Kaskadenbetrieb das ursprüngliche "Nebenschlußverhalten" der Maschine im gesamten Drehzahlbereich erhalten.

P_1: : Ständerleistung

P_2: : Läuferleistung

P_{mech} : mechanisch abgegebene Leistung

I_z: : Gleichstrom

L_z:: Drosselspuleninduktivität

U_{Lz}: : Drosselspannungsabfall $\overline{U}_{Lz} \approx 0$

U_{zG}: : Gleichrichterausgangsspannung

U_{zW}: : Wechselrichterausgangsspannung

Da das Zwischenkreis-Stellglied nur für die maximal hierbei auftretende "Schlupfspannung" ausgelegt wird, zeichnet sich die untersynchrone Stromrichterkaskade gegenüber allen anderen durch Stromrichter geregelten Antrieben dadurch

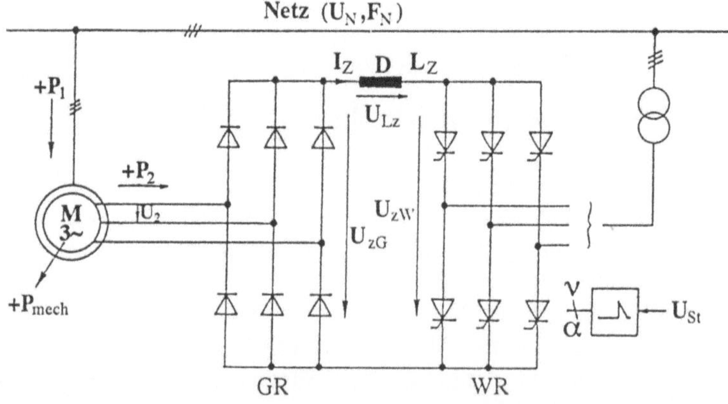

Abb. 7.3. Prinzipschaltplan der untersynchronen Stromrichterkaskade

aus, daß im Zwischenkreis-Stellglied nur die dem tatsächlich geforderten Drehzahlstellbereich entsprechende "Schlupfleistung" installiert werden muß.

Ist dieser Drehzahlstellbereich kleiner als 100 %, so erfolgt der Hochlauf bis zur untersten Kaskadendrehzahl über einen Anlaßwiderstand. Im Rückspeisezweig kann zur Spannungsanpassung noch ein Transformator benötigt werden.

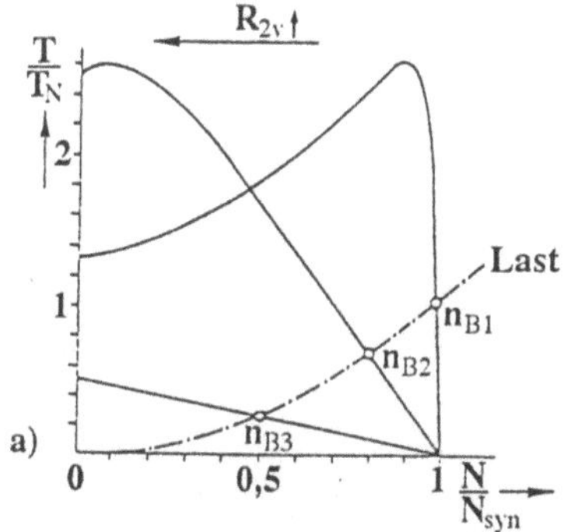

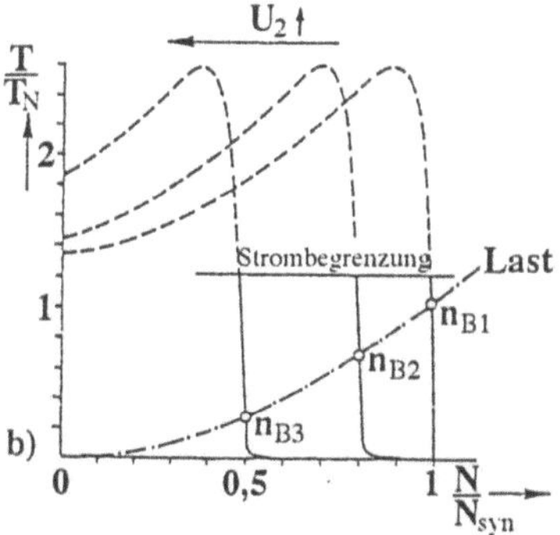

Abb. 7.4. Momentenkennlinien des Motors bei Steuerung mit verschiedenen Läuferwiderständen R_2, entsprechend einer stromabhängigen Gegenspannung

Fig. 7.5. Momentenkennlinien der untersynchronen Stromrichterkaskade bei verschiedenen stromunabhängigen Gegenspannungen U_{zG} des Stromrichters

Elektrische Verhältnisse. Die elektrischen Verhältnisse bei der USK lassen sich aus den nachfolgenden Überlegungen erkennen.

Die ASM entnimmt dem Netz die Leistung P_1, die den Ständerwicklungen zugeführt wird. Nach Abzug der Ständerverluste (Kupfer und Eisen) verbleibt die Luftspaltleistung P_δ die auf den Läufer übertragen wird. Von dieser Leistung P_δ werden die Läuferverluste (Kupfer-, Eisen-, Reibungs- und Lüftungsverluste) beigeführt und es verbleibt die mechanische Leistung:

$$P_{mech} = \left(1-s\right) P_\delta \ .$$

Im Läufer wird die Leistung P_2 umgesetzt:

$$P_2 = s\, P_\delta \ .$$

Die Leistung P_2 ist somit eine Funktion des Schlupfs und wird bei $s = 0$ (synchrone Drehzahl) zu Null. Wie im Kapitel 5.4 bereits dargestellt wurde, kann der Momentenverlauf der ASM durch Modifizierung des Läuferwiderstands R_2 verändert werden. Bei der USK wird nun die Leistung P_2 nicht vollständig in Wärme umgesetzt, sondern zum Teil $U_z\, I_z$ in das Netz zurückgeführt.

Es gilt:

$$P_2 \simeq U_z \, I_z$$

$$s \, \Omega_{syn} \, T_M \simeq s \, P_{\delta z} = P_2$$

$$U_{zG} \simeq \frac{3}{\pi}\sqrt{2} \, s \, U_{20} \qquad U_{20}: \text{Stillstandsspannung des}$$

$$\text{Läufers.}$$

somit:

$$I_z \simeq \frac{\Omega_{syn} \, T_M \, \pi}{3\sqrt{2} \, U_{20}}$$

$$I_{2\sim} = \sqrt{\frac{2}{3}} \, I_z \simeq \frac{\Omega_{syn} \, T_M \, \pi}{3\sqrt{3} \, U_{20}}$$

und:

$$U_{zW} = U_{diW} \, \cos\alpha_{WR} \simeq \frac{3}{\pi}\sqrt{2} \, s \, U_{20} = U_{zG}$$

$$s \simeq \cos\alpha_{WR} \; .$$

Die Spannung U_{zG} ist dabei eine Funktion des Schlupfs und kann ansonsten nur durch konstruktive Maßnahmen (U20) geändert werden. Der Strom I_z wird durch die Steuerung von $U_{zW} = U_{zG} - U_{LZ}$ eingestellt. Der Läuferstrom $I_{2\sim}$, ist somit durch I_z einstellbar und damit auch die Leistung P_2. Durch diese Maßnahme kann im Betriebsbereich ein nahezu beliebiges Verhältnis P_2/P_δ gebildet werden und damit die mechanische Leistung

$$P_{mech} = \left(1 - \frac{P_2}{P_\delta}\right) P_\delta = P_\delta - P_2$$

über die Wechselrichtersteuerung eingestellt werden.

Einschränkungen sind einerseits dadurch gegeben, daß bei $s = 0$ die Spannung $U_2 = 0 = U_{zG}$ wird. Andererseits ist durch den Läuferwiderstand R_2, ein Minimalleistungsumsatz im Läufer notwendig. Ebenso müssen die Verluste im Stromrichter gedeckt werden. Aus beiden Randbedingungen läßt sich ableiten, daß bei der USK die synchrone Drehzahl nicht im Betriebsbereich enthalten sein kann. Bremsbetrieb ist nicht möglich durch Steuerung des Wechselrichters.

Steuerung und Regelung der USK. Die Regelung der untersynchronen Stromrichterkaskade ist denkbar einfach, solange nur statische Betriebszustände und quasistationäre Übergangsvorgänge in Betracht gezogen werden (Abb. 7.6). Durch die Aussteuerung des netzgeführten Stromrichters, der immer im Wechselrichterbereich arbeitet, wird eine schlupfproportionale, stromunabhängige Gegenspan-

nung in den Läuferkreis der Asynchronmaschine eingefügt und damit der Läuferstrom der Maschine geregelt. Das von der Maschine entwickelte Drehmoment ist
diesem Strom I_z. direkt proportional.

Der Strom I_z wird im Stromregelkreis wie bei der Gleichstromnebenschlußmaschine geregelt und im Sollwert begrenzt. Der überlagerte Drehzahlregelkreis gibt
entsprechend den Lastverhältnissen den Stromsollwert I_z^* und damit P_2 vor.

Die Asynchronmaschine kann im Bereich $N < N_{syn}$ nur als Motor arbeiten. Die
untersynchrone Stromrichterkaskade ist daher – zunächst – immer ein Einquadran-
tenantrieb. Es können nur Drehzahl-Sollwertsprünge zu höheren Drehzahlen aus-
geregelt werden. Bei Verminderung des Drehzahlsollwertes muß das Absinken der
Drehzahl über die Last erfolgen. Bemerkenswert ist hierbei, daß im Leerlauf oder
bei sehr kleiner Last dieses Drehzahlabsinken u.U. nicht erfolgt, da die im Läufer
– auch bei offenen Schleifringen – induzierten Wirbelströme ausreichen, um ein
zur Deckung der Lagerreibungen, Luftwiderstände etc. hinreichend großes Moment auszubilden. Hier hilft nur das Aufbringen eines zusätzlichen Lastmomentes
oder das Abschalten des Ständers vom Netz.

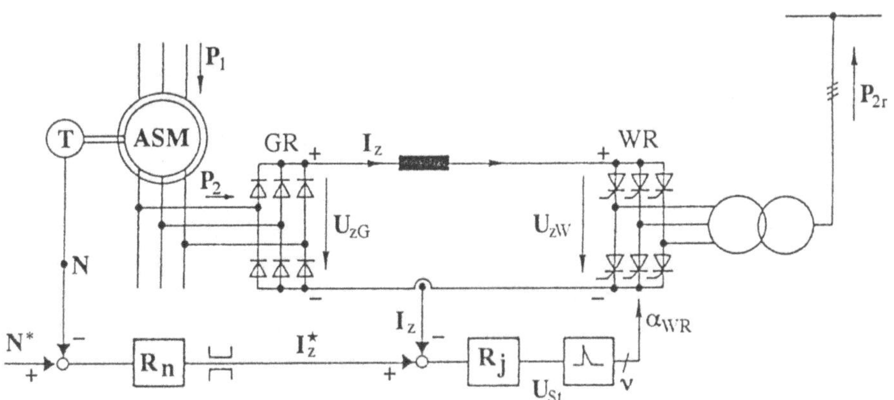

Abb. 7.6. Prinzipschaltplan der Regelung einer untersynchronen Stromrichterkaskade

Soll auch untersynchron gebremst werden, so ist dies prinzipiell auch im Kaskadenbetrieb durch Phasentausch im Ständer möglich. Allerdings muß hierzu die
Kaskade unabhängig vom gewünschten Drehzahlstellbereich immer für die doppelte Läuferstillstandsspannung ausgelegt werden.

Dies ist nur für kleine Leistungen wirtschaftlich auszuführen.

Betriebsbereich. Aus den obigen Überlegungen läßt sich entnehmen, daß die
USK immer dann vorteilhaft eingesetzt werden kann, wenn der gewünschte Drehzahlstellbereich bei Drehzahlen nahe der Synchrondrehzahl ist. Bei diesen Dreh-
zahlstellbereichen muß über die Stromrichter nur die Schlupfleistung $P_2 = s\,P_\delta$ geführt werden. Die Dimensionierungsleistung der Stromrichter ist somit um so kleiner, je kleiner der gewünschte Schlupfbereich und damit der Drehzahlbereich ist.

Außerhalb dieses Bereiches muß die USK mit Widerständen gefahren werden. Das gilt insbesondere für das Anfahren. Vorteilhaft wurde die USK z.B. für Pumpenantriebe eingesetzt. Aus den Gleichungen kann man erkennen, daß die Überlegungen symmetrisch zur Synchrondrehzahl zu übertragen sind.

Bei Drehzahlen $N < N_{syn}$ kann die ASM nur als Motor betrieben werden. Die Absenkung der Drehzahl kann nur über das Lastmoment bzw. über Verlustmomente erfolgen. Wenn die Drehzahl $N > N_{syn}$, ist, dann wird die ASM als Generator betrieben. Die ASM wird somit durch den Strom abgebremst, der ASM muß die mechanische Leistung zugeführt werden. Dies ist beispielsweise bei Motorprüfständen für Verbrennungsmotoren gegeben.

Aufgrund der Schlupfringe und der Kosten für die Widerstandsanlassung hat die USK an Bedeutung verloren.

7.3 Doppelgespeiste ASM

Die untersynchrone Kaskade ist eine einfache Lösung einer Doppelspeisung der ASM. Der Vorteil dieser Lösung bei beschränktem Drehzahlstellbereich besteht im geringen Aufwand in den Stromrichterkomponenten und dem guten Wirkungsgrad des Systems.

Um die Einschränkung im Drehzahlstellbereich zu vermeiden, kann an die Läuferschleifringe ein Umrichter angeschlossen werden. Beispielsweise kann dieser Umrichter mit eingeprägter Spannung oder eingeprägtem Strom ausgeführt sein. Falls der Umrichter mit eingeprägter Spannung ein Direktumrichter ist, kann die Synchrondrehzahl mit in den Betriebsbereich eingeschlossen werden, da der Direktumrichter insbesondere niedrige Ausgangsfrequenzen liefern kann.

7.4 Stromrichtermotor

Der Stromrichtermotor ist eine Schaltungsvariante, bestehend aus einem netzgeführten Stromrichter STR I als Einspeisesystem, einer Zwischenkreisdrossel D, einem lastgeführten Stromrichter STR II und einer Synchronmaschine (Abb. 7.7).

Das Einspeise-Stellglied STR I ist ein netzgeführter Stromrichter, der von einem Netz N mit fester Spannung U_N und Frequenz F_N. gespeist wird. Durch Variation von α_I, kann am Gleichspannungsausgang U_{zI} entweder eine positive Gleichspannung U_{zI} (GR),d.h. $30° < \alpha_I \leq 90°$ oder eine negative Gleichspannung U_{zI} (WR),d.h. $90° < \alpha_I \leq 150°$ erzeugt werden. Die Beschränkung der Aussteuerung auf 150° im Wechselrichterbetrieb ist durch die Schonzeit der Thyristoren bedingt.

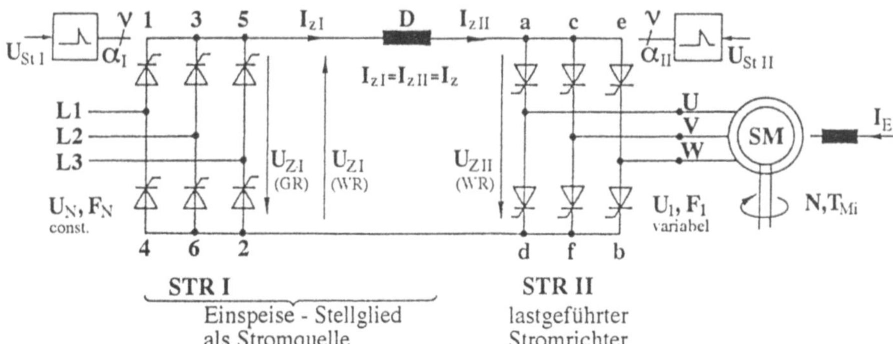

Abb. 7.7. Schaltbild des Stromrichtermotors

Aufgrund der Ventilwirkung der Thyristoren ist aber nur eine Richtung des Stroms I_{zI} möglich. Im Zwischenkreis zwischen den Stellgliedern STR I und STR II ist eine Zwischenkreisdrossel D angeordnet.

Durch die Zwischenkreisdrossel D werden die Stromrichter STR~I und STR~II in den Augenblicksspannungen entkoppelt. Die mittleren Spannungen sind bis auf den ohmschen Spannungsabfall aber gleich. Durch die Drossel D wird das Gesamt-Einspeise-Stellglied bestehend aus Stromrichter STR I und Drossel D zu einer Stromquelle mit variablem Zwischenkreisstrom I_z.

Dieser Zwischenkreisstrom I_z wird nun im Stromrichter STR II über jeweils zwei Ventile zu zwei von drei Wicklungen der Synchronmaschine geführt, und damit wird in den zwei Wicklungen ein Stromblock erzeugt. Durch zyklisches Schalten der Ventile kann somit ein sprungförmig umlaufender Strombelag produziert werden, der sechs feste räumliche Lager einnimmt.

Da das Polrad der Maschine erregt ist, wird sich ein Moment bilden. Das Polrad folgt somit dem Strombelag. Dies bedeutet, daß sich in Abhängigkeit von der Zündimpulsfrequenz des Stellglieds STR II ein sprungförmig umlaufender Strombelag bildet, der das Polrad – richtige Einstellung aller Parameter vorausgesetzt – mitnimmt.

Das heißt, die Drehzahl n des Polrads kann über die Zündimpulsfrequenz verstellt werden. Nun ist noch ungeklärt, wie der Strom von einem Ventil zum nächsten Ventil kommutieren kann. Unter der Annahme, das Polrad sei mit dem Strom I_E erregt und habe die Drehzahl n, wird an den Klemmen der SM ein der Drehzahl n proportionales Spannungssystem erzeugt. Durch dieses Spannungssystem wird die Kommutierung ermöglicht.

Da die Spannung zur Kommutierung von der Last (SM) geliefert wird, nennt man diese Art des Betriebs "lastgeführte Kommutierung".

Betriebsfälle des Stromrichtermotors. Abhängig vom Wirkleistungsfluß sollen nun die prinzipiellen Steuerbedingungen für die Stromrichter STR I und STR II abgeleitet werden. Aus Abb. 7.1 läßt sich entnehmen, daß im stationären Betrieb, $U_{zI} = U_{zII} = U_z$, sein muß, wenn R_D der Drossel zu Null angenommen wird.

Wenn U_{zI} im Gleichrichterbereich ausgesteuert ist, muß daher U_{zII} im Wechselrichterbereich ausgesteuert sein und es wird Wirkleistung vom Netz N zur SM übertragen; die SM ist im Motorbetrieb. Wenn dagegen U_{zI} im Wechselrichterbetrieb arbeitet, dann muß U_{ZII} im Gleichrichterbetrieb sein und die Wirkleistung wird von der SM in das Netz übertragen. Die SM ist im Generatorbetrieb und wird abgebremst.

Somit kann allein durch Steuern der Zündwinkel α_I und α_{II} sowohl Motor- als auch Bremsbetrieb (Generatorbetrieb der SM) erreicht werden. Bei der Aussteuerung der Stromrichter ist zu beachten, daß zur Vermeidung des Wechselrichterkippens, der Steuerwinkel kleiner als $\alpha_{II} < 180°$ gewählt werden muß. Im allgemeinen wird $\alpha_{II\,max} = 150°$ und aus Symmetriegründen $\alpha_{II\,min} = 30°$ verwendet.

Um den Blindleistungsbedarf im System STR II – SM so gering wie möglich zu halten, gibt man für α_{II} je nach Betriebsfall die festen Steuerwinkel von entweder $\alpha_{II} = 150°$ (Motorbetrieb) oder $\alpha_{II} = 30°$ (Generatorbetrieb) vor.

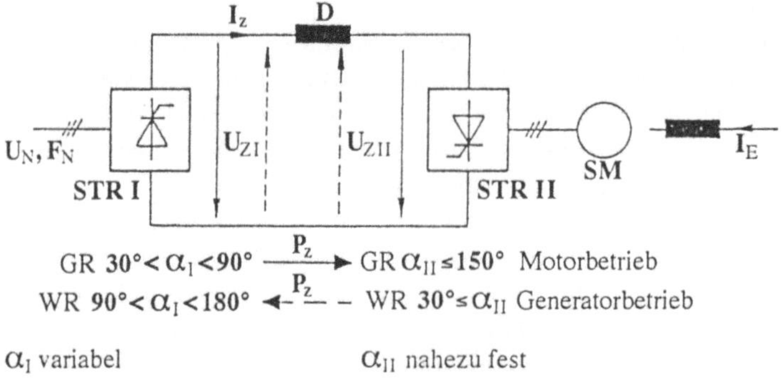

Abb. 7.8. Betriebsfälle des Stromrichtermotors

Durch die festen Steuerwinkel α_{II} wird sich bei variabler Drehzahl n der Synchronmaschine im stationären Betrieb eine mit steigender Drehzahl ansteigende Zwischenkreisspannung U_{zII} ergeben. Da weiterhin $U_{zI} = U_{zII}$, ist, muß deshalb der Steuerwinkel α_I entsprechend der Drehzahl der Synchronmaschine verstellt werden. Für Stillstand ergibt sich $\alpha_I = 90°$, für maximale Drehzahl im Motorbetrieb $\alpha_I = 30°$ und für maximale Drehzahl im Generatorbetrieb $\alpha_I = 150$.

$$|U_{zI}| = |U_{zII}|$$

$$U_{diI} \cos \alpha_I - D_{xI} I_z = -U_{diII} \cos \alpha_{II} + D_{xII} I_z$$

$$U_{diII} = f(n, I_E)$$

$$\alpha_{II} \;=\; 150° \,\big|\, 30°$$

$$I_z \;=\; f\!\left(T_{Mi}\right) \;.$$

Drehrichtungsumkehr beim Stromrichtermotor. Durch die Vertauschung der Zündimpulsfolge für den STR II kann zusätzlich die Drehrichtung des umlaufenden Strombelags geändert werden. Eine Drehrichtungsumkehr ist somit ebenso ohne zusätzlichen Aufwand im Leistungsteil möglich.

Anfahrprogramm. Aus den vorhergehenden Überlegungen ist zu entnehmen, daß bei der Drehzahl $n = 0$ der Synchronmaschine auch die Spannungen $U_l = U_h = 0$ sind. Die Synchronmaschine kann daher bei kleinen Drehzahlen ($|n| = 0 \ldots 0{,}1$), nicht die Steuer- und Kommutierungsblindleistung für den lastgeführten Stromrichter II liefern. Der Stromrichtermotor beherrscht somit nicht den Drehzahlbereich um $|n| \approx 0$. Um ohne großen zusätzlichen Aufwand im Leistungsteil das Anfahren aus dem Stillstand sicherzustellen, wird die Lösung der Zwischenkreistaktung verwendet.

Momentenpendelungen. Bereits zu Beginn wurde darauf hingewiesen, daß der Strombelag in der SM, bedingt durch STR II, nur sprungförmig umlaufen kann. Es entsteht bei einem sechspulsigen Stromrichter II jeweils ein Stromblock von $120°$ positiv und ein Stromblock von $120°$ negativ in jeder Zuleitung. Diese Ströme erzeugen in der Maschine einen Ständerstrombelag, der alle $60°$ um ein Drittel der Polteilung in Drehrichtung weitergeschaltet wird.

Während der Stromleitdauer der Ventile (Alleinzeit) ist der Strombelag räumlich und zeitlich konstant I_z. Während dieser Zeit dreht sich aber das Polrad mit der Drehzahl N. Für das Zeigerdiagramm im Polrad-Koordinatensystem bedeutet dies, daß der Zeiger des Ankerstroms einen Winkel von $60°$ überstreicht und während der Kommutierung auf seine Ausgangsposition zurückspringt.

Es gilt für die Leistung:

$$P_1 \;=\; 3\,U_1\,I_1\,\cos\psi$$

und damit:

$$\overline{T}_{Mi} \;=\; \frac{3\,U_1\,I_1}{\Omega_L}\,\cos\psi \;.$$

Da sich der Winkel zwischen U_1 und I_1 um $\pm 30°$ während einer Stromführungsdauer von $60°$ T_{Mi} ändert, muß sich auch das Luftspaltmoment ändern:

$$\Delta T_{Mi} \;=\; \frac{3\,U_1\,I_1}{\Omega_L}\,\cos(\varphi + 30° - \Omega t) \qquad 0° \le \Omega t \le 60°;\; p = 6\;.$$

Wie bereits dargestellt, wird beispielsweise der Winkel φ bei $\ddot{u} = 0$ ungefähr $30°$ (entspricht α_{II}) sein. Damit liegt auch der Drehmomentverlauf fest (Abb. 7.9). Diese Momentenpendelungen im Luftspaltmoment sind Oberschwingungsmomente mit der Ordnung *6k, k = 1, 2, 3, ...*

Falls das an das Antriebssystem gekoppelte mechanische System eine Torsionseigenfrequenz aufweist, die mit einer Momentenoberschwingung des Antriebssystems zusammenfällt, können erhebliche zusätzliche Belastungen des mechanischen Systems auftreten. Eine Abhilfemaßnahme besteht darin, die Stromkurvenform so zu verändern, daß die Momentenpendelungen verringert werden. Eine weitaus häufiger eingesetzte Abhilfemaßnahme zur Verringerung der Momentenpendelungen ist die Erhöhung der Pulszahl des Stromrichtermotors.

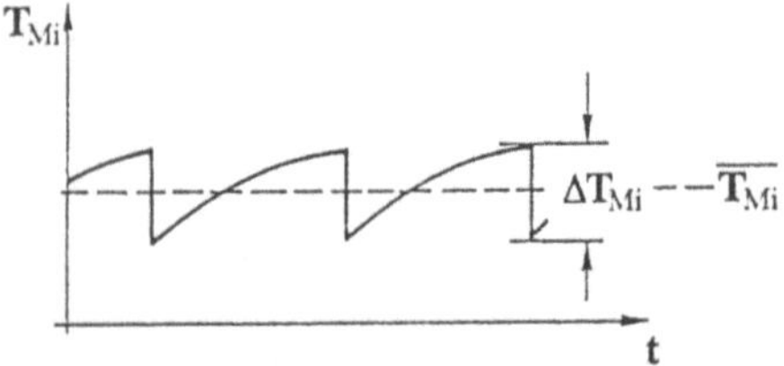

Abb. 7.9. Drehmomentverlauf bei $\alpha_I = 30°$, $p = 6$ und $Z_p = 1$

Um beispielsweise die Pulszahl p auf 12 zu erhöhen, muß die SM zwei Teilwicklungssysteme mit halber Leistung haben, die um 360°/12 = 30° gegeneinander versetzt sind.

Außerdem müssen zwei Einspeisesysteme halber Leistung vorgesehen werden. Durch die Maßnahme $p = 12$, werden die Momentenpendelungen mit ungerader Ordnungszahl k der beiden Teilwicklungen sich gegenseitig kompensieren, die Momentenpendelungen mit gerader Ordnungszahl bleiben aber erhalten.

Stromrichtermotor-Regelung. Wie bereits beschrieben, wird der Stromrichter I als Stromquelle für den lastgeführten Stromrichter und die SM dienen. Der Strom I_z kann mittels eines Stromregelkreises geregelt werden. Im Stromrichter II kann durch Änderung der Zündimpulsfrequenz die Statorfrequenz für die Synchronmaschine verstellt werden. Um ein Verhalten der Synchronmaschine wie beim Gleichstromnebenschlußmotor zu erreichen, d.h. ein Kippen der Synchronmaschine zu vermeiden, muß entsprechend der Momentenformel.

$$T_{Mi} = \frac{3\,U_1\,U_p}{X_1\,\Omega_1}\,\sin\vartheta$$

der Polradwinkel ϑ immer kleiner als 90° bleiben Entsprechend muß auch der Winkel zwischen U_1 und U_p kleiner als 90° sein. Da das Moment $T_{Mi} = f(\vartheta)$ bei symmetrischen Synchronmaschinen ohne Dämpferwicklung von I_q gesteuert wird, kann durch elektrische Begrenzung des Statorstroms I_1 die Einhaltung der Winkelbedingung gewährleistet werden.

Es verbleibt für die Steuerung des Stromrichters, die Kommutierungsbedingung sicherzustellen. Dies wird beispielsweise durch $\alpha_{II} = 150°$ (30°) im allgemeinen erreicht. Diese Information kann aus den Nulldurchgängen der Phasenspannungen der Synchronmaschine abgeleitet werden und wird "Maschinenführung" genannt.

Aus den Ableitungen zu Abb. 6.4.2 und 6.4.4 im Kapitel 6.3 "Synchron-Vollpolmaschine − Steuerbedingungen" ist für den Stromrichtermotor zu entnehmen, daß bei einer Änderung des Moments T_{mi} I_μ konstant gehalten werden soll. Es galt:

$$I_\mu^2 \;=\; I_E^2 + I_1^2 - 2\,I_E I_1 \cos\!\left(90°-k\right)$$

wobei I_1 direkt proportional zu I_z ist. Das heißt, bei einer Änderung von I_1 muß bei $I_\mu = constant$ der Erregerstrom korrigiert werden.

Damit ist ein Regelschema für den quasistationären Betrieb der Synchronmaschine zu zeichnen (Abb. 7.10.).

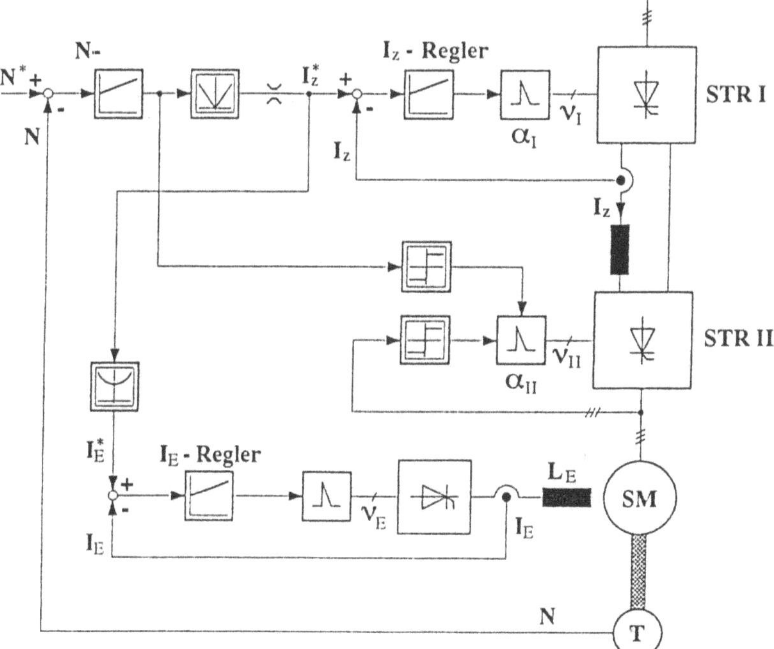

Abb. 7.10. Prinzipschema einer quasistationären Regelung des maschinengeführten Stromrichtermotors

Einsatzbereiche. Wie erläutert wurde, ist der Stromrichtermotor ein Vierquadrantenantrieb mit großem Leistungsbereich und guten statischen und dynamischen Eigenschaften bis zu sehr hohen Drehzahlen – ausgenommen ist der Drehzahlbereich um Null. Aufgrund dieser Eigenschaften kann der Stromrichtermotor als Pumpe, Lüfterantrieb oder Antrieb von Walzgerüsten eingesetzt werden.

7.5 Selbstgeführter Wechselrichter mit Phasenfolgelöschung und eingeprägtem Strom

Prinzipielles Systemverhalten. Das Prinzipschaltbild dieses Antriebssystems zeigt die Abb. 7.11.

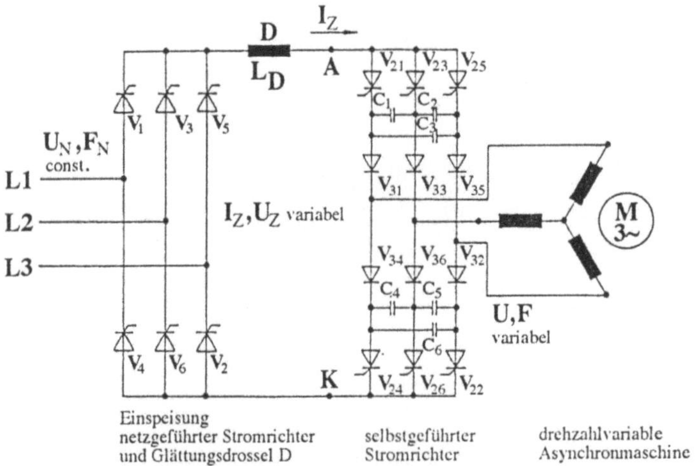

Abb. 7.11. I-Umrichter mit Phasenfolgelöschung

Aus dem Schaltbild ist sofort die Ähnlichkeit mit der Schaltung des Stromrichtermotors zu erkennen. Die Einspeisequellen sind in beiden Schaltungen gleich. Es sind Stromquellen, die im Strom I_z. verstellbar sind. Die Spannung U_z stellt sich entsprechend den Lastbedingungen am maschinenseitigen Stellglied ein. Während beim Stromrichtermotor der maschinenseitige Stromrichter lastgeführt ist, d.h. die Steuer- und Kommutierungsblindleistung muß von der Synchronmaschine bereitgestellt werden, sind bei der Asynchronmaschine Kommutierungshilfen notwendig.

Dieses sind die Kommutierungskondensatoren $C1$ bis $C6$ und die Kommutierungsdioden V_{31} bis V_{36}. Das grundsätzliche Betriebsverhalten des Antriebs mittels Umrichter mit Phasenfolgelöschung und ASM entspricht dem Betriebsverhalten des Stromrichtermotors, d.h:

- es werden den ASM-Wicklungen Stromblöcke eingeprägt, die entsprechend dem Schaltzustand des selbstgeführten Wechselrichters weitergeschaltet werden;
- es wird somit ein im Stator sprungförmig umlaufender Strombelag erzeugt;
- durch die Taktfrequenz des selbstgeführten Wechselrichters wird die Statorfrequenz für die ASM festgelegt;
- der Motorbetrieb der ASM stellt sich ein, wenn das Einspeise-Stellglied im Gleichrichterbetrieb arbeitet;
- Bremsen erfolgt durch Umsteuerung des Einspeise-Stellglieds in den Wechselrichterbetrieb;
- eine Drehrichtungsumkehr des umlaufenden Strombelags in den Statorwicklungen der ASM erfolgt durch Vertauschen der Zündimpulsfolge für den selbstgeführten Wechselrichter;
- wie beim Stromrichtermotor sind Oberschwingungsmomente im Luftspaltmoment vorhanden.

Damit sind die wesentlichen Eigenschaften des Systems genannt. Die Unterschiede sind vor allem durch die Kommutierung bedingt, die hier selbstgeführt ist und nicht näher behandelt werden soll. Wesentlich bei dieser Schaltungstopologie und der Art der selbstgeführten Kommutierung ist, daß die Kommutierungskondensatoren immer so geladen sind, daß sowohl in positiver als auch in negativer Drehrichtung kommutiert werden kann. Damit ist der Drehzahlbereich Null im Betriebsbereich enthalten und es können bei tiefen Statorfrequenzen einige unerwünschte Harmonische der Momentenpendelungen durch Pulsweitenmodulation der Stromblöcke eliminiert werden, wenn die Lage und die Dauer der Pulsfolgen richtig gewählt wird.

Steuer- und Regelverfahren. Das Antriebssystem mit dem I-Umrichter mit Phasenfolgelöschung hat zwei Steuereingriffe wie beim Stromrichtermotor. Der erste Steuereingriff ist durch das netzgeführte Stellglied gegeben. Mit ihm kann der Zwischenkreisstrom I_z und damit der Maschinenstrom eingestellt werden. Der zweite Steuereingriff ist über das selbstgeführte Stellglied durch Verstellung der Frequenz möglich.

Abbildung 7.12. soll nur die einfachste Steuer- und Regelungsstruktur im Prinzip für diesen Antrieb vorgestellt werden. Für konstanten Statorfluß galt beispielsweise im idealisierten Leerlauf:

$$\Psi_{1A} = \Psi_1 = konstant \qquad\qquad \Psi_{1B} = 0$$

$$U_{1A} = 0 \qquad\qquad U_{1B} = \Omega_1\,\Psi_1$$

und damit

$$U_1 \;=\; \sqrt{U_{1A}^2 + U_{1B}^2} \;\approx\; F_1\,.$$

In dem in Abb. 7.12 dargestellten System wird diese Proportionalität zwischen der Statorfrequenz und der Statorspannung ausgenutzt.

Mit dem Drehzahlsollwert wird daher die Statorfrequenz direkt vorgegeben. Gleichzeitig wird der Drehzahlsollwert als Sollwert für die Statorspannung benützt, und es wird eine Statorspannungsregelung realisiert. Das Ausgangssignal des Statorspannungsreglers ist der Stromsollwert.

Dem Statorspannungsregelkreis kann daher ein Stromregelkreis für das Eingangs-Stellglied (Stromquelle) unterlagert werden.

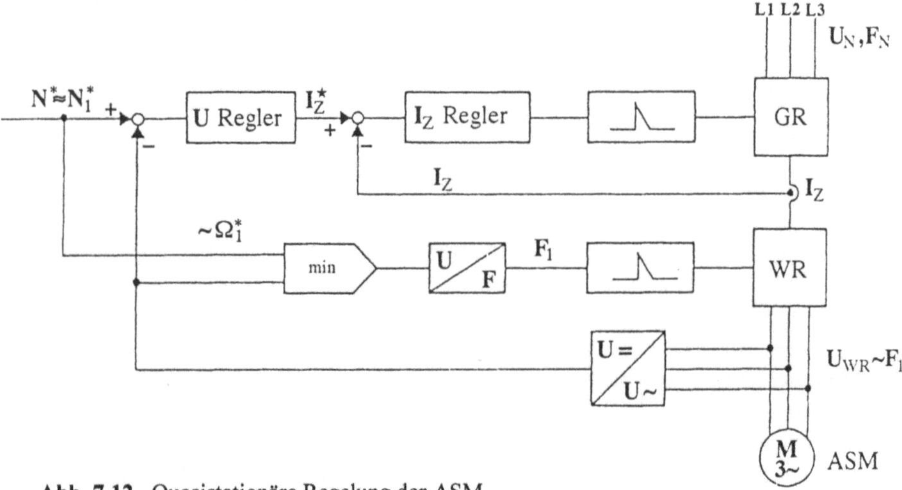

Abb. 7.12. Quasistationäre Regelung der ASM

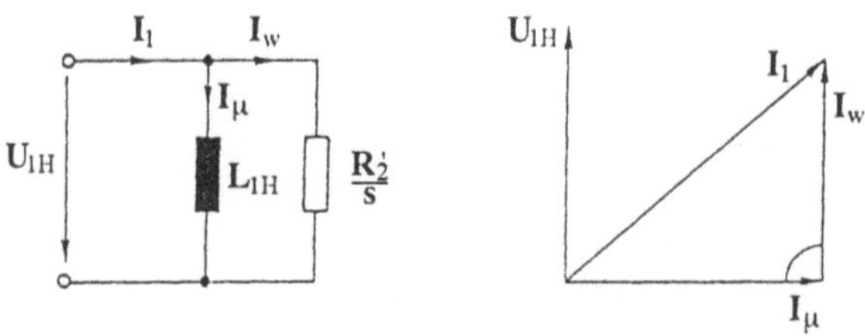

Abb. 7.13. Vereinfachtes Ersatzschaltbild und Zeigerdiagramm der ASM

Aufgrund der Stromeinprägung und der Vernachlässigung der Streureaktanz des Läufers vereinfacht sich das Ersatzschaltbild der ASM.

Es gilt:

$$I_\mu \, X_{1H} \; \simeq \; \frac{I_W \, R_2'}{s}$$

mit:

$$s = \frac{F_2}{F_1}$$

oder:

$$F_1\, s \;=\; F_2 \;=\; \frac{I_W\, R_2'}{2\pi\, L_{1H}\, I_\mu} = K_2\, I_W$$

$$F_2 \;\approx\; I_W$$

und

$$F_1 \;\approx\; N_L + F_2\; .$$

Da bei dieser Regelung die Drehzahl N^* nicht erfaßt wird, muß akzeptiert werden, daß die Drehzahl der ASM bei Belastung im Schlupffrequenzbereich variiert.

Bei Überlastung wird die Statorfrequenz über den Min-Eingriff abgesenkt. Diese Art der Steuerung der Statorfrequenz und der Regelung des Statorstroms wird bei einfachen Antrieben ohne große dynamische Anforderungen, wie bei Pumpen und Lüftern, häufig verwendet.

Dies gilt insbesondere, wenn die ASM-Maschine auf die Umweltbedingungen – z.B. bei Explosionsgefahr – hin konstruiert ist und deswegen keine zusätzlichen Sensoren wie ein Tachogenerator an der Maschine angebracht werden können.

Abbildung 7.13 zeigt eine Variante mit Erfassung der Drehzahl. Auch bei dieser Variante können keine hochdynamischen Anforderungen gestellt werden. Da die Drehzahl erfaßt ist, kann ein Drehzahlregler realisiert werden. Das Ausgangssignal des Drehzahlreglers ist ein Signal, das dem momentenbildenden Wirkanteil des Ständerstroms entspricht.

Da hier nur quasistationäre Regelvorgänge betrachtet werden und Stromeinprägung vorliegt, wird der ständerseitige Spannungsabfall in der Betrachtung vernachlässigt. Dies soll ebenso für den Spannungsabfall an der läuferseitigen Streureaktanz gelten, da F_2 im normalen Betriebsbereich klein gegenüber F_1 ist. In diesem Fall besteht der Statorstrom I_1 aus dem Magnetisierungsstrom I_μ und dem momentenbildenden Strom I_W:

$$I_1 \;=\; \sqrt{I_\mu^2 + I_W^2}\; .$$

Im Prinzip gelten hier die gleichen Überlegungen wie bei der Erläuterung zu Abb. 7.2 bzw. 7.13. Diese Funktion ist in den Pfad zwischen dem Drehzahlreglerausgang und dem Stromsollwert als Kennlinie eingefügt. Anschließend folgt der Stromregelkreis für das Einspeise-Stellglied.

Weitere Entwicklungen der selbstgeführten I-Umrichter. Die Einführung der ein- und ausschaltbaren Leistungshalbleiter hat zur Schaltungsvariante in Abb. 7.14 geführt.

Bei dieser Schaltungsvariante ist das Eingangs-Stellglied wiederum eine Stromquelle. Der selbstgeführte Wechselrichter ist aus ein- und ausschaltbaren Leistungshalbleitern aufgebaut, die blockier- und sperrfähig sein müssen.

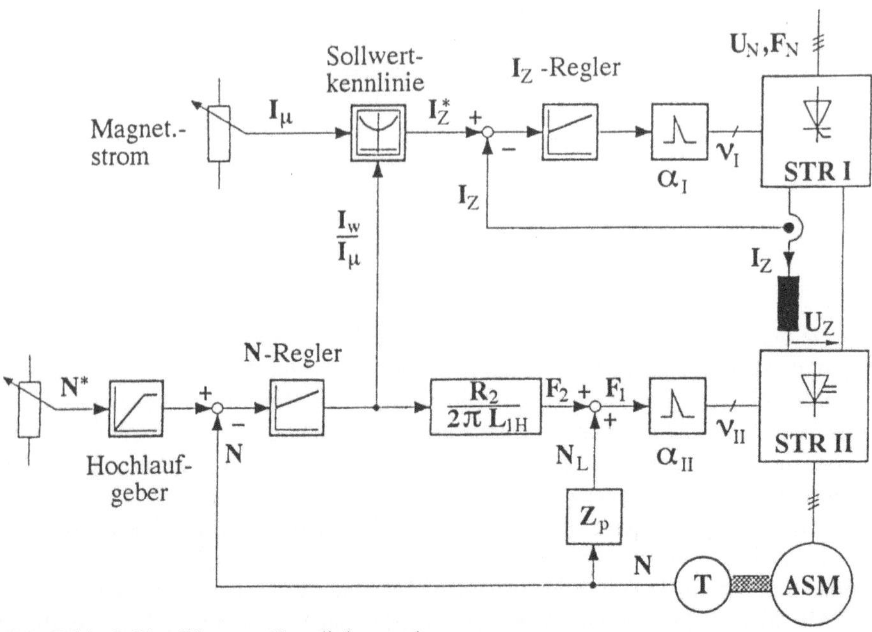

Abb. 7.14. Schlupf/Strom – Kennlinienregelung

Bei dieser Schaltungsvariante ist das Eingangs-Stellglied wiederum eine Strom-quelle. Der selbstgeführte Wechselrichter ist aus ein- und ausschaltbaren Lei-stungshalbleitern aufgebaut, die blockier- und sperrfähig sein müssen. Da durch den eingeprägten Strom I_z auch die Ströme im selbstgeführten Wechselrichter ein-geprägt sind, in der Drehfeldmaschine die Ströme aber aufgrund der Induktivitäten nicht ein- und ausgeschaltet werden können, sind der selbstgeführte Wechselrich-ter und die Drehfeldmaschine durch eine Kondensatorbank entkoppelt.

Mit Hilfe dieser Entkopplung können die Ventile des selbstgeführten Wechsel-richters mehrmals pro Halbperiode ein- und ausgeschaltet werden. Es können somit im gesamten Betriebsbereich Pulsmuster von Stromblöcken erzeugt werden, so daß ein möglichst hoher Grundschwingungsanteil und möglichst geringe Ober-schwingungsanteile des Stroms in der Drehfeldmaschine erzeugt werden.

Zu beachten ist, daß bei dieser Schaltung sowohl die Drehfeldmaschine als auch die Spannung der Kondensatorbank geregelt werden sollte. Mit dieser grundsätzli-chen Schaltungsvariante steht für die Drehfeldmaschinen ein fast sinusförmiges Drehspannungs- und Drehstromsystem als Speisequelle zur Verfügung.

Einsatzbereiche. Beide Umrichter mit eingeprägtem Strom ermöglichen echte Vierquadrantenantriebe, die somit auch den Drehzahlbereich Null umfassen. Die statischen und dynamischen Eigenschaften werden wesentlich von der Art der Re-gelung bestimmt, d.h. der Anwender kann entsprechend seiner Aufgabenstellung die geeignete Regelvariante wählen.

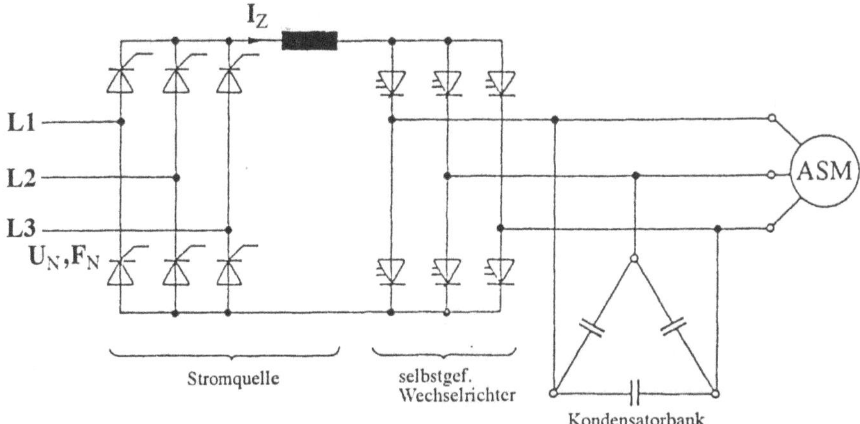

Abb. 7.15. I-Umrichter mit sinusförmigen Maschinenströmen

Vorteilhaft bei der ersten Lösung nach Abb. 7.11 ist, daß die preiswerten Thyristoren verwendet werden können. Allerdings ist bei dieser Lösung ein großer Feldschwächbetrieb nur dann zu realisieren, wenn die Thyristoren, Dioden und Kommutierungskondensatoren entsprechend ausgelegt werden. Diese Einschränkungen sind bei der Lösung nach Abb. 7.15 nicht gegeben. In diesem Fall müssen die ein- und ausschaltbaren Leistungshalbleiter die Sperr- und Blockierfähigkeit aufweisen.

Vorteilhaft ist bei beiden Lösungen der unproblematische Schutz. Ein weiterer wichtiger Vorteil besteht bei der Auslegung der Asynchronmaschinen. Da der Asynchronmaschine der Strom eingeprägt wird, muß nicht wie bei Umrichtern mit eingeprägter Spannung der Spitzenstrom und damit der Anteil der Harmonischen im Strom begrenzt werden, um ein Abschalten des Stroms in den Ventilen (Kommutierungsfähigkeit) sicherzustellen.

Die Begrenzung des Spitzenstroms kann bei Umrichtern mit eingeprägter Spannung durch Erhöhung von $L_{\sigma 1}$ oder durch Vorschaltung einer Drosselspule erreicht werden. In beiden Fällen führt dies aber bei $T_K \approx M^2 / \sigma L_1$, zu einer Verringerung des Kippmoments und zu einer Vergrößerung von s_K; die Maschine ist daher nicht mehr so überlastfähig wie bei Auslegung für Umrichter mit eingeprägtem Strom. Umrichter mit eingeprägtem Strom sind allgemein einsetzbar.

7.6 Selbstgeführte Zwischenkreisumrichter mit Gleichspannungszwischenkreis (VSI)

Das Gebiet der selbstgeführten Umrichter mit eingeprägter Zwischenkreisspannung hat durch die Verfügbarkeit von abschaltbaren Leistungshalbleitern eine außerordentliche Ausbreitung der Anwendung erfahren, denn die meisten der abschaltbaren Leistungshalbleiter sind nur blockierfähig, d.h. sie können keine Sperrspannung aufnehmen. Da aber beim selbstgeführten Wechselrichter mit Gleichspannungszwischenkreis immer antiparallel zum abschaltbaren Leistungshalbleiter eine Diode angeordnet ist, bedeutet dies keine Einschränkung.

Grundsätzlich muß zwischen Zwischenkreisumrichtern mit variabler oder mit konstanter Zwischenkreisspannung unterschieden werden. Die Unterschiede werden in den beiden folgenden Unterkapiteln dargestellt.

7.6.1 Zwischenkreisumrichter mit variabler Gleichspannung

Das Prinzipschaltbild des selbstgeführten Umrichters mit variabler Zwischenkreisspannung zeigt Abb. 7.16.

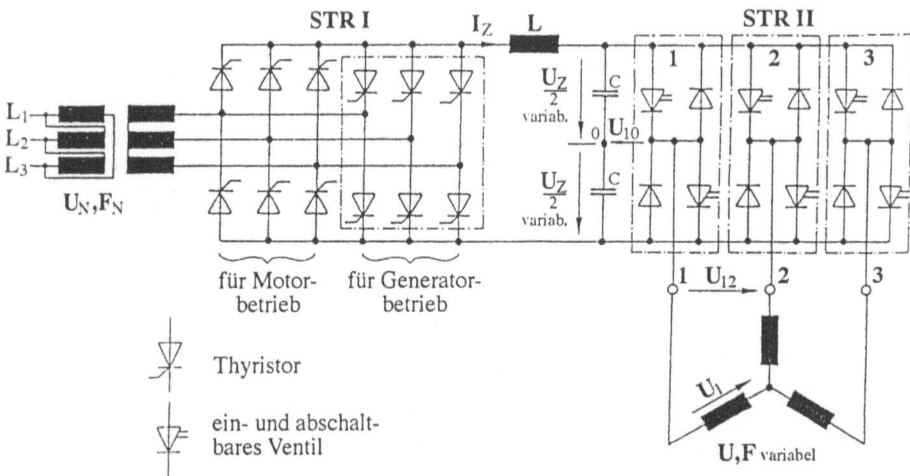

Abb. 7.16. Prinzipschaltbild eines Zwischenkreisumrichters mit variabler Gleichspannung

Der Stromrichter STR I wandelt das Netzspannungssystem mit fester Spannung U_N und Frequenz F_N in eine variable Gleichspannung U_z um. Die Einstellung der Spannung U_z erfolgt wie beim Gleichstromantrieb über den Steuerwinkel α_I.

$$U_z = U_{di} \cos \alpha_I - D_x \ .$$

Die im Betriebspunkt konstante Gleichspannung U_z, wird durch den Stromrichter STR II in ein Spannungssystem mit variabler Spannung und Frequenz für die Drehfeldmaschine umgesetzt.

Die Funktion läßt sich aus Abb. 7.17 leicht ableiten.

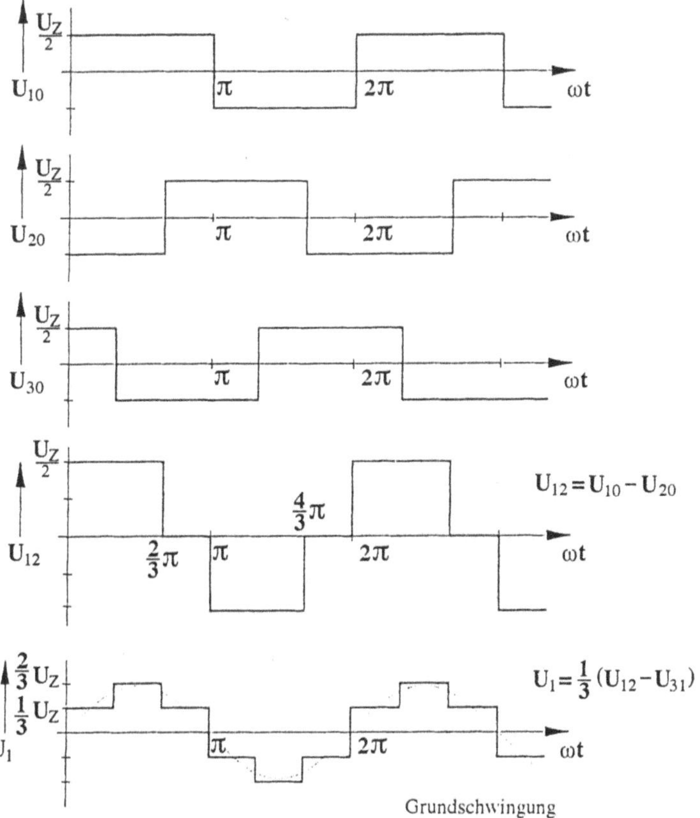

Abb. 7.17. Spannungsverlauf

Wenn die drei Ventilsysteme 1 – 3 mit der gewünschten Ausgangsfrequenz (Grundfrequenztaktung) und der Phasenfolge angesteuert werden, entstehen die drei Spannungen U_{10} bis U_{30}.

Durch Superposition ergeben sich die verketteten Spannungen:

$$\text{d.h.:} \qquad U_{12} \;=\; U_{10} - U_{20}$$

und die Phasenspannungen

$$\text{d.h.:} \qquad U_1 = \frac{1}{3}\left(U_{12} - U_{31}\right) \;.$$

Vorteilhaft bei dieser Variante ist die Grundfrequenztaktung, d.h. jedes schaltbare Ventil wird nur einmal pro Periode eingeschaltet. Dies führt zu geringen Schaltverlusten. Nachteilig ist bei der Spannungsverstellung im Zwischenkreis die Bindung der Dynamik an das netzgeführte Stromrichter-Stellglied.

Der dargestellte Zwischenkreisumrichter ist somit geeignet zur Speisung einer Drehfeldmaschine mit variabler Spannung und Frequenz. Die Spannungsverstellung erfolgt mit Hilfe der steuerbaren Drehstrombrücke STR I und die Frequenzverstellung mit dem selbstgeführten STR II. Der Stromrichter STR II besteht aus einer Drehstrombrücke mit zünd- und löschbaren Ventilen und einer antiparallelen ungesteuerten Drehstrombrücke.

Bei einer Drehmomentenumkehr muß der Zwischenkreisstrom I_z seine Richtung umkehren. Um auch den Bremsbetrieb sicherzustellen, muß zusätzlich ein antiparalleler Stromrichter (gestrichelt umrandet) vorgesehen werden.

Eine andere Ausführungsform wird in Abb. 7.18 gezeigt.

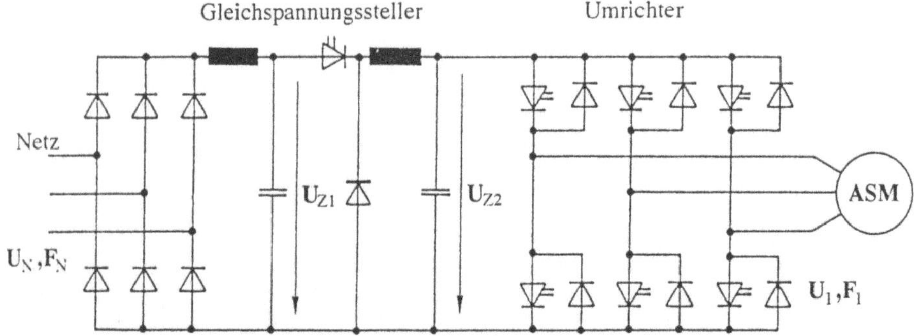

Abb. 7.18. Prinzipschaltbild eines selbstgeführten Umrichters mit konstanter Zwischenkreisspannung und Tiefsetzsteller

In Abb. 7.20 werden durch die Diodenbrücke die Drehspannung in eine konstante Gleichspannung U_{zl} gewandelt. Diese konstante Spannung U_{zl} wird anschließend mittels des Gleichstromstellers in eine variable Gleichspannung $U_{z2} < U_{zl}$ umgeformt.

Abschließend erfolgt die Wandlung der Gleichspannung U_{z2} in ein Drehspannungssystem mit variabler Spannung U_1 und variabler Frequenz F_1 (Umrichter mit Grundfrequenztaktung). Im vorliegenden Fall ist durch die netzseitige Diodenbrücke und den Gleichspannungssteller keine Energierücklieferung möglich. Beim generatorischen Bremsen der ASM wird daher die Spannung U_{z2} ansteigen und muß deshalb begrenzt werden. Diese Spannungsbegrenzung erfolgt im allgemeinen durch einen gepulst eingeschalteten Bremswiderstand.

7.6.2 Umrichter mit konstanter Zwischenkreisspannung (Pulsumrichter)

Das Einspeise-Stellglied ist eine Diodenbrücke, wie in Abb. 7.19 dargestellt die Zwischenkreisspannung ist somit konstant. Bei Bremsbetrieb der ASM muß eine steuerbare Thyristorbrücke antiparallel zur Diodenbrücke geschaltet werden. Da der maximale Steuerwinkel der Thyristorbrücke etwa auf $\alpha = 150°$, eingestellt ist, unterscheiden sich die maximal einstellbaren Gleichspannungen der Diodenbrücke und der Thyristorbrücke.

Die Thyristorbrücke muß somit mit einer anderen Spannung als die Diodenbrükke gespeist werden. Der Leistungsteil des selbstgeführten Wechselrichters gleicht prinzipiell dem Leistungsteil des Wechselrichters im vorigen Kapitel.

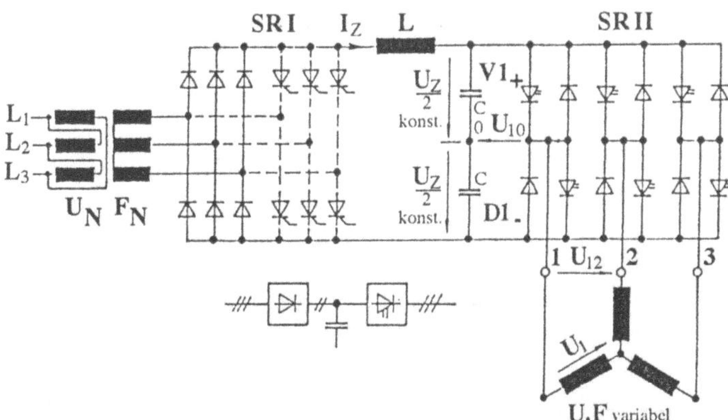

Abb. 7.19. Prinzipschaltbild eines selbstgeführten Umrichters mit konstanter Zwischenkreisspannung

Die Ausgangsspannung des selbstgeführten Wechselrichters kann nun auf verschiedene Arten verstellt werden.

Modulationsverfahren. Zweipunktregelung. Ein einfaches Verfahren für die Ansteuerung eines Pulswechselrichters ist die Zweipunktregelung. In Abb. 7.20 sind das Prinzipschaltbild und die zeitlichen Verläufe der Ausgangsgrößen für eine Zweipunktstromregelung einer Wechselrichterphase mit ohmsch-induktiver Last dargestellt. In Abhängigkeit von der Differenz zwischen dem vorgegebenen Stromsollwert und dem gemessenen Istwert wird die Ausgangsspannung so zwischen den beiden möglichen Potentialen hin- und hergeschaltet, daß der Strom sich innerhalb eines Toleranzbandes hält, das durch die Hysterese des Komparators vorgegeben wird. Pulsfrequenz und Einschaltdauer stellen sich dabei frei ein.

Die Zweipunktregelung ist recht einfach im Aufbau und hat ein sehr gutes dynamisches Verhalten. Daneben zeigt dieses Verfahren jedoch auch Nachteile, die seinen Einsatz erheblich einschränken können. Die sich frei einstellende Pulsfrequenz hat ein im allgemeinen kontinuierliches Oberschwingungsspektrum zur Folge. Dieser Nachteil wirkt sich insbesondere dann aus, wenn die sich einstellende Pulsfrequenz nicht wesentlich über der gewünschten Grundfrequenz liegt.

Bei den hier besonders interessierenden dreiphasigen Anordnungen mit Gegenspannungen sind die drei Stromregelungen bei freiem Laststernpunkt nicht mehr unabhängig voneinander. Hier muß die Summe der Stromaugenblickswerte immer Null sein. Das führt zu einem vergrößerten Toleranzband und zu erhöhten mittleren Pulsfrequenzen, wobei aber das gute dynamische Verhalten gewahrt bleibt.

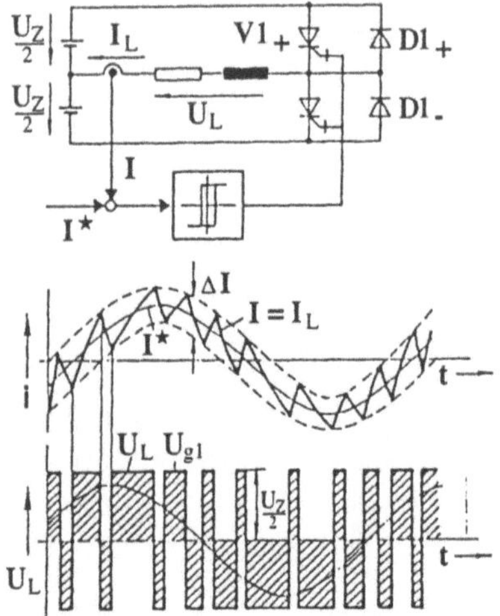

Abb. 7.20. Zweipunktstromregelung einer U-Wechselrichterphase

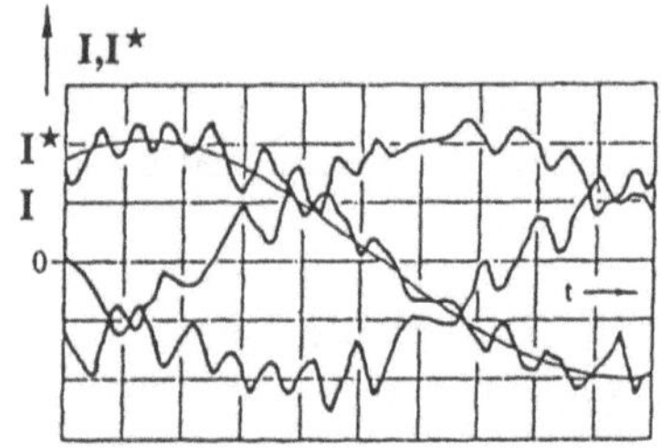

Abb. 7.21. Dreiphasiger Pulswechselrichter mit Zweipunktstromregelung

Abbildung 7.21 zeigt die Motorströme in einer Versuchsanordnung mit drei unabhängigen Zeitpunktreglern. Wesentlich vorteilhafter ist die Realisierung der Zweipunktregelung mittels Raumzeigeransatz.

Pulsbreitenmodulation. Das von den Modulationsverfahren erzeugte Pulsmuster und die damit erzeugte Ausgangsspannung hat zum Ziel, daß bei vorgegebener Zwischenkreis\-spannung der Grundschwingungsanteil in der Ausgangsspannung möglichst größ und der Oberschwingungsanteil möglichst klein sein soll. Es gibt unterschiedliche Pulsbreitenmodulationsverfahren, die an Abb. 7.22 prinzipiell beschrieben werden sollen.

Grundsätzlich wird ein höherfrequentes Dreiecksignal (z.B. Dreifach-Modulationsfrequenz) mit einem rechteckförmigen Grundfrequenzsignal verglichen. Das Grundfrequenzsignal kann eine 120 Grad oder 180 Grad Breite pro Halbperiode aufweisen. Statt des rechteckförmigen Grundfrequenzsignals kann auch ein sinusförmiges Grundfrequenzsignal verwendet werden. Der Unterschied ist, daß beim rechteckförmigen Signal eine größere Grundschwingungsamplitude, beim sinusförmigen Signal ein geringerer Oberschwingungsanteil als beim anderen Signal entsteht. (Durch Addition von Harmonischen der Ordnungszahl $3 \cdot n$, $n = 1$, 2, 3, a\$, die synchronisierte Nulldurchgänge zum Grundsignal haben, erfolgt ein Übergang zwischen den beiden Varianten.)

Das dreieckförmige Signal und das Grundfrequenzsignal können synchronisiert oder nicht synchronisiert sein. Im letzten Fall entstehen zusätzlich zu den Oberschwingungen auch niedrigere Frequenzen als das gewünschte Grundfrequenzsignal; diese Art ist somit nur dann anwendbar, wenn die Regelung diese Unterschwingungen ausregeln kann (hohe Ausgangsfrequenzen).

Die Amplitudenänderung des Ist-Wertes des Grundfrequenzsignals erfolgt über eine Änderung der Amplitude des Soll-Wertes des Grundfrequenzsignals. Unterschiedliche Frequenzen des dreieckförmigen Modulationssignals sind notwendig, wenn die maximale Schaltfrequenz der Ventile nicht sehr hoch gegenüber der Ausgangsfrequenz ist.

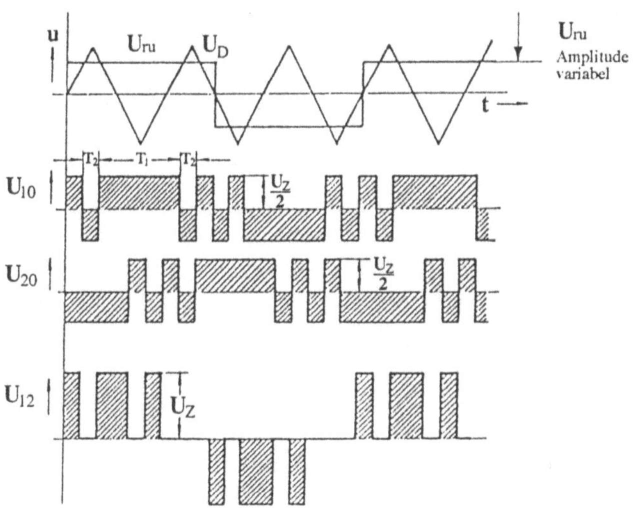

Abb. 7.22. Pulswechselrichter, Bildung der Ausgangsspannung. Abtastung der rechteck-förmigen Referenzspannung (veränderliche Amplitude) mit einer Dreieckspannung (3-fach Taktung)

Zu beachten ist weiterhin, daß bei einer Umschaltung der Modulationsfrequenz die Ausgangsspannung des Umrichters vor und nach der Umschaltung in der Amplitude und Phase nicht gleich sind, so daß Ausgleichsvorgänge entstehen. Moderne Verfahren sind realzeit-optimiert.

8 Grundsätzliche Überlegungen zur Regelung von Drehfeldmaschinen

In den Kapiteln mit den Signalflußplänen der Drehfeldmaschinen und mit den Stellgliedern wurden die grundsätzlichen Steuerbedingungen unter der Voraussetzung einer Einspeisung der Drehfeldmaschinen mit einem Spannungs- oder Stromraumzeiger dargestellt. Es mußte außerdem beachtet werden, daß in der Realität eine Drehfeldmaschine im allgemeinen dreiphasige, symmetrische Wicklungen hat, und daß dieses Wicklungssystem von einem Umrichter gespeist wird, der ein dreiphasiges, symmetrisches Spannungs- oder Stromsystem variabler Amplitude und Frequenz zur Verfügung stellt.

Dabei trat die Schwierigkeit auf, daß einerseits die Signalflußpläne als Basis das am Fluß orientierte Koordinatensystem K hatten und daß andererseits die Statorwicklungen und damit auch der Umrichter im statorwicklungsfesten Koordinatensystem S betrachtet werden müssen. Dies bedeutet, daß alle Signale im Koordinatensystem K im stationären Betrieb Gleichgrößen, im statorwicklungsfesten Koordinatensystem aber sinusförmige Größen mit der Statorfrequenz Ω_K sind.

Somit ist eine Umsetzung der beispielsweise flußorientierten regelungstechnischen Signale auf statorwicklungsorientierte Signale erforderlich. Diese Transformierung erfolgte bei der Synchronmaschine durch Orientierung am Polrad, um den Drehwinkel zwischen den Koordinatensystemen K und S zu erhalten.

Bei der Asynchronmaschine ist die Ermittlung des Differenzwinkels wesentlich aufwendiger, da die Lage, beispielsweise des Fluß-Raumzeigers, im allgemeinen nicht direkt zur Verfügung steht. Um nun die bekannten Signalflußpläne nutzen zu können, muß zwischen zwei grundsätzlich unterschiedlichen Ansätzen unterschieden werden.

Beim ersten Ansatz wird davon ausgegangen, daß die Frequenz Ω_2 und damit indirekt das Moment geregelt, der Fluß aber nur gesteuert werden soll. Dieser Ansatz ist als "Entkopplung" bekannt.

Beim zweiten Ansatz wird sowohl das Moment als auch der Fluß geregelt. Dieser Ansatz wird "Feldorientierung" genannt. Das Prinzip dieser beiden Ansätze soll im folgenden dargestellt werden.

8.1 Entkopplung

Wie bereits oben erwähnt, wird bei der Entkopplung die Frequenz Ω_2 und damit indirekt das Moment geregelt, der Fluß aber nur gesteuert. Die Aussage "indirekte Regelung des Moments" bedeutet, daß bei einer falschen Steuerung des Flusses das Moment mit beeinflußt wird. Das Prinzipschaltbild der Entkopplung zeigt Abb. 8.1.

Es ist zu erkennen, daß ein Steuer-"Sollwert" für $\psi^*_{1(2)}$ und ein Sollwert Ω_2 vorgegeben werden. Im Entkopplungsnetzwerk EK ist nun ein inverses Modell der Drehfeldmaschine realisiert, das als Ausgangsgrößen die Spannungen oder Ströme im kartesischen Koordinatensystem K und die Statorfrequenz jeweils als Sollwerte für den Umrichter ausgibt.

Striche bedeuten Schätzwerte aufgrund von Parameterunsicherheiten. Wichtig bei der Lösung ist somit, daß einerseits aufgrund der Flußsteuerung nicht der Istwert des Flusses nach Amplitude und Lage benötigt wird, daß aber andererseits die statischen und dynamischen Verkopplungen der Signale in der Drehfeldmaschine berücksichtigt werden.

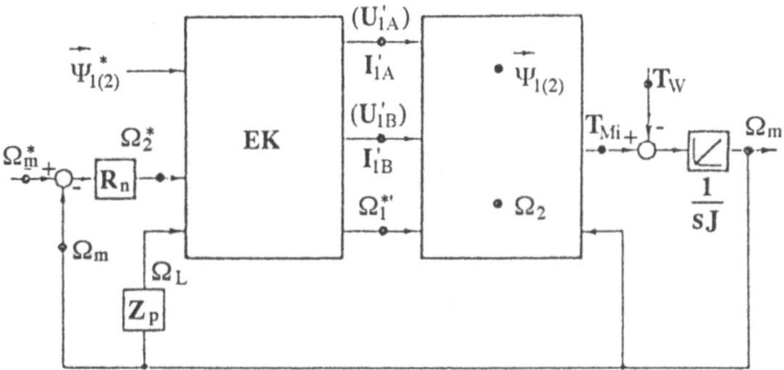

Abb. 8.1. Prinzipielle Struktur der Entkopplung

Wenn angenommen würde, daß der Fluß durch die Steuerung exakt eingestellt worden sei, dann können die bekannten Überlegungen zur Steuerung des Moments T_{Mi} benutzt werden, um die folgenden Abbildung zu verstehen.

Es galt beispielsweise bei konstantem Rotorfluß $\Psi_{2A} = konst.$ und $\Psi_{2B} = 0$:

$$T_{Mi} = \frac{3}{2} Z_p \frac{M}{\sigma L_1 L_2} \Psi_{2A} \Psi_{1B}$$

$$\Omega_2 = \frac{M}{L_1} \frac{\Omega_{2k}}{\Psi_{2A}} \Psi_{1B}$$

und somit

$$T_{Mi} = \frac{3}{2} Z_p \; \frac{1}{\sigma L_2 \Omega_{2k}} \; \Psi_{2A}^2 \; \Omega_2$$

d.h. das Moment ist – bei konstantem Ψ_{2A} – über Ω_2 steuerbar. Wenn nun Ω_2 die Ausgangsgröße des Drehzahlreglers ist, dann wird – unter der Voraussetzung Ψ_{2A} =*const.* – das Moment T_{Mi} geregelt. Zu beachten ist, daß der Fluß nur gesteuert wird.

Dies bedeutet, daß bei unterschiedlichen Parametern der Drehfeldmaschine einerseits sowie des Entkopplungsnetzwerkes andererseits und zusätzlich bei Abbildungsfehlern im Umrichter zwischen dem realen Fluß und dem Steuerwert deutliche Unterschiede auftreten können. Um auf diesen Sachverhalt hinzuweisen, haben die Ausgangssignale des Entkopplungsnetzwerkes EK als Kennzeichen den oberen Strich (geschätzte Größe – kann fehlerbehaftet sein).

Abschließend ist nun noch zu klären, wie ausgehend von Abb. 8.1 der Umrichter – mit seiner statorwicklungsfesten Orientierung – real angesteuert wird. Die Abbildungen 8.2 bis 8.4 zeigen mögliche Lösungen.

In Kapitel 5.2 ist für die Statorspannung im Koordinatensystem K berechnet worden (Sollwert für den Umrichter):

$$\vec{U}_1^{*K'} \;=\; \vec{\Psi}_1^{*K}\left[j\Omega_K' + s\right] + \frac{R_1'}{\sigma' L_1'}\left[\vec{\Psi}_1^{*K} - \frac{M'}{L_2'}\vec{\Psi}_2'^{K}\right].$$

Diese Statorspannung ist der Asynchronmaschine im betrachteten Arbeitspunkt einzuprägen. Die Überlegung bei der Entkopplung lautet nun: Es ist ein Entkopplungsnetzwerk so zu entwerfen, daß im betrachteten Arbeitspunkt mit beispielsweise $\Omega_K = Z_p\Omega_m + \Omega_2$ und $\vec{\psi}_1^K$ sich als Ausgangswert des Netzwerkes der Sollwert der im Umrichter zu realisierenden Statorspannung $\vec{U}_1^K$ ergibt. Dies ist aber im Prinzip die gleiche Gleichung wie oben:

$$\vec{U}_1^K \;=\; \vec{\Psi}_1^K\left[j\Omega_K + s\right] + \frac{R_1}{\sigma L_1}\left[\vec{\Psi}_1^K - \frac{M}{L_2}\vec{\Psi}_2'^K\right].$$

Das Ergebnis ist dann $\vec{U}_1^{*K} = \vec{U}_1^K$. Die vom Netzwerk EK geschätzten Größen werden dabei durch einen Strich, Sollwerte durch einen Stern gekennzeichnet. Da $\vec{U}_1^{*K} = \vec{U}_1^K$ sein soll, sind beide Gleichungen gleichzusetzen. Wenn weiterhin alle Parameter der ASM und des Modells exakt gleich und die Anfangsbedingungen ebenso gleich – z.B. Null – sind, dann müssen statisch und dynamisch $\vec{\Psi}_1^{*K} = \vec{\Psi}_1^K$ und $\vec{\Psi}_2'^K = \vec{\Psi}_2^K$ sein. Somit kann mit $\vec{\Psi}_1^{*K}$ über die Steuerung von $\vec{U}_1^K$ der Statorfluß $\vec{\Psi}_1^K$ direkt gesteuert werden.

Zu beachten ist allerdings, daß das in Abb. 8.1 außerdem nicht dargestellte Stellglied zwischen dem Entkopplungsnetzwerk und dem elektrischen Teil der

ASM das Signal $\vec{U}_1^{*K'}$ fehlerfrei erzeugen muß, um die Gleichheit von $\vec{\Psi}_1^{*K}$ und $\vec{\Psi}_1^K$ sicherzustellen.

Damit ist das prinzipielle Vorgehen bei der Entkopplung beschrieben. Die Realisierung des obigen Ansatzes zeigt Abb. 8.2.

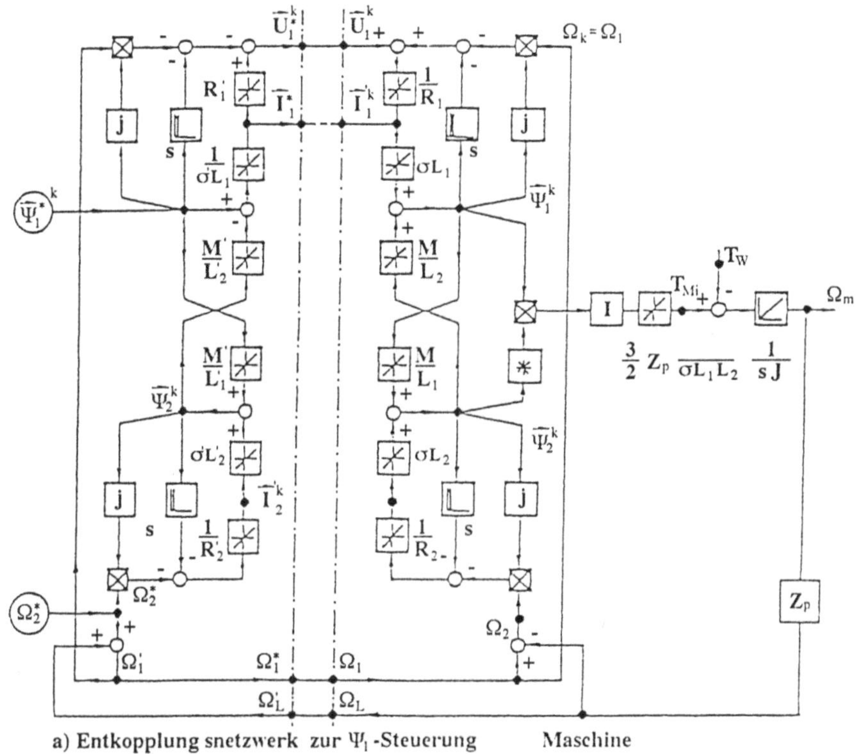

Abb. 8.2. Asynchronmaschine mit vorgeschaltetem Entkopplungsnetzwerk für konstanten Statorfluß Ψ_1 und eingeprägter Statorspannung (eingeprägtem Statorstrom)

In Abb. 8.2 ist auf der linken Seite der Signalflußplan des Entkopplungsnetzwerkes (vorletzte Gleichung) aus Abb. 8.1 und auf der rechten Seite die Darstellung der Asynchronmaschine in komplexer Darstellung (letzte Gleichung) bei Vorgabe des Statorflusses $\left|\Psi_1^K\right|_0$ gezeichnet. Bei der praktischen Realisierung der Schaltung des Entkopplungsnetzwerkes EK muß wie in Kapitel 5.2 ff aufgespalten werden in den Real- und Imaginärteil:

$$U_{1A}^{*'} = \frac{R_1'}{\sigma' L_1'}\left[\Psi_{1A}^{*} - \frac{M'}{L_2'}\Psi_{2A}'\right] + \frac{d\Psi_{1A}'}{dt} - \Omega_K'\Psi_{1B}^{*}$$

$$U_{1B}^{*'} = \frac{R_1'}{\sigma' L_1'}\left[\Psi_{1B}^{*} - \frac{M'}{L_2'}\Psi_{2B}'\right] + \frac{d\Psi_{2B}'}{dt} - \Omega_K'\Psi_{1A}^{*} \quad .$$

Der Betrag $U_1^{*'} = \sqrt{U_{1A}^2 + U_{1B}^2}$ ist die Amplitude der Ständerspannung und $\Omega_1^{*'} = \Omega_K'$ die Frequenz.

Eine allgemeine Realisierung zeigt Abb. 8.3. Wird, wie bisher $\Psi_{1A}^* = \Psi_N$ und $\Psi_{1B}^* = 0$, gesetzt, dann entfällt im Signalflußplan der gestrichelte Signalpfad mit Ψ_{1B}^*. Wenn weiterhin nur der Ankerstellbereich vorausgesetzt wird, d.h. $\Psi_{1A}^* = \Psi_N = $ constant, angenommen wird, dann entfällt im Ψ_{1A}^* -Kanal der Übertragungsblock mit der Funktion s.

Somit ergibt sich ein sehr einfaches Konzept zur Regelung des Drehmoments und zur Steuerung des Flusses. In gleicher Weise lassen sich mit den bekannten

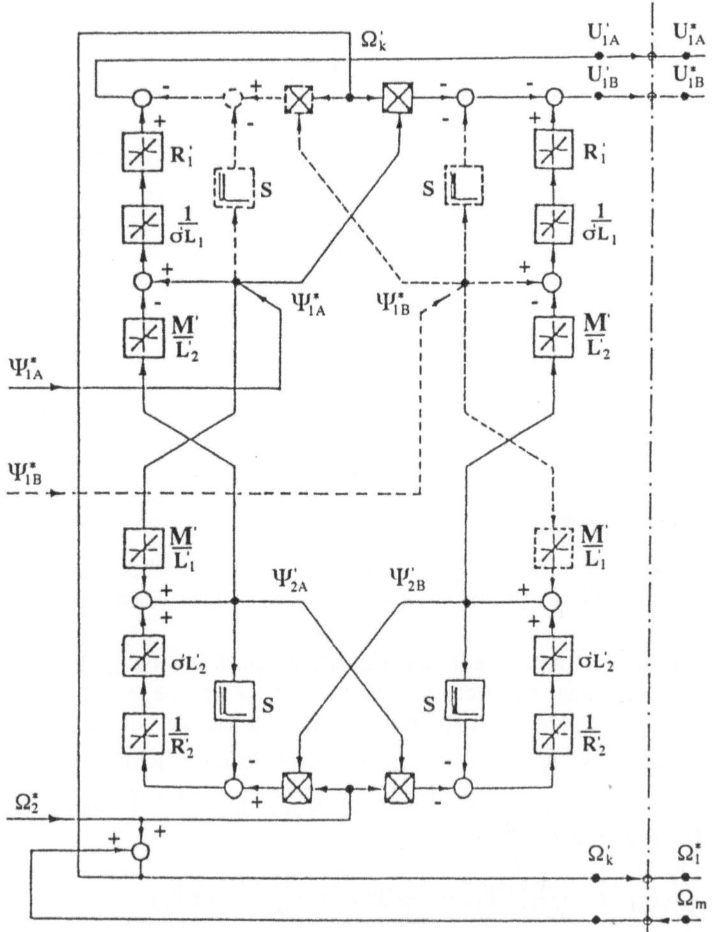

Abb. 8.3. Allgemeiner Signalflußplan des Entkopplungsnetzwerkes zur Steuerung des Ständerflusses ψ_{1A}

Gleichungen aus Kapitel 5.2 ff. die Signalflußpläne für Rotorflußvorgabe oder bei eingeprägtem Strom herleiten.

Die Abb. 8.4 zeigt prinzipiell die gleiche Struktur wie Abb. 8.1. Allerdings werden die kartesischen Signale der Statorspannungen oder Statorströme in einem Koordinatenwandler "kartesisch/polar" umgewandelt.

$$\begin{array}{cc} \text{kartesisch} & \text{polar} \\ U'_{1A}, U'_{1B} & \left|U_1^{*'}\right|, \gamma_u^{*'} \end{array}$$

oder

$$I'_{1A}, I'_{1B} \qquad \left|I_1^{*'}\right|, \gamma_i^{*'} \; .$$

Die Koordinatenwandlung bedeutet, daß die beiden Größen der Spannung oder des Stroms in den Betrag und die Phase gewandelt werden. Um die realen Ansteuersignale für den Umrichter in Amplitude und Frequenz zu erhalten, wird der Sollwert des Amplitudensignals $\left|U_1^{*'}\right|$ direkt verwendet.

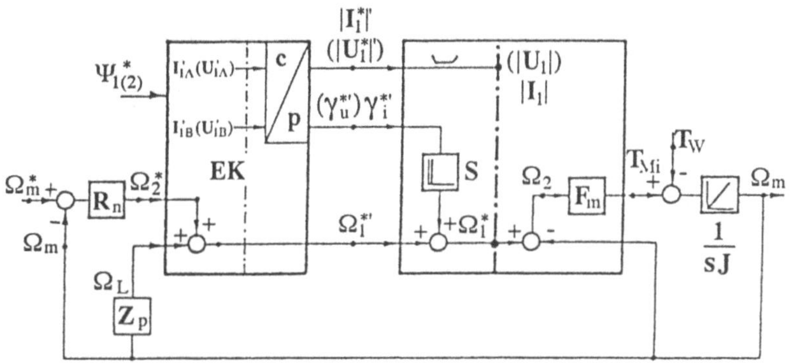

Abb. 8.4. Prinzipielle Struktur der drehzahlgeregelten ASM bei Umrichtern mit eingeprägtem Strom

Das Frequenzsignal $\Omega_1^{*'}$ wird zusätzlich um einen dynamischen Anteil $\dfrac{d\gamma_u^{*'}}{dt}$ mit

$$\gamma_u^{*'} = \arctan \frac{U_{1B}^{*'}}{U_{1A}^{*'}}$$ und Ω_1 erweitert und ergibt den resultierenden Sollwert der Statorfrequenz.

Bei der Lösung mit dem Entkopplungsnetzwerk ist somit ein ähnliches Verhalten wie bei einer Gleichstromnebenschlußmaschine zu erreichen, wenn der Erregerstrom nur gesteuert und der Ankerstrom geregelt ist.

8.2 Feldorientierung

Bei dem Entkopplungsansatz war die Kenntnis der Orientierung des Flusses umgangen worden. Wenn die Orientierung des Flusses als Ausgangspunkt der Regelung der Drehfeldmaschine gewählt wird, dann muß der Raumzeiger des Flusses Ψ_1 oder Ψ_2 bekannt sein. Es bieten sich zwei Möglichkeiten an (Abb. 8.5):

1. Der Raumzeiger des Flusses wird gemessen – dies ist das Verfahren der direkten Feldorientierung;
2. der Raumzeiger des Flusses wird geschätzt – dies ist das Verfahren der indirekten Feldorientierung.

Die Abb. 8.5 zeigt in prinzipieller Darstellung beide Varianten bei Orientierung am Rotorfluß.

An Abb. 8.5 ist zu erkennen, daß bei dem Ansatz Feldorientierung, d.h. unter der Berücksichtigung der Orientierung des Flusses, es nun zwei geschlossene Regelkreissysteme gibt: Das erste Regelkreissystem umfaßt den Drehzahlregler mit dem unterlagerten I_{1B} -Stromregelkreis.

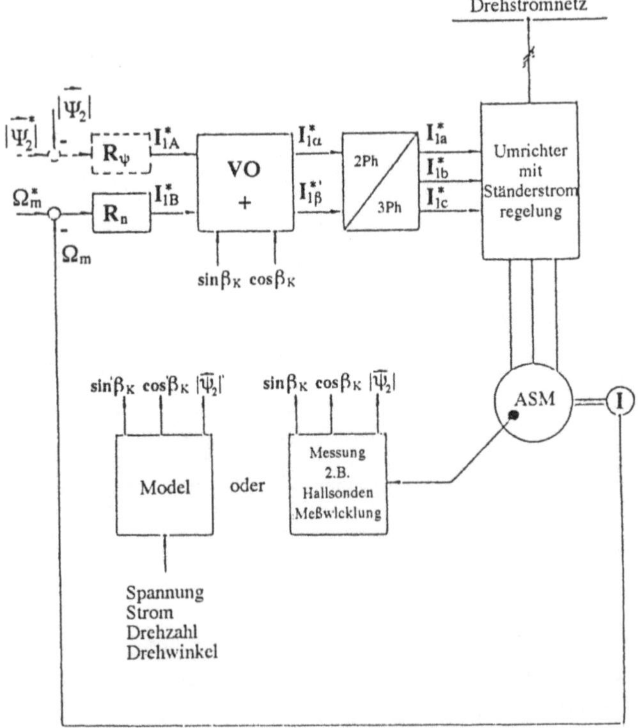

Abb. 8.5. Vereinfachte Struktur einer feldorientierten Drehzahlregelung mit Regelung der Ständerströme im Ständerkoordinatensystem

Das zweite Regelkreissystem enthält den Flußregler mit der Erfassung des Betrags des Flusses (Messung oder Modell) sowie den unterlagerten I_{1A}. Stromregelkreis. In beiden Regelkreissystemen ist aber zusätzlich ein Vektordreher VD notwendig, der als Signal die Orientierung des Flusses benötigt, um die notwendige Wandlung der Signale aus dem Koordinatensystem K zum Koordinatensystem S zu erzielen.

Diese Wandlung von Koordinatensystem K zum Koordinatensystem S ist – wie schon oben besprochen – notwendig, um einerseits die Regelung der Ströme I_{1A} und I_{1B} im Koordinatensystem K zu gewährleisten, andererseits aber dem Umrichter und den Statorwicklungen der Drehfeldmaschine die Statorspannungen und -ströme im statorwicklungsfesten Koordinatensystem zu liefern.

Es soll im ersten Schritt angenommen werden, daß die Orientierung des Flusses und damit der Winkel β_K genau bekannt sei.Unter dieser Voraussetzung kann der obere Teil der Abb. 8.3 wie folgt erläutert werden: Wenn beispielsweise die Gleichungen des Moments T_{mi}:

$$T_{Mi} = \frac{3}{2}\, Z_p\, \frac{M}{L_2}\, I_{1B}\, \Psi_{2A}$$

und des Rotorflusses

$$\Psi_{2A} = M\, I_{1A}$$

(Randbedingungen: $\Psi_{2A} = const.$, $\Psi_{2B} = 0$) wiederholt werden, dann ist unter der Voraussetzung der Regelung des Flusses Ψ_{2A} und des Stromes I_{1B} – sichergestellt, daß das Moment T_{Mi} vollständig geregelt ist.

Die wesentliche Schwierigkeit bei der Realisierung der Feldorientierung ist die Bestimmung des Flußraumzeigers nach Betrag und Phase. Wie schon oben hingewiesen, kann die Bestimmung durch eine Messung oder in einem Modell erfolgen. Da bei Messung (direkte Methode) aber ein Sensor in der Drehfeldmaschine eingebaut werden muß und dieser störanfällig ist, wird im allgemeinen die direkte Methode nicht angewandt.

Bei der indirekten Methode muß in einem Modell mit den verfügbaren Signalen der Drehfeldmaschine wie Statorströme, Statorspannungen und Drehzahl der Flußraumzeiger nach Amplitude und Orientierung geschätzt werden. Eine mögliche verfeinerte Darstellung des Verfahrens der indirekten Feldorientierung ist in Abb. 8.6 dargestellt.

Der obere Teil von Abb. 8.6 entspricht dem oberen Teil von Abb. 8.5. Im unteren Teil von Abb. 8.6 ist dagegen etwas genauer eine der vielen Varianten der indirekten Feldorientierung dargestellt. Wesentlich ist, daß als verfügbare Signale beispielsweise die Statorströme $I_{1a} - I_{1c}$ und die Drehzahl der Maschine verwendet werden.

Die dreiphasigen statorwicklungsfesten Statorströme werden in einer ersten Wandlung in die statorwicklungsfesten Ströme $I_{1\alpha}$ und $I_{1\beta}$ gewandelt. Und nun beginnt die eigentliche Problematik der Feldorientierung. Mit den statorwicklungsfesten Strömen $I_{1\alpha}$ und $I_{1\beta}$ werden über den Vektordreher VD die geschätzten Ströme I'_{1A} und I'_{1B} im Koordinatensystem K berechnet.

Die Problematik ist, daß bei der Berechnung des Winkels β'_K , der als Signal bei beiden Vektordrehern VD− und VD+ benötigt wird, selbst wiederum die geschätzten Ströme I'_{1A} und I'_{1B} ein Modell und die Drehzahl sowie eine Integration benötigt werden.

Dies bedeutet, daß die Bestimmung der Amplitude und der Orientierung des Flusses in einem sehr komplexen Regelkreis erfolgt. Daraus folgt, daß Fehler bei der Drehzahlerfassung, im Modell, bei der Integration und bei den trigonometrischen Funktionsbildnern $\sin\beta'_K$ und $\cos\beta'_K$, zu Fehlern bei der Bestimmung der Orientierung sowie der Amplitude $|\Psi'_{2A}|$ des Flusses führen.

Fehler bei der Schätzung der Orientierung des Flusses führen aber sofort zu einer fehlerbehafteten Aufteilung der Statorströme in die fluß- und momentenbildende Komponente und können zu unerwünschten Betriebszuständen der Maschine führen. Insofern sind hohe Anforderungen bezüglich der Genauigkeit, insbesondere der Schätzung der Orientierung des Flusses zu stellen.

Weiterhin ist zu beachten, daß die Parameter der Drehfeldmaschine sich ändern können, so daß eine weitere Fehlerquelle nicht zu vermeiden ist.

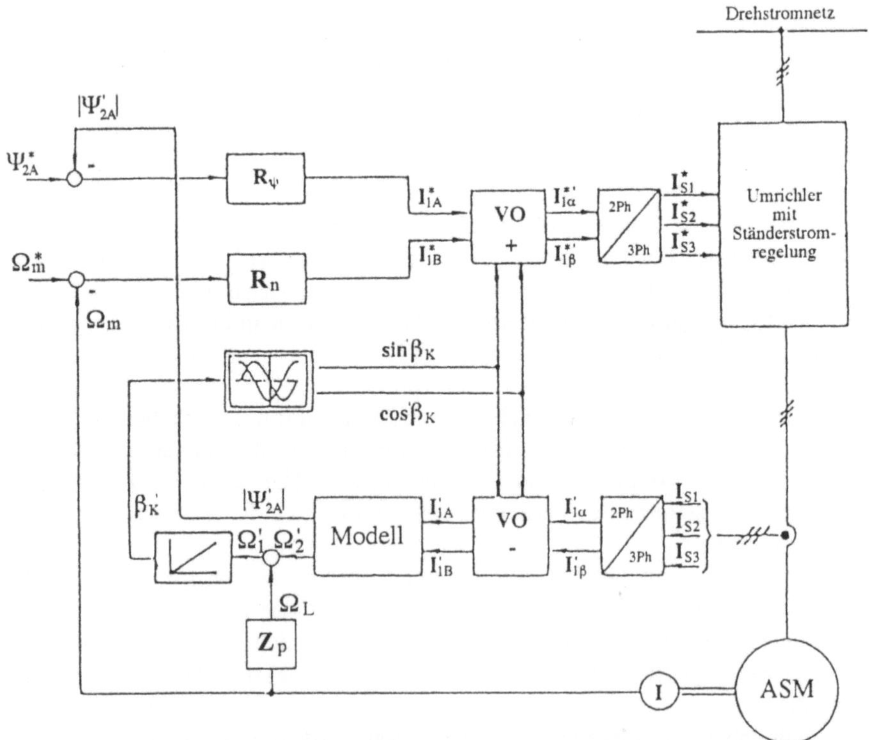

Abb. 8.6. Prinzipdarstellung der indirekten feldorientierten Regelung der ASM mit Strommodell

An dieser Stelle sollen die Details sowohl der Entkopplungsstrategien als auch der Feldorientierung nicht weiter diskutiert werden. Dies ist ein regelungstechnisches Thema und wird eingehend, beispielsweise in der Spezialliteratur wie *Elektrische Antriebe 2, Regelung von Antrieben* im Springer-Verlag behandelt.

9 PM-Drehfeldmaschinen-Antriebe

9.1 PM-Synchronmaschine

Bei permanenterregten Drehfeldmaschinen ist der Aufbau prinzipiell wie bei der Synchronmaschine, d.h., es gibt einen Stator mit den drei um 120° versetzten Wicklungen und einem Rotor, der hier allerdings statt der Erregerwicklung einen Permanent-Magneten hat.

Grundsätzlich muß zwischen zwei Ausführungsformen unterschieden werden, der einerseits permanenterregten Synchronmaschine und der andererseits bürstenlosen Gleichstrommaschine (brushless DC-machine).

Bei der permanenterregten Synchronmaschine wird der Stator mit sinusförmigen Spannungen bzw. Strömen gespeist, bei der bürstenlosen Gleichstrommaschine sind es rechteckförmige Spannungen bzw. Ströme.

Grundsätzlich ist die mathematische Behandlung der ersten Ausführung einfacher, da bei der Ableitung des Signalflußplans auf das Gleichungssystem wie bei der Synchronmaschine zurückgegriffen werden kann, und die Gleichung für die Erregerwicklung entfällt.

Da diese Maschine im allgemeinen symmetrisch im Rotor aufgebaut ist, vereinfacht sich der Signalflußplan analog wie bei der Vollpolmaschine (z.B. kein Reluktanzmoment, Abb. 9.1).

Wesentlich bei dieser Maschine ist, daß Ψ_{PM} durch den Permanent-Magneten fest vorgegeben ist. Ein Feldschwächbetrieb ist mit $I_d < 0$, zwar möglich, allerdings auf Kosten einer erheblichen Vergrößerung des Statorstroms und damit der Umrichterstrombelastung.

Vorteilhaft ist somit im Ankerstellbereich $I_d = 0$, zu setzen, um den Umrichter und die Statorwicklungen nur mit dem momentenbildenden Strom I_q zu beaufschlagen.

Wie bei der Synchronmaschine sind die d-q-Achsen rotorfest, d.h. die d-Achse ist auf Ψ_{PM} und damit auch I_d auf Ψ_{PM} orientiert. Die q-Achse eilt 90° elektrisch vor. Diese rotorfesten Achsen rotieren mit Ω_L daher bildet sich zwischen der d-Achse und dem statorfesten Koordinatensystem ein Winkel β_L.Wie schon bei der ASM diskutiert, wird somit durch gezielte Steuerung der Statorflüsse bzw. Statorströme der PM-Maschine eine vereinfachte regelungstechnische Struktur und

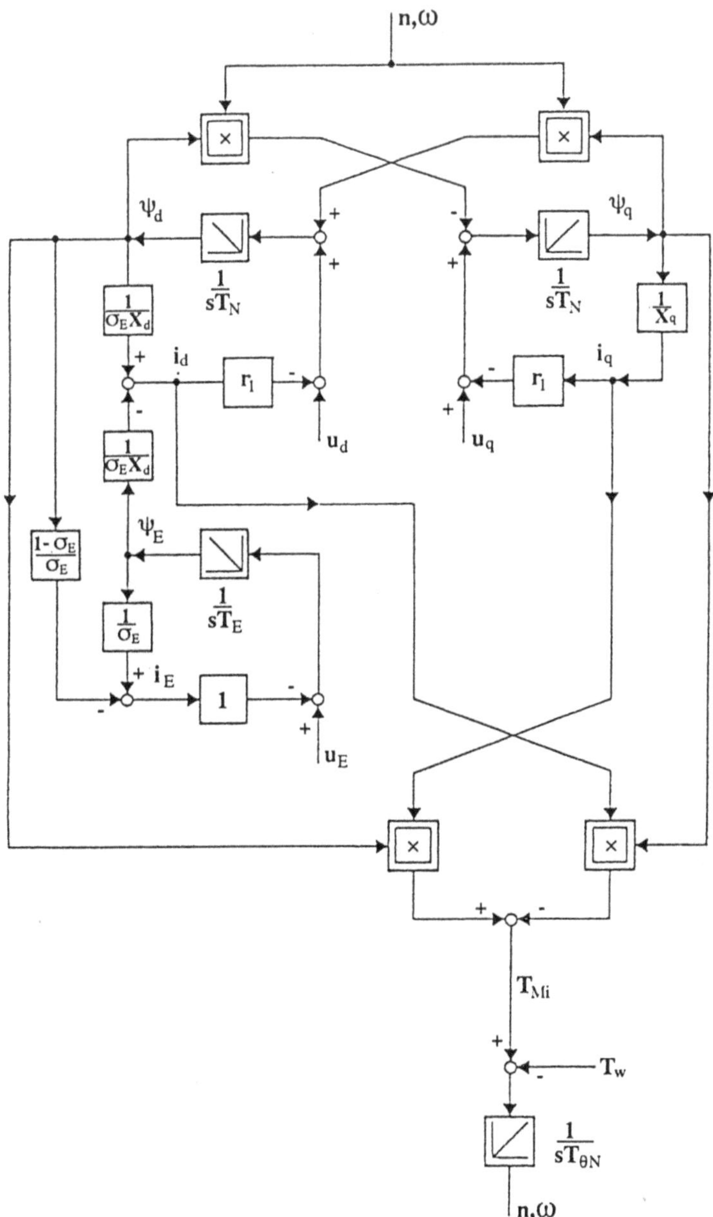

Abb. 9.1. Signalflußplan der Permanent-Magnet-Synchronmaschine

damit ein regelungstechnisch besser überschaubares dynamisches Verhalten erzeugt. Im vorliegenden Fall kann durch Steuerung der Statorstrom $I_d = 0$ gesetzt werden. Damit gilt für T_{Mi}, auch unabhängig von Reluktanzeffekten (bei $I_d = 0$ und $\Psi_d = \Psi_{PM}$):

$$T_{Mi} = \frac{3}{2} Z_p \, \Psi_{PM} \, I_q$$

das heißt, durch Einprägen von I_q kann das Moment direkt gesteuert werden. Wenn der in Abb. 9.1 dargestellte Signalflußplan mit der Zusatzbedingung $I_d = 0$ als Voraussetzung für den Entwurf der Regelung angesetzt wird, dann ist zu erkennen, daß bei der PM-Maschine die Steuerungsbedingungen für die Spannungen prinzipiell ähnlich wie bei der Synchronmaschine sind. Aus dem Signalflußplan (Abb. 9.1) ist zu erkennen, daß sich für $I_d = 0$ ergibt:

$$\Psi_d = \Psi_{PM}$$

$$\Psi_q = L_1 I_q$$

$$\frac{d\Psi_d}{dt} = 0 = U_d + \Omega_L L_1 I_q$$

$$\Rightarrow \quad U_d = -\Omega_L L_1 I_q \ .$$

Mit dieser Steuerbedingung wird $I_d = 0$ gehalten.
Außerdem folgt:

$$\frac{d\Psi_q}{dt} = U_q - R_1 \frac{\Psi_q}{L_1} - \Omega_L \Psi_{PM}$$

und daraus

$$T_1 \frac{d\Psi_q}{dt} + \Psi_q = T_1 \left(U_q - E \right)$$

mit

$$T_1 = \frac{L_1}{R_1}$$

Mit diesen Steuerbedingungen vereinfacht sich der Signalflußplan 9.1 und es ergibt sich Abb. 9.2 (einschließlich Reluktanzeffekte $L_d \neq L_q$ but $I_d = 0$). Damit hat bei $I_d = 0$ die PM-Maschine im Prinzip einen Signalflußplan wie die Gleichstrommaschine. Es können somit die gleichen Regelstrategien wie bei der Gleichstromnebenschlußmaschine eingesetzt werden.
Die bei der Asynchronmaschine (mit der fehlerbehafteten direkten Modellbildung) notwendigen Modelle und damit Koordinatentransformationen vom flußfesten zum statorfesten (oder umgekehrt) Koordinatensystem können jetzt durch die

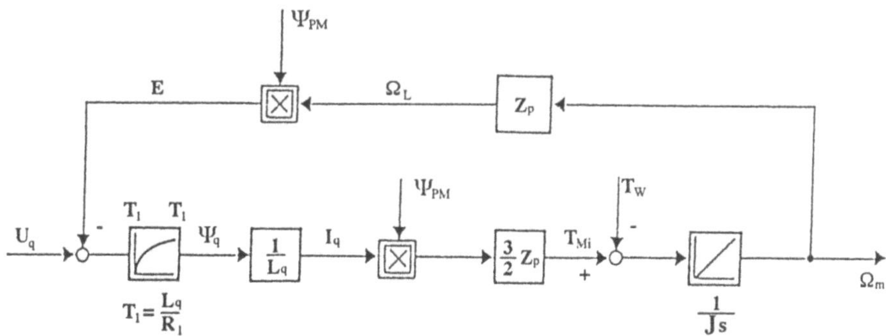

Abb. 9.2. Vereinfachter Strukturbild der PM-Maschine bei $I_d = 0$

eindeutigen Koordinatentransformationen in den Blöcken $e^{+j\beta_L}$ und $e^{-j\beta_L}$ ersetzt werden – ein großer Vorteil!

Die Abb. 9.3 zeigt den um die zusätzlichen signalverarbeitenden Komponenten erweiterten Signalflußplan. Vorteilhaft bei der PM-Maschine ist, daß der Winkel β_L einfach gemessen werden kann, da die räumliche Lage des Flusses Ψ_{PM} durch die Permanent-Magnete und damit durch den Läufer fest vorgegeben ist. Es verbleiben noch die folgenden Fragen zur Stromeinprägung. Aufgrund der Struktur des Stromregelkreises treten die gleichen Schwierigkeiten bei der Stromregelung

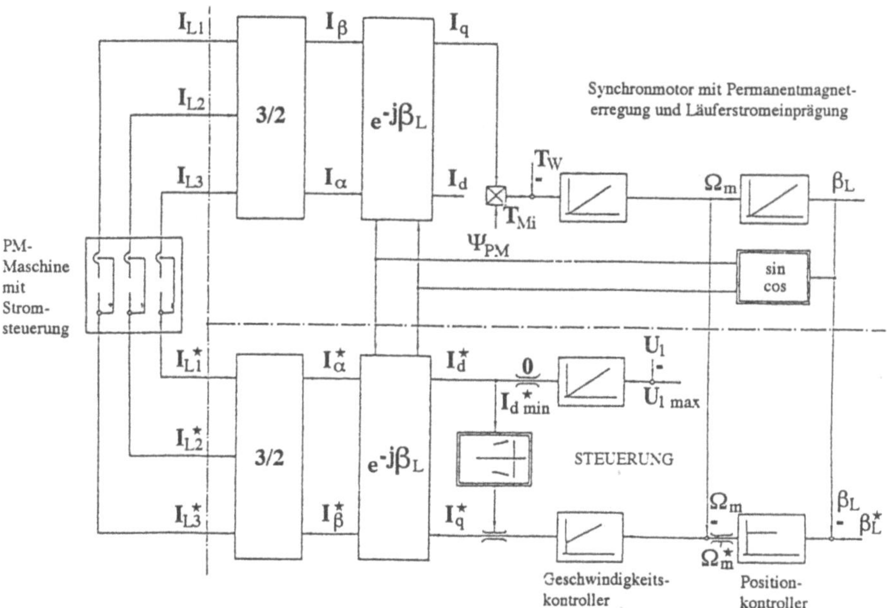

Abb. 9.3. Signalflußplan einschließlich Koordinatentransformationen mit Lageregelung und Feldschwächung bei $Z_p = 1$

wie bei der Gleichstromnebenschlußmaschine auf. Insbesondere kann bei kleinen Strömen das unerwünschte Stromlücken auftreten, das vor allem beim dynamischen Verhalten zu einer deutlichen Verschlechterung führt. Diese Verschlechterung des dynamischen Verhaltens verursacht eine Verringerung der Stromzeitflächen und damit auch eine Änderung der Orientierung und das führt insgesamt zu einer deutlichen Verringerung des verfügbaren Moments. Maßnahmen gegen das Stromlücken sind deshalb notwendig.

Die induzierte Spannung E ist außerdem bei hochdynamischen Antrieben als Störgröße wirksam. Es empfiehlt sich deswegen wie bei der Gleichstromnebenschlußmaschine eine Störgrößenaufschaltung.

9.2 Bürstenlose Gleichstrommaschine

Im vorigen Kapitel wurde bereits darauf hingewiesen, daß statt der sinusförmigen Statorstromeinprägung auch eine rechteckförmige Stromeinprägung vorgesehen werden kann, dies ist der Fall bei der bürstenlosen Gleichstrommaschine.

Wesentlich ist dabei, daß entgegen der bisher vorausgesetzten Einprägung von drei Statorströmen gleichzeitig nun nur noch zwei Phasen mit je 120° elektrisch Stromblöcken beaufschlagt werden. Die Analyse dieser Maschine ist nicht mehr so einfach, da außer der Grundschwingung zusätzlich die Oberschwingungen berücksichtigt werden müssen. Aufgrund dieser Problematik ist die Verwendung des Raumzeigeransatzes nicht mehr so vorteilhaft. Statt dessen ist es vorteilhafter, die Analyse dieser Maschinen im Zeitbereich mit dem Zustandsansatz vorzunehmen; dabei können auch die zeitvarianten und lageabhängigen Induktivitätsvariationen berücksichtigt.Aufgrund dieser Besonderheiten wird hier nicht weiter auf Details eingegangen, diese können in der Spezialliteratur nachgelesen werden. Zur Abgrenzung soll hier noch auf einige typische Ergebnisse hingewiesen werden: Abkürzung re: rechteckförmig; sin: sinusförmigsystem.

$$I_{re} \; = \; 1{,}22 I_{\sin}$$

α: halbe elektrische Ausdehnung des Magnets am Umfang

$$M_{re} \; = \; 0{,}86 M_{\sin} \qquad \text{mit} \qquad \alpha \; = \; \pi/2$$

$$M_{re} \; = \; 1{,}11 M_{\sin} \qquad \text{mit} \qquad \alpha \; = \; \pi/3$$

Bei rechteckförmiger Speisung sind die Momenten-Oberschwingungen zu beachten, diese Momentpulsationen können für die Mechanik des Antriebssystems störend sein.

Teil V

Total Quality Management
und
Ständige Verbesserung

Prof. Haijme Yamashina
Doctor of Engineering in Mechanical Engineering
Master of Science in Industrial Engineering
and Operations Research

1 Überblick über Total Quality Management

1.1 Definition der Qualität

Qualität ist auf vielfältige Arten und Weisen von Fachmännern der Qualität definiert worden, die damit auf große Anerkennung gestoßen sind. Man könnte sie in die folgenden vier Gruppen unterteilen:

(1) Vom Gesichtspunkt des Verbrauchers:

a) Qualität ist ein vorhersehbarer Grad von Gleichförmigkeit und Zuverlässigkeit, kostengünstig und geeignet für den Markt – Deming
b) Qualität ist Gebrauchsfähigkeit – Juran
c) Qualität ist die Gesamtheit der Eigenheiten und Charakteristiken eines Produktes oder einer Dienstleistung, die auf die Fähigkeit abzielt, explizite oder implizite Bedürfnisse zu befriedigen – ISO 9000, etc.

(2) Vom Gesichtspunkt des Herstellers

a) Qualität bedeutet, den Anforderungen zu entsprechen – Crosby

(3) Vom Gesichtspunkt sowohl des Herstellers als auch des Verbrauchers

a) Qualität ist im Grunde ein Weg zur Lenkung der Organisation – Feigenbaum
b) Qualität ist ein systematischer Ansatz für das Streben nach Vortrefflichkeit. (Synonyme: Produktivität, Kostensenkung, planmäßige Leistung, Verkauf, Kundenzufriedenheit, Teamwork, Profit) – The American Society for Quality Control Poster, etc.

(4) Vom Gesichtspunkt der Gesellschaft

a) Qualität ist der Verlust, den das Produkt auf die Gesellschaft überträgt, in dem Moment, in dem das Produkt die Fabrik verläßt – Taguchi

Natürlich existieren ebenso viele Definitionen von Qualität wie es Experten, Vorkämpfer, Autoren von Büchern und Organisationen für Qualität gibt.

So wie dieses Buch konzipiert ist, wird es genügen, den ersten Gesichtspunkt aufzugreifen und die Qualität wie folgt zu definieren:

Qualität ist die Eigenschaft, Gegenstand einer Bewertung zu sein, um festzustellen, ob ein Produkt oder eine Dienstleistung ihren Zweck erfüllt – JIS (Japanese Industrial Standards).

Die Qualitätskontrolle hingegen, abgekürzt QC, kann auf folgende Art und Weise definiert werden:

QC ist ein System von Mitteln, um kostengünstig Produkte oder Dienstleistungen zu produzieren, die den Anforderungen der Kunden entsprechen.

Qualität bedeutet qualitative Eigenschaften. Die Qualität eines Getriebes für Kraftübertragung und Geschwindigkeitswechsel beinhaltet qualitative Eigenschaften wie z. B. maximale Kraftübertragung, Geschwindigkeitsbestimmungsverhältnis, Geräuschpegel, Kraftverlust, Gewicht, Form, Länge, Dimension der Schlüsselkomponenten, Starteigenschaften, Wartungsfaktor, Lebensdauer, Erscheinungsbild, etc. Derartige Angaben sind oft in den "technischen Spezifikationen" enthalten. Aber die technischen Spezifikationen sind nicht unbedingt eine Garantie dafür, daß der Zweck eines Produktes oder einer Dienstleistung konstant erfüllt wird. Die Spezifikationen können Mängel beinhalten, ebenso wie das organisatorische System für die Planung, der Entwurf und die Produktion des Produktes oder der Dienstleistung. Deshalb muß Qualität unter zwei Aspekten betrachtet werden, dem des Managements und dem der Technik.

Um den ersteren genauer zu verstehen, sollten wir uns einen kurzen Überblick über das Total Quality Management in Japan verschaffen. Das geschieht in Abschn. 1.2, wohingegen Abschn. 1.3 sich mit einer Betrachtung des letzteren Aspekts beschäftigt.

1.2 Kurze Geschichte des Total Quality Managements in Japan

1.2.1 Einführung in SQC (Statistische Qualitätskontrolle)

In letzter Zeit ist die Frage der Qualität zu einem höchst wichtigen Faktor geworden. Diese Frage ist zwar von der amerikanischen und europäischen Industrie ursprünglich aufgeworfen worden, wurde dann aber ironischerweise mehr als zwei Jahrzehnte von derselben ignoriert. Die japanische Industrie hingegen hat sich sehr ernsthaft mit diesem Problem beschäftigt. Infolgedessen wurden die wichtigsten Ideen im Bereich der Qualität in Japan entwickelt — die westlichen Industrien dagegen sind im Rückstand.

Nach dem zweiten Weltkrieg entstand in Japan eine neue nationalistische Wachstumskampagne, die eher auf wirtschaftliche als auf militärische Aspekte abzielte. Zu Beginn mußten die Japaner erst einmal das Vorurteil bekämpfen, daß japanische Waren qualitativ minderwertig seien.

In der Besatzungszeit hatte die amerikanische Armee große Probleme mit dem japanischen System der Telekommunikation. Es traten oft Schäden und Defekte auf und funktionierte oft nicht so, wie es sollte.

Unter den japanischen Geräten und Anlagen der Telekommunikation gab es große qualitative Unterschiede. Deshalb rieten die amerikanischen Besatzungsmächte der japanischen Industrie für elektronische Kommunikation, die neu entwickelten Konzepte der statistischen Qualitätskontrolle (SQC) anzuwenden, und lehrten sie diese. Das war das erste Mal, daß SQC in Japan angewendet wurde.

1950 wurde das System der "Japanese Industrial Standards" (JIS) gegründet. Die von der Regierung festgelegten Spezifikationen ermöglichten es der japanischen Fertigungsindustrie, ihre Produkte mit einer "JIS" – Etikette zu kennzeichnen, wenn die Regierung bestätigt hatte, daß diese Firma die SQC ordnungsgemäß durchgeführt hatte. Dadurch verbreitete sich die SQC schließlich in den japanischen Fertigungsbetrieben.

Im selben Jahr wurde der amerikanische Experte für Qualität, Dr. W. Edwards Deming, von der japanischen Vereinigung der Wissenschaftler und Ingenieure (JUSE), gegründet 1946, eingeladen und hielt ein achttägiges Seminar über SQC für QC-Ingenieure und ein eintägiges Seminar für das Top-Management. Er lehrte die Wichtigkeit der vier Schritte: plan-do-check-act bei der Lösung eines Problems. Dieses System wird oft als Deming-Zyklus bezeichnet, es beinhaltet den Aspekt der statistischen Variabilität und das Konzept der Verfahrenskontrolle mit Hilfe von Kontrollkarten etc. Sein Besuch war für die Japaner von grundlegender Bedeutung, und viele Fabriken begannen SQC-Instrumente wie z. B. Kontrollkarten einzuführen. Aber es war dennoch nicht einfach für sie, die SQC durchzusetzen, da auch viele an das Humankapital gebundene Probleme auftauchten:

(1) Ausgebildete Arbeiter, die daran gewöhnt waren, sich auf ihre Erfahrung zu verlassen, wehrten sich gegen statistische Methoden.

(2) Die notwendigen Standards wie z. B. technische Standards, Betriebsstandards und Inspektionsstandards, die man braucht, um eine Fabrik richtig zu leiten, waren entweder nicht vorhanden oder nicht vollständig. Wenn das Fertigungspersonal versuchte, derartige Standards festzulegen, erhoben viele Leute Einspruch: „Es gibt viel zu viele Faktoren, die in solchen Standards berücksichtigt werden müssen." Viele ausgebildete Arbeiter beharrten darauf, daß sie auch ohne diese Standards ihre Arbeit ausführen konnten.

(3) Richtige Daten, zur Durchführung des SQC benötigt werden, waren in vielen Fällen nicht verfügbar.

(4) Selbst wenn einige Daten verfügbar waren, waren die Methoden für die Datenerfassung falsch. Deshalb waren die verfügbaren Daten unbrauchbar.

(5) Wenn Meßgeräte zur Datenerfassung installiert wurden, gab es stets Arbeiter die dachten, daß sie damit beobachtet werden sollten und in extremen Fällen führte das dazu, daß sie die Geräte zerstörten.

Diese Probleme wurden Schritt für Schritt durch ständige Bemühungen des japanischen Managements überwunden.

1.2.2 Die Notwendigkeit der Qualitätssicherung

In der Geschichte der japanischen Qualitätssicherung wurde die Qualität anfänglich durch Inspektion gesichert. Diese Form der Qualitätssicherung könnte man *Inspektionsorientierte Qualitätssicherung* nennen. Das bedeutete, daß die Inspektion strikt unter dem Aspekt der Qualitätssicherung durchgeführt wurde. Man spricht in diesem Zusammenhang vom ersten Stadium der Qualitätssicherung, das sich hauptsächlich auf die Inspektion von Endprodukten bezieht und nur die Inspektionsabteilung und die Qualitätsabteilung betrifft. Ihre Hauptaufgabe besteht darin zu vermeiden, daß fehlerhafte Produkte die Fabrik verlassen. Anders gesagt: „Qualität wird gesichert, indem man die guten Produkte von den schlechten trennt." Aber diese Art der Qualitätssicherung warf viele Probleme auf:

(1) Die Inspektoren bauen keine Qualität in das Verfahren ein.
(2) Die Verantwortung für die Qualitätssicherung liegt nicht bei der Inspektionsabteilung, sondern bei den Entwurfs- und Fertigungsabteilungen. Solange also die Entwurfs- und die Fertigungsabteilung nicht an der Lösung von Qualitätsproblemen arbeiten, wird es keine wirkliche Qualitätssteigerung geben.
(3) Wahrscheinlich dauert es zu lange, Rückmeldungen von der Inspektionsabteilung zur Fertigungsabteilung zu senden.
(4) Sowie die Produktionsgeschwindigkeit erhöht wird, können keine ordnungsgemäßen Inspektionen mehr durchgeführt werden.
(5) Viele Faktoren können durch die Inspektion nicht garantiert werden.

Wenn fehlerhafte Produkte am laufenden Band produziert werden, hat es keinen Sinn, strenge Inspektionen durchzuführen, weil die Inspektion nicht das Qualitätsproblem lösen kann, solange sie nicht zu präventiven Zwecken durchgeführt wird. Wenn ausreichende Anstrengungen unternommen worden sind, um fehlerhafte Produkte durch Überwachung und durch die Kontrolle der Qualitätsfaktoren des Verfahrens zu vermeiden, können überflüssige Ausgaben für die Inspektion eingespart werden. Deshalb haben die Japaner dieses System der Qualitätssicherung aufgegeben, nachdem sie angefangen hatten, Qualität anhand von Verfahrenskontrollen einzubauen. Diese Form der Qualitätssicherung kann *Verfahrensorientierte Qualitätssicherung* genannt werden. Man spricht in diesem Zusammenhang vom zweiten Stadium der Qualitätssicherung, die auf der Verfahrenskontrolle basiert, und die Fertigungshalle, die Zulieferer, den Einkauf, die technische Abteilung und sogar die Geschäftsleitung miteinbezieht. Hundertprozentig gute Qualität wird erreicht durch eine sorgfältige Untersuchung der Leistungsfähigkeit eines Verfahrens und genaue Verfahrenskontrolle. Mit anderen Worten: „Qualität wird in den Verfahrensprozeß eingebaut." Einige japanische Fertigungsindustrien äußern sich zu diesem Thema in dem Sinne, daß sie nicht daran interessiert sind, von Firmen zu kaufen, die qualitativ gute Waren anbieten, sondern von Firmen, die gute Fertigungsverfahren besitzen. Diese Auffassung ist noch heute richtig, aber da die Ansprüche der Kunden gestiegen sind, hat sich selbst dieses System der Qualitätssicherung als unzulänglich herausgestellt. Probleme wie z. B. Zuverlässigkeit, Sicherheit, schlechter Entwurf, schlechte Materialwahl, etc. können nicht allein durch die Fertigungsabteilung gelöst werden.

1.2.3 Hin zum Total Quality Management

Im Jahr 1954 wurde ein anderer amerikanischer Fachmann für Qualität, Dr. J. M. Juran von der JUSE eingeladen, ein Seminar über Qualitätsmanagement zu halten. Bei diesem Anlaß wurde den Japanern klar, daß es notwendig war, das Management in Qualitätsprobleme miteinzubeziehen, und die japanische Qualitätskontrolle wandte sich von der technisch orientierten QC der Fertigungshalle der Qualitätssicherung zu, die sämtliche Stufen des Managements betrifft.

Qualitätssicherung, die nur in der Werkhalle durchgeführt wird, unterliegt natürlich klaren Beschränkungen: Der günstigste Zeitpunkt für die Verwirklichung der Qualitätssicherung ist in einem frühen Stadium der Entwicklung eines neuen Produktes, wie in Abb. 1.1. dargestellt.

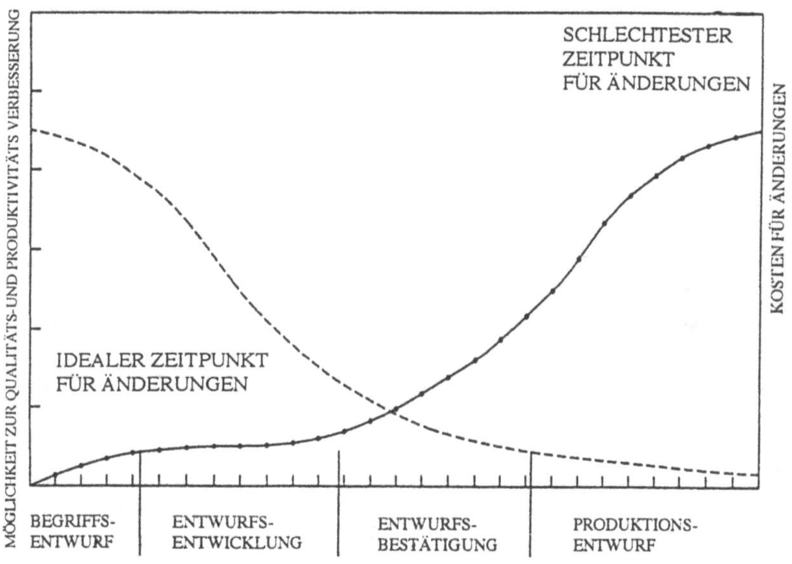

Abb.1.1. Der beste Zeitpunkt für eine wirkungsvolle Umsetzung der Qualitätssicherung

Es zeigt, daß die Möglichkeiten zur Verbesserung der Produktqualität und zur Reduzierung der Produktionskosten in dieser Phase viel zahlreicher und billiger sind als im Laufe der Produktion selbst. Diese Art von Qualitätssicherung nennt man *Qualitätssicherung bei der Entwicklung eines neuen Produktes.* Dies bezeichnet man als das dritte Stadium der Qualitätssicherung, bei dem die Teilnahme und Zusammenarbeit aller erforderlich ist, von der Geschäftsleitung über die Manager bis hin zu den Mitarbeitern der Bereiche Marktforschung, Forschung und Entwicklung, Produktplanung, Produktionsvorbereitung, Einkauf, Verkauf und Kundendienst, sowie der Finanzabteilung, der Personalverwaltung und des Trainings und der Ausbildung.

Tatsächlich sind Fehler oder Versagen bei der Einführung neuer Produkte eine Sache auf Leben und Tod. Der historisch bedeutsame Besuch von Dr. Juran in Japan war der Anang einer neuen Epoche für die Japaner, die nun anfingen, die Qualitätskontrolle zum Total Quality Management hin zu entwickeln, das in der zweiten Hälfte der 50er Jahre in den japanischen Fertigungsindustrien Fuß faßte. (Abb. 1.2.)

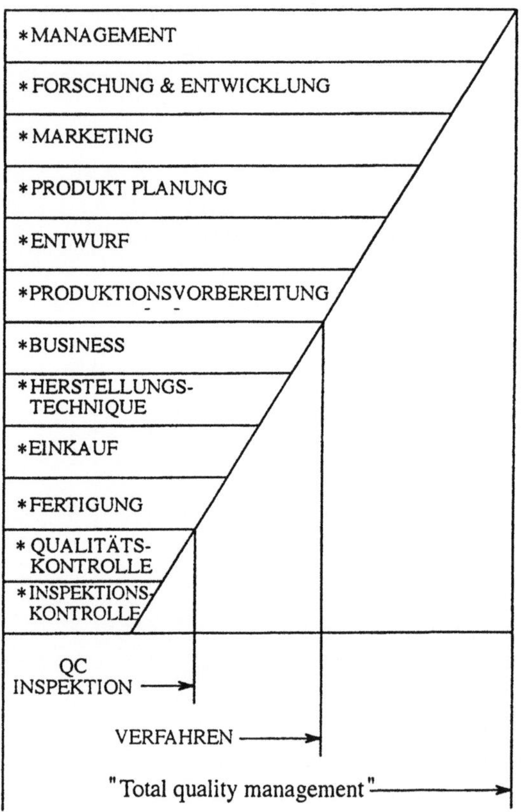

Abb. 1.2. Entwicklung der japanischen Qualitätssicherung

1.3 Die Bedeutung von Produktionstechniken für eingebaute Qualität bei der innovativen Produktentwicklung

1.3.1 Produkt- und Verfahrenstechnologien

Während der 70er und 80er Jahre sandten westliche Firmen unzählige Studiengruppen nach Japan, um die Geheimnisse des Erfolgs zu entdecken. Eine Möglichkeit, die kontinuierliche Entwicklung des japanischen Ansatzes zu untersuchen, besteht darin, die Techniken zu betrachten, die im Westen angewandt worden sind: SQC, Total Quality Management, Just in time, Total Productive Maintenance usw. Sie sind sicherlich von großer Bedeutung, und die japanischen Unternehmen arbeiten weiterhin daran, diese Techniken zu verfeinern und zu perfektionieren. Wenn die Untersuchung jedoch nur auf Produktionsmechanismen beschränkt wird, besteht die Gefahr, die Wichtigkeit subtilerer und langfristiger Faktoren der Organisation und des Humankapitals zu unterschätzen. In der heutigen Situation sind moderne Produktionstechniken nicht der schnellste Weg; die notwendigen Fähigkeiten, die auf guter Ausbildung und Training beruhen und die organisatorische Fähigkeit, die auf Total Quality Management beruht, können nur über einen längeren Zeitraum hinweg langsam in der Firma aufgebaut werden. Die Techniken der japanischen Hersteller basieren ohne Ausnahme auf einer zunehmend verfeinerten Organisation der Produktionstechniken. Abbildung 1.3. zeigt den wachsenden Anteil der Produktionstechniken und Disziplinen, die inzwischen Teil der Herstellung sind, d.h.:

MD	Produktionsabteilung
PTS	Bereich der Produktionstechniken zur Steigerung der Qualität, des Mehrwerts pro Arbeiter und zur Verkürzung der Durchlaufzeit
PTD	Abteilung für Produktionstechniken
PTC	Zentrum Produktionstechniken
PTH	Leitung Produktionstechniken
R&D of PT	Forschung und Entwicklung der Produktionstechniken

Um zu verstehen, was dies bedeutet, sollten wir einen Blick zurückwerfen und uns die Produktion im allgemeinen ansehen. Im Gegensatz zu westlichen Unternehmen waren die Japaner immer davon überzeugt, daß ein Produkt und das Verfahren, mit dem es hergestellt wird, die zwei Seiten ein und derselben Medaille sind. Verfahrenstechnologie, die eine gute Qualitätskontrolle beinhaltet ist ebenso wichtig wie die Produkttechnologie. Diese zwei sind nicht voneinander zu trennen.

Außerdem glauben die Japaner, daß die kreative Entwicklung mit kreativen Erfindungen einhergeht und ebenso wichtig ist. Die Tabelle zeigt fünf Beispiele von wichtigen Konsumgütern, die aus dem Westen stammen, dann aber von japanischen Unternehmen weiterentwickelt worden sind. Weit entfernt vom reinen

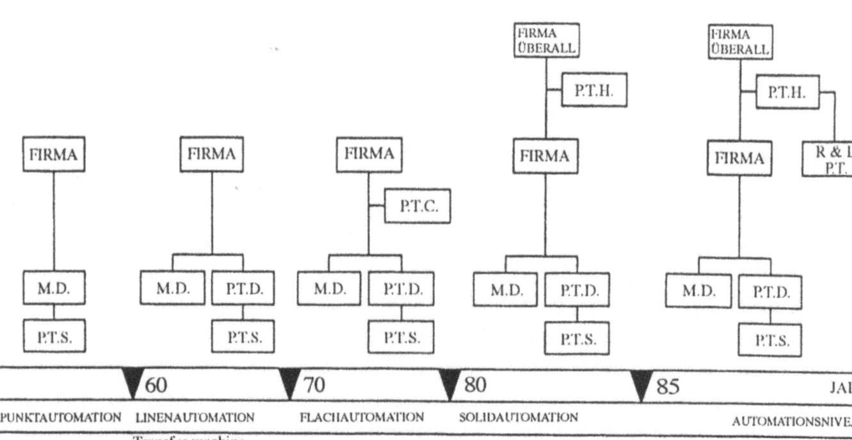

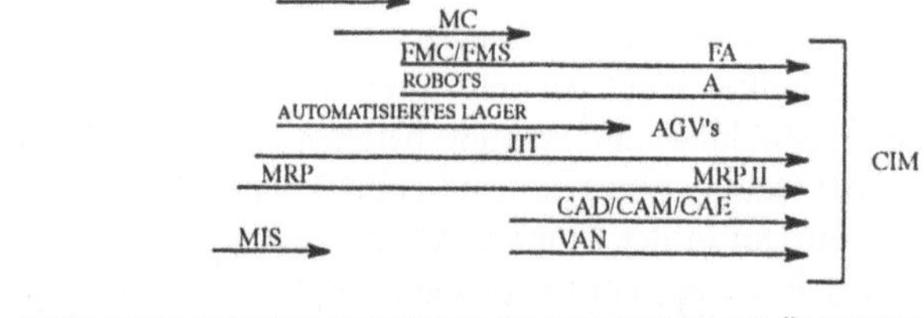

Abb. 1.3. Zunehmend verfeinerte Organisation der Produktionstechniken

„Kopieren", wie es manche Geschäftsleute aus dem Westen fälschlicherweise bezeichnen, verstehen japanische Unternehmen diese als Bilderbuchbeispiele kommerzieller Kreativität.

Tabelle 1.1 Erfindung und Entwickler

Objekt	Urheber	Entwickler
Transistor radio	Regency	Sony
VTR	Ampex	Sony, Victor
TV	RCA	Matsushita
Rotationsmaschine	Vanchel	Mazda
CD	Philips	Sony

Es ist richtig, daß Japan seit dem zweiten Weltkrieg Lizenzen und Patente von
Produkten aus dem Westen kaufen konnte. Das gilt vor allem für Konsumgüter.
Um konkurrenzfähig zu sein, konzentrierten die japanischen Unternehmen mehr
Aufmerksamkeit und mehr Mittel auf Produktionstechniken, als dies im Westen
der Fall war.

1.3.2 Eine genauere Betrachtung der Produktionsverfahren

Um in der Lage zu sein, attraktive Produkte mit hervorragender Qualität zu einem attraktiven Preis herzustellen, benötigten die Unternehmen nicht nur entsprechende Anlagen und Ausrüstungen, sondern auch verschiedene Gruppen von Produktions-personal. Die Hauptkategorien werden folgendermaßen aufgeschlüsselt:
  (a)   Wissenschaftler und Ingenieure für Basisforschung,
  (b)   Ingenieure für angewandte Forschung,
  (c)   Produktentwicklung und Ingenieure für den Entwurf,
  (d)   Verfahrensingenieure,
  (e)   Ingenieure für die Verbesserung des Verfahrens,
  (f)   Bediener (Arbeiter).
Japanische Unternehmen gestehen normalerweise ein, daß sie dem Westen in der Basisforschung unterlegen sind. In der angewandten Forschung und in der Pro-duktentwicklung ergibt sich mehr oder weniger ein Gleichstand. Betrachtet man aber die Verfahren und die Verbesserung der Verfahren, so erweisen sich die Ja-paner als klar überlegen, wie in Abb. 1.4. dargestellt wird. Die japanischen Inge-nieure haben sich besonders auf drei Bereiche konzentriert: Qualitätskontrolle, Wertzuwachs pro Angestelltem und Verkürzung der Durchlaufzeiten.

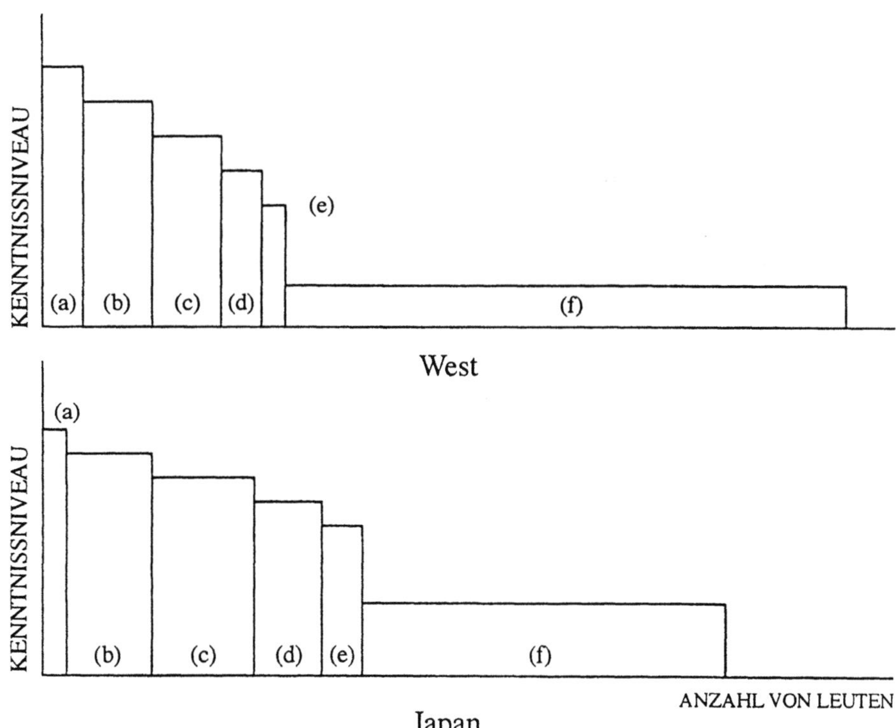

Abb. 1.4. Verschiedene Typologien innerhalb des Produktionspersonals

Diese Strategien spiegeln sich auch in der Organisation eines Unternehmens wieder. Vergleicht man japanische Firmen mit entsprechenden westlichen Unternehmen, so zeigt sich, daß die Japaner mehr Ingenieure bei der angewandten Forschung, der Produktentwicklung und dem Entwurf, der Verfahrensentwicklung und der Verfahrensverbesserung einsetzen – und weitaus weniger Arbeiter bei der täglichen Arbeit. Es stimmt nicht, daß es mehr Ingenieure in den angewandten Bereichen gibt: in jeder Kategorie ist das erforderte Wissensniveau einfach höher als im Westen. Stellen sie sich die Potenz all dieser Leute vor, die hervorragende Qualität und konkurrenzfähige Produktion auf der Grundlage des Total Quality Managements anstreben.

1.3.3 Anpassung der Produktion an Umschwünge des Markts

Die Auswirkungen der Ungleichheit in der Personalorganisation sind besonders wichtig, wenn die Anforderungen an die Produktion zunehmen, um sich den Veränderungen des Markts anzupassen. Nehmen wir das Beispiel eines dauerhaften Guts, z.B. Klimaanlagen. Bis ca. 1974, dem Zeitpunkt der ersten Ölkrise, war eine Klimaanlage pro Haus die Norm in Japan. Der Markt wurde von der Nachfrage geprägt, und die Hersteller mußten nur standardisierte Entwürfe in Massenproduktion herstellen, um ihn zu befriedigen. Jeder Markt ist irgendwann gesättigt, und die Anzeichen für eine stagnierende Nachfrage nach Standard-Klimaanlagen begannen sich ab Mitte der 70er Jahre abzuzeichnen. Um die Umsätze aufrechtzuerhalten und zu steigern, mußten die Betriebe neue Märkte erschließen. Sie schafften es rechtzeitig, wohlhabende Verbraucher davon zu überzeugen, daß sie eine Klimaanlage pro Raum benötigten. Dies bedeutete, daß die Hersteller verschiedene Produkte entwickeln mußten, um den unterschiedlichen Ansprüchen der Kunden gerecht zu werden – verschiedene Formen und Raumgrößen, Wand-, Boden- oder Deckeninstallation. Ansonsten bestand das Risiko, Marktanteile an Konkurrenten abtreten zu müssen. Auf die produktionsgeprägten Jahre folgten nun die marketinggeprägten Jahre. Der marketinggeprägte Trend bedeutet nicht nur eine Klimaanlage pro Raum, sondern eine Klimaanlage, die zur individuellen Persönlichkeit, zum Lebensstil und zum Geschmack paßt – kurz gesagt: ein Produkt für jeden einzelnen Kunden. Die Avantgarde-Unternehmen sehen sich im Moment mitten in dieser „kunden-orientierten" Phase.

1.3.4 Die Kosten der Verbreiterung des Produktionsprogramms

Obwohl die Verbreiterung des Produktionsprogramms zweifellos die Umsätze steigert, verursacht sie andererseits auch Kosten. Man muß mehr Arbeit in die Entwürfe investieren. Wenn die Produktion sich den wechselnden Bedürfnissen des Markts nicht schnell genug anpaßt, kann das zu Verschwendung führen bei einem Mißverhältnis zwischen Produktion und Verkauf-Überproduktion und unverkaufte Ware im Lager bei Produkten mit geringer Nachfrage, verbunden mit der

Unfähigkeit, dem Markt Produkte mit großer Nachfrage zu bieten. Alles in allem ist es also lebenswichtig für das Unternehmen, die Kunden mit den richtigen Produkten, mit hervorragender Qualität zum richtigen Zeitpunkt und zum richtigen Preis zu versorgen. Genau das ist die Verwirklichung der just-in-time-Produktion, die auf eine gut funktionierende Qualitätssicherung angewiesen ist. Für konventionelle Produktionssysteme und Methoden der Qualitätskontrolle, sind diversifizierte Nachfrage, rasche Umschwünge in der Nachfrage und kürzere Lebenszyklen der Produkte die schwierigsten Faktoren überhaupt. Genau diese Faktoren intensivierten sich in den 80er Jahren. In der zweiten Hälfte der 80er Jahre reagierte eine Vielzahl von Herstellern auf die zunehmende Konkurrenz mit neuen Produkten, die immer kürzere Lebensdauer besaßen. Alle Anzeichen sprechen für eine Beschleunigung dieses Trends – vielfältige Produktvarianten mit immer kürzeren Lebenszyklen – im Laufe der 90er Jahre. Dadurch wird die Herstellung immer komplexer werden.

Tabelle 1.2 zeigt die Komplexität der Probleme, die dieser Trend hervorruft. Die Implikationen hingegen sind einfach. Solange Produktvielfalt und Qualität nicht im Entwurfsstadium eingebaut werden können, wird es schwierig sein, konkurrenzfähig zu bleiben. Hervorragende Produktionstechniken sind zudem kein Extra. Stellen Sie sich die Produktion als Eisberg vor. Die innovativen, diversifizierten

Tabelle 1.2. Produktionsprobleme: Vielfalt, wechselnde Nachfrage, Modellwechsel

Ungünstige Voraussetzungen	Probleme	Hauptkriterien für Maßnahmen
Wechselnde Nachfrage	* Abnahme der Wettbewerbsfähigkeit des Personals und der Ausstattung	* Flexibilität * Personalabbau
Große Angebotsbreite	* Geringe Qualität * Mehr Raumbedarf * Komplexe Kontrollen	* Eingebaute Qualitätskontrollen * Hohe Anlageneffektivität
Große Stückzahl	* Schnelle Abnutzung der Produktionsanlage	* Hohe Raumausnutzung * Schnelle Rentabilität der Anfangsinvestitionen
Neue Produkte	* Ansteigen der Erhaltungskosten der alten Anlagen, etc.	* Mischproduktion * Wenig Erhaltungskosten

Produkte, die der Kunde sieht, sind die sichtbare Spitze, wie in Abb. 1.5. dargestellt wird. Unter Wasser liegt die notwendige Infrastruktur der angewandten Forschung, der Produktionstechniken und ganz unten, die Basis auf der alles beruht, detailliertes Fachwissen in der Fertigungshalle. All das verlangt eine gute Qualitätskontrolle, die vom Gesichtspunkt des Total Quality Managements integriert werden muß (siehe Abb. 1.5.).

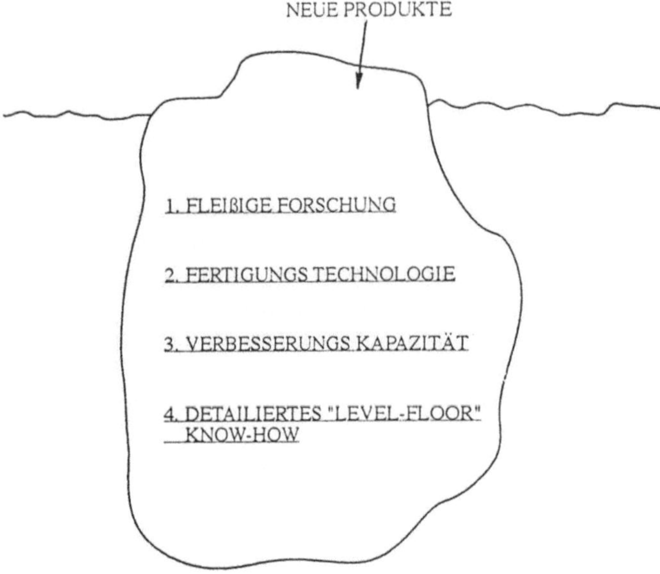

Abb. 1.5.   Wichtigkeit von 1,2,3 und 4 zur Unterstützung der innovativen Produktentwicklung

1.3.5 Mobiler Wettbewerbsvorsprung

So wie sich die Märkte und die Herstellung verändert haben, so hat sich auch der Brennpunkt des Wettbewerb-Schlachtfeldes verlagert. Wie Abb. 5 zeigt, waren die Hersteller bezüglich der Qualität und des Preises dann konkurrenzfähig, wenn die Bedürfnisse der Kunden größtenteils standardisiert waren und sich nur langsam veränderten. Sowie die Vielfältigkeit und die Geschwindigkeit des Wechsels zunehmen, heißt die Lösung: große Vielfältigkeit und kleine Losgrößen-Produktionen mit exzellenter Qualität. In den 90er Jahren konvergieren Geschwindigkeit und Vielfältigkeit wieder in einem zeitlich orientierten Wettbewerb plus einer kundenorientierten Produktion. Wichtig ist, daß die Produktionstechniken, denen Japan eine große Bedeutung verliehen hat, eine Schlüsselrolle sowohl in der kundenorientierten Produktion als auch im zeitlich orientierten Wettbewerb spielen.

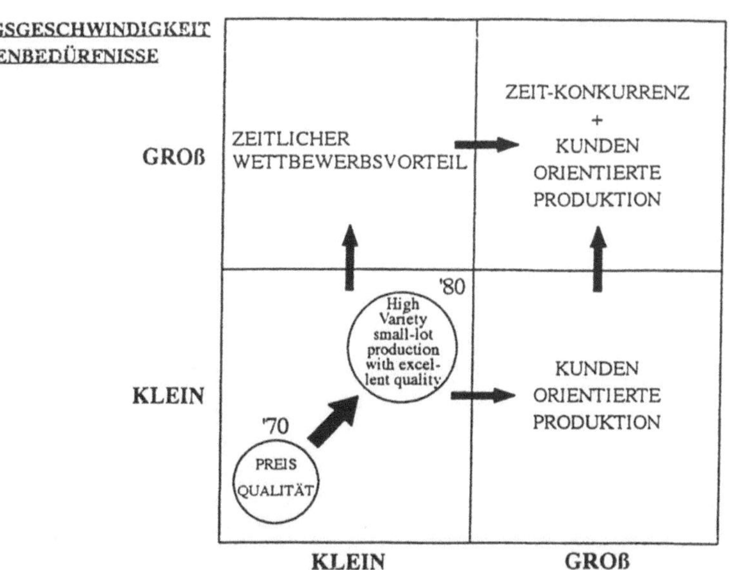

Abb. 1.6. Mobiler Wettbewerbsvorsprung (Boston Consulting Group 1990)

Abbildung 1.7. zeigt im allgemeinen, wie Unternehmen ihre Organisation und ihre Interessen verändert haben aufgrund der Anforderungen des Markts. Die folgenden Abkürzungen werden in Abb. 1.7. verwendet.

PC	Produktionskontrolle
PT	Produktionstechniken
SQC	Statistische Qualitätskontrolle
R&D	Forschung und Entwicklung
PP	Vorbereitung der Produktion
Process QA	Verfahrensorientierte Qualitätssicherung
SP	Verkaufsförderung
MR	Marktforschung
VA/VE	Value Analysis / Value Engineering
JIT	Just in time
TQM	Total Quality Management
FMC/FMS	Flexible Manufacturing Cells / Flexible Manufacturing Systems
TPM	Total Productive Maintenance
FA	Fabrikautomatisierung
CIM	Computer Integrated Manufacturing
LAN	Local Area Network
VAN	Value Added Network
JIT of PD	Just in time of Product Development
CE	Concurrent Engineering

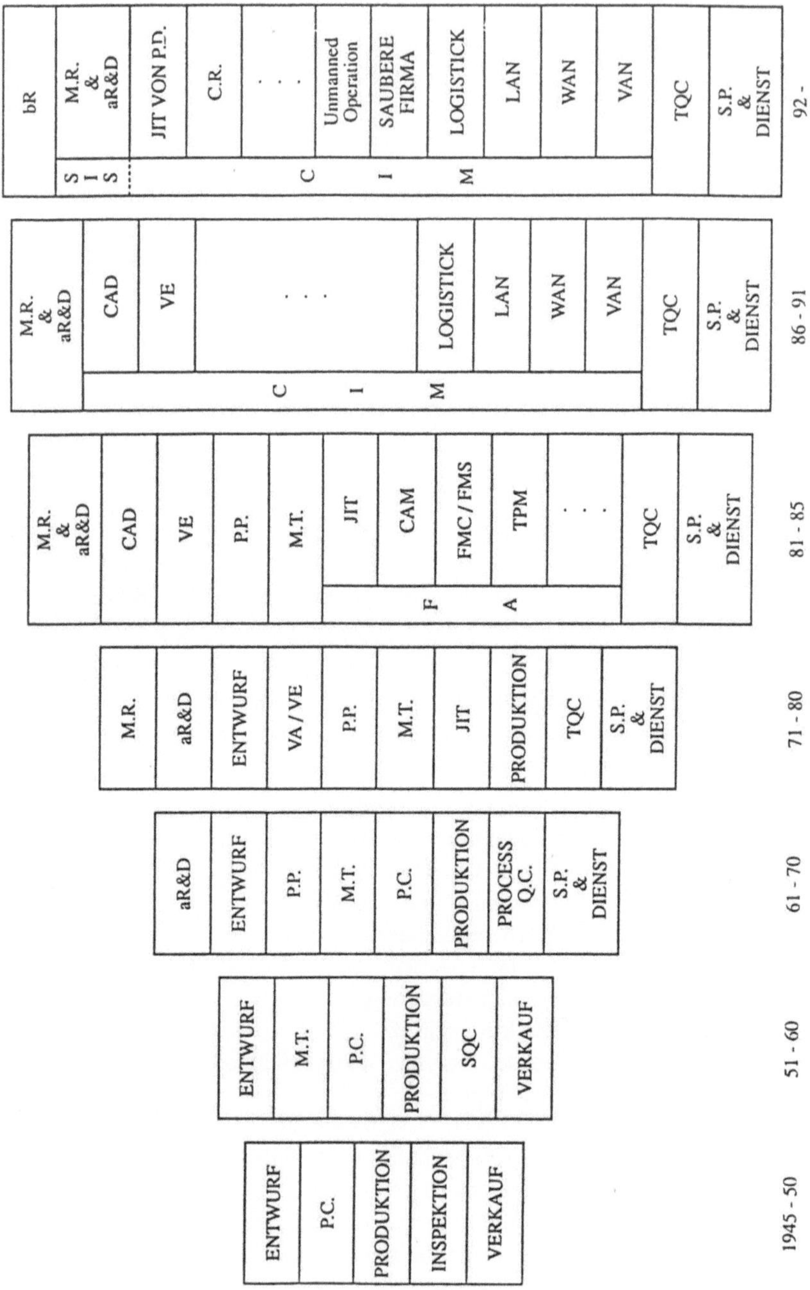

1945 - 50

- ENTWURF
- P.C.
- PRODUKTION
- INSPEKTION
- VERKAUF

51 - 60

- ENTWURF
- M.T.
- P.C.
- PRODUKTION
- SQC
- VERKAUF

61 - 70

- aR&D
- ENTWURF
- P.P.
- M.T.
- P.C.
- PRODUKTION
- PROCESS Q.C.
- S.P. & DIENST

71 - 80

- M.R.
- aR&D
- ENTWURF
- VA / VE
- P.P.
- M.T.
- JIT
- PRODUKTION
- TQC
- S.P. & DIENST

81 - 85

- M.R. & aR&D
- CAD
- VE
- P.P.
- M.T.
- JIT
- CAM
- FMC / FMS
- TPM
- . . .
- TQC
- S.P. & DIENST

(F   A)

86 - 91

- M.R. & aR&D
- CAD
- VE
- . . .
- LOGISTICK
- LAN
- WAN
- VAN
- TQC
- S.P. & DIENST

(C   I   M)

92 -

- bR
- M.R. & aR&D (S I S)
- JIT VON P.D.
- C.R.
- . . .
- Unmanned Operation
- SAUBERE FIRMA
- LOGISTICK
- LAN
- WAN
- VAN
- TQC
- S.P. & DIENST

(C   I   M)

Abb. 1.7. Veränderung der Organisation und der Interessen

In diesem Licht betrachtet ist es nicht übertrieben zu sagen, daß Japans wirtschaftlicher Erfolg zum Großteil weder von der Kultur, noch von dem Konsens oder von dem Kopieren herrührt, wie der Westen es sieht, sondern von seiner organisatorischen Flexibilität. Die Lektion, die westliche Unternehmen daraus ziehen sollten, geht also in diese Richtung: nicht so sehr die Techniken als solche, denn die Organisation des Humankapitals, das sie integriert auf der Grundlage des Total Quality Managements.

2 Der QC-Gesichtspunkt

2.1 Kundenorientierung

QC sollte auf die Kundenzufriedenheit abzielen und darauf, Produkte mit einer Qualität herzustellen, die den Kundenansprüchen entspricht. Deshalb müssen diese Anforderungen sehr sorgfältig untersucht werden, und auf der Grundlage dieser Untersuchungen sollte das Produkt entworfen, produziert und verkauft werden. Die Basisidee des Quality Managements ist also die Kontrolle der Qualität in jeglicher Hinsicht.

Wird Qualität im engeren Sinne interpretiert, so meint man damit die Qualität des Produktes. Aber in einem weitläufigeren Sinn bedeutet es die Qualität der Arbeit, der Dienstleistung, der Information, des Verfahrens, der Abteilung, der Menschen, Arbeiter, Techniker, Manager oder Verwalter, die Qualität des Systems, des Unternehmens, usw. Anders gesagt: Quality Management bedeutet fortlaufende Verbesserung aller Verfahren durch Qualität, um den Kunden zufriedenzustellen.

Es muß aber auch gesagt werden, daß eine qualitativ hochwertige Ware, die überteuert ist, den Kunden nicht zufriedenstellt. Der Preis spielt also eine wichtige Rolle bei der Definition der Qualität. Das muß bei der Planung oder dem Entwurf von Qualität beachtet werden. QC ist demnach nicht möglich ohne Berücksichtigung des Preises, der Kosten und des Profits. Vom Gesichtspunkt der QC aus gesehen sollten Produkte mit dem richtigen Qualitätsgrad, in der richtigen Quantität zu einem vernünftigen Preis bereitgestellt werden. Ein Unternehmen sollte also, auf der Basis der QC, unter den Aspekten der Kosten, des Preises und des Profits geleitet werden, aber auch unter Aspekten der Quantität wie z. B. Produktionsvolumen, Verkaufsvolumen, Lagerbestand, usw. und Lieferzeiten. Das heißt also, daß beim Total Quality Management, an dem alle Mitglieder des Unternehmens, einschließlich der Manager, Supervisors, Arbeiter und leitenden Angestellten aktiv mitwirken, das Quality Management zusammen mit der Kostenkontrolle und der Quantitätskontrolle durchgeführt werden sollte.

2.2 Die Kundenansprüche an die Qualität

2.2.1 Die erwünschte Qualität und die ihr zugrundeliegenden Eigenschaften

Bei der Durchführung des Quality Managements ist es zu allererst notwendig, die erwünschte Qualität im wirklichen Sinne zu erfassen, die dafür notwendige Meßmethode zu wählen und dann den Qualitätsgrad festzulegen. Danach müssen die ihr zugrundeliegenden Eigenschaften definiert werden, von denen man annimmt, daß sie die Qualität beeinflußen. Dabei taucht meist die Frage auf: inwieweit müssen diese Basiseigenschaften analysiert werden, um die Qualitätseigenschaft im wirklichen Sinne zu erfüllen? Mit anderen Worten: das Verhältnis zwischen der Qualitätseigenschaft im wirklichen Sinne und der ihr zugrundeliegenden Eigenschaften muß statistisch ausgewertet werden. Abbildung 2.1. zeigt das Verhältnis zwischen der Qualitätseigenschaft im wirklichen Sinne und der ihr zugrundeliegenden Eigenschaften.

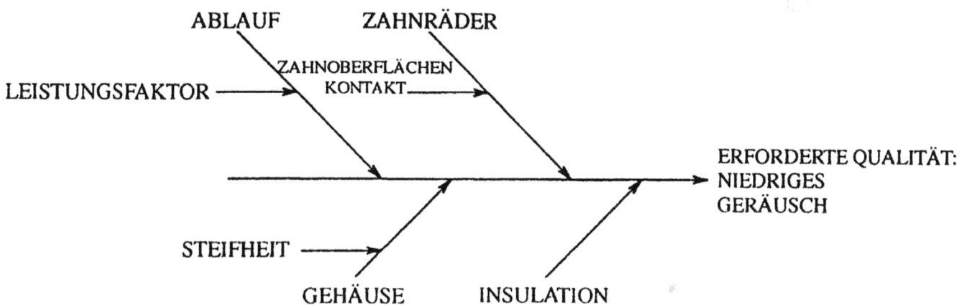

Abb. 2.1. Erwünschte Qualität und die ihr zugrundeliegenden Eigenschaften

Die folgenden drei Schritte sind wichtig für die Untersuchung der Kundenansprüche. Dieses Analyseverfahren wird Qualitätsanalyse oder Quality Function Deployment genannt.

(1) Die Qualitätseigenschaft im wirklichen Sinne wird festgelegt.
(2) Die dafür erforderliche Meß- oder Testmethode wird festgelegt.
(3) Die ihr zugrundeliegenden Eigenschaften werden identifiziert, und das Verhältnis zwischen der Qualitätseigenschaft im wirklichen Sinne und der ihr zugrundeliegenden Eigenschaften definiert.

2.2.2 Wie wird Qualität umgesetzt?

Nachdem eine Qualitätseigenschaft festgelegt worden ist, die den Anforderungen des Kunden entspricht, stellt sich die Frage: wie kann diese Eigenschaft umgesetzt werden? Die Bedürfnisse der Kunden sind nicht immer in klaren Formeln zu erfassen. Je nach Analyse können die Hersteller sie unterschiedlich interpretieren und demzufolge versuchen, sie auf unterschiedliche Art und Weise zu befriedigen.

Die folgenden Punkte sind wichtig für die Umsetzung von Qualität:

(1) Die Einheit festlegen für die Garantie der Qualität. Dies ist ein Problem für die Qualitätsgarantie bei nicht zählbaren Waren.

(2) Die Meßmethode festlegen. Ohne präzise Meßmethode ist eine eindeutige Definition der Qualität unmöglich.

(3) Den Wichtigkeitsgrad jeder einzelnen Qualitätseigenschaft festlegen.

Es ist wichtig, bei verschiedenen Qualitätseigenschaften eine Rangfolge je nach Relevanz festzulegen. Generell können Qualitätsprobleme in die folgenden drei Gruppen eingeteilt werden:

(1) Fatale Qualitätsprobleme – Qualitätseigenschaften, die das Leben oder die Sicherheit des Menschen bedrohen. Beispiel: ein Gang des Getriebes funktioniert nicht.

(2) Schwerwiegende Qualitätsprobleme – Qualitätseigenschaften, die die Leistung des Produktes stark beeinträchtigen. Beispiel: Das Getriebe funktioniert nicht so, wie es sollte.

(3) Kleinere Qualitätsprobleme – Qualitätseigenschaften, die die Leistung des Produktes zwar nicht beeinflußen, aber vom Kunden negativ beurteilt werden. Beispiel: Das Geräusch des Getriebes ist zu laut.

Diese Prioritätenanalyse ist bei der Durchführung der QC extrem wichtig.

Qualitiätseigenschaften, wie Mängel oder schlechte Qualität nennt man „Rückwärts – Qualität". Positive Eigenschaften wie Kompaktheit und niedriger Geräuschpegel hingegen bezeichnet man als „Vorwärts – Qualität". Und genau diese Kategorie sollte bei einer Untersuchung Vorrang haben.

Auf ähnliche Art und Weise können verschiedene Qualitätseigenschaften in „essentielle Qualität" und in „attraktive Qualität" unterteilt werden:

a) Essentielle Qualität: die Kunden finden das Vorhandensein dieser Qualitätseigenschaft normal, empfinden es aber andererseits als negativ, wenn diese Eigenschaft nicht erfüllt wird.

b) Attraktive Qualität: die Kunden empfinden das Produkt mit dieser Qualitätseigenschaft als attraktiv, nehmen es aber auch hin, wenn diese Eigenschaft nicht vorhanden ist.

Um die Produkte herstellen zu können, die von den Kunden wirklich gewünscht werden, müssen diese Aspekte der Qualität ebenso sorgfältig untersucht werden wie im Falle der „Vorwärts – Qualität".

(4) Eine einheitliche Definition für schlechte Qualität finden. Das ist notwendig, weil unter Herstellern und Kunden, manchmal auch innerhalb eines Unter-

nehmens, sehr unterschiedliche Auffassungen und Interpretationen von Fehlerhaftigkeiten und schlechter Qualität existieren.

(5) Aufdeckung latenter Fehlerquellen. Offensichtliche Fehlerhaftigkeiten in einer Anlage oder einem Unternehmen, die zahlenmäßig erfaßt werden können, stellen nur einen geringen Anteil aller Mängel und des Gesamtausschußes dar. Mit anderen Worten: die latenten Fehlerquellen sind zehn- bis hundertmal so groß wie der offensichtliche Ausschuß. Diesen latenten Ausschuß aufzufinden, ist die Hauptaufgabe des Total Management. Die fehlerhaften Produkte, die nicht verwendet werden können und weggeworfen werden müssen, werden oft als Defektivitäten bezeichnet. Diese Produkte sollten jedoch viel genauer geprüft werden. Wenn zum Beispiel gewisse Produkte nicht dem Qualitätsstandard entsprechen und Nacharbeit oder Nachstellung erfordern, dann sollten sie als mangelhaft definiert werden.

Die Prozentuale der perfekten Produkte ohne Nacharbeit oder Nachstellung durch alle Verfahren hindurch bis hin zur Endmontage wird gelegentlich „straight going rate" genannt. Produkte, die Nacharbeit oder Nachstellung erforderlich machen, werden auf dem Markt wahrscheinlich Probleme verursachen. Deshalb sollten Entwurf und Herstellungsverfahren so kontrolliert werden, daß eine „direct going rate" zwischen 95% und 100% erreicht werden kann.

Streng genommen finden sich in jedem Unternehmen latenter Ausschuß und latent fehlerhafte Verfahren. Bei der Durchführung des Quality Managements muß Ausschuß klar definiert werden, und Ausschuß sowie fehlerhafte Verfahren sollten genau untersucht und geeignete Gegenmaßnahmen ergriffen werden.

(6) Qualität vom statistischen Gesichtspunkt aus betrachten. Die Kunden akzeptieren nur Produkte mit dauerhafter und gleichbleibender Qualität. Deshalb sollte Qualität auch vom statistischen Gesichtspunkt aus untersucht werden. Die Erforschung der statistischen Streuung ist wichtig für die Kontrolle der Herstellungsverfahren.

7) Entwurfsqualität und Qualitätsbeständigkeit. Der Unterschied zwischen Entwurfsqualität und Qualitätsbeständigkeit ist die Fehlerhaftigkeit oder die Notwendigkeit von Nacharbeit. Wenn die Qualitätsbeständigkeit verbessert wird, sollten auch die Kosten reduziert werden. Diejenigen, die mit QC nicht vertraut sind, neigen zu der Meinung, daß QC nur Geld erfordert und die Produktivität senkt. Wird QC als Inspektion aufgefaßt, so verursachen wiederholte Inspektionen natürlich eine Kostensteigerung. Aber mit einer verbesserten Qualitätsbeständigkeit verringern sich die Fälle von Defektivität, Nacharbeit und Nachstellungen. Das Ergebnis sind niedrigere Kosten und höhere Produktivität. Wenn zudem die Entwurfsqualität den Kundenansprüchen entspricht, werden die Verkaufszahlen steigen, was zu einer effektiveren Massenproduktion und Rationalisierung führt, die wiederum eine Kostenreduzierung zur Folge haben. Der Grund für die internationale Konkurrenzfähigkeit der Japaner liegt in der Wechselwirkung dieser zwei Qualitäten, der Entwurfsqualität und der Qualitätsbeständigkeit.

Um im internationalen Konkurrenzkampf gewinnen zu können, haben die japanischen Unternehmen ihre Entwurfsqualität verbessert. Die Verbesserung der Entwurfsqualität bedeutet eine Kostensteigerung, aber durch die Kontrolle der dem Entwurf folgenden Verfahren und durch die verbesserte Qualitätsbeständigkeit und die Reduzierung oder Eliminierung von Mängeln und Nacharbeiten können die Gesamtkosten gesenkt werden.

2.3 Management durch Qualität für die Kundenzufriedenheit

2.3.1 Probleme des herkömmlichen Managements

Management bedeutet alle Tätigkeiten, die für die effiziente Durchführung einer Arbeit, für das Erreichen einer vorgegebenen Zielsetzung notwendig sind. Die Art von Management, die darauf abzielt, Arbeiter anzufeuern, nennt man „mentales Management". Auf diese Weise ist es aber unmöglich, ein ganzes Unternehmen effizient zu leiten. Defekte oder Versagen, die auf die Arbeiter in der Werkhalle zurückzuführen sind, machen nur ein Viertel oder Fünftel des Ganzen aus. Für den restlichen Teil ist das Management oder der Mitarbeiterstab verantwortlich zu machen. Mit dem „mentalen Management" wird wahrscheinlich die gesamte Verantwortung für Defekte und Versagen den Arbeitern und Bedienern zugeschrieben.

Bei dem herkömmlichen Management stößt man gewöhnlich auf folgende Probleme:

(1) Viele der angewandten Theorien sind zu abstrakt und unpraktisch.

(2) Management wird auf der Basis von Erfahrung und Intuition durchgeführt, nicht auf der Basis von Daten und Fakten.

(3) Managementpolitik neigt zu Unberechenbarkeit, da sie auf zufälligen, spontanen Ideen beruht.

(4) Es werden keine wissenschaftlichen oder logischen Methodologien angewandt.

(5) Es existieren keine analytischen Methoden oder Managementmethoden, die auf Statistik basieren.

(6) Der Präsident, die leitenden Angestellten, die Manager und die Supervisors und Arbeiter sind nicht ausreichend für Qualität und Qualitätskontrolle ausgebildet worden.

(7) Obwohl Fachleute für jede Materie existieren, gibt es unter ihnen keine enge Zusammenarbeit bei der Lösung von Problemen, die das gesamte Unternehmen betreffen.

(8) Zahlreiche Mitglieder des Unternehmens beteiligen sich nicht an der Suche nach Mitteln, um Unternehmensziele zu erreichen.

(9) Normalerweise existiert ein ausgeprägter Partikularismus, und die einzelnen Abteilungen neigen dazu, sich untereinander ihre Autorität streitig zu machen.

2.3.2 Management durch Anwendung des Plan-Do-Check-Act-Zyklus

Für ein erfolgreiches Management ist es wichtig, die vier Schritte des Plan-Do-Check-Act-Zyklus, des sog. Deming-Zyklus, dargestellt in Abb. 2.2., wie folgt durchzuführen:

1. Schritt: Einen Plan vorbereiten (Plan).
2. Schritt: Den Plan umsetzen (Do).
3. Schritt: Die Ergebnisse kontrollieren (Check).
4. Schritt: Maßnahmen ergreifen je nach Ergebnis bei Schritt 3 (Act).

Im folgenden werden die einzelnen Schritte ausführlicher dargestellt.

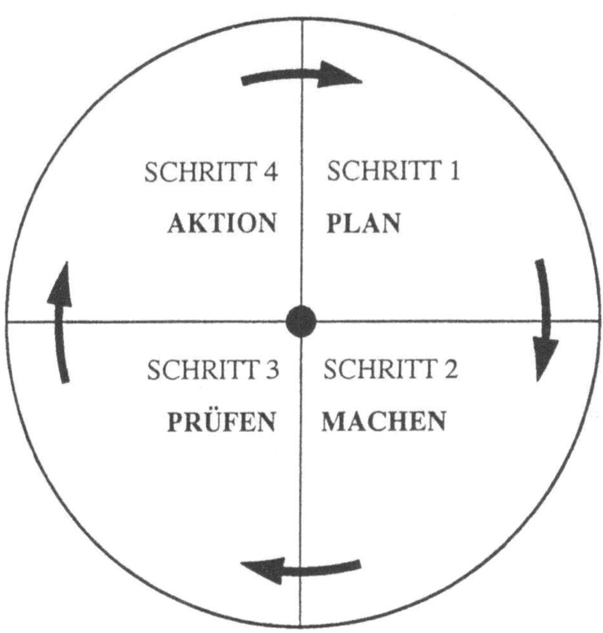

Abb. 2.2. Plan-Do-Check-Act-Zyklus

1. Schritt: Einen Plan vorbereiten

(1) Ziele und Zielsetzungen festlegen. Dies kann auf der Basis der Unternehmenspolitik geschehen. Um diese Politik festzulegen, müssen ihre Grundlagen und die Daten, die diesen zugrunde liegen, genauestens geklärt werden. Kurz gesagt: das Management muß anhand von Fakten und Daten durchgeführt werden. Ohne Unternehmenspolitik können keine Ziele abgesteckt werden. Die Politik muß vom Top Management festgelegt werden, aber um das Erfassen und Auswerten der Daten kümmern sich die Manager und der Mitarbeiterstab.

Die Unternehmenspolitik muß unter umfassenden Gesichtspunkten festgelegt werden. Gibt es einen Defektivitäts-Prozentsatz von 40% oder 50%, dann wird man sich verständlicherweise für eine Politik zur „Reduzierung von Defekten" entscheiden. Wenn jedoch gleichzeitig eine Politik zur „Sicherung der Produktionsquantität" betrieben wird, so wird das natürlich Verwirrung in der Werkhalle hervorrufen. Deshalb sollten Politiken und Ziele nach Prioritäten eingestuft werden und jeweils höchstens 10 oder 20 Punkte beinhalten.

Ist die Unternehmenspolitik erst einmal geklärt, können Ziele natürlich leicht abgesteckt werden. Sie müssen definiert werden in Bezug auf die Reduzierung der Arbeitskräfte, der Qualitätssteigerung, der Kostenreduzierung, der Quantität, der Lieferflußzeiten, etc. Ohne konkrete Politik kann keine gute und wirksame Kontrolle durchgeführt werden.

(2) Die Methoden festlegen, anhand derer Ziele erreicht werden sollen, d.h. Standards formulieren, beachten und anwenden. Wenn nur die Ziele und Zielsetzungen festgelegt worden sind, aber nicht die Methoden mit Hilfe derer man sie erreichen kann, wird sich ein Management auf diesem Niveau als rein mentales Management herausstellen. Wenn das Management lediglich beschließt, die Defektivitätsquote um 1% zu senken und nur die Leute in der Produktion dazu anhält, dieses Ziel zu erreichen, wird damit nicht viel gewonnen sein.

Wissenschaftliche und logische Methoden müssen gefunden werden. Stehen diese erst einmal fest, müssen sie standardisiert werden, damit alle betroffenen Personen sie genau befolgen können.

Bei der Standardisierung treten sehr wahrscheinlich die folgenden Probleme auf:

a) Produkt- und Verfahrensingenieure neigen dazu, zu detaillierte technische Standards oder Durchführungsbestimmungen festzulegen, ohne Berücksichtigung der Personen in der Werkhalle, die diese Standards oder Bestimmungen befolgen und in die Praxis umsetzen müssen. Es gibt Ingenieure, die ihre Standards in reiner Schreibtischarbeit erstellen, woraufhin in der Werkhalle zahllose Schwierigkeiten auftauchen wegen Mangel an praktischer Anwendbarkeit.

b) Es gibt auch Personen, die „Kontrolle" als Verflechtung so vieler Bestimmungen auffassen, daß sie andere Personen damit einschränken.

Standardisierung ohne richtige Zielsetzungen führt zu ungeregeltem Betrieb, zu einer geringeren Leistungsfähigkeit und zu weniger Respekt vor den Mitmenschen.

Abbildung 2.3. zeigt ein Ursache-Wirkung-Diagramm, das die Verfahrensfaktoren aufzeigt, die zum Erreichen eines bestimmten Zieles beitragen. Die Qualitätseigenschaft rechts stellt das erwünschte Ergebnis oder Ziel dar. Die Ursachen werden am Ende der Sparten in dem Diagramm aufgezeigt. Eine Gruppe dieser Ursachen wird als Verfahren bezeichnet. Ein Verfahren besteht nicht nur aus dem Herstellungsverfahren, sondern auch dem Entwurf, dem Ein- und Verkauf, der Personalarbeit, der Buchhaltung, usw.

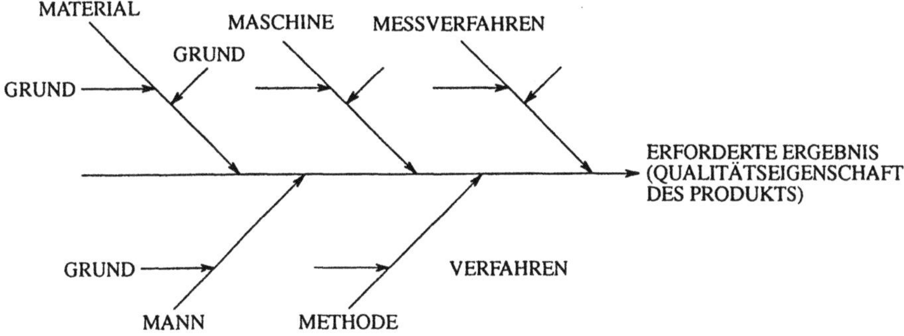

Abb. 2.3. Ursache-Wirkung-Diagramm

Qualitätskontrolle kann durch Auffinden und Kontrollieren der Ursachen einer Auswirkung wirksam durchgeführt werden. Das nennt man „Verfahrenskontrolle", wie im vorhergehenden Kapitel bereits erwähnt wurde. Qualitätskontrolle zur Herstellung von qualitativ hochwertigen Produkten, die durch Verfahrenskontrolle durchgeführt wird, nennt man „Kontrolle durch Verfahren" oder „Vorkontrolle". Qualitätskontrolle zur Ergreifung von Maßnahmen nach Überprüfung der Ergebnisse wird „Kontrolle durch Ergebnisse" oder „Nachkontrolle" genannt.

Es gibt unzählige Ursachen. Ein Effekt kann ohne Probleme auf 10 oder 20 Ursachen zurückzuführen sein. Das gilt auch für jede Arbeit oder jedes Verfahren. Es ist praktisch unmöglich, alle Ursachen zu kontrollieren. Wieviele Ursachen es auch geben mag: diejenigen, die wirklich wichtig sind oder Ergebnisse stark beeinflußen, sind stets nur wenige. Nach dem Parete-Prinzip kann die Standardisierung von fünf oder zehn wichtigen Ursachen eine große Auswirkung haben. Das erklärt auch warum es wichtig ist, ein Bewußtsein für Prioritäten zu besitzen. Man muß die Hauptgründe ausfindig machen, d. h. sich auf vorrangige Probleme konzentrieren und sie auf richtige Art und Weise angehen.

Dann werden diese Ansichten statistisch analysiert und mit Hilfe von Daten wissenschaftlich und logisch fundiert. Das nennt man Verfahrensanalyse. Das Ergebnis dieser Analyse sollte für jedermann verständlich sein. An diesem Punkt angelangt ist es äußerst empfehlenswert, eine Skizze über das Verhältnis von Ursache und Wirkung anzufertigen. So kann dann eine wirkliche Ursache schnell identifiziert werden, ohne daß viel Zeit mit Brain Storming verschwendet werden muß.

Es ist auch wichtig klarzustellen, was im Falle einer Störung getan werden muß. Es muß klar sein: (a) wer sich an Ort und Stelle darum kümmern soll und bis zu welchem Punkt (Zuständigkeit), und (b) wer Anweisungen erteilt, die Verantwortung übernimmt und die notwendigen Gegenmaßnahmen festlegt, die ein nochmaliges Auftreten dieser Störung verhindern.

2. Schritt: Den Plan umsetzen

(1) Die betroffenen Personen ausbilden und trainieren. Auch wenn gute Betriebsstandards und technische Standards existieren, reicht es nicht aus, sie einfach

nur an die betroffenen Personen auszuteilen. Sie werden sie wahrscheinlich nicht lesen und selbst wenn sie sie lesen, werden sie nicht in der Lage sein, die den Standards zugrundeliegenden Gedanken oder ihre Anwendung zu verstehen. Deshalb ist es notwendig, diese Personen auszubilden.

Mit Ausbildung meint man nicht nur Gruppenausbildung durch Lektüre. Dies sollte nur ein Drittel oder ein Viertel der gesamten Ausbildung darstellen. Vorgesetzte oder Leiter müssen ihre Leute am Arbeitsplatz trainieren. Das wird als „on the job training" bezeichnet.

(2) Den Plan umsetzen.

Wenn die obengenannten Schritte ausgeführt worden sind, sollte der Plan richtig umgesetzt werden können.

3. Schritt: Die Ergebnisse kontrollieren

Das größte Problem des Managements ist das Gesetz der Ausnahme (Anormalität). Man kann ruhig alles so belassen wie es ist, wenn die Arbeitsgänge standardgerecht und reibungslos verlaufen und Schritt für Schritt die Zielsetzungen erreicht werden. Aber wenn ein Sonderfall auftritt, muß er erforscht und die notwendigen Gegenmaßnahmen müssen ergriffen werden. Also müssen die Politiken, die Zielsetzungen, Ziele und Standards genauestens geklärt sein, damit ein solcher Fall identifiziert und überprüft werden kann. Manche Unternehmensführung versucht, ohne jegliche Politik oder Zielsetzung zu überprüfen, aber mit dieser Haltung kann niemand überzeugt werden.

Die Untersuchung von Störungen kann wie folgt durchgeführt werden:

(a) Die Ursachen erforschen. Der erste Kontrollschritt besteht darin, zu überprüfen, ob die Ursachen richtig kontrolliert werden. Man muß also überprüfen, ob alle Ursachen in Bezug auf die Standards für Entwurf, Anschaffung oder Herstellungsverfahren usw. kontrolliert worden sind.

Zu diesem Zweck ist es notwendig, die Vorgänge in der Werkstatt genau zu beobachten. Es reicht nicht, einfach nur durch die Werkstatt zu laufen: man muß beobachten und überprüfen, ob alles den Standards und Vorschriften entspricht. Da es unendlich viele Ursachen geben kann, kann eine Person allein unmöglich alles überprüfen. Die Checkliste ist nützlich zur effizienten Kontrolle von vorrangigen Ursachen und zur Schutzmaßnahme gegen vorhergehende und vielleicht zukünftige Probleme. Das Kontrollieren der Ursachen ist die Aufgabe des unteren Managements.

(b) Überprüfung der Verfahren und Management durch Ergebnisse. Eine andere Überprüfungsmethode ist die Kontrolle der Ergebnisse eines Arbeitsgangs. Durch Kontrolle der Wechselfaktoren im menschlichen Sektor wie z. B. Anwesenheitsquote, Anzahl der unterbreiteten Vorschläge, aber auch Qualität, Quantität und Lieferflußzeiten oder Kosten, kann man den gegenwärtigen Stand des Verfahrens, der Arbeitsgänge und des Managements überprüfen. Kontrolle auf der Basis von Ergebnissen ist die Aufgabe des höheren Managements.

Ein schlechtes Ergebnis zeigt, daß irgendwo innerhalb des Verfahrens Probleme oder Störungen aufgetreten sind. Wenn also die wirkliche Ursache für dieses schlechte Ergebnis herausgefunden und unter Kontrolle gebracht wird, kann das Verfahren richtig kontrolliert werden.

Die Checkpunkte von Verfahren und Management werden Kontrollpunkte genannt. Vorarbeiter sollten zwischen fünf und zwanzig Kontrollpunkte abchecken, von den Selectional Managers bis hin zum Präsidenten des Unternehmens sollten es zwanzig bis fünfzig Punkte sein.

Es sollte klar sein, daß Überprüfung durch Ergebnisse und Überprüfung der Ergebnisse zwei verschiedene Dinge sind. Was die Qualität anbelangt, so können Verfahren und Management durch Qualität überprüft werden. Die Qualität zu überprüfen bedeutet hingegen, eine Inspektion durchzuführen und diese beiden, Überprüfung des Verfahrens und des Managements durch Qualität und die Überprüfung der Qualität als solcher, sind zwei grundlegend unterschiedliche Sachverhalte. Konzentriert man sich auf die Qualität, kann das Verfahren richtig kontrolliert werden und gute Produkte hergestellt werden.

Da es nun also unzählige Ursachen gibt, variieren die Auswirkungen wie z. B. Qualität, Produktionsmenge oder Kosten ständig. Durch die statistische Analyse der Ergebnisse können Sonderfälle oder Anormalitäten identifiziert werden. Wenn man die statistische Streuung aufmerksam betrachtet und ihre Ursachen herausfindet, können Störungen ausfindig gemacht werden.

Schritt 4: Maßnahmen ergreifen je nach Ergebnis bei Schritt 3
Ein wichtiger Punkt bei der Einleitung notwendiger Gegenmaßnahmen ist die Verhinderung eines Wiederholungsfalls. Eine Störung kann nicht durch das Korrigieren anderer Ursachen beseitigt werden; die wirkliche Ursache muß kontrolliert oder beseitigt werden. Regulieren und die Verhinderung eines Wiederholungsfalls sind ganz unterschiedlich in ihren Ansätzen und in ihrer Verwendung als Gegenmaßnahmen.

Die folgenden Punkte sollten in Betracht gezogen werden:

(a) Nur ein Viertel oder Fünftel aller Mängel oder Defekte ist auf die Arbeiter zurückzuführen. Deshalb sollte sich das Management nie über das Versagen der Arbeiter ärgern. Sonst bleiben die Tatsachen hinter falschen Daten und falschen Berichten verborgen. Man sollte im Gegenteil für eine Atmosphäre im Unternehmen sorgen, die es den Arbeitern ermöglicht, ihren Vorgesetzten oder Kollegen ohne Hemmungen eigenes Versagen oder Fehler mitzuteilen. So können auch alle zusammen bei der Vorbeugung gegen Wiederholungsfälle mithelfen.

(b) Existieren viele unbekannte Ursachen, zeigt das, daß die Verfahrenskontrolle nicht genau genug verstanden worden ist oder nicht richtig in die Praxis umgesetzt wird.

(c) Das Ergebnis der Gegenmaßnahmen muß überprüft werden und unter Bezugnahme auf die Ursache muß auch geprüft werden, ob die Gegenmaßnahme einen Wiederholungsfall ausschließt. Kurzfristige und langfristige Kontrollen sind notwendig.

(d) Kontrolle bedeutet nicht, die gegenwärtigen Zustände beizubehalten. Wenn ein Wiederholungsfall wirksam ausgeschlossen worden ist, sollten weitere Verbesserungen durchgeführt werden.

Der QC-Gesichtspunkt ermöglicht dem Personal, Continuous Improvement durchzuführen, um Ausschuß und Verschwendung in allen Verfahren und Arbeitsbereichen zu reduzieren oder zu beseitigen durch die Qualität zur stetigen Kundenzufriedenheit.

3 Qualitätssicherung

3.1 Grundlagen der Qualitätssicherungspolitik

Um Qualität zu gewährleisten, damit Kunden zufrieden gestellt und gewonnen werden können, muß eine grundlegende Qualitätssicherungspolitik vorhanden sein. Jedes Unternehmen sollte seine eigene Qualitätssicherungspolitik haben, die auf seine Organisation und seine Produkte abgestimmt ist. Im folgenden geben wir einige Musterbeispiele von der Qualitätssicherungspolitik eines japanischen Unternehmens, die als Anhaltspunkte gelten können:

(1) Qualität muß die erste und vorrangige aller Zielsetzungen der Firmenpolitik sein.
(2) Kundenzufriedenheit kann nur durch die Lieferung von Erzeugnissen von Weltklassequalität erreicht werden.
(3) Qualität muß durch Mitwirkung und in Zusammenarbeit aller in dem Unternehmen Beschäftigten erreicht werden.
(4) Das Qualitätssicherungssystem muß alle potentiellen Probleme verhindern und ausschließen.

3.2 Organisation der Qualitätssicherung

Viele Herstellerfirmen bestehen aus corporate departments und Produktabteilungen, dabei ist jede Abteilung unabhängig von der anderen. In diesen Fällen verfügt die Direktionsabteilung des Unternehmens normalerweise über eine Abteilung für Qualitätssicherung, die sämtliche Verfahren zur Qualitätssicherung im ganzen Unternehmen leitet, häufig als quality management promotion center dient und für das ganze Unternehmen die Maßnahmen zur Qualitätssicherung ausführt.

Der Leiter der Qualitätssicherungsabteilung ist für die gesamte Kontrolle des Qualitätssicherungssystems des Unternehmens und oft auch für die Festlegung der grundlegenden Vorgehensweise und Zielsetzungen verantwortlich, die bei der

Anwendung des Systems zu befolgen sind. Im Bedarfsfall überarbeitet und überholt er auch die Verfahren zur Qualitätssicherung.

Die wichtigsten Tätigkeiten der Qualitätssicherungsabteilung schließen die folgenden mit ein:

(1) Festlegung der Qualitätszielsetzungen für das ganze Unternehmen und Verfolgung ihrer Ergebnisse.

(2) Überprüfung und Anerkennung der Qualitätsbewertungsergebnisse durchgeführt von einer Produktabteilung für ihr neues Produkt aus der Sicht des Kunden.

(3) Einleitung notwendiger Maßnahmen gegen schwerwiegende Qualitätsprobleme und zur Verhinderung des Wiederholungsfalls.

(4) Entwicklung fortgeschrittener Bewertungstechniken von Zuverlässigkeit und Sicherheit.

(5) Schulung des gesamten Unternehmens und QC-Methoden.

(6) Förderung von QC-Gruppentätigkeiten etc.

An der Seite der Produktionskräfte in jeder Produktabteilung oder in ihrer Werksanlage ist eine Qualitätssicherungsabteilung vorgesehen (s. Abb. 3.1.). Unter der Qualitätssicherungsabteilung im corporate office sollten diese Abteilungen natürlich eng zusammenarbeiten.

Der oberste Leiter der Produktabteilung ist für die Qualität der in seiner Abteilung hergestellten Produkte verantwortlich.

Die Haupttätigkeiten der Qualitätssicherungsabteilung umfassen:

a)   Förderung von Total Management Tätigkeiten innerhalb der ganzen Abteilung;

b)   ihrer Resultate Aufstellung von Produktqualitätszielsetzungen und Verfolgung;

c)   Zusammenfassung der Maßnahmen zur Qualitätssicherung in jeder Entwurfsphase bis zur Produktion in der Produktabteilung;

d)   Prüfung und Auswertung neuer Produkte aus der Sicht des Kundens;

e)   Kontrolle von Inspektionsmaßnahmen;

f)   Kontrolle der Tätigkeiten, die sich auf die Aufstellung von Marktansprüchen beziehen;

g)   Sammlung und Zusammenfassung von Informationen über Produktqualität;

h)   etc.

Abbildung 3.2. zeigt die Rolle einer jeden Abteilung in einem Unternehmen zur Qualitätssicherung.

Normalerweise umfassen Qualitätssicherungsfunktionen in der Verkaufsabteilung oder in der Serviceabteilung, falls diese vorhanden sind, so wie in Abb. 3.2., die folgenden:

(1) Kontrolle von Tätigkeiten zur Aufstellung von Qualitätsansprüchen.

(2) Zusammenfassung von Qualitätsansprüchen.

(3) Sammlung von field quality Informationen, etc.

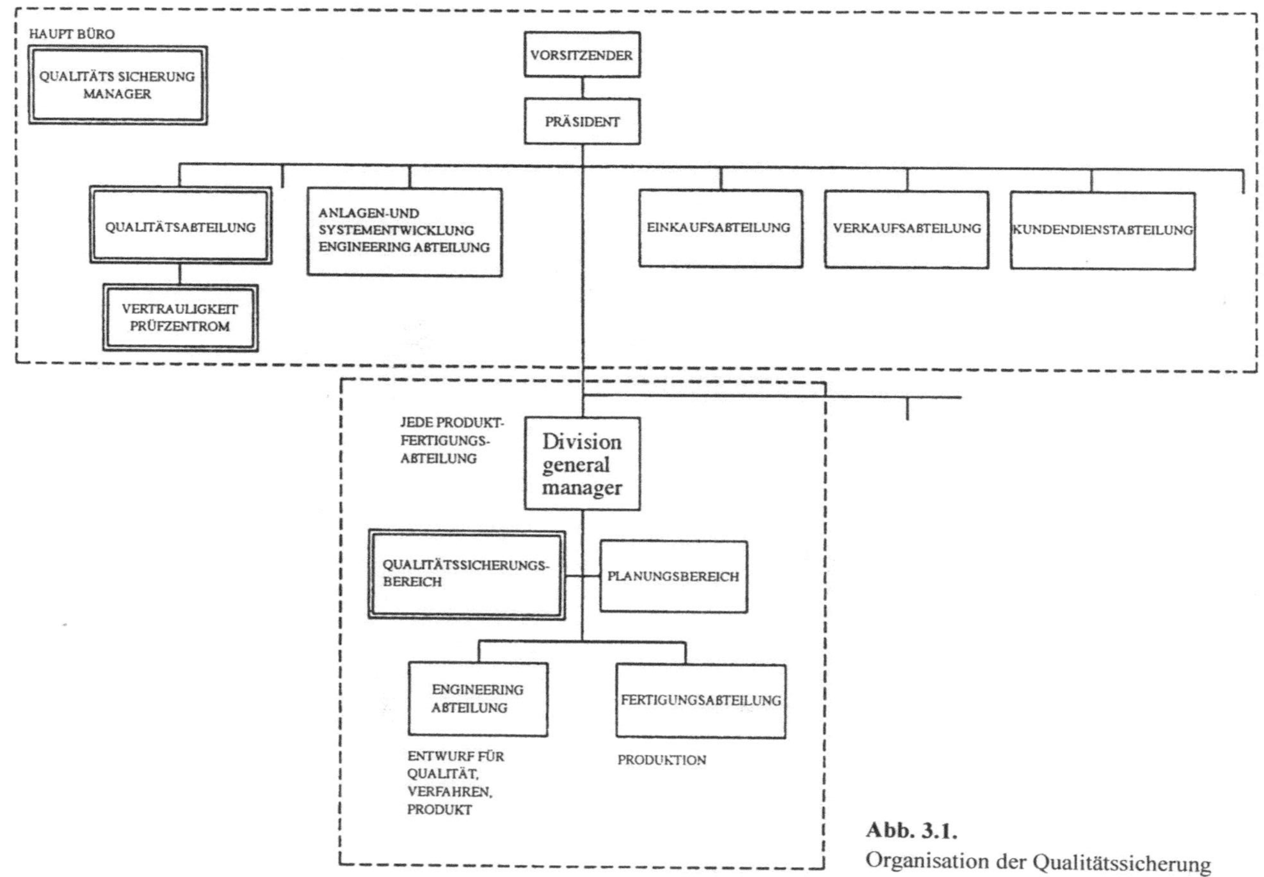

Abb. 3.1.
Organisation der Qualitätssicherung

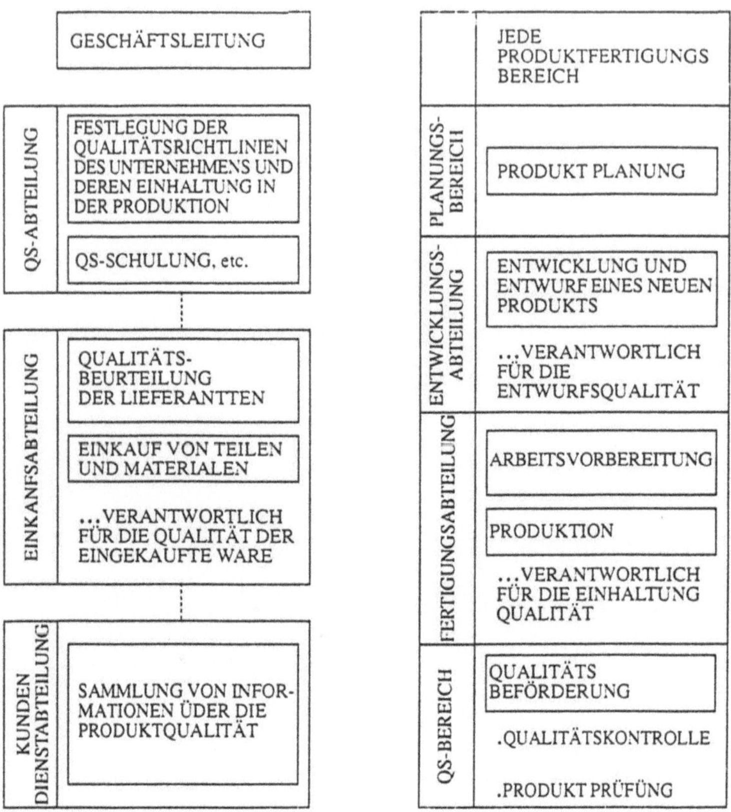

Abb. 3.2. Rolle jeder einzelnen Abteilung für die Qualitätssicherung

Die Einkaufsabteilung ist dafür verantwortlich, die Qualität der eingekauften Materialien und Teile sicherzustellen. (s. Kap. 4.2.5.)

3.3 Qualitätssicherungsverfahren

Qualitätssicherungsprozeß. In diesem Fall wird ein Qualitätssicherungsmeeting am Ende einer jeden Phase abgehalten, um zu entscheiden, ob die gerade ablaufende Entwicklung des neuen Produkts in die nächste Phase eintreten kann oder nicht. Wichtig in diesem Qualitätssicherungsmeeting ist die Anwesenheit des senior board member, zuständig für die Produktabteilung, der die Verantwortung für die Qualität des Produktes übernehmen muß. Wenn es sich um ein wichtiges neues Produkt handelt, sollte der executive vice president teilnehmen und Verantwortung übernehmen.

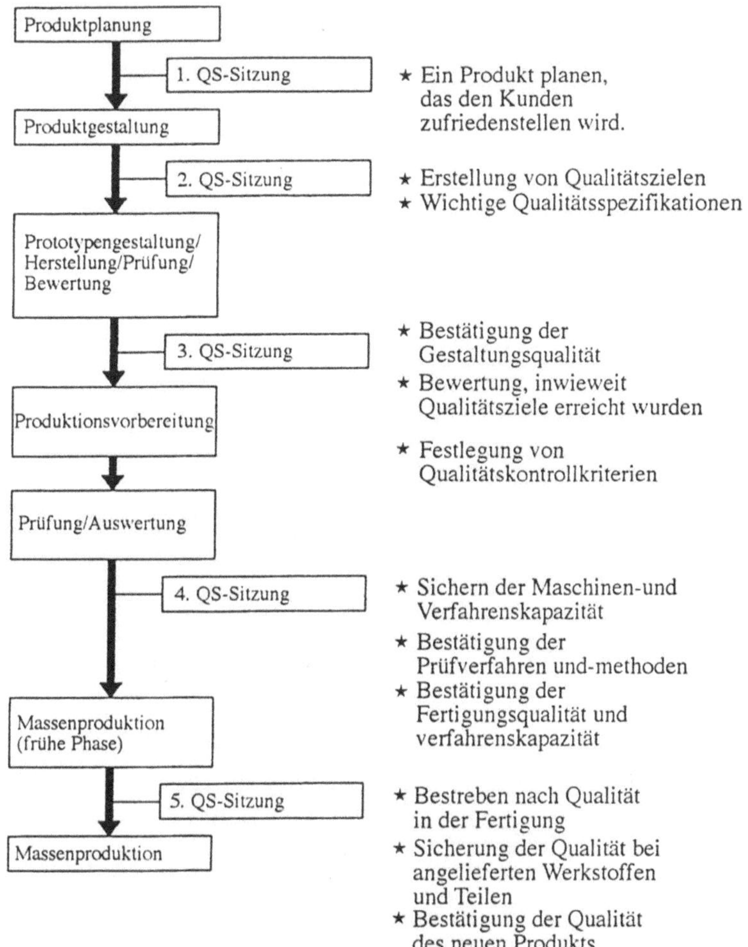

Abb. 3.3. Beispiel eines Qualitätssicherungsprozesses

3.4 Diagramm zum System der Qualitätssicherung

Das Diagramm in Abb. 3.4. veranschaulicht wie die Qualität eines neuen Produkts
von der Phase der Sammlung von Kundeninformationen bis zum Beginn der Produktion sichergestellt werden muß. Dieses Diagramm zeigt nur den grundsätzli-
chen Rahmen eines Diagramms zum Qualitätssicherungssystem, und viele Hersteller von Weltrang haben kontinuierlich daran gearbeitet, es zu verfeinern und zu
einem detaillierteren Diagramm zu perfektionieren.

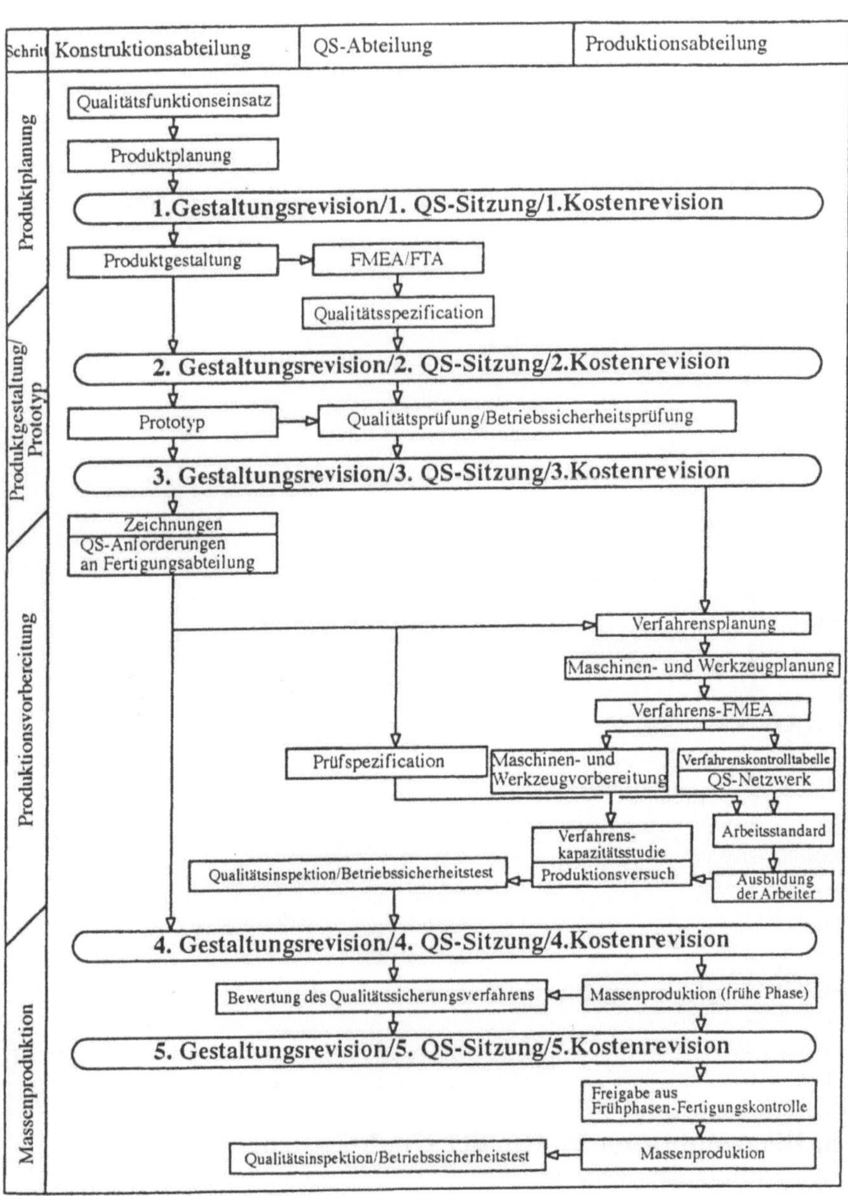

Abb. 3.4. Diagramm zur Qualitätssicherung

In der Phase der Produktplanung müssen verschiedene Informationen wie Kundeninformationen, Wettbewerberinformationen, Qualitätsprobleme bei früheren Problemen, neue Forschungsergebnisse etc. zusammengetragen werden, um Informationen für die Bestimmung der Kundenansprüche wie in Abb. 3.5. gezeigt,

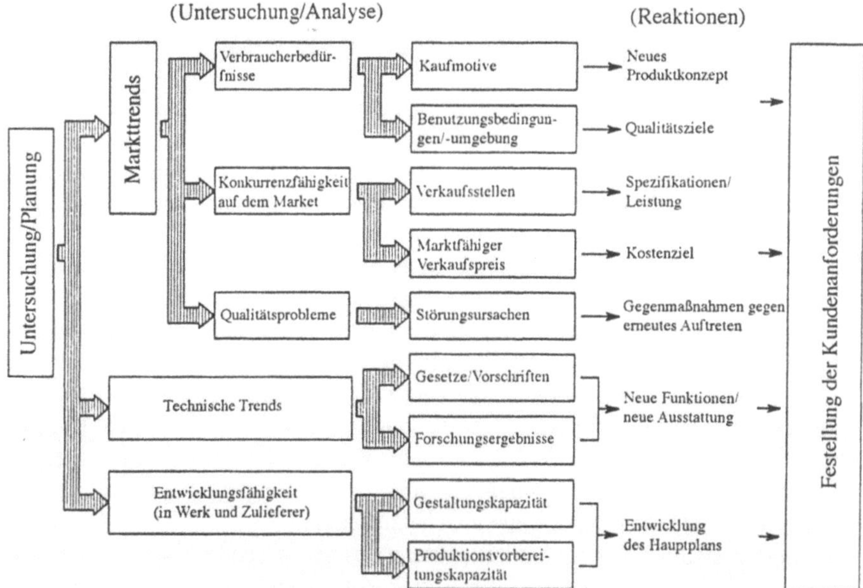

Abb. 3.5. Bestimmung der Kundenansprüche

zu erhalten. Basierend auf der Untersuchung der Kundenansprüche sollte das
quality function deployment, abgekürzt QFD, angewandt werden, um so zu gewährleisten, daß das Produkt den Ansprüchen der Kunden genügt. Quality deployment wandelt die Kundenansprüche in entsprechende Eigenschaften um und
legt die Entwurfsqualität eines Endprodukts fest. Auf das QFD folgen mehrere
Phasen. Basierend auf der Untersuchung der Kundenansprüche sollte das quality
function deployment, abgekürzt QFD, angewandt werden, um so zu gewährleisten,
daß das Produkt den Ansprüchen der Kunden genügt. Quality deployment wandelt
die Kundenansprüche in entsprechende Eigenschaften um und legt die Entwurfsqualität eines Endprodukts fest. Auf das QFD folgen mehrere Phasen.

Die erste Phase ist die Übertragung von Kundenansprüchen nach den Aussagen
der Kunden in Qualitätsmerkmale. In der zweiten Phase wird zur Definierung der
Eigenschaften der kritischen Komponenten eine Qualitätssicherungsmatrize benutzt. Die letzte Phase plant die Produktion, um sicherzustellen, daß die Kundenansprüche befriedigt werden. Für weitere Einzelheiten siehe das Buch von Akao [1].

Die Existenz der Qualitätssicherungsabteilung in diesem Diagramm bedeutet,
daß sie die Entwurfsqualität und die Qualitätsbeständigkeit von ihrem eigenen
Standpunkt prüfen und sicherstellen muß, daß zu einem späteren Zeitpunkt keine
Probleme auftreten werden. Mit anderen Worten, die Qualitätssicherungsabteilung
ist dafür verantwortlich, Qualitätsprobleme bereits zu einem frühen Zeitpunkt zu
entdecken, damit sie nicht in die nachfolgenden Phasen hineingetragen werden.

Zur Sicherstellung der Entwurfsqualität sollten in der Planungsphase verschiedene Verfahren wie Entwurfüberprüfungen, Qualitätsmeetings, Failure Mode and

Effect Analysis (FMEA), Fault Tree Analysis (FTA), Qualitätsprüfung (quality audit) und Zuverlässigkeitsprüfungen sachgemäß angewandt werden, wie im Diagramm gezeigt.

Die Qualitätsprüfung wird normalerweise angewandt, um zu bewerten, ob das Qualitätssicherungssystem sachgemäß angewandt, und ob jede Phase der Entwicklung des neuen Produkts wie geplant ausgeführt wurde. Sollten durch die Qualitätsprüfung Probleme gefunden werden, sind entsprechende Gegenmaßnahmen zu ergreifen.

Bei der Fertigstellung der Prototypen dient die Zuverlässigkeitsprüfung zur Feststellung, ob sie die festgelegten Kundenansprüche befriedigen.

Es ist äußerst wichtig, daß die Abteilung für Produkttechnik zum Zeitpunkt der Vorbereitungen für die Produktion Qualitätsanforderungen deutlich formuliert und wichtige technische Information an die Fertigungsabteilung weiterleitet.

In den Phasen der Vorbereitung von Produktion und Fertigung müssen Entwurfüberprüfungen, Qualitätssicherungsmeetings, Verfahren FMEA, QA Network, Verfahrenskapazitätsprüfung, Qualitätsprüfung und Zuverlässigkeitsprüfung stattfinden, um die Qualitätsbeständigkeit sicherzustellen.

Es ist wichtig, daß an der Qualitätsprüfung das betroffene Personal der Produkttechnik-Abteilung teilnimmt und die Verfahrenskapazität in Zusammenarbeit mit dem übrigen Personal auswertet.

Die Fertigungskontrollkarte, die Kontrollpunkte, Meßverfahren, Akzeptanzkriterien, Inspektionshäufigkeit etc. spezifiziert, muß vom Fertigungspersonal vorbereitet werden, um die Qualität während des Arbeitsverfahrens sicherzustellen. Unter Bezugnahme auf die Zeichnung des zu fertigenden Teils und der Fertigungskontrollkarte kann der verantwortliche Vorarbeiter dann den Betriebsstandard für jeden Arbeitsvorgang vorbereiten. Es sollte darauf geachtet werden, daß vom Gesichtspunkt einer kontinuierlichen Verbesserung sowohl die Fertigungskontrollkarte als auch der Betriebsstandard ständig nachgebessert und verfeinert werden müssen.

4 Die wichtigsten Tätigkeiten bei der Qualitätskontrolle

4.1 Qualitätskontrolle im Stadium der Produktplanung

4.1.1 Quality Engineering

Die Produktplanung hat die größte Auswirkung auf die Produktqualität, und es gibt drei Faktoren, die die Qualität von Produkten beeinflussen:

(1) Äußere Störfaktoren, die sich aus Variablen der Betriebsumgebung ergeben, wie Temperatur, Feuchtigkeit, Vibration, Verschmutzung etc.
(2) Innere Störfaktoren, die vom Verschleiß herrühren.
(3) Variation zwischen Einheiten, die durch unterschiedliche Teile und/oder unterschiedliches Material bedingt sind.

Der Zweck der Qualitätstechnik, die ursprünglich von Taguchi[2] entwickelt worden ist, besteht darin, ein Produkt zu entwerfen, das gegenüber diesen drei Faktoren resistent ist. Resistenz bedeutet, daß die funktionalen Eigenschaften des Produkts für Variation – hervorgerufen durch diese drei Faktoren – nicht anfällig sind. Um Resistenz zu erreichen, muß die Qualitätskontrolle von der Phase des Produktentwurfs über die Vorbereitungsphase für die Produktion bis hin zur Fertigungsphase durchgeführt werden. Um die Qualität der Produkte dahingehend zu verbessern, daß Resistenz erreicht wird, müssen die folgenden drei Entwurfsarten angewandt werden:

(1) Systementwurf, um einen Prototypentwurf zu entwickeln und um Materialien, Teile und Montagemethode zu bestimmen.
(2) Parameterentwurf, um die Entwurfsparameter jedes Elements auszuwählen, so daß die funktionalen Abweichungen von Entwurfsparametern vermindert werden.
(3) Toleranzentwurf, um kleine Toleranzen für die Abweichungen von Entwurfsparametern in bezug auf die Ebenen zu spezifizieren, die vom Parameterentwurf bestimmt werden, sollte die Variationsminderung erreicht durch den Parameterentwurf unzureichend sein.

4.1.2 FMEA und FTA

Um ein zuverlässiges Produkt zu entwerfen, muß das Produkt von den verschiedenen technischen Gesichtspunkten her bewertet werden. FMEA und FTA sind hierbei wirksame Verfahren und ermöglichen es den Planern, trotz mangelnder Zuverlässigkeit der Daten potentielle Qualitätsprobleme im frühen Stadium aufzuspüren.

FMEA listet jedes Teil des Produkts auf und gibt die Auswirkung, die Häufigkeit und die Schwere seiner potentiellen Probleme an, die das Mißlingen des Produkts verursachen können und hebt die vorrangigen Teile hervor. Die Ursachen für ein Mißlingen solcher vorrangigen Teile müssen sorgfältig untersucht und notwendige korrigierende Gegenmaßnahmen sollten ergriffen werden, bevor die Zeichnungen dieser Teile ausgegeben werden.

Tabelle 4.1. zeigt die Klassifizierung des Zuverlässigkeitsgrads für verschiedene Teile. FMEA sollte für diese Grade von Stufe A bis zumindest Stufe B gemacht werden. Das Ergebnis der FMEA wird eine Richtschnur bei der Festlegung von Kontrollgrenzwerten auf der Kontrollkarte sein, die während der Fertigung benutzt wird. Wenn die Qualitätsverteilung annähernd eine normale Verteilung mit einem Zielwert im Zentrum aufweist, können Kontrollwerte wie folgt angesetzt werden:

(1) Mängel, die um jeden Preis vermieden werden müssen
    Kontrollgrenzwerte = Zielwerte $\pm 5\sigma$
    wobei σ die Standardabweichung der Qualitätsverteilung ist.
(2) Mängel, die wesentliche Probleme hervorrufen:
    Kontrollgrenzwerte = Zielwert $\pm 4\sigma$
(3) Alle übrigen:
    Kontrollgrenzwerte = Zielwert $\pm 3\sigma$

Im Falle eines möglichen Mißlingen des Produkts sollte FTA durchgeführt werden. FTA konzentriert sich auf einen entscheidenden Schwachpunkt des Produkts und analysiert seine Ursachen zurückgehend bis hin zu Qualitätsproblemen seiner Hauptbestandteile.

4.2 Qualitätskontrolle im Stadium
der Produktionsvorbereitungen

4.2.1 Quality Engineering

Es gibt auch drei Planungsschritte, die im Stadium der Produktionsvorbereitungen befolgt werden sollen, wie im Fall des Produktentwurfs. Diese drei Schritte sollen sich mit der Variation zwischen Einheiten beschäftigen.

Tabelle 4.1 Wirkungsgradklassifikation

TEILE / Betriebssicherheit	NEUE TEILE				ÄHNLICHE TEILE			GLEICHE TEILE		
	Umbe-nutzt	Andere Bedin-gungen	Ähnliche Bedin-gungen	Gleiche Bedin-gungen	Andere Bedin-gungen	Ähnliche Bedin-gungen	Gleiche Bedin-gungen	Andere Bedin-gungen	Ähnliche Bedin-gungen	Gleiche Bedin-gungen
AAA	○									
AA		○								
A			○		○					
B				○		○		○		
C							○		○	
D										○

(1) Systementwurf, um die Fertigungsabläufe, die das Produkt innerhalb der festgelegten Grenz- und Toleranzwerte bei niedrigen Kosten herstellen können,
zu bestimmen.

(2) Parameterentwurf, um die Betriebsebenen der Fertigungsabläufe zu bestimmen, so daß die Variabilität in Produktparametern minimalisiert wird.

(3) Toleranzentwurf, um die „allowance ranges" für Änderungen der Betriebsbedingungen und anderer Variablen zu bestimmen.

4.2.2 Verfahren FMEA

Um Abläufe zur Herstellung von Produkten zuverlässig zu gestalten, müssen die
Abläufe von verschiedenen Gesichtspunkten der Produktionstechnik her bewertet
werden. Das Verfahren FMEA dient als Werkzeug bei der Erfüllung dieser Aufgabe. Das Verfahren FMEA listet jedes Verfahren und seine Teilprozesse auf und
sagt die Wirkung, die Häufigkeit und Schwere seines potentiellen Problems voraus, was ein Qualitätsproblem am Produkt oder das Mißlingen des Verfahrens verursachen könnte, und stellt vorrangige Verfahren oder Teilprozesse heraus.

Die Ursachen der Produktionsqualität oder das Mißlingen der Verfahren müssen
sorgfältig untersucht und notwendige korrigierende Gegenmaßnahmen sollten vor
dem Set-up der Betriebsausrüstung ergriffen werden.

4.2.3 Prüfung der Verfahrenskapazität

Um die Qualitätskontrolle im Verfahren effektiv durchzuführen, ist es sehr wichtig
und wirkungsvoll, die Verfahrenskapazität zu beobachten und zu bewerten und anhand der Ergebnisse das Verfahren zu überwachen und zu kontrollieren. Die Verfahrenskapazität ist eine Maßeinheit der inhärenten Variabilität des Verfahrens und
kann indirekt durch die Messung der Produktgleichförmigkeit festgestellt werden.

Abbildung 4.1. zeigt vier Hauptpunkte, die die Verfahrenskapazität beeinflussen.
Das sind Material, Maschine, Mann und Methode, oft abgekürzt als 4M.

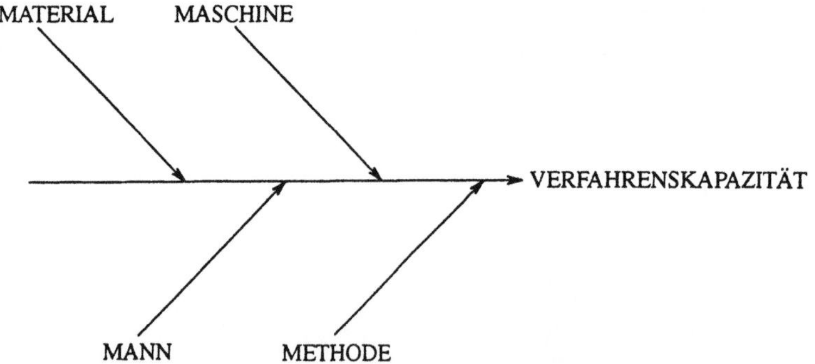

Abb. 4.1. Die vier Hauptpunkte, die die Verfahrenskapazität beeinflussen

Wenn davon ausgegangen wird, daß die Qualitätseigenschaft eine normale Verteilung aufweist, wobei ± 3σ 99,73% der Bevölkerung umfaßt, wird die Verfahrenskapazität wie folgt definiert:

Verfahrenskapazität = ± 3σ oder 6σ

während der Verfahrenskapazitätsindex wie folgt errechnet werden kann.

Fall (a):	Zweiseitig, obere und untere Standardgrenze

$$C_p = (u_t - l_t) / 6\sigma$$

Fall (b):	Einseitig, obere Standardgrenze

$$Cp = (u_t - x) / 3\sigma$$

Fall (c):	Einseitig, untere Standardgrenze

$$Cp = (x - l_t) / 3\sigma$$

u_t ist die obere Toleranzgrenze

l_t ist die untere Toleranzgrenze

x ist der Grad der Abweichung

Tabelle 4.2 Prozesse bezogen auf Werte von Cp

Cp	Verteilung	Beurteilung	Maßnahme
Cp ≥ 1.67	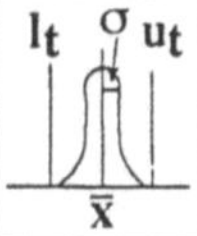	Verfahrenskapazität mer als ausreichend.	In bestimmten Fällen können eine Vereinfachung der Verfahrenskontrolle und eine Kostensenkung in Betracht gezogen werden.
1.67 > Cp ≥ 1.33	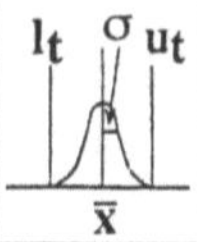	Verfahrenskapazität ausreichend.	Idealzustand. Sollte beibehalten werden.
1.33 > Cp ≥ 1.00	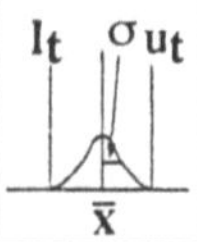	Verfahrenskapazität nicht ganz ausreichend, aber angemessen.	Überprüfen Sie das Verfahren gründlich und behalten Sie die Kontrolle bei. Bei Annäherung an Cp kann es zu Mängeln kommen. 1. Ergreifen Sie bei Bedarf die entsprechenden Maßnahmen.
1.00 > Cp ≥ 0.67	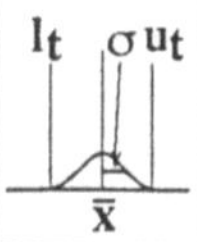	Verfahrenskapazität nicht ausreichend.	Es sind Mängel aufgetreten. Sher sorgfältige Kontrollen, Verfahrenskontrolle und Kaizen erforderlich.
0.67 > Cp	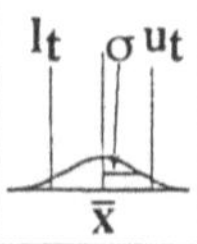	Verfahrenskapazität sehr gering.	Qualität unzureichend. Die Qualität ist zu verbessen, die Ursache ist zu suchen und entprechende Notmaßnahmen sind zu treffen. Normen überprüfen.

Für den Fall, daß x vom Zielwert abweicht, sollte wie folgt C_{pk} verwendet werden:

$$C_{pk} = (1-k) \ (u_t - l_t) \ / \ 6\sigma$$

wobei k den Abweichungsgrad darstellt

$$= \frac{(u_t + l_t)/2 - x}{(u_t - l_t)/2}$$

Wenn $k > 1$, dann ist $C_{pk} = 0$

Tabelle 4.2. stellt das Verfahren dar.

Während der Produktionsvorbereitungsphase muß $Cp \geq 1.33$ erreicht werden.

Abbildung 4.2. veranschaulicht die wichtige Tatsache, daß die Produktentwicklung und die Verfahrensentwicklung durch die Prüfung der Verfahrenskapazität

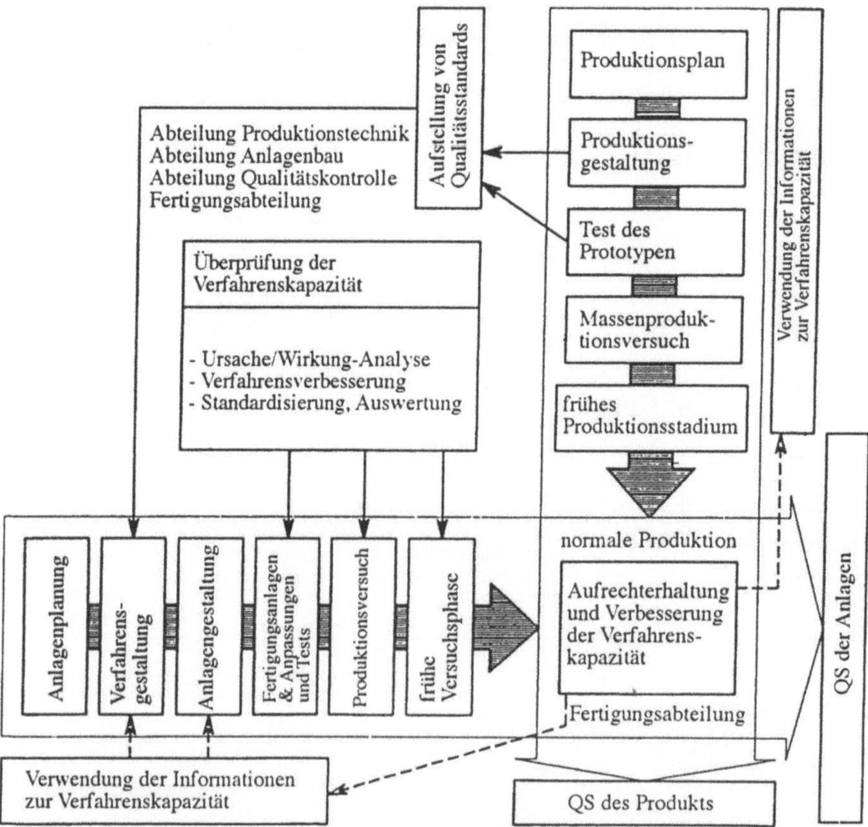

Abb. 4.2. Produktentwicklung und Verfahrensentwicklung durch Prüfung der Verfahrenskapazität

zusammengehen müssen. Mit anderen Worten, die Qualitätsinformationen, die in den verschiedenen Stadien im Qualitätssicherungssystem zusammengetragen worden sind, sollten an die Produkttechnikabteilung zurückgeleitet werden, um das Produkt zu modifizieren. Diese Informationen müssen ebenso weitergeleitet werden, um das Produktionsverfahren und Qualitätskontrollsystem zu verbessern.

4.2.4 Fool-Proof-System

Menschen machen Fehler, auch wenn sie noch so hart darauf trainiert worden sind, keine zu machen. Die folgenden sind die typischen Fehler, die von Arbeitern verursacht wurden:

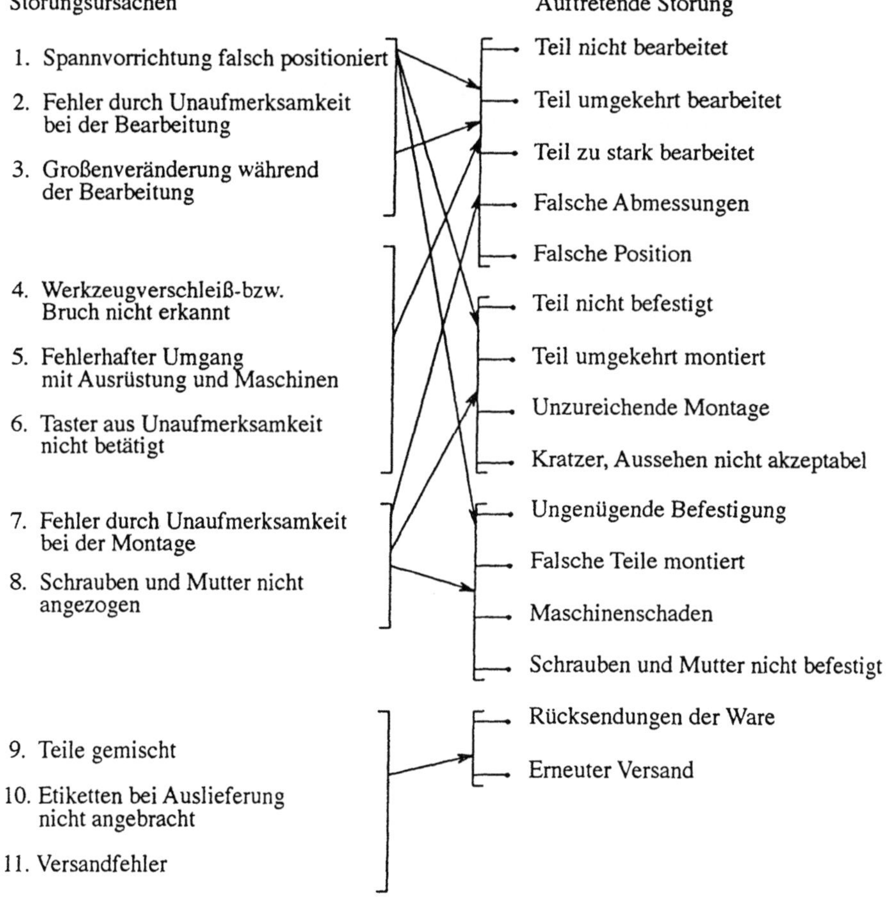

Abb. 4.3. Ursachen für Fehler und Störungen

(1) Arbeiter machen Fehler bei der Bearbeitung von Werkstücken — unbearbeitete, in umgekehrter Reihenfolge bearbeitete oder überarbeitete Werkstücke.

(2) Aufgrund der Unaufmerksamkeit der Arbeiter schwanken Teilgrößen, und es kommt zur Fehlmontage von Teilen.

(3) Hervorgerufen durch fehlende Teile oder in umgekehrter Reihenfolge angebrachte Teile verursachen Arbeiter zum Zeitpunkt der Anbringung am Montagegestell und/oder an Maschinen Schrammen, nicht akzeptierbares Aussehen, nicht bearbeitete Stücke oder in umgekehrter Reihenfolge befestigte Teile.

(4) Arbeiter vergessen, einige Teile zu befestigen, montieren falsch gewählte Teile, montieren Werkstücke in umgekehrter Reihenfolge oder montieren Werkstücke zum Zeitpunkt der Montage unvollständig.

(5) Arbeiter vergessen, kleine Teile fest-oder lockerzumachen, wie z. B. Schrauben oder Muttern.

(6) Aufgrund der Vielzahl verschiedener Teile montieren die Arbeiter sie falsch zusammen und verursachen dadurch Schäden oder Maschinenstops. Das passiert meist mit kleinen Teilen wie z. B. Schrauben.

(7) Bei der Auslieferung vergessen die Arbeiter Etiketten, Namensschilder u.ä. anzubringen, oder sie bringen die falschen Etiketten an.

Abbildung 4.3 zeigt die verschiedenen Ursachen für Fehler und die resultierenden Störungen.

Anstatt eine annehmbare Fehlerquote festzulegen und sich daran zu halten, müssen spezielle Punkte wie z. B. fool proof devices entwickelt und dort ins Verfahren eingebaut werden, wo Arbeiter am ehesten dazu neigen, Fehler zu machen.

Auch wenn ein Defekt nur selten auftritt, wenn er aus Achtlosigkeit verursacht wird, muß er durch die Anwendung von fool proof devices beseitigt werden.

4.2.5 Qualitätskontrolle gekaufter Ware

Abbildung 4.4. zeigt, wie die Einkaufsabteilung im Stadium der Produktionsvorbereitungen miteinbezogen werden kann, um die Qualität gekaufter Ware sicherzustellen. Wie in der Abbildung gezeigt, überprüfen Techniker der Einkaufsabteilung die übermittelten Daten eines Lieferanten, besuchen und erforschen die Verfahrenskapazität seines Produktionsverfahrens, bewerten die Artikel aufgrund verschiedener Maßnahmen und Tests und überprüfen auch das Wartungssystem. Wenn alles in Ordnung ist, kann die Inspektion eingehender Ware von diesem Lieferanten während des folgenden Produktionsstadiums wegfallen.

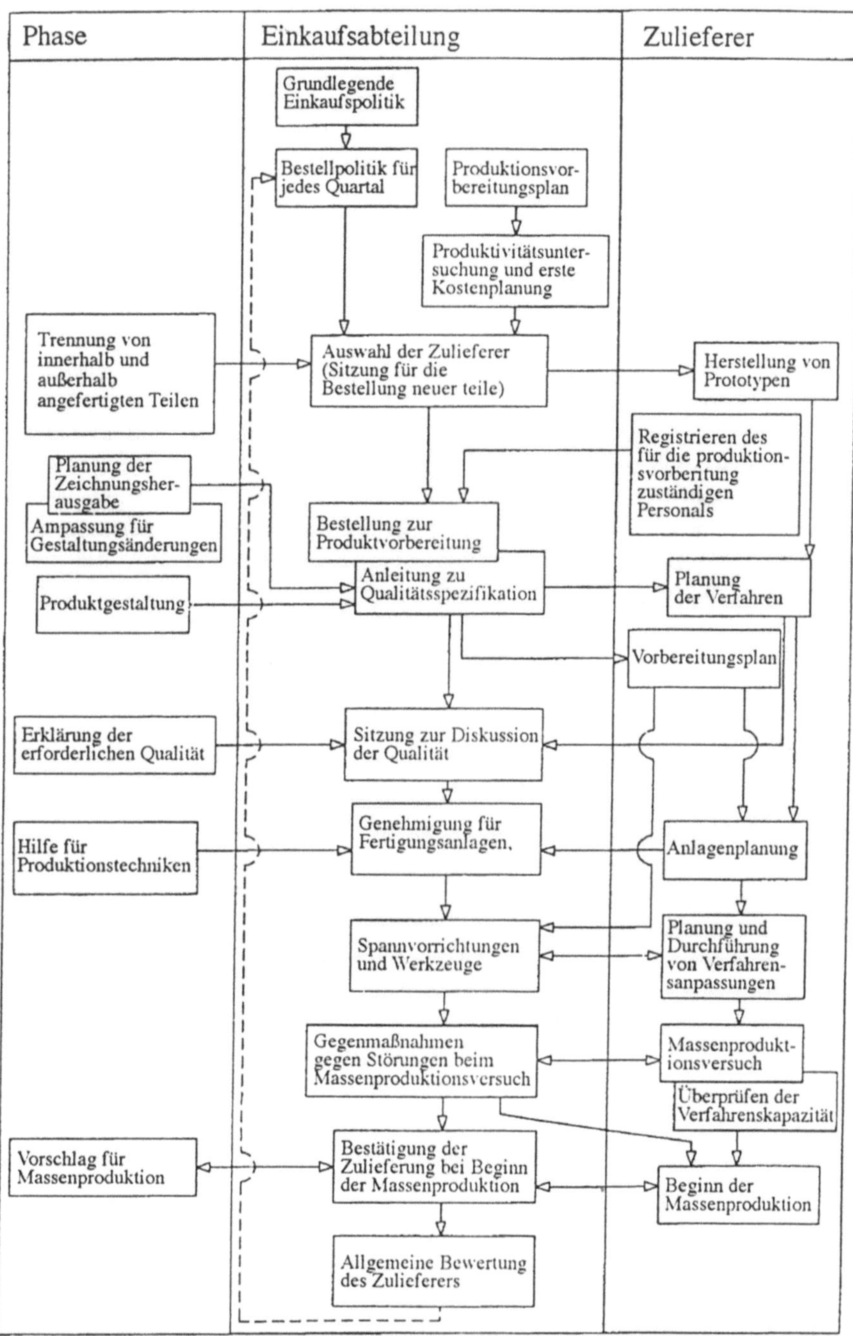

Abb. 4.4. Einbeziehung der Einkaufsabteilung im Stadium der Produktionsvorbereitungen

4.3 Qualitätskontrolle im Stadium täglicher Produktion

4.3.1 Statistische Arbeitsverfahrenskontrolle (SPC) durch Verwendung der Kontrollkarte

Die Variationen von Qualitätsmerkmalen in der Produktion sollten innerhalb der gegebenen Toleranzen beibehalten werden, weil sie die Abweichung vom Zielwert der Entwurfsqualität bedeuten.

Das Hauptkonzept der Qualitätskontrolle in dieser Phase lautet: „Man schicke niemals Mängel oder Fehler weiter zum nächsten Arbeitsvorgang."

Bisweilen wird dieses Motto wie folgt paraphrasiert: „Der nächste Arbeitsvorgang ist euer Kunde."

Um dies zu realisieren, muß der Vorgang unter Kontrolle sein, und die Stückinspektion muß auf die eine oder andere Weise durchgeführt werden.

In der täglichen Produktion muß daher der Prozeß sorgfältig gesteuert werden, um zu sehen, ob er durch die SQC unter Kontrolle gehalten wird: Beim Ausfüllen der X-R Kontrollkarte und der Histogramme müssen die folgenden drei Punkte Bestätigung finden:

(1) Der zentrale Wert des Histogramms ist der Zielwert der Qualitätseigenschaften.
(2) Die Variationen der Qualitätseigenschaften sind in den Toleranzen gegeben.
(3) Der Verfahrenskapazitätsindex C_p wird eingehalten.

4.3.2 Jeder einzelne Aspekt der Inspektion

Um keine Mängel zu produzieren, muß, um ein wiederholtes Auftreten von Fehlern zu verhindern, eine Inspektion durchgeführt werden. Wie in Abb. 4.5. gezeigt, kann die Inspektion in zwei Arten unterteilt werden, wobei die erstere verwendet werden soll. Mit anderen Worten, die Aufgabe der Inspektion besteht nicht darin, Mängel aufweisende Stücke von den guten Stücken zu trennen, sondern Mängel zu beseitigen.

Im Prinzip müssen Mängel sofort nach ihrem Auftreten beseitigt werden. Zu diesem Zweck muß jeder Aspekt der Inspektion theoretisch im Produktionsvorgang durchgeführt werden. Das Problem besteht darin, wie man dies auf wirtschaftlich sinnvolle Art tun kann.

Die Hauptpunkte zur Vermeidung von Wiederholungsfehlern sind:

(1)   Den Arbeitern muß das Bewußtsein vermittelt werden, daß ein jeder von ihnen ein Prüfer der Qualitätskontrolle ist.
(2)   Wenn sie ein schadhaftes Stück im Produktionsvorgang ausmachen, sollten sie dazu ermuntert werden, den gesamten Prozeß zu stoppen, um es in Ordnung zu bringen.

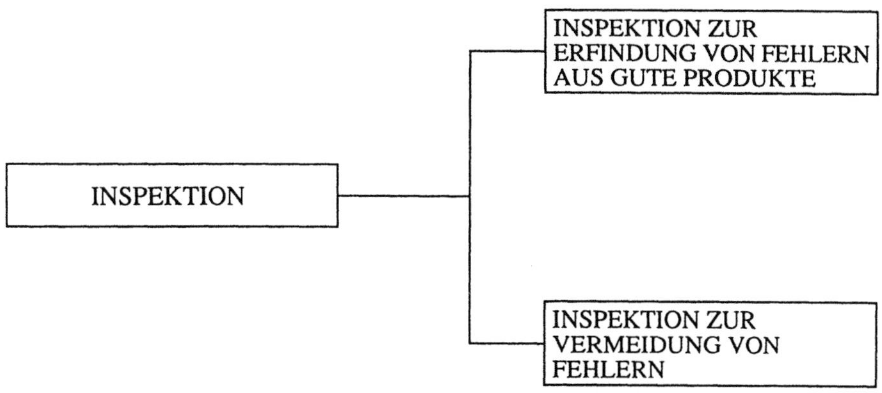

Abb. 4.5. Zwei Arten von Inspektion

(3) Sie benennen und kennzeichnen den Defekt, analysieren ihn und verfolgen ihn bis zu seinem Ursprung zurück, verbessern und halten fest, was danach geschehen ist.

Für Punkt (3) sollte die sog. *5 Warum-Fragen*-Methode angewandt werden. Die Ursache des Defekts muß verfolgt werden, indem man wenigstens fünfmal fragt, *WARUM* der Defekt aufgetreten ist, und dann müssen die Gegenmaßnahmen ergriffen werden.

Inspektion kann, wie in Abb. 4.6. gezeigt, je nach der Stelle, an der sie durchgeführt wird, in zwei Arten unterteilt werden.

Ursprungsinspektion nennt man die Inspektion, die die Ursache eines Fehlers entdeckt, bevor er auftritt, und somit sein Auftreten verhindert. Um die Produktion nicht zu stoppen, müssen so z.B. alle zum System gehörigen Teile richtig sein. Dies bedeutet, daß sie komplett geprüft werden müssen, bevor sie im System eingesetzt werden, um einem Systemstop vorzubeugen. Diese Art von Inspektion gehört zur Ursprungsinspektion.

In einigen Fällen ist es jedoch schwierig, eine Ursprungsinspektion durchzuführen. Dann muß eine Ergebnisinspektion gemacht werden. Das bedeutet, daß die Inspektion nach der Produktion durchgeführt wird. Man kann hier also von einer Inspektion zum Auffinden von Defekten sprechen.

Die Ergebnisinspektion kann, wie in der Abbildung gezeigt, in vier Arten unterteilt werden. Um einen Defekt aufzuspüren, gilt das Prinzip „je eher, desto besser", denn so können geeignete Gegenmaßnahmen ergriffen werden. Daher ist es äußerst wichtig, die Inspektion innerhalb des Verfahrens durchzuführen.

Es muß strikt vermieden werden, in der Endinspektion alle Punkte zu überprüfen. Prüfer können Qualität nicht einbauen. Der Punkt ist der, daß die Arbeiter die Qualität während ihrer Arbeit miteinbauen.

Bei der maschinellen Anfertigung von Bohrern, Reibahlen oder Gewindebohrern ist es der Fall, daß im umgekehrten Verhältnis zur erhöhten Stückzahl von gefertig-

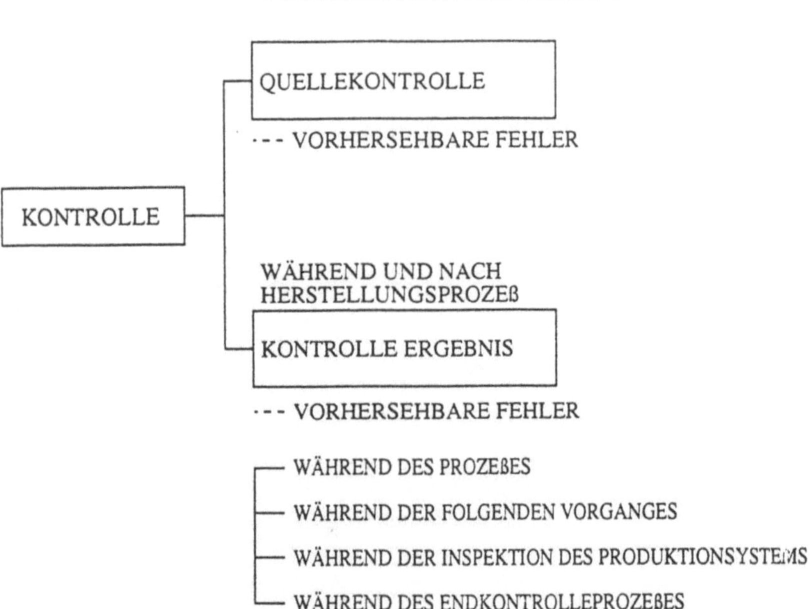

Abb. 4.6. Zwei Arten der Inspektion je nach Ort

ten Teilen der Lochdurchmesser kleiner wird. Wenn man es als Eigenschaft betrachtet, daß sich die Qualität der Stücke mit fortschreitender Zeit ändert, kann eine Musterinspektion der Teile in der Reihenfolge ihrer Fertigung den gleichen Zweck erfüllen wie eine Stück-für-Stück Inspektion. Das heißt, wenn das 50. Stück bei der Inspektion qualitativ vollwertig ist, kann man davon ausgehen, daß vom 1. bis zum 49. Stück alle Produkte gut sind, und wenn das 100. Stück für gut befunden wird, dann werden die Produkte vom 51. bis zum 99. Produkt als gut angesehen.

Selbst wenn das 100. Stück einen Defekt aufweist, kann man die defekten Stücke durch die Prüfung des 51. bis 100. Stückes herausfinden. Bei dem gewöhnlichen Musterinspektionsverfahren werden die Produkte nach dem Zufallsprinzip von einer zu überprüfenden Menge genommen und auf der Grundlage der statistischen Ergebnisse wird eine Qualitätsprüfung durchgeführt. Die Anzahl der Werkstücke zwischen zwei Inspektionen wird Qualitätsinspektionsintervall oder Qualitätsinspektionsanzahl genannt. Das Qualitätsinspektionsintervall muß von der Lebensdauer der Werkzeuge her sehr sorgfältig bestimmt werden.

Qualitätskontrolle hat auch sehr viel mit Nachvollziehbarkeit zu tun. Das heißt, wenn der Produktionsprozeß schlecht organisiert ist, kommen die gefertigten Produkte nicht in der Reihenfolge der Bearbeitungsvorgänge heraus, sondern durcheinander. Selbst wenn dann ein mangelhaftes Stück gefunden wird, ist es schwierig zu verstehen, in welchem Arbeitsvorgang der Defekt entstanden ist. In diesem Sinne müssen sowohl in Einzelprozessen als auch in Parallelprozessen die Teile in der Reihenfolge ihrer Bearbeitung geprüft werden.

Abbildung 4.7. zeigt ein Beispiel für verbesserte Qualitätskontrolle. Das Produktionssystem hat im ersten Arbeitsvorgang zwei Maschinen (Nr. 1 und Nr. 2), und alle Werkstücke, die von jeder Maschine bearbeitet werden, werden durcheinander gemixt und dann in den 2. Arbeitsvorgang überführt. Wenn ein Defekt bei der Überführung in den 2. Arbeitsvorgang entdeckt wird, müssen alle Werkstücke, die auf dem Transportband bereits durcheinander liegen, in gute und fehlerhafte aufgeteilt werden. Das ist eine recht aufwendige Arbeit. Daher ist es besser, nach der Stück-für-Stück-Inspektion nur gute Stücke zum 2. Arbeitsvorgang weiterzugeben.

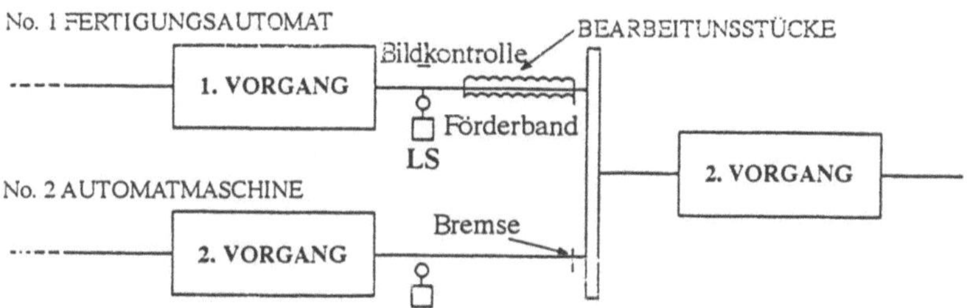

Abb. 4.7. Beispiel zur Verbesserung der Qualitätskontrolle

4.3.3 QA Network

In realen Situationen ist die Qualitätskontrolle oder die Überprüfung eines Qualitätskriteriums innerhalb des betroffenen Verfahrens nicht ausreichend, um zu verhindern, daß fehlerhafte Produkte die Fabrik verlassen. Deshalb müssen wichtige Qualitätskriterien innerhalb des Systems auf unterschiedliche Art und Weise zweimal, in bestimmten Fällen sogar dreimal überprüft werden.

Abbildung 4.8 zeigt eine Matrix, genannt QA Network, die eine derartige Überprüfung darstellt. Diese Methode ist sehr nützlich, um fehlende oder schlecht eingepaßte Werkstücke oder die Montage falscher Teile, etc. zu vermeiden und die Qualität zu garantieren.

4.3.4 Festlegung der Standardarbeitsgänge

Standardarbeitsgänge sind die Grundlage für jeden Arbeiter beim Bedienen einer Maschine. Es gibt drei Hauptfaktoren für Standardarbeitsgänge: Zykluszeit, Reihenfolge der Arbeitsgänge, Standardanzahl des in-process Lagerbestands. Unter Zykluszeit versteht man die Standardzeit, die zur Herstellung eines Werkstücks (oder Produkts) notwendig ist. Die Reihenfolge der Arbeitsgänge ist die, die ein

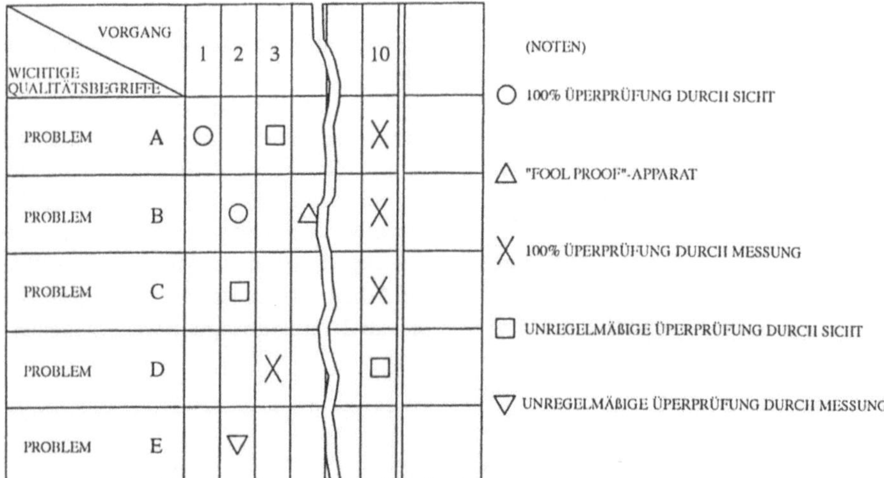

Abb. 4.8. QA-Matrix

Arbeiter befolgt, wenn er z. B. ein Werkstück von einer Maschine entlädt, die Maschine mit einem neuen Teil belädt und das schon bearbeitete Werkstück zur nächsten Maschine weiterführt. Die Standardanzahl der bearbeiteten Werkstücke stellt das *minimale work in process* dar, um Arbeitsgänge durchzuführen. Dies beinhaltet auch das Werkstück, das gerade von der Maschine bearbeitet wird.

Abbildung 4.9. zeigt das Beispiel eines Standardarbeitsganges. Der Arbeiter beginnt seine Tätigkeit (1), indem er das notwendige Material zusammenstellt, geht dann von Maschine (2) zu Maschine (12) und legt die fertige Einheit auf der Pallette ab, die mit (13) gekennzeichnet ist. Bei den Maschinen (2), (3), (4), (5), (6), (7), (8), (9) und (10) muß er Sicherheitsfaktoren berücksichtigen. An den Maschinen (2), (5), (10) und (12) muß er die Qualität überprüfen. Die Zahlen 1/50 an Maschine (2) bedeuten, daß er jedes fünfzigste Werkstück überprüfen muß. Das System benötigt zwei weitere Lagerstellen zwischen den Maschinen (6) und (7), zusätzlich zu den vorhandenen an Maschine (6) und Maschine (7). Auf diese Art und Weise kann alles problemlos durchgeführt werden.

Ist der Standardarbeitsgang richtig festgelegt worden, dann wird dadurch die Fehlerquote Null garantiert. Wenn der Arbeiter diesen Standardarbeitsgang streng befolgt, sollten die geplanten Resultate erreicht werden und weder Unfälle noch Materialschäden auftreten. Sollten dennoch Defekte aufgefunden werden, so bedeutet das entweder

(1) der Arbeiter hat die Vorgaben des Standardarbeitsganges nicht richtig befolgt, oder

(2) das Material oder die dem System zugeführten Teile waren falsch, oder

(3) Maschinen, Ausrüstung, Preßformen oder Werkzeuge funktionieren nicht richtig.

Das macht es einfach, die möglichen Ursachen für Fehler aufzufinden.

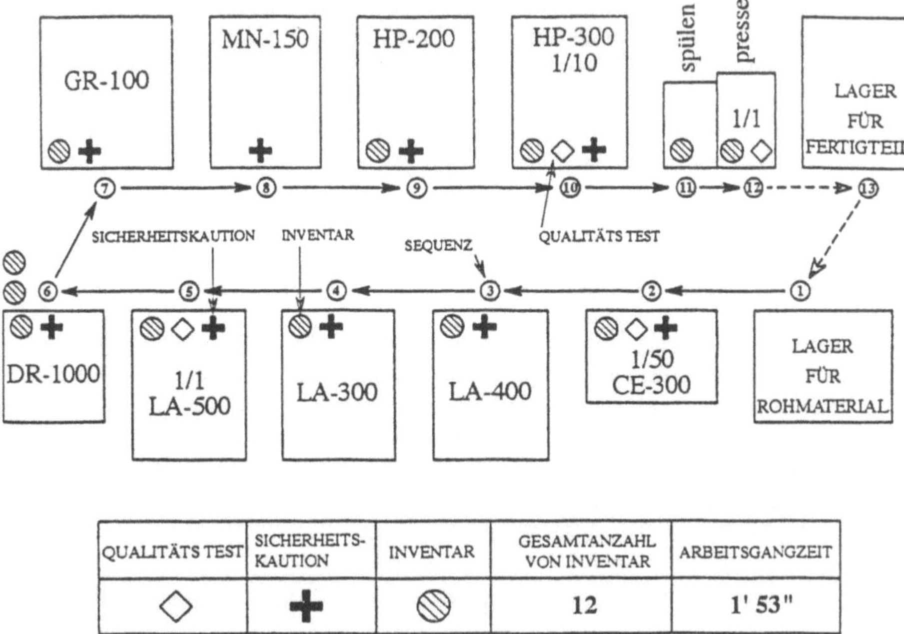

QUALITÄTS TEST	SICHERHEITS-KAUTION	INVENTAR	GESAMTANZAHL VON INVENTAR	ARBEITSGANGZEIT
◇	✚	◎	12	1' 53"

Abb. 4.9. Beispiel eines Standardarbeitsganges

4.3.5 Rolle des Vorarbeiters

Die Rolle des Vorarbeiters besteht darin, den Anforderungen des Produktionsvolumens zu entsprechen, die Qualität zu sichern sowie das Herstellungssystem und den Bereich, für die er zuständig ist, zu verbessern. Um das zu erreichen, sollte er als erstes das System und den Bereich so anordnen, daß Störungen sofort optisch erfaßt werden können. Dafür bedient man sich meist der folgenden Methoden:

1. Die Fünf S (*Seiri*, Organization; *Seiton*, Ordnung, *Seiso*, Reinheit, *Seiketsu*, Sauberkeit und *Shitsuke*, Disziplin)
2. Breite und gerade Gänge
3. Maschinenhöhe wird wegen Sichtbarkeit begrenzt
4. Festlegung der Standardanzahl der Werkstücke (oder Produkte) und des work in process, die eingehalten werden müssen
5. Standardisierte Lager für Material und Teile
6. Anwendung des Fifo - Prinzips (First In First Out)
7. Korrekturmechanismus
8. Stop-Knopf am Förderband für jeden Bediener
9. Schalttafeln
10. Bestimmter Bereich, in dem fehlerhafte Teile gelagert werden

Damit Qualität in das Verfahren eingebaut werden kann, ist es wichtig, daß die Arbeiter für die Herstellung qualitativ hochwertiger Produkte motiviert sind. Aus diesem Grund muß der Vorarbeiter in engem Kontakt zu seinen Arbeitern stehen und eine gute Beziehung zu ihnen haben, so daß diese bereitwillig ihrer Tätigkeit nachgehen. Sollte ein Qualitätsproblem auftauchen, so wird der Vorarbeiter umgehend darüber unterrichtet, und er wird die notwendigen Gegenmaßnahmen einleiten.

4.3.6 Qualitätswartung

In den heutigen Fabriken hat sich das Zentrum der Produktion meist von der Arbeit auf die Ausrüstung verlagert, und Qualität wird stark durch die Ausrüstung bedingt. Zwei Aspekte sind entscheidend, um die Qualität der Ausrüstung zu sichern. Sie betreffen den technischen Bereich und den des Managements:

1. Technische Aspekte: Festlegung der Bedingungen für Fehlerquote Null:
   (1) Sind die Bedingungen klar?
   (2) Sind sie einfach festzulegen?

2. Aspekte des Managements: kontrollieren, daß die Bedingungen für Fehlerquote Null aufrechterhalten werden:
   (3) Werden sie auch im Lauf der Zeit problemlos aufrechterhalten?
   (4) Wenn die Bedingungen sich verändern: wird das sofort bemerkt?
   (5) Wenn die Bedingungen sich verändern: kann der ursprüngliche Zustand wieder problemlos hergestellt werden?

Die Ausrüstung muß so gewartet werden, daß die Fehlerquote Null gesichert wird. Das geschieht durch die affirmative Beantwortung der oben genannten Fragen. Die PM-Analyse ist ein nützliches Instrument zur Festlegung der Bedingungen für die Fehlerquote Null. Einzelheiten sind bei Shirose[3] zu finden.

Diese Art der Wartung wird Qualitätswartung genannt und ist ein sehr wichtiger Aspekt für die Sicherstellung der Fehlerquote Null.

4.3.7 QC Gruppen-Tätigkeiten

Um Produkte herzustellen, die den Anforderungen der Kunden entsprechen, ist es wichtig, dies schon bei der Herstellung in der Werkhalle zu berücksichtigen. Das Qualitätsbewußtsein und die Motivation der Arbeiter sind dabei von elementarer Bedeutung. Anders gesagt: auf unserem derart konkurrenzorientierten Markt können schwache Leistungen der Bediener nicht mehr geduldet werden. QC Gruppen-Tätigkeiten bedeuten, daß eine kleine Gruppe in ihrem Bereich freiwillig Tätigkeiten für die Qualitätskontrolle durchführt.

Die Basisziele der QC Gruppen-Tätigkeiten können wie folgt zusammengefaßt werden:

1. Die Arbeiter mit einbeziehen und ihnen Qualitätsbewußtsein vermitteln.
2. Den Arbeitern die Möglichkeit geben, sowohl ihr Wissen als auch ihre Fähigkeiten selbst weiterzuentwickeln, so daß sie ihre Aufgaben zur vollsten Zufriedenheit aller durchführen können.
3. Diese menschlichen Fähigkeiten voll entfalten und eventuell zahllose andere Möglichkeiten schaffen.
4. Eine gratifizierende Arbeitsumgebung schaffen.
5. Zur Verbesserung und Entwicklung des gesamten Unternehmens beitragen.

4.3.8 Qualitätskontrolle erstandener Waren

Tabelle 4.3. zeigt Möglichkeiten der Qualitätskontrolle zwischen Kunde und Lieferant.

Es existieren acht Stufen:

Stufe 1. Da weder in der Prüfungsabteilung des Kunden noch in der des Lieferanten Kontrollen durchgeführt werden, muß die Herstellungsabteilung jedes einzelne Stück überprüfen, damit keine fehlerhaften Teile in das Produktionssystem eintreten.

Stufe 2. Da es normalerweise zu kostspielig ist, jedes einzelne Stück in der Herstellungsabteilung zu überprüfen, übernimmt die Prüfungsabteilung diese Aufgabe. Der Nachteil dieser Kontrollstufe liegt darin, daß der Lieferant nicht versucht, seine Qualität zu steigern.

Stufe 3. Im Prinzip sollte der Lieferant jedes Stück für den Kunden überprüfen. Selbst wenn der Lieferant das tut, kann der Kunde eventuell gezwungen sein, nochmals jedes Stück zu kontrollieren, wenn die Kontrollmethode des Lieferanten nicht korrekt ist, oder wenn der Kunde sich nicht auf die Kontrolle des Lieferanten verlassen kann.

Stufel 4. Wenn der Kunde auf einer Stufe angelangt ist, auf der er dem Lieferanten vertrauen kann, dann muß er in seiner Prüfungsabteilung nur noch Stichproben durchführen.

Stufe 5. Die Verantwortung für die Qualitätssicherung liegt natürlich beim Hersteller. Wenn dieses Prinzip also auf den Lieferanten angewandt wird, muß die Herstellungsabteilung selbst jedes einzelne Teil überprüfen. So müssen die Prüfungsabteilungen des Lieferanten und des Kunden lediglich Stichproben durchführen.

Stufe 6. Wenn die Herstellungsabteilung des Lieferanten einfach nur jedes Teil überprüft, dann führt das nicht zu einer Verminderung der Defekte. Diese Abteilung muß also richtige Verfahrenskontrollen durchführen, um Fehler zu beseitigen. Sollte die Verfahrenskapazität jedoch nicht ausreichen und weiterhin Fehler auftreten, so muß wieder jedes einzelne Stück überprüft werden.

Wenn die Herstellungsabteilung in der Lage ist, die Verfahrenskontrolle korrekt durchzuführen und – falls nötig – jedes einzelne Teil zu überprüfen, dann muß die Prüfungsabteilung des Lieferanten nur noch Stichproben durchführen. Die Prü-

Tabelle 4.3 Möglichkeiten der Qualitätskontrolle zwischen Kunde und Lieferant

Niveau	Zulieferer		Kunde	
	Produktionsabteilung	Prüfabteilung	Prüfabteilung	Produktionsabteilung
1	—	—	—	100%ige Kontrolle
2	—	—	100%ige Kontrolle	
3	—	100%ige Kontrolle	100%ige Kontrolle	
4	—	100%ige Kontrolle	Stichprobentest oder Kontrolltest	
5	100%ige Kontrolle	Stichprobentest	Stichprobentest oder Kontrolltest	
6	Verfahrenskontrolle	Stichprobentest	Kontrolltest oder keine Kontrolltest	
7	Verfahrenskontrolle	Kontrolltest	Kontrolltest oder keine Kontrolltest	
8	Verfahrenskontrolle	Keine Kontrolle	Keine Kontrolle	

Tabelle 4.4 Liste von QC-Instrumenten

	Personal	Thema	Inhalt
I n g e n i e u r	Grundstufe	Einführung-skurs	* QS-Konzepte *Methoden der Probenuntersuchung *Probenuntersuchung
	Mittelstufe	QS-Grundkurs	* Einschätzung und Tests von Hypothesen * Versuchsgestaltung (Variantenanalyse, rechtwinklige Anordnungen usw.) * Korrelationsanalyse (einfache Korrelationsanalyse, mehrfache Korrelationsanalyse) * Regressionsanalyse (einfache Regressionsanalyse, mehrfache Regressionsanalyse) * Rechtwinklige Polynome * Binomialpapier * Einfache Analysemethod * Mehrdimensionale Analysetechniken (Hauptkomponentenanalyse, Faktorenanalyse, Häufung und Unterscheidung, Qantifizierung Typen I-IV, usw.) * Optimierungsmethod (Simplexmethod, Box-Wilson-Method, SVOP, etc.)
		QS-Mittlekurs	* Die sieben neuen QS-Werkzeuge (Beziehungsdiagramme, systematische Diagramme, Matrixdiagramme, Affinitätsdiagramme, Pfeildiagramme, Planungstabellen zur Verfahrensentscheidung, Matrixdatenanalyse)
		QS-Method-ikkurs	* IE-Techniken * VE-Techniken * OE-Techniken * Ideenerzeugende Strategien
		Kurs über Betriebssiche-rheitstechnik	* Betriebssicherheitsdatenanalyse * Konzepte für Betriebssicherheitsgestaltung * FTA, FMEA, Welbull Wahrscheinlichkeitsnetz, Summenrisiko-papier, etc. * Fehleranalyse
	Fortgechrit-tene 1 für stellvertre-tende Leiter	QS-Seminar für stellvert-retende Leiter	* Taguchi-Methode * Signal-Rausch-Verhältnis (Parametergestaltung, Tolleranzgestaltung)
	Fortgechrit-tene 2 für Leiter	Kurs über technische Zuverlässigkeit	* Betriebssicherheitskontrolle für Leiter
A r b e i t e r	Grundstufe	Einführung-skurs	* Qualitätsbewußtsein (5xS) * PDCA-Zyklus * QS-Kreistätigkeit
	Mittelstufe	Mittlere QS-Schulungs- und Ausbildung für Vorarbeiter	Die sieben QS-Werkzeuge (Ursache-Wirkungs-Diagramm, Wand-diagramme, Graphiken, Prüfblätter, Histogramme, Streubilder, Kontrolltabellen)
	Fortgechrit-tene 1 für Vorarbeiter	QS-Schulung und Ausbildung für Vorarbeiter	* Anleitung zu 7 QS-Werkzeugen * Lernmethod zur Verfahrenskapazität * Verfahren zur Problemlösung
	Fortgechrit-tene 2 für stellvertre-tende Leiter	Kurs für QS-Kreiskoordi-natoren	* Metode zur Erleichterung der QS-Kreis-Tätigkeiten * Gruppendiskussion

fungsabteilung des Kunden braucht in diesem Fall eventuell gar keine oder nur kleine Stichproben durchzuführen.

Stufe 7. Wenn die Verfahrenskontrolle und Überprüfung jedes einzelnen Teils in der Herstellungsabteilung des Lieferanten einen Grad erreicht hat, der vollkommen zuverlässig ist, dann muß die Prüfungsabteilung des Kunden nur noch kleine Stichproben durchführen.

Stufe 8. Idealer Zustand. Auf dieser Stufe ist keine Kontrolle in der Prüfungsabteilung des Lieferanten erforderlich, weil die Qualität der Produkte aus der Herstellungsabteilung vollkommen zuverlässig ist.

Es versteht sich von selbst, daß der Lieferant das Erreichen der Stufe 8 anstreben sollte, um die Kundenzufriedenheit zu sichern.

4.4 Die Notwendigkeit der Ausbildung und Training mit den QC-Instrumenten

Solide Ausbildung und Training des gesamten Personals sind ein essentieller Teil bei der Entwicklung fähigen Humankapitals im Rahmen des Total Quality Managements. Ausbildung und Training sind Investitionen, die sich um ein Vielfaches wieder auszahlen, wenn man sie dem Personal im richtigen Moment zukommen läßt. Der Inhalt und die Organisation von Einführungsmaterialien zum Thema Qualität variiert von Unternehmen zu Unternehmen wahrscheinlich nicht sehr stark.

Tabelle 4.4. zeigt eine Liste von QC-Instrumenten, mit denen das Personal verschiedenster Ebenen bestens vertraut sein sollte.

Literaturquellen

1. *Quality Function Deployment*, Yoji Akao (Hg.), Productivity Press, Cambridge, Mass., 369pp.
2. *Introduction to Quality Engineering*, G. Taguchi, Asian Productivity Organization
3. *TPM for Workshop Leaders*, K. Shirose, Productivity Press, Cambridge, Mass.

Autoren- und Sachverzeichnis

Springer
und
Umwelt

Als internationaler wissenschaftlicher Verlag sind wir uns unserer besonderen Verpflichtung der Umwelt gegenüber bewußt und beziehen umweltorientierte Grundsätze in Unternehmensentscheidungen mit ein. Von unseren Geschäftspartnern (Druckereien, Papierfabriken, Verpackungsherstellern usw.) verlangen wir, daß sie sowohl beim Herstellungsprozess selbst als auch beim Einsatz der zur Verwendung kommenden Materialien ökologische Gesichtspunkte berücksichtigen.
Das für dieses Buch verwendete Papier ist aus chlorfrei bzw. chlorarm hergestelltem Zellstoff gefertigt und im pH-Wert neutral.